国家出版基金项目
NATIONAL PUBLICATION FOUNDATION

中国航天技术进展丛书
吴燕生　总主编

复杂航天器先进姿态控制技术

周伟敏　朱庆华　梁玉莹　编著

中国宇航出版社
CAPH
·北京·

图书在版编目（CIP）数据

复杂航天器先进姿态控制技术 / 周伟敏，朱庆华，梁玉莹编著. -- 北京 ：中国宇航出版社，2023.4

（中国航天技术进展丛书）

ISBN 978-7-5159-2224-9

Ⅰ.①复… Ⅱ.①周… ②朱… ③梁… Ⅲ.①航天器—姿态飞行控制 Ⅳ.①V448.22

中国国家版本馆CIP数据核字(2023)第057324号

责任编辑 臧程程　　**封面设计** 王晓武

出版发行 中国宇航出版社

社　址 北京市阜成路8号　**邮　编** 100830

(010)68768548

网　址 www.caphbook.com

经　销 新华书店

发行部 (010)68767386　(010)68371900

(010)68767382　(010)88100613 (传真)

零售店 读者服务部　(010)68371105

承　印 北京中科印刷有限公司

版　次 2023年4月第1版

2023年4月第1次印刷

规　格 787×1092

开　本 1/16

印　张 24.75　**彩　插** 28面

字　数 602千字

书　号 ISBN 978-7-5159-2224-9

定　价 138.00元

序

复杂航天器姿态控制可以体现为两方面：一是航天器自身构成复杂，作为被控对象，其影响姿态控制的干扰源较多，对姿态控制系统的设计和实现带来困难，比如航天器柔性附件的低频振动和姿态控制执行机构高频振动的耦合，或自身大型结构在空间力、热环境下的参数变化等；二是航天器执行的姿态控制任务比较复杂，比如推扫式光学遥感卫星需要同时具备姿态机动路径规划、敏捷姿态机动控制和成像期间的像移补偿控制等。相比于航天器传统姿态控制范畴内的多体动力学建模、高精度姿态确定和控制等，在大幅提高卫星姿态测量带宽基础上，解决姿态测量敏感器安装误差标校和修正问题，实现敏捷姿态机动时多约束控制模型构建，最终设计出适应航天器多柔性附件干扰或动力学参数时变情况下的控制器。这些内容既涉及航天器空间姿态描述、姿态控制动力学建模的共性问题，又需要补充复杂结构卫星在执行多约束姿态控制任务时的理论方法和工程实现途径。

本书的作者长期从事我国卫星型号研制工作，通过多年工作积累，将复杂航天器姿态控制的理论基础，以及复杂结构下进行姿态机动控制和像移补偿控制的实际工程问题解决方法，系统地展示在读者面前。同时，本书编著的过程不仅是工业研究所和高校学术团队联合的结果，也是理论方法与工程实现的一种尝试，可以为从事相关工作的科研人员提供系统的参考。

中国空间技术研究院原院长

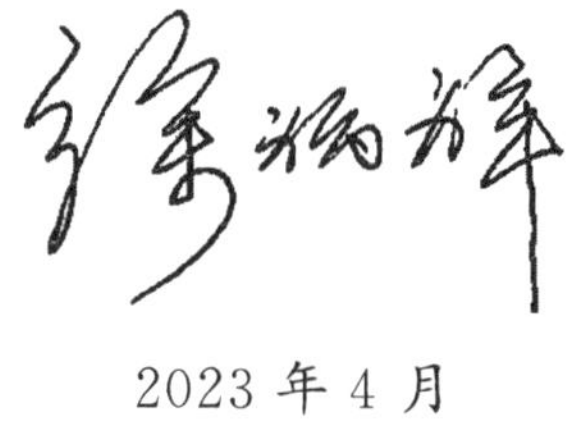

2023 年 4 月

前　言

自从1957年，第一颗人造卫星进入太空以来，空间科学技术进入了繁荣发展的新时代。无论是在技术研发，或是在生产制造上，各类卫星都有了质的飞跃。航天任务日益复杂的要求使得大型可展开天线、伸展桁架和大面积太阳能帆板等柔性结构在卫星中的配置日渐增多。卫星逐渐突破“中心刚体＋柔性附件”的传统构型，逐渐凸显出大柔性的特点。本书将含有复杂柔性部件的航天器统称为复杂航天器，并围绕其展开一系列研究。

由于载荷技术迅速发展，航天器的柔性部件逐渐向着大型化、轻量化发展。外部干扰很容易激发航天器结构自身的振动。但是在太空零阻尼环境下，这种振动很难衰减，严重影响航天器的姿态稳定，同时对扰动敏感的结构特性也给姿态机动控制带来很大困难。由于中心刚体和柔性结构振动模态之间的耦合效应具有很强的非线性动力学特性，传统上简单套用单纯的刚体动力学和基于此的控制方法已不足以为复杂航天器提供有效的姿态控制。因此，对复杂航天器的新动力学模型和高效姿态控制方法的研究势在必行。

遥感观测卫星是一类具有代表性的复杂航天器，其广泛的应用已与我们的生产生活密不可分。由于分辨率、载荷功率等的要求，遥感观测卫星往往携带一些特殊的大型结构，如大型可展开式天线、大尺寸光学镜片等。观测任务往往要求观测精度足够高，需要对卫星的姿态进行高精度的操作和控制，保证载荷快速而准确地指向目标区域。这对复杂航天器的姿态机动和控制技术提出了更高的要求。

基于以上应用背景，本书针对以对地遥感观测卫星为代表的复杂航天器，全面深入地研究了其姿态控制系统的设计与应用，系统阐述了卫星姿态控制的基础理论与一般性方法，进一步从大柔性、不确定性等复杂航天器姿态控制的难点出发，对一些前沿问题提出了解决方案。

全书共分为12章，内容如下。

第1章主要阐明本书的研究背景，详细介绍了国内外空间遥感卫星及其姿态确定、控制技术的发展现状和未来需求，分析了复杂结构卫星姿态控制研究的热点方向。

第2章介绍了描述航天器姿态常用的坐标系与方法，并建立了单刚体航天器动力学模型，进一步基于大帆板结构建立了带有柔性附件的复杂航天器的刚柔耦合姿态动力学模型与振动模型。

第 3 章从姿态敏感器和姿态确定算法两个方面阐述航天器姿态确定系统。对于姿态敏感器，本章分析了几种航天器常用敏感器的测量原理及其数学模型。对于姿态确定算法，在传统姿态确定理论的基础上融入了卡尔曼滤波方法、高带宽传感器颤振补偿、误差估计方法的应用。

第 4 章基于近地遥感卫星对敏捷姿态机动的需求，建立了卫星绕空间欧拉轴实现任意姿态机动的控制策略，设计了基于路径规划和递阶饱和算法两种不同方法的姿态敏捷机动控制律；此外，本章对控制力矩陀螺群以及磁力矩器在敏捷卫星姿态控制中的应用进行了详细分析，并针对两种执行机构分别设计了力矩陀螺群奇异的解决方案及角动量磁卸载控制算法。

第 5 章基于弹性体变形运动建立了复杂航天器的姿态动力学模型，并归纳总结了柔性航天器振动抑制和姿态机动控制的方法；进一步设计了基于动态滑模的大型桁架结构卫星控制律，有效规避了滑模控制器抖振问题，降低了控制力矩对柔性振动的激励作用。

第 6 章基于姿态机动路径规划原理设计了光学遥感卫星姿态快速机动路径规划算法，选择了一种合理的路径规划方式以规避柔性振动，并设计了基于指数形式和幂次形式的变系数 PD 快速稳定姿态控制器，有效减小了卫星在轨惯量参数估计误差或发生变化后对姿态机动性能的影响。

第 7 章基于输入成型器的抑振原理及鲁棒性分析，设计多模 ZV 成型器，开展对卫星平台姿态机动后偏置和太阳能帆板转速切换期间的柔性快速抑制技术研究。

第 8 章基于奇异摄动理论设计柔性卫星姿态控制算法。对柔性卫星动力学方程进行奇异摄动分解以降低系统位数，进一步设计 PID、LQR、滑模等控制器。运用奇异摄动理论解决柔性机械臂的控制问题，实现中心体姿态稳定和机械臂关节角跟踪以及柔性机械臂弹性振动抑制。

第 9 章针对复杂航天器的姿态快速机动控制问题进行了分析，研究了抛物线形加速度曲线姿态快速机动路径规划方法、非线性快速姿态机动控制方法、快速机动智能控制方法等前沿控制方法。

第 10 章针对具有不确定性的大型桁架结构卫星姿态控制问题，利用反步法设计了一类自适应控制律，进而基于四元数模型设计了一类无角速度信息的姿态镇定控制器。

第 11 章基于线性变参数系统理论，分析了其建模方法和稳定性分析思路。根据变参数控制器设计方法，给出线性变参数控制器设计思路，为具有不确定性的复杂航天器的姿态控制方法奠定理论基础。

第 12 章针对航天高分辨率 TDI－CCD 相机的成像原理及成像任务需求，从卫星在轨自主姿态机动控制的角度，研究了像移补偿与在轨自主路径规划技术。

本书由上海航天技术研究院上海航天控制技术研究所、哈尔滨工业大学航天学院控制科学与工程系多位专家学者共同完成，旨在为复杂航天器姿态控制的难点问题总结已有方法，并为复杂航天器姿态控制技术提供新的可行解决方案。本书第1章由周伟敏、朱庆华、梁玉莹共同撰写，第2章由周伟敏、梁玉莹共同撰写，第3、6、7、12章由周伟敏执笔，第4、5、8、10章由朱庆华执笔，第9、11章由梁玉莹执笔。本书在撰写过程中，得到了上海航天控制技术研究所施桂国高工、顾玥高工和操宏磊高工，以及哈尔滨工业大学航天学院控制科学与工程系郭延宁教授的诸多帮助，北京航空航天大学宇航学院航天飞行力学与空间操控技术团队的研究生李文龙、王珂、雷冰瑶、章建、姚卓青等也参与了本书的统稿和校对工作。在本书出版之际，谨对上述专家和学者们表示衷心的感谢。

复杂航天器的控制系统包括力学、控制、电子等多学科的系统工程，由于作者水平所限，书中难免有疏漏和不妥之处，敬请各位专家和读者批评指正，不吝赐教。

作　者

2023年1月

目　录

第1章　绪论

遥感卫星在当今日常生活中的作用日益凸显，光学卫星凭其光学遥感图像可读性好的优点，始终占据着遥感卫星领域的一席之地。为了获取到“新鲜”和“准确”的地面目标观测信息，需要不断地提高航天器对地面目标重复观测的时间分辨率，以及对地面目标观测的几何分辨率。光学卫星的姿态控制是保证其在轨道上能够充分发挥遥感空间分辨率和时间分辨率的关键之一，一方面控制系统要能够提供光学卫星成像过程中的姿态稳定指向控制，保证光学相机清晰成像；另一方面控制系统需要具备姿态机动能力，使得单颗光学卫星对地面同一个观测目标的观测时间间隔长短（即时间分辨率）能够满足既定要求。

随着航天器结构日趋复杂，光学成像模式灵活多样，光学遥感卫星的控制技术也在不断发展。航天器结构方面所体现出的动力学特性，是以中心刚体特性为主，还是中心刚体＋柔性附件可以相对精确地描述，直接影响控制系统的姿态稳定和姿态机动控制的设计约束。光学卫星成像模式方面所体现出的图像运动补偿需求，是面阵成像还是线阵推扫成像，也会造成航天器姿态控制模型的不同。

1.1　国外空间遥感卫星发展现状

从1972年美国成功发射第一颗对地观测卫星 Landsat-1 开始，人类对空间科学的探索进入了一个空前繁荣的新时代，特别是由单一军用转到民商用领域后，仅2016年国内外共进行了17次民商用对地观测卫星发射任务，成功将79颗卫星送入轨道。随着空间遥感技术的不断发展，承载遥感设备的空间站、卫星等飞行器平台技术也得到了不断的提升。目前，在轨的光学对地成像卫星多达142颗。其中，具有代表性的有美国数字地球公司（DigitalGlobe）的世界观测系列（WorldView），“快鸟”（Quickbird）卫星系统，空间成像公司的 Ikonos 卫星，法国 SPOT 系列等，值得一提的是，从2006年启动高分专项工作到2013年“高分一号”卫星发射成功，“高分”系列卫星使我国在全球高分辨率观测技术领域占据了一席之地。2015年发射的“高分四号”具有空间分辨率较高、时间分辨率极高、多种谱段可供选择、观测范围广阔等特点，是我国在高分辨率对地观测系统领域的重大研究成果。

（1）Ikonos 卫星

1999年9月24日，美国空间成像公司成功发射了 Ikonos 卫星（见图1-1），作为第一颗商用遥感卫星，其成功发射带来了世界商用高分卫星的迅速发展，打破了高分图像由情报部门和军方独有的局面，被誉为“空间时代历史上最重要的发展之一”。其全色分辨率达到了1 m，多光谱分辨率达到了4 m，姿态机动能力可达±30°。这一卫星的在轨运行时间超过了 15 年，于 2015 年 1 月底圆满完成其对地观测任务，坠入地球大气层。

图 1-1 Ikonos 卫星示意图

(2)“快鸟”(Quickbird) 卫星系统

2001 年 10 月美国 DigitalGlobe 公司发射了 Quickbird 卫星，其全色分辨率为 0.61～0.72 m，多光谱分辨率为 2.44 m，控制精度达 0.03°，姿态机动为±25°，条带扫描幅宽为 16.5 km。凭其高分辨率和海量星上储存能力成为当时世界最先进的亚米级分辨率商业遥感卫星。图 1-2 所示为该卫星提供的观测图。

图 1-2 Quickbird 卫星观测图

（3）世界观测系列（WorldView）

2007 年 9 月美国发射 WorldView－1 卫星，其全色分辨率为 0.46 m，2009 年发射了 WorldView－2 卫星，其全色分辨率为 0.46 m，至 2014 年 8 月发射 WorldView－3 卫星，其全色分辨率已达 0.31 m，多光谱分辨率达 1.24 m，红外短波分辨率达 3.7 m。这一系列的卫星在姿态三轴稳定的前提下，姿态机动能力可达±45°，从而保证实现 250 km 的沿轨长距离推扫成像、110 km×65.6 km 多轨连续条带拼接大区域成像、多点目标快速成像和最大面积 110 km×48 km 的多轨立体成像任务。图 1－3 及图 1－4 为 2016 年发射的 WorldView－4 卫星结构示意图及其传回的图像，它是目前观测精度最高的商用对地观测卫星。

图 1－3　WorldView－4 卫星结构示意图

（4）SPOT 系列

“SPOT”是由法国国家空间研究中心（CNES）研制的地球观测系统。SPOT－1 到 SPOT－3 号卫星的性能基本相同，均带有立体成像系统和推扫式扫描仪（HRV），其中 SPOT－3 号的相机幅宽可达 110～2 000 km，SPOT－4 号则在之前的多光谱波段基础上增加了红外波段。2002 年发射的 SPOT－5 号较之前有很大的改进，提升了观测性能，并携带了高分辨率立体成像仪（HSR）、高分辨率几何成像仪（HRG）和“植被－2”相机，可以提供包括 2.5 m 和 5 m 分辨率的黑白图像、10 m 和 20 m 分辨率的彩色图像以及 1 000 m 分辨率的每日全球图像。最新发射的 SPOT－6 和 SPOT－7 卫星为双星组网，具有很强的姿态机动能力，可以在 14 s 内侧摆 30°。SPOT－7 的全色分辨率为 1.5 m，多光谱分辨率为 6 m，星载相机的总幅宽为 60 km，双星每天的图像获取为 600 万 km^2（见图 1－5、图 1－6）。

图 1-4　WorldView-4 拍摄的巴西利亚

图 1-5　SPOT-7 卫星在轨运行图示

（5）“高分系列”

“高分专项”基于我国对于发展成熟高效的高分辨率对地观测系统的需要，将多种观测手段相结合，达到全天候、全天时、全球覆盖的对地观测的能力，形成包含天基、临近空间、航空、数据中心和应用五大系统的空间信息产业链，为诸多领域提供服务和决策支撑，保证掌握重要信息资源的自主权。2013 年发射的高分一号卫星载有 2 台分辨率为 2 m

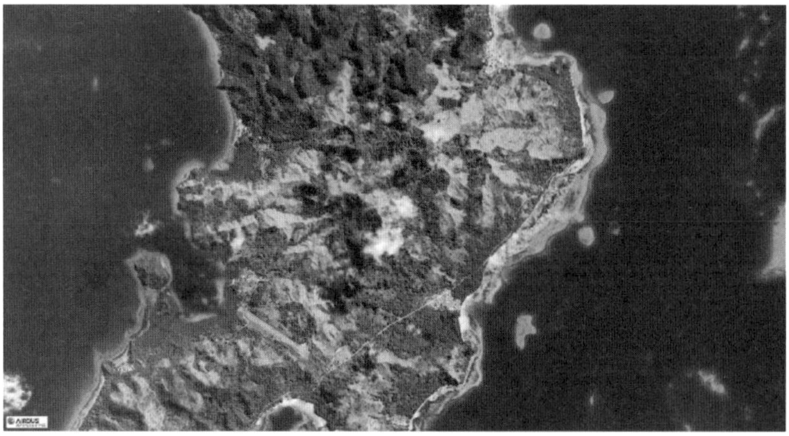

图1-6 SPOT-7卫星拍摄的斐济群岛

全色/8 m多光谱的高分辨率相机和4台16 m分辨率的多光谱宽幅相机。高分二号卫星于2014年8月成功发射，是目前分辨率最高的民用陆地观测卫星，其星下点空间分辨率可达0.8 m，侧摆能力可达±35°，机动时间小于180 s。高分四号卫星是目前世界上第一颗位于地球同步轨道的高分辨率遥感卫星，其搭载的凝视相机配备了大规模面阵探测器，能够同时实现单像元的较高分辨率和星下点图像的大成像幅宽（见图1-7）。

图1-7 高分四号卫星及其传回影像

世界空间遥感技术基于光学成像系统获得各种观测数据，通过计算机辅助设备分析并处理所得信息，从而得到研究对象的各种特性，并据此对目标进行探知研究。这一技术在军事侦察和测绘、导弹预警、气象观测、环境和地震监测、地球资源普查等领域都起着举足轻重的作用，为国家经济发展和军事安全提供坚实的保障。

1.2 航天器姿态确定技术发展现状

航天器姿态控制系统的精度指标主要有确定误差、控制误差和指向误差三种，其中确定误差是姿态估计值与真实值之间的偏差，控制误差是目标姿态与估计姿态之间的误差，指向误差是目标姿态与真实姿态之间的误差。姿态确定子系统是姿态控制部分的输入，航天器平台的姿态确定信息精度直接决定遥感图像的地面定位精度，是高精度高稳定度控制的关键。

姿态敏感器测量精度、滤波算法、敏感器布局设计、姿态敏感器在轨热变形等都会影响姿态确定的精度。目前，国内外发射航天器主要通过星敏感器和陀螺组合实现高精度的姿态确定，陀螺输出构成姿态预估，星敏输出用于姿态滤波修正和陀螺漂移的估计与补偿。姿态确定精度的高低基本由姿态敏感器决定。昂宿星（Pleiades）卫星采用的星敏感器的噪声等效角（NEA）为 3.6″，光纤陀螺的随机游走为 0.000 15（°）/h（见图 1-8）。

图 1-8 Pleiades 卫星示意图

星敏感器的常用姿态解算法分为静态确定性算法和动态滤波估计算法。静态确定性算法中，较为常用的是 QUEST 算法和 TRIAD 算法。QUEST 算法为单点批处理，通过求解特征向量得到最优四元数解，运算效率高，应用最广泛；TRIAD 算法利用两个互不平行矢量计算姿态矩阵，得到非最优解。动态滤波估计算法中最常用的就是扩展卡尔曼滤波（EKF）算法，是基于精确动力学模型的最优误差估计算法。这一算法虽然应用广泛，但是鲁棒性不强，易发散。Julier. S. J 和 Uhlmann. J. K 提出的 UKF 算法则可以保证在初始误差较大的情况下仍有良好的收敛性，结果较优。Shutter. M. D 则基于 QUEST 算法提出了滤波 QUEST 算法，利用姿态分布矩阵 $\boldsymbol{B}$ 的传播实现卡尔曼滤波的递推处理。

Bar - Itzhack. I. Y 提出了 RE - QUEST 算法，通过 $\boldsymbol{K}$ 矩阵传播实现递推功能。近年来，有学者基于序列蒙特卡罗方法，给出了粒子滤波方法，虽然能够解决非线性、非高斯分布和非平稳状态的滤波估计问题，但是也存在计算量过大、实现困难的问题。

1.2.1　模型及参数不确定性问题

大型柔性桁架结构航天器在入轨后，随着折叠式桁架结构展开、结构应力释放，桁架结构将产生变化。首先，由于结构间隙等因素的存在，使得其在地面计算的动力学参数与实际在轨情况必然存在偏差。其次，受到空间重力梯度、热梯度等耦合作用，以及自身旋转机构转动、推进剂消耗等的自身参数的变化，大柔性结构的动力学参数体现出时变特性，这都是大型桁架结构体控制的困难所在。再次，由于控制力矩陀螺等执行机构实际安装存在一定偏差且执行机构输出特性无法精确已知，导致航天器实际控制力矩与期望值不同。这种力矩偏差将对柔性航天器控制精度产生较大影响，因此在控制器设计时必须加以考虑。

首先，针对柔性航天器动力学转动惯量不确定性问题，对于既需要姿态机动控制，又对稳态姿态指向精度要求较高的情况，直接利用转动惯量标称值设计控制器将导致控制精度下降，尤其对于姿态跟踪问题，转动惯量误差将严重影响跟踪性能。因此，如何设计不依赖转动惯量的控制器成为诸多学者的研究方向。对于转动惯量不确定的系统，为了对其进行估计，通常将转动惯量矩阵中的元素重新组合为向量形式，再通过自适应律对此向量进行估计。如文献［1］针对采用四元数描述的姿态跟踪控制问题，设计了自适应律估计不确定的回归转动惯量，并且考虑了航天器角速率陀螺失效导致角速度不可测的情况，完成了姿态控制，但是该控制器无法补偿外部干扰。文献［2］结合动态逆理论，考虑执行机构最大输出能力，利用自适应控制方法对未知转动惯量进行补偿，实现了姿态跟踪，但是仍然没有考虑外部干扰。YOON 等[3]针对多输入多输出系统，对系统模型不确定性进行建模，设计自适应律估计了不确定系统参数，最后以航天器系统进行验证，充分说明了该方法可以很好地估计未知转动惯量。KHOSRAVIAN 等[4]设计了新颖的未知转动惯量估计器，实现了对航天器姿态系统的渐近控制。NAZARI 等[5]同时考虑转动惯量未知以及测量信号时延的实际情况，结合动态逆理论完成了对闭环系统的控制。为了处理空间干扰，SANYAL 等[6]提出一种抗干扰自适应控制律，同时补偿了转动惯量不确定性和外界干扰。然而，以上处理未知转动惯量时都假设其为定常矩阵，实际系统中很多情况下转动惯量是变化的。为解决时变未知转动惯量下姿态控制问题，文献［7］通过估计未知转动惯量的最大范数，实现了对期望信号的最终一致有界控制。考虑航天器姿态机动、变轨等过程中的推进剂消耗所引起的转动惯量变化，文献［8］通过设计神经网络对系统的不确定性进行补偿。

对于大柔性航天器，由于柔性附件的存在，使得其在轨运行工作时的结构参数与地面试验得到的参数差别较大，而柔性振动参数未知，因此难以依靠精确动力学模型对其进行高精度的控制。文献［9］中 Hubble 各柔性附件、转动部件的地面建模模态主频和在轨实际模态主频，见表 1 - 1，即使当时地面采用了精确的建模方法进行计算，但低频模态存在的偏差仍比较明显。低阶柔性振动对航天器本体耦合较大，严重影响了航天器控制精度与稳定度。

表 1-1 动力学模型的地面计算和在轨测试比对[9]

序号	部件	地面预测模态				在轨实际模态				
		频率/Hz	一阶	二阶	三阶	频率/Hz	阻尼比	一阶	二阶	三阶
1	平面外太阳能电池阵列	0.086	0.056	0	0.025	0.114	0.010	0.056	0.018	0.025
2	平面外太阳能电池阵列	0.087	0	0.018	0	0.120	0.010	0.056	0.018	0.025
3	高增益天线	0.432	0	0.012	0	0.432	0.006	0	0.012	0
4	平面内太阳能电池阵列	0.462	0	0	0.079	0.630	0.006	0	0	0.079
5	平面内太阳能电池阵列	0.710	0.211	0	0	0.710	0.006	0.211	0	0
6	高增益天线	0.713	0.016	0	0	0.713	0.006	0.016	0	0
7	光圈门	0.912	0	0.057	0	0.912	0.006	0	0.057	0
8	太阳能电池阵列	1.041	0.087	0	0	1.041	0.006	0.087	0	0
9	太阳能电池阵列	1.079	0	0	0.029	1.079	0.006	0	0	0.029
10	高增益天线	1.155	0.094	0	0	1.155	0.006	0.094	0	0
11	太阳能电池阵列	2.508	0	0	0.013	2.508	0.006	0	0	0.013
12	太阳能电池阵列	2.729	0.040	0	0	2.729	0.006	0.040	0	0
13	高增益天线	2.816	0.015	0	0	2.816	0.006	0.015	0	0
14	高增益天线	2.863	0.059	0	0	2.863	0.006	0.059	0	0
15	太阳能电池阵列	4.271	0.020	0	0	4.271	0.006	0.020	0	0
16	光圈门	10.834	0.048	0.024	0.104	10.834	0.007	0.048	0.024	0.104
17	光圈门	12.133	0.030	0.155	−0.320	12.133	0.007	0.030	0.155	−0.320
18	俯仰剪式机构	13.201	−0.018	−1.341	−0.110	13.201	0.007	−0.018	−1.341	−0.110
19	光圈门	14.068	0	−1.387	−0.217	14.068	0.006	0	−1.387	−0.217
20	偏航剪式机构	14.285	0.030	−0.806	−1.516	14.285	0.007	0.030	−0.806	−1.516
21	光圈门	15.264	0.076	−0.134	0.170	15.264	0.006	0.076	−0.134	0.170

续表

序号	部件	地面预测模态				在轨实际模态				
		频率/Hz	一阶	二阶	三阶	频率/Hz	阻尼比	一阶	二阶	三阶
22	宽视场/行星相机，光学望远镜装置	18.915	−2.161	0	0	18.915	0.011	−2.161	0	0
23	飞轮组隔振器	19.315	−16.79	0	0	19.315	0.040	−16.792	0	0

注：原始转动惯量（kg · m²）：I_{11} =31 046，I_{22} =77 217，I_{33} =78 754；所有地面预测模型临界阻尼比均为 ζ =0.005。

针对柔性振动模态不确定及柔性振动干扰补偿问题，诸多学者进行了研究。WIE 等[10]最早在对国际空间站进行姿态控制时采用了 H_∞ 控制方法，对空间站惯量变化情况采用全状态鲁棒 H_∞ 控制综合，后继又进行了一系列的研究。2000 年发射的 SPOT5 卫星控制系统中应用了基于 H_∞ 控制方法的低阶鲁棒控制器[11]，从根本上提升了系统的鲁棒性。此外还有一些基于 H_∞ 控制的大型空间结构的振动控制已经通过在轨测试验证了控制效果，如哈勃太空望远镜的指向控制[12]。ETS - VI 是日本宇宙开发事业团（National Space Development Agency of Japan）于 1994 年发射的第六颗工程测试卫星（Engineering Test Satellite VI），装配大型结构柔性帆板，为了减少柔性振动对控制系统的影响，以双自由度的 H_∞ 控制器对整星进行姿态控制[13]。EST - Ⅷ是日本于 2006 年发射的三轴稳定地球同步通信卫星，文献［14］采用 μ 综合的方法设计控制器，利用 $D-K$ 迭代方法得到最终的线性定常控制器。

文献［15］针对模型不确定性和常值干扰的柔性航天器设计了一种非线性 PID 姿态控制器，并进一步给出了无需角速度信息的 PI 控制器。考虑到力矩输出机械结构的死区特性，文献［16］基于滑模理论设计了鲁棒控制器，实现了对系统不确定性的补偿。然而上述方法对于应用于振动抑制方面的研究并不充分。文献［17］和［18］基于鲁棒控制理论，利用 H_∞ 混合灵敏度设计方法完成了对柔性振动的抑制，仿真验证了其有很强的干扰抑制能力，但此方法的成功取决于加权函数的正确选择。文献［19］给出了一种 H_∞ 控制与特征结构配置相结合的控制方法用于柔性空间结构的振动抑制。该文指出 H_∞ 控制是在频域中讨论问题的，很难得到时域的响应特性，而特征结构配置很容易满足时域中的控制要求。文献［20］通过时域分析得到了柔性附件振动对航天器姿态影响力矩的界函数，利用界函数设计姿态跟踪控制器，并且与主动振动抑制方法结合。其仿真结果表明柔性附件振动得到了明显抑制。文献［21］中利用混合 H_2/H_∞ 控制方法，并结合自适应模糊机制，对非线性航天器姿态控制系统进行了设计，其对于转动惯量不确定性和外部干扰是鲁棒的。采用 H_∞ 控制方法设计的控制器将会增加系统的维数，并且有时控制器的阶次比较高，如果不进行降阶处理，在实际应用中会存在一定的局限性。但是 H_∞ 控制考虑最差情况，设计系统控制器，具有较强的保守性。

另一种常见的处理方法是将航天器柔性振动与外部环境干扰的和作为航天器本体的总干扰，再通过干扰补偿的方式提高航天器控制性能。文献［22］对考虑帆板振动和模型不确定性的航天器进行了精确姿态控制。文中设计了一种新的组合控制器，该控制器将扩展状态观测器和具有前馈的 PD 控制器相结合，将柔性模态、环境干扰和模型未建模部分视为可以由扩展状态观测器估计的扩展状态，然后，通过前馈来补偿估计的扩展状态，并且通过 PD 控制器来稳定姿态。为了补偿因航天器结构及质量变化导致的转动惯量不确定性，并抑制外界干扰，ZHU 等[23]将自适应控制和变结构控制相结合，通过对控制参数的更新以及对不确定性上界的估计，使得系统状态在不确定性的影响下可以到达滑模面上，进而收敛至平衡点。PUKDEBOON 等[24]以航天器姿态控制为应用背景，充分研究了多阶滑模面的控制效果，实现了对期望姿态信号的跟踪，并提升对系统不确定性的鲁棒性。在上述研究的基础上，为了提升控制效率，减少不必要的能量消耗，PUKDEBOON 在滑模控制中引入最优控制思想[24]，既可以利用滑模控制的强鲁棒性抑制系统不确定性，又可以根据最优性理论减少能量效果。

除此之外，航天器执行机构会有一定的安装偏差，这也为姿态控制系统带来了挑战。为了解决 CMG 安装偏差情况下姿态控制的问题，文献［26］将 CMG 安装偏差导致的力矩偏差视为干扰，利用自适应控制方法对其进行抵消。但是当 CMG 安装偏差较大时，此方法将无法应用。为了改进上述不足，文献［27］提出了一种模型参考自适应控制方法，当 CMG 的安装偏差达到 15°时依然可以实现较高精度的姿态跟踪。虽然上述两篇文献可以实现 CMG 存在安装偏差时的姿态控制，但是本质上是将安装偏差转换为力矩偏差并进行补偿，无法体现出执行机构的真实安装情况，保守性较强，且很多情况下力矩偏差估计精度较差，不利于控制性能提升。为了克服这一缺陷，文献［28］以航天器角动量为常值作为前提条件，设计了 CMG 角动量观测器，利用 WAHBA[29]成本函数找出 CMG 安装角度与 CMG 所产生力矩的数学关系，并根据 CMG 实际产生力矩，设计了一种新颖的迭代更新框架，用于搜寻 CMG 实际的框架角。文献［30］利用实时航天器姿态信息，根据航天器运动学及动力学规律，提出基于卡尔曼滤波器的飞轮安装角估计方法。综上，如果可以准确估计执行机构安装偏差，则可以给控制系统设计减轻负担，并提高控制精度。

1.2.2　姿态控制测量不确定性问题

对于带有柔性附件的航天器，或是本书研究的静止轨道大型柔性桁架结构航天器，为了同时实现航天器的高精度高稳定度姿态控制和对柔性附件有效的振动控制，一种最优控制方案的思路是，设法分别获取尽可能完整的姿态信息和尽可能精确的模态坐标信息，根据姿态信息设计姿态控制器，根据模态坐标信息设计独立模态控制器。

在理想情况下，如果航天器三轴转动惯量完全相同，且无惯量积（球形对称），此时航天器动力学三轴解耦，利用传统的 PID 就可以对其进行控制。当柔性体振荡时，振动将耦合到三轴姿态运动中，PID 控制器将无法对耦合的振动进行有效控制。目前航天器姿态控制系统采用的有最优控制[31,32]、增益调度控制[33]、自适应控制[34-36]、变结构控制[37,38]、鲁棒控制[39]等。由极点配置方法衍生出的 LQG 理论是最早应用于大型空间飞行器控制系统的一类方法，很多文献研究了该控制方法在航天器姿态控制问题中的应用，但这类方法要求系统模型精确，对模型误差和外界干扰缺乏鲁棒性[40,41]。

振动控制系统往往是多输入多输出的时变系统，而其中存在的测量不确定性和很大程度的非线性特性使传统控制理论受限。针对柔性附件的主动振动控制以分力合成法[42,43]为主，这样不仅能实现刚体的姿态运动，还可以根据要抑制的各阶振动频率和阻尼比，不需要复杂的系统控制器设计，就能对指定的某阶振动进行有效的抑制。输入成形法则是将刚体运动和振动抑制综合考虑，最终通过卷积的方法形成新的输入指令，胡庆雷等通过输出成形方法对期望姿态指令进行调节，很好地抑制了柔性振动[44]。Fuentes 等将自适应控制成功应用于太空可展开望远镜，考虑了系统参数变化对系统控制的影响。Seung－BokChoi

等成功将变结构控制算法应用在了对光学设备的位置跟踪控制上，明显增加了系统的鲁棒性[45]。

上述柔性航天器振动抑制方法都没有对柔性振动进行主动抑制，即没有振动抑制的作动器。然而，对于本书研究的大型柔性桁架结构航天器，传统的被动振动抑制方法将无法起到较好的作用。振动主动抑制通过在柔性结构上安装作动器，提供控制力，以减轻柔性振动。并且由于增加了执行机构，如果柔性振动方程精确已知，则控制器设计较为灵活，许多控制理论都可以应用，如最优控制[46]、智能控制[47,48]、滑模控制[49,50]、鲁棒控制[51,52]、自抗扰控制[53,54]以及自适应控制[55,56]等。YANG J 等将输入成形应用于期望信号调节，并采用滑模控制对振动模态未知的柔性卫星进行姿态控制，通过实际系统验证说明了控制策略的有效性[49]。CAVALLO 等从频域角度出发提出一种带通滤波器，结合 H_∞ 控制理论，有效抑制了柔性振动并实现姿态控制[52]。为了对桁架结构进行振动抑制，文献［53］利用自抗扰控制并结合遗传算法来调节参数，实现对桁架结构的控制，并且为了降低控制复杂度，将各通道进行了解耦。文献［55］以 DVA 作为振动抑制的执行机构，将其分布在三棱柱桁架顶端，实现振动抑制，并且通过 DSPACE 半物理仿真系统对上述方法进行了验证。

然而，对于大型柔性航天器而言，其柔性模态不能直接测量，只能通过局部应变和有限点的位置测量来计算，存在“模态溢出”问题，并且振动模态的导数虽然可以通过模态差分获得，但是并不准确。上述方法由于未考虑实际模态测量的问题，假设所有模态都已知，因此实际应用中可能会导致控制溢出。针对这一问题，独立模态空间控制方法（Independent Modal Space Control，IMSC）受到广泛关注，在一定程度上可以抑制控制溢出，实时性好，也减小了控制系统计算量，有利于实际应用。基于 IMSC 的控制方法层出不穷[57-59]。文献［58］采用最优控制方法，结合 IMSC，实现对桁架的振动抑制，但是此方法只能解决模型精确已知的控制问题，而实际工程中系统模型与理论模型差距较大。因此，如何在模型不精确或完全不知道的情况下实现振动抑制受到广泛的关注。针对压电旋转桁架跟踪控制问题，LIN J 等将位置跟踪与振动抑制分开考虑，并利用智能算法优化控制器系数[59]。但是上述振动抑制方法只能够保证当时间趋于无穷时振动收敛到 0，即渐近收敛，并不能实现有限时间振动收敛。

由于速率陀螺故障等情况导致的航天器姿态的角速度信息缺失将进一步增加控制器设计的难度。文献［60］考虑角速率陀螺失效的情况，提出有限时间角速度观测器设计方法，并考虑控制器输入受限，只利用姿态信息设计了有限时间控制器。对于传统的航天器而言，若仅仅考虑姿态控制问题，当角速度不可测量时，一种方式是可以通过状态观测器来逼近角速度量，进而利用全状态反馈控制去实现姿态控制。TSE - HUAI WU 等[61]针对刚体姿态跟踪控制问题，构造了角速度观测器并对角速度进行估计。徐利民等[62]提出了一种针对圆轨道刚体航天器在角速度信息缺失情况下实现三轴稳定或小角度机动的姿态控制方法。XI MA 等[63]提出了一种带观测器的滑模控制方法，用以解决有惯量不确定性、有界时变干扰、无角速度测量和未知不对称输入饱和约束情况下的刚体航天器的姿态控制问题。SHAO S K 等[64]提出了连续有限时间非奇异终端滑模（NTSM）姿态跟踪控制方法，设计了自适应无模型有限状态观测器（AMFFTSO）和角速度计算算法（AVCA）来估计未知角速度。方法的独特之处在于实现了角速度的有限时间估计，并且不需要关于四元数导数上限的先验知识，在此基础上设计了仅具有姿态测量功能的有限时间姿态控制器[65]。LOTFI BENZIANE 等[66]所提出的刚体航天器姿态控制方案，类似角速度观测器的系统，仅依赖于本体参考系的矢量测量，反馈中不需要角速度或姿态信息。LIONEL MAGNIS[67]提出了一种从矢量测量中估计刚体角速度的方案，矢量测量是由估计角速度的非线性观测器实现的。ALEXANDER FRIAS 等[68]提出了非线性观测器用于估计航天器的角速度，以完成输出反馈控制律，针对存在时变干扰的情况，结合非线性观测器提出了滑模控制策略。实际上航天器在帆板展开过程中的系统模型是变化的，殷春武等[69]针对这一实际问题，分别考虑角速度已知和未知的情况，设计自适应 PD 控制器实现姿态跟踪。

当角速度不可测量时，另一种方式为直接设计输出反馈控制。黄静等[70]提出了一种只利用向量测量信息的无角速度反馈的输出反馈控制方法。航天器姿态的指向直接通过旋转矩阵进行描述，不进行参数化，避免了奇异问题与退绕问题。通过引入一个新的姿态指向误差向量并对其性质进行分析，进一步结合主导滤波器的思想，设计了无需角速度信息的航天器姿态机动控制器。NUNO FILIPE 等[65]设计了一种不需要相对速度或角速度测量的姿态跟踪控制器，采用双四元数并基于现有的姿态跟踪控制器，保证了追踪航天器的姿态能够独立于初始状态而收敛到所需的姿态。YINQIU WANG 等[71]提出了基于双四元数的动态输出反馈，用于解决无线速度和角速度测量的刚体平移和旋转稳定性问题。对于航天器姿态跟踪系统的输出反馈控制，LI YUAN 等[72]采用添加功率积分器（API）技术来估计伪角速度，解决角速度不可用于输出反馈的问题，设计了一个有限时间姿态控制律，只需利用相对姿态信息。对于刚性航天器姿态跟踪控制问题，B XIAO 等[73]提出了一种新的输出反馈控制器，与传统输出反馈方案相比，仅需要姿态测量信息而不需要对不可测角速度进行估计，通过刚性航天器实例进行了有效性的仿真验证。

1.2.3　航天器姿态敏感器简介

姿态就是航天器在空间的方位，而姿态敏感器用来测量航天器本体坐标系相对于某个基准坐标系的角位置和角速度，以确定航天器的姿态。要完全确定一个航天器的姿态，需要三个轴的角度信息。由于从一个方位基准最多只能得到两个轴的角度信息，为此要确定航天器的三轴姿态至少要有两个方位基准，此即“双矢量定姿”。

姿态敏感器按不同的基准方位，可分为下列 5 类：a）以地球为基准方位：红外地平仪、地球反照敏感器；b）以天体为基准方位：太阳敏感器、星敏感器、紫外月球敏感器；c）以惯性空间为基准方位：陀螺、加速度计；d）以地面站为基准方位：射频敏感器；e）其他：例如磁强计（以地磁场为基准方位）、陆标敏感器（以地貌为基准方位）。

敏感器由测量变换器和信号处理线路两部分组成，姿态敏感器按不同方式的测量变换器可分为下列 4 种：a）光学敏感器：太阳敏感器、红外地平仪、星敏感器、紫外月球敏感器、地球反照敏感器等；b）惯性敏感器：陀螺、加速度计；c）无线电敏感器：射频敏感器；d）其他：磁强计。

太阳敏感器是通过对太阳辐射的敏感来测量太阳视线与航天器某一体轴之间夹角的敏感器。太阳敏感器用来确定姿态是最普遍的，几乎每个航天器都采用。太阳敏感器之所以有这样广泛的应用是因为在大多数场合，可以把太阳近似看作点光源，因此就可简化敏感器的设计和姿态确定的算法；另外太阳光源很强，从而使敏感器结构简单，其功率要求也很小；太阳敏感器的视场很大，可以从几分×几分到128°×128°，而分辨率可以从几度到几秒。太阳敏感器具有3种基本类型：模拟式、数字式和0－1式。

本书将航天器姿态确定系统分为姿态敏感器和姿态确定算法两部分进行介绍。在姿态敏感器部分，主要着手于敏感器的工作模式和所能达到的工作精度。在姿态确定算法部分，主要针对传统姿态确定算法和卡尔曼滤波方法进行讨论，给出相应算法的解决思路和理论，有助于初步了解航天器姿态确定的发展概况，为进一步研究姿态确定相关问题打下基础。

1.3 航天器姿态控制技术发展现状

从航天器控制的角度来看，所谓姿态就是指航天器相对于空间某参考坐标系的方位或指向。而姿态控制就是指对航天器质心施加力矩，以保持或按需要改变其在空间的定向的技术。

航天器的姿态控制是指获取并保持航天器在空间定向的技术，包括姿态稳定和姿态机动。不同空间任务对姿态控制系统有不同的要求，其中一类是要求将航天器上安装的有效载荷对空间的特定目标定向、跟踪或扫描。例如，可见光照相侦察卫星要求卫星的姿态使相机镜头对着地面，通信卫星要求其定向天线的波束捕获地球上某一目标区域，航天器的制动防热面在再入时要迎向气流等，这些情况均需航天器在运行中对地球或其他基准方向保持正确的姿态。航天器需要捕获目标，并在捕获目标后保持跟踪和定向。这种克服内外干扰力矩使航天器姿态对某参考方向保持定向的控制任务称为姿态稳定。还有一类任务则要求航天器从一种姿态转变到另一种姿态，称为姿态机动或姿态再定向。例如，地球同步卫星在远地点发动机点火前需要将卫星姿态从机动前状态变更到满足变轨要求的状态。

按照是否需要消耗星上能源（电能或推进剂化学能）或获得控制力矩的方式，航天器姿态控制可分为被动姿态控制和主动姿态控制两大类。

1.3.1 被动姿态控制

被动姿态控制是指利用航天器本身的动力学特性（如角动量、惯性矩），或航天器与周围环境相互作用产生的外力矩（如引力梯度力矩、气动力矩、太阳辐射压力矩、地磁力矩等）作为控制力矩源，不需要消耗星上能源的姿态控制方式。由于被动姿态控制不具有机动能力，因此被动姿态控制又称被动姿态稳定，它包括自旋稳定、重力梯度稳定、磁稳定、气动稳定和辐射压稳定等。

（1）自旋稳定

自旋稳定是利用航天器绕自旋轴旋转时产生的动量矩在惯性空间的定轴性使自旋轴在惯性空间定向。这种航天器不具有控制自旋速度、再定向或使自旋轴进动的能力，自旋轴指向（姿态）精度只能达到 10°～1°，早期的航天器大多采用这种稳定方式。理想的刚性航天器绕最大或最小惯量轴旋转时都是稳定的，但实际航天器都存在着能量耗散，因而只有绕最大惯量轴旋转时才是稳定的。一般自旋航天器都存在着章动，即当与自旋轴垂直的横轴存在角速度时，自旋轴将发生摇摆，为此必须备有章动阻尼器。自旋稳定航天器的优点是：简单并具有一定的精度；抗干扰能力强，即受恒值干扰力矩作用时，其自旋轴以等速漂移，而不是以加速度漂移。但缺点也很明显：只有一个轴可以稳定；航天器不能指向中心引力体；自旋速度不能控制；姿态指向精度低。

（2）重力梯度稳定

重力梯度稳定是利用航天器各部分质量在地球引力场中受到不等的重力，使绕圆轨道运行的刚体航天器的最小惯量轴趋向于稳定在当地的垂线方向。另外，由于绕地球轨道运动时参考坐标系在空间旋转，所产生的惯性力矩（陀螺力矩）与重力梯度力矩共同作用使刚体航天器的最大惯量轴趋向于垂直轨道平面，因此这种方式特别适用于要求航天器某一个面持续对地指向的任务。重力梯度稳定力矩与航天器到地心距离的立方成反比，与航天器的最大与最小惯量之差成正比，通常只对要求指向精度不高的中低轨道航天器才适用。为了尽可能获得最大的惯量差，通常在最小惯量轴方向伸出一根长杆，称为重力梯度杆，在杆端设置配重或某些星上部件（如天平动阻尼器）。另外，由于重力梯度稳定力矩随航天器最小惯量轴偏离地垂线的偏差角按正弦规律变化，因此在无其他力矩作用时航天器将对地垂线作无衰减的摆动——天平动。一般采用天平动阻尼器来衰减天平动。

重力梯度稳定方式简单、可靠、成本低，适用于对地定向的长寿命航天器，曾得到广泛应用。由于其指向精度不高，目前除廉价小卫星外，纯被动的重力梯度稳定已较少单独使用。大型航天器在采用精度较高的主动控制技术时，仍可充分利用其本体的惯量分布特性，发挥被动重力梯度稳定的作用，降低对主动控制的要求，实现主动和被动控制相结合的混合控制。

（3）磁稳定

被动磁稳定，一般是在航天器上安装产生磁矩的永久磁铁或线圈。利用航天器上磁矩与地磁场相互作用产生的磁力矩，使航天器的姿态在轨道上沿地磁场方向稳定，或者作为其他用途的控制力矩（如消旋、起旋、飞轮卸载、姿态捕获等）。跟踪地磁方向的稳定精度一般可达到 3°～1°。早期航天器曾采用过这种纯被动磁稳定方式，目前已很少单独使用，大多采用主动磁稳定。被动磁稳定现已作为姿态控制的一种辅助性手段。

（4）气动稳定

航天器在轨运行时大气中气体与航天器表面碰撞就产生气动力和气动力矩。通过设计良好的航天器质量分布特性和气动外形能使航天器姿态对迎面气流方向稳定，称为气动稳定方式。由于气动力矩随大气密度的变化而变化，纯被动的气动稳定只适用于低轨道，一般在轨道高度低于 500 km 时才可行。

(5) 辐射压稳定

航天器表面受到空间辐射源（主要是太阳）照射时，入射光对航天器表面产生净压力，各处表面净压力的综合效应产生合成辐射压力和合成辐射压力矩。由于太阳辐射压力与航天器到太阳的距离平方成反比，因此对于地球轨道上的航天器来说，辐射压力和辐射压力矩基本上与航天器轨道高度无关。对于 1 000 km 以上或更高轨道的航天器，理论上利用太阳辐射压力矩可以实现航天器的被动姿态稳定。由于这种稳定方式受制于航天器构形及航天器表面对辐射的吸收和反射特性等因素，且稳定力矩较小，因此实用意义不大。但辐射压力矩作为一种干扰力矩，是高轨道航天器最大的干扰源。

1.3.2 主动姿态控制

主动姿态控制是指利用星上能源（电能或推进剂工质），依靠直接或间接敏感到的姿态信息，根据姿态误差（测量值与标称值之差），按一定的控制律操纵控制力矩器来实现姿态控制的方式。主动姿态控制可分为以下几种形式：

(1) 质量排出式控制

由喷气执行机构通过排出高速气体或离子流，对航天器产生反作用力矩来实现航天器的姿态控制。这种控制方式至少要有 6 个喷管，而不需要其他辅助控制手段，适用于中低轨道的短寿命航天器。在系统设计时常用的性能指标是在满足给定控制精度的条件下，使过渡过程时间最短和推进剂消耗最少。这种控制方式精度高，可机动，但其所消耗的工质是由星上携带的，因而工作寿命受到所携带工质数量的限制。在完成长期任务的航天器中，其使用受到限制。

(2) 动量交换式控制

通过改变飞轮的动量矩来吸收星体的多余动量矩，从而通过控制星体的动量矩来控制星体的姿态。由于作用于星体的干扰力矩通常包含周期项，此周期项干扰力矩将造成星体动量矩周期性改变，这种改变反馈到飞轮转轴的电机上，使飞轮产生往复转动，从而消除星体姿态的扰动。用飞轮系统来消除星体姿态的周期性扰动，只需消耗很少的能量，这一优点是推力器所不能比拟的。但是干扰力矩中还包含非零均值分量，随时间的推移将使飞轮角动量不断累积直至饱和。飞轮饱和后丧失控制能力，为解决此问题，常在飞轮接近饱和时，采用适当的其他控制力矩（喷气反作用力矩、磁力矩、重力梯度力矩等）对飞轮进行卸载。飞轮系统可用于姿态机动控制和姿态稳定控制。根据飞轮转速的标称值是否等于零、飞轮转轴是否固定及飞轮的数目与安装位置等可构成各种各样的飞轮。常见的飞轮系统有零动量反作用飞轮、偏置动量轮、单框架和双框架控制力矩陀螺、变速控制力矩陀螺等。

(3) 磁控制

利用航天器内部通以电流的电磁线圈产生的磁矩与地磁场相互作用产生的力矩实现控制。如果航天器的三个体轴上都安装有线圈，则可以通过控制线圈上的电流来获得所需要的控制力矩。

主动姿态控制系统由姿态敏感器、控制器、执行机构（控制力矩器）和航天器本体一起构成闭环控制回路。姿态敏感器测量和确定航天器相对于空间某些已知基准目标的方位；控制器对测得的信息进行进一步处理后确定航天器姿态，并根据确定的姿态按满足设计要求的控制律给出指令；控制执行机构按控制指令产生所需的控制力矩，实现航天器的姿态控制。由此可以看出，主动姿态控制系统不依赖于地面指挥中心的干预，完全由航天器所载设备实现自主姿态控制过程。控制系统组成框图如图 1-9 所示。

虽然主动姿态控制系统需要消耗航天器上的能源，控制电路复杂且成本较高，但由于其具有控制精度高、灵活性大、快速性强的优点，已成为航天器姿态控制的主流方式。而其中的姿态主动稳定系统，从控制原理上看，就是三自由度的姿态闭环控制系统，因而又称为三轴稳定系统。目前，绝大多数航天器都采用三轴姿态稳定方式，即依靠主动姿态控制，保持航天器本体三条正交轴线相对于某一参考坐标系定向。

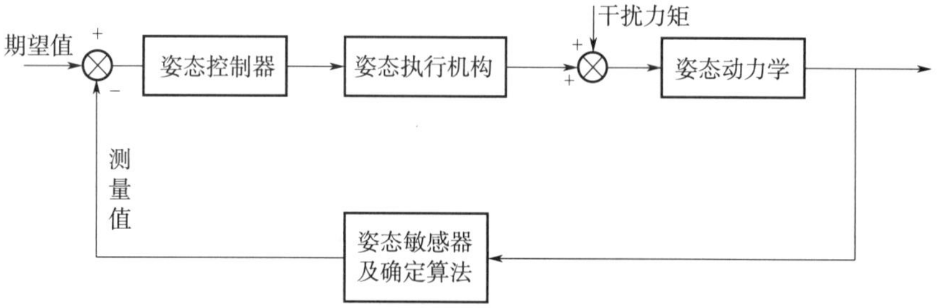

图 1-9　主动姿态控制系统组成框图

按航天器所承担的规定任务（航天器种类），即可相应确定其结构型式与特点，再加上控制精度的要求，就能为姿态控制系统设计提供基本依据。航天器姿态控制系统设计必须考虑三个基本要求：1）可靠性；2）控制性能，包括动量、稳定性、稳态精度和动态响应；3）控制系统质量和能源。附带考虑的要求是经济性、坚固性和生产的可能性。对于航天器所承担的规定任务，基本要求必须满足，即姿态控制系统必须在由任务规定的容许质量和能源限制条件下，满足指定的可靠性和控制性能的要求。

随着航空航天技术的发展，航天器的应用越来越广泛，在实际工程中，对航天器机动的要求越来越高，不仅包括轨道机动，还包括姿态机动。比如两个航天器空间交会对接问题，就需要对航天器的姿态进行精确机动。因为航天器姿态机动在很多实际工程中得以应用，所以航天器姿态机动动力学及相关理论研究成为研究热点，有着重要的理论意义和实用价值。

1.4　复杂航天器姿态特点与控制难点

1.4.1　国内外典型含柔性附件航天器简介

随着航天有效载荷技术的不断进步，大型可展开天线、伸展桁架和大面积太阳能帆板等大型低频柔性结构在航天器中的配置日渐增多，航天器逐渐突破“中心刚体＋柔性附件”的传统构型，表现出大柔性的特点。这类航天器在载荷正常工作期间，除了需要对地稳定指向之外，有的还需要姿态机动后偏置一定角度指向，从而能够扩大遥感范围或执行特定遥感任务，最终满足不断深化的航天器应用模式需求。目前这一领域的国际领跑者为美国和日本，见表 1-2，两国相继提出了一些带大型柔性结构并要求一定姿态机动能力（受限于大柔性的整星动力学特性，姿态速度必然做不到很快）的航天器研制计划，部分航天器已经在轨应用。

表 1-2 国外近年来发射的部分大柔性卫星型号

名称	研制商	首发时间	质量	设计寿命	主要柔性体
MBSAT	美国劳拉公司	2004 年	4.5 t	12 年	2 副太阳能帆板、1 个直径 12 m 可展开天线
ETS-8	日本宇宙航空研究开发机构	2006 年	5.8 t	10 年	40 m 双翼太阳能帆板、双抛物面天线(尺寸 19 m×17 m)
TerraStar	美国劳拉公司	2007 年	6.19 t	>15 年	2 副太阳能帆板、1 个直径 18.28 m 可展开天线
MUOS	美国洛克希德·马丁公司	2012 年	不详	不详	2 副太阳能帆板,2 个直径 5 m 和 12 m 的可展开天线
ISAT	美国空军研究实验室	不详	不详	不详	300 m 长天线和 100 m 太阳能帆板

典型代表包括：

1）日本在 2006 年发射了一颗地球同步轨道通信卫星 ETS-8[74-78]，如图 1-10 所示，卫星带有两个太阳能帆板，单翼尺寸 13.5 m×2.5 m，基频 0.08 Hz，还带有两副总重为 170 kg 的可伸展天线，每个天线尺寸为 19 m×17 m，基频为 0.1 Hz，由于帆板转动整星动力学参数存在±25%的变化。卫星配置了 4 台 40 Nms 的反作用飞轮进行姿控，根据文献［74］可知，卫星俯仰 0.05°机动用时约为 300 s。

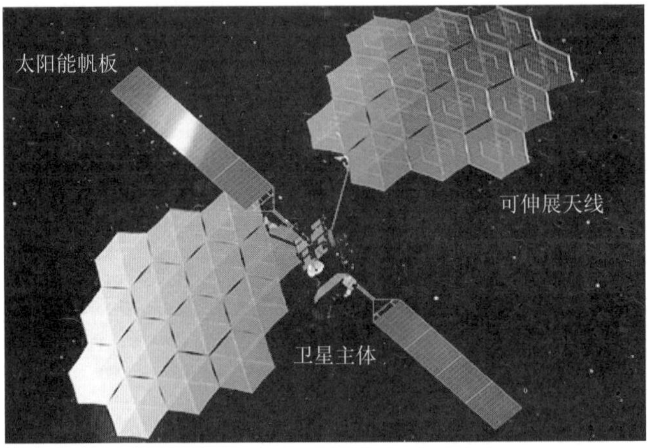

图 1-10 ETS-8 在轨示意图

2）美国国防部高级研究计划局在 2001 年提出了 ISAT 计划（Innovative Space-Based Radar Antenna Technology Program）[79,80]，该计划拟研制展开后天线载荷跨度达到

300 m 的雷达卫星，图 1－11 是 ISAT 计划在初始阶段给出的近地轨道卫星概念图，9 块长度为 12 m 的小反射面构成了该卫星 108 m 的抛物线形柱状网格反射面，基频约为 0.3 Hz。从文献［20］中可知，卫星偏航 90°机动采用“加速—匀速—减速”方式，其中，匀速阶段的角速度为 0.000 8 rad/s［约为 0.046（°）/s］，机动耗时约为 2 000 s，加速时间约为 125 s，最大控制力矩输出 25 N·m。卫星机动耗时较长，除了和整星惯量（根据姿态机动数据估计为 $2\times10^6\,kg\cdot m^2$）巨大、执行机构输出小有关，预计还和考虑避免激起强烈的柔性结构振动有关。关于 ISAT 计划的公开文献较少，未搜到其被提出后的更多的研究进展情况。

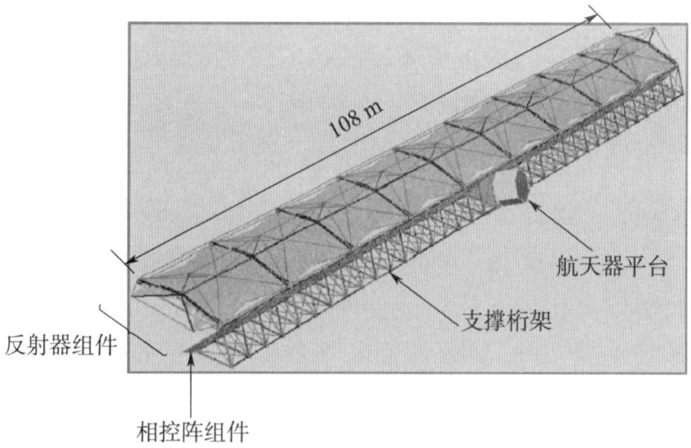

图 1－11　ISAT 卫星概念图

我国近年来在新型成像航天器等携带大型柔性结构航天器快速稳定控制的研发方面也取得了一些进展，根据相关文献［81］，口径 10 m 的可展开天线已经研制出来，但国内大型展开天线航天器的姿态控制还重点围绕系统鲁棒性方面[82-84]，针对大型星载天线振动抑制的航天器快速姿态机动控制，尤其是姿态机动过程中的快速抑制方法等关键问题的研究仍有待深入。

1.4.2　柔性航天器控制技术发展

国内外对于带柔性结构航天器的姿态控制与结构低频振动控制问题研究已久，学者们基于古典控制理论和现代控制理论提出了很多控制算法与控制策略[82-88]，但已经得到在轨验证和应用的尤其是针对大型柔性结构航天器的控制技术还比较少。目前国内外在这方面的研究现状主要包括以下三类。

（1）柔性航天器姿态控制技术

国外在大型柔性结构航天器型号姿态控制器设计方面的公开文献主要以日本的 ETS－6[79,89] 和 ETS－8 号卫星，以及美国波音公司 ISAT 卫星的姿态控制系统设计概况为主，通过归纳这些文献后可知，目前国外仍采用传统的 PID 控制理论，同时也在探讨利用鲁棒控制等现代控制理论来设计大型柔性结构航天器姿态控制系统，核心的控制算法设计例子包括：

1）在部分继承 ETS－6 卫星控制算法的基础上，后续的 ETS－8 卫星为应对整星动力学参数存在25％的变化，采用两种控制算法：PID控制算法＋滤波器[85]、H_∞鲁棒控制算法。前者为传统控制算法，为ETS－8卫星平台采用，后者为新型算法，在卫星寿命后期再对其进行在轨验证。值得一提的是，ETS－6卫星已经对H_∞鲁棒控制算法进行了在轨验证，控制性能优于传统PID控制。ETS－8卫星基于线性变参数理论，对这一算法进行了改进。日本航天界对鲁棒控制律寄予厚望，拟将其作为后续大型柔性结构航天器的首选控制算法，最终替代传统的PID控制算法。

2）波音公司在论证IAST卫星的姿态控制过程中，针对太阳电池阵频率很低（基频只有0.074 9 Hz）、比较密集和随帆板转动而变化的特点，也初步设计了两种控制算法[80]：PID控制算法＋bi－quad滤波器（实际上是结构滤波器）、基于混合灵敏度的H_∞鲁棒控制算法。其中，鲁棒控制器可以承受ISAT卫星的前5阶频率参数存在±17％的乘性变化，以及其余频率存在±8.3％的乘性变化。

除了以上两颗卫星姿态控制系统采用鲁棒控制器之外，Catherine推导了TAS－F通信卫星的H_∞控制算法，并进行了μ分析[86]，这个技术已经成功在SpaceBus4000 15星通信平台上使用。国内作者在文献［83，84，88］中，针对带有大型柔性网状天线等柔性航天器，研究了鲁棒控制方法在姿态控制系统设计中的应用，文献［84］针对带有大型柔性附件航天器，进行了基于H_2/H_∞控制算法的半物理仿真试验。国内目前的研究以理论建模与地面验证为主，后续将由航天工业部门进行在轨验证。

综合而言，考虑参数不确定和外部干扰的柔性航天器姿态动力学具有强耦合、变参数、非线性等特点，特别是在柔性结构振动、多体运动等的相互耦合作用下，控制系统变得更为复杂，为了获得高控制精度和稳定度，可以结合不同的控制手段进行姿态控制和振动抑制，得到复合主动控制器，使之具备很好的鲁棒性能。目前，国内外对于这类航天器的姿态控制算法设计已经开始从应用以“PID控制＋结构滤波器”为代表的古典控制理论向以鲁棒控制为代表的现代控制理论发展，更多的是关注稳态情况下的姿态控制，而对于姿态机动情况下的鲁棒控制算法的研究还不多。为了最终在轨成熟应用，后续还需要结合姿轨控计算机能力，以及星上普遍只配置测角装置（星敏感器）和测速装置（陀螺）的实际情况，一方面要重点解决鲁棒控制器阶数普遍较高等工程实现问题，另一方面还需要通过添加前馈力矩等改进鲁棒控制算法，提高姿态机动工况下的控制性能。

（2）柔性结构动力学参数辨识技术

在大型柔性结构航天器研制的地面阶段，利用有限元软件计算出的结构模态等航天器动力学参数往往存在误差，航天器发射上去之后，由于推进剂消耗、帆板等大型转动部件运动，航天器动力学参数也会发生摄动。针对这种现实情况，为了提高姿态控制精度，往往需要在轨对姿态控制器参数进行适应性修正，修正的依据为利用在轨振动数据辨识出来的柔性结构振动模态（主要为频率和阻尼比）和整星转动惯量等动力学参数，其中，以柔性结构振动模态的辨识最重要。

目前柔性参数的辨识方法主要分为频域法和时域法两种。频域法是建立输入输出传递函数，联系动力学参数进行辨识[88]；时域法是直接利用系统的自由响应或脉冲响应数据进行辨识，可以直接利用环境激励下的输出响应来识别结构的模态参数，这一点比频域法要优越很多，主要有随机子空间法和特征系统实现法等[90-95]。

从目前的在轨应用情况来看，质量特性辨识的收敛速度较快，精度较高，可达到2%。对于柔性结构参数，美国戈达德航天飞行中心采用哈勃太空望远镜的姿态数据开展了辨识试验，但得到的辨识结果未进一步报道。美国喷气推进实验室在伽利略号上开展了在轨辨识试验，其频率误差为5%和阻尼比误差为20%，精度优于地面20%频率误差和50%阻尼比误差。日本在ETS-6卫星上利用1 N的推力器随机激振，以惯性基准元件为测量单元开展了在轨模态辨识试验。此外，日本还在ETS-8卫星上开展了柔性结构参数辨识试验[90,91]，分别以推力器和飞轮作为执行机构进行脉冲激振和阶跃输入，利用随机子空间法进行辨识，精度比较好。

综合而言，目前国内外主要是利用星上姿态控制执行机构作为激励，利用陀螺和加速度计敏感振动信息，通过频域响应法或时域响应法对振动频率、阻尼等模态参数进行辨识，这一技术已经比较成熟。目前正在开展仅利用星上稳态姿态控制测量数据（无激励数据）对时变的动力学参数进行辨识的验证，摆脱了通常需要在姿态机动情况下采集数据的约束，简化了工程实现。

（3）柔性结构振动抑制技术

传统上常使用频带隔离法来解决柔性航天器的结构振动问题，通过降低柔性部件振动对航天器角速度的干扰来达到目的，具体做法是使控制系统带宽远离航天器非约束模态下的一阶频一个数量级，进而降低结构柔性的影响，也就避免了因模态而激起系统振动。另外，在阻尼作用下模态运动会衰减。但是现在航天器柔性附件的振动模态基频不断降低，控制带宽远离非约束模态基频一个数量级已经越来越困难，频带隔离法将不再适用，而且控制带宽越低，系统的响应速度越慢，使得航天器姿态将无法快速机动。

柔性结构振动抑制包括被动振动控制和主动振动控制。被动控制在系统硬件结构加入能够吸收或储存能量的材质来抑制柔性附件弹性变形，而主动控制是采用主动控制器对系统的动态响应进行调节来抑制残余振动。主动控制为目前柔性结构振动控制的研究热点，主要技术途径为：

1）通过姿态控制算法进行振动控制。文献［92］和［96］在航天器大范围姿态机动中使用了滑模变结构控制算法，抑制了柔性附件的振动；文献［96-98］使用自适应控制算法进行柔性航天器姿态机动控制，数学仿真结果表明可以抑制柔性振动；文献［99］将输入成形和自适应滑模控制相结合，在参数不确定和外界干扰的影响下，保证姿态机动的需求且有效抑制航天器的柔性振动。

2）基于输入成形的控制目标调制方法[100]。系统的输入由脉冲序列与给定期望输入进行卷积，期望输入由刚体运动需求决定，脉冲序列由振动体的频率和阻尼决定。目前输入成形方法在航天领域的应用包括：

a）输入成形方法在航天领域以空间柔性机械臂的旋转定位控制作为应用背景，通过数学仿真和地面实验均验证了该方法不仅能够实现机械臂的精确定位，而且柔性结构振动在机械臂定位完成之时基本消失。

b）文献［101］和［102］利用输入成形对轨控喷气指令进行调制，不仅能够完成给定轨控任务，还能够有效降低任务过程中激起的太阳能帆板变形幅值和振动幅值，同时减弱太阳能帆板和航天器间的相互作用力和力矩。

c）美国 Lewis 卫星[103]、航天五院总体部[104]利用输入成形法或分力合成法调制帆板驱动电机的原始指令解决负载柔性问题，通过数值仿真验证了该方法能够完成帆板定位和柔性抑制。分力合成法是哈工大刘暾教授提出的，其原理在本质上与输入成形是一样的，文献［104］还将分力合成方法用于喷气姿态机动。

3）基于作动器的主动振动抑制[105]。美国麻省理工学院和霍尼韦尔公司联合研制了一种称为 AD－Strut 的主被动混合振动抑制机构[106,107]，它由液体阻尼和音圈电机组成，已用于空间天文观测等需要振动抑制和空间精确指向的场合。国防科大李东旭教授提出了含嵌入式智能作动器的复杂结构分散化振动控制技术，文献［108－114］研究了嵌入式作动器的最优配置问题和控制算法。与嵌入式不同的是，也可以将多个作动器做成一个 stewart 平台，上平台和大型柔性结构固连，下平台和航天器平台固连，控制算法采用了自适应控制器，并由地面试验验证了这种方法的有效性。针对压电智能材料作动器具有的驱动电压高、在轨对温度变化敏感等不足，文献［115］提出了采用一次性微冲量推力器抑制航天器太阳能帆板的低频振动，具有一定的工程可行性。

带更大柔性结构的航天器快速姿态机动发展，后续研究趋势是重点解决柔性结构振动对姿态机动的耦合影响问题。

这方面的最新进展为美国国防部高级研究计划局近年来提出的 MOIRE（Membrane Optical Imager Real－time Exploitation）计划[112-114]，该计划目前还处于地面研发阶段，拟发展高轨薄膜衍射光学成像卫星。卫星构型如图 1－12 所示，主要由大型柔性伸展桁架、薄膜相机载荷和服务舱组成，其中，相机口径分别为 10 m（验证星）和 20 m（应用星），地面目标分辨率为 1.2 m（验证星）和 0.6 m（应用星），伸展桁架长约 60 m，整星惯量预计将达到 $1\times10^{6}\mathrm{kg\cdot m^{2}}$ 的量级，指向稳定度要求优于 1×10^{-5}（°）/s。由于薄膜相机载荷视场只有 10 km，因此为扩大成像范围，卫星需要具备一定的姿态机动能力。为了降低星上大柔性伸展桁架的低频结构振动对姿态机动的不利影响，卫星研发人员必定采取了一些柔性结构振动抑制措施，但出于保密原因，目前并未公布这方面的相关资料。针对高轨高分辨率成像这一新的国际发展动向，我国也启动了相关预先研究计划，例如科技部在 2016 年的国家重点研发计划“地球观测与导航”重点专项里，提出并资助了“静止轨道高分辨率轻型成像相机系统技术”研究，其中的一条技术途径就采用了和 MOIRE 计划类似的薄膜衍射光学成像体制，在轨通过几十米长的桁架将载荷镜子伸展出去，整星构型更加复杂，柔性结构振动影响更加明显，而且还需要克服大柔性结构振动对整星姿态机动的影响，主要措施包括低频结构振动的主动抑制等。

1.4.3 光学遥感卫星成像控制研究

为了达到快速姿态机动的目的，这些航天器首先在结构设计上采用了高刚度与小惯量

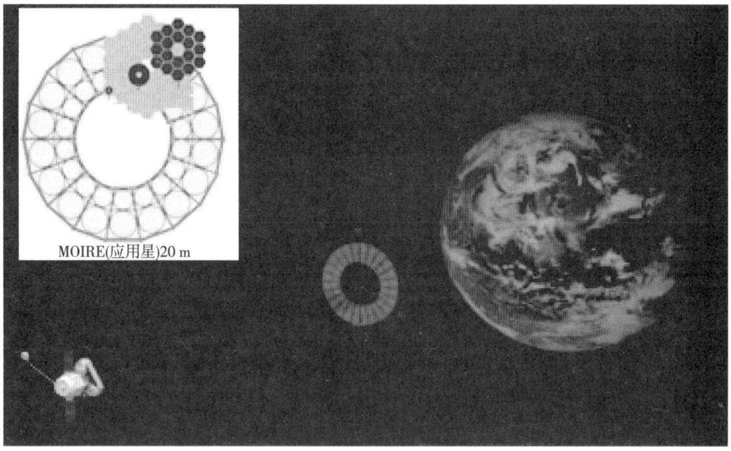

图 1－12　美国 MOIRE 计划的薄膜光学卫星构型及其薄膜成像镜

的一体化结构，以尽量提高柔性附件基频和阻尼比，从而确保航天器姿态机动过程的响应速度。在姿态控制系统设计上采用了高动态姿态敏感器、大力矩执行机构和高精度控制算法，并采用了隔振装置抑制执行机构微振动。正是在航天器平台快速机动、高精度姿态控制能力的支撑下，实现了同轨多离散目标扫描、同轨多条带拼幅等传统成像模式，以及如图 1－13 所示的非沿轨（斜轨、垂轨）扫描这类在平台姿态动态变化过程中成像（又称为“动中成像”）的新模式，极大提升了航天器的使用灵活性和观测效率。

图 1－13　国外遥感卫星对非沿轨条带进行动中成像

上述介绍的国外高分成像卫星主要采用线阵推扫体制，但随着商业航天的发展，采用面阵凝视成像体制的小型观测卫星蓬勃发展，典型代表为如图 1－14 所示的美国 Skybox imaging 公司于 2013 年年底首发的 SkySat－1 太阳同步轨道卫星[116-118]，目前该卫星已发射到 SkySat－7。SkySat 卫星的各分系统包括姿态控制系统大量采用了商业元器件，轨道高度为 600 km，质量为 100 kg，可提供长 90 s、30 帧/s 和 1.1 m 分辨率的黑白高清视频图像。根据文献［120］的分析，SkySat 卫星凝视期间的最大俯仰角约为 30°，平均跟踪角速度为 0.691（°）/s，跟踪过程中的卫星平台的相对姿态稳定度和指向精度分别为 0.03（°）/s和 0.05°。

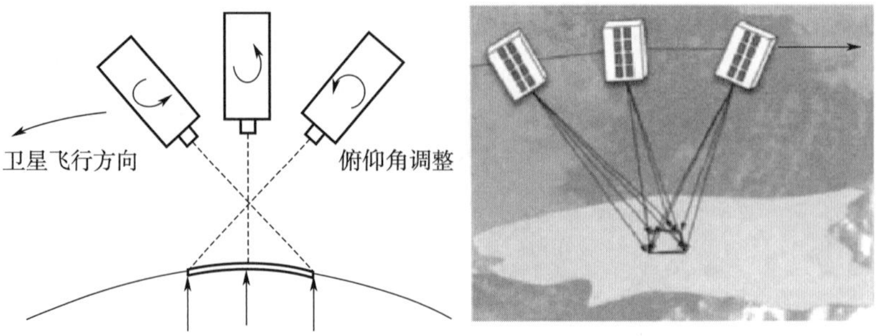

(a)姿态机动　　(b)凝视成像

图 1-14　SkySat 卫星姿态机动与凝视成像示意图

表 1-3 总结了近年来国外典型高分卫星的主要技术指标，从表中可看出，国外新一代遥感卫星已经实现了非常高的姿态控制水平，例如典型的大型卫星代表——WorldView 卫星的最大机动速度达到了 4.5（°）/s，姿态机动 33.6°只需要 9 s；又如典型的中小型卫星代表——Pleiades 卫星的最大机动速度达到了 3.4（°）/s，姿态机动 60°用时 25 s。

表 1-3　国外近年来的典型机动卫星

名称	WorldView-1	WorldView-2	WorldView-3	Pleiades	SPOT-6/-7
首发时间	2007.9	2009.10	2014.8	2011.12	SPOT-6:2012.9 SPOT-7:2014.6
光学系统	TDI-CCD,三反离轴	TDI-CCD,三反同轴	TDI-CCD,三反同轴	TDI-CCD,同轴三反	TDI-CCD
孔径/mm	600	1 100	1 300	650	200
焦距/m	8.8	13.4	—	12.9	—
卫星质量/kg	整星 2 290,相机为 380	整星 2 615,相机为 680	整星 2 812	整星约 900,相机约 215	整星 714,相机为 60
星下分辨率/μrad	全色:0.9	全色:0.6 多光谱:2.3	全色:0.5 多光谱:2.0	全色:0.7 多光谱:2.9	全色:2.2 多光谱:8.6
视场角/(°)	2.12	1.22	1.22	1.65	4.94(双相机)
定位精度/m	无地面控制点:5.8～7.6 有地面控制点:2	无地面控制点:8.5～10.7 有地面控制点:2	无地面控制点:3.5 m	无地面控制点:15 有地面控制点:1	无地面控制点:35 有地面控制点:10
姿态机动能力	最大摆角±45°,最大角加速度 2.5(°)/s^2,最大角速度 4.5(°)/s,33.6(°)/9 s	最大摆角±40°,最大角加速度 1.5(°)/s^2,最大角速度 3.5(°)/s,50(°)/45 s	最大摆角±40°,18(°)/12 s	最大摆角±60°,最大角加速度 3.4(°)/s,5(°)/8 s,10(°)/10 s,60(°)/25 s	最大摆角±45°,任意轴 30(°)/12 s
控制系统核心部件	大力矩控制力矩陀螺,高精度、高动态星敏感器和陀螺,GPS				
成像模式	长条带扫描、立体扫描、多点目标扫描、多条带拼幅,实现动中成像能力				

续表

名称	WorldView－1	WorldView－2	WorldView－3	Pleiades	SPOT－6/－7
寿命/年	7.25	7.25	7.25	5	10

国外高性能对地观测卫星在姿态机动指标方面性能的大幅提升，主要得益于它们配置了高性能星敏感器和陀螺，并辅以星载一体化安装和地面误差修正技术，实现了高精度的姿态确定。通过采用大角动量-大力矩的控制机构和精细的控制算法，实现了超敏捷姿态机动与快速稳定控制。通过建立高精度像移模型，并在此基础上开发多约束下的在轨自主路径规划算法，实现了高精度的姿态跟踪与像移匹配耦合控制。

我国高分卫星在“十二五”期间获得了很大发展，先后研制了如图 1－15 所示的以高分二号和高分四号等为典型代表的高分辨率对地观测系统重大专项卫星，以及以吉林一号等为典型代表的商业遥感卫星[116,117,120,121]，卫星的姿态机动能力与稳定度得到了很大的提高，主要技术指标见表 1－4。在这些卫星的研制与在轨应用过程中，无论是姿态确定与机动控制等平台关键技术，还是星敏感器、陀螺和控制力矩陀螺等核心控制系统单机攻关，均取得了显著的进步。正是在姿态机动控制系统和高分载荷等核心分系统的有力支撑下，我国近年来明显缩小了与国外先进光学遥感平台的差距。但我们也要看到，目前国内中低轨光学遥感卫星的 TDI（Time Delay Integration）推扫积分成像模式还采用姿态机动到位并稳定后成像，很少有卫星实现通过姿态控制系统整体调整平台姿态的方式来进行动中成像等更强大成像能力的扩展。目前国内对于遥感卫星姿态机动中成像技术的研究尚处于探索阶段[118,122-126]，对动中成像模式、像移建模、姿态运动对像移的影响等开展了初步的理论研究，但对于成像姿态路径规划、高精度姿态跟踪控制等控制技术关键内容，特别是任意路径机动成像控制方法的研究还需要深入开展。

(a) 高分二号

(b) 高分四号

(c) 高分一号

(d) 吉林一号

图 1－15 我国近年来发射的光学遥感卫星

表 1-4 国内近年来的典型对地光学遥感卫星

名称	遥感卫星 A	吉林一号主星	高分一号	高分二号	高分四号
研制单位	航科八院	长光卫星公司	航科五院	航科五院	航科五院
轨道高度/km	900	656	645	631	36 000
整星质量/kg	1 200	420	1 060	2 100	5 000
相机类型	TDI-CCD	TDI-CCD	TDI-CCD	TDI-CCD	面阵 CMOS
视场角/(°)	17	1.0	5.3	4.1	0.6
角分辨率/μrad	全色:4.1	全色:1.1 多光谱:6.1	全色:3.1 多光谱:12.4	全色:1.3 多光谱:5.1	可见光:1.4 红外:11.1
机动能力	40(°)/110 s,机动到位后稳定度优于 1×10^{-3}(°)/s	最大 45°侧摆,机动到位后稳定度优于 1×10^{-3}(°)/s	25(°)/185 s,机动到位后稳定度优于5×10^{-4}(°)/s	35(°)/150 s,机动到位后稳定度优于5×10^{-4}(°)/s	0.64(°)/26 s,机动到位后稳定度优于 2×10^{-4}(°)/s
执行机构	飞轮	飞轮+控制力矩陀螺	飞轮	飞轮+控制力矩陀螺	大力矩飞轮

从前面已发射的国内外典型光学卫星的姿态控制特点分析可知，解决卫星姿态快速机动与快速稳定问题依然是光学遥感卫星姿轨控分系统的核心任务[127]，控制系统为此采取的主要技术可归纳为以下几方面：

1）高精度连续姿态确定技术，包括采用高精度星敏感器、高动态陀螺和卡尔曼滤波算法等，提供了姿态反馈控制和对目标高精度定位所需的精确姿态基准。

2）绕任意轴的快速姿态机动技术，包括采用大角动量-大力矩的执行机构和改进的机动控制算法，从而实现根据需要快速获取地面任意目标的遥感数据，支撑条带拼接、立体成像等多成像模式应用。

3）姿态机动到位后的快速稳定技术，包括合理规划机动路径、采取柔性结构抑制和执行机构微振动隔离等措施，从而实现航天器姿态快速满足载荷工作要求，增加载荷可工作时间。

光学遥感成像卫星同时保证姿态精确指向与动态过程中高精度成像控制，后续研究的趋势重点是解决高动态姿态运动下的大角速度精确跟踪控制与像移补偿控制兼顾的问题。

在这方面，根据公开报道推测，目前国外遥感卫星如法国 Pleiades 卫星已经实现了如图 1-16 所示的在卫星平台姿态机动的动态过程中成像，引领了光学卫星控制技术发展的新趋势。在国内，为实现与国外先进水平保持一致并逐步领先，科技部在 2016 年的国家重点研发计划“地球观测与导航”重点专项里[127]，提出并资助我国航天工业部门开展“超敏捷机动中成像集成验证技术”项目的研究。该项目面向高分辨率、高效率与高价值对地观测卫星发展需求，拟完成动中成像模式的总体设计，开展姿态快速机动并稳定控制、动中成像高平稳姿态控制、高动态姿态运动时的高精度像移补偿等关键技术攻关，开发相关的核心控制部件并完成系统闭环验证，构建动中成像集成验证系统来开展超敏捷姿控机动与载荷成像集成试验验证。该项目拟达到的姿态机动水平非常高，主要包括绕任意轴机动 25°并稳定时间不超过 10 s、最大角速度不低于 6（°）/s、最大角加速度不低于

1.5 (°) /s^2、动中成像过程中的姿态稳定度优于 5×10^{-4} (°) /s（三轴，3σ）等。这些快速姿态机动、高精度的姿控指标以及背后涉及的复杂的姿态控制与载荷像移强耦合，为控制系统单机研制和系统开发带来了很大的促进作用。对于兼顾机动和像移补偿控制过程中在时间对准、空间对准、成像和姿态运动复合指向等方面，相关院校和科研院所均在开展深入研究。

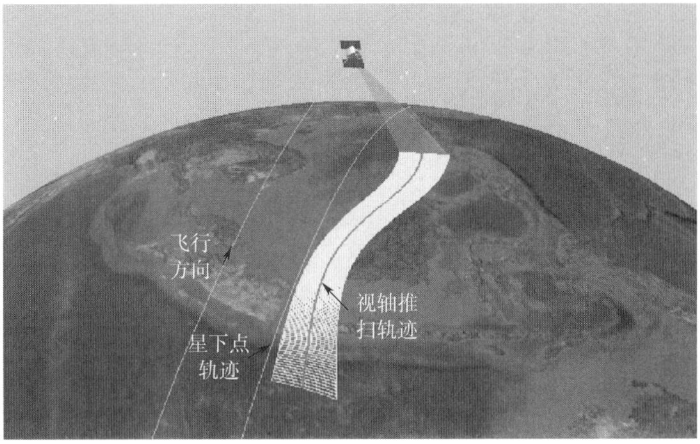

图 1-16　姿态机动中成像示意图

在我国当前的研究进展中，通过柔性主动控制算法结合姿态机动控制策略实现遥感卫星的姿态机动控制会逐步推向工程应用，而当敏捷机动与光学成像中像移运动补偿控制同步完成时，控制模型必须将姿态指向与像移运动两个约束耦合求解，因此，兼顾姿态机动控制要求和像移补偿控制要求，还需要开展大量系统的研究工作。

1.4.4　高精度遥感卫星姿态控制难点

遥感卫星大多携带大面阵柔性帆板、大量的晃动液体推进剂和大孔径柔性通信天线，具有整星柔性大、低频模态密集、模态耦合程度高、结构阻尼小等特点。通常情况下，柔性体在激励作用下会产生大幅振动，并与星上转动部件产生耦合振动，影响航天器正常工作，降低高精度遥感卫星的成像质量和定位精度。因此，需要对这一过程建立更加精确的动力学模型。复杂模型对控制系统提出了更高的要求，需要引入高精度姿态确定算法和姿态控制算法以满足任务需求。

此外，遥感卫星为了观测到目标的更多信息，在携带高分辨率成像系统的同时，也对航天器平台姿控系统的控制精度和测量精度要求越来越高。传统的三轴稳定对地定向姿态控制模式只有几千米的固定幅宽观测，相比地球的尺寸远远不够。当前的高分辨率光学遥感卫星多采用更加灵活的在轨飞行模型。也就是说，在传统光学遥感卫星零动量三轴稳定姿态控制的基础上，采用大力矩姿态执行机构，使航天器平台具有绕滚动轴、俯仰轴、偏航轴的大范围快速姿态机动和姿态稳定能力，实现同轨多目标成像、同轨大区域目标多条带拼接成像和同轨同目标多视角立体成像等多种成像方式（见图 1-17）。为了实现多种成像方式，对高分辨率卫星的敏捷机动能力提出了指标要求，如机动范围、机动角度、机动时间和成像时的姿态稳定度以及能够完成的成像模式、单圈轨道成像面积等。

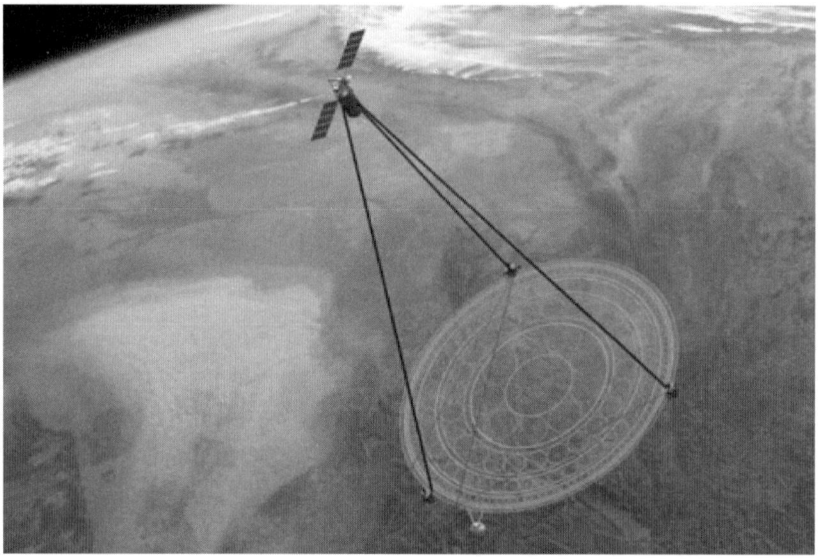

图 1-17　卫星成像示意图

目前，高精度遥感卫星大多采用的是推扫成像的时间延迟积分-电荷耦合器件（TDI-CCD）相机，这一相机的原理将在本书最后一章进行详细介绍。它的工作原理决定了姿态不稳定会造成时间延时积分成像时间内的 CCD 相面产生位移，导致图像调制传递函数（MTF）下降。TDI-CCD 元件与普通线阵 CCD 不同的是，需要考虑同步精度要求、抑制噪声和像稳定要求。因此，通过对成像器件和任务需求的分析，可以得到该有效载荷对航天器平台姿态控制系统的要求，并据此设计像移补偿算法。

1.4.5　大型桁架结构航天器姿态控制热点

通过现有国内外关于大柔性结构航天器姿态控制的相关研究可以看出，解决空间观测过程中精确指向问题的途径可以分为三个层面：首先是频率隔离的经典控制方法。通过带通滤波和陷波的方式，实现对带柔性附件航天器的高精度控制。这种方法的前提是柔性附件的模态频率可以和控制系统带宽进行隔离，且对航天器在轨模态频率的精度有较严格的要求。其次是通过对执行机构、转动部件等干扰增加隔振机构的方式实现干扰的隔离，但必须保证隔振机构的频率特性不会影响航天器正常姿态控制。最后是复杂柔性结构在空间存在参数变化或参数不确定时，通过鲁棒、变结构、自适应等控制算法使系统适应模型不确定性。

本书在研究大型桁架结构航天器姿态精确控制过程中，由于地面实验难以精确标定或计算出航天器的质量特性参数、动力学参数、振动参数，并且柔性结构在空间中应力释放、太阳照射的热梯度分布等造成桁架结构变形，使得航天器的动力学参数本身在不断变化。除此之外，类似桁架和太阳电池阵等大型柔性结构的瞬时振动状态难以精确测量。因此大型柔性桁架结构航天器在控制系统设计中面临着模型不确定性、柔性模态不确定性、航天器转动惯量不确定性等系列难点问题，成为制约大型柔性桁架结构航天器高精度、高稳定性姿态控制的主要困难。同时，安装在大型柔性桁架结构航天器平台的控制舱中姿态敏感器所测量的姿态角和姿态角速度，并不能完整地反映柔性体结构的整体姿态变化。安装在柔性结构的基丁局部应变或位移测量的敏感器虽然可以通过布局优化，尽可能获取一定阶次的附件振动模态，但往往也存在测量误差，且振动模态的变化率无法直接获取。

因此，本书在结合大型桁架结构航天器柔性多体动力学模型的基础上，根据柔性模态能否测量分两种情况处理其姿态控制问题。一种情况是假设桁架结构柔性模态不可测量，直接将柔性力矩视为系统的干扰，通过对航天器动力学模型的简化所设计的控制器，在大柔性动力学模型环境下进行性能仿真，来分析控制方案是否可行。另一种情况是假设柔性桁架结构上已经安装了各种形位感知装置或视觉测量系统，可以测量航天器柔性结构的形变，并可转换为柔性模态，在此基础上，解决转动惯量、模态测量等不确定性和角速度不可测量等情况下的航天器姿态控制问题。

综上，针对大型桁架结构航天器，以高精度遥感成像为工程背景，考虑各种实际问题及约束，仍需进一步研究的内容包括：

1）结合实际航天器特性，建立大型桁架结构航天器的多体柔性动力学模型，并进行适当简化，得到便于控制器设计的简化姿态动力学方程。

2）针对空间各种干扰力矩及模态感知误差等因素所带来的有界干扰下的姿态控制问题，设计高精度航天器姿态控制器，确保大型桁架结构航天器的稳定观测。

3）针对大型桁架结构航天器空间姿态重定向过程的姿态跟踪误差约束情况，在模态不可精确测量情况下，设计考虑模态不确定性的状态约束姿态跟踪控制器。

4）针对大型柔性桁架结构展开后的惯量特性和振动特性的不确定性问题，设计具有自适应能力的航天器鲁棒姿态控制器，实现姿态控制的同时有效估计航天器的质量特性信息。

5）针对柔性模态可测量但模态变化率不可知问题，在航天器姿态完全可测和角速度不可测量的情况下设计姿态控制方案，并对相应的模态变化率和姿态角速度进行观测。

1.5　本章小结

本章首先介绍了国内外空间遥感卫星的发展现状。然后，在现有遥感卫星性能和发展需求的基础上，介绍了航天器姿态确定技术的发展和存在的问题，以及航天器姿态控制的关键技术与分类。最后，结合当前高分辨率光学遥感卫星有效载荷的性能特点，给出高精度遥感卫星对姿态控制系统的需求和研究需要。

参考文献

[1] COSTIC B T, DAWSON D M, KAPILA V. Quaternion - based adaptive attitude tracking controller without velocity measurements [J]. Journal of Guidance, Control, and Dynamics, 2001, 24 (6): 1214 - 1222.

[2] TANDALE M D, VALASEK J. Adaptive dynamic inversion control with actuator saturation constraints applied to tracking spacecraft maneuvers [J]. Journal of the Astronautical Sciences, 2004, 52 (4): 517 - 530.

[3] YOON H, AGRAWAL B N. Adaptive control of uncertain Hamiltonian multi - input multi - output systems: with application to spacecraft control [J]. IEEE Transactions on Control Systems Technology, 2009, 17 (4): 900 - 906.

[4] KHOSRAVIAN A, NAMVAR M. Rigid body attitude control using a single vector measurement and gyro [J]. IEEE Transactions on Automatic Control, 2012, 57 (5): 1273 - 1279.

[5] NAZARI M, BUTCHER E A, SCHAUB H. Spacecraft Attitude Stabilization Using Nonlinear Delayed Multiactuator Control and Inverse Dynamics [J]. Journal of Guidance, Control, and Dynamics, 2013, 36 (5): 1440 - 1452.

[6] SANYAL A, FOSBURY A, CHATURVEDI N, et al. Inertia - free spacecraft attitude tracking with disturbance rejection and almost global stabilization [J]. Journal of Guidance, Control, and Dynamics, 2009, 32 (4): 1167 - 1178.

[7] SONG Y D, CAI W C. Quaternion observer - based model independent attitude tracking control of spacecraft [J]. Journal of Guidance, Control, and Dynamics, 2009, 32 (5): 1476 - 1482.

[8] LEEGHIM H, CHOI Y, BANG H. Adaptive attitude control of spacecraft using neural networks [J]. Acta Astronautica, 2009, 64 (7 - 8): 778 - 786.

[9] FOSTER C L, TINKER M L, et al. Solar - Array - Induced Disturbance of the Hubble Space Telescope Pointing System [J]. Journal of Spacecraft and Rockets, 1995, 32 (4): 634 - 644.

[10] WIE B, BYUN K W, WARREN V W, et al. New approach to attitude/momentum control for the space station [J]. Journal of guidance, control, and dynamics, 1989, 12 (5): 714 - 722.

[11] VALENTIN - CHARBONNEL C, DUC G, LE BALLOIS S. Low - order robust attitude control of an earth observation satellite [J]. Control Engineering Practice, 1999, 7 (4): 493 - 506.

[12] BUKLEY A P. Hubble Space Telescope Pointing Control System Design Improvement Study [J]. Journal of Guidance, Control, and Dynamics, 1995, 18 (2): 194 - 199.

[13] CHIDA Y, SOGA H, YAMAGUCHI Y, et al. On - orbit attitude control experiments using ETS - VI by H_∞ control and two - degree - of - freedom control [J]. Control Engineering Practice, 1998, 6 (9): 1109 - 1116.

[14] OHTANI T, HAMADA Y, NAGASHIO T, et al. Robust attitude control using mu - synthesis for the large flexible satellite ets - viii [J]. The Journal of Space Technology and Science, 2009, 25 (1):

127－140.

[15] 靳尔东，孙兆伟. 挠性航天器的非线性 PID 和 PI 姿态控制器设计 [J]. 控制理论与应用，2009，26（5）：6.

[16] EDDINE B J，YIJIANG D，ZHONG W. Anti－disturbance PD controller design for flexible spacecraft attitude stabilization [C] //Control Conference（CCC），2015 34th Chinese. IEEE，2015：5687－5690.

[17] HU Q L，MA G，XIE L. Robust and adaptive variable structure output feedback control of uncertain systems with input nonlinearity [J]. Automatica，2008，44（2）：552－559.

[18] TAO J，ZHANG T，REN W，et al. Matlab GUI－based simulation platform design of flexible satellite attitude control and vibration suppression [C] //The 27th Chinese Control and Decision Conference（2015 CCDC）. IEEE，2015：1552－1557.

[19] SATO M，SUZUKI M. Vibration control of flexible structures using a combined H－infinity filter approach [J]. Journal of guidance，control，and dynamics，1996，19（5）：1000－1006.

[20] 李争学，王本利，马兴瑞. 带挠性附件卫星的鲁棒姿态跟踪控制 [J]. 宇航学报，2009，30（3）：974－981.

[21] CHEN B S，WU C S，JAN Y W. Adaptive fuzzy mixed H_2/ H_∞ attitude control of spacecraft [J]. IEEE Transactions on Aerospace and Electronic Systems，2000，36（4）：1343－1359.

[22] 宋斌，马广富，李传江，等. 基于 H_∞ 鲁棒控制的挠性卫星姿态控制 [J]. 系统仿真学报，2005，17（4）：968－970.

[23] BU X W，WU X Y，ZHU F J，et al. Novel prescribed performance neural control of a flexible air－breathing hypersonic vehicle with unknown initial errors [J]. Isa Transactions，2015，59：149－159.

[24] PUKDEBOON C，ZINOBER A S I，THEIN M W L. Quasi－continuous higher order sliding mode controllers for spacecraft attitude tracking maneuvers [J]. IEEE Transactions on Industrial Electronics，2010，57（4）：1436－1444.

[25] ZHU Z，XIA Y Q，FU M Y. Adaptive sliding mode control for attitude stabilization with actuator saturation [J]. IEEE Transactions on Industrial Electronics，2011，58（10）：4898－4907.

[26] YOON H，TSIOTRAS P. Adaptive spacecraft attitude tracking control with actuator uncertainties [J]. The Journal of the Astronautical Sciences，2008，56（2）：251－268.

[27] SCARRITT S K. Nonlinear model reference adaptive control for satellite attitude tracking [C] //Proceeding of the AIAA Guidance，Navigation and Control Conference and Exhibit. Hawaii，USA：AIAA，2008：18－21.

[28] PECK M. Estimation of momentum wheel and CMG alignments from on－orbit telemetry [C] //Proceedings of the 2001 Flight Mechanics Symposium. Maryland，USA：Goddard Space Flight Center，2001：19－28.

[29] WAHBA G. Practical approximate solutions to linear operator equations when the data are noisy [J]. SIAM journal on numerical analysis，1977，14（4）：651－667.

[30] HARISH K J，VENKATESWARLU K. Gyro Scale factor error and misalignment estimation for a spacecraft [C] //AIAA/AAS Astrodynamics Specialist Conference and Exhibit. Rhode Island，USA：AIAA，2004：2004－4860.

[31] SHARMA R，ASHISH T. Optimal nonlinear tracking of spacecraft attitude maneuvers [J]. IEEE

Transactions on Control System Technology, 2004, 12 (5): 677 - 682.

[32] LAWTON J, BREAD R W, MCLAIN T, et al. Approximation of Nonlinear Optimal Attitude Control [C]. ACC99 - IEEEO22O, 2005: 50 - 55.

[33] HAMADA Y, OHTANI T, KIDA T, et al. A new gain scheduling controller synthesis and its application to attitude control systems of a large flexible satellite [C]. Computer Aided Control System Design, 2006 IEEE International Conference on Control Applications, 2006 IEEE International Symposium on Intelligent Control, 2006 IEEE, 2914, 2920, 4 - 6 Oct. 2006.

[34] WILSON D G, STARR G P, PARKER G G, et al. Nonlinear Adaptive Control for Slewing Flexible Active Structures [J]. Journal of Guidance, Control and Dynamics, 2004, 27 (1): 142 - 145.

[35] SHAHRAVI M, KABGANIAN M. Attitude Tracking and Vibration Suppression of Flexible Spacecraft using Implicit Adaptive Control Law [C]. American Control Conference, 2005: 913 - 918.

[36] YAMADA K, YONECHI H, WAKAO M, et al. Adaptive Attitude Control of the Data Relay Test Satellite [C]. International Communications Satellite Systems Conference and Exhibit, 2003.

[37] WAG Q, GONG K, YANG D, et al. Fine Attitude Control by Reaction Wheels using Variable - Structure Controller [J]. Acta Astronautica, 2003, 52: 613 - 618.

[38] DING S H, LI S H. Sliding Mode Control of Spacecraft Attitude with Finite - Time Convergence [C]. Proceedings of the 6th World Congress on Intelligent Control and Automation, Dalian, China 2006: 830 - 834.

[39] 梁永红. 带有挠性部件三轴稳定卫星鲁棒控制器研究 [D]. 上海：上海交通大学，2015.

[40] WON C H, GUNARATNE K T. Performance study of LQG, MCV, and risk sensitive control methods for satellite structure control [C]. American Control Conference, 2002. Proceedings of the 2002, Volume: 3.

[41] LUO L K, PENG H, CHENG Y L. H - infinity - constrained LQG controller design of flexibility satellite' s attitude movement [C]. Control and Automation, 2002. ICCA.

[42] HAO M H, HARVEY S C. Analyzing the normal mode dynamics of macromolecules by the component synthesis method [J]. Biopolymers, 1992, 32 (10): 1393 - 1405.

[43] 陕晋军，刘暾. 应用分力合成方法改善柔性系统性能的研究 [J]. 系统仿真学报，2002, 14 (11): 1536 - 1540.

[44] 胡庆雷，马广富. 基于变结构输入成形的卫星振动抑制方法 [J]. 哈尔滨工业大学学报，2006, 10: 1769 - 1772.

[45] CHOI S B, KIM H K, LIM S C, et al. Position tracking control of an optical pick - up device using piezoelectric actuator [C]. SPIE' s 7th Annual International Symposium on Smart Structures and Materials. International Society for Optics and Photonics, 2000: 370 - 376.

[46] AMBROSIO P, CAZZULANI G, RESTA F, et al. An optimal vibration control logic for minimising fatigue damage in flexible structures [J]. Journal of Sound and Vibration, 2014, 333 (5): 1269 - 1280.

[47] D AHREU GLCM, D MELO GP, LOPES JR V, et al. Active modal damping control of a smart truss structure using a self - organizing fuzzy controller [J]. Journal of the Brazilian Society of Mechanical Sciences and Engineering, 2015, 37 (2): 441 - 450.

[48] LI H, YU J, HILTON C, et al. Adaptive sliding - mode control for nonlinear active suspension vehicle systems using T - S fuzzy approach [J]. Industrial Electronics, IEEE Transactions, 2013, 60 (8): 3328 - 3338.

[49] YANG J, LIU Z, CUI X, et al. Experimental Study of Adaptive Sliding Mode Control for Vibration of a Flexible Rectangular Plate [J]. International Journal of Aeronautical and Space Sciences, 2015, 16 (1): 28 - 40.

[50] 苗双全，丛炳龙，刘向东. 基于输入成形的挠性卫星自适应滑模控制 [J]. 航空学报，2013，34 (8): 1906 - 1914.

[51] OMIDI E, MAHMOODI S N. Vibration control of collocated smart structures using H_∞ modified positive position and velocity feedback [J]. Journal of Vibration and Control, 2016, 22 (10): 2434 - 2442.

[52] CAVALLO A, DE MARIA G, NATALE C, et al. Robust control of flexible structures with stable bandpass controllers [J]. Automatica, 2008, 44 (5): 1251 - 1260.

[53] 陈文英，褚福磊，阎绍泽. 基于自适应遗传算法分步优化设计智能桁架结构自抗扰振动控制器 [J]. 机械工程学报，2010 (7): 74 - 81.

[54] LUO B, LI W, HUANG H. Experimental study of active vibration control for flexible beam by using a Stewart platform manipulator [C] //Mechatronics and Automation (ICMA), 2011 International Conference on IEEE, 2011: 1465 - 1470.

[55] 崔龙，杨恺，黄海. 基于自适应动力吸振器的空间桁架结构振动抑制研究 [J]. 宇航学报，2011，32 (9): 2074 - 2079.

[56] CHEN W Y, CHU F L, YAN S Z. Stepwise optimal design of active disturbances rejection vibration controller for intelligent truss structure based on adaptive genetic algorithm [J]. Journal of Mechanical Engineering, 2010, 46 (7): 74 - 80.

[57] RAJA M G, NARAYANAN S. Vibration control of tensegrity structures using different active control strategies [J]. Journal of Vibration and Control, 2015, 21 (1): 3 - 20.

[58] 曹玉岩，王志臣，付世欣，等. 智能桁架结构最优振动控制与作动器优化配置 [J]. 振动与冲击，2015，34 (5): 26 - 32.

[59] LIN J, ZHENG Y B. Vibration suppression control of smart piezoelectric rotating truss structure by parallel neuro - fuzzy control with genetic algorithm tuning [J]. Journal of Sound and Vibration, 2012, 331 (16): 3677 - 3694.

[60] HU Q, JIANG B, FRISWELL M I. Robust saturated finite time output feedback attitude stabilization for rigid spacecraft [J]. Journal of Guidance, Control, and Dynamics, 2014, 37 (6): 1914 - 1929.

[61] TSE - HUAI WU, TAEYOUNG LEE. Angular velocity observer for attitude tracking on SO (3) with the separation property [J]. International Journal of Control, Automation and Systems, 2016, 14 (5): 1289 - 1298.

[62] 徐利民，张涛. 基于外扰观测器的双通道卫星姿态控制方法 [J]. 清华大学学报（自然科学版），2017，57 (6): 631 - 636.

[63] XI MA, FUCHUN SUN, HONGBO LI, et al. Attitude control of rigid body with inertia uncertainty and saturation input [J]. International Journal of Control, 2017, 22 (1): 83 - 91.

[64] SHAO S K, ZONG Q, TIAN B L, et al. Finite - time sliding mode attitude control for rigid spacecraft without angular velocity measurement [J]. Journal of the Franklin Institute, 2017, 354 (12): 4656 - 4674.

[65] NUNO FILIPE, ALFREDO VALVERDE, PANAGIOTIS TSIOTRAS. Pose tracking without linearand angular - velocity feedback using dual quaternions [J]. IEEE Transactions on Aerospace and Electronic Systems, 2016, 52 (1): 411 - 422.

[66] LOTFI BENZIANE, ABDELAZIZ BENALLEGUE, YACINE CHITOUR, et al. Velocity - free attitude stabilization with inertial vector measurements [J]. International Journal of Robust and Nonlinear Control, 2016, 26 (11): 2478 - 2493.

[67] LIONEL MAGNIS, NICOLAS PETIT. Angular velocity nonlinear observer from vector measurements [J]. Automatica, 2017, 75: 46 - 53.

[68] ALEXANDER FRIAS, ANTON H J DE RUITER, KRISHNA DEV KUMAR. Velocity - Free Attitude Stabilization of a Nadir - Pointing Underactuated Rigid Spacecraft [J]. Journal of Guidance, Control, and Dynamics, 2018, 41 (5): 1068 - 1082.

[69] 殷春武，侯明善，李明翔. 无角速度测量的姿态跟踪动态 PD 控制 [J]. 电机与控制学报，2017，21 (12)：107 - 116.

[70] 黄静，刘刚，刘付成，等. 应用旋转矩阵的卫星姿态输出反馈机动控制 [J]. 航空学报，2016，37 (12)：3774 - 3782.

[71] YINQIU WANG, CHANGBIN YU. Rigid body motion stability of translation and rotation without linear and angular velocity measurements via dual quaternion [C]. Control Conference (CCC), 2016 35th Chinese.

[72] LI YUAN, GUANGFU MA, CHUANJIANG LI, et al. Finite - time attitude tracking control for spacecraft without angular velocity [J]. Journal of Systems Engineering and Electronics, 2017, 28 (6): 1174 - 1185.

[73] B XIAO, Z FU, Y GUO. Attitude output feedback tracking control of satellites without angular velocity observers [C]. Industrial Electronics Society, IECON 2017 - 43rd Annual Conference of the IEEE.

[74] YOSHIRO HAMADA, TAKASHI OHTANI. Robust Two - Degrees - of - Freedom Attitude Controller Design and Flight Test Result for Engineering Test Satellite - VIII Spacecraft [J]. IEEE Transactions on Control Systems Technology, 2014, 22 (1): 157 - 168.

[75] OHTANI T, HAMADA Y, NAGASHIO T. Robust attitude control using μ - synthesis for the large flexible satellite ETS - VIII [J]. Journal Space Technology Science, 2009, 25 (1): 27 - 40.

[76] KATSUO YONEZAWA, MASANORI HOMMA. Attitude control on ETS - VIII mobile communication satellite with large deployable antenna [C]. 21st AIAA International Communications Satellite Systems Conference and Exhibit, Yokohama, Japan, 2003.

[77] KIDA TAKASHI, YAMAGUCHI ISAO, CHIDA YUICHI. On - orbit robust control experiment of flexible spacecraft ETS - VI [J]. Journal of Guidance, Control and Dynamics, 1997, 20 (5): 865 - 872.

[78] CHIDA YUICHI, SOGA HIROSHI, YAMAGUCHI YOSHITAKE. On - orbit attitude control experiments using ETS - VI by H_∞ control and two - degree - of - freedom control [J]. Control

Engineering Practice，1998，6（9）：1109 - 1116.

[79] STEVEN A LANE，THOMAS W MURPHEY. Overview of the Innovative Space - Based Radar Antenna Technology Program [J]. Journal of Spacecraft and Rockets，2011，48（1）：135 - 145.

[80] JOHN Y LIU，DOUGLAS J BENDER，RICHARD Y CHIANG，et al. Innovative SBR Antenna Technology（ISAT）ACS Design [C]. AIAA Guidance，Navigation and Control Conference and Exhibit. August，2008.

[81] 邬树楠，刘丽坤，汪锐. 大型索网式可展开天线在轨高精度指向控制 [J]. 宇航学报，2015，36（10）：1140 - 1147.

[82] YA' NAN YU，XIUYUN MENG，KEYONG LI. Robust Control of Flexible Spacecraft during Large - Angle Attitude Maneuver [J]. Journal of Guidance Control and Dynamics，2014，37（3）：1027 - 1033.

[83] 梁红义，张锦江. 一种基于 2 DOF H1 控制器的航天器姿态控制方法 [J]. 空间控制技术与应用，2010，36（2）：42 - 46.

[84] 刘刚，钟超，何益康，等. 有大型挠性结构的卫星姿态线性鲁棒控制器设计研究 [J]. 上海航天，2017，34（2）：150 - 159.

[85] BONG WIE，KUK - WHAN BYUN. New generalized structural filtering concept for active vibration control synthesis [J]. Journal of Guidance，Control and Dynamics，1989，12（2）：147 - 154.

[86] CATHERINE CHARBONNEL. H_∞ Controller Design and μ - Analysis：Powerful Tools for Flexible Satellite Attitude Control [C]. AIAA Guidance，Navigation and Control Conference，Toronto，Ontario Canada，2010.

[87] 武云丽，李佳嘉，曾海波. 带有大型挠性网状天线航天器的鲁棒 H_∞ 控制方法 [J]. 控制理论与应用，2013，30（3）：365 - 371.

[88] 于登云，夏人伟，孙国江. 在轨航天器动力学参数辨识技术研究 [J]. 中国空间科学技术，2008，1：13 - 40.

[89] KIDA TAKASHI，YAMAGUCHI ISAO，CHIDA YUICHI. On - orbit robust control experiment of flexible spacecraft ETS - VI [J]. Journal of Guidance，Control and Dynamics，1997，20（5）：865 - 872.

[90] 倪智宇，邬树楠，吴志刚. 利用改进 TW - API 方法在轨辨识挠性航天器时变模态参数 [J]. 宇航学报，2015，36（7）：769 - 776.

[91] 朱东方，王卫华，宋婷. 复杂挠性航天器转动惯量在线辨识算法研究 [J]. 上海航天，2015，32（5）：1 - 8，14.

[92] 于亚男，胡存明，贺从园. 基于高阶滑模变结构的挠性航天器大角度姿态机动控制研究 [J]. 上海航天，2016，33（3）：48 - 54.

[93] 刘敏，杨军，李学林，等. 挠性航天器退步自适应姿态机动及主动振动控制 [J]. 空间控制技术与应用，2015，41（1）：9 - 14.

[94] SHEN S P，QIAO S. Characteristic Model - based Fast Attitude Maneuver for the Complex Flexible Satellite [C]. AIAA SPACE 2015 Conference and Exposition，Pasadena，California，2015.

[95] 冯昱澍，刘昆，张文敦. 视频卫星凝视姿态跟踪有限时间控制仿真研究 [J]. 系统仿真学报，2016，28（1）：218 - 234.

[96] ZHONG C X，GUO Y，YU Z. Vibration suppression and sliding mode attitude control of flexible

spacecraft with unknown disturbance and uncertainty [C]. Proceedings of the 33rd Chinese Control Conference, Nanjing, China, 2014.

[97] 黄敏，杨芳，葛玉君，等. 卫星姿态角速度控制误差对机动中成像的影响分析 [C]. 北京力学会第21届学术年会暨北京振动工程学会第22届学术年会论文集，北京，2015.

[98] YAMAGUCHI ISAO, KASAI TOKIO, IGAWA HIROTAKA. System identification using impulse response including initial states [J]. Transactions of the Japan Society of Mechanical Engineers, 2008, 74 (9): 2114 - 2121.

[99] 苗双全，丛炳龙，刘向东. 基于输入成形的挠性航天器自适应滑模控制 [J]. 航空学报，2013，34 (8)：1906 - 1914.

[100] SINGER N C, SEERING W P. Pre - shaping command inputs to reduce system vibration [J]. Journal of Dynamic Systems, Measurement, and Control, 1990, 112 (1): 76 - 82.

[101] SONG G, BUCK N, AGRAWAL B. Spacecraft Vibration Reduction Using Pulse - Width Pulse - Frequency Modulated Input Shaper [J]. Journal of Guidance, Control and Dynamics, 1999, 22 (3): 433 - 440.

[102] 胡军，张国琪，张志方，等. 可抑制航天器轨控过程中太阳翼大幅振动的新型轨控方法研究 [J]. 载人航天，2011 (2)：15 - 23.

[103] DOHERTY M J, TOLSON R J. Input Shaping to Reduce Solar Array Structural Vibrations [C]. NASA report, NASA CR - 1998 - 208698.

[104] 齐乃明，赵宝山，赵志刚. 航天器喷气姿态机动分力合成抑制模态选取准则 [J]. 宇航学报，2013，34 (4)：473 - 479.

[105] 司洪伟，李东旭，陈卫东. 大挠性航天桁架结构动力学及其主动控制研究进展 [J]. 力学进展，2008，28 (2)：167 - 176.

[106] PORTER DAVIS, DELANO CARTER, HYDE T T. Second Generation Hybrid D - strut [C]. SPIE Smart Structures and Materials Conference, San Diego, California, 1995.

[107] HYDE T T. An experimental study of active vibration isolation [J]. American Institute of Aeronautics and Astronautics, 1997: 1763 - 1773.

[108] HASHEMINEJAD S M, VAHEDI M, MARKAZI A H D. Multi - objective robust active vibration control of an arbitrary thick piezolaminated beam [J]. Mechanics of Advanced Materials and structures, 2015, 22 (11): 908 - 924.

[109] JOHANNES SCHRÖCK, THOMAS MEURER, ANDREAS KUGI. Motion Planning for Piezo - Actuated Flexible Structures: Modeling, Design, and Experiment [J]. IEEE Transactions on Control Systems Technology, 2013, 21 (3): 807 - 819.

[110] GASBARRI PAOLO, MONTI RICCARDO, SABATINI MARCO. Very large space structures: Non - linear control and robustness to structural uncertainties [J]. Acta Astronautica, 2014, 93 (1): 252 - 265.

[111] LI S Q, LI J, MO Y P. Piezoelectric Multimode Vibration Control for Stiffened Plate Using ADRC - Based Acceleration Compensation [J]. IEEE Transactions on Industrial Electronics, 2014, 61 (12): 6892 - 6902.

[112] WILLIAM TANDY, PAUL ATCHESON, et al. MOIRE Gossamer Space Telescope - Structural Challenges and Solutions [C]. 53rd AIAA/ASME/ASCE/AHS/ASC Structures, Structural

Dynamics and Materials Conference, Honolulu, Hawaii, 2012.

[113] PAUL ATCHESON, CHRIS STEWART, JEANETTE DOMBER. MOIRE: initial demonstration of a transmissive diffractive membrane optic for large lightweight optical telescopes [C]. Proc of SPIE, 2012, 8442: 1-14.

[114] PAUL ATCHESON, JEANETTE DOMBER, KEVIN WHITEAKER. MOIRE: ground demonstration of a large aperture diffractive transmissive telescope [C]. SPIE, 2014, 9143: 1-15.

[115] 魏延明，刘旭辉，樊子辰. 基于一次性微冲量推力器阵列的卫星低频振动抑制与控制 [J]. 空间控制技术与应用，2017，43 (3)：1-6.

[116] 潘腾. 高分二号卫星的技术特点 [J]. 中国航天，2015 (1)：3-9.

[117] 潘腾，关晖，贺玮. "高分二号" 卫星遥感技术 [J]. 航天返回与遥感，2015，36 (40)：16-24.

[118] 黄群东，杨芳，赵键. 新型敏捷卫星机动中成像模式研究 [C]. 第三届高分辨率对地观测学术年会，北京，2014.

[119] 满益云，李海超. 低轨视频卫星成像特性分析 [J]. 航天器工程，2015，24 (5)：52-57.

[120] 黎康，乔国栋，刘新彦. 高分四号卫星控制方案设计特点及在轨实现 [J]. 空间控制技术与应用，2016，42 (6)：1-8.

[121] 白照广. 高分一号卫星的技术特点 [J]. 中国航天，2013 (8)：5-9.

[122] 黄群东，杨芳，赵键. 敏捷卫星宽幅动态成像姿态调整技术研究 [J]. 航天器工程，2013，22 (40)：17-22.

[123] 叶东，屠园园，孙兆伟. 面向非沿迹成像的姿态跟踪扩展观测器滑模控制 [J]. 宇航学报，2016，37 (6)：720-728.

[124] 杨文沅，贺仁杰，耿西英智，等. 面向区域目标的敏捷卫星非沿迹条带划分方法 [J]. 科学技术与工程，2016，22 (6)：82-87.

[125] 韩杏子. 机动成像过程中 TDICCD 成像质量影响分析 [J]. 中国激光，2014，41：1-5.

[126] 关新，陈守磊，崔颖慧. 超静敏捷卫星控制设计中的几项挑战与解决思路 [C]. 第二届高分辨率对地观测学术年会，北京，2013.

[127] 中国科学技术部. 科技部关于发布国家重点研发计划高性能计算等重点专项 2016 年度项目申报指南的通知 [EB/OL]. https://www.most.gov.cn/fggw/zfwj/zfwj2016/201607/t20160701-126206.htm.

第 2 章　姿态运动学和动力学

2.1　引言

设计航天器姿态控制系统时，首先需要建立航天器姿态运动学方程和姿态动力学方程。姿态运动学描述的是航天器的角位置和角速度之间的几何关系，不涉及作用力矩。通常角位置（也可称为姿态参数）的测量是相对于某个参考坐标系的，如相对于惯性参考系测量时称为惯性姿态参数，相对于轨道坐标系测量时称为相对姿态参数，一般所说的姿态参数是相对于轨道坐标系测量的。在一些特殊任务中，需要相对于其他特殊坐标系定义姿态，如拉格朗日点任务、深空探测任务等。角速度是相对于惯性空间测量的，通常在姿态运动学方程中，要转换到航天器本体坐标系下表示。姿态动力学描述的是航天器的角加速度和外作用力矩的关系。为讲述姿态动力学模型，本章首先介绍各种常用的坐标系，然后介绍姿态运动学方程、姿态动力学方程，以及作用在航天器上的环境力矩。

积分推扫光学成像卫星的姿态控制系统是本书介绍的主要内容之一，在 2.2 节中主要给出与此相关的定义。

2.2　常用的坐标系

2.2.1　惯性坐标系

物体的运动总是相对于某一参考系而言的，参考系和具体的物体或天体等相关。若在某坐标系中牛顿第一运动定律成立，则称此坐标系为惯性坐标系，或惯性空间。相对于惯性系做匀速直线运动的坐标系也是惯性系。绝对的惯性系（或惯性空间）是不存在的。在工程实践中，可以取具有一定加速度的空间作为惯性空间，只要加速度足够小，与研究对象相比可以忽略，且不影响问题真实解的精度要求即可。

2.2.2　地心 J2000 惯性坐标系 $O_iX_iY_iZ_i$

地心 J2000 惯性坐标系是目前常用的力学基准坐标系，地心 J2000 惯性坐标系不随时间的变化而变化，其原点 O_i 为地心，O_iX_i 轴为黄道面与赤道面的交线，指向 2000 年 1 月 1 日 12 时的平春分点，O_iZ_i 轴垂直于地球平赤道平面且指向地球北极，O_iY_i 轴在平赤道平面内按右手定则与 O_iX_i、O_iZ_i 轴组成正交坐标系，如图 2－1 所示。

图 2－1 中可以用赤经 α 、赤纬 δ 和距离 r 来描述一个质点在 J2000 惯性系下的位置。地球航天器的轨道运动和姿态运动都习惯建立在地心 J2000 惯性坐标系中，由于牛顿力学

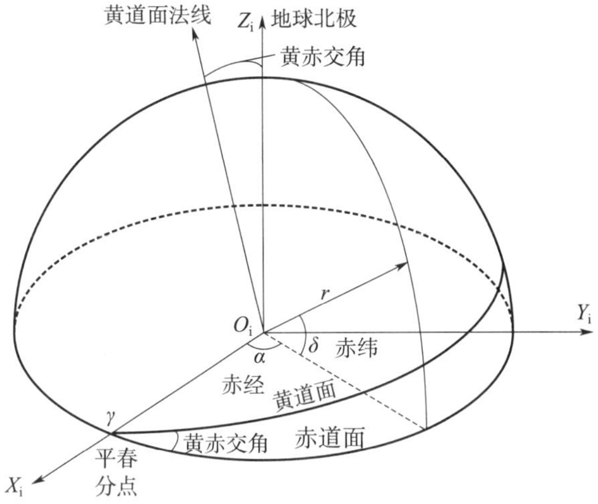

图 2-1 地心 J2000 惯性坐标系示意图

适用于地心 J2000 惯性坐标系，使得利用其描述轨道运动时可以将环境摄动力和航天器的轨控推力统一在此坐标系下进行建模和计算；此外，地球上观测到的恒星也可以认为是近似不动的，用于构建星库的恒星星图也是在 J2000 惯性坐标系中构建的（由于恒星距离认为无穷远，此时可以不强调坐标系的原点为地心），后面章节介绍的星敏感器就是通过拍摄的星图与恒星星库比较，来获取星敏感器测量基准相对于 J2000 惯性坐标系的空间姿态。

2.2.3 轨道坐标系 $O_oX_oY_oZ_o$

对于长期飞行处于对地心稳定指向的航天器，其轨道坐标系如图 2-2 所示，原点 O_o 为航天器质心，O_oZ_o 轴由原点指向地心，O_oX_o 轴沿航天器飞行方向且与轨道面相切，O_oY_o 轴按右手定则与 O_oX_o、O_oZ_o 轴组成正交坐标系。以上定义的轨道坐标系在惯性空间以大小为 ω_o 的角速度旋转，角速度方向为轨道系 O_oY_o 轴负向，与航天器绕地心轨道运动的动量矩矢量 $\boldsymbol{h}$ 同向。

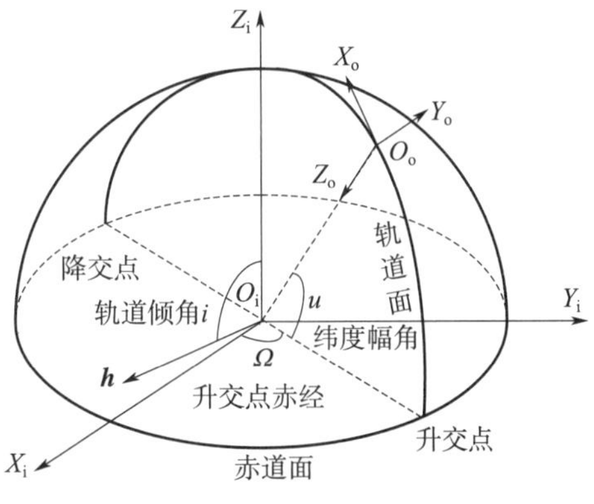

图 2-2 轨道坐标系示意图

在轨道坐标系下航天器的轨道位置可以通过轨道倾角 i 、升交点赤经 Ω 、纬度幅角 u 三个量来计算，轨道倾角 i 为轨道面法线与 O_iZ_i 轴的夹角，升交点赤经 Ω 为轨道面由南向北飞行时与赤道面交点的赤经，纬度幅角为地心到航天器连线与地心到升交点连线之间的夹角。其中，轨道倾角 i 和升交点赤经 Ω 可以确定轨道面，纬度幅角 u 可以确定航天器位置。

当航天器长期飞行期间不是对地心稳定指向时，轨道坐标系需要根据实际需求灵活定义。比如长期对日定向稳定飞行航天器，其轨道坐标系可以在黄道面上利用地球公转飞行方向矢量和太阳矢量来定义三轴正交坐标系。

2.2.4 航天器本体坐标系 $O_bX_bY_bZ_b$

卫星本体坐标系与航天器结构固连，原点 O_b 位于航天器质心。通常将 O_bX_b 轴定义为航天器飞行方向，O_bZ_b 轴定义为航天器对地轴的方向，O_bY_b 轴按右手法则与 O_bX_b、O_bZ_b 轴组成正交坐标系。对于长期稳定飞行处于对地心稳定指向的航天器，当航天器本体相对于轨道坐标系的三个姿态角为零时，本体坐标系三轴指向与轨道坐标系三轴指向均一致。

2.2.5 WGS-84 坐标系 $O_eX_eY_eZ_e$

WGS-84 坐标系是国际通用的抑制地球固连坐标系，原点 O_e 为地球质心，O_eZ_e 轴指向 1984 年定义的协议地球北极，O_eX_e 轴定义为 1984 年的零子午面和 1984 年协议地球赤道的交线，O_eY_e 轴按右手法则与 O_eX_e、O_eZ_e 轴组成正交坐标系。WGS-84 坐标系与地球共角速度转动，计算某具体时刻的地理坐标系时，需要考虑 1984 年至对应时刻期间地球的自转、章动和极移。

GPS 给出的位置速度通常为 WGS-84 坐标系，而航天器轨道和姿态均采用 J2000 惯性坐标系为参考基准，因此使用 GPS 的数据计算航天器轨道时，需要将 WGS-84 坐标系的位置速度转换到 J2000 惯性坐标系。

2.2.6 相机坐标系 $O_sX_sY_sZ_s$

相机物镜的节点为相机坐标系原点 O_s ，当相机在航天器上无安装误差时，相机坐标系三轴与航天器本体坐标系三轴同方向。工程上相机坐标系需要和航天器姿态测量基准进行校准，因为航天器姿态测量和控制需要保证相机光轴对地面目标的指向精度[1]。

2.2.7 像面坐标系 $O_cX_cY_cZ_c$

对于 TDI（推扫积分）成像相机[2]，原点 O_c 位于相机像面几何中心，O_cX_c 轴定义为 TDI 相机的推扫方向（通常为航天器飞行方向），O_cZ_c 轴定义为沿相机光轴指向地心的方向，O_cY_c 轴按右手法则与 O_cX_c、O_cZ_c 轴组成正交坐标系。

像面坐标系是用于计算地面物点对应的像点坐标和像点速度的参考坐标系，对于 TDI 相机，成像过程中需要完成像移运动补偿，即补偿像面坐标系中像移速度的大小和方向，像移速度大小的补偿依靠相机自身曝光频率的调节完成，像移速度方向的补偿称为偏流角补偿（后面章节中会重点介绍），可以通过航天器姿态控制偏航轴完成或相机自身像面旋转机构调节完成[3]。

2.3 航天器姿态描述方法

本小节将给出与刚体空间运动相关的基础知识，包括不同坐标系之间的转换关系、坐标转换矩阵的求导，以及刚体的运动学方程等内容。

2.3.1 坐标系空间转换与方向余弦阵

通常用方向余弦阵来描述两个坐标系之间的数学关系，即两个坐标系的空间转换。参考坐标系 $O_rX_rY_rZ_r$ 绕 O_rZ_r 轴按右手法则正向旋转角度 ψ 得到新坐标系 $O_bX_bY_bZ_b$，由于两个坐标系的 Z 轴相同 $O_rZ_r=O_bZ_b$，因此可以在 OYZ 平面内描述两个坐标系之间的转换关系。在参考坐标系 $O_rY_rZ_r$ 平面内，X_b 轴坐标为（x_{xr}，y_{xr}），Y_b 轴坐标为（x_{yr}，y_{yr}）；在新坐标系 $O_bY_bZ_b$ 平面内，X_b 轴和 Y_b 轴的坐标分别为（x_b，0）和（0，y_b），则两个坐标系的关系可用下式描述

$$\begin{cases}x_b=\cos\psi\cdot x_{xr}+\sin\psi\cdot y_{xr}\\y_b=-\sin\psi\cdot x_{yr}+\cos\psi\cdot y_{yr}\\z_b=z_r\end{cases}\tag{2-1}$$

其空间解释如图 2-3 所示。

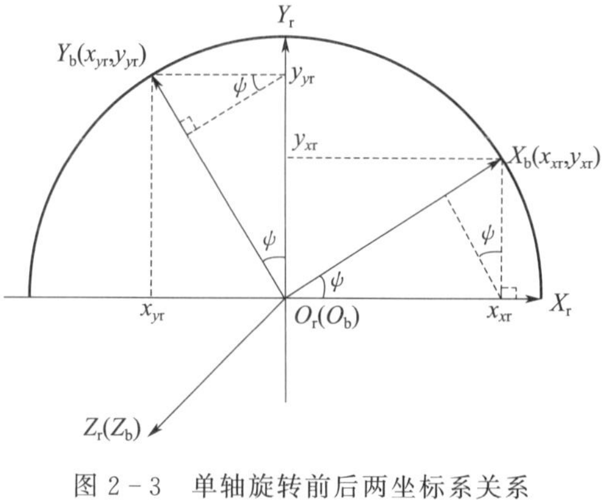

图 2-3　单轴旋转前后两坐标系关系

将 x_{xr} 和 x_{yr} 理解为新坐标系 X 轴和 Y 轴在参考坐标系中 X 轴的分量，用 x_r 表示；将 y_{xr} 和 y_{yr} 理解为新坐标系 X 轴和 Y 轴在参考坐标系中 Y 轴的分量，用 y_r 表示，则式（2-1）可以写成规范的矩阵形式为

$$\begin{pmatrix}x_b\\y_b\\z_b\end{pmatrix}=\begin{pmatrix}\cos\psi & \sin\psi & 0\\-\sin\psi & \cos\psi & 0\\0 & 0 & 1\end{pmatrix}\begin{pmatrix}x_r\\y_r\\z_r\end{pmatrix}\tag{2-2}$$

可以将式（2-2）写成式（2-3）的形式，其中 $\boldsymbol{R}_z[\psi]$ 表示绕 Z 轴旋转 ψ 角对应的

转换矩阵，即 Z 轴旋转方向余弦阵。用 $\boldsymbol{r}$ 表示某单位矢量在参考坐标系下的描述，其对应三轴分量形式即标量形式为 $\boldsymbol{r}=(r_1 \quad r_2 \quad r_3)^{\mathrm{T}}$；用 $\boldsymbol{b}$ 表示此单位矢量在新坐标系下的描述，其对应标量形式为 $\boldsymbol{b}=(b_1 \quad b_2 \quad b_3)^{\mathrm{T}}$。则根据式（2-2）给出的两个坐标系之间坐标变换的数学形式，可得如下不同坐标系描述同一个矢量的数值关系

$$\boldsymbol{b}=\begin{pmatrix} b_1 \\ b_2 \\ b_3 \end{pmatrix}=\boldsymbol{R}_z[\psi]\cdot\boldsymbol{r}=\boldsymbol{R}_z[\psi]\cdot\begin{pmatrix} r_1 \\ r_2 \\ r_3 \end{pmatrix} \tag{2-3}$$

若依次绕 Z 轴旋转 ψ 角、绕 X 轴旋转 φ 角和绕 Y 轴旋转 θ 角，则可以将参考坐标系 $O_rX_rY_rZ_r$ 旋转得到空间中的任意一个坐标系，其数学形式可以用下式表示

$$\boldsymbol{b}=\boldsymbol{R}_y[\theta]\cdot\boldsymbol{R}_x[\varphi]\cdot\boldsymbol{R}_z[\psi]\cdot\boldsymbol{r}=\boldsymbol{C}_r^b\cdot\boldsymbol{r} \tag{2-4}$$

$$\boldsymbol{C}_r^b=\begin{pmatrix} \cos\theta & 0 & -\sin\theta \\ 0 & 1 & 0 \\ \sin\theta & 0 & \cos\theta \end{pmatrix}\cdot\begin{pmatrix} 1 & 0 & 0 \\ 0 & \cos\varphi & \sin\varphi \\ 0 & -\sin\varphi & \cos\varphi \end{pmatrix}\cdot\begin{pmatrix} \cos\psi & \sin\psi & 0 \\ -\sin\psi & \cos\psi & 0 \\ 0 & 0 & 1 \end{pmatrix} \tag{2-5}$$

式（2-5）给出的 $\boldsymbol{C}_r^b$ 称为 312 转序下参考坐标系 $O_rX_rY_rZ_r$ 到新坐标系 $O_bX_bY_bZ_b$ 的姿态转换矩阵，“312 转序”表示三次坐标旋转的顺序依次是 Z 轴、X 轴和 Y 轴。同理 $\boldsymbol{C}_r^b$ 也可以用 213 转序、123 转序等其他形式获得。

习惯将某转序下三次旋转的转轴称为欧拉轴，绕转轴旋转的角度称为欧拉角。应当强调的是，在参考坐标系 $O_rX_rY_rZ_r$ 与新坐标系 $O_bX_bY_bZ_b$ 空间相对关系固定的情况下，无论用 123、213 还是 312 转序，其对应的转换矩阵或方向余弦阵是同一个 $\boldsymbol{C}_r^b$，选用的转序不同就意味着每次旋转的转轴和对应的转角不同，即不同转序对应的欧拉轴和欧拉角会不同，用欧拉轴和欧拉角描述空间姿态时需要格外注意。式（2-6）、式（2-7）和式（2-8）分别给出 312、213 和 123 转序下方向余弦阵的数学形式。

$$\boldsymbol{C}_r^b=\begin{pmatrix} \cos\theta\cos\psi-\sin\varphi\sin\theta\sin\psi & \cos\theta\sin\psi+\sin\varphi\sin\theta\cos\psi & -\cos\varphi\sin\theta \\ -\cos\varphi\sin\psi & \cos\varphi\cos\psi & \sin\varphi \\ \sin\theta\cos\psi+\sin\varphi\cos\theta\sin\psi & \sin\theta\sin\psi-\sin\varphi\cos\theta\cos\psi & \cos\varphi\cos\theta \end{pmatrix} \tag{2-6}$$

$$\boldsymbol{C}_r^b=\begin{pmatrix} \cos\theta\cos\psi+\sin\varphi\sin\theta\sin\psi & \cos\varphi\sin\psi & -\sin\theta\cos\psi+\sin\varphi\cos\theta\sin\psi \\ -\cos\theta\sin\psi+\sin\varphi\sin\theta\cos\psi & \cos\varphi\cos\psi & \sin\theta\sin\psi+\sin\varphi\cos\theta\cos\psi \\ \cos\varphi\sin\theta & -\sin\varphi & \cos\varphi\cos\theta \end{pmatrix} \tag{2-7}$$

$$\boldsymbol{C}_r^b=\begin{pmatrix} \cos\theta\cos\psi & \cos\varphi\sin\psi+\sin\varphi\sin\theta\cos\psi & \sin\varphi\sin\psi-\cos\varphi\sin\theta\cos\psi \\ -\cos\theta\sin\psi & \cos\varphi\cos\psi-\sin\varphi\sin\theta\sin\psi & \sin\varphi\cos\psi+\cos\varphi\sin\theta\sin\psi \\ \sin\theta & -\sin\varphi\cos\theta & \cos\varphi\cos\theta \end{pmatrix} \tag{2-8}$$

用下标 (i, j) 表示 $\boldsymbol{C}_r^b$ 矩阵第 i 行、第 j 列的值，则 312 转序的三轴欧拉角的数学形式如式（2-9）所示

$$\begin{cases} \varphi=\arcsin(\boldsymbol{C}_{r(2,3)}^b) \\ \theta=\arctan\left(-\dfrac{\boldsymbol{C}_{r(1,3)}^b}{\boldsymbol{C}_{r(3,3)}^b}\right) \\ \psi=\arctan\left(-\dfrac{\boldsymbol{C}_{r(2,1)}^b}{\boldsymbol{C}_{r(2,2)}^b}\right) \end{cases} \tag{2-9}$$

213 转序的三轴欧拉角的数学形式如式（2-10）所示

$$\begin{cases}\varphi = \arcsin(-\boldsymbol{C}_{\mathrm{r}(3,2)}^{\mathrm{b}}) \\ \theta = \arctan\left(\dfrac{\boldsymbol{C}_{\mathrm{r}(3,1)}^{\mathrm{b}}}{\boldsymbol{C}_{\mathrm{r}(3,3)}^{\mathrm{b}}}\right) \\ \psi = \arctan\left(\dfrac{\boldsymbol{C}_{\mathrm{r}(1,2)}^{\mathrm{b}}}{\boldsymbol{C}_{\mathrm{r}(2,2)}^{\mathrm{b}}}\right)\end{cases} \tag{2-10}$$

123 转序的三轴欧拉角的数学形式如式（2-11）所示

$$\begin{cases}\varphi = \arctan\left(-\dfrac{\boldsymbol{C}_{\mathrm{r}(2,3)}^{\mathrm{b}}}{\boldsymbol{C}_{\mathrm{r}(3,3)}^{\mathrm{b}}}\right) \\ \theta = \arcsin(\boldsymbol{C}_{\mathrm{r}(1,3)}^{\mathrm{b}}) \\ \psi = \arctan\left(-\dfrac{\boldsymbol{C}_{\mathrm{r}(2,1)}^{\mathrm{b}}}{\boldsymbol{C}_{\mathrm{r}(1,1)}^{\mathrm{b}}}\right)\end{cases} \tag{2-11}$$

式（2-6）～式（2-8）给出了方向余弦阵已知情况下计算对应转序欧拉角的方式，得到的欧拉角可以用于姿态控制时的姿态信息反馈，当三轴欧拉角均为小角度时，可以用一阶近似形式描述方向余弦阵，此时不同转序对应的不同欧拉角对于方向余弦阵的影响可以忽略，小角度下一阶近似方向余弦阵数学形式如下

$$\boldsymbol{C}_{\mathrm{r}}^{\mathrm{b}} \approx \begin{pmatrix}1 & 0 & 0 \\ 0 & 1 & \varphi \\ 0 & -\varphi & 1\end{pmatrix}\begin{pmatrix}1 & 0 & -\theta \\ 0 & 1 & 0 \\ \theta & 0 & 1\end{pmatrix}\begin{pmatrix}1 & \psi & 0 \\ -\psi & 1 & 0 \\ 0 & 0 & 1\end{pmatrix} \approx \begin{pmatrix}1 & \psi & -\theta \\ -\psi & 1 & \varphi \\ \theta & -\varphi & 1\end{pmatrix} \tag{2-12}$$

式（2-12）的形式在工程中经常用到，比如描述姿态敏感器测量坐标系和装星后机械坐标系之间的偏差，并可以利用此数学形式对安装偏差进行估计和修正。

方向余弦阵描述的参考坐标系到新坐标系的空间转换，空间中任意两个笛卡儿直角坐标系均可以利用方向余弦阵描述彼此之间的关系，采用 312 转序描述的参考坐标系与新坐标系之间的空间转换关系如图 2-4 所示，图中给出了 312 转序下三轴欧拉角速度的方向，滚动欧拉角速度 $\dot{\varphi}$ 方向为 X' 轴，俯仰欧拉角速度 $\dot{\theta}$ 方向为 Y_{b} 轴，偏航欧拉角速度 $\dot{\psi}$ 方向为 Z_{r} 轴。

若参考坐标系为航天器轨道坐标系，新坐标系为航天器本体坐标系，则图 2-4 描述的就是 312 转序下航天器本体坐标系相对于轨道坐标系的三轴欧拉角，通常定义 φ 为滚动角、θ 为俯仰角、ψ 为偏航角。

需要注意欧拉角速度的方向和大小与选择的转序相关，参考坐标系为轨道系、新坐标系为本体系时，测量姿态角速度的陀螺与航天器本体固连安装，此时陀螺输出的三轴本体角速度与 312 转序的三轴欧拉角速度两者之间，只有最后一次旋转 Y_{b} 轴对应的欧拉角速度 $\dot{\theta}$ 与本体陀螺测量的俯仰角速度 ω_y 相等，其他两轴本体角速度 ω_x、ω_z 和欧拉角速度 $\dot{\varphi}$、$\dot{\psi}$ 的关系需要通过运动学方程进行计算，这一点在后续姿态运动学方程中会进一步说明。

如图 2-4 所示空间关系固定的参考坐标系和新坐标系，方向余弦阵 $\boldsymbol{C}_{\mathrm{r}}^{\mathrm{b}}$ 固定，矩阵中 9 个元素也有明确的物理意义，将式（2-4）右乘 $\boldsymbol{r}^{\mathrm{T}}$ 则可以得到如下关系

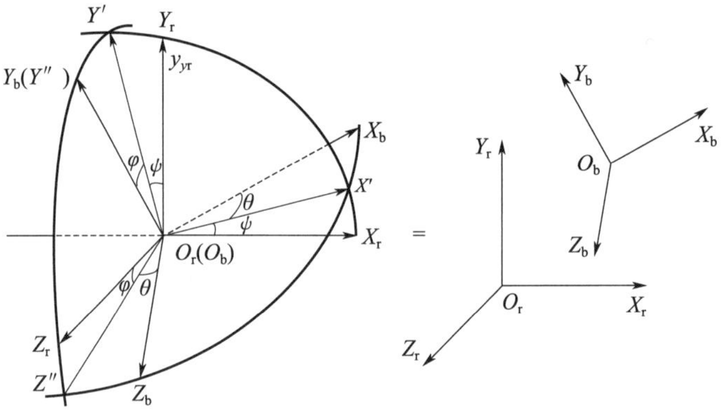

图 2-4　312 坐标转换过程示意图

$$\boldsymbol{b} \cdot \boldsymbol{r}^{\mathrm{T}} = \boldsymbol{C}_{\mathrm{r}}^{\mathrm{b}} \cdot \boldsymbol{r} \cdot \boldsymbol{r}^{\mathrm{T}} = \boldsymbol{C}_{\mathrm{r}}^{\mathrm{b}} \tag{2-13}$$

$$\boldsymbol{C}_{\mathrm{r}}^{\mathrm{b}} = \begin{pmatrix} b_1 \\ b_2 \\ b_3 \end{pmatrix} \cdot \begin{pmatrix} r_1 & r_2 & r_3 \end{pmatrix} = \begin{pmatrix} b_1 \cdot r_1 & b_1 \cdot r_2 & b_1 \cdot r_3 \\ b_2 \cdot r_1 & b_2 \cdot r_2 & b_2 \cdot r_3 \\ b_3 \cdot r_1 & b_3 \cdot r_2 & b_3 \cdot r_3 \end{pmatrix} \tag{2-14}$$

从式（2-14）中可以看出 $\boldsymbol{C}_{\mathrm{r}}^{\mathrm{b}}$ 矩阵中第 i 行第 j 列的元素 $\boldsymbol{C}_{\mathrm{r}(i,j)}^{\mathrm{b}}$ 表示参考坐标系 i 轴与新坐标系 j 轴的点乘，这对于理解两个坐标系空间关系比较重要，比如航天器安装的姿态敏感器在地面进行安装矩阵标定时，就可以利用星敏感器基准棱镜坐标系和航天器机械基准棱镜坐标系之间各轴的点乘关系的测量值来获取。

方向余弦阵具有正交特性，即 $(\boldsymbol{C}_{\mathrm{r}}^{\mathrm{b}})^{-1} = (\boldsymbol{C}_{\mathrm{r}}^{\mathrm{b}})^{\mathrm{T}} = \boldsymbol{C}_{\mathrm{b}}^{\mathrm{r}}$，即参考坐标系到新坐标系的转换矩阵与新坐标系到参考坐标系的转换矩阵之间是矩阵求逆的关系。

2.3.2　欧拉定理和欧拉四元数

无论是方向余弦阵还是欧拉角，得到姿态矩阵都需要九个方向余弦参数，求解时还需要加入六个约束方程，实际工程中经常用欧拉轴/角参数或欧拉四元数来得到姿态更直接的描述。欧拉定理指出：刚体绕固定点的任一角位移，可由绕该点的某一轴转过的某一角度得到，即某单位矢量 $\boldsymbol{r}$ 转到新的单位矢量 $\boldsymbol{b}$ 可以认为是绕轴空间对应的 $\boldsymbol{e}$ 轴转动 Φ 角后完成的，如图 2-5 所示。

图 2-5 中欧拉定理描述空间任意两个单位矢量的旋转关系，对于两个正交坐标系同样适用，即通过欧拉轴/角的旋转方式可以将参考坐标系转换到新坐标系。欧拉四元数是欧拉轴/角的一种常用的数学表达方式，并且有完整的运算规则，习惯用 $\boldsymbol{q}$ 表示欧拉四元数（quaternion），其定义如下

$$\begin{aligned} \boldsymbol{q} &= \begin{pmatrix} \cos\dfrac{\Phi}{2} & e_x \sin\dfrac{\Phi}{2} & e_y \sin\dfrac{\Phi}{2} & e_z \sin\dfrac{\Phi}{2} \end{pmatrix}^{\mathrm{T}} \\ &= \begin{pmatrix} q_0 \\ \boldsymbol{Q} \end{pmatrix} = \begin{pmatrix} q_0 & q_1 & q_2 & q_3 \end{pmatrix}^{\mathrm{T}} \end{aligned} \tag{2-15}$$

其中，$\boldsymbol{e} = (e_x \quad e_y \quad e_z)^{\mathrm{T}}$ 是欧拉轴单位矢量在参考坐标系下的三轴分量；Φ 表示绕欧拉轴

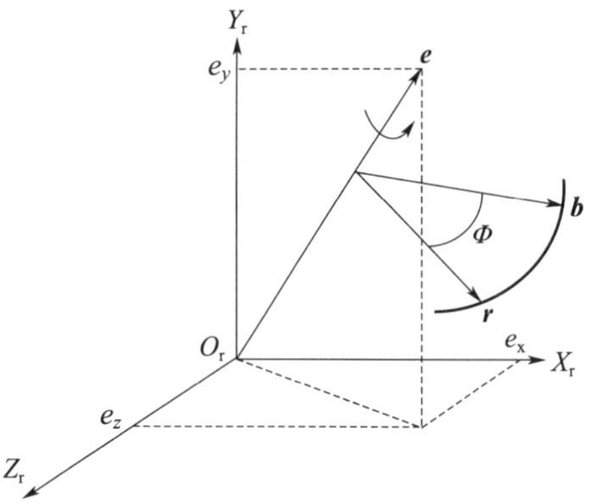

图 2-5　欧拉定理描述的两个矢量空间关系

旋转的欧拉角；q_0 为四元数标量部分；$\boldsymbol{Q}$ 为四元数矢量部分。四元数满足模为 1 的约束条件，即如下数值约束

$$q_0^2+q_1^2+q_2^2+q_3^2=1 \tag{2-16}$$

由式（2-16）可知四元数的自由度为 3，即 4 个元素存在信息冗余。实际计算中这一冗余往往存在弊端，比如利用卡尔曼滤波估计姿态时状态变量如果选用四元数则会出现奇异的情况，这将在后续章节进行介绍。

欧拉四元数和方向余弦阵均可以描述两个空间矢量或两个坐标系之间的旋转关系，两者有严格的数学换算形式，首先给出方向余弦阵的欧拉轴/角描述形式，再给出对应的四元数描述形式。图 2-5 中单位矢量 $\boldsymbol{r}$ 绕空间欧拉轴 $\boldsymbol{e}$ 转动 Φ 角后得到新的单位矢量 $\boldsymbol{b}$，在参考坐标系 $O_rX_rY_rZ_r$ 中矢量 $\boldsymbol{r}$ 和矢量 $\boldsymbol{b}$ 的三轴分量即标量形式，有如下的数学关系成立，其证明过程见后续章节四元数描述坐标系之间转换关系的内容。

$$\boldsymbol{b}=(1-\cos\Phi)(\boldsymbol{e}\cdot\boldsymbol{r})\boldsymbol{e}+\cos\Phi\boldsymbol{r}+\sin\Phi(\boldsymbol{e}\times\boldsymbol{r}) \tag{2-17}$$

将 $\boldsymbol{e}=(e_x\quad e_y\quad e_z)^{\mathrm{T}}$ 代入上式中，可以得到欧拉轴/角描述的 $\boldsymbol{C}_{\mathrm{r}}^{\mathrm{b}}$ 的数学形式

$$\boldsymbol{C}_{\mathrm{r}}^{\mathrm{b}}=\begin{pmatrix}\cos\Phi+e_x^2(1-\cos\Phi) & e_xe_y(1-\cos\Phi)+e_z\sin\Phi & e_xe_z(1-\cos\Phi)-e_y\sin\Phi\\ e_xe_y(1-\cos\Phi)-e_x\sin\Phi & \cos\Phi+e_y^2(1-\cos\Phi) & e_ye_z(1-\cos\Phi)+e_x\sin\Phi\\ e_xe_z(1-\cos\Phi)+e_y\sin\Phi & e_ye_z(1-\cos\Phi)-e_x\sin\Phi & \cos\Phi+e_z^2(1-\cos\Phi)\end{pmatrix} \tag{2-18}$$

将式（2-15）代入式（2-18），利用半角公式 $\cos\phi=1-2\sin^2(\phi/2)$ 和 $\sin\phi=2\sin(\phi/2)\cos(\phi/2)$，进行整理后可得四元数形式的方向余弦阵

$$\boldsymbol{C}_{\mathrm{r}}^{\mathrm{b}}=\begin{pmatrix}q_0^2+q_1^2-q_2^2-q_3^2 & 2q_0q_3+2q_1q_2 & -2q_0q_2+2q_1q_3\\ -2q_0q_3+2q_1q_2 & q_0^2-q_1^2+q_2^2-q_3^2 & 2q_0q_1+2q_2q_3\\ 2q_0q_2+2q_1q_3 & -2q_0q_1+2q_2q_3 & q_0^2-q_1^2-q_2^2+q_3^2\end{pmatrix} \tag{2-19}$$

当已知坐标转移矩阵（方向余弦阵）时，可以采用如下方式求取四元数

$$\begin{cases} q_0 = \dfrac{\sqrt{1 + C^{\mathrm{b}}_{\mathrm{r}(1,1)} + C^{\mathrm{b}}_{\mathrm{r}(2,2)} + C^{\mathrm{b}}_{\mathrm{r}(3,3)}}}{2} \\ q_1 = \dfrac{C^{\mathrm{b}}_{\mathrm{r}(2,3)} - C^{\mathrm{b}}_{\mathrm{r}(3,2)}}{4q_0} \\ q_2 = \dfrac{C^{\mathrm{b}}_{\mathrm{r}(3,1)} - C^{\mathrm{b}}_{\mathrm{r}(1,3)}}{4q_0} \\ q_3 = \dfrac{C^{\mathrm{b}}_{\mathrm{r}(1,2)} - C^{\mathrm{b}}_{\mathrm{r}(2,1)}}{4q_0} \end{cases} \tag{2-20}$$

由于星敏感器通常采用四元数的输出方式，若姿态控制采用欧拉角，可以直接利用四元数求取对应转序的欧拉角数值，以 312 转序为例，根据式（2－9）和式（2－19）可得

$$\begin{cases} \varphi = \arcsin(2q_0q_1 + 2q_2q_3) \\ \theta = \arctan\left(\dfrac{2q_0q_2 - 2q_1q_3}{q_0^2 - q_1^2 - q_2^2 + q_3^2}\right) \\ \psi = \arctan\left(\dfrac{2q_0q_3 - 2q_1q_2}{q_0^2 - q_1^2 + q_2^2 - q_3^2}\right) \end{cases} \tag{2-21}$$

图 2－5 中矢量 $\boldsymbol{r}$ 旋转至矢量 $\boldsymbol{b}$，利用四元数描述矢量空间旋转时的数学形式不唯一，可以采用绕欧拉轴 $\boldsymbol{e}$ 正向旋转 Φ 角（右手法则），也可以采用绕欧拉轴 $\boldsymbol{e}$ 反向旋转（$2\pi-\Phi$）角，两种方式旋转对应相同的空间关系，但彼此四元数的标量部分相差一个负号，矢量部分相同。实际工程应用时，为避免四元数标量部分变号后造成的欧拉角突变，将四元数代入式（2－21）中计算欧拉角之前，需要对四元数标量部分取正号（为负号时变号后再代入计算）。

2.3.3　矢量运算和四元数运算

矢量 $\boldsymbol{r}$ 的模值为 r，矢量 $\boldsymbol{b}$ 的模值为 b，矢量 $\boldsymbol{r}$ 与 $\boldsymbol{b}$ 的空间夹角为 Φ，则两个矢量点乘后变为一个标量，其值满足下式

$$\boldsymbol{r} \cdot \boldsymbol{b} = rb\cos\Phi \tag{2-22}$$

矢量 $\boldsymbol{r}$ 与 $\boldsymbol{b}$ 的叉乘形式如下

$$\boldsymbol{r} \times \boldsymbol{b} = [\![\boldsymbol{r} \times]\!]\boldsymbol{b} = -[\![\boldsymbol{b} \times]\!]\boldsymbol{r} \tag{2-23}$$

式中，$[\![\boldsymbol{r} \times]\!]$ 为矢量 $\boldsymbol{r}$ 的叉乘矩阵，形式如下

$$[\![\boldsymbol{r} \times]\!] = \begin{pmatrix} 0 & -r_z & r_y \\ r_z & 0 & -r_x \\ -r_y & r_x & 0 \end{pmatrix} \tag{2-24}$$

两个矢量的叉乘有如下数学关系

$$\begin{cases} [\![\boldsymbol{r} \times]\!]^{\mathrm{T}} = -[\![\boldsymbol{r} \times]\!] \\ \boldsymbol{r} \times \boldsymbol{r} = 0 \\ [\![\boldsymbol{r} \times]\!][\![\boldsymbol{b} \times]\!] = -(\boldsymbol{r} \cdot \boldsymbol{b})\boldsymbol{I}_{3\times 3} + \boldsymbol{b}\boldsymbol{r}^{\mathrm{T}} \end{cases} \tag{2-25}$$

当三个矢量叉乘时满足下式

$$\boldsymbol{a}\times\boldsymbol{b}\times\boldsymbol{c}=(\boldsymbol{a}\cdot\boldsymbol{c})\boldsymbol{b}-(\boldsymbol{a}\cdot\boldsymbol{b})\boldsymbol{c} \tag{2-26}$$

如式（2－15）形式的四元数 $\boldsymbol{q}=(q_0\ \boldsymbol{Q})^{\mathrm{T}}$ 和 $\boldsymbol{p}=(p_0\ \boldsymbol{P})^{\mathrm{T}}$ 均包括矢量部分和向量部分，其运算规则包括四元数相乘、四元数求逆等，定义如下

$$\boldsymbol{q}\otimes\boldsymbol{p}=\begin{pmatrix}q_0 & -q_1 & -q_2 & -q_3\\ q_1 & q_0 & -q_3 & q_2\\ q_2 & q_3 & q_0 & -q_1\\ q_3 & -q_2 & q_1 & q_0\end{pmatrix}\begin{pmatrix}p_0\\ p_1\\ p_2\\ p_3\end{pmatrix}=\begin{pmatrix}q_0 & -\boldsymbol{Q}^{\mathrm{T}}\\ \boldsymbol{Q} & [\![\boldsymbol{Q}\times]\!]+q_0\boldsymbol{I}_{3\times3}\end{pmatrix}\begin{pmatrix}p_0\\ \boldsymbol{P}\end{pmatrix} \tag{2-27}$$

也可以用如下等价方式描述

$$\boldsymbol{q}\otimes\boldsymbol{p}=\begin{pmatrix}p_0 & -p_1 & -p_2 & -p_3\\ p_1 & p_0 & p_3 & -p_2\\ p_2 & -p_3 & p_0 & p_1\\ p_3 & p_2 & -p_1 & p_0\end{pmatrix}\begin{pmatrix}q_0\\ q_1\\ q_2\\ q_3\end{pmatrix}=\begin{pmatrix}p_0 & -\boldsymbol{P}^{\mathrm{T}}\\ \boldsymbol{P} & -[\![\boldsymbol{P}\times]\!]+p_0\boldsymbol{I}_{3\times3}\end{pmatrix}\begin{pmatrix}q_0\\ \boldsymbol{Q}\end{pmatrix} \tag{2-28}$$

此外，四元数求逆和四元数乘法还满足以下方程

$$\boldsymbol{q}^{-1}=(q_0\quad -q_1\quad -q_2\quad -q_3)^{\mathrm{T}} \tag{2-29}$$

$$\boldsymbol{q}\otimes\boldsymbol{p}=\boldsymbol{p}\otimes\boldsymbol{q}-2\begin{pmatrix}0 & \boldsymbol{0}_{1\times3}\\ \boldsymbol{0}_{3\times1} & [\![\boldsymbol{P}\times]\!]\end{pmatrix}\begin{pmatrix}q_0\\ \boldsymbol{Q}\end{pmatrix} \tag{2-30}$$

此外，可以利用四元数描述同一个空间矢量在两个不同坐标系下的数学关系，这与利用方向余弦阵描述同一矢量在不同坐标系下的三轴分量的方式等价。

$$\begin{pmatrix}0\\ r'_1\\ r'_2\\ r'_3\end{pmatrix}=\boldsymbol{q}^{-1}\otimes\begin{pmatrix}0\\ r_1\\ r_2\\ r_3\end{pmatrix}\otimes\boldsymbol{q} \tag{2-31}$$

式（2－31）中四元数 $\boldsymbol{q}$ 的物理含义是描述参考坐标系向新坐标系的转换，对于正交坐标系的三个坐标轴，其对应的空间旋转四元数相同。因此式（2－31）是同一个空间矢量在两个不同坐标系下的描述，这一点需要特别注意。

当四元数 $\boldsymbol{q}$ 描述的是空间中两个矢量的转换关系时，图 2－5 所示矢量 $\boldsymbol{r}$ 旋转得到矢量 $\boldsymbol{b}$ ，可以用下式描述，由参考坐标系得到新坐标系。

$$\begin{pmatrix}0\\ x_{\mathrm{b}}\\ y_{\mathrm{b}}\\ z_{\mathrm{b}}\end{pmatrix}=\boldsymbol{q}\otimes\begin{pmatrix}0\\ x_{\mathrm{r}}\\ y_{\mathrm{r}}\\ z_{\mathrm{r}}\end{pmatrix}\otimes\boldsymbol{q}^{-1} \tag{2-32}$$

式（2－32）描述的是两个不同的空间坐标系之间的关系，$x_{\mathrm{r}}y_{\mathrm{r}}z_{\mathrm{r}}$ 和 $x_{\mathrm{b}}y_{\mathrm{b}}z_{\mathrm{b}}$ 构成的两个坐标系物理上是不相同的，这和四元数具体描述的内容以及四元数相乘的数学形式相关。

对于空间两个矢量旋转，构建用于分析的坐标系可以采用如下方式，如图 2－6 将矢量 $\boldsymbol{a}$ 绕欧拉轴 $\boldsymbol{e}$ 旋转 Φ 角得到 $\boldsymbol{a}'$ ，$\boldsymbol{a}$ 和 $\boldsymbol{a}'$ 是以 θ 为半锥角的两条母线，矢量 $\boldsymbol{u}$ 过圆锥底面

中心并与矢量 $\boldsymbol{a}$ 相交，$\boldsymbol{u}'$ 与 $\boldsymbol{a}'$ 相交，矢量 $\boldsymbol{e}$ 和 $\boldsymbol{a}$ 的叉乘得到矢量 $\boldsymbol{v}$，同理 $\boldsymbol{e}$ 和 $\boldsymbol{a}'$ 的叉乘得到矢量 $\boldsymbol{v}'$，则分别建立两个三轴坐标系 $\boldsymbol{euv}$ 和 $\boldsymbol{e'u'v'}$，两个坐标系之间的转换即为绕欧拉轴 $\boldsymbol{e}$ 旋转 Φ 角对应的四元数。

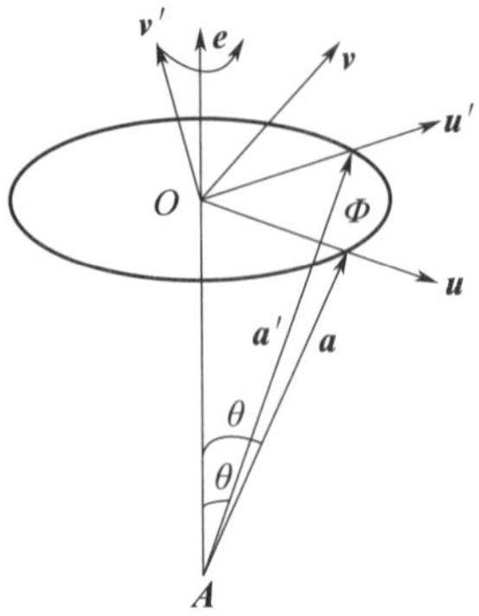

图 2-6　欧拉轴/角描述两个坐标系之间的旋转

由图 2-6 可知矢量 $\boldsymbol{a}$ 和 $\boldsymbol{a}'$ 分别满足下式

$$\boldsymbol{a} = a\cos\theta\boldsymbol{e} + a\sin\theta\boldsymbol{u} \tag{2-33}$$

$$\boldsymbol{a}' = a\cos\theta\boldsymbol{e} + a\sin\theta\boldsymbol{u}' \tag{2-34}$$

根据矢量 $\boldsymbol{v}$ 和矢量 $\boldsymbol{u}$ 的定义可知

$$\boldsymbol{v} = \frac{\boldsymbol{e}\times\boldsymbol{a}}{|\boldsymbol{e}\times\boldsymbol{a}|} = \frac{\boldsymbol{e}\times\boldsymbol{a}}{a\sin\theta} \tag{2-35}$$

$$\boldsymbol{u} = \boldsymbol{v}\times\boldsymbol{e} = \frac{\boldsymbol{e}\times\boldsymbol{a}}{a\sin\theta}\times\boldsymbol{e} = \frac{1}{a\sin\theta}[\boldsymbol{a} - (\boldsymbol{e}\cdot\boldsymbol{a})\boldsymbol{e}] \tag{2-36}$$

$$\boldsymbol{u}' = \cos\Phi\boldsymbol{u} + \sin\Phi\boldsymbol{v} \tag{2-37}$$

将 $\boldsymbol{u}'$、$\boldsymbol{u}$、$\boldsymbol{v}$ 和 $\boldsymbol{a}$ 代入式（2-33）中可以得到 $\boldsymbol{a}$ 和 $\boldsymbol{a}'$ 的关系如下

$$\boldsymbol{a}' = (1-\cos\Phi)(\boldsymbol{e}\cdot\boldsymbol{a})\boldsymbol{e} + \cos\Phi\boldsymbol{a} + \sin\Phi(\boldsymbol{e}\times\boldsymbol{a}) \tag{2-38}$$

以上过程也是对式（2-17）的证明，适用于利用欧拉轴/角描述空间中任意两个矢量的转换关系。

利用四元数描述固定转序空间转换与利用方向余弦阵的描述方式不同，如式（2-5）所示方向余弦阵是左乘的顺序与固定转序对应，而四元数则为右乘的顺序与固定转序对应，利用四元数描述 312 转序的数学形式如下

$$\boldsymbol{q}_{\mathrm{br}} = \boldsymbol{q}_z \otimes \boldsymbol{q}_x \otimes \boldsymbol{q}_y = \begin{pmatrix} \cos\frac{\psi}{2} \\ 0 \\ 0 \\ \sin\frac{\psi}{2} \end{pmatrix} \otimes \begin{pmatrix} \cos\frac{\varphi}{2} \\ \sin\frac{\varphi}{2} \\ 0 \\ 0 \end{pmatrix} \otimes \begin{pmatrix} \cos\frac{\theta}{2} \\ 0 \\ \sin\frac{\theta}{2} \\ 0 \end{pmatrix} \tag{2-39}$$

式中，$\boldsymbol{q}_{\mathrm{br}}$ 表示参考坐标系到新坐标系空间转换的四元数，与姿态转换矩阵 $\boldsymbol{C}_{\mathrm{r}}^{\mathrm{b}}$ 等价。可以看出利用四元数描述空间旋转以乘法为主，当两个坐标系之间的转换均为小角度时，四元

数 $\boldsymbol{q}_{\mathrm{br}}$ 可以进一步简化为 $q_{\mathrm{br0}} \approx 1$、$q_{\mathrm{br1}} \approx \varphi/2$、$q_{\mathrm{br2}} \approx \theta/2$、$q_{\mathrm{br3}} \approx \psi/2$，简化后的小角度四元数形式可以直接求三轴姿态角用于姿态控制。

2.4 航天器姿态运动学方程

2.4.1 方向余弦阵运动学方程

用 $\boldsymbol{A}(t)$ 和 $\boldsymbol{A}(t+\Delta t)$ 分别表示 t 时刻和（$t+\Delta t$）时刻对应的方向余弦阵，用 $\boldsymbol{C}_{\mathrm{r}}^{\mathrm{b}}$ 表示两个时刻方向余弦阵 $\boldsymbol{A}(t)$ 和 $\boldsymbol{A}(t+\Delta t)$ 之间的转换矩阵，用下式描述

$$\boldsymbol{A}(t+\Delta t)=\boldsymbol{C}_{\mathrm{r}}^{\mathrm{b}}\boldsymbol{A}(t) \tag{2-40}$$

将式（2-18）姿态转换矩阵 $\boldsymbol{C}_{\mathrm{r}}^{\mathrm{b}}$ 写成如下等价形式

$$\boldsymbol{C}_{\mathrm{r}}^{\mathrm{b}}=\cos\Phi\cdot\boldsymbol{I}_{3\times3}+(1-\cos\Phi)\boldsymbol{e}\boldsymbol{e}^{\mathrm{T}}-\sin\Phi[\![\boldsymbol{e}\times]\!] \tag{2-41}$$

当 Φ 为小角度时，式（2-41）可以采用一阶近似形式，即

$$\boldsymbol{C}_{\mathrm{r}}^{\mathrm{b}}=\boldsymbol{I}_{3\times3}-\Phi[\![\boldsymbol{e}\times]\!] \tag{2-42}$$

欧拉轴/角描述情况下，t 和（$t+\Delta t$）两个时刻对应的方向余弦阵，其欧拉轴为旋转角速度矢量 $\boldsymbol{\omega}$ 方向，欧拉角的大小为旋转角速度大小 ω 在 Δt 内的积分，结合式（2-23），则有下式成立

$$\Phi[\![\boldsymbol{e}\times]\!]=\omega\Delta t[\![\boldsymbol{e}\times]\!]=\Delta t[\![\boldsymbol{\omega}\times]\!] \tag{2-43}$$

当 Δt 很小时可以认为 $\boldsymbol{\omega}$ 大小和方向不变，此时上式中大小为 ω、方向为 $\boldsymbol{e}$ 的矢量即为 $\boldsymbol{\omega}$ 矢量，将式（2-43）代入式（2-40）可得

$$\frac{\boldsymbol{A}(t+\Delta t)-\boldsymbol{A}(t)}{\Delta t}=-[\![\boldsymbol{\omega}\times]\!]\boldsymbol{A}(t) \tag{2-44}$$

上式取 $\Delta t\to 0$ 的极限，得到方向余弦阵描述的姿态运动学方程为

$$\dot{\boldsymbol{A}}(t)=\lim_{\Delta t\to 0}\frac{\boldsymbol{A}(t+\Delta t)-\boldsymbol{A}(t)}{\Delta t}=-[\![\boldsymbol{\omega}\times]\!]\boldsymbol{A}(t) \tag{2-45}$$

上式中矢量 $\boldsymbol{\omega}$ 在航天器姿态控制系统中用来描述空间刚体本体轴的旋转角速度，航天器空间姿态控制系统设计通常采用三轴解耦的 PID 控制方式，此时矢量 $\boldsymbol{\omega}$ 可以直接用来求解控制器的微分项。角速度测量获取 $\boldsymbol{\omega}$ 后，利用式（2-43）积分可以得到 $\boldsymbol{A}$，再利用类似式（2-21）的方式就可以计算出某固定转序对应的三轴欧拉角，用于获得控制器的比例项。但式（2-43）计算欧拉角的方式并不方便，通常采用后续章节的欧拉角运动学方程或四元数运动学方程获取连续姿态角信息。

2.4.2 欧拉角运动学方程

利用固定安装在航天器本体上的陀螺可以获取航天器空间运动的本体角速度矢量即三轴本体角速度，欧拉角速度与本体角速度有明确的数学转换关系。不同转序对应的欧拉角速度与三轴本体角速度的数学关系不同，以 312 转序为例给出三轴本体角速度和对应欧拉角速度的空间关系如图 2-7 所示。

由图 2-7 可以推导出 312 转序的三轴欧拉角速度与三轴本体角速度的数学关系，参

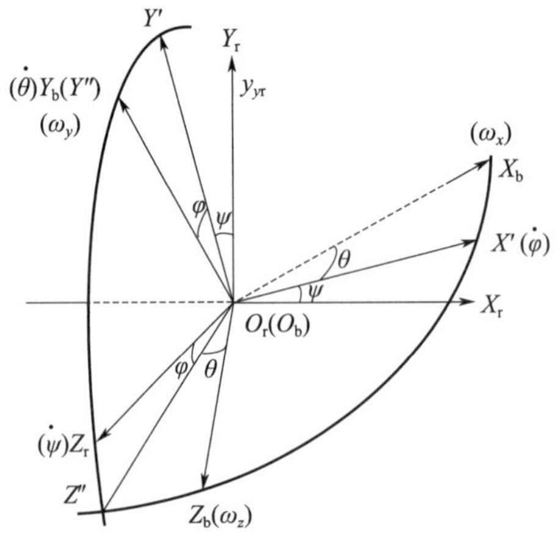

图 2-7　三轴欧拉角速度与三轴本体角速度的空间关系

考坐标系 Z_r 轴方向欧拉角速度 $\dot{\psi}$ 依次经过三次旋转后得到其在新坐标系的描述，$\dot{\theta}$ 则依次经过两次旋转得到新坐标系描述，从而数学形式如下式

$$\begin{pmatrix}\omega_x\\\omega_y\\\omega_z\end{pmatrix}=\boldsymbol{R}_y[\theta]\left\{\begin{pmatrix}0\\\dot{\theta}\\0\end{pmatrix}+\boldsymbol{R}_x[\varphi]\left[\begin{pmatrix}\dot{\varphi}\\0\\0\end{pmatrix}+\boldsymbol{R}_z[\psi]\begin{pmatrix}0\\0\\\dot{\psi}\end{pmatrix}\right]\right\} \tag{2-46}$$

整理得到如下形式

$$\begin{pmatrix}\omega_x\\\omega_y\\\omega_z\end{pmatrix}=\begin{pmatrix}-\dot{\psi}\sin\theta\cos\varphi+\dot{\varphi}\cos\theta\\\dot{\theta}+\dot{\psi}\sin\varphi\\\dot{\psi}\cos\theta\cos\varphi+\dot{\varphi}\sin\theta\end{pmatrix}_{312} \tag{2-47}$$

从上式中可以看到三轴欧拉角速度和三轴本体角速度的差异，仅最后一次旋转轴对应的欧拉角速度和本体角速度方向相同。并根据式（2-45）可以得到利用测量获取的三轴本体角速度计算三轴欧拉角速度的数学形式如下

$$\begin{pmatrix}\dot{\varphi}\\\dot{\theta}\\\dot{\psi}\end{pmatrix}_{312}=\frac{1}{\cos\varphi}\begin{pmatrix}\omega_x\cos\theta\cos\varphi+\omega_z\sin\theta\cos\varphi\\\omega_x\sin\theta\sin\varphi+\omega_y\cos\varphi-\omega_z\cos\theta\sin\varphi\\-\omega_x\sin\theta+\omega_z\cos\theta\end{pmatrix} \tag{2-48}$$

同理给出 213 转序和 123 转序欧拉角速度和本体角速度的关系如下

$$\begin{pmatrix}\omega_x\\\omega_y\\\omega_z\end{pmatrix}=\begin{pmatrix}\dot{\varphi}\cos\psi+\dot{\theta}\cos\varphi\sin\psi\\-\dot{\varphi}\sin\psi+\dot{\theta}\cos\varphi\cos\psi\\\dot{\psi}-\dot{\theta}\sin\psi\end{pmatrix}_{213} \tag{2-49}$$

$$\begin{pmatrix} \dot{\varphi} \\ \dot{\theta} \\ \dot{\psi} \end{pmatrix}_{213} = \frac{1}{\cos\varphi}\begin{pmatrix} \omega_x \cos\psi\cos\varphi - \omega_y \sin\psi\cos\varphi \\ \omega_x \sin\psi + \omega_y \cos\psi \\ \omega_z \cos\varphi + \omega_x \sin^2\psi + \omega_y \sin\psi\cos\psi \end{pmatrix} \tag{2-50}$$

$$\begin{pmatrix} \omega_x \\ \omega_y \\ \omega_z \end{pmatrix} = \begin{pmatrix} \dot{\varphi}\cos\theta\cos\psi + \dot{\theta}\sin\psi \\ -\dot{\varphi}\cos\theta\sin\psi + \dot{\theta}\cos\psi \\ \dot{\psi} + \dot{\varphi}\sin\theta \end{pmatrix}_{123} \tag{2-51}$$

$$\begin{pmatrix} \dot{\varphi} \\ \dot{\theta} \\ \dot{\psi} \end{pmatrix}_{123} = \frac{1}{\cos\theta}\begin{pmatrix} \omega_x \cos\psi - \omega_y \sin\psi \\ \omega_x \cos\theta\sin\psi + \omega_y \cos\theta\cos\psi \\ \omega_z \cos\theta - \omega_x \sin\theta\cos\psi + \omega_y \sin\theta\sin\psi \end{pmatrix} \tag{2-52}$$

从式（2－47）～式（2－52）可以看出，不同转序会得到不同的欧拉角速度，且不同转序中，第二次旋转对应的欧拉角为 90°时会造成欧拉角速度计算奇异，如 312 转序中滚动角为 90°时会造成计算欧拉角速度时奇异。因此，工程上计算欧拉角速度时必须对对应奇异轴的欧拉角进行限幅，使其不能造成计算过程中分母为零的情况。

当三轴欧拉角和角速度均为小量时，可以采用一阶近似的形式，有下式成立，可以看出一阶近似情况下的欧拉角速度与转序无关。

$$\begin{pmatrix} \dot{\varphi} \\ \dot{\theta} \\ \dot{\psi} \end{pmatrix} = \begin{pmatrix} \omega_x \\ \omega_y \\ \omega_z \end{pmatrix} \tag{2-53}$$

对于平时长期飞行处于对地指向的航天器，其轨道坐标系如第 2.2 节中的定义，描述航天器本体相对于轨道坐标系的三轴姿态时，在运动学的计算过程中，陀螺测量的惯性角速度需要扣除航天器轨道角速度后，得到航天器本体相对于轨道系的三轴角速度，再计算航天器本体相对于轨道系的三轴欧拉角速度，如下式所示

$$\begin{pmatrix} \omega_{box} \\ \omega_{boy} \\ \omega_{boz} \end{pmatrix} = \begin{pmatrix} \omega_x \\ \omega_y \\ \omega_z \end{pmatrix} - \boldsymbol{C}_o^b \begin{pmatrix} 0 \\ -\omega_0 \\ 0 \end{pmatrix} \tag{2-54}$$

上式中 $-\omega_0$ 表示轨道角速度的大小为 ω_0、方向为轨道系俯仰轴 Oy_o 的负向，式中 $\boldsymbol{C}_o^b$ 可以用式（2－6）～式（2－8）中任意转序的欧拉角求得，或者用式（2－19）的形式利用四元数计算，当三轴欧拉角速度均为小量时，式（2－53）也可以得到一阶近似形式如下

$$\begin{pmatrix} \omega_{box} \\ \omega_{boy} \\ \omega_{boz} \end{pmatrix} = \begin{pmatrix} \omega_x \\ \omega_y \\ \omega_z \end{pmatrix} - \begin{pmatrix} 1 & \psi & -\theta \\ -\psi & 1 & \varphi \\ \theta & -\varphi & 1 \end{pmatrix}\begin{pmatrix} 0 \\ -\omega_0 \\ 0 \end{pmatrix} = \begin{pmatrix} \omega_x + \psi \cdot \omega_0 \\ \omega_y + \omega_0 \\ \omega_z - \varphi \cdot \omega_0 \end{pmatrix} \tag{2-55}$$

在利用欧拉角方式进行航天器姿态运动学计算时，通常过程是利用式（2－53）求取本体系相对于轨道系的三轴角速度，再利用式（2－48）计算 312 转序的欧拉角速度（求

其他转序欧拉角也类似)，利用欧拉角速度积分获取欧拉角，如此循环迭代即完成姿态运动学的连续计算。

2.4.3 四元数运动学方程

利用三轴欧拉角和欧拉角速度进行姿态运动学计算，物理概念比较直观，但存在奇异的问题，而通过四元数建立姿态运动学方程式可以避免此问题，特别是有姿态大角度机动控制的航天器，多采用四元数的方式构建姿态测量反馈和控制系统。

用 $q(t)$ 和 $q(t+\Delta t)$ 分别表示 t 时刻和（$t+\Delta t$）时刻对应的姿态四元数，用 Δq 表示两个时刻对应的四元数之间的转换关系，与式（2-40）的左乘形式略有不同，此时四元数是右乘形式，其数学关系如下

$$\boldsymbol{q}(t+\Delta t)=\boldsymbol{q}(t)\otimes\Delta\boldsymbol{q} \tag{2-56}$$

当 Δt 很小时，可以认为 $\Delta\boldsymbol{q}$ 对应的是不变的角速度矢量 $\boldsymbol{\omega}$ 在 Δt 内积分得到的小角度四元数，极短时间 Δt 内可以认为矢量 $\boldsymbol{e}$ 和矢量 $\boldsymbol{\omega}$ 同向，因此方向为 $\boldsymbol{e}$ 、大小为 ω 的角速度矢量 $\boldsymbol{\omega}$ 在 Δt 内的积分即为 $\Phi\boldsymbol{e}$ ，则有

$$\Delta\boldsymbol{q}\approx\begin{pmatrix}1\\ \left(\dfrac{\Phi}{2}\right)\boldsymbol{e}\end{pmatrix}=\begin{pmatrix}1\\ e_x\cdot\Phi/2\\ e_y\cdot\Phi/2\\ e_z\cdot\Phi/2\end{pmatrix}=\begin{pmatrix}1\\ \dfrac{1}{2}\boldsymbol{\omega}\cdot\Delta t\end{pmatrix} \tag{2-57}$$

将式（2-57）代入式（2-56）可得

$$\frac{\boldsymbol{q}(t+\Delta t)-\boldsymbol{q}(t)}{\Delta t}=\frac{1}{2}\boldsymbol{q}(t)\otimes\begin{pmatrix}0\\ \boldsymbol{\omega}\end{pmatrix} \tag{2-58}$$

对式（2-58）取 $\Delta t\to 0$ 时的极限，从而得到四元数形式的运动学方程

$$\dot{\boldsymbol{q}}=\frac{1}{2}\boldsymbol{q}\otimes\begin{pmatrix}0\\ \boldsymbol{\omega}\end{pmatrix}=\frac{1}{2}\begin{pmatrix}q_0 & -q_1 & -q_2 & -q_3\\ q_1 & q_0 & -q_3 & q_2\\ q_2 & q_3 & q_0 & -q_1\\ q_3 & -q_2 & q_1 & q_0\end{pmatrix}\begin{pmatrix}0\\ \omega_x\\ \omega_y\\ \omega_z\end{pmatrix} \tag{2-59}$$

或

$$\dot{\boldsymbol{q}}=\frac{1}{2}\boldsymbol{\Omega}(\boldsymbol{\omega})\boldsymbol{q}=\begin{pmatrix}0 & -\omega_x & -\omega_y & -\omega_z\\ \omega_x & 0 & \omega_z & -\omega_y\\ \omega_y & -\omega_z & 0 & \omega_x\\ \omega_z & \omega_y & -\omega_x & 0\end{pmatrix}\begin{pmatrix}q_0\\ q_1\\ q_2\\ q_3\end{pmatrix} \tag{2-60}$$

将式（2-59）写成矩阵形式为

$$\begin{pmatrix}\dot{q}_0\\ \dot{\boldsymbol{Q}}\end{pmatrix}=\frac{1}{2}\left(q_0\boldsymbol{I}_{4\times4}+\begin{pmatrix}0 & -\boldsymbol{Q}^{\mathrm{T}}\\ \boldsymbol{Q}^{\mathrm{T}} & [\![\boldsymbol{Q}\times]\!]\end{pmatrix}\right)\begin{pmatrix}0\\ \boldsymbol{\omega}\end{pmatrix} \tag{2-61}$$

在利用四元数进行运动学计算时，可以根据陀螺输出的惯性角速度或式（2-53）描

述的航天器本体相对于轨道系的角速度，代入式（2-57）中计算得到相对惯性系或相对轨道系的变化四元数 $\Delta \boldsymbol{q}$ ，再利用式（2-56）即可获取当前的四元数，这种方式适用于离散形式的计算机程序实现，且可以规避直接利用式（2-59）的数值积分求解方式。

2.5 航天器姿态动力学基础方程

本节简要介绍本书将涉及的有关矢量力学和分析力学的基本概念、原理与定理。经常采用的建立系统基本运动方程式的力学原理主要有两类：1）矢量力学方法：欧拉—牛顿方程式（包括动量和动量矩定理以及达朗贝尔原理）。2）分析力学方法：拉格朗日方程式（实际坐标和拟坐标两种形式）、哈密顿方程式、凯恩方程式、虚功原理等。实际上，几乎所有的分析力学原理均可用来建立系统的动力学方程。

通常，对构型简单的刚体航天器，动量矩定理是建立姿态动力学模型的简单有效的方法。对结构复杂的多体航天器则一般采用分析力学方法建立姿态动力学模型。本节将采用动量矩定理建立单刚体航天器的姿态动力学方程。

2.5.1 动量矩定理

刚体航天器的姿态动力学是以刚体的动量矩定理为基础的。因此在确定了描述航天器姿态运动的各种坐标系和运动学之后，了解刚体的动量矩定理就成为研究航天器姿态动力学的一个重要条件。

为叙述简单起见，设系统由 N 个质点 $\rho_i(i=1, 2, \cdots, N)$ 组成，质点 ρ_i 具有质量 m_i ，总质量 $M=\sum_{i=1}^{N} m_i$ ，参考坐标系 $oxyz$ 为惯性坐标系，点 o 至 ρ_i 的矢量记为 $\vec{r}_i$ ，点 ρ_i 的速度矢量记为 $\vec{v}_i$ ，系统质心记为 C ，o 至 C 的矢量为 $\vec{r}_C$ ，C 的速度为 $\vec{v}_C$ ，作用于点 ρ_i 的外力的合力记为 $\vec{F}_i$ 。令 $\vec{P}=\sum_{i=1}^{N} m_i \vec{v}_i$ 为系统的总动量，则根据牛顿运动定律可得如下表达

$$\frac{\mathrm{d}}{\mathrm{d}t}\vec{P}=M\frac{\mathrm{d}\vec{v}_C}{\mathrm{d}t}=\sum_{i=1}^{N}\vec{F}_i \tag{2-62}$$

上式即为动量定理：系统相对惯性空间的绝对动量，在惯性空间下相对时间的绝对导数等于作用于系统的外力和，或者等价地，系统质心的绝对加速度等于外力合力除以系统的总质量。

设 O_S 为 $oxyz$ 中的一个参考点，它相对于惯性空间可以是固定的，也可以是不固定的，记 o 至 O_S 的矢量为 $\vec{r}_S$ ，点 O_S 的速度矢量为 $\vec{v}_S$ ，由点 O_S 至点 ρ_S 的矢量记为 $\vec{r}_{Si}$ ，称 $\vec{H}_S=\sum_{i=1}^{N}\vec{r}_{Si}\times m_i\vec{v}_i$ 为系统相对于点 O_S 的绝对动量矩（角动量）。对 $\vec{H}_S$ 在惯性系下求时间导数得到

$$\frac{\mathrm{d}}{\mathrm{d}t}\vec{H}_S = \sum_{i=1}^{N} \vec{r}_{Si} \times \vec{F}_i - \vec{v}_S \times \vec{P} \tag{2-63}$$

式（2－63）即为动量矩定理：系统关于参考点 O_S 的绝对动量矩在惯性空间下对时间的导数等于作用于系统的外力对于参考点 O_S 的力矩和减去参考点的速度矢量与系统绝对动量的矢量积。

当参考点 O_S 取系统的质心 C 时，在实际应用中具有特别重要的意义，此时 $\vec{v}_S \times \vec{P} = \mathbf{0}$，于是有

$$\frac{\mathrm{d}}{\mathrm{d}t}\vec{H}_S = \sum_{i=1}^{N} \vec{r}_{Si} \times \vec{F}_i \tag{2-64}$$

而当参考点为相对于惯性空间的固定点时，$\vec{v}_S = \mathbf{0}$，此时动量矩定理也具有和式（2－64）相同的形式。

式（2－64）表明，当参考点为系统质心或者为相对于惯性空间的固定点时，动量矩定理具有较简单的形式。这就是在研究物体转动运动时，常常取质心坐标系的原因。

此外，由式（2－64）还可知，当作用于系统的合外力对于系统质心或者对于固定点的力矩恒等于零时，系统对同一点的动量矩守恒。这个结论说明了系统动量矩守恒的条件。

动量矩定理常被用于研究刚体的转动运动，刚体作为一类质点系，式（2－64）依然成立。

2.5.2　单刚体航天器的姿态动力学方程

航天器的姿态运动是指其绕自身质心的转动。当航天器被看作刚体时（见图 2－8），其姿态动力学方程就可以直接从刚体的动量矩定理中导出。

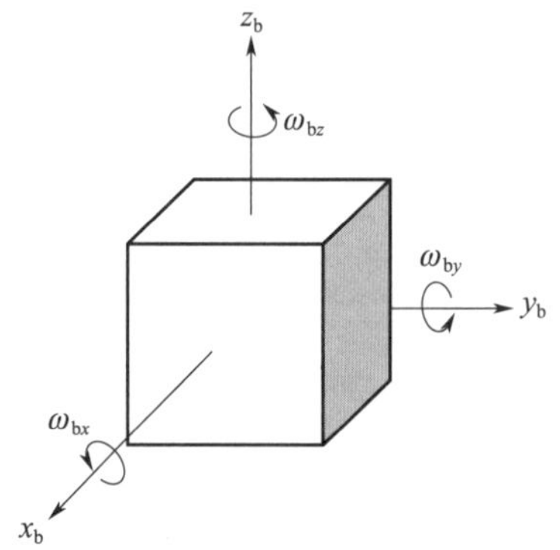

图 2－8　单刚体航天器

设单刚体航天器相对于质心 o_b 在本体坐标系 $o_b x_b y_b z_b$ 中的转动惯量矩阵为 $\boldsymbol{I}_b$，航天器的绝对角速度矢量在本体系下的分量列阵为 $\boldsymbol{\omega}_b = (\omega_x \quad \omega_y \quad \omega_z)^{\mathrm{T}}$。则航天器相对于其质心的绝对角动量可表示为

$$\boldsymbol{H}_b = \boldsymbol{I}_b \boldsymbol{\omega}_b \tag{2-65}$$

设作用在航天器上的外力矩为 $\boldsymbol{T}_e$ ，根据动量矩定理可得在本体坐标系下描述的单刚体航天器姿态动力学方程为

$$\boldsymbol{I}_b\dot{\boldsymbol{\omega}}_b+\boldsymbol{\omega}_b^{\times}\boldsymbol{I}_b\boldsymbol{\omega}_b=\boldsymbol{T}_e \tag{2-66}$$

如果取航天器的本体坐标系为主轴坐标系，此时有

$$\boldsymbol{I}_b=\begin{pmatrix} I_{bx} & 0 & 0 \\ 0 & I_{by} & 0 \\ 0 & 0 & I_{bz} \end{pmatrix} \tag{2-67}$$

将式（2-67）代入式（2-66），并展开可得

$$\begin{cases} I_{bx}\dfrac{d\omega_{bx}}{dt}+\omega_{by}\omega_{bz}(I_{bz}-I_{by})=T_x \\ I_{by}\dfrac{d\omega_{by}}{dt}+\omega_{bx}\omega_{bz}(I_{bx}-I_{bz})=T_y \\ I_{bz}\dfrac{d\omega_{bz}}{dt}+\omega_{bx}\omega_{by}(I_{by}-I_{bx})=T_z \end{cases} \tag{2-68}$$

其中，T_x 、T_y 和 T_z 分别为 $\boldsymbol{T}_e$ 在本体坐标系下的三轴分量。

这是一组非线性微分方程式，一般解析解难以得到，只有根据具体情况加以处理或者求数字解，由计算机来实现。

2.6　复杂航天器系统耦合动力学方程

本书所研究的姿态机动光学遥感卫星主要由航天器平台、太阳帆板等柔性结构、太阳帆板驱动机构组成，以下将建立系统的动力学模型并分析其多体耦合特性[4]，为后续的姿态机动与柔性抑制算法设计提供依据。

2.6.1　帆板驱动电机动力学模型

当前航天器上配置的太阳帆板多采用步进电机驱动，为简化分析，以直接驱动型的混合式两相步进电机为例，建立其动力学模型[5]。混合式两相步进电机的驱动电路采用正余弦细分，给 A、B 两相输入的电流为

$$\begin{cases} i_A=I_0\cos(Z_r\dot{\theta}_r t)=I_0\cos(Z_r\theta_r) \\ i_B=I_0\sin(Z_r\dot{\theta}_r t)=I_0\sin(Z_r\theta_r) \end{cases} \tag{2-69}$$

式中，I_0 为电流幅值；Z_r 为电机转子的齿数；$\dot{\theta}_r$ 为指令转速；t 为时间；对 $\dot{\theta}_r$ 积分得到指令转角为 θ_r 。电机驱动电路的电气常数较小，电流控制较好，故将电机的相电流当作理想正余弦电流处理，并且不考虑电流控制误差。

由电机两相电流式（2-69）产生的电磁力矩为

$$\begin{aligned} T_e &=-k_{t0}i_A\sin(Z_r\theta_f)+k_{t0}i_B\cos(Z_r\theta_f)+T_h \\ &=-k_{t0}I_0\sin(Z_r\theta_f-Z_r\theta_r)+T_h \end{aligned} \tag{2-70}$$

式中，θ_f 为电机转子的实际转角；k_{t0} 为转矩系数；T_h 为高阶谐波项转矩。考虑到电机的失调角 $\theta_f-\theta_r$ 为小角度，因此有 $\sin(Z_r\theta_f-Z_r\theta_r)\approx Z_r\theta_f-Z_r\theta_r$，记 $K=k_{t0}I_0Z_r$，则式（2-70）可化简为

$$T_e=-K(\theta_f-\theta_r)+T_h \tag{2-71}$$

电机转轴上除了存在电磁力矩 T_e 之外，还存在定位力矩（主要考虑四阶谐波定位转矩即可）T_b 为

$$T_b=D\sin(4Z_r\theta_f) \tag{2-72}$$

式中，D 为转矩幅值；存在摩擦力矩为

$$T_f=T_c\mathrm{sign}(\dot{\theta}_f)+B\dot{\theta}_f \tag{2-73}$$

式中，T_c 为库仑摩擦力矩；B 为粘滞阻尼系数；sign（·）为符号函数；存在负载力矩 T_L 为

$$T_L=J_L\ddot{\theta}_f \tag{2-74}$$

式中，J_L 是太阳帆板在转轴上的转动惯量。令 J_m 为电机转轴的转动惯量，则步进电机动力学模型为

$$\begin{aligned}J_m\ddot{\theta}_f&=T_e-T_b-T_f-T_L\\&=-K(\theta_f-\theta_r)+T_h-D\sin(4Z_r\theta_f)-T_c\mathrm{sign}(\dot{\theta}_f)-B\dot{\theta}_f-J_L\ddot{\theta}_f\end{aligned} \tag{2-75}$$

令 $J_f=J_m+J_L$ 为电机转轴和负载的合转动惯量，则上式可写为

$$J_f\ddot{\theta}_f=-K\theta_f+K\theta_r+T_h-D\sin(4Z_r\theta_f)-T_c\mathrm{sign}(\dot{\theta}_f)-B\dot{\theta}_f \tag{2-76}$$

从上式可以看出，步进电机驱动是非线性的，为了方便采用线性系统理论对系统进行分析，做如下[6]合理简化：1）高阶谐波项转矩 T_h 随着电机制造水平的提高已经比较小，可以忽略；2）定位转矩可以通过补偿电流来抵消，因此也不必考虑 $D\sin(4Z_r\theta_f)$。据此，驱动电机动力学模型式（2-76）可以化简为

$$J_f\ddot{\theta}_f=-B\dot{\theta}_f-K\theta_f+K\theta_r-T_c\mathrm{sign}(\dot{\theta}_f) \tag{2-77}$$

以指令转角 θ_r 作为输入，实际转角 θ 作为输出，输入输出关系可写成一个标准的二阶传递函数为

$$\frac{\theta_r(s)}{\theta_f(s)}=\frac{K}{J_fs^2+Bs+K} \tag{2-78}$$

其自然频率 ω 和阻尼比 ξ 分别为

$$\begin{cases}\omega=\sqrt{\dfrac{K}{J_f}}\\\xi=\dfrac{B}{2\sqrt{KJ_f}}\end{cases} \tag{2-79}$$

2.6.2 系统耦合动力学模型

根据动量和角动量原理，由航天器本体、柔性太阳帆板（考虑常见的单轴驱动）和步

进驱动电机组成的系统动力学方程为[7]

$$\begin{cases}\text{姿态运动方程}:\boldsymbol{J}\dot{\boldsymbol{\omega}}+\tilde{\boldsymbol{\omega}}(\boldsymbol{I}\boldsymbol{\omega}+\boldsymbol{h}+\boldsymbol{R}\dot{\boldsymbol{\theta}}_{\mathrm{f}})+\boldsymbol{R}\ddot{\boldsymbol{\theta}}_{\mathrm{f}}+\boldsymbol{F}_{\mathrm{b}}\ddot{\boldsymbol{\eta}}=\boldsymbol{T}_{\mathrm{d}}+\boldsymbol{T}_{\mathrm{c}}\\ \text{帆板转动方程}:\boldsymbol{J}_{\mathrm{f}}\ddot{\boldsymbol{\theta}}_{\mathrm{f}}+\boldsymbol{R}^{\mathrm{T}}\dot{\boldsymbol{\omega}}+\boldsymbol{F}_{\mathrm{a}}\ddot{\boldsymbol{\eta}}+\tilde{\dot{\boldsymbol{\theta}}}_{\mathrm{f}}(\boldsymbol{R}^{\mathrm{T}}\boldsymbol{\omega}+\boldsymbol{J}\dot{\boldsymbol{\theta}}_{\mathrm{f}}+\boldsymbol{F}_{\mathrm{a}}\dot{\boldsymbol{\eta}})=\boldsymbol{T}_{\mathrm{m}}\\ \text{帆板振动方程}:\ddot{\boldsymbol{\eta}}+2\xi\Omega\dot{\boldsymbol{\eta}}+\Omega^{2}\boldsymbol{\eta}+\boldsymbol{F}_{\mathrm{b}}^{\mathrm{T}}\dot{\boldsymbol{\omega}}+\boldsymbol{F}_{\mathrm{a}}^{\mathrm{T}}\ddot{\boldsymbol{\theta}}_{\mathrm{f}}=\boldsymbol{0}\end{cases}\tag{2-80}$$

式中，$\boldsymbol{\omega}$ 是 3×1 维的航天器相对惯性系的角速度；$\tilde{\boldsymbol{\omega}}$ 是 $\boldsymbol{\omega}$ 的反对称矩阵；$\dot{\boldsymbol{\theta}}_{\mathrm{f}}$ 是 1 维的帆板转角；$\tilde{\dot{\boldsymbol{\theta}}}_{\mathrm{f}}$ 是 $\dot{\boldsymbol{\theta}}_{\mathrm{f}}$ 的反对称矩阵；$\boldsymbol{\eta}$ 是 n 阶帆板柔性振动模态坐标；$\boldsymbol{h}$ 是 3×1 维的姿控执行机构的角动量；$\boldsymbol{T}_{\mathrm{d}}$ 是 3×1 维的航天器受到的环境力矩；$\boldsymbol{T}_{\mathrm{c}}$ 是 3×1 维的姿控力矩；$\boldsymbol{T}_{\mathrm{m}}$ 是 1 维的步进电机驱动力矩；$\boldsymbol{J}$ 是 3×3 维的航天器惯量矩阵；$\boldsymbol{J}_{\mathrm{f}}$ 是 1 维的帆板转轴上的惯量；$\boldsymbol{R}$ 是 3×1 维的帆板旋转与航天器转动的耦合系数；$\boldsymbol{F}_{\mathrm{b}}$ 是 3× n 维的帆板振动与航天器转动的耦合系数；$\boldsymbol{F}_{\mathrm{a}}$ 是 1× n 维的帆板振动与帆板转动的耦合系数；ξ 是 $n\times n$ 维的帆板约束模态阻尼比；$\boldsymbol{\Omega}$ 是 $n\times n$ 维的帆板约束模态频率[8]。

由式（2-80）可知，柔性帆板驱动及其结构振动耦合到星体的干扰力矩为

$$\boldsymbol{T}_{\mathrm{cou}}=\boldsymbol{R}\ddot{\boldsymbol{\theta}}_{\mathrm{f}}+\tilde{\boldsymbol{\omega}}\boldsymbol{R}\dot{\boldsymbol{\theta}}_{\mathrm{f}}+\boldsymbol{F}_{\mathrm{b}}\ddot{\boldsymbol{\eta}}$$

由此可知，帆板转动角加速度 $\ddot{\boldsymbol{\theta}}_{\mathrm{f}}$ 和柔性振动模态坐标加速度 $\ddot{\boldsymbol{\eta}}$ 是影响航天器姿态的重要因素，为了获得高精度的姿态稳定度，一要降级 $\ddot{\boldsymbol{\theta}}_{\mathrm{f}}$ 的大小，要求帆板驱动速度更加平稳；二要减小 $\ddot{\boldsymbol{\eta}}$ ，即帆板振动更加微弱。

在三轴稳定控制问题中，航天器的三轴姿态误差为小量，航天器角速度和角加速度可分别化简为

$$\boldsymbol{\omega}=\begin{pmatrix}\dot{\varphi}-\omega_{0}\psi\\ \dot{\theta}-\omega_{0}\\ \dot{\psi}+\omega_{0}\varphi\end{pmatrix}=\begin{pmatrix}\dot{\varphi}\\ \dot{\theta}\\ \dot{\psi}\end{pmatrix}+\begin{pmatrix}0&0&-\omega_{0}\\ 0&0&0\\ \omega_{0}&0&0\end{pmatrix}\begin{pmatrix}\varphi\\ \theta\\ \psi\end{pmatrix}=\dot{\boldsymbol{\Phi}}+\boldsymbol{A}\boldsymbol{\Phi}\tag{2-81}$$

$$\dot{\boldsymbol{\omega}}=\ddot{\boldsymbol{\Phi}}+\boldsymbol{A}\dot{\boldsymbol{\Phi}}\tag{2-82}$$

式中，$\boldsymbol{\Phi}=(\varphi\quad\theta\quad\psi)^{\mathrm{T}}$ 、$\dot{\boldsymbol{\Phi}}=(\dot{\varphi}\quad\dot{\theta}\quad\dot{\psi})^{\mathrm{T}}$ 和 $\ddot{\boldsymbol{\Phi}}=(\ddot{\varphi}\quad\ddot{\theta}\quad\ddot{\psi})^{\mathrm{T}}$ 分别为姿态角及其角速度和角加速度；$\boldsymbol{A}=\begin{pmatrix}0&0&-\omega_{0}\\ 0&0&0\\ \omega_{0}&0&0\end{pmatrix}$ 。记 $\boldsymbol{\Phi}_{0}=(\varphi_{0}\quad\theta_{0}\quad\psi_{0})^{\mathrm{T}}$ 和 $\dot{\boldsymbol{\Phi}}_{0}=(\dot{\varphi}_{0}\quad\dot{\theta}_{0}\quad\dot{\psi}_{0})^{\mathrm{T}}$ 分别为目标姿态角及其角速度，通常航天器姿态采用 PD 控制，有

$$\boldsymbol{T}_{\mathrm{c}}=\boldsymbol{K}_{\mathrm{p}}(\boldsymbol{\Phi}_{0}-\boldsymbol{\Phi})+\boldsymbol{K}_{\mathrm{d}}(\dot{\boldsymbol{\Phi}}_{0}-\dot{\boldsymbol{\Phi}})\tag{2-83}$$

式中，$\boldsymbol{K}_{\mathrm{p}}=\mathrm{diag}(k_{\mathrm{p},x},k_{\mathrm{p},y},k_{\mathrm{p},z})$ 为比例系数阵；$\boldsymbol{K}_{\mathrm{d}}=\mathrm{diag}(k_{\mathrm{d},x},k_{\mathrm{d},y},k_{\mathrm{d},z})$ 为微分系数阵。

根据式（2-77），系统动力学方程式（2-80）中的含干扰力矩的帆板驱动力矩为

$$\boldsymbol{T}_{\mathrm{m}}=-B\dot{\boldsymbol{\theta}}_{\mathrm{f}}-K\boldsymbol{\theta}_{\mathrm{f}}+K\boldsymbol{\theta}_{\mathrm{r}}-\boldsymbol{T}_{\mathrm{c}}\mathrm{sgn}(\dot{\boldsymbol{\theta}}_{\mathrm{f}})\tag{2-84}$$

将式（2-81）～式（2-84）代入式（2-80），得到航天器系统的线性动力学模型为

$$
\begin{cases}
\boldsymbol{J}\ddot{\boldsymbol{\Phi}}+(\boldsymbol{IA}+\boldsymbol{C}+\boldsymbol{K}_{\mathrm{d}})\dot{\boldsymbol{\Phi}}+(\boldsymbol{D}+\boldsymbol{K}_{\mathrm{p}})\boldsymbol{\Phi}+\boldsymbol{R}\ddot{\Theta}+\boldsymbol{F}_{\mathrm{b}}\ddot{\boldsymbol{\eta}}=\boldsymbol{T}_{\mathrm{d1}}+\boldsymbol{K}_{\mathrm{p}}\boldsymbol{\Phi}_{0}+\boldsymbol{K}_{\mathrm{d}}\dot{\boldsymbol{\Phi}}_{0}\\
\boldsymbol{J}_{\mathrm{f}}\ddot{\boldsymbol{\theta}}_{\mathrm{f}}+\boldsymbol{R}^{\mathrm{T}}\ddot{\boldsymbol{\Phi}}+\boldsymbol{R}^{\mathrm{T}}\boldsymbol{A}\dot{\boldsymbol{\Phi}}+\boldsymbol{F}_{\mathrm{a}}\ddot{\boldsymbol{\eta}}+B\dot{\boldsymbol{\theta}}_{\mathrm{f}}+K\boldsymbol{\theta}_{\mathrm{f}}=K\boldsymbol{\theta}_{\mathrm{r}}+\boldsymbol{T}_{\mathrm{d2}}\\
\ddot{\boldsymbol{\eta}}+2\xi\Omega\dot{\boldsymbol{\eta}}+\Omega^{2}\boldsymbol{\eta}+\boldsymbol{F}_{\mathrm{b}}^{\mathrm{T}}\ddot{\boldsymbol{\Phi}}+\boldsymbol{F}_{\mathrm{b}}^{\mathrm{T}}\boldsymbol{A}\dot{\boldsymbol{\Phi}}+\boldsymbol{F}_{\mathrm{a}}^{\mathrm{T}}\ddot{\boldsymbol{\theta}}_{\mathrm{f}}=\boldsymbol{0}
\end{cases}
\tag{2-85}
$$

式中，$\boldsymbol{C}=\omega_{0}\begin{pmatrix}0&0&J_y-J_z\\0&0&0\\J_x-J_y&0&0\end{pmatrix}$，$\boldsymbol{D}=\omega_{0}^{2}\begin{pmatrix}J_y-J_z&0&0\\0&0&0\\0&0&J_x-J_y\end{pmatrix}$，$J_x$、$J_y$ 和 J_z 为航天器的三轴主惯量；$\boldsymbol{T}_{\mathrm{d1}}$ 为包括环境力矩和非线性耦合在内的姿态干扰力矩；$\boldsymbol{T}_{\mathrm{d2}}$ 为包括 $\widetilde{\dot{\boldsymbol{\theta}}}_{\mathrm{f}}(\boldsymbol{R}^{\mathrm{T}}\boldsymbol{\omega}+\boldsymbol{J}\dot{\boldsymbol{\theta}}_{\mathrm{f}}+\boldsymbol{F}_{\mathrm{a}}\dot{\boldsymbol{\eta}})$ 和库仑摩擦力 $\boldsymbol{T}_{\mathrm{c}}\mathrm{sgn}(\dot{\boldsymbol{\theta}}_{\mathrm{f}})$ 等在内的帆板非线性驱动干扰力矩。

2.6.3 系统耦合振动频率和阻尼比分析

取状态变量 $\boldsymbol{X}=(\boldsymbol{\Phi}\quad\dot{\boldsymbol{\Phi}}\quad\boldsymbol{\theta}_{\mathrm{f}}\quad\dot{\boldsymbol{\theta}}_{\mathrm{f}}\quad\boldsymbol{\eta}\quad\dot{\boldsymbol{\eta}})^{\mathrm{T}}$，系统线性动力学模型式（2-85）的状态方程形式为

$$
\boldsymbol{A}_{1}\dot{\boldsymbol{X}}-\boldsymbol{A}_{2}\boldsymbol{X}=\boldsymbol{V}
\tag{2-86}
$$

式中，部分变量矩阵取值如下所示

$$
\boldsymbol{V}=\begin{pmatrix}\boldsymbol{0}_{3\times1}\\ \boldsymbol{T}_{\mathrm{d1}}+\boldsymbol{K}_{\mathrm{p}}\boldsymbol{\Phi}_{0}+\boldsymbol{K}_{\mathrm{d}}\dot{\boldsymbol{\Phi}}_{0}\\ 0\\ K\boldsymbol{\theta}_{\mathrm{r}}+\boldsymbol{T}_{\mathrm{d2}}\\ \boldsymbol{0}_{n\times1}\\ \boldsymbol{0}_{n\times1}\end{pmatrix};\boldsymbol{A}_{1}=\begin{pmatrix}\boldsymbol{I}_{3\times3}&\boldsymbol{0}_{3\times3}&\boldsymbol{0}_{3\times1}&\boldsymbol{0}_{3\times1}&\boldsymbol{0}_{3\times n}&\boldsymbol{0}_{3\times n}\\ \boldsymbol{IA}+\boldsymbol{C}+\boldsymbol{K}_{\mathrm{d}}&\boldsymbol{I}_{3\times3}&\boldsymbol{0}_{3\times1}&\boldsymbol{0}_{3\times1}&\boldsymbol{0}_{3\times n}&\boldsymbol{0}_{3\times n}\\ \boldsymbol{0}_{1\times3}&\boldsymbol{0}_{1\times3}&1&0&\boldsymbol{0}_{1\times n}&\boldsymbol{0}_{1\times n}\\ \boldsymbol{R}^{\mathrm{T}}\boldsymbol{A}&\boldsymbol{R}^{\mathrm{T}}&B&\boldsymbol{J}_{\mathrm{f}}&\boldsymbol{0}_{1\times n}&\boldsymbol{F}_{\mathrm{a}}\\ \boldsymbol{0}_{n\times3}&\boldsymbol{0}_{n\times3}&\boldsymbol{0}_{n\times1}&\boldsymbol{0}_{n\times1}&\boldsymbol{I}_{n\times n}&\boldsymbol{0}_{n\times n}\\ \boldsymbol{F}_{\mathrm{b}}^{\mathrm{T}}\boldsymbol{A}&\boldsymbol{F}_{\mathrm{b}}^{\mathrm{T}}&\boldsymbol{0}_{n\times1}&\boldsymbol{F}_{\mathrm{a}}^{\mathrm{T}}&2\xi\Omega&\boldsymbol{I}_{n\times n}\end{pmatrix}
$$

$$
\boldsymbol{A}_{2}=\begin{pmatrix}\boldsymbol{0}_{3\times3}&\boldsymbol{I}_{3\times3}&\boldsymbol{0}_{3\times1}&\boldsymbol{0}_{3\times1}&\boldsymbol{0}_{3\times n}&\boldsymbol{0}_{3\times n}\\ -\boldsymbol{D}-\boldsymbol{K}_{\mathrm{p}}&\boldsymbol{0}_{3\times3}&\boldsymbol{0}_{3\times1}&\boldsymbol{0}_{3\times1}&\boldsymbol{0}_{3\times n}&\boldsymbol{0}_{3\times n}\\ \boldsymbol{0}_{1\times3}&\boldsymbol{0}_{1\times3}&0&1&\boldsymbol{0}_{1\times n}&\boldsymbol{0}_{1\times n}\\ \boldsymbol{0}_{1\times3}&\boldsymbol{0}_{1\times3}&-K&0&\boldsymbol{0}_{1\times n}&\boldsymbol{0}_{1\times n}\\ \boldsymbol{0}_{n\times3}&\boldsymbol{0}_{n\times3}&\boldsymbol{0}_{n\times1}&\boldsymbol{0}_{n\times1}&\boldsymbol{0}_{n\times n}&\boldsymbol{I}_{n\times n}\\ \boldsymbol{0}_{n\times3}&\boldsymbol{0}_{n\times3}&\boldsymbol{0}_{n\times1}&\boldsymbol{0}_{n\times1}&\boldsymbol{\Omega}^{2}&\boldsymbol{0}_{n\times n}\end{pmatrix}
$$

进一步式（2-86）可写为

$$
\dot{\boldsymbol{X}}=\boldsymbol{A}_{1}^{-1}\boldsymbol{A}_{2}\boldsymbol{X}+\boldsymbol{A}_{1}^{-1}\boldsymbol{V}
\tag{2-87}
$$

在式（2-87）中，系统矩阵 $\boldsymbol{A}_{1}^{-1}\boldsymbol{A}_{2}$ 具有 $n+4$ 对复数特征值，记第 i 对特征值为

$$
\lambda_{1,2}^{i}=a_{i}\pm\mathrm{i}b_{i}
\tag{2-88}
$$

式中，a_i 和 b_i 分别表示实部和虚部的实数。根据二阶系统的时域分析理论，特征值式（2-88）与第 i 个模态振动频率 ω_i 和阻尼比 ξ_i 的关系为

$$\lambda_{1,2}^{i}=-\xi_i\omega_i\pm\omega_i\sqrt{\xi_i^2-1} \tag{2-89}$$

于是，根据上两式，可得到系统的第 i 个振动频率和阻尼比分别为

$$\begin{cases}\omega_i=\sqrt{a_i^2+b_i^2}\\ \xi_i=\dfrac{|a_i|}{\omega_i}\end{cases} \tag{2-90}$$

式（2-90）的计算结果是后续设计输入成型器的依据。

为方便本书后续开展基于输入成型抑制帆板驱动过程中的柔性结构振动的地面原理可行性验证试验，不考虑星体的影响（认为 $\ddot{\boldsymbol{\Phi}}=\dot{\boldsymbol{\Phi}}=\mathbf{0}$），将系统简化为仅由一个步进驱动电机和一个帆板组成，从式（2-85）可得到简化的步进电机和柔性帆板耦合动力学模型为[9]

$$\begin{cases}\boldsymbol{J}_{\mathrm{f}}\ddot{\boldsymbol{\theta}}_{\mathrm{f}}+\boldsymbol{F}_{\mathrm{a}}\ddot{\boldsymbol{\eta}}+B\dot{\boldsymbol{\theta}}_{\mathrm{f}}+K\boldsymbol{\theta}_{\mathrm{f}}=K\boldsymbol{\theta}_{\mathrm{r}}+\boldsymbol{T}_{\mathrm{d2}}\\ \ddot{\boldsymbol{\eta}}+2\xi\Omega\dot{\boldsymbol{\eta}}+\Omega^2\boldsymbol{\eta}+\boldsymbol{F}_{\mathrm{a}}^{\mathrm{T}}\ddot{\boldsymbol{\theta}}_{\mathrm{f}}=\mathbf{0}\end{cases} \tag{2-91}$$

根据上式，从帆板指令转角 θ_{r} 到实际转角 θ 的传递函数为

$$\frac{\theta(s)}{\theta_{\mathrm{r}}(s)}=\frac{K}{J_{\mathrm{f}}s^2+Bs+K-s^4\boldsymbol{F}_{\mathrm{a}}(s^2I-2\xi\Omega s+\Omega^2)\boldsymbol{F}_{\mathrm{a}}^{\mathrm{T}}} \tag{2-92}$$

式中，$\boldsymbol{I}$ 为单位矩阵。上式的特征方程为

$$J_{\mathrm{f}}s^2+Bs+K-s^4\boldsymbol{F}_{\mathrm{a}}(s^2\boldsymbol{I}-2\xi\Omega s+\Omega^2)\boldsymbol{F}_{\mathrm{a}}^{\mathrm{T}} \tag{2-93}$$

解上式可得到 $n+1$ 对复数特征值，同样地，通过式（2-93）可以得到帆板转动与其结构振动耦合后的振动频率和阻尼比，将作为后续设计输入成型器的依据。另外，分析式（2-93）可以知道，帆板转动与其振动耦合后的振动频率和阻尼比不再等于步进电机驱动自身的频率和阻尼比［式（2-79）］，也不等于帆板自身的约束模态频率 Ω 和阻尼比 ξ，这是后续设计成型滤波器需要注意的地方。

2.7　空间环境干扰力矩

航天器在轨运行期间，除了受控制力矩外，还受各种空间干扰力矩的作用，如引力梯度力矩、气动力矩、太阳光压力矩、地磁干扰力矩等。这些空间力矩对航天器姿态的影响与轨道高度有关。一般地，对于高轨道航天器，主要考虑太阳光压力矩；对低轨道航天器（500 km 以下），气动力矩、重力梯度和地磁干扰力矩起主要作用。不过扰动力矩是相对的，在有些情况下可把上述扰动力矩作为姿态稳定力矩，如重力梯度稳定、磁稳定等。下面介绍几种主要的扰动力矩。

2.7.1　引力梯度力矩

引力梯度力矩是由于航天器各部分质量具有不同重力而产生的。引力梯度力矩的表达式为

$$\vec{T}_{\mathrm{g}}=\frac{3\mu}{R^5}(\vec{R}\times\boldsymbol{I}_{\mathrm{b}}\vec{R}) \tag{2-94}$$

式中，μ 为地球引力常数；$\vec{R}$ 为地心到航天器质心的矢径；$\boldsymbol{I}_{\mathrm{b}}$ 为航天器的惯性张量矩阵。在 312 的欧拉角旋转顺序下，$\vec{R}$ 在航天器本体坐标系中的各分量可以写为

$$\boldsymbol{R}=\begin{pmatrix}R_x\\R_y\\R_z\end{pmatrix}=\begin{pmatrix}R\cos\varphi\sin\theta\\-R\sin\varphi\\-R\cos\varphi\cos\theta\end{pmatrix}\tag{2-95}$$

将式（2-95）写为矩阵形式有

$$\begin{pmatrix}T_{gx}\\T_{gy}\\T_{gz}\end{pmatrix}=\frac{3\mu}{R^5}\begin{pmatrix}0 & R_{\mathrm{c}}\varphi_{\mathrm{c}}\theta & -R_{\mathrm{s}}\varphi\\-R_{\mathrm{c}}\varphi_{\mathrm{c}}\theta & 0 & -R_{\mathrm{c}}\varphi_{\mathrm{s}}\theta\\R_{\mathrm{s}}\varphi & R_{\mathrm{c}}\varphi_{\mathrm{s}}\theta & 0\end{pmatrix}\begin{pmatrix}I_{\mathrm{b}x} & -I_{\mathrm{b}xy} & -I_{\mathrm{b}xz}\\-I_{\mathrm{b}xy} & I_{\mathrm{b}y} & -I_{\mathrm{b}yz}\\-I_{\mathrm{b}xz} & -I_{\mathrm{b}yz} & I_{\mathrm{b}z}\end{pmatrix}\begin{pmatrix}R_{\mathrm{c}}\varphi_{\mathrm{s}}\theta\\-R_{\mathrm{s}}\varphi\\-R_{\mathrm{c}}\varphi_{\mathrm{c}}\theta\end{pmatrix}\tag{2-96}$$

式中，“s”和“c”分别代表“sin”和“cos”。

当航天器运行于圆轨道时，轨道角速度可以表示为

$$\omega_{\mathrm{o}}^2=\frac{\mu}{R^3}\tag{2-97}$$

将式（2-97）代入式（2-96）中，并在欧拉角和欧拉角速度都为小量的情况下，忽略二阶以上小量，则式（2-96）可以简化为

$$\begin{pmatrix}T_{gx}\\T_{gy}\\T_{gz}\end{pmatrix}=3\omega_{\mathrm{o}}^2\begin{pmatrix}(I_{\mathrm{b}z}-I_{\mathrm{b}y})\varphi-I_{\mathrm{b}xy}\theta+I_{\mathrm{b}yz}\\(I_{\mathrm{b}z}-I_{\mathrm{b}x})\theta-I_{\mathrm{b}xy}\varphi-I_{\mathrm{b}xz}\\I_{\mathrm{b}xz}\varphi+I_{\mathrm{b}yz}\theta\end{pmatrix}\tag{2-98}$$

由上式可见，若三轴姿态为零，则航天器引力梯度力矩为常值，取决于其俯仰-偏航惯量积和滚动-偏航惯量积。

2.7.2 气动力矩

气动力模型一般可以写为[10]

$$\vec{F}_{\mathrm{s}}=-\frac{1}{2}C_{\mathrm{d}}\rho S(\vec{n}_{\mathrm{s}}\cdot\vec{v}_{\mathrm{s}})\vec{v}_{\mathrm{s}}\tag{2-99}$$

式中，ρ 为大气密度，其大小与地球引力和太阳辐射相关；S 为迎流面积；C_{d} 为阻力系数，对高层大气一般取 $C_{\mathrm{d}}=2$；$\vec{n}_{\mathrm{s}}$ 为迎流面积的法向单位矢量；$\vec{v}_{\mathrm{s}}$ 为面积元相对入射流的平移速度矢量，可由下式计算

$$\vec{v}_{\mathrm{s}}=\vec{v}_{\mathrm{o}}-\vec{\omega}_{\mathrm{s}}\times\vec{r}_{\mathrm{s}}\tag{2-100}$$

式中，$\vec{v}_{\mathrm{o}}$ 为航天器轨道速度；$\vec{\omega}_{\mathrm{s}}$ 为大气旋转角速度，这一角速度随高度变化而不同，而且还有周日变化和季节变化，通常可取 $\vec{\omega}_{\mathrm{s}}=\vec{n}_{\mathrm{e}}$，即大气旋转角速度与地球自转角速度相同；$\vec{r}_{\mathrm{s}}$ 为迎流面积的地心向径。

相应地，气动力矩的表达式为

$$\vec{T}_{\mathrm{a}}=\vec{\rho}_{\mathrm{s}}\times\vec{F}_{\mathrm{s}}\tag{2-101}$$

式中，$\vec{\rho}_{\mathrm{s}}$ 为气动压力中心相对航天器质心的距离向径。

假定 $\vec{n}_s$ 为与 $\vec{v}_s$ 同向的单位矢量，则由式（2－99）可知气动力为

$$\vec{F}_s = -\frac{1}{2}C_d \rho S \left| \vec{v}_s \right| \vec{v}_s$$

2.7.3　太阳光压力矩

辐射力矩主要由太阳光压造成，地球反照及大气红外辐射是次要的辐射源，在此，只考虑太阳光压。光量子与照射（或辐射）的表面有三种作用方式：吸收、反射与透射。有涂层保护的航天器表面有良好的密封性能，一般不会发生透射；对于目标飞行器，不希望体内温度过高，则选择材料和涂层时应使吸收率 $\alpha \rightarrow 0$，反射率 $\rho \rightarrow 1$；而对太阳能电池阵，则希望吸收率 $\alpha \rightarrow 1$。动量交换主要以吸收和反射两种形式进行，具体如图 2－9 所示。

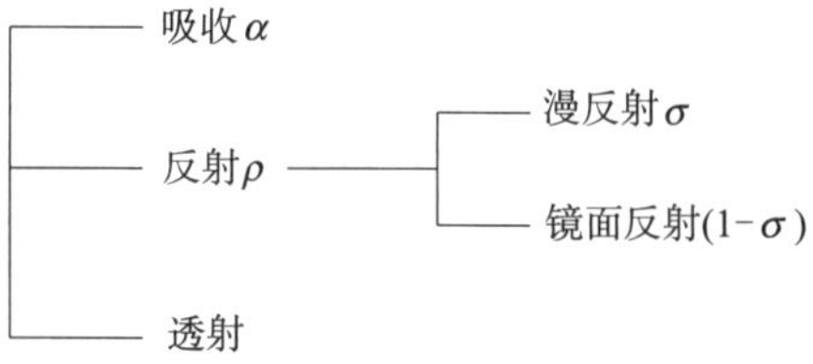

图 2－9　动量交换的形式

其中，α 、ρ 、σ 分别为吸收、反射和漫反射比例系数。当透射为 0 时，$\rho = 1 - \alpha$ ；反射部分中有一部分属于漫反射，另一部分为镜面反射。

影响太阳光压力矩大小的因素主要有以下几个方面：1）航天器表面的反射特性。2）阴影效应：航天器在轨道运行过程中，一部分结构遮掩另一部分结构，所以各部分不会连续受到照射。对于具有大型突出部件的航天器，阴影效应更为显著。3）航天器结构：航天器结构影响太阳阴影遮掩的程度及压心-质心间的距离。4）轨道相对太阳的位置和倾角[11]。

太阳辐射的能量可以通过受辐射平面吸收的热量来测量，一般用功率密度来度量辐射的强弱。功率密度 I，指垂直于射线方向的单位面积上，在单位时间内辐射的全部能量，单位为瓦/米^2（W/m^2），大气层外近地空间的功率密度通常称为太阳常数或太阳通量；在近地高度至同步轨道高度（35 800 km）范围内，太阳通量 F_e 可取为常数（1 358 W/m^2）。

微元 dA 上所受的辐射力 $d\vec{f}$ 可以表示为

$$d\vec{f} = pH(\cos\theta)\cos\theta\left[(\alpha + C_{rd})\vec{s} + \left(\frac{2}{3}C_{rd} + 2C_{rs}\cos\theta\right)\vec{u}_n\right]dA \qquad (2-102)$$

式中，θ 为阳光入射角；$\vec{s}$ 为入射流方向的单位矢量；$\vec{u}_n$ 为 dA 表面的法线单位矢量；p 为轴向辐射压强，在近地轨道，$p = F_e/c = 4.5\times10^{-6}\ N/m^2$，$c$ 为光速；$H(\cos\theta)$ 为海维赛德函数，即

$$H(\cos\theta) = \begin{cases} 1, \cos \geqslant 0, (0 \leqslant \theta \leqslant \pi/2) \\ 0, \cos\theta < 0, (\theta > \pi/2) \end{cases} \qquad (2-103)$$

C_{rd} ——漫反射系数，表示为

$$C_{rd}=\sigma\rho \tag{2-104}$$

C_{rs} ——镜面反射系数，表示为

$$C_{rs}=(1-\sigma)\rho \tag{2-105}$$

入射流方向的单位矢量 $\vec{s}$ 还可以表示为

$$\vec{s}=\vec{u}_{n}\cos\theta+\vec{u}_{t}\sin\theta \tag{2-106}$$

式中，$\vec{u}_{n}$ 为表面法线的反方向的单位矢量，即内法线单位矢量（$\vec{u}_{n}=-\vec{n}$），$\vec{n}$ 为表面外法线单位矢量；$\vec{u}_{t}$ 为入射光在该表面投影之单位矢量。则辐射力 $d\vec{f}$ 还可以表示为

$$d\vec{f}=pH(\cos\theta)\cos\theta\left\{\left[(1+C_{rs})\cos\theta+\frac{2}{3}C_{rd}\right]\vec{u}_{n}+(1-C_{rs})\sin\theta\vec{u}_{t}\right\}dA \tag{2-107}$$

对整个航天器表面积微元进行积分，可得作用于其上的辐射力与力矩为

$$\vec{F}_{s}=\int_{A}d\vec{f} \tag{2-108}$$

$$\vec{T}_{s}=\int_{A}\vec{l}\times d\vec{f} \tag{2-109}$$

式中，$\vec{l}$ 为 dA 相对于航天器质心的矢径；A 为航天器的表面积。

为简化计算，同时考虑不利的情况，航天器表面假设由 n 个包络平面组成，计算坐标系为本体坐标系。设第 i 个表面的外法线单位矢量为 $\vec{n}_{i}$，则求解太阳光压力 $\vec{F}_{s}$ 和光压力矩 $\vec{T}_{s}$ 的步骤如下：

1）从主仿真回路接收航天器是否处于日照区的数据：如是，往下计算；否则输出力矩为零。

2）在本体坐标系下求得太阳方位单位矢量 $\vec{e}_{s}$ 与该平面法线单位矢量 $\vec{n}_{i}$ 的夹角（太阳光入射角）为

$$\theta_{i}=\arccos(\vec{e}_{s}\cdot\vec{n}_{i}) \tag{2-110}$$

3）根据得到的 θ_{i} 值判断太阳是否照射到该表面。如果照射不到该表面，则输出为零；否则，往下计算。这一步代替了 $H(\cos\theta)$ 的求解。若 $0<\theta<\pi/2$，则照射到该表面；若 $\pi>\theta\geqslant\pi/2$，未照射该表面。

4）参看图 2-10，求入射光在该平面投影的单位矢量 $\vec{u}_{ti}$

$$\vec{u}_{ti}=\frac{(\vec{e}_{s}\times\vec{n}_{i})\times\vec{n}_{i}}{|(\vec{e}_{s}\times\vec{n}_{i})\times\vec{n}_{i}|} \tag{2-111}$$

5）按照式（2-107）、式（2-108）和式（2-109），求得第 i 个表面受到的太阳压力 $\vec{F}_{i}$ 和力矩 $\vec{T}_{i}$；

6）计算航天器所受的总的太阳光压和光压力矩

$$\vec{F}_{s}=\sum_{i=1}^{n}\vec{F}_{i} \tag{2-112}$$

$$\vec{T}_s = \sum_{i=1}^{n} \vec{T}_i \tag{2-113}$$

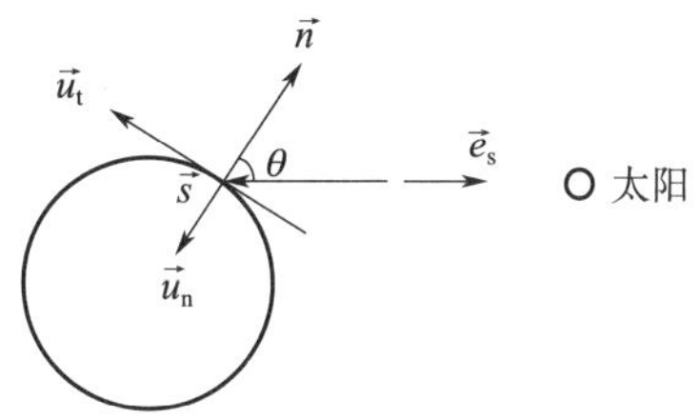

图 2-10　太阳和航天器的相对位置

2.7.4　地磁力矩

地磁力矩的物理机制是航天器的有效偶极子磁矩与当地地磁场相互作用而产生的。航天器的磁矩是由回路电流（涡流）、磁性材料的永磁与剩磁等产生的。

地磁力矩可表示为

$$\vec{T}_m = \vec{m} \times \vec{B} \tag{2-114}$$

式中，$\vec{m}$ 为航天器的磁矩；$\vec{B}$ 为航天器所在地的地磁场强度，与轨道高度、经纬度以及航天器姿态及太阳活动情况等因素有关。星上地磁场力矩量级在 $10^{-5} \sim 10^{-4}$ N·m，例如航天器体内的剩磁矩为 5 A·m^2，卫星所处磁场 B 的值为 5×10^{-5} T（以近地轨道为例），则当磁矩 $\vec{m}$ 与 $\vec{B}$ 垂直时，产生的最大磁力矩为 2.5×10^{-4} N·m 。

2.8　本章小结

在这一章中，首先介绍了常用的各种坐标系，包括地球赤道惯性坐标系、航天器轨道坐标系、航天器本体坐标系；然后介绍了描述航天器姿态的几种常用的方法，包括欧拉角、四元数、罗德里格斯参数和改进的罗德里格斯参数并建立了相应的姿态运动学方程。基于动量定理建立了单刚体航天器的动力学方程；基于凯恩方程建立了带有柔性附件的刚体航天器姿态动力学方程，并进行了适当的简化和假设，这将为后续姿态控制系统的设计提供基础。

参考文献

[1] 廖瑛，刘光明，文援兰. 卫星星敏感器视场建模与仿真研究［J］. 系统仿真学报，2006（S2）：38－40，44.

[2] 张德新，马广富，曲国志. 宽角航空 CCD 侦察相机拼接方案综述［J］. 电光与控制，2010，17（4）：50－52，60.

[3] 刘翔春，周伟敏，廖瑛. 基于多敏感器的高轨卫星姿态确定建模与仿真［A］. 第 13 届中国系统仿真技术及其应用学术年会论文集［C］. 中国自动化学会系统仿真专业委员会，中国系统仿真学会仿真技术应用专业委员会，2011：790－793.

[4] 刘峰，廖瑛，刘翔春. 考虑转动和挠性附件的航天器姿态控制系统建模与仿真［A］. 2009 系统仿真技术及其应用学术会议论文集［C］. 中国自动化学会系统仿真专业委员会，中国系统仿真学会仿真技术应用专业委员会，2009：687－691.

[5] 周伟敏，张子龙，施桂国，等. 帆板驱动微振动对卫星的影响与对策［J］. 噪声与振动控制，2014，34（2）：59－62，88.

[6] 原劲鹏，刘建功，杨雷. 步进电机驱动柔性负载的一种振动抑制控制策略［J］. 空间控制技术与应用，2008，34（6）：34－38.

[7] 张超，孙延超，马广富，等. 挠性航天器预设性能自适应姿态跟踪控制［J］. 哈尔滨工业大学学报，2018，50（4）：1－7.

[8] 刘暾，杨大明. 挠性卫星动力学及姿态控制模型的建立［J］. 哈尔滨工业大学学报，1985（A8）：1－17.

[9] 马广富，胡庆雷，石忠. 基于动态输出反馈的挠性航天器主动振动抑制［J］. 南京理工大学学报（自然科学版），2005（4）：394－398.

[10] 肖泽娟，程惠尔，李鹏，等. 模拟空间环境下小发动机羽流压力场［J］. 推进技术，2007（6）：633－636.

[11] 陈忠贵，张志，廖瑛. 航天器太阳翼在轨光照角度建模及仿真分析［J］. 航天器工程，2012，21（1）：37－42.

第3章　航天器姿态测量与高精度确定算法

3.1　引言

姿态确定过程是通过姿态敏感器测量输出确定航天器相对某参考坐标系的空间姿态，用于提供闭环姿态控制的反馈信息。航天器上安装的姿态敏感器和姿态确定算法共同组成了姿态确定子系统，本章将对光学遥感卫星常用的姿态敏感器进行介绍。

通过测量天体信息获取姿态的包括星敏感器、太阳敏感器和地球敏感器。星敏感器精度较高，且随着星敏感器动态性能、输出精度等综合能力的不断提升，成为航天器姿态测量首选的敏感器。太阳敏感器和地球敏感器联合使用时，可以利用双矢量定姿原理确定航天器三轴姿态，双矢量定姿原理本章会详细介绍。随着星敏感器产品在高性能、高动态、低成本等不同需求下的细分和系列化，太阳敏感器目前多用于航天器对日定向控制的太阳矢量测量需求中，而地平仪的使用已经相对较少了。此外，除了利用天体测量，惯性测量方式也可提供连续的航天器空间姿态信息，但是需要有姿态初始信息和定期消除累计误差的保障。惯性测量包括利用陀螺测量航天器角速度，以及利用加速度计测量航天器的加速度。现阶段高精度姿态测量基本都采用“陀螺＋星敏感器”的方式，结合星敏感器的精度优势，并利用陀螺角速度和其积分值，保证高精度姿态数据的连续获取。星敏感器和陀螺构建联合滤波器，可以进一步提升姿态测量精度。为适应高精度对地遥感的需求，一方面要解决航天器发射过程中的冲击振动、在轨运行受照环境不同等，导致的不同敏感器之间、敏感器与载荷的相对安装误差长周期变化的估计问题，提高平台姿态确定系统、平台姿态基准指向的姿态确定能力；另一方面要解决航天器平台本体及其附件运动中的结构振动、控制系统中执行机构运行时带来的微振动对应的宽频姿态信息的确定问题，拓宽航天器姿态确定的带宽，提高航天器姿态确定精度，这在本章同样会展开介绍。

3.2　空间姿态测量原理

3.2.1　经典 Wahba 问题

Wahba 于 1965 年在最小二乘意义上给出了基于向量观测的姿态确定算法的数学描述，称为 Wahba 问题[1]，经典 Wahba 问题描述如下：

对于空间一个向量组，给出两组不同坐标系下的描述分别为（$\boldsymbol{b}_1 \quad \boldsymbol{b}_2 \quad \cdots \quad \boldsymbol{b}_n$）和（$\boldsymbol{r}_1 \quad \boldsymbol{r}_2 \quad \cdots \quad \boldsymbol{r}_n$），$n \geqslant 2$。针对两个坐标系中描述同一个向量的向量组 $\boldsymbol{b}_i$ 和 $\boldsymbol{r}_i$，找到满足下式最小二乘问题的正交矩阵 $\boldsymbol{A}$

$$\min\left(\sum_{i=1}^{n} \| \boldsymbol{b}_i - \boldsymbol{A}\boldsymbol{r}_i \|^2\right) \tag{3-1}$$

其中 $\boldsymbol{A}$ 矩阵满足正交约束 $\boldsymbol{A}^{\mathrm{T}}\boldsymbol{A} = \boldsymbol{I}_{3\times 3}$ ，且 $\det(\boldsymbol{A}) = 1$。

基于矢量观测求解三轴姿态的算法的实现方式有很多，但是它们的出发点总是直接或间接地求解 Wahba 问题。比如航天器姿态敏感器中常用的星敏感器，其本质就是利用 n 个恒星矢量在测量坐标系和惯性坐标系下的描述，求解 Wahba 问题的姿态转换矩阵 $\boldsymbol{A}$ 。

1968 年 Davenport 提出了一种利用四元数旋转来求解 Wahba 问题的方法，称为 QUEST 方法（QUaternion ESTimation）[2]，形式如下

$$\frac{1}{2}\sum_{i=1}^{n} a_i \| \boldsymbol{b}_i - \boldsymbol{A}\boldsymbol{r}_i \|^2 = 1 - \boldsymbol{q}^{\mathrm{T}}\boldsymbol{K}\boldsymbol{q} \tag{3-2}$$

其中 $\boldsymbol{K}$ 矩阵通过相应的观测向量求取。首先得到对应的 $\boldsymbol{b}_i$ 和 $\boldsymbol{r}_i (i=1, \cdots, n)$，并设定加权系数 a_i ，满足 $\sum a_i = 1$，这样可以保证信息不被丢失；接着设 3×3 的矩阵 $\boldsymbol{B}$ 和矩阵 $\boldsymbol{S}$ ，3×1 的列向量 $\boldsymbol{z}$ 以及标量 σ 分别满足

$$\begin{cases} \boldsymbol{B} = \sum_{i=1}^{n} a_i \boldsymbol{b}_i \boldsymbol{r}_i^{\mathrm{T}} \\ \boldsymbol{S} = \boldsymbol{B} + \boldsymbol{B}^{\mathrm{T}} \end{cases} \tag{3-3}$$

$$\begin{cases} \boldsymbol{z} = \sum_{i=1}^{n} a_i \boldsymbol{b}_i \times \boldsymbol{r}_i \\ \sigma = tr(\boldsymbol{B}) \end{cases} \tag{3-4}$$

于是可以计算 4×4 的对称矩阵 $\boldsymbol{K}$ 如下

$$\boldsymbol{K} = \begin{pmatrix} \boldsymbol{S} - \sigma\boldsymbol{I}_{3\times 3} & \boldsymbol{z} \\ \boldsymbol{z}^{\mathrm{T}} & \sigma \end{pmatrix} \tag{3-5}$$

从式（3-2）中可以看出 QUEST 方法实质是对噪声干扰系统的最优滤波，不需要对系统进行线性化或初始四元数估计，这种方法没有记忆功能，也就是以前得到的姿态估计将全部丢失，只是得到当前的姿态估计，这和后面介绍的 Kalman 最优滤波估计算法的思路不同。

3.2.2 双矢量定姿 TRIAD 法

TRIAD 法是一种简单的代数方法，针对两个矢量观测确定姿态矩阵，即双矢量定姿。其方法描述如下：

已知在参考坐标系中有两个互不平行的单位参考矢量 $\boldsymbol{r}_1$ 和 $\boldsymbol{r}_2$ ，它们在星体坐标系下对应的描述矢量为 $\boldsymbol{b}_1$ 和 $\boldsymbol{b}_2$ 。利用参考矢量的不平行性，在参考坐标系中建立新的正交坐标系 $\boldsymbol{V}$ ，在星体坐标系中建立一正交坐标系 $\boldsymbol{S}$ ，从而利用两个正交坐标系求解姿态转换矩阵 $\boldsymbol{A}$ ，双矢量定姿计算过程如下式所示。

$$\boldsymbol{v}_1 = \boldsymbol{r}_1, \boldsymbol{v}_2 = \frac{\boldsymbol{r}_1 \times \boldsymbol{r}_2}{|\boldsymbol{r}_1 \times \boldsymbol{r}_2|}, \boldsymbol{v}_3 = \boldsymbol{v}_1 \times \boldsymbol{v}_2 \tag{3-6}$$

$$s_1 = b_1, s_2 = \frac{b_1 \times b_2}{|b_1 \times b_2|}, s_3 = s_1 \times s_2 \tag{3-7}$$

$$(s_1 \quad s_2 \quad s_3) = A(v_1 \quad v_2 \quad v_3) \Leftrightarrow S = AV \tag{3-8}$$

可以求得姿态转换矩阵

$$A = SV^{\mathrm{T}} \tag{3-9}$$

双矢量定姿的精度会受到同一个参考系中两个矢量自身夹角的影响，两个矢量越接近垂直则精度越高。但由于 TRIAD 法仅用到了两个矢量计算姿态转换矩阵，因此通常用于对精度要求不高的姿态确定过程，比如利用太阳矢量和地球矢量、太阳矢量和地磁场矢量确定航天器姿态等，虽然精度不高，但 TRIAD 法较容易获得测量信息，只要是两个不平行的矢量就可以用于定姿，因此工程上多用于航天器初始姿态捕获或失稳后的姿态确定。

3.2.3　惯性姿态测量和计算

航天器惯性姿态测量是利用安装在航天器本体上的陀螺测量出航天器惯性角速度后，利用运动学方程进行姿态递推计算的过程。在上一章的姿态运动学内容中已经介绍，这里给出实际应用时的具体方式。

以 312 转序为例给出利用陀螺测量计算航天器本体坐标系相对于轨道坐标系的三轴欧拉角速度和三轴欧拉角的过程如下：

1）将上一拍计算的三轴欧拉姿态 φ_{k-1}、θ_{k-1}、ψ_{k-1} 代入式（2－6）计算出对应的姿态转换矩阵 C_{rk-1}^{b}。

2）将 C_{rk-1}^{b} 代入式（2－54）计算出本体坐标系相对于轨道坐标系的三轴角速度 ω_{bo}。

3）将上一步计算得到的 ω_{bo} 代入式（2－48）计算得到三轴欧拉角速度 $\dot{\varphi}$、$\dot{\theta}$、$\dot{\psi}$。

4）采用下式形式完成一步递推得到当前拍三轴欧拉角，其中 Δt 为计算步长。

$$\begin{cases} \varphi_k = \varphi_{k-1} + \dot{\varphi} \cdot \Delta t \\ \theta_k = \theta_{k-1} + \dot{\theta} \cdot \Delta t \\ \psi_k = \psi_{k-1} + \dot{\psi} \cdot \Delta t \end{cases} \tag{3-10}$$

利用四元数矢量部分的三个分量也可以构建姿态控制器，这样可以利用四元数形式的运动学方程进行陀螺角速度积分以得到当前的四元数姿态信息，此时三轴姿态与转序无关，也不存在欧拉角速度奇异的问题，过程如下：

1）将上一拍计算的姿态四元数 q_{k-1} 代入式（2－19）计算出对应的姿态转换矩阵 C_{rk-1}^{b}。

2）将 C_{rk-1}^{b} 代入式（2－54）计算出本体坐标系相对于轨道坐标系的三轴角速度 $\boldsymbol{\omega}_{bo}$。

3）将上一步计算得到的 $\boldsymbol{\omega}_{bo}$ 代入式（2－57）计算得到增量四元数 $\Delta \boldsymbol{q}$。

4）将计算得到的 $\Delta \boldsymbol{q}$ 代入式（2－56）计算得到当前四元数 $\boldsymbol{q}_k$。

若航天器长期飞行期间是对日定向为稳定状态，此时运动学的解算则不需要考虑轨道角速度，即以上步骤的第 1）步和第 2）步均不再需要，利用式（2－57）直接计算惯性增量四元数并代入累计即可。而实际上对地遥感卫星即使长期飞行期间采用对日定向的控制方式，其对地的姿态解算还是需要的，因为利用对地飞行的轨道坐标系描述航天器相对于地面目标的指向，其物理意义更加直观。

3.3　常用姿态敏感器及其数学模型

3.3.1　星敏感器

星敏感器是姿态敏感器中最精确的测量仪器，测量精度能达到角秒级，比太阳敏感器高一个数量级，比地球敏感器高两个数量级，随着星敏感器已经可以针对高灵敏度、高动态、低成本等不同市场需求提供成熟、可靠的产品，星敏感器已广泛应用于航天器的高精度姿态确定中。星敏感器的突出优点是精度高、具备一定动态性能且对磁场不敏感，窄视场高动态星敏感器、多光学头部星敏感器、纳星敏等系列化产品不断成熟，利用星敏感器和陀螺构建的姿态测量系统，不仅能够保证较高的姿态确定精度，也能够保证姿态数据的连续提供，特别是敏捷机动航天器，姿态机动过程利用陀螺积分获取姿态，姿态稳定时星敏感器可以定期更新陀螺积分初值以消除陀螺漂移对积分姿态角的影响。

星敏感器主要包括遮光罩、光学镜头、光电探测器和处理线路几部分，通过光学镜头和光电探测器获取产品视场内的星图，利用星图处理算法提取出星图中有用的恒星星点位置信息，在得到多个星点位置信息后调用星图匹配算法，最终获取产品拍摄的星图与产品内存中预存储的标准星库之间的姿态转换关系，其工作原理如图 3-1 所示。

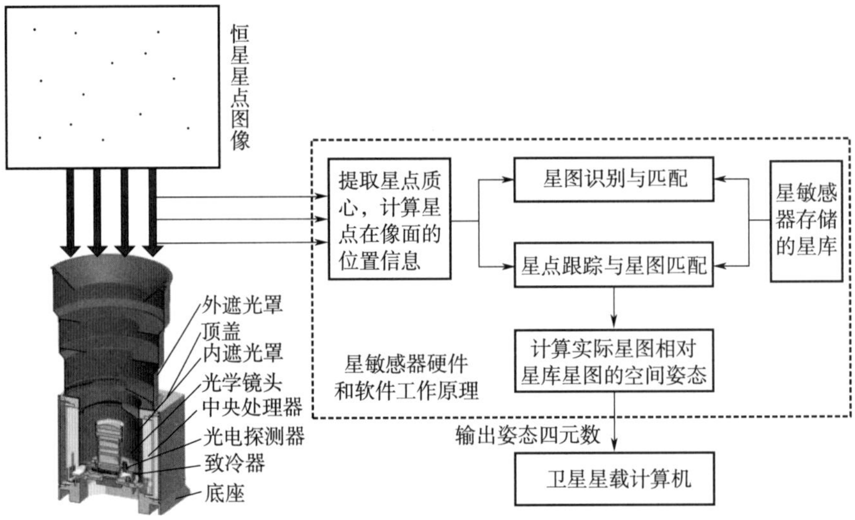

图 3-1　星敏感器内部结构及工作原理

通常星敏感器存储的星库都是地心 J2000 惯性坐标系下的恒星赤经、赤纬等信息，通过赤经和赤纬可以获取星库中恒星的单位矢量方向。星敏感器获取了像面中恒星星点的位置后，根据星点位置坐标和光学系统焦距，可以计算星点图像在星敏感器本体测量坐标系中的单位矢量，当获取超过三颗不共线的恒星星点矢量后，就可以利用经典 Wahba 问题或其他类似算法完成姿态转换矩阵的计算，并以四元数的形式输出，识别出的星点越多越有利于提高姿态计算的精度（见图 3－2）。在实际工程应用中，通常选用十几颗星代入姿态计算即可充分发挥出其探测器的像元分辨率，结合星敏感器自身硬件的计算能力的约束，并不会无限多地选用代入姿态计算的恒星数量。

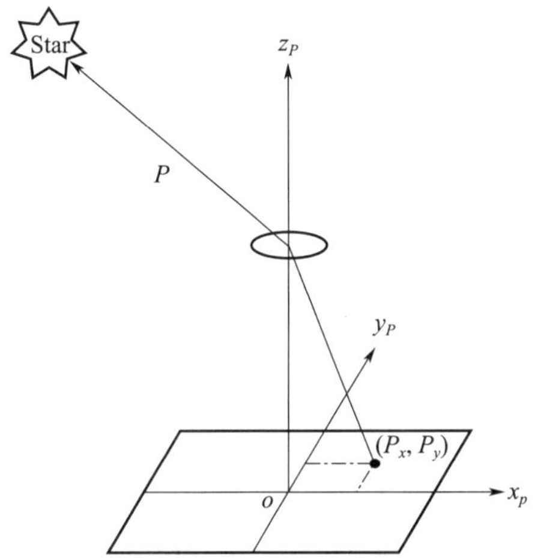

图 3－2　星敏感器恒星测量原理

星敏感器提取恒星质心的能力是直接影响其自身精度的首要因素，在对探测器像面光学参数进行地面标校后，还要考虑星敏感器工作在动态情况下，即航天器存在角速度运动时，完成存在星空运动情况下的恒星星点图像质心提取。星点提取分为 3 个步骤：星点内核像素提取、星点像斑扩增及星点质心计算（见图 3－3）。

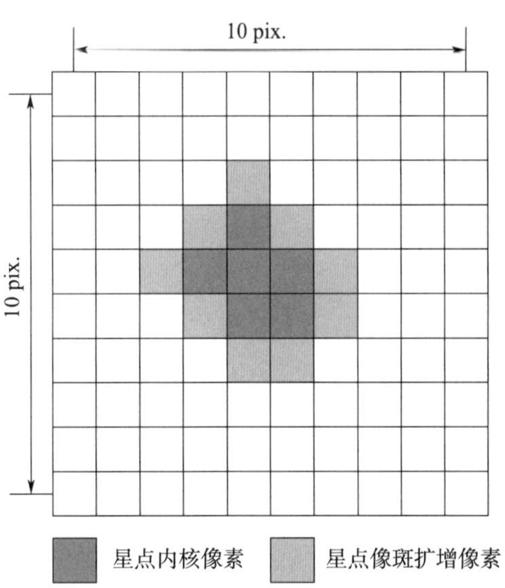

图 3－3　星敏感器恒星星点质心提取原理

在完成恒星质心提取后，星敏感器还需要进行星图识别和匹配，从而真正获取所拍摄的星图和产品内部存储的标准星库之间的空间转换关系，如图 3 - 4 所示。图 3 - 4（a）所示为星敏感器识别并选择出视场内可用于计算姿态的恒星，图 3 - 4（b）所示为视场内可用于三角形匹配的恒星及三角形匹配原理，完成三角形匹配后的恒星与星库里的标准恒星之间即可建立唯一的对应关系，图 3 - 4 中的横、纵坐标均以探测器的像素数为单位。

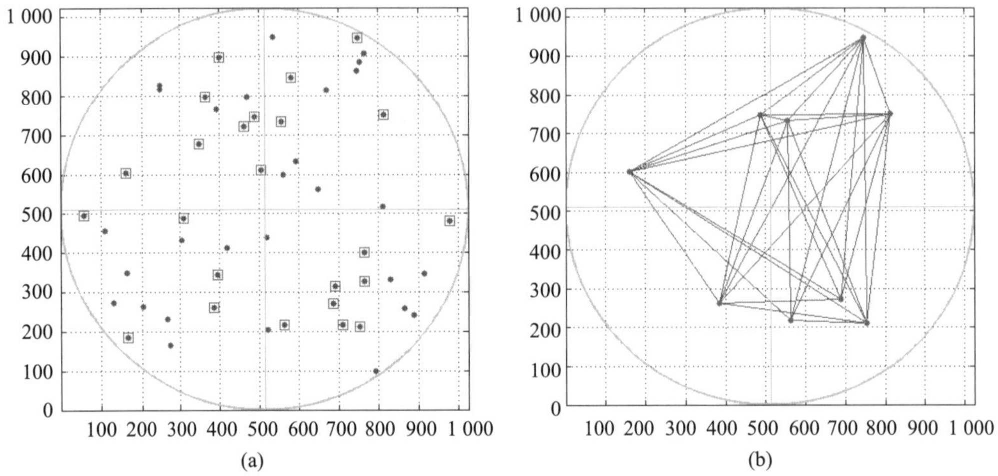

图 3 - 4　星敏感器星点识别与三角形匹配原理示意图

星敏感器通常具有启动模式、待机模式、全天识别模式、星图成像与下传模式几种模式功能。星敏感器在启动模式下运行管理软件，在启动模式下，可对 SRAM 及 EEPROM 中的软件进行更改，以修复软件错误或进行软件升级。星敏感器的应用软件运行后首先进入待机模式，在待机模式下星敏感器不执行姿态测量任务，星敏感器进入待机模式后，可通过工作模式调整指令使星敏感器进入姿态测量模式、数据下传模式或标定测试模式。全天识别模式主要工作在第一次上电后或头部跟踪失败后，已无先验姿态信息的情况下，星敏感器需要在全天球星库中识别捕获到的恒星并给出初始姿态信息。星敏感器在稳态工作时，绝大多数时间工作在跟踪模式下。星图成像主要是为了验证星图成像质量在长时间在轨工作后的退化情况，请求星敏感器的星图波门图像，图像数据将分多包数据下传给计算机。

对于星敏感器的性能，通常会从其测量误差、动态性能、强光保护能力、数据更新率等几个方面进行明确。星敏感器的发展趋势依然是核心指标“精度”继续提升，其产品研制过程中必须对其测量误差中的噪声等效角和视场周期低频误差进行综合抑制。星敏感器的动态性能越来越高，同时在动态性能较高的条件下能够保持较高的精度，这对于星敏感器图像处理能力和相关算法适应性的要求较高。此外，随着电子和信息处理技术的发展，星敏感器在保证主要性能指标继续提高的情况下，产品的重量、体积、功耗等工程指标在持续下降。

星敏感器精度估计主要需要考虑以下几类误差：

1）偏移误差（Bias Error，BE）。

2）偏移稳定性（Bias Stability，BS）：考虑视线稳定性。

3）恒星位置测量误差。

（1）偏移稳定性

偏移稳定性与视轴长周期漂移有关，典型的误差组成为：1）轨道温度梯度；2）焦平面材料的老化。

（2）偏移误差

偏移误差为应用于发射负载时机械基准与视线基准间的固定偏移误差。典型的误差组成是：1）0— g 切换；2）发射负载；3）变换矩阵残余的测量与计算误差。

（3）恒星位置测量误差及传感器坐标测量系统

①瞬时误差（Temporal Error，TE）

瞬时误差在空间上是独立的并在时域上是不相关的。典型的误差包括：散粒噪声、暗信号噪声、杂散光、读出噪声、探测器电源线上电路噪声（DC/DC 转换器、处理器、存储器通路）、模数转换误差。

②高空间频率误差（High Spatial Frequency Error，HSFE）

高空间频率误差与空间是相关的，但在较小的刻度（1 个像素）下。高空间频率误差可以分为系统和随机成分，典型的误差包括：

1）随机误差：暗电流水平增长引起的像素非一致性、像素拍摄的非一致性、固定模式噪声。

2）系统误差：质心“S 曲线”校准残余误差。

③低空间频率误差（Low Spatial Frequency Error，LSFE）

低空间频率误差为与视场角关联性较大的误差。典型的误差组成为：镜头校准残余（焦点误差）、恒星目录误差、像差、光行差校准残余。

星敏感器与陀螺联合滤波可有效抑制星敏感器噪声等效角（NEA）带来的误差，但星敏感器的低空间频率误差无法通过滤波抑制。通过在轨标较可很大程度上消除偏移误差，而偏移稳定性误差则无法通过在轨标较进行消除。因此，空间频率误差、偏移稳定性误差成为星敏感器更为关键的性能指标。

星敏感器测量模型如下

$$q_{si} = q_{si\_real} \otimes \Delta q_{NEA} \otimes \Delta q_{LSFE} \otimes \Delta q_{BE} \otimes \Delta q_{BS}$$

式中，q_{si} 是星敏感器的测量值；q_{si_real} 是星敏感器理论四元数；Δq_{NEA} 是噪声等效角误差；Δq_{LSFE} 是低空间频率误差；Δq_{BE} 是常值安装偏差；Δq_{BS} 是偏移稳定性误差。

如何通过在轨数据评价星敏感器的性能指标也成为单机特性验证的关注内容。图 3－5 给出了星敏感器在轨数据分析流程。

（1）敏感器测量坐标系中恒星位置测量总误差分析

基于实测的四元数以 5 阶多项式拟合参考四元数，以此作为基准计算误差，当数据设定宽度与恒星划过视场时间匹配时，所得误差为星敏感器测量坐标系中恒星位置测量总误差 Total Error（LFSE＋HSFE＋TE）。

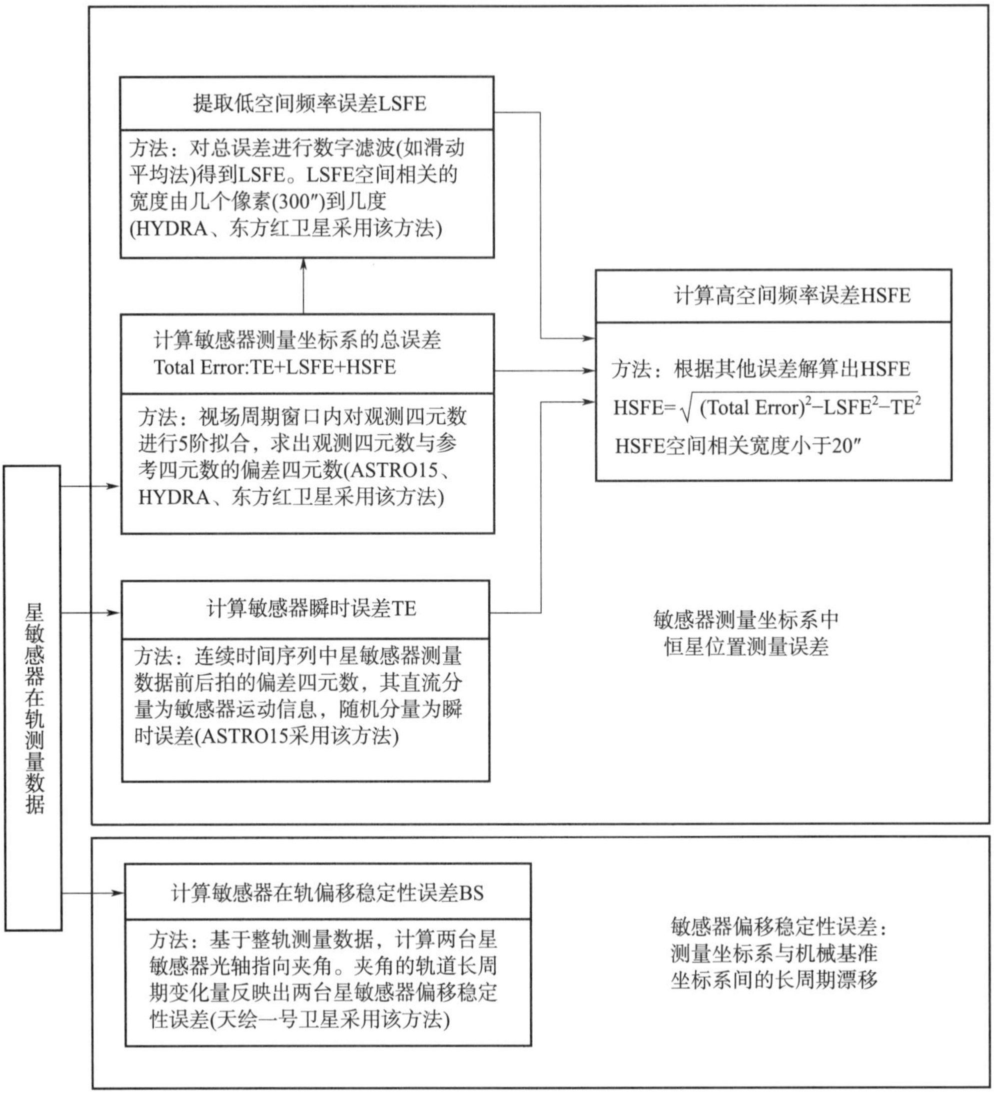

图 3-5　星敏感器在轨数据分析流程

总误差的计算步骤如下：

步骤 1：设定数据宽度。

步骤 2：以 5 阶多项式拟合观测四元数样本点，并进行归一化处理，得到参考四元数样本 $q_{rm,k}$。

步骤 3：利用四元数姿态转换函数 $\delta q_k = q_{m,k} \otimes q_{rm,k}^{-1}$，求出四元数观测量 $q_{m,k}$ 与参考量 $q_{rm,k}$ 的偏差四元数 δq_k，通过 123 转序将偏差四元数 δq_k 转换得到绕星敏感器测量坐标系的 X、Y、Z 轴的欧拉角参数形式的偏差量 $\delta\phi_{x,k}$、$\delta\phi_{y,k}$、$\delta\phi_{z,k}$。

步骤 4：根据 $\{\delta\phi_{x,k}\}_{k=1}^{N}$、$\{\delta\phi_{y,k}\}_{k=1}^{N}$、$\{\delta\phi_{z,k}\}_{k=1}^{N}$，求取反映星敏感器的全部测量误差的标准差统计，星敏感器各轴测量总误差的 3σ 统计量为 $e_{\text{Total}} = 3e_{\text{std}}^{\text{Total}}$。

（2）低空间频率误差

根据 $\{\delta\phi_{x,k}\}_{k=1}^{N}$ 、$\{\delta\phi_{y,k}\}_{k=1}^{N}$ 、$\{\delta\phi_{z,k}\}_{k=1}^{N}$ 进行数字滤波得到低频误差序列 $\{\delta\phi_{x,k}^{\mathrm{LSFE}}\}_{k=1}^{N}$ 、$\{\delta\phi_{y,k}^{\mathrm{LSFE}}\}_{k=1}^{N}$ 、$\{\delta\phi_{z,k}^{\mathrm{LSFE}}\}_{k=1}^{N}$ 。

数字滤波可采用滑动平均方法，具体计算公式如下

$$f[k]=\frac{1}{L}\sum_{k-M}^{k+M}\phi[l]\quad l=(k-M)\cdots(k+M)$$

式中，$L=2M+1$ 为滤波滑动平均的点数，即窗口长度；f 为平滑后星敏感器低频误差。滑动窗口的大小使得提取的 LSFE 曲线能反映出数列曲线的趋势即可。

（3）瞬时误差

连续星敏感器数据样本的时间误差是不相关的，通过建立 Δq 可以得到数据帧间的平均旋转角速度及不相关的误差（即时间噪声）。t_1 时刻的测量值 $q(t_1)$ 可以表示为偏差四元数 Δq 和 t_0 时刻四元数 $q(t_0)$ 的乘积。

$$q(t_1)=\Delta q\otimes q(t_0)$$

因此，偏差四元数可以计算为

$$\Delta q=q(t_1)\otimes q^{-1}(t_0)$$

式中，$q(t_0)$ 、$q(t_1)$ 为连续时间序列 t_0 和 t_1 的四元数测量序列。

Δq 方法的计算步骤如下：

步骤1：取足够时长的实测姿态四元数序列。

步骤2：计算第 i 至 $i+1$ 时刻星敏感器坐标系的变化量，以四元数表示。

步骤3：将步骤2得到的四元数化为三轴欧拉角。

步骤4：步骤3得到的结果中直流分量反映了星敏感器外部运动信息，随机量反映了星敏感器的时间误差。统计三轴欧拉角的均方差 $e_{\mathrm{std}}^{\mathrm{TE}}$ ，时间误差的 3σ 统计量为 $e_{\mathrm{TE}}=3e_{\mathrm{std}}^{\mathrm{TE}}$ 。

（4）偏置稳定性误差（热弹性误差）

基于不同光学头部在星上安装位置固定的原理，以各自实测的惯性系的四元数为基础，计算两星敏光轴指向夹角。光轴指向夹角中包括星敏感器光轴方向测量误差、星敏感器热弹性误差、航天器结构变形误差等。通过对指向夹角数据的拟合或低通滤波，获得两台星敏感器测量坐标系间轨道周期的慢变误差特性。

光轴夹角法具体计算步骤：

步骤1：将两台星敏感器在整个轨道周期中的原始姿态四元数 q_{si1} 、q_{si2} 取逆，获得两台星敏感器到惯性坐标系的姿态四元数 q_{is1} 、q_{is2} ，即 $q_{\mathrm{is}}=q_{\mathrm{si}}^{-1}$ 。

步骤2：基于星敏感器到惯性系的四元数 q_{is} ，计算惯性坐标系中星敏感器主光轴单位矢量。

步骤3：计算两台星敏感器光轴矢量的夹角 θ 。

步骤4：将光轴夹角曲线进行拟合或低通滤波，得到轨道周期内低频误差的变化量。

3.3.2　陀螺

陀螺是高精度、高稳定度姿态控制系统中关键的姿态敏感器。测绘应用时，它可以提

供高精度平台角速度信息，并与星敏联合滤波，抑制星敏随机噪声等效角（NEA），保证姿态角确定精度。平台测量角速度接入控制系统，进行平台稳定控制，并进行平台稳定度的测量评估，姿态机动中测量平台角速度，保证机动控制精度及快速姿态稳定。动中成像角速度测量，保证动中成像稳定度，并利用陀螺积分得到姿态角信息。陀螺的角速度测量精度和陀螺积分的测量精度直接影响控制系统的姿态稳定度和姿态确定精度。

陀螺是利用一个高速旋转的质量来敏感其自旋轴在惯性空间定向的变化。具体地说，陀螺具有两大特性，即定轴性和进动性。定轴性就是当陀螺不受外力矩作用时，陀螺旋转轴相对于惯性空间保持方向不变；进动性就是当陀螺受到外力矩作用时，陀螺旋转轴将沿最短的途径趋向于外力矩矢量，进动角速度正比于外力矩大小。这种进动特性当输入和输出量对换时也是成立的，即当陀螺存在一个进动角速度输入时，将产生一个力矩输出。

目前利用陀螺的进动性和定轴性设计的敏感器主要有二自由度陀螺和三自由度陀螺两种。下面分别简要介绍它们的工作原理和结构。

（1）二自由度陀螺（单框架）

图 3－6 表示一个二自由度陀螺（含转子的一个自转自由度）的几何结构。基于陀螺进动性，由图可知，若转子被迫以某个角速度绕输入轴转动，则绕输出轴（框架）就会出现一个力矩。同时在输出轴也装有一个平衡弹簧，从而这个力矩使输出轴转动一个角度 θ ，这个输出角度 θ 正比于这个力矩，也就是正比于输入轴的角速度。

作为姿态敏感器来说，二自由度陀螺有速率积分陀螺和速率陀螺两个基本类型。它们都是根据陀螺进动性原理工作的。速率积分陀螺是把速率陀螺的输出量再进行一次积分，这种功能除了可由速率积分陀螺装置完成以外，也可以由星载计算机完成。速率积分陀螺用来直接测量航天器的角位置，速率陀螺则用于测量航天器的角速度。

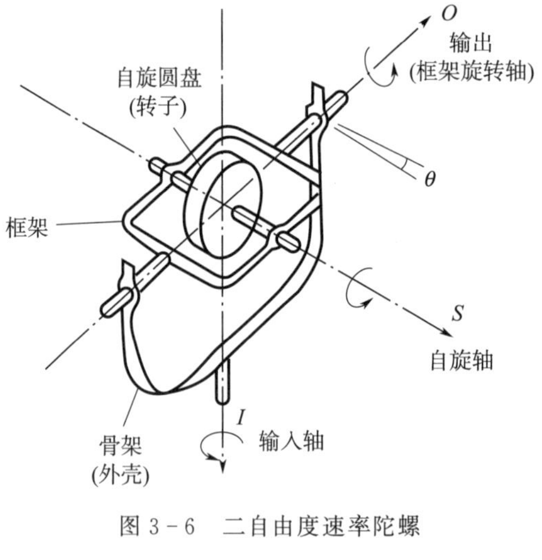

图 3－6　二自由度速率陀螺

（2）三自由度陀螺（双单框架）

图 3－6 所示的二自由度陀螺的旋转轴只由一个框架支承。若将此框架视作内环，图中所标的“骨架（外壳）”不与航天器固连，而形成一个框架，称为外环，那么该陀螺的

旋转轴就由两个框架支承，即为三自由度陀螺。三自由度陀螺利用定轴性工作，用来测量姿态角，通常也称它为位置陀螺。位置陀螺测量姿态角的原理如下：在陀螺仪的内环和外环都安装了传感器。传感器由定子和转子组成，当定子和转子均在零位时输出为零，输出信号和极性与定子和转子之间的角度成比例关系。安装在内环上的传感器的转子与内环固连，定子与外环固连。安装在外环上的传感器转子与外环固连，而其定子与壳体固连。当航天器姿态发生变化时，由于陀螺旋转轴具有定轴性，因此内、外环均要发生相应的转动以保持陀螺旋转轴相对于惯性空间不变。此时内、外环上的传感器就输出内、外环转动的角度，表征了航天器姿态变化的角度。

(3) 光纤陀螺

在各类陀螺中，光纤陀螺无运动部件和磨损部件，为全固态仪表，具有重量轻、功耗小、动态性能高的优点，精度应用范围覆盖广，在国外已经被广泛应用于航天器和武器等领域中。

光纤陀螺仪基于萨格奈克（Sagnac）效应，即当环形干涉仪旋转时，产生正比于旋转速率 Ω 的相位差 $\Delta\phi_R$ 。光纤陀螺仪就是通过检测相位差 $\Delta\phi_R$ 而获得角速度信息的。

$$\Delta\phi_R = \frac{4\omega A}{c^2}\Omega$$

式中，ω 为光波的角频率；A 为光纤环所围住的总面积；c 为光速。

光纤陀螺仪总体方案可采用“干涉式全数字闭环保偏方案”，采用闭环处理方案实现相位置零反馈，得到Sagnac相位的线性与稳定测量，将解调出的偏置信号作为一个误差信号反馈回系统中，以产生一个附加的反馈相位差 $\Delta\phi_{FB}$ ，$\Delta\phi_{FB}$ 与旋转引起的相位差 $\Delta\phi_R$ 大小相等、符号相反，总的相位差 $\Delta\varphi_T = \Delta\varphi_R + \Delta\varphi_{FB}$ 被控制在零附近。

该方案主要包括光路、电路和结构三部分，如图3-7所示。其中光路部分主要包括：光源、探测器、耦合器、Y波导、光纤环（保偏光纤绕制）；电路部分主要包括：光源驱动和温控电路、模数/数模转换电路、数字调制和解调电路、闭环控制及数字滤波输出、信号处理及接口电路等，各部分功能如下：

1）超辐射发光二极管（光源）：为光纤陀螺光路提供光信号。

2）Y波导：分光、合光、起偏以及对光路进行相位控制。

3）光纤环：敏感角速率。

4）耦合器：分光，将光源输出光引入裸管探测器，将Y波导输出干涉信号引到探测器。

5）探测器：光电信号转换，向A/D输出电信号。

6）模数转换（A/D）芯片：将模拟信号转换为数字信号。

7）逻辑电路：产生闭环信号和光纤陀螺输出。

8）数模转换（D/A）芯片：将数字信号转换为模拟信号。

9）光源驱动和温控电路：给光源提供驱动电流，并对其进行温度控制。

10）裸管探测器：检测光源输出光功率。

光纤陀螺仪外形结构如图3-8所示。

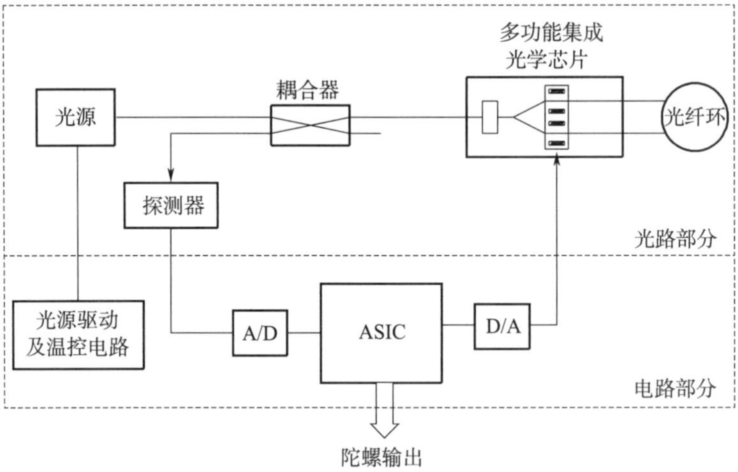

图 3-7 光纤陀螺仪原理框图

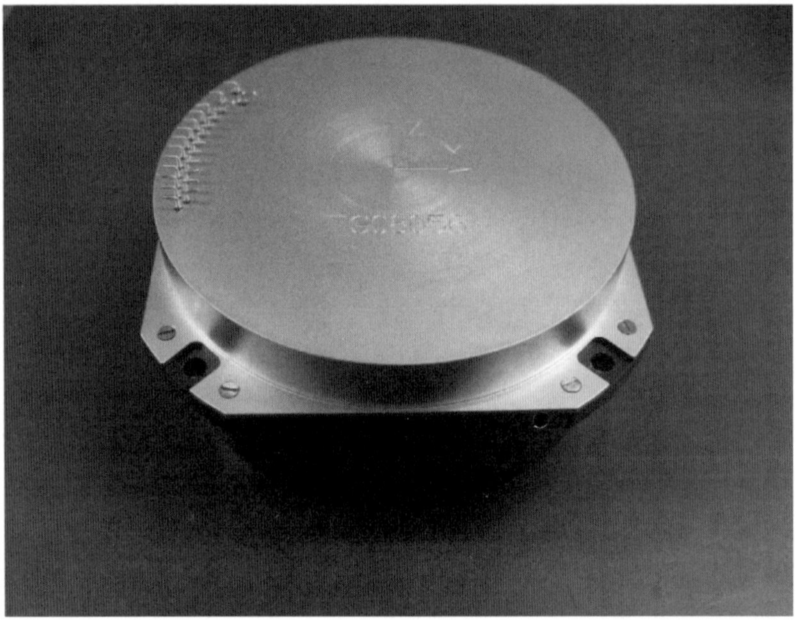

图 3-8 光纤陀螺仪外形结构

光纤陀螺仪的主要指标有测量范围、带宽、常值漂移以及随机漂移等。

①参数选取

光纤陀螺仪的测量范围与光纤环长度、平均直径以及光源的中心波长相关，其关系式为

$$\Omega_{\pi}=\frac{\lambda c}{2LD}$$

式中，Ω_{π} 为单边的最大测量范围；L 为光纤环的长度；D 为光纤环的平均直径；λ 为光源的

中心波长。需兼顾陀螺测量范围、精度、体积、环境适应性等方面的需求确定相关参数。

②常值漂移

常值漂移是和光信号的数字调制频率、光纤环的本征频率二者之间相一致的程度紧密相关的。光纤陀螺可采用数字调制解调方式，光信号的数字调制频率与光纤环的本征频率相接近的程度越高，光纤陀螺的常值漂移越小。数字调制频率由陀螺电路的晶振输出信号在 ASIC 内经分频获得。光纤环的本征频率由下式表示

$$f = c/(2nL)$$

式中，c 为真空中的光速；n 为光纤的有效群折射率；L 为光纤环长度。

通过严格控制光纤长度可提高光纤环的本征频率与数字调制频率之间相一致的程度（误差范围控制在 1%之内），从而降低陀螺的常值漂移。

③零偏稳定性

零偏稳定性指标体现了光纤陀螺的精度，可以通过控制光纤长度与分频数的一致性、Y 波导的半波电压的稳定性以及减小光源光功率及波长的波动等措施来确保该指标满足使用要求。

④随机游走系数

角随机游走系数表征陀螺的噪声特性，可根据该系数计算不同采样频率的噪声特性。

$$\sigma = 3N/[60\mathrm{sqrt}(\tau)]\ (3\sigma)$$

式中，σ 为陀螺噪声［（°）/s］；N 为角随机游走系数［（°）/ $h^{1/2}$］；τ 为采样时间（s）。

在光纤陀螺静态输出仅为白噪声时，不同检测带宽条件下测得的零偏稳定性指标不同，影响其随机游走系数的确定。

（4）半球谐振陀螺

半球谐振陀螺具有质量轻（单个陀螺的质量只有几百克）、长寿命（如美国 NEAR 探测器上的陀螺连续工作 15 年的可靠性指标为 0.995）、随机漂移小（小于 0.002（°）/h）、噪声低、分辨率高（如哈勃望远镜上的陀螺的分辨率达到 0.000 25″）等优点，但加工工艺相当复杂。美国已比较广泛地将其用于航天器（如哈勃望远镜、A2100 平台等）的高精度姿态测量。以下介绍半球陀螺工作原理。半球谐振陀螺由敏感器件和控制电路两部分组成。

敏感器件包括三个主要的功能部件：半球谐振子、激励罩以及读出基座，如图 3-9 所示，均采用熔石英玻璃材料加工而成。熔石英玻璃具有非常稳定的物理特性，其材料品质因数高达 10^7 量级以上，采用熔石英玻璃加工的半球谐振子品质因数可以达到 10^7 量级，所以半球谐振陀螺敏感器件具有超强的稳定性，可以实现高精度测量。半球谐振子是旋转敏感元件，以小间隙置于激励罩和读出基座之间。在对三个部件进行金属化处理和组装后，在半球谐振子、激励罩以及读出基座之间形成多个球面小电容器，用于信号读出和谐振子的静电控制。谐振子在工作过程中进行频率几千赫兹的微米级振动，振动能量很小，同时器件封装在真空密封外壳内，振动的气体摩擦损耗微弱，除了真空衰变以外，不存在其他失效机理，因此半球谐振陀螺可以实现高可靠长寿命。

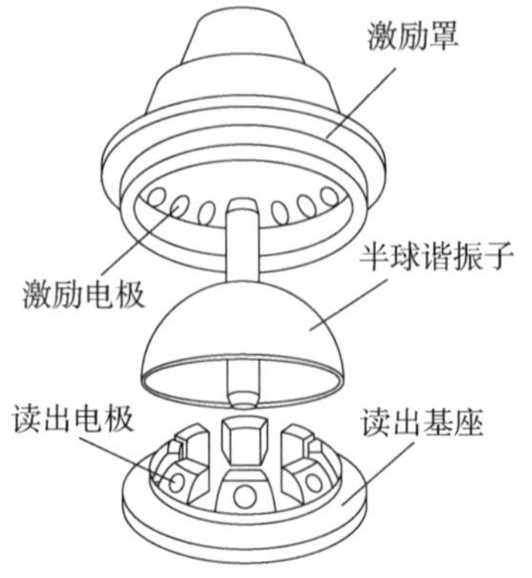

图 3-9　半球谐振陀螺结构示意图

半球谐振子在静电力的作用下受激产生驻波振动，其振动是一个四波幅振动，驻波由四个波腹和四个波节点组成。当载体静止的时候，波腹和波节的位置保持不变，当载体旋转时，振动驻波发生进动，进动比例为载体旋转角度（或角速率）的 30%（见图 3-10）。通过检测波节处的驻波振动分量幅度和相位，就可得出驻波旋转进动角度或角速率。

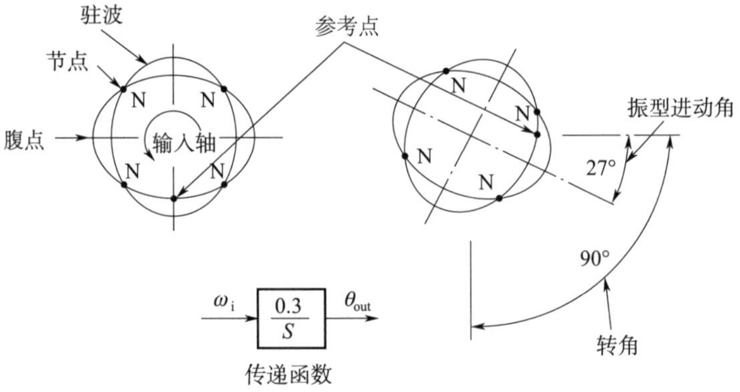

图 3-10　半球谐振陀螺工作原理图

可采用反馈工作模式实现电路控制。在这种模式下，控制系统由三个主要的闭环控制回路构成：幅度回路将驻波腹点处的信号放大后，进行幅度解调，获得振动幅度信号，与预先设定的幅度值相比较，输出幅度激励或衰减信号以维持驻波振动幅度的恒定；驻波节点处配置两路缓冲放大器，分别检测同相和反相的节点信息并做差分运算以提高信噪比，抑制共模干扰，节点信号经处理后分别送出正交误差信号和速率信号，经控制模块进行放大、校正后送往驱动电极，抑制正交振动和陀螺的进动趋势。控制电路板的原理框图如图 3-11 所示。

半球谐振陀螺敏感头三部件都采用物理稳定性能高的熔融石英材料加工而成，该材料硬度高而脆，极不容易加工，而陀螺的特性决定了对三部件之间的同心度、谐振子的表面微观质量缺陷都有很高的要求。石英部件的球面同心度及谐振子对称度影响陀螺频差参

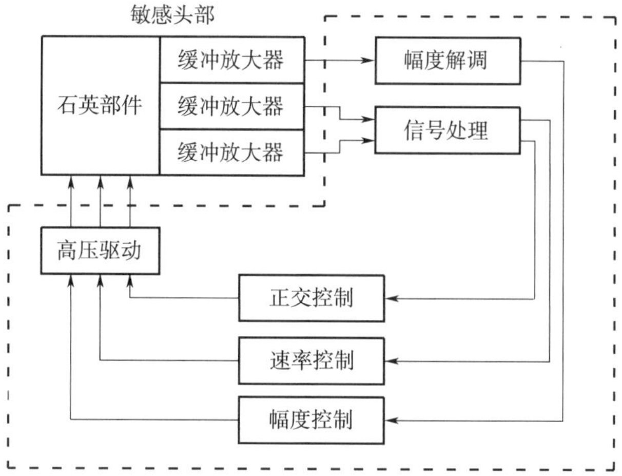

图 3-11 半球陀螺仪控制电路板的原理框图

数，谐振子表面微观质量缺陷影响陀螺 Q 值。目前的加工工艺流程（初坯加工→粗磨→精密研磨）能够实现的加工精度指标为：球面轮廓度≤5μm、内外球同心度≤5μm，可以满足谐振子 Q 值≥1×10^7，陀螺仪 Q 值≥4×10^6，最终实现精度指标零偏稳定性≤0.02（°）/h（3σ）。图 3-12 是半球谐振陀螺仪样品的实物图。

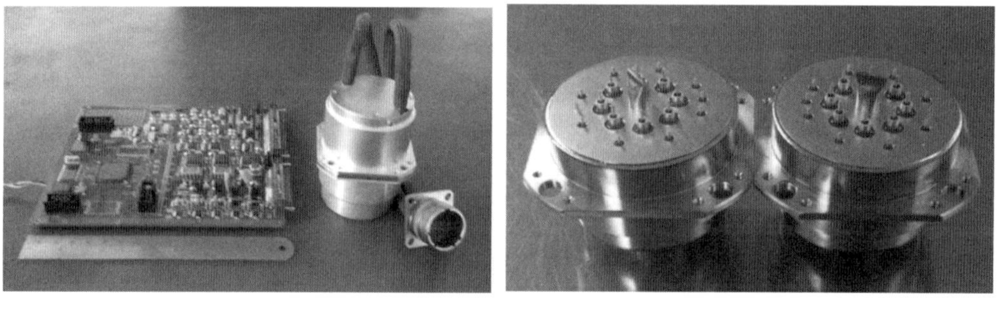

图 3-12 半球谐振陀螺仪样品的实物图

3.3.3 太阳敏感器

太阳敏感器是通过对太阳辐射的敏感来测量太阳视线与航天器某一体轴之间夹角的敏感器。太阳敏感器用来确定姿态是最普遍的，几乎每个航天器都采用。太阳敏感器之所以有这样广泛的适用性是因为在大多数应用场合下，可以把太阳近似看作是点光源，因此就可简化敏感器的设计和姿态确定的算法。另外，太阳光源很强，从而使敏感器结构简单，其功率要求也很小。太阳敏感器的视场很大，可以从几分×几分到 128°×128°，而分辨率可以从几度到几角秒。太阳敏感器具有 3 种基本类型：模拟式、数字式和 0-1 式。

（1）模拟式太阳敏感器

模拟式太阳敏感器的输出信号为模拟量，其大小和符号是太阳光入射角的连续函数。模拟式太阳敏感器通常又叫作余弦检测器，这是因为硅太阳电池输出电流与太阳光入射角成正弦规律变化。

图 3－13 所示为一简单的模拟式太阳敏感器的工作原理。它由两个间距很近的光电敏感元件（也称光电池或光敏元件）、光学透镜（或狭缝）和处理线路组成。当太阳光垂直照到两个光电敏感元件上时，两者所产生的电流之差为敏感器的输出。由于两个光电敏感元件的特性选得很接近，所以敏感器的输出为零。

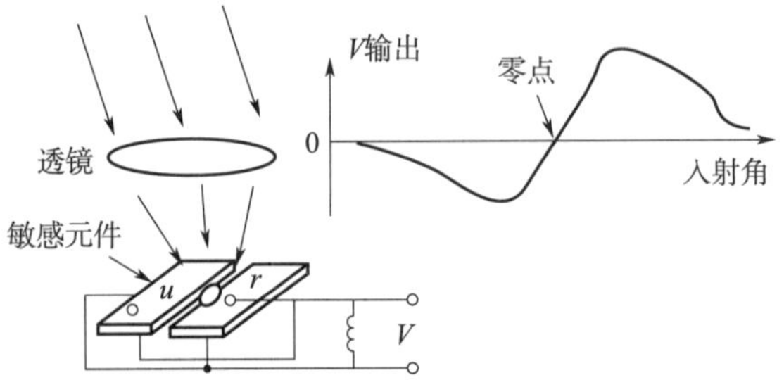

图 3－13　模拟式太阳敏感器的工作原理

这就是敏感器的零点。当太阳光线与垂直轴不重合时，光电敏感元件输出的两个电流差值正比于入射角，电流符号代表入射角方向，即太阳光线是从垂直轴左边或者右边射入。显然，如图 3－13 所示的模拟式太阳敏感器只能测量航天器相对于太阳光线的一个姿态角，因此称为单轴模拟式太阳敏感器。

若将单轴模拟式太阳敏感器中的两块光敏元件换为 4 块性能完全相同的光敏元件，并如图 3－14 所示的方式配置，则当太阳光线以 90°垂直入射时，4 块光敏元件输出相等；当太阳光线偏离垂直位置时，4 块光敏元件的输出不等。这些光敏元件的输出信号通过处理电路加以处理后，就可得到太阳光线入射的高低角和方位角，从而同时获得航天器相对于太阳光线的两个姿态角。因此称这种太阳敏感器为两轴模拟式太阳敏感器。目前，模拟式太阳敏感器通常用于给太阳帆板定向，此时精度要求不高。模拟式太阳敏感器视场在几十度时，精度可达到 0.5°；当视场很小，仅为 1°～2°时，精度可达到秒级。例如“阿波罗”飞船所使用的模拟式太阳敏感器即属此类。

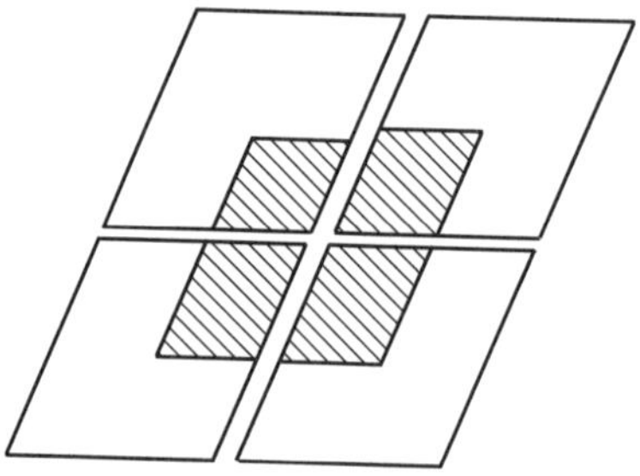

图 3－14　两轴模拟式太阳敏感器

以下介绍两轴模拟式太阳敏感器测量模型，敏感部分由四片对称的正方形电池片组成，在垂直电池片上方的光栏顶面处开一方孔，当太阳光以某一角度照射到四片电池片上的有效面积时，将产生不同的输出电流。比较计算两组输出电流就可以确定太阳矢量与敏感器坐标系的夹角，如图3-15所示。

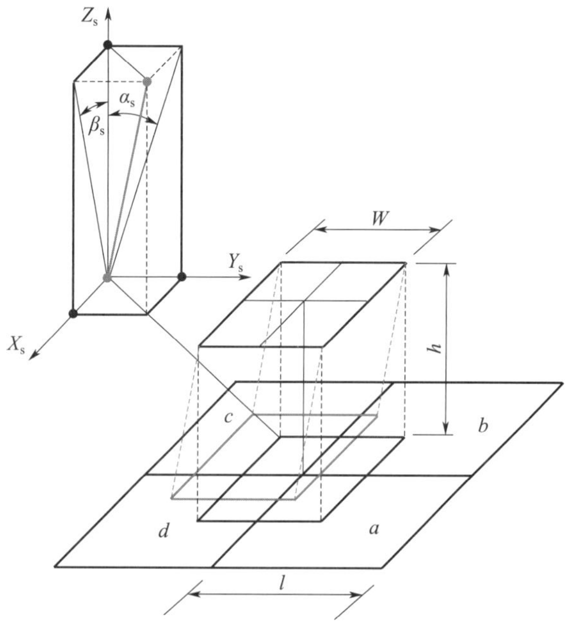

图3-15　模拟式太阳敏感器测量原理示意图

图3-15中W为电池片上端方孔开口边长；l为单个电池片边长；h为电池片距离开口高度，11.5 mm。

设太阳矢量在太阳敏感器坐标系$O_sX_sY_sZ_s$中的投影定义为$(x_s \quad y_s \quad z_s)^T$，根据图3-15可知

$$\tan\alpha_s=\frac{y_s}{z_s},\tan\beta_s=\frac{x_s}{z_s}$$

如果方孔的光照投影均在四片电池片之上，则光照面积S_a、S_b、S_c、S_d（各自的长乘宽）为

$$S_a=(W/2-h\tan\alpha_s)(W/2-h\tan\beta_s)$$
$$S_b=(W/2-h\tan\alpha_s)(W/2+h\tan\beta_s)$$
$$S_c=(W/2+h\tan\alpha_s)(W/2+h\tan\beta_s)$$
$$S_d=(W/2+h\tan\alpha_s)(W/2-h\tan\beta_s)$$

因此

$$\alpha_{s1}=\arctan[(W/2h)(S_c-S_b)/(S_c+S_b)]$$
$$\alpha_{s2}=\arctan[(W/2h)(S_d-S_a)/(S_d+S_a)]$$
$$\beta_{s1}=\arctan[(W/2h)(S_b-S_a)/(S_b+S_a)]$$
$$\beta_{s2}=\arctan[(W/2h)(S_c-S_d)/(S_c+S_d)]$$

进一步推导可知

$$\alpha_{s}=\alpha_{s1}=\alpha_{s2}=\arctan\left(\frac{W}{2h}\cdot\frac{S_{c}+S_{d}-S_{a}-S_{b}}{S_{a}+S_{b}+S_{c}+S_{d}}\right)$$

$$\beta_{s}=\beta_{s1}=\beta_{s2}=\arctan\left(\frac{W}{2h}\cdot\frac{S_{b}+S_{c}-S_{a}-S_{d}}{S_{a}+S_{b}+S_{c}+S_{d}}\right)$$

电池片输出电流为

$$I=mu\cdot S\cdot\cos\gamma$$

式中，I 为输出电流；mu 为电池片的灵敏度，通常取 0.30～0.325；S 为受光面积；γ 为光源的入射角，垂直照射时为 0°。

星上通常在电池片回路中接上 2 个 5.1 Ω 的电阻，再对电阻的电压值进行采样，得到 V_a 、V_b 、V_c 、V_d 。进一步得到模拟式太阳敏感器测量的姿态角为

$$\alpha_{s}=\arctan\left(\frac{W}{2h}\cdot\frac{S_{c}+S_{d}-S_{a}-S_{b}}{S_{a}+S_{b}+S_{c}+S_{d}}\right)=\arctan\left(\frac{W}{2h}\cdot\frac{V_{c}+V_{d}-V_{a}-V_{b}}{V_{a}+V_{b}+V_{c}+V_{d}}\right)$$

$$\beta_{s}=\arctan\left(\frac{W}{2h}\cdot\frac{S_{b}+S_{c}-S_{a}-S_{d}}{S_{a}+S_{b}+S_{c}+S_{d}}\right)=\arctan\left(\frac{W}{2h}\cdot\frac{V_{b}+V_{c}-V_{a}-V_{d}}{V_{a}+V_{b}+V_{c}+V_{d}}\right)$$

(2) 数字式太阳敏感器

数字式太阳敏感器是通过敏感太阳光在探测器上的质心位置来确定太阳的方向的测量装置。数字式太阳敏感器的输出信号是与太阳入射角相关的离散函数。目前数字式太阳敏感器分为码盘式太阳敏感器、阵列式太阳敏感器。

①码盘式太阳敏感器

目前码盘式太阳敏感器应用比较广泛，码盘式太阳敏感器时长大，精度从 0.5°到几十角秒。结构上它主要由狭缝、码盘、光敏元件阵列、放大器和缓冲寄存器组成，如图 3-16 所示。码盘上设有符号位和编码位。符号位用于确定太阳位于敏感器基准面（定义为狭缝所在平面的法线 Oc_1 与狭缝 Oc_3 组成的平面 Oc_1c_3）的哪一边，即确定太阳入射角的正负。编码位用于确定太阳光线偏离基准面的数字量，即确定太阳入射角的大小。光敏元件阵列由一排相互平行且独立的光电池条组成，其数量决定了太阳敏感器输出编码的位数，从而在一定程度上影响敏感器的分辨率。

当太阳光通过码盘照到某一条光电池上，光电池产生电流并且超过相应线路中所给定的门限值时，该光电池输出为 1，反之输出为 0。于是经放大器，在缓冲寄存器中就可得到由整个光电池阵列输出的一个二进制码。输出的二进制码确定了太阳光线在光电池阵列上成像的位置，从而确定了太阳方向 OS 在垂直于太阳敏感器基准面的 Oc_1c_2 平面中投影与 Oc_1 的夹角 α 。

图 3-16 所示的太阳敏感器只能测得太阳入射光线相对于敏感器基准面的一个角 α ，所以称之为单轴数字式太阳敏感器。如果安装两个数字敏感器，令其基准面相互垂直，则可组成两轴太阳敏感器。其测量信息经过处理后，就可得到太阳入射光相对于基准坐标系 $Oc_1c_2c_3$ 的高低角和方位角。

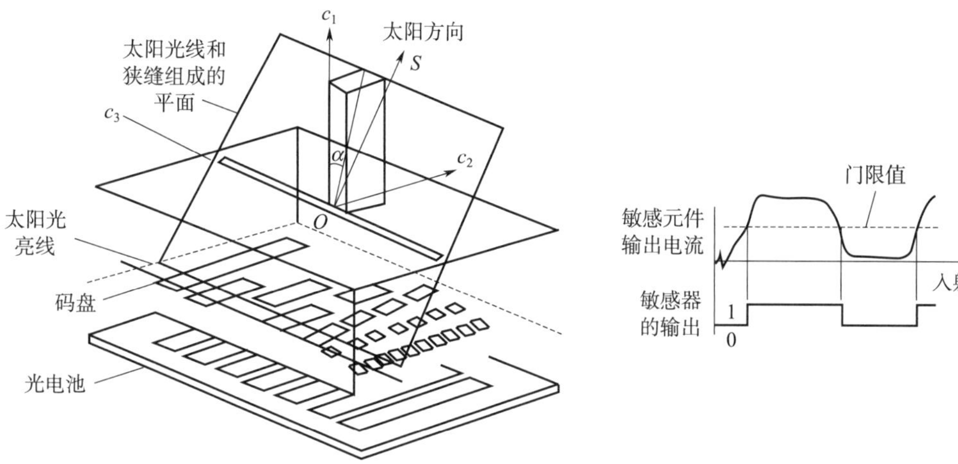

图 3-16　数字式太阳敏感器

②阵列式太阳敏感器

尽管码盘式太阳敏感器优点很多，但受码盘与太阳电池间粘结工艺的限制，导致码盘式太阳敏感器的体积比较大，不适应微型化、轻量化的要求。近些年新型阵列式太阳敏感器不断发展，其中 CCD 数字太阳敏感器、COMS APS 数字太阳敏感器就是其中重要的两种阵列式太阳敏感器。

CCD 数字太阳敏感器以 CCD 作为光电转换器件。CCD 器件的集成度很高，在光敏区域内像素排列精密。日本宇宙科学研究所和东芝浦电机公司开发的 CCD 太阳敏感器就是用像素为 2 048×2 048 的 CCD 线阵作为探测器，每个像素的尺寸为 14 μm×14 μm。CCD 太阳敏感器具有尺寸小、重量轻、功耗低、噪声超低、动态范围大、线性度高等特性，CCD 数字太阳敏感器可以在大视场范围内达到 0.1°的测量精度，小视场范围内可以达到角秒级的测量精度。但是随着航天器微型化的发展趋势，对太阳敏感器的重量、体积和功耗提出了更高的要求。随着 CMOS APS 计数的不断发展成熟，该器件各方面的性能逐渐超过了 CCD 探测器，CMOS APS 探测器在价格、功耗、集成度等方面更具有优势，因此 CMOS APS 数字式太阳敏感器也逐渐替代了 CCD 数字式太阳敏感器。

COMS APS 数字式太阳敏感器以 COMS APS 作为光电转换器件。太阳通过入射窗口在 APS 上投影，太阳在 APS 上的成像位置就是投影面的中心。意大利伽利略公司研制的 APS 太阳敏感器，采用 1 024×1 024 的 APS 作为探测器，该敏感器在 128°×128°视场范围内精度达到 0.02°，分辨率小于 0.005°，质量小于 400 g，功耗小于 1 W。相对于 CCD 太阳敏感器，APS 太阳敏感器在测量范围与精度上一致，而在质量和功耗上具有更大的优势。CMOS APS 能较大程度解决太阳敏感器在重量、体积和功耗方面的问题，但视场与精度相互制约的矛盾依然存在，即随着测量视场范围的增大，精度会进一步下降，可以通过入射面内开多个窗口来复用整个 APS 面阵列，通过多个入射窗口来均衡总的视场，从而在 APS 像素和视场固定的情况下提高测量精度。CMOS APS 数字式太阳敏感器依然凭借其高分辨率、高动态范围、低噪声、微型化以及可靠性等优点，得到越来越广泛的应用。

(3) 0－1 式太阳敏感器

0－1 式太阳敏感器也称为太阳指示器。当太阳出现在敏感器视场内，并且信号超过门限值时，表示见到了太阳，输出为 1；当信号低于门限值时，表示没见到太阳，输出为 0。这种敏感器一般用来作保护器，例如保护红外地平仪免受太阳光的影响。另外当姿态发生翻滚时，可以用 0－1 式太阳敏感器来找到太阳，为航天器的姿态重新定向。

3.3.4　磁流体角位移传感器

磁流体角位移传感器是一种利用磁流体动力学效应来实现感知宽频微角运动的仪器，即通过电磁感应效应将导电流体的物理运动转换为可识别的电信号，从而实现宽频微角运动精确传感与测量（见图 3－17）。

图 3－17　磁流体角位移传感器产品展示图

磁流体动力学是瑞典物理学家汉尼斯·阿尔文在 20 世纪 40～50 年代期间创立的，为物理学的一个重要分支，是研究导电流体与磁场相互作用下的运动规律的物理学科，主要以流体力学和电磁力学为基础。1832 年，法拉第提出根据海水切割地球磁场产生电动势的想法，通过测量泰晤士河两岸间的电位差，从而可以测得水流的流速，但由于当时技术水平有限，最终未能实现。1937 年，哈特曼在法拉第的想法基础上，对导电流体在磁场中运动进行试验测试，发现导电流体在垂直于正交电场和磁场平面上的流动会在流体内部产生感应电动势，并成功地提出了黏性不可压缩磁流体力学流动（即哈特曼流动）的理论计算方法。在哈特曼运动理论的基础上，通过建立一维定常哈特曼运动的环形腔的数学及物理模型，在一维定常层流流动时，分析流体微团的受力情况，建立导电流体环在磁场中的运动数学模型，即可得到流体运动感知物理角运动的传递关系。

将具有导电特性的流体介质置于环形密闭容腔中，并放置在永磁场环境中且同永磁场刚性连接，当随载体转动时，由于导电流体介质的质量大（相对转动惯量大），可认为其相对惯性空间静止，于是导电流体介质与永磁场之间就产生了相对运动，导电流体介质再切割磁力线而产生感应电动势，进而实现传感角运动。

如图 3－18 所示，通过适当布置多块永磁体，使合成的磁场方向平行于环形容腔的纵轴横截面。导电流体在环形容腔轴向上切割磁力线，敏感角速度和感应电动势的关系变为

$$V_1 = Bh\omega r$$

式中，h 为切割导线 cd 的长度（即环形容腔的高度）；B 为永磁体磁场感应强度；ω 为绕敏感轴的角速度输入；r 为导电流体的均方根半径。

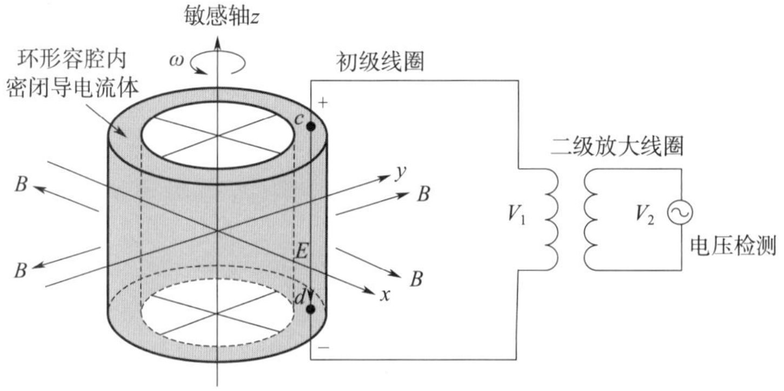

图 3－18　磁流体角位移传感器工作原理示意图

由于感应电动势的量级处于纳伏级，要得到可检测的电压，需采取高频弱信号的检测技术，即要取得尽量高的放大倍数，而且还要兼顾宽带宽。信号放大环节采用变压器进行初级放大，抑制噪声，然后后级进行二次放大与滤波，最终得到了传感器的完整的传递函数数学模型，图 3－19 为传感器的频率响应曲线。

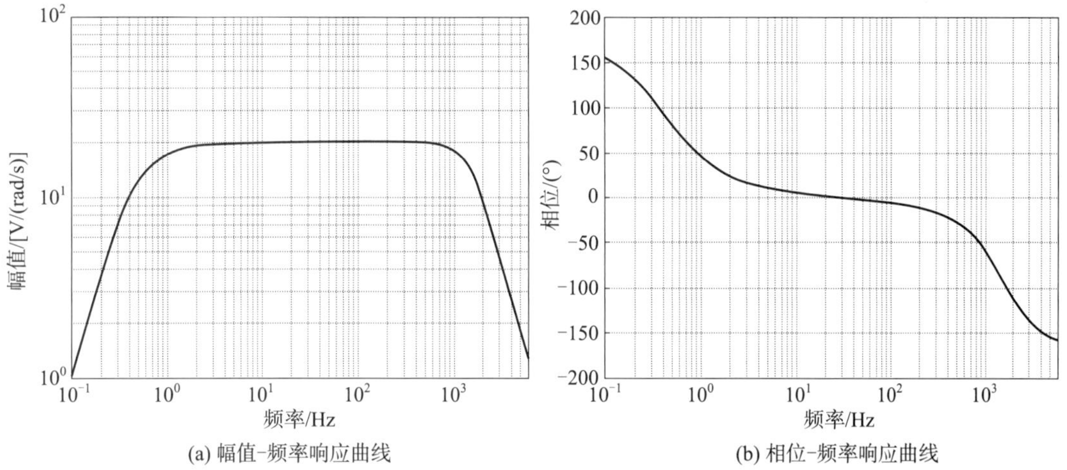

图 3－19　传感器的频率响应曲线

从频率响应曲线中可以看出，在 2 Hz 到 1 kHz 之间，幅值-频率响应平稳，相位-频率响应小，为主要线性工作区域。

基于磁流体动力学效应的角位移传感器，相对加速度计等线振动传感器来说，可实现角运动的直接测量；相对传统陀螺来说，除了可获得相似测量精度外，其测量带宽更宽。此外，其还具有体积小、重量轻、功耗低、交叉轴和线加速度不敏感、无活动部件、可靠性高、环境温度适应性强、耐冲击、无机械饱和等优点。

磁流体角位移传感器在航天器平台上的宽频高精度的姿态测量，在高精度对地遥感、地面遥感图像数据修正、空间通信精确指向等应用中发挥着不可替代的关键作用，主要体现在如下几个方面：

1）提供宽频姿态测量数据，形成卫星图像数据的辅助数据，通过地面实现图像补偿，提升图像目标的定位精度。

2）分析航天器在轨扰动的频率范围以及航天高频振动原因，提高航天器姿态控制的精度。

3）利用宽频角运动测量数据构成反馈，实现高精度空间精确指向平台控制。

3.4 传统姿态确定方法

姿态确定的基本问题是确定固连于航天器的本体坐标系 $O_bX_bY_bZ_b$ 在参考坐标系 $OXYZ$ 中的姿态参数，或者是确定固连于 $O_bX_bY_bZ_b$ 的某一单位矢量在 $OXYZ$ 中的坐标，称前者为三轴姿态确定，后者为单轴姿态确定。参考坐标系 $OXYZ$ 可以是航天器质心惯性坐标系，也可以是轨道坐标系或其他坐标系。姿态确定方法基本上可以分为参考矢量法、惯性测量法及统计估计法等。

3.4.1 参考矢量法

要获得直接反映本体系 $O_bX_bY_bZ_b$ 和参考系 $OXYZ$ 之间定向关系的物理量是很困难的，而且在大多数情况下是不可能的。参考坐标系 $OXYZ$ 的坐标轴的定义常是理论上的，为了确定 $OXYZ$ 本身，就需要极复杂的测量与计算。

实用上常常通过所谓参考矢量来建立 $O_bX_bY_bZ_b$ 在 $OXYZ$ 中的姿态关系。所谓参考矢量（不妨假设它是单位矢量）指的是这样的矢量 $\vec{S}$，$\vec{S}$ 在 $OXYZ$ 中的方位，或者说它的坐标是已知的，而它在 $O_bX_bY_bZ_b$ 中的位置或坐标可以用航天器中的姿态敏感器测量确定（也可能是 $\vec{S}$ 的某一坐标分量可以确定）。设 $OXYZ$ 坐标系中有已知的两个不共线的参考矢量 $\vec{S}_1$ 和 $\vec{S}_2$，如果在某瞬时 t，能够测得它们在 $O_bX_bY_bZ_b$ 坐标系中的位置，由此就能确定此瞬时 $O_bX_bY_bZ_b$ 在 $OXYZ$ 中的姿态。参考矢量法是姿态测量和姿态确定的最基本方法之一。航天器姿态初值的确定、姿态的修正都要用到此法。不同的参考矢量或同一参考矢量的物理量的表现形式可以是不同的，如光学的、电磁的、力学的等，为检测这些物理量研制了多种姿态敏感器。

不过，应用参考矢量法进行姿态确定时有各种误差源。首先是敏感器的精度，它直接影响参考矢量 $\vec{S}$ 在本体系 $O_bX_bY_bZ_b$ 中的位置测量精度；其次是反映 $\vec{S}$ 的物理量的精确性及不定性，它会影响 $\vec{S}$ 在本体系 $O_bX_bY_bZ_b$ 中的位置确定精度；然后是参考矢量 $\vec{S}$ 在参考坐标系中的确定精度。

（1）单参考矢量的姿态确定

单参考矢量指的是只有一个参考矢量 $\vec{S}$ 。设 $\vec{S}$ 在参考坐标系 $OXYZ$ 里的方位已知，它在本体固连坐标系 $O_bX_bY_bZ_b$ 中的坐标或方位可由姿态敏感器测得。$\vec{S}$ 在 $O_bX_bY_bZ_b$ 中的方位用 $\vec{S}$ 与 $O_bX_bY_bZ_b$ 各轴之间的夹角 α 、β 和 γ 来表示。当 $\vec{S}$ 在 $OXYZ$ 中的位置确定时，由于存在着 $O_bX_bY_bZ_b$ 绕 $\vec{S}$ 转动的一个自由度，因此即使 $\vec{S}$ 与 $O_bX_bY_bZ_b$ 各轴之间的夹角 α 、β 和 γ 不变，单参考矢量法也不能完全确定 $O_bX_bY_bZ_b$ 在 $OXYZ$ 中的姿态。

（2）双参考矢量姿态确定

现在考虑有两个不共线参考矢量的情况。假设这两个矢量在参考系 $OXYZ$ 中的分量列阵分别表示为 $\boldsymbol{S}_1$ 和 $\boldsymbol{S}_2$，而在本体固连坐标系 $O_bX_bY_bZ_b$ 中的分量列阵分别表示为 $\boldsymbol{S}_1^*$ 和 $\boldsymbol{S}_2^*$ 。记 $\boldsymbol{S}_3=\boldsymbol{S}_1\times\boldsymbol{S}_2$，$\boldsymbol{S}_3^*=\boldsymbol{S}_1^*\times\boldsymbol{S}_2^*$，并假设参考系 $OXYZ$ 到本体固连坐标系 $O_bX_bY_bZ_b$ 的坐标转换矩阵为 $\boldsymbol{A}$ ，则有

$$\boldsymbol{S}_i^*=\boldsymbol{A}\boldsymbol{S}_i \quad i=1,2,3 \tag{3-11}$$

记矩阵 $\boldsymbol{B}=(\boldsymbol{S}_1 \quad \boldsymbol{S}_2 \quad \boldsymbol{S}_3)$ ，$\boldsymbol{B}^*=(\boldsymbol{S}_1^* \quad \boldsymbol{S}_2^* \quad \boldsymbol{S}_3^*)$ ，则

$$\boldsymbol{B}^*=(\boldsymbol{S}_1^* \quad \boldsymbol{S}_2^* \quad \boldsymbol{S}_3^*)=(\boldsymbol{A}\boldsymbol{S}_1 \quad \boldsymbol{A}\boldsymbol{S}_2 \quad \boldsymbol{A}\boldsymbol{S}_3)=\boldsymbol{A}(\boldsymbol{S}_1 \quad \boldsymbol{S}_2 \quad \boldsymbol{S}_3)=\boldsymbol{A}\boldsymbol{B} \tag{3-12}$$

由于 $\boldsymbol{S}_1$ 和 $\boldsymbol{S}_2$ 不共线，矩阵 $\boldsymbol{B}$ 可逆，所以有下式成立

$$\boldsymbol{A}=\boldsymbol{B}^*\boldsymbol{B}^{-1} \tag{3-13}$$

由于 $\boldsymbol{B}$ 是已知的，$\boldsymbol{B}^*$ 是由测量获得的，因此由式（3-13）即可求得矩阵 $\boldsymbol{A}$ 。即在不共线的双参考矢量完全可测量的情况下，姿态矩阵可唯一确定，也就是可唯一确定本体系相对于参考系的方位。

上面叙述的是三轴姿态确定，若只需单轴姿态确定时（如自旋航天器自旋轴的确定），则只需参考矢量 $\boldsymbol{S}_1$ 和 $\boldsymbol{S}_2$ 在 $O_bX_bY_bZ_b$ 坐标系中的某一坐标分量（如 $\boldsymbol{S}_1$ 和 $\boldsymbol{S}_2$ 与自旋轴的夹角）即可。

（3）多参考矢量姿态确定

现在研究有多个参考矢量，即航天器上姿态敏感器能获得多个参考矢量的测量值的情况。这时，利用某些量测量的组合可确定姿态矩阵 $\boldsymbol{A}$ 。但由于量测量是有误差的，因此不同的量测量组合将会得到不同的姿态矩阵 $\boldsymbol{A}$ 。在这种测量有冗余的情况下，可利用统计数据处理的方法来得到 $\boldsymbol{A}$ 的最佳估计，其中比较简单的是最小二乘法。

设有 m 个参考矢量，其在参考系中的分量列阵分别表示为 $\boldsymbol{S}_1$，$\boldsymbol{S}_2$，…，$\boldsymbol{S}_m$ ，相应于每一个参考矢量 $\boldsymbol{S}_i$ ，星上可获得 n 个敏感器理想输出 $\cos\alpha_{ik}^*$，$k=1$，2，…，n 。于是有下式成立

$$\cos\alpha_{ik}^*=(\boldsymbol{A}\boldsymbol{S}_i)\cdot\boldsymbol{\gamma}_{ik} \quad i=1,2,\cdots,m;k=1,2,\cdots,n \tag{3-14}$$

式中，$\boldsymbol{\gamma}_{ik}$ 为固定的单位矢量在本体系下的分量列阵。由于实际测量有误差 Δ_{ik} ，因此实际

输出为 $\cos\alpha_{ik}$ 时，$k=1, 2, \cdots, n$ ，有

$$(\boldsymbol{AS}_i)\cdot\boldsymbol{\gamma}_{ik}-\cos\alpha_{ik}=\Delta_{ik}\quad i=1,2,\cdots,m;k=1,2,\cdots,n \tag{3-15}$$

利用最小二乘法来确定矩阵 $\boldsymbol{A}$ 的估计，令

$$L=\sum_{i=1}^{m}\sum_{k=1}^{n}P_{ik}\ [(\boldsymbol{AS}_i)\cdot\boldsymbol{\gamma}_{ik}-\cos\alpha_{ik}]^2 \tag{3-16}$$

这里 P_{ik} 为加权系数，要求出姿态矩阵 $\boldsymbol{A}$ 使 L 达到极小值。

当参考系取为轨道系时，可以把上式看成欧拉角 (ϕ, θ, ψ) 的函数。以某一值 $(\phi_0, \theta_0, \psi_0)$（可以用双矢量法确定）作为初值，应用优化算法求得使 L 取极小值的 $(\phi^*, \theta^*, \psi^*)$ ，从而得到最佳矩阵 $\boldsymbol{A}$ 。

3.4.2 惯性测量法

上节介绍的是通过测量外部参考矢量相对于航天器的方位来确定航天器在参考坐标系中的姿态的方法。也可以在航天器内部建立惯性基准，测量航天器相对于此基准的姿态变化，这就是惯性姿态测量。例如基准对于参考坐标系的方位已知，若能测量得到航天器相对于此基准的姿态变化，则可确定航天器本体相对于参考坐标系的姿态。陀螺仪表能敏感星体相对于惯性空间的姿态运动，故称它为惯性姿态测量敏感器。其大体可分为两类：位置陀螺及速率陀螺。位置陀螺的输出是航天器本体相对于陀螺转子角动量矢量所组成的参考系的姿态。速率陀螺的输出是航天器的角速度矢量在陀螺输入轴方向上的分量。位置陀螺的转子的角动量矢量一般相对于惯性空间稳定，或做已知的进动运动。而速率陀螺的输入轴矢量则是与本体坐标系固连，因而它能测得航天器的姿态角速度，利用积分即可求得本体的姿态。

惯性姿态测量的优点是：在已知初始姿态及已知参考坐标相对惯性空间的姿态的条件下，在一段时间内，可以不需要外部参考矢量的测量，星上自主确定姿态。通常惯性姿态敏感器在短期使用时积分误差小，具有较高的精度，且噪声小。因此常用于姿态机动及外部参考矢量不可测量时的姿态测量。

惯性姿态测量的缺点是：1）须知道初始姿态；2）若积分时间较长，则陀螺漂移所引起的姿态确定误差增大；3）若参考系为非惯性系，则还要计算参考系相对于惯性系的姿态运动等。

在实际应用中，常把惯性测量姿态确定和外部参考矢量姿态确定结合起来。每一采样间隔内用惯性测量，每隔一定时间间隔用外部参考矢量测量来修正用惯性测量所获得的姿态，并用它来估计陀螺的漂移，以提高惯性测量的精度。

3.4.3 统计估计法

利用上两节中所述的姿态确定方法，根据姿态敏感器的一组姿态测量数据，原则上可以直接确定所需的航天器姿态参数，这样的方法可称为姿态直接确定法。但由于测量数据中含有噪声及系统偏差等，所得的姿态参数往往精度不高，在实际应用中一般都采用统计

估计理论对姿态测量数据进行处理，这样可以显著地提高姿态确定精度。统计估计理论在姿态确定中得到成功应用是基于姿态测量数据的如下特点：

1）数据量大，每一采样周期姿态敏感器即可提供一组姿态测量数据。

2）数据有冗余，可能有多种敏感器提供不同形式的带有误差的测量数据。

3）不同姿态敏感器的姿测数据可能有不同的误差特性，如红外地球敏感器具有较大的高频随机噪声，而陀螺则具有较大的常值漂移分量，但高频随机噪声分量却很小。

4）有些航天器的姿态变化规律或者说是姿态动力学特性相当简单。比如自旋航天器，当章动角很小时，可以假设其自旋轴的指向（在适当的时间区间内）是不变的，转速也是不变的。这为根据模型进行姿态预估提供了条件。

3.5　卡尔曼滤波在航天器姿态确定中的应用

3.5.1　卡尔曼滤波技术简述

卡尔曼滤波技术被应用于姿态估计中已有很长的历史了。早在 20 世纪 60 年代，Kau 等人把非线性滤波理论应用于航天器的姿态估计；White 等人采用 EKF 处理星光与已知陆标的测量信息，用以估计飞行器姿态、轨道位置与捷联陀螺的漂移误差；基于卡尔曼滤波与平滑技术，Schmidtbauer 提出了估计自旋稳定探空火箭三轴姿态的方案。

当系统噪声方差矩阵和量测噪声方差矩阵未知或近似已知时，采用自适应卡尔曼滤波，通过观测数据带来的信息，由滤波本身不断地估计和修正噪声统计特性或滤波器增益矩阵，以减小状态估计误差，提高滤波器的精度。

几十年来，众多的学者们提出了各种利用矢量观测估计飞行器姿态的 EKF 实现方案。虽然对卡尔曼滤波有众多的改进方法，但还存在很多缺陷。如高阶截断 EKF，在线性化时会产生较大误差，必须通过求导计算雅可比矩阵。Vathsal 把基于二阶泰勒级数近似得到的非线性滤波技术应用于航天器姿态确定中，二阶非线性姿态估计算法的性能要优于传统的扩展卡尔曼滤波姿态估计算法，但是这种性能上的改善是以牺牲巨大的运算量作为代价的。为提高二阶非线性姿态估计器的运算效率，林玉荣、邓正隆提出了二阶插值非线性姿态估计方案，但计算公式较为复杂。

CRASSIDIS 和 MARKLEY[3] 将预测滤波方法用于飞行器的姿态估计，预测滤波用于姿态估计的优点是：能够实时估计系统的模型误差，又能隐式地保持姿态四元数的正规化。但缺点是模型误差加权阵的选取比较困难。

20 世纪 90 年代，JULIER 等人[4] 提出了基于 Unscented 变换的 Unscented 卡尔曼滤波算法（UKF），UKF 采用近似非线性函数的概率密度分布的方法，比近似非线性函数更容易解决非线性问题，得到了人们的广泛关注，其应用领域也在不断扩展。

UKF 首先被应用于导航、跟踪方面，如导弹再入问题、自治机器人定位、地面车辆导航和图像跟踪等。随后在随机信号处理、语音识别和增强等方面也有应用。Merwe 将 UKF 和流行的非线性估计方法粒子滤波相结合，提出了 Unscented 粒子算法（UPF）。

Julier 用 UKF 处理车辆导航定位中的强非线性。

UKF 中采样 Sigma 点的方法有对称采样、单形采样、3 阶矩偏度采样以及高斯分布 4 阶矩对称采样。对于高斯分布，对称采样确保任意分布的近似精度可达到泰勒展开式 3 阶截断。在对实时性要求比较高的系统中，为降低计算负载，要求进一步减少 Sigma 点的数目，采用单形采样。Julier 给出的利用 3 阶矩信息的偏度采样的方法可以保证前 3 阶精度，但计算过于复杂，目前很少使用。高斯分布 4 阶矩对称采样方法将精度提高到 4 阶，但计算量也增大了许多。Crassidis 等采用对称采样的方法推导了航天器姿态估计的 UKF，表明 UKF 的计算量基本与 EKF 算法相当，但未深入比较 EKF 和 UKF 的特点。

3.5.2 EKF 在航天器姿态确定中的应用

（1）系统方程线性化

给定一般的系统模型

$$\begin{cases}\dot{\boldsymbol{x}}(t)=\boldsymbol{f}(\boldsymbol{x}(t),t)+\boldsymbol{G}(t)\boldsymbol{w}(t)\\ \boldsymbol{y}(t)=\boldsymbol{h}(\boldsymbol{x}(t),t)+\boldsymbol{v}(t)\end{cases} \tag{3-17}$$

式中，$\boldsymbol{w}(t)$ 为系统噪声，假定为独立的零均值高斯白噪声，满足

$$E\{\boldsymbol{w}(t)\}=0 \quad E\{\boldsymbol{w}(t)\boldsymbol{w}^{\mathrm{T}}(t+\tau)\}=\boldsymbol{Q}(t)\delta(t) \tag{3-18}$$

式中，$E\{\cdot\}$ 为期望函数；$\boldsymbol{Q}(t)$ 为过程噪声的协方差阵；$\boldsymbol{v}(t)$ 为测量噪声，假定为独立的零均值高斯白噪声，满足

$$E\{\boldsymbol{v}(t)\}=0 \quad E\{\boldsymbol{v}(t)\boldsymbol{v}^{\mathrm{T}}(t+\tau)\}=\boldsymbol{R}(t)\delta(t) \tag{3-19}$$

式中，$\boldsymbol{R}(t)$ 为测量噪声协方差；$\delta(\tau)$ 为狄克莱函数。

当 $\boldsymbol{f}(\boldsymbol{x}(t),t)$ 和 $\boldsymbol{h}(\boldsymbol{x}(t),t)$ 均为线性函数时，系统可以直接使用卡尔曼滤波公式进行滤波估计。但当 $\boldsymbol{f}(\boldsymbol{x}(t),t)$ 和 $\boldsymbol{h}(\boldsymbol{x}(t),t)$ 为非线性函数时，只有通过已知状态和观测变量的分布才能得到统计量的值。因此应用卡尔曼线性滤波公式的问题就转化为对状态和观测变量的均值、协方差进行估计的非线性变换问题。

传统的方法是将非线性模型在最优状态估计处进行泰勒展开。如果可以精确得到 $\boldsymbol{f}(\boldsymbol{x}(t),t)$ 和 $\boldsymbol{h}(\boldsymbol{x}(t),t)$ 导数的高阶项，则可以得到真实统计量。但在实际系统中，这一点很难满足。一般实际系统仅可获得 $\boldsymbol{f}(\boldsymbol{x}(t),t)$ 和 $\boldsymbol{h}(\boldsymbol{x}(t),t)$ 的前两阶统计量，其中典型算法是 EKF 算法。另外除了采用泰勒展开外，还可以用采样方法近似状态和观测变量的非线性分布，例如使用 Unscented 变换的 UKF 算法。

（2）离散型 EKF 方程

对非线性函数进行线性化近似，对高阶项采用忽略或逼近是解决非线性问题的传统途径。其中最广泛使用的是 EKF 算法。通过对非线性函数的泰勒展开式进行一阶线性截断，将非线性问题转化为线性问题。

首先定义系统状态和测量估计偏差为

$$\begin{cases}\delta\boldsymbol{x}(t)=\boldsymbol{x}(t)-\hat{\boldsymbol{x}}(t)\\ \delta\boldsymbol{y}(t)=\boldsymbol{y}(t)-\hat{\boldsymbol{y}}(t)\end{cases} \tag{3-20}$$

式中，$\boldsymbol{x}(t)$ 和 $\boldsymbol{y}(t)$ 分别表示真实状态和测量值；$\hat{\boldsymbol{x}}(t)$ 和 $\hat{\boldsymbol{y}}(t)$ 分别表示状态和测量估计。

将非线性方程围绕状态估计 $\hat{\boldsymbol{x}}(t)$ 展开成泰勒级数

$$\begin{cases}\boldsymbol{x}(t)=\boldsymbol{f}(\boldsymbol{x}(t),t)\big|_{x(t)=\hat{x}(t)}+\left.\dfrac{\partial \boldsymbol{f}(\boldsymbol{x}(t),t)}{\partial \boldsymbol{x}}\right|_{x(t)=\hat{x}(t)}(\boldsymbol{x}(t)-\hat{\boldsymbol{x}}(t))+\boldsymbol{G}(t)\boldsymbol{w}(t)+h.o.t \\ \boldsymbol{y}(t)=\boldsymbol{h}(\boldsymbol{x}(t),t)\big|_{x(t)=\hat{X}(t)}+\left.\dfrac{\partial \boldsymbol{h}(\boldsymbol{x}(t),t)}{\partial \boldsymbol{x}}\right|_{x(t)=\hat{x}(t)}(\boldsymbol{x}(t)-\hat{\boldsymbol{x}}(t))+\boldsymbol{v}(t)+h.o.t\end{cases} \tag{3-21}$$

式中，$h.o.t$ 表示高阶项。

取泰勒展开的一阶近似值，通过整理得到连续系统线性化方程

$$\begin{cases}\delta\dot{\boldsymbol{x}}(t)=\boldsymbol{F}(t)\delta\boldsymbol{x}(t)+\boldsymbol{G}(t)\boldsymbol{w}(t) \\ \delta\dot{\boldsymbol{y}}(t)=\boldsymbol{H}(t)\delta\boldsymbol{x}(t)+\boldsymbol{v}(t)\end{cases} \tag{3-22}$$

式中　$\boldsymbol{F}(t)$——$\boldsymbol{f}(\boldsymbol{x}(t),t)$ 的雅可比矩阵，表示为

$$\boldsymbol{F}(t)=\left.\frac{\partial \boldsymbol{f}(\boldsymbol{x}(t),t)}{\partial \boldsymbol{x}}\right|_{x(t)=\hat{x}(t)}$$

$\boldsymbol{H}(t)$——$\boldsymbol{h}(\boldsymbol{x}(t),t)$ 的雅可比矩阵，表示为

$$\boldsymbol{H}(t)=\left.\frac{\partial \boldsymbol{h}(\boldsymbol{x}(t),t)}{\partial \boldsymbol{x}}\right|_{x(t)=\hat{x}(t)}$$

对连续信号采样进行离散化，采样周期 T 取常数，得离散型线性误差方程

$$\begin{cases}\delta\boldsymbol{x}_k=\boldsymbol{\Phi}_{k,k-1}\delta\boldsymbol{x}_{k-1}+\boldsymbol{W}_k \\ \delta\boldsymbol{y}_k=\boldsymbol{H}_{k,k-1}\delta\boldsymbol{x}_k+\boldsymbol{V}_k\end{cases} \tag{3-23}$$

当 T 为小量时，$\boldsymbol{\Phi}_{k,k-1}=\boldsymbol{I}+\boldsymbol{F}(t_{k-1})\boldsymbol{T}$，$\boldsymbol{H}_k=\left.\dfrac{\partial \boldsymbol{h}(\boldsymbol{x}(t_k),t_k)}{\partial \boldsymbol{x}(t_k)}\right|_{x(t_k)=\hat{x}_{k/k-1}}$，$\boldsymbol{W}_k$ 和 $\boldsymbol{V}_k$ 表示过程噪声序列和测量噪声序列。

在离散型线性方程的基础上，仿照线性卡尔曼滤波基本方程，即可推出 $\delta\boldsymbol{x}_k$ 的卡尔曼滤波方程

$$\begin{cases}\delta\hat{\boldsymbol{x}}_{k/k-1}=\boldsymbol{\Phi}_{k,k-1}\delta\hat{\boldsymbol{x}}_{k-1} \\ \delta\hat{\boldsymbol{x}}_k=\delta\hat{\boldsymbol{x}}_{k/k-1}+\boldsymbol{K}_k(\delta\boldsymbol{y}_k-\boldsymbol{H}_k\delta\hat{\boldsymbol{x}}_{k/k-1}) \\ \boldsymbol{K}_k=\boldsymbol{P}_{k-1}\boldsymbol{H}_k^{\mathrm{T}}(\boldsymbol{H}_k\boldsymbol{P}_{k,k-1}\boldsymbol{H}_k^{\mathrm{T}}+\boldsymbol{R}_k)^{-1} \\ \boldsymbol{P}_{k,k-1}=\boldsymbol{\Phi}_{k,k-1}\boldsymbol{P}_{k-1}\boldsymbol{\Phi}_{k,k-1}^{\mathrm{T}}+\boldsymbol{Q}_{k-1} \\ \boldsymbol{P}_k=(\boldsymbol{I}-\boldsymbol{K}_k\boldsymbol{H}_k)\boldsymbol{P}_{k,k-1}(\boldsymbol{I}-\boldsymbol{K}_k\boldsymbol{H}_k)^{\mathrm{T}}+\boldsymbol{K}_k\boldsymbol{R}_k\boldsymbol{K}_k^{\mathrm{T}}\end{cases} \tag{3-24}$$

式中，$\delta\boldsymbol{y}_k=\boldsymbol{y}_k-\boldsymbol{h}(\hat{\boldsymbol{x}}_{k/k-1},k)$。

在每次递推状态最优估计和真实状态值时，均采用状态最优估计的初始值，所以初始时刻的状态偏差最优估计 $\delta\hat{\boldsymbol{x}}_{k-1}$ 恒等于零。从而使状态偏差的一步预测值满足

$$\delta\hat{\boldsymbol{x}}_{k/k-1}=0 \tag{3-25}$$

将 $\delta\hat{\boldsymbol{x}}_{k/k-1}=0$ 代入式（3-24）中，求得离散型 EKF 方程

$$\begin{cases}\hat{\boldsymbol{x}}_{k/k-1}=\hat{\boldsymbol{x}}_{k-1}+\{\boldsymbol{f}(\hat{\boldsymbol{x}}_{k/k-1},t_{k-1})\}T\\ \hat{\boldsymbol{x}}_{k}=\hat{\boldsymbol{x}}_{k/k-1}+\delta\hat{\boldsymbol{x}}_{k}\\ \delta\hat{\boldsymbol{x}}_{k}=\boldsymbol{K}_{k}\delta\boldsymbol{y}_{k}\\ \boldsymbol{K}_{k}=\boldsymbol{P}_{k-1}\boldsymbol{H}_{k}^{\mathrm{T}}\ (\boldsymbol{H}_{k}\boldsymbol{P}_{k,k-1}\boldsymbol{H}_{k}^{\mathrm{T}}+\boldsymbol{R}_{k})^{-1}\\ \boldsymbol{P}_{k,k-1}=\boldsymbol{\Phi}_{k,k-1}\boldsymbol{P}_{k-1}\boldsymbol{\Phi}_{k,k-1}^{\mathrm{T}}+\boldsymbol{Q}_{k-1}\\ \boldsymbol{P}_{k}=(\boldsymbol{I}-\boldsymbol{K}_{k}\boldsymbol{H}_{k})\boldsymbol{P}_{k,k-1}\ (\boldsymbol{I}-\boldsymbol{K}_{k}\boldsymbol{H}_{k})^{\mathrm{T}}+\boldsymbol{K}_{k}\boldsymbol{R}_{k}\boldsymbol{K}_{k}^{\mathrm{T}}\end{cases} \tag{3-26}$$

初始条件：$\hat{\boldsymbol{x}}_0=\boldsymbol{E}\{\boldsymbol{x}_0\}$，$\boldsymbol{P}_0=\boldsymbol{E}\{(\boldsymbol{x}_0-\hat{\boldsymbol{x}}_0)(\boldsymbol{x}_0-\hat{\boldsymbol{x}}_0)^{\mathrm{T}}\}$。

总结 EKF 的推导过程可以看出：

1）EKF 器采用递推结构，用状态空间法在时域内设计滤波器，可适用于多维随机过程的估计。

2）雅可比矩阵推导和计算是 EKF 器设计的难点和关键，直接影响滤波精度和计算量的大小，要求系统在泰勒展开时，一阶近似可以达到精度和稳定性要求，高阶项可忽略。

（3）EKF 姿态估计器设计

目前，在高性能的姿态确定系统中，常常采用星敏感器和陀螺的组合来提供航天器的惯性参考姿态，利用滤波技术进行数据融合。这样的恒星/惯性组合姿态确定系统能够根据速率陀螺，测量出高频输出的飞行器姿态角速度，并利用星敏感器测量有效抑制速率陀螺的漂移和噪声[5]。

工作原理分析如下：

1）陀螺作为短期姿态参考，连续提供星体的三轴姿态角速度信息，积分得到相应的姿态角。但由于存在陀螺漂移、初始条件的不确定性和积分误差等因素，得到的姿态角信息中含有随时间增长的误差。

2）星敏感器作为星体的长期姿态参考，以一定的采样频率提供星体三轴姿态信息。但测量值中含有测量误差，因此必须对测量信息进行数据处理。

3）根据陀螺和敏感器的测量值，建立姿态估计器，采用 EKF 来估计和校正姿态及陀螺漂移。

（4）系统方程

考虑到姿态控制中是以星体相对轨道坐标系的姿态为控制变量的，因此设 $\bar{\boldsymbol{q}}_{\mathrm{bo}}=(q_0\quad \boldsymbol{q}^{\mathrm{T}})^{\mathrm{T}}$ 为由轨道坐标系旋转到星体坐标系的四元数矢量，其姿态运动学方程为

$$\dot{\bar{\boldsymbol{q}}}_{\mathrm{bo}}=\frac{1}{2}\bar{\boldsymbol{q}}_{\mathrm{bo}}\otimes\bar{\boldsymbol{\omega}}_{\mathrm{bo}} \tag{3-27}$$

$$\boldsymbol{\omega}_{\mathrm{bo}}=\boldsymbol{\omega}_{\mathrm{bi}}-\boldsymbol{T}_{\mathrm{bo}}(\bar{\boldsymbol{q}}_{\mathrm{bo}})\boldsymbol{\omega}_{\mathrm{oi}} \tag{3-28}$$

式中，$\bar{\boldsymbol{q}}_{\mathrm{bo}}$ 满足以下规范性条件

$$(\bar{\boldsymbol{q}}_{\mathrm{bo}})^{\mathrm{T}}\bar{\boldsymbol{q}}_{\mathrm{bo}}=1$$

$\bar{\boldsymbol{\omega}}_{\mathrm{bo}}=(0\quad(\boldsymbol{\omega}_{\mathrm{bo}})^{\mathrm{T}})^{\mathrm{T}}$，表示扩展的星体相对轨道坐标系的角速度，$\boldsymbol{\omega}_{\mathrm{bo}}$ 为星体相对轨道坐标系的角速度矢量；$\boldsymbol{\omega}_{\mathrm{bi}}$ 为星体相对惯性坐标系的角速度矢量；$\boldsymbol{\omega}_{\mathrm{oi}}=(0\quad -\omega_0\quad 0)^{\mathrm{T}}$，

ω_0 为轨道角速度；“$\otimes$”表示四元数乘法；$\boldsymbol{T}_{bo}(\bar{\boldsymbol{q}}_{bo})$ 是由轨道坐标系到星体坐标系的转换矩阵

$$\boldsymbol{T}_{bo}(\bar{\boldsymbol{q}}_{bo})=\begin{pmatrix}2(q_0^2+q_1^2)-1 & 2(q_1q_2+q_0q_3) & 2(q_3q_1-q_0q_2)\\ 2(q_1q_2-q_0q_3) & 2(q_0^2+q_2^2)-1 & 2(q_2q_3+q_0q_1)\\ 2(q_3q_1+q_0q_2) & 2(q_2q_3-q_0q_1) & 2(q_0^2+q_3^2)-1\end{pmatrix} \tag{3-29}$$

对式（3-29）进行积分便可得到姿态四元数值。但由于速率陀螺测量的星体角速度中含有测量误差、漂移误差等，因此只能得到四元数估计值：

$$\begin{cases}\dot{\hat{\bar{\boldsymbol{q}}}}_{bo}=\dfrac{1}{2}\hat{\bar{\boldsymbol{q}}}_{bo}\otimes\bar{\boldsymbol{\omega}}_{bo}\\ \boldsymbol{\omega}_{bo}=\boldsymbol{\omega}_{bi}-\boldsymbol{T}_{bo}(\bar{\boldsymbol{q}}_{bo})\boldsymbol{\omega}_{oi}\end{cases} \tag{3-30}$$

其中“ˆ”表示估计值。

定义真实四元数 $\bar{\boldsymbol{q}}_{bo}$ 与估计四元数 $\hat{\bar{\boldsymbol{q}}}_{bo}$ 之间的误差四元数为

$$\Delta\bar{\boldsymbol{q}}_{bo}=(\Delta q_0\quad \Delta q_1\quad \Delta q_2\quad \Delta q_3)^{T}=(\Delta q_0\quad \Delta\boldsymbol{q})^{T}$$

由四元数的合成法则可得

$$\bar{\boldsymbol{q}}_{bo}=\hat{\bar{\boldsymbol{q}}}_{bo}\otimes\Delta\bar{\boldsymbol{q}}_{bo} \tag{3-31}$$

在假设误差四元数为小角度时，只需考虑误差四元数的矢量部分，误差四元数可自然降阶为三个独立变量。

将陀螺和星敏感器测量结合起来，每一采样间隔内用陀螺测量，每隔一定时间用星敏感器输出来修正用陀螺所获得的姿态，并用它来估计陀螺的漂移，以提高陀螺的精度。

在姿态确定的方案中，选取四元数为姿态参数，主要原因是四元数为全局非奇异的。另外，用四元数表示的姿态运动学方程简单，而且四元数与姿态欧拉角之间容易转换，方便显示估计结果。但四元数的归一化约束使得它的四个参数中有一个是冗余的，在基于 EKF 的姿态估计器中，容易导致状态误差协方差阵产生奇异。所以这个问题必须做特殊处理。

（5）线性化方程

①系统方程的线性化

由四元数定义可得真实四元数、估计四元数和误差四元数之间的关系为

$$\begin{gathered}\bar{\boldsymbol{q}}_{bo}=\hat{\bar{\boldsymbol{q}}}_{bo}\otimes\Delta\bar{\boldsymbol{q}}_{bo}\\ \Updownarrow\\ \Delta\bar{\boldsymbol{q}}_{bo}=\hat{\bar{\boldsymbol{q}}}_{bo}^{*}\otimes\bar{\boldsymbol{q}}_{bo}\end{gathered} \tag{3-32}$$

其中，$\hat{\bar{\boldsymbol{q}}}^{*}(t)$ 为 $\hat{\bar{\boldsymbol{q}}}(t)$ 的共轭。

利用四元数乘积定义，姿态运动学方程可写为

$$\dot{\bar{\boldsymbol{q}}}_{bo}=\frac{1}{2}\bar{\boldsymbol{q}}_{bo}\otimes\bar{\boldsymbol{\omega}}_{bo} \tag{3-33}$$

其中扩展的旋转角速度

$$\bar{\boldsymbol{\omega}}_{bo}=(0\quad \boldsymbol{\omega}_{bo}^{T})^{T} \tag{3-34}$$

则小角度误差姿态四元数的表达式为

$$\begin{aligned}\Delta\dot{\bar{\boldsymbol{q}}} &= \dot{\hat{\bar{\boldsymbol{q}}}}_{bo}^{*}\otimes\bar{\boldsymbol{q}}_{bo}+\hat{\bar{\boldsymbol{q}}}_{bo}^{*}\otimes\dot{\bar{\boldsymbol{q}}}_{bo}\\ &=\frac{1}{2}[(\hat{\bar{\boldsymbol{q}}}_{bo}\otimes\hat{\bar{\boldsymbol{\omega}}}_{bo})^{*}\otimes\bar{\boldsymbol{q}}_{bo}+\hat{\bar{\boldsymbol{q}}}_{bo}^{*}\otimes\bar{\boldsymbol{q}}_{bo}\otimes\bar{\boldsymbol{\omega}}_{bo}]\\ &=-\frac{1}{2}\hat{\bar{\boldsymbol{\omega}}}_{bo}\otimes\Delta\bar{\boldsymbol{q}}_{bo}+\frac{1}{2}\Delta\bar{\boldsymbol{q}}_{bo}\otimes\bar{\boldsymbol{\omega}}_{bo}\end{aligned}\tag{3-35}$$

式中，$\hat{\bar{\boldsymbol{\omega}}}_{bo}=(0\quad\hat{\boldsymbol{\omega}}_{bo}^{T})^{T}$ 为扩展的旋转估计角速度。

角速度的定义可以用估计值与偏差值表示为

$$\boldsymbol{\omega}_{bo}=\hat{\boldsymbol{\omega}}_{bo}+\Delta\boldsymbol{\omega}_{bo}\tag{3-36}$$

因此 $\bar{\boldsymbol{\omega}}_{bo}$ 可写作

$$\bar{\boldsymbol{\omega}}_{bo}=\begin{pmatrix}0 & \hat{\boldsymbol{\omega}}_{bo}+\Delta\boldsymbol{\omega}_{bo}\end{pmatrix}^{T}=\hat{\bar{\boldsymbol{\omega}}}_{bo}+\Delta\bar{\boldsymbol{\omega}}_{bo}\tag{3-37}$$

将式（3-37）代入式（3-35）得

$$\Delta\dot{\bar{\boldsymbol{q}}}=\frac{1}{2}\Delta\bar{\boldsymbol{q}}_{bo}\otimes\hat{\bar{\boldsymbol{\omega}}}_{bo}-\frac{1}{2}\hat{\bar{\boldsymbol{\omega}}}_{bo}\otimes\Delta\bar{\boldsymbol{q}}_{bo}+\frac{1}{2}\Delta\bar{\boldsymbol{q}}_{bo}\otimes\Delta\bar{\boldsymbol{\omega}}_{bo}\tag{3-38}$$

根据四元数乘法，可得

$$\frac{1}{2}\Delta\bar{\boldsymbol{q}}_{bo}\otimes\hat{\bar{\boldsymbol{\omega}}}_{bo}-\frac{1}{2}\hat{\bar{\boldsymbol{\omega}}}_{bo}\otimes\Delta\bar{\boldsymbol{q}}_{bo}=\begin{pmatrix}0\\ \Delta\boldsymbol{q}\times\hat{\boldsymbol{\omega}}_{bo}\end{pmatrix}$$

假设 $\Delta\bar{\boldsymbol{q}}_{bo}$ 为小角度偏差，则 $\Delta\bar{\boldsymbol{q}}_{bo}=(\Delta q_0\quad\Delta\boldsymbol{q})\approx(1\quad0\quad0\quad0)^{T}$，因此式（3-38）最后一项可表示为

$$\Delta\bar{\boldsymbol{\omega}}_{bo}\otimes\Delta\bar{\boldsymbol{q}}_{bo}=\begin{pmatrix}0 & -\Delta\boldsymbol{\omega}_{bo}^{T}\\ \Delta\boldsymbol{\omega}_{bo} & [\![\Delta\boldsymbol{\omega}_{bo}\times]\!]^{T}\end{pmatrix}\begin{pmatrix}\Delta q_0\\ \Delta\boldsymbol{q}\end{pmatrix}=\begin{pmatrix}-\Delta\boldsymbol{\omega}_{bo}^{T}\Delta\boldsymbol{q}\\ \Delta\boldsymbol{\omega}_{bo}\Delta q_0+[\![\Delta\boldsymbol{\omega}_{bo}\times]\!]^{T}\Delta\boldsymbol{q}\end{pmatrix}\approx\Delta\bar{\boldsymbol{\omega}}_{bo}\tag{3-39}$$

其中，$[\![\Delta\boldsymbol{\omega}_{bo}\times]\!]$ 表示 $\Delta\boldsymbol{\omega}_{bo}$ 的叉乘矩阵。

所以式（3-38）最终为

$$\Delta\dot{\bar{\boldsymbol{q}}}=\begin{pmatrix}0 & 0\\ [\![\hat{\boldsymbol{\omega}}_{bo}\times]\!]^{T} & 0\end{pmatrix}\Delta\bar{\boldsymbol{q}}_{bo}+\frac{1}{2}\Delta\bar{\boldsymbol{\omega}}_{bo}\tag{3-40}$$

同样将假设 $\Delta\bar{\boldsymbol{q}}_{bo}=(\Delta q_0\quad\Delta\boldsymbol{q})\approx(1\quad0\quad0\quad0)^{T}$，并代入 $\boldsymbol{T}_{bo}(\Delta\bar{\boldsymbol{q}}_{bo})$ 中得

$$\boldsymbol{T}_{bo}(\Delta\bar{\boldsymbol{q}}_{bo})=\boldsymbol{I}_{3\times3}-2[\![\Delta\boldsymbol{q}\times]\!]\tag{3-41}$$

根据

$$\boldsymbol{\omega}_{bo}=\boldsymbol{\omega}_{bi}-\boldsymbol{T}_{bo}(\bar{\boldsymbol{q}}_{bo})\boldsymbol{\omega}_{oi}\quad\hat{\boldsymbol{\omega}}_{bo}=\hat{\boldsymbol{\omega}}_{bi}-\boldsymbol{T}_{bo}(\bar{\boldsymbol{q}}_{bo})\boldsymbol{\omega}_{oi}\tag{3-42}$$

则有

$$\Delta\boldsymbol{\omega}_{bo}=\Delta\boldsymbol{\omega}_{bi}+2[\![\Delta\boldsymbol{q}\times]\!]\boldsymbol{T}_{bo}(\hat{\bar{\boldsymbol{q}}}_{bo})\boldsymbol{\omega}_{oi}\tag{3-43}$$

将式（3-41）、式（3-43）代入式（3-40）中，有

$$\Delta\dot{\boldsymbol{q}}=-[\![\hat{\boldsymbol{\omega}}_{bo}\times]\!]^{T}+\frac{1}{2}\Delta\boldsymbol{\omega}_{bi}\tag{3-44}$$

陀螺角速度测量值 $\boldsymbol{\omega}_{\mathrm{g}}$ 与真实值 $\boldsymbol{\omega}_{\mathrm{bi}}$ 之间的关系为

$$\boldsymbol{\omega}_{\mathrm{bi}}=\boldsymbol{\omega}_{\mathrm{g}}-\boldsymbol{b}-\boldsymbol{v}_{\mathrm{g}}$$

$$\dot{\boldsymbol{b}}=\boldsymbol{v}_{\mathrm{b}}$$

式中，$\boldsymbol{\omega}_{\mathrm{g}}$ 为陀螺的输出值；$\boldsymbol{b}$ 为陀螺常值漂移；$\boldsymbol{v}_{\mathrm{g}}$ 为陀螺测量噪声；$\boldsymbol{v}_{\mathrm{b}}$ 为陀螺与时间相关的噪声。

而航天器本体相对惯性坐标系的估计角速度定义为

$$\hat{\boldsymbol{\omega}}_{\mathrm{bi}}=\boldsymbol{\omega}_{\mathrm{g}}-\hat{\boldsymbol{b}}$$

$$\dot{\hat{\boldsymbol{b}}}=\boldsymbol{0}$$

因此角速度偏差可表示为

$$\begin{cases}\Delta\boldsymbol{\omega}_{\mathrm{bi}}=\boldsymbol{\omega}_{\mathrm{bi}}-\hat{\boldsymbol{\omega}}_{\mathrm{bi}}=-\Delta\boldsymbol{b}-\boldsymbol{v}_{\mathrm{g}}\\ \Delta\dot{\boldsymbol{b}}=\boldsymbol{v}_{\mathrm{b}}\end{cases}\tag{3-45}$$

这部分误差随时间积累，导致陀螺无法长期工作，需要通过估计校正。

通过整理，得

$$\begin{cases}\Delta\dot{q}_0=0\\ \Delta\dot{\boldsymbol{q}}=-[\![\boldsymbol{\omega}_{\mathrm{bi}}\times]\!]\Delta\boldsymbol{q}-\dfrac{1}{2}\Delta\boldsymbol{b}-\dfrac{1}{2}\Delta\boldsymbol{v}_{\mathrm{g}}\end{cases}\tag{3-46}$$

由上式可见，误差四元数自然降阶为三个独立的变量，从而避免了因状态非独立而导致的误差协方差阵的奇异问题。

②测量方程的线性化

姿态星敏感器测量估计 $\hat{\bar{\boldsymbol{q}}}_m$ 、测量值 $\bar{\boldsymbol{q}}_m$ 和偏差 $\Delta\bar{\boldsymbol{q}}_m$ 的关系可用四元数表达为

$$\bar{\boldsymbol{q}}_m=\hat{\bar{\boldsymbol{q}}}_m\otimes\Delta\bar{\boldsymbol{q}}_m\tag{3-47}$$

由上式推出误差四元数的表达形式

$$\Delta\bar{\boldsymbol{q}}_m=\hat{\bar{\boldsymbol{q}}}_m^{-1}\otimes\bar{\boldsymbol{q}}_m\tag{3-48}$$

通过采样将输出方程进行线性化和离散化后，得

$$\delta\boldsymbol{y}_k=\boldsymbol{H}_k\delta\boldsymbol{x}_k+\boldsymbol{V}_k\tag{3-49}$$

式中，$\delta\boldsymbol{y}_k=(\Delta q_{m1}\quad\Delta q_{m2}\quad\Delta q_{m3})^{\mathrm{T}}$ ；$\delta\boldsymbol{x}=(\Delta q_1\quad\Delta q_2\quad\Delta q_3)^{\mathrm{T}}$ 表示误差四元数矢量；观测矩阵为 $\boldsymbol{H}_k=\left.\dfrac{\partial\boldsymbol{h}(\boldsymbol{x}(t_k),\ t)}{\partial\boldsymbol{x}(t_k)}\right|_{\boldsymbol{x}(t_k)=\hat{\boldsymbol{x}}(t_k)}=(\boldsymbol{I}_{3\times3}\quad0)$ ；$\boldsymbol{V}_k$ 为系统噪声，满足 $E\{\boldsymbol{V}_k\}=0$，$E\{\boldsymbol{V}_k\boldsymbol{V}_j^{\mathrm{T}}\}=\boldsymbol{R}_k\delta_k$ ，其中 $\boldsymbol{R}_k$ 为量测噪声序列的方差阵，假设为正定阵。

（6）EKF 姿态估计器及校正

选择状态变量为：$\delta\boldsymbol{x}=(\Delta q_1\quad\Delta q_2\quad\Delta q_3\quad\Delta b_1\quad\Delta b_2\quad\Delta b_3)^{\mathrm{T}}$。其中 $\Delta\boldsymbol{q}=(\Delta q_1\quad\Delta q_2\quad\Delta q_3)^{\mathrm{T}}$ 为误差四元数矢量；$\Delta\boldsymbol{b}=(\Delta b_1\quad\Delta b_2\quad\Delta b_3)^{\mathrm{T}}$ 为陀螺漂移估计误差。由陀螺漂移估计误差和线性化状态方程，得滤波器状态方程

$$\delta\dot{\boldsymbol{x}}(t)=\boldsymbol{F}(t)\delta\boldsymbol{x}+\boldsymbol{G}(t)\boldsymbol{w}(t)\tag{3-50}$$

式中

$$\boldsymbol{F}(t)=\begin{pmatrix}-[\![\hat{\boldsymbol{\omega}}_{\mathrm{bi}}\times]\!] & -\frac{1}{2}\boldsymbol{I}_{3\times3}\\ \boldsymbol{0}_{3\times3} & \boldsymbol{0}_{3\times3}\end{pmatrix}\quad \boldsymbol{G}(t)=\begin{pmatrix}-\frac{1}{2}\boldsymbol{I}_{3\times3} & \boldsymbol{0}_{3\times3}\\ \boldsymbol{0}_{3\times3} & \boldsymbol{0}_{3\times3}\end{pmatrix}\quad \boldsymbol{w}(t)=\begin{pmatrix}\boldsymbol{v}_{\mathrm{g}}\\ \boldsymbol{v}_{\mathrm{b}}\end{pmatrix}_{6\times1}$$

上式即为连续的线性化状态方程，$\boldsymbol{w}(t)$ 为过程噪声。

根据离散型线性误差方程的定义，得离散线性化状态方程为

$$\delta\boldsymbol{x}_k=\boldsymbol{\Phi}_{k,k-1}\delta\boldsymbol{x}_{k-1}+\boldsymbol{W}_k \tag{3-51}$$

当 T 为小量时，$\boldsymbol{\Phi}_{k,k-1}=\boldsymbol{I}+\boldsymbol{F}(t_{k-1})T$；$\boldsymbol{W}_k$ 为系统噪声，满足：$E\{\boldsymbol{W}_k\}=0$，$E\{\boldsymbol{W}_k\boldsymbol{W}_j^{\mathrm{T}}\}=\boldsymbol{Q}_k\delta_k$，其中 $\boldsymbol{Q}_k$ 为系统噪声序列的方差阵，假设为非负定阵。

在每次递推状态最优估计和真实状态值时，均采用状态最优估计的初始值，所以初始时刻的状态偏差最优估计 $\delta\hat{\boldsymbol{x}}_{k-1}$ 恒等于零，从而状态估计值

$$\delta\hat{\boldsymbol{x}}_{k/k-1}=0 \tag{3-52}$$

由于星敏感器直接输出四元数姿态角，根据测量方程，观测的预测估计直接采用系统姿态预测估计

$$\hat{\boldsymbol{y}}_k=\hat{\boldsymbol{q}}_{k,k-1} \tag{3-53}$$

根据前面所述的推导过程，可以应用 EKF 算法对航天器姿态进行估计和修正，步骤如下：

①预测计算

在星敏感器没有输出时，在 t_{k-1} 时刻利用姿态运动学方程，计算姿态变量的预测值和陀螺漂移预测值

$$\begin{cases}(\hat{\bar{\boldsymbol{q}}}_{\mathrm{bo}})_{k,k-1}=\frac{1}{2}(\hat{\bar{\boldsymbol{q}}}_{\mathrm{bo}})_{k-1}\otimes(\hat{\bar{\boldsymbol{\omega}}})_{k-1}\\ \hat{\boldsymbol{b}}_{k,k-1}=\hat{\boldsymbol{b}}_{k-1}\end{cases} \tag{3-54}$$

误差协方差阵的预测公式为

$$\boldsymbol{P}_{k/k-1}=\boldsymbol{\Phi}_{k/k-1}\boldsymbol{P}_{k-1}\boldsymbol{\Phi}_{k,k-1}^{\mathrm{T}}+\boldsymbol{Q}_{k-1} \tag{3-55}$$

②更新计算

利用线性化得 t_k 时刻的状态估计 $\delta\hat{\boldsymbol{x}}_{k/k-1}$ 和测量估计 $\hat{\boldsymbol{y}}_k$ 后，代入到

$$\begin{cases}\delta\hat{\boldsymbol{x}}_k=\boldsymbol{K}_k(\boldsymbol{y}_m-\hat{\boldsymbol{y}}_k)\\ \boldsymbol{K}_k=\boldsymbol{P}_{k-1}\boldsymbol{H}_k^{\mathrm{T}}(\boldsymbol{H}_k\boldsymbol{P}_{k/k-1}\boldsymbol{H}_k^{\mathrm{T}}+\boldsymbol{R}_k)^{-1}\\ \boldsymbol{P}_k=(\boldsymbol{I}-\boldsymbol{K}_k\boldsymbol{H}_k)\boldsymbol{P}_{k/k-1}(\boldsymbol{I}-\boldsymbol{K}_k\boldsymbol{H}_k)^{\mathrm{T}}+\boldsymbol{K}_k\boldsymbol{R}_k\boldsymbol{K}_k^{\mathrm{T}}\end{cases} \tag{3-56}$$

得到 $\delta\hat{\boldsymbol{x}}_k\left(\Delta\hat{\boldsymbol{q}}_k^{\mathrm{T}}\quad\Delta\boldsymbol{b}_k^{\mathrm{T}}\right)^{\mathrm{T}}$。其中，$\Delta\hat{\boldsymbol{q}}_k$ 表示误差四元数矢量；$\Delta\boldsymbol{b}_k$ 表示角速度漂移偏差估计。按下式对姿态四元数、陀螺漂移、角速度估计进行校正

$$\begin{cases}(\hat{\bar{\boldsymbol{q}}})_k=(\hat{\bar{\boldsymbol{q}}})_{k,k-1}\otimes(\Delta\hat{\bar{\boldsymbol{q}}})_k\\ \hat{\boldsymbol{b}}_{k,k-1}=\hat{\boldsymbol{b}}_{k-1}+\Delta\boldsymbol{b}_k\\ (\hat{\bar{\boldsymbol{\omega}}}_{\mathrm{bi}})_k=(\hat{\bar{\boldsymbol{\omega}}}_{\mathrm{g}})_k-\boldsymbol{b}_k\end{cases} \tag{3-57}$$

最后，输出校正后的姿态角估计和角速度漂移估计，并将 $\Delta \boldsymbol{q}_k$ 重新置为零向量，以用于下一次的状态传播。

3.6　快速姿态机动航天器姿态确定方法

尽管 EKF 算法是目前在航天领域应用最为成熟和广泛的算法，但其对于模型误差和噪声误差适应性差的缺陷影响了它的滤波精度。实际工程当中模型和噪声的未知是广泛存在的，因而人们需要一种对于模型和噪声具有鲁棒性的滤波算法。基于此，国内外学者提出了鲁棒扩展卡尔曼滤波（Robust Extend Kalman Filter，REKF）等[6]，并将其应用在车辆导航、导弹姿态确定等多方面。

3.6.1　基于鲁棒扩展卡尔曼滤波的姿态确定算法研究

（1）REKF 算法

对于如下具有复合噪声的系统

$$\begin{cases}\boldsymbol{X}_k = f(\boldsymbol{X}_{k-1}) + \sum_{i=1}^{q} \boldsymbol{A}_{ik}^{s} \eta_{ik} \boldsymbol{X}_{k-1} + \boldsymbol{w}_k \\ \boldsymbol{Z}_k = h(\boldsymbol{X}_k) + \sum_{i=1}^{r} \boldsymbol{C}_{ik}^{s} \zeta_{ik} \boldsymbol{X}_k + \boldsymbol{v}_k\end{cases} \tag{3-58}$$

其中，$\boldsymbol{X}_k \in \boldsymbol{R}^l$ 为系统状态向量；$\boldsymbol{Z}_k \in \boldsymbol{R}^m$ 为系统观测向量；$f(\cdot)$ 和 $h(\cdot)$ 分别是系统的状态转移方程与观测方程；$\boldsymbol{w}_k \in \boldsymbol{R}^l$ 为系统过程噪声；$\boldsymbol{v}_k \in \boldsymbol{R}^m$ 为系统观测噪声；$\eta_{ik} \in R$ 和 $\zeta_{ik} \in R$ 为系统复合噪声；$\boldsymbol{A}_{ik}^{s}$ 和 $\boldsymbol{C}_{ik}^{s}$ 为时变增益矩阵；系统噪声 $\boldsymbol{w}_k$ 、$\boldsymbol{v}_k$ 、η_{ik} 、ζ_{ik} 满足如下关系

$$E\left\{\begin{pmatrix}\boldsymbol{w}_k \\ \boldsymbol{v}_k \\ \eta_{1k} \\ \cdots \\ \eta_{qk} \\ \xi_{1k} \\ \cdots \\ \xi_{rk}\end{pmatrix}\begin{pmatrix}\boldsymbol{w}_k \\ \boldsymbol{v}_k \\ \eta_{1k} \\ \cdots \\ \eta_{qk} \\ \xi_{1k} \\ \cdots \\ \xi_{rk}\end{pmatrix}^{\mathrm{T}}\right\} = \begin{pmatrix}\boldsymbol{Q}_k\delta_{kj} & & & & & & & \\ & \boldsymbol{R}_k\delta_{kj} & & & & & & \\ & & \delta_{kj} & & & & & \\ & & & \cdots & & & & \\ & & & & \delta_{kj} & & & \\ & & & & & \delta_{kj} & & \\ & & & & & & \cdots & \\ & & & & & & & \delta_{kj}\end{pmatrix} \tag{3-59}$$

其中，δ_{kj} 为 Kronecker 函数；$\boldsymbol{Q}_k$ 和 $\boldsymbol{R}_k$ 为系统噪声方差矩阵。

对于这样的系统，假设滤波器结构由一步预测和状态更新两步组成，如式（3-60）所示

$$\begin{cases}\hat{\boldsymbol{X}}_{k,k-1} = f(\hat{\boldsymbol{X}}_{k-1}) \\ \hat{\boldsymbol{X}}_k = \hat{\boldsymbol{X}}_{k,k-1} + \boldsymbol{K}_k [\boldsymbol{Z}_k - h(\hat{\boldsymbol{X}}_{k,k-1})]\end{cases} \tag{3-60}$$

式中，$\boldsymbol{K}_k$ 为待定的增益矩阵。

假设系统状态预测误差为 $\tilde{\boldsymbol{X}}_{k,k-1}$ ，则有

$$\tilde{\boldsymbol{X}}_{k,k-1}=\boldsymbol{X}_k-\hat{\boldsymbol{X}}_{k,k-1} \tag{3-61}$$

将其代入式（3－58）可以得到

$$\tilde{\boldsymbol{X}}_{k,k-1}=(\boldsymbol{F}_k+\boldsymbol{A}_k\boldsymbol{\beta}_k\boldsymbol{L}_k)\hat{\boldsymbol{X}}_{k-1}+\sum_{i=1}^{q}\boldsymbol{A}_{ik}^{s}\eta_{ik}\boldsymbol{X}_{k-1}+\boldsymbol{w}_k \tag{3-62}$$

其中，$\boldsymbol{F}_k=\partial f/\partial \boldsymbol{X}$ 为系统状态转移方程的雅可比矩阵；$\boldsymbol{A}_k\in\boldsymbol{R}^{l\times l}$ 为待定的增益矩阵；$\boldsymbol{L}_k\in\boldsymbol{R}^{l\times l}$ 为转换矩阵；$\boldsymbol{\beta}_k\in\boldsymbol{R}^{l\times l}$ 为未知时变矩阵，并且 $\boldsymbol{\beta}_k$ 满足

$$f(\boldsymbol{X}_{k-1})-f(\hat{\boldsymbol{X}}_{k-1})=\boldsymbol{F}_k\tilde{\boldsymbol{X}}_{k-1}+\boldsymbol{A}_k\boldsymbol{\beta}_k\boldsymbol{L}_k\tilde{\boldsymbol{X}}_{k-1} \tag{3-63}$$

通过上式可以看到，系统的状态估计误差由 $\boldsymbol{A}_k$ 、$\boldsymbol{\beta}_k$ 、$\boldsymbol{L}_k$ 共同决定，一般认为 $\boldsymbol{\beta}_k$ 为范数有限的向量，满足

$$\boldsymbol{\beta}_k\boldsymbol{\beta}_k^{\mathrm{T}}\leqslant \boldsymbol{I} \tag{3-64}$$

则系统的预测误差方差矩阵为

$$\begin{aligned}\boldsymbol{P}_{k,k-1}&=E(\tilde{\boldsymbol{X}}_{k,k-1}\tilde{\boldsymbol{X}}_{k,k-1}^{\mathrm{T}})\\&=(\boldsymbol{F}_k+\boldsymbol{A}_k\boldsymbol{\beta}_k\boldsymbol{L}_k)\boldsymbol{P}_{k-1}(\boldsymbol{F}_k+\boldsymbol{A}_k\boldsymbol{\beta}_k\boldsymbol{L}_k)^{\mathrm{T}}+\sum_{i=1}^{q}\boldsymbol{A}_{ik}^{s}E(\boldsymbol{X}_{k-1}\boldsymbol{X}_{k-1}^{\mathrm{T}})(\boldsymbol{A}_{ik}^{s})^{\mathrm{T}}+\boldsymbol{Q}_k\end{aligned} \tag{3-65}$$

将系统观测误差定义为 $\tilde{\boldsymbol{Z}}_k$ ，则其满足

$$\tilde{\boldsymbol{Z}}_k=\boldsymbol{Z}_k-h(\hat{\boldsymbol{X}}_{k,k-1}) \tag{3-66}$$

将式（3－66）代入式（3－58）得到

$$\tilde{\boldsymbol{Z}}_k=(\boldsymbol{H}_k+\boldsymbol{C}_k\boldsymbol{\alpha}_k\boldsymbol{L}_k)\tilde{\boldsymbol{X}}_{k,k-1}+\sum_{i=1}^{r}\boldsymbol{C}_{ik}^{s}\zeta_{ik}X_k+\boldsymbol{v}_k \tag{3-67}$$

其中，$\boldsymbol{H}_k=\partial h/\partial \boldsymbol{X}$ 为观测方程的雅可比矩阵；$\boldsymbol{C}_k\in\boldsymbol{R}^{m\times l}$ 为待定矩阵；$\boldsymbol{\alpha}_k\in\boldsymbol{R}^{l\times l}$ 为未知时变矩阵，并且 $\boldsymbol{\alpha}_k$ 满足

$$\boldsymbol{\alpha}_k\boldsymbol{\alpha}_k^{\mathrm{T}}\leqslant \boldsymbol{I} \tag{3-68}$$

假定系统状态估计误差为 $\tilde{\boldsymbol{X}}_k$ ，则其满足

$$\tilde{\boldsymbol{X}}_k=\boldsymbol{X}_k-\hat{\boldsymbol{X}}_k \tag{3-69}$$

由式（3－60），$\tilde{\boldsymbol{X}}_k$ 又可以写为

$$\begin{aligned}\tilde{\boldsymbol{X}}_k&=\tilde{\boldsymbol{X}}_{k,k-1}-\boldsymbol{K}_k\tilde{\boldsymbol{Z}}_k\\&=(\boldsymbol{I}-\boldsymbol{K}_k\boldsymbol{H}_k-\boldsymbol{K}_k\boldsymbol{C}_k\boldsymbol{\alpha}_k\boldsymbol{L}_k)\tilde{\boldsymbol{X}}_{k,k-1}-\boldsymbol{K}_k\sum_{i=1}^{r}\boldsymbol{C}_{ik}^{s}\zeta_{ik}\boldsymbol{X}_k-\boldsymbol{K}_k\boldsymbol{v}_k\end{aligned} \tag{3-70}$$

注意到式（3－65），估计误差方差矩阵 $\boldsymbol{P}_k$ 可以写为

$$
\begin{aligned}
\boldsymbol{P}_k &= E(\widetilde{\boldsymbol{X}}_k \widetilde{\boldsymbol{X}}_k^{\mathrm{T}}) \\
&= (\boldsymbol{I} - \boldsymbol{K}_k \boldsymbol{H}_k - \boldsymbol{K}_k \boldsymbol{C}_k \boldsymbol{\alpha}_k \boldsymbol{L}_k) \boldsymbol{P}_{k,k-1} (\boldsymbol{I} - \boldsymbol{K}_k \boldsymbol{H}_k - \boldsymbol{K}_k \boldsymbol{C}_k \boldsymbol{\alpha}_k \boldsymbol{L}_k)^{\mathrm{T}} + \\
&\quad \boldsymbol{K}_k \left[\sum_{i=1}^{r} \boldsymbol{C}_{ik}^{s} E(\boldsymbol{X}_k \boldsymbol{X}_k^{\mathrm{T}}) (\boldsymbol{C}_{ik}^{s})^{\mathrm{T}} \right] \boldsymbol{K}_k^{\mathrm{T}} + \boldsymbol{K}_k R_k \boldsymbol{K}_k^{\mathrm{T}}
\end{aligned}
\tag{3-71}
$$

由于存在未知噪声，因而系统状态 $\boldsymbol{X}_k$ 存在未知因子，系统的状态估计误差方差矩阵同样存在未知因子，无法直接得到，故无法像 EKF 那样直接通过使 $\boldsymbol{P}_k$ 最小的方法直接得到增益矩阵 $\boldsymbol{K}_k$ 。下面介绍如何在系统状态存在未知因子的前提下得到系统增益矩阵 $\boldsymbol{K}_k$ 。

（2）REKF 滤波器结构

为求取增益矩阵 $\boldsymbol{K}_k$ ，首先引入三个引理。

引理 1：若有矩阵 $\boldsymbol{A}$、$\boldsymbol{B}$、$\boldsymbol{C}$、$\boldsymbol{D}$ 、任意正数 μ 以及正定矩阵 $\boldsymbol{U}$ ，并满足

$$
\mu^{-1}\boldsymbol{I} - \boldsymbol{D}\boldsymbol{U}\boldsymbol{D}^{\mathrm{T}} > 0 \tag{3-72}
$$

则有

$$
(\boldsymbol{A} + \boldsymbol{B}\boldsymbol{C}\boldsymbol{D})\boldsymbol{U}(\boldsymbol{A} + \boldsymbol{B}\boldsymbol{C}\boldsymbol{D})^{\mathrm{T}} \leqslant \boldsymbol{A}(\boldsymbol{U}^{-1} - \mu \boldsymbol{D}^{\mathrm{T}}\boldsymbol{D})^{-1}\boldsymbol{A}^{\mathrm{T}} + \mu^{-1}\boldsymbol{B}\boldsymbol{B}^{\mathrm{T}} \tag{3-73}
$$

引理 2：对于 $0 \leqslant k \leqslant n$ 以及正定矩阵 $\boldsymbol{U}$ ，函数 e_k 、g_k 使得

$$
\begin{cases}
e_k(\boldsymbol{U}) = e_k^{\mathrm{T}}(\boldsymbol{U}) \in \boldsymbol{R}^{l\times l} \\
g_k(\boldsymbol{U}) = g_k^{\mathrm{T}}(\boldsymbol{U}) \in \boldsymbol{R}^{l\times l}
\end{cases}
\tag{3-74}
$$

若存在矩阵 $\boldsymbol{V} > \boldsymbol{U}$ 使得

$$
\begin{cases}
e_k(\boldsymbol{V}) = e_k(\boldsymbol{U}) \\
g_k(\boldsymbol{V}) = g_k(\boldsymbol{U})
\end{cases}
\tag{3-75}
$$

则有 $\boldsymbol{X}_k \leqslant \boldsymbol{Y}_k$ ，其中 $\boldsymbol{X}_k$ 、$\boldsymbol{Y}_k$ 满足方程

$$
\boldsymbol{X}_k = e(\boldsymbol{X}_{k-1}) \quad \boldsymbol{Y}_k = g(\boldsymbol{Y}_{h-1}) \quad \boldsymbol{X}_0 = \boldsymbol{Y}_0 > 0 \tag{3-76}
$$

引理 3：由引理 1 与引理 2，注意到式（3-62），设 γ 与 ε 为正数，考虑下面的 Riccati 方程：

$$
\begin{aligned}
\boldsymbol{\Sigma}_{k,k-1} &= \boldsymbol{F}_k (\boldsymbol{\Sigma}_{k,k-1}^{-1} - 4\gamma^{-2}\boldsymbol{L}_k^{\mathrm{T}}\boldsymbol{L}_k)^{-1}\boldsymbol{F}_k^{\mathrm{T}} + \gamma^2 \boldsymbol{A}_k \boldsymbol{A}_k^{\mathrm{T}} + \\
&\quad \sum_{i=1}^{q} \boldsymbol{A}_{ik}^{s} [(1+\varepsilon)\boldsymbol{\Sigma}_{k-1} + (1+\varepsilon)^{-1}\hat{\boldsymbol{X}}_{k-1}\hat{\boldsymbol{X}}_{k-1}^{\mathrm{T}}] (\boldsymbol{A}_{ik}^{s})^{\mathrm{T}} + \boldsymbol{Q}_k
\end{aligned}
\tag{3-77}
$$

$$
\begin{aligned}
\boldsymbol{\Sigma}_k &= (\boldsymbol{I} - \boldsymbol{K}_k \boldsymbol{H}_k)(\boldsymbol{\Sigma}_{k,k-1}^{-1} - \gamma^{-2}\boldsymbol{L}_k^{\mathrm{T}}\boldsymbol{L}_k)^{-1}(\boldsymbol{I} - \boldsymbol{K}_k \boldsymbol{H}_k)^{\mathrm{T}} + \\
&\quad \boldsymbol{K}_k \left\{ \gamma^2 \boldsymbol{C}_k \boldsymbol{C}_k^{\mathrm{T}} + \sum_{i=1}^{r} \boldsymbol{C}_{ik}^{s} [(1+\varepsilon)\boldsymbol{\Sigma}_{k,k-1} + (1+\varepsilon)^{-1}\hat{\boldsymbol{X}}_{k-1}\hat{\boldsymbol{X}}_{k-1}^{\mathrm{T}}] (\boldsymbol{C}_{ik}^{s})^{\mathrm{T}} + \boldsymbol{R}_k \right\} \boldsymbol{K}_k^{\mathrm{T}}
\end{aligned}
\tag{3-78}
$$

$$
\begin{aligned}
\boldsymbol{K}_k &= (\boldsymbol{\Sigma}_{k,k-1}^{-1} - \gamma^{-2}\boldsymbol{L}_k^{\mathrm{T}}\boldsymbol{L}_k)^{-1}\boldsymbol{H}_k^{\mathrm{T}} \{ \boldsymbol{H}_k (\boldsymbol{\Sigma}_{k,k-1}^{-1} - \gamma^{-2}\boldsymbol{L}_k^{\mathrm{T}}\boldsymbol{L}_k)^{-1}\boldsymbol{H}_k^{\mathrm{T}} + \gamma^2 \boldsymbol{C}_k \boldsymbol{C}_k^{\mathrm{T}} + \\
&\quad \sum_{i=1}^{r} \boldsymbol{C}_{ik}^{s} [(1+\varepsilon)\boldsymbol{\Sigma}_{k,k-1} + (1+\varepsilon)^{-1}\hat{\boldsymbol{X}}_{k-1}\hat{\boldsymbol{X}}_{k-1}^{\mathrm{T}}] (\boldsymbol{C}_{ik}^{s})^{\mathrm{T}} + \boldsymbol{R}_k \}^{-1}
\end{aligned}
\tag{3-79}
$$

假如在初值 $\boldsymbol{\Sigma}_0 = \boldsymbol{P}_0 > 0$ 时存在正定解，即当 $0 \leqslant k \leqslant n$ 时，有

$$\begin{cases}\dfrac{\gamma^2}{4}\boldsymbol{I}-\boldsymbol{L}_k\sum_{k-1}\boldsymbol{L}_k^{\mathrm{T}}>0\\ \gamma^2\boldsymbol{I}-\boldsymbol{L}_k\sum_{k,k-1}\boldsymbol{L}_k^{\mathrm{T}}>0\end{cases}\tag{3-80}$$

则 $\boldsymbol{\Sigma}_k$ 为 $\boldsymbol{P}_k$ 的上界，即有 $\boldsymbol{P}_k\leqslant\boldsymbol{\Sigma}_k$ 。

由引理 3，对 $\boldsymbol{\Sigma}_k$ 求 $\boldsymbol{K}_k$ 的偏导数，有

$$\begin{aligned}\frac{\partial\boldsymbol{\Sigma}_k}{\partial\boldsymbol{K}_k}=&2(\boldsymbol{I}-\boldsymbol{K}_k\boldsymbol{H}_k)(\boldsymbol{\Sigma}_{k,k-1}^{-1}-\gamma^{-2}\boldsymbol{L}_k^{\mathrm{T}}\boldsymbol{L}_k)^{-1}(-\boldsymbol{H}_k^{\mathrm{T}})+\\&2\boldsymbol{K}_k\left\{\gamma^2\boldsymbol{C}_k\boldsymbol{C}_k^{\mathrm{T}}+\sum_{i=1}^{r}\boldsymbol{C}_{ik}^{s}\left[(1+\varepsilon)\boldsymbol{\Sigma}_{k,k-1}+(1+\varepsilon)^{-1}\hat{\boldsymbol{X}}_{k-1}\hat{\boldsymbol{X}}_{k-1}^{\mathrm{T}}\right](\boldsymbol{C}_{ik}^{s})^{\mathrm{T}}+\boldsymbol{R}_k\right\}\end{aligned}\tag{3-81}$$

令偏导数为零，便可以得到使得 $\boldsymbol{\Sigma}_k$ 最小的矩阵 $\boldsymbol{K}_k$ ，此时，误差方差矩阵上界最小，便可以使得状态估计最接近于状态真实值。

综上所述，REFK 滤波器的结构可以总结为

$$\begin{cases}\hat{\boldsymbol{X}}_{k,k-1}=f(\hat{\boldsymbol{X}}_{k-1})\\ \boldsymbol{\Sigma}_{k,k-1}=\boldsymbol{F}_k(\boldsymbol{\Sigma}_{k,k-1}^{-1}-4\gamma^{-2}\boldsymbol{L}_k^{\mathrm{T}}\boldsymbol{L}_k)^{-1}\boldsymbol{F}_k^{\mathrm{T}}+\gamma^2\boldsymbol{A}_k\boldsymbol{A}_k^{\mathrm{T}}+\bar{\boldsymbol{Q}}_k\\ \boldsymbol{K}_k=(\boldsymbol{\Sigma}_{k,k-1}^{-1}-\gamma^{-2}\boldsymbol{L}_k^{\mathrm{T}}\boldsymbol{L}_k)^{-1}\boldsymbol{H}_k^{\mathrm{T}}\left[\boldsymbol{H}_k(\boldsymbol{\Sigma}_{k,k-1}^{-1}-\gamma^{-2}\boldsymbol{L}_k^{\mathrm{T}}\boldsymbol{L}_k)^{-1}\boldsymbol{H}_k^{\mathrm{T}}+\boldsymbol{R}_k\right]^{-1}\\ \hat{\boldsymbol{X}}_k=\hat{\boldsymbol{X}}_{k,k-1}+\boldsymbol{K}_k\left[\boldsymbol{Z}_k-h(\hat{\boldsymbol{X}}_{k,k-1})\right]\end{cases}\tag{3-82}$$

通过上面的运算可以看到，REKF 回避了对于含有未知因子的 $\boldsymbol{P}_k$ 的直接估计，而是通过对其上界 $\boldsymbol{\Sigma}_k$ 进行估计，通过使其上界取最小值达到使 $\boldsymbol{P}_k$ 最小的目标。值得注意的是，一般情况下，对于系统建立的数学模型、观测模型和噪声模型与真实系统是有差异的，在这种情况下，按照系统误差方差矩阵最小准则求出的滤波器结构势必会有鲁棒性差的缺陷，一旦建立的模型与实际模型相差过大，会导致滤波器的失效。而 REKF 首先对于系统模型误差做出假设，并且并不严格求取误差方差矩阵最小值，而改为求其上界最小值，虽然放宽了最优准则会导致滤波精度的下降，但是滤波器却能够在最坏情况下工作，这就对卡尔曼滤波鲁棒性不足的缺点做出了改进。可以看到，当待定的模型误差增益矩阵 $\boldsymbol{A}_{ik}^{s}$ 、$\boldsymbol{C}_{ik}^{s}$ 为零阵时，即取消对于系统模型误差的假设，REKF 就退化成为 EKF。

实际工程中，REKF 的步骤为：首先，根据系统实际情况，给出模型误差增益矩阵 $\boldsymbol{A}_k$ 和 $\boldsymbol{C}_k$ ；然后得到参数 γ 与矩阵 $\boldsymbol{L}_k$ ；最后，选定参数 ε 以计算 $E(\boldsymbol{X}_k\boldsymbol{X}_k^{\mathrm{T}})$ 的上界。一般地，估计误差越小，ε 值越大；估计误差越大，ε 值越小。当状态估计误差 $\widetilde{\boldsymbol{X}}_k$ 相对于系统状态估计 $\hat{\boldsymbol{X}}_k$ 为一小量时，ε 一般取大于 1 的值。在得到这些参数之后，再计算系统状态估计与估计误差方差矩阵。

(3) REKF 滤波器性能分析

令

$$\begin{cases}\bar{\boldsymbol{H}}_k=\boldsymbol{H}_k+\boldsymbol{C}_k\boldsymbol{\alpha}_k\boldsymbol{L}_k & \bar{\boldsymbol{F}}_k=\boldsymbol{F}_k+\boldsymbol{A}_k\boldsymbol{\beta}_k\boldsymbol{L}_k \\ \bar{\boldsymbol{w}}_k=\sum_{i=1}^{q}\boldsymbol{A}_{ik}^{s}\eta_k\boldsymbol{X}_{k-1} & \bar{\boldsymbol{v}}_k=\sum_{i=1}^{r}\boldsymbol{C}_{ik}^{s}\zeta_k\boldsymbol{X}_k+\boldsymbol{v}_k\end{cases} \tag{3-83}$$

为说明系统噪声与状态估计误差之间的 H_∞ 范数关系，引入引理 4。

引理 4：对于非线性系统如式（3-58）与如式（3-82）的 REKF 滤波器，对于任意的 $0\leqslant k\leqslant n$，γ 与矩阵 $\boldsymbol{L}_k$ 满足

$$\gamma\geqslant 1\quad \boldsymbol{L}_k^{\mathrm{T}}\boldsymbol{L}_k\geqslant\boldsymbol{\Sigma}_{k-1}^{-1} \tag{3-84}$$

同时，若式（3-83）成立，并且有

$$\det(\bar{\boldsymbol{F}}_k)\neq 0\quad \det(\boldsymbol{I}-\bar{\boldsymbol{K}}_k\bar{\boldsymbol{H}}_k)\neq 0 \tag{3-85}$$

则有如下不等式成立

$$\frac{\sum_{k=0}^{n}\|\tilde{\boldsymbol{X}}_k\|_{\boldsymbol{\Sigma}_k^{-1}}^2}{\|\tilde{\boldsymbol{X}}_k\|_{\boldsymbol{\Sigma}_k^{-1}}^2+\sum_{k=1}^{n}(\|\bar{\boldsymbol{w}}_k\|_{\hat{\boldsymbol{Q}}_k^{-1}}^2+\|\bar{\boldsymbol{v}}_k\|_{\hat{\boldsymbol{R}}_k^{-1}}^2)}\leqslant\gamma^2 \tag{3-86}$$

其中

$$\begin{cases}\hat{\boldsymbol{Q}}_k=\dfrac{1}{2+\gamma^2}(\bar{\boldsymbol{Q}}_k+\gamma^2\boldsymbol{A}_k\boldsymbol{A}_k^{\mathrm{T}}) \\ \hat{\boldsymbol{R}}_k=\dfrac{1}{2+\gamma^2}(\bar{\boldsymbol{R}}_k+\gamma^2\boldsymbol{C}_k\boldsymbol{C}_k^{\mathrm{T}}) \\ \|\boldsymbol{X}\|_P=(\boldsymbol{X}^{\mathrm{T}}\boldsymbol{P}\boldsymbol{X})^{\frac{1}{2}}\end{cases} \tag{3-87}$$

由引理 4 可以看到，系统状态估计误差 $\tilde{\boldsymbol{X}}_k$ 对于初值估计、系统过程噪声、系统观测噪声都具有鲁棒性，若状态初值估计误差 $\tilde{\boldsymbol{X}}_0$、过程噪声 $\bar{\boldsymbol{w}}_k$ 、观测噪声 $\bar{\boldsymbol{v}}_k$ 的能量为有限值，则系统状态估计误差 $\tilde{\boldsymbol{X}}_k$ 的能量也为有限值，并且两者比值一定不大于给定的常数 γ^2。因而，只要使得 γ^2 取足够小，便可以使系统状态估计误差 $\tilde{\boldsymbol{X}}_k$ 足够小，从而保证滤波精度。

（4）应用 REKF 滤波器的快速姿态机动航天器确定算法

设系统状态为 $\boldsymbol{X}_k=(q_k\quad d_k)^{\mathrm{T}}$，其中 q_k 为航天器姿态四元数，d_k 为陀螺仪测量误差。设系统采样周期为 t，$\boldsymbol{\omega}_k$ 为航天器姿态角速度，则系统模型可以描述为

$$f(\boldsymbol{X}_k)=\boldsymbol{\Phi}_k\boldsymbol{X}_{k-1} \tag{3-88}$$

其中

$$\boldsymbol{\Phi}_k = \begin{pmatrix} \boldsymbol{I}_{4\times4} + \dfrac{1}{2}\Omega(\boldsymbol{\omega}_k - \boldsymbol{d}_{k-1}) & \boldsymbol{0}_{4\times3} \\ \boldsymbol{0}_{3\times4} & \boldsymbol{I}_{3\times3} \end{pmatrix}$$

$$\Omega(\boldsymbol{\omega}_k - \boldsymbol{d}_{k-1}) = \begin{pmatrix} 0 & \omega_{k3} - d_{(k-1)3} & -(\omega_{k2} - d_{(k-1)2}) & C \\ -(\omega_{k3} - d_{(k-1)3}) & 0 & \omega_{k1} - d_{(k-1)1} & \omega_{k2} - d_{(k-1)2} \\ \omega_{k2} - d_{(k-1)2} & -(\omega_{k1} - d_{(k-1)1}) & 0 & \omega_{k3} - d_{(k-1)3} \\ -(\omega_{k3} - d_{(k-1)3}) & -(\omega_{k2} - d_{(k-1)2}) & -(\omega_{k3} - d_{(k-1)3}) & 0 \end{pmatrix} \tag{3-89}$$

系统复合噪声与观测噪声为

$$\begin{cases} \eta_{k1} = \dfrac{w_{gk1}}{\sigma_g} \quad \eta_{k2} = \dfrac{w_{gk2}}{\sigma_g} \quad \eta_{k3} = \dfrac{w_{gk3}}{\sigma_g} \\ \boldsymbol{w}_k = \begin{pmatrix} \boldsymbol{0}_{4\times1} \\ w_{dk} \end{pmatrix} \end{cases} \tag{3-90}$$

式中，$\boldsymbol{w}_{gk} = (w_{gk1} \quad w_{gk2} \quad w_{gk3})^{\mathrm{T}}$ 与 $\boldsymbol{w}_{dk} = (w_{dk1} \quad w_{dk2} \quad w_{dk3})^{\mathrm{T}}$ 为零均值高斯白噪声，其统计特性满足

$$E(\boldsymbol{w}_{gk}\boldsymbol{w}_{gk}^{\mathrm{T}}) = \sigma_g^2 \boldsymbol{I}_{3\times3} \quad E(\boldsymbol{w}_{dk}\boldsymbol{w}_{dk}^{\mathrm{T}}) = \sigma_d^2 \boldsymbol{I}_{3\times3} \tag{3-91}$$

噪声增益矩阵 $\boldsymbol{A}_k$ 满足

$$\boldsymbol{A}_{1k}^s = \begin{pmatrix} \boldsymbol{A}_{1k,11}^s & \boldsymbol{0}_{4\times3} \\ \boldsymbol{0}_{3\times4} & \boldsymbol{0}_{3\times3} \end{pmatrix}\sigma_g \quad \boldsymbol{A}_{2k}^s = \begin{pmatrix} \boldsymbol{A}_{2k,11}^s & \boldsymbol{0}_{4\times3} \\ \boldsymbol{0}_{3\times4} & \boldsymbol{0}_{3\times3} \end{pmatrix}\sigma_g \quad \boldsymbol{A}_{3k}^s = \begin{pmatrix} \boldsymbol{A}_{3k,11}^s & \boldsymbol{0}_{4\times3} \\ \boldsymbol{0}_{3\times4} & \boldsymbol{0}_{3\times3} \end{pmatrix}\sigma_g \tag{3-92}$$

系统观测方程可以写为如下形式

$$\boldsymbol{Z}_k = \begin{pmatrix} \psi \\ \theta \\ \varphi \end{pmatrix} + \boldsymbol{v}_k \tag{3-93}$$

式中，ψ 、θ 、φ 为航天器真实姿态角，由于观测方程不存在模型误差，因而模型误差增益矩阵 $\boldsymbol{C}_{ik}^s$ 为零阵。

3.6.2 基于强跟踪滤波的姿态确定算法研究

设一类非线性系统可以描述为如下形式

$$\begin{cases} \boldsymbol{X}_k = f(\boldsymbol{X}_{k-1}, \boldsymbol{u}_{k-1}) + \boldsymbol{w}_{k-1} \\ \boldsymbol{Z}_k = h(\boldsymbol{X}_k) + \boldsymbol{v}_k \end{cases} \tag{3-94}$$

其中，$\boldsymbol{X}_k \in \boldsymbol{R}^n$ 为系统状态向量；$\boldsymbol{u}_{k-1} \in \boldsymbol{R}^l$ 为 $k-1$ 时刻系统控制信号；$f(\cdot)$ 与 $h(\cdot)$ 分别为系统状态方程函数与观测方程函数；$\boldsymbol{w}_{k-1}$ 与 $\boldsymbol{v}_k$ 分别为高斯噪声，其统计特性满足

$$\begin{cases} E(\boldsymbol{w}_k) = 0 \quad E(\boldsymbol{w}_i\boldsymbol{w}_j^{\mathrm{T}}) = \boldsymbol{Q}\delta_{ij} \\ E(\boldsymbol{v}_k) = 0 \quad E(\boldsymbol{v}_i\boldsymbol{v}_j^{\mathrm{T}}) = \boldsymbol{R}\delta_{ij} \\ E(\boldsymbol{w}_i\boldsymbol{v}_j^{\mathrm{T}}) = 0 \end{cases} \tag{3-95}$$

式中，δ_{ij} 为 Kronecker 函数。

对于这样的系统，当其泰勒展开式二阶以上量为非无穷小量，或者系统初始状态 $\boldsymbol{X}_0$ 与初始误差方差矩阵 $\boldsymbol{P}_0$ 不确切已知时，应用 EKF 进行滤波难以得到令人满意的结果。针对 EKF 对于系统与模型鲁棒性不足的问题，在 20 世纪 90 年代提出了强跟踪滤波算法（Strong Tracking Filter，STF）。其实质是强迫不同时刻的观测误差向量正交，以保证系统状态对于实际状态的跟踪。在这一小节当中，应用强跟踪滤波的思想设计航天器姿态确定系统滤波器。

（1）强跟踪滤波算法

与 EKF 相比，STF 具有如下优势：

1）对于系统模型和噪声的较强的鲁棒性。

2）对于系统状态突变的较强的跟踪能力，在系统达到稳态时，仍能够对于系统状态的渐变和突变保持跟踪。

3）适量的计算量。

满足这样条件的强跟踪滤波器结构为

$$\begin{cases}\hat{\boldsymbol{X}}_k=\hat{\boldsymbol{X}}_{k,k-1}+\boldsymbol{K}_k\boldsymbol{\gamma}_k\\ \hat{\boldsymbol{X}}_{k,k-1}=f(\hat{\boldsymbol{X}}_{k-1},\boldsymbol{u}_{k-1})\\ \boldsymbol{\gamma}_k=\boldsymbol{Z}_k-h(\hat{\boldsymbol{X}}_{k,k-1})\end{cases}\tag{3-96}$$

下面的问题是如何确定增益矩阵 $\boldsymbol{K}_k$，使得滤波器满足性能指标要求，而 $\boldsymbol{K}_k$ 的求取需要通过正交性原理来实现。下面引入正交性原理。

引理 5（正交性原理）：使得滤波器式（3－96）满足强跟踪滤波器性能指标要求的充分条件是选取适当的增益矩阵 $\boldsymbol{K}_k$，使得下面的条件成立

$$\begin{cases}\dfrac{\partial E((\boldsymbol{X}_k-\hat{\boldsymbol{X}}_k)(\boldsymbol{X}_k-\hat{\boldsymbol{X}}_k)^{\mathrm{T}})}{\partial\boldsymbol{K}_k}=0\\ E(\boldsymbol{\gamma}_k\boldsymbol{\gamma}_j^{\mathrm{T}})=0\quad k=1,2,\cdots;j=1,2,\cdots\end{cases}\tag{3-97}$$

其中，第一个等式的含义是此时的增益矩阵 $\boldsymbol{K}_k$ 使得系统状态估计误差方差矩阵 $\boldsymbol{P}_k$ 取最小值，第二个等式的含义是不同时刻的观测误差处处保持正交，即不同时刻的观测误差不相关，这便是正交性原理名称的由来。

当系统模型、噪声与假设完全相同时，观测误差序列实际上是高斯噪声序列，式（3－97）自然满足，而不同时刻间系统误差方差最小是卡尔曼滤波本身的性能指标，自然也满足。当系统模型、噪声与假设存在偏差时，滤波器估计值会偏离系统真实值，系统的观测误差序列便不再具有高斯噪声的性质。此时，若强迫式（3－97）成立，使得观测误差序列强行正交，则可以使得观测误差序列仍然保持高斯噪声的性质，此时再应用卡尔曼滤波便能够实现对于系统状态的准确估计，使得状态估计实现对于系统状态的追踪，这也是该滤波器以“强跟踪滤波器”命名的原因。

正交性原理的物理意义也比较明显，它说明当系统模型或噪声存在不确定性时，应当

调整滤波增益矩阵 $\boldsymbol{K}_k$，使得观测误差具有高斯噪声的性质，这也表明滤波器将系统观测误差中的有效信息完全提取。当模型不存在不确定性时，观测误差 $\boldsymbol{\gamma}_k$ 为高斯噪声序列，滤波器便退化成为卡尔曼滤波器。

经化简，强跟踪滤波器的形式可以描述为

$$\begin{cases}\hat{\boldsymbol{X}}_k=\hat{\boldsymbol{X}}_{k,k-1}+\boldsymbol{K}_k\bar{\boldsymbol{y}}_k\\ \boldsymbol{P}_k=[\boldsymbol{I}-\boldsymbol{K}_kH(\hat{\boldsymbol{X}}_{k,k-1})]\boldsymbol{P}_{k,k-1}\end{cases}\tag{3-98}$$

其中

$$\begin{cases}\hat{\boldsymbol{X}}_{k,k-1}=f(\hat{\boldsymbol{X}}_{k-1},\boldsymbol{u}_{k-1})\\ \boldsymbol{P}_{k,k-1}=\lambda_{k-1}F(\hat{\boldsymbol{X}}_{k-1},\boldsymbol{u}_{k-1})\boldsymbol{P}_{k-1}F^{\mathrm{T}}(\hat{\boldsymbol{X}}_{k-1},\boldsymbol{u}_{k-1})+\boldsymbol{Q}_{k-1}\\ \boldsymbol{K}_k=\boldsymbol{P}_{k,k-1}\boldsymbol{H}^{\mathrm{T}}(\hat{\boldsymbol{X}}_{k-1})\,[\boldsymbol{H}(\hat{\boldsymbol{X}}_{k-1})\boldsymbol{P}_{k,k-1}\boldsymbol{H}^{\mathrm{T}}(\hat{\boldsymbol{X}}_{k-1})+\boldsymbol{R}_k]^{-1}\\ \tilde{\boldsymbol{y}}_k=\boldsymbol{y}_k-\hat{\boldsymbol{y}}_k=\boldsymbol{y}_k-h(\hat{\boldsymbol{X}}_{k,k-1})\\ \boldsymbol{P}_{\bar{y}_k}=E(\tilde{\boldsymbol{y}}_k\tilde{\boldsymbol{y}}_k^{\mathrm{T}})\approx H(\hat{\boldsymbol{X}}_{k-1})\boldsymbol{P}_{k,k-1}H^{\mathrm{T}}(\hat{\boldsymbol{X}}_{k-1})+\boldsymbol{R}_k\end{cases}\tag{3-99}$$

式中，λ_k 为渐消因子且满足

$$\begin{cases}\lambda_k\geqslant 1\\ \lambda_k=\begin{cases}\lambda_{0,k} & \lambda_{0,k}\geqslant 1\\ 1 & \lambda_{0,k}<1\end{cases}\end{cases}\tag{3-100}$$

式（3-98）与式（3-99）中未声明变量由下式确定

$$\begin{cases}\lambda_{0,k}=\dfrac{tr(\mathbf{N}_k)}{tr(\boldsymbol{M}_k)}\\ \mathbf{N}_k=\mathbf{V}_{0,k}-H(\hat{\boldsymbol{X}}_{k,k-1})\boldsymbol{Q}_{k-1}\boldsymbol{H}^{\mathrm{T}}(\hat{\boldsymbol{X}}_{k,k-1})-l_k\boldsymbol{R}_k\\ \boldsymbol{M}_k=H(\hat{\boldsymbol{X}}_{k,k-1})F(\hat{\boldsymbol{X}}_{k,k-1},\boldsymbol{u}_k)\boldsymbol{P}_{k-1}\boldsymbol{F}^{\mathrm{T}}(\hat{\boldsymbol{X}}_{k,k-1},\boldsymbol{u}_k)\boldsymbol{H}^{\mathrm{T}}(\hat{\boldsymbol{X}}_{k,k-1})\\ H(\hat{\boldsymbol{X}}_{k,k-1})=\left.\dfrac{\partial h(\boldsymbol{X}_k)}{\partial \boldsymbol{X}}\right|_{\boldsymbol{X}=\hat{\boldsymbol{X}}_{k,k-1}}\\ F(\hat{\boldsymbol{X}}_{k,k-1},\boldsymbol{u}_k)=\left.\dfrac{\partial f(\hat{\boldsymbol{X}}_{k,k-1},\boldsymbol{u}_k)}{\partial \boldsymbol{X}}\right|_{\boldsymbol{X}=\hat{\boldsymbol{X}}_{k,k-1}}\\ F(\hat{\boldsymbol{X}}_{k-1},\boldsymbol{u}_k)=\left.\dfrac{\partial f(\hat{\boldsymbol{X}}_{k-1},\boldsymbol{u}_k)}{\partial X}\right|_{\boldsymbol{X}=\hat{\boldsymbol{X}}_{k,k-1}}\\ V_{0,k}=\begin{cases}\boldsymbol{y}_1\boldsymbol{y}_1^{\mathrm{T}} & k=0\\ \dfrac{\rho\mathbf{V}_{0,k-1}+\tilde{\boldsymbol{y}}_k\tilde{\boldsymbol{y}}_k^{\mathrm{T}}}{1+\rho} & k\geqslant 1\end{cases}\end{cases}\tag{3-101}$$

式中，ρ 为遗忘因子且满足 $0.95\leqslant\rho\leqslant 0.995$；$l_k$ 为弱化因子且满足 $l_k\geqslant 1$，一般按照如下方式取值

$$\begin{cases} l_k = 1 - d_k \\ d_k = \dfrac{1-\rho}{1-\rho^{k+1}} \end{cases} \tag{3-102}$$

值得注意的是，式（3-88）至式（3-102）所描述的滤波器只是强跟踪滤波器当中形式最为简单、应用最为广泛的一种，其中的参数是应用正交性原理，经过近似的线性化并化简得到的。

（2）强跟踪滤波器的设计

根据前文内容，设系统状态向量为 $\boldsymbol{X}=(\boldsymbol{q}\quad \boldsymbol{\omega})^{\mathrm{T}}$，其中 q 为航天器姿态四元数，为航天器姿态角速度。将航天器控制力矩视为控制信号，则系统模型可以描述为

$$\dot{\boldsymbol{X}} = \begin{pmatrix} \dfrac{1}{2}\Omega(\boldsymbol{\omega})\boldsymbol{q} \\ \boldsymbol{I}^{-1}(\boldsymbol{M}-\boldsymbol{\omega}\times\boldsymbol{I\omega}) \end{pmatrix} \tag{3-103}$$

其中，$\boldsymbol{M}=(\boldsymbol{M}_x\quad \boldsymbol{M}_y\quad \boldsymbol{M}_z)^{\mathrm{T}}$ 为系统控制力矩。

为简化运算，假定航天器转动惯量矩阵 $\boldsymbol{I}$ 具有如下形式

$$\boldsymbol{I} = \begin{pmatrix} I_x & 0 & 0 \\ 0 & I_y & 0 \\ 0 & 0 & I_z \end{pmatrix} \tag{3-104}$$

则系统状态方程可以化简为

$$\dot{\boldsymbol{X}} = \begin{pmatrix} \dot{q}_1 \\ \dot{q}_2 \\ \dot{q}_3 \\ \dot{q}_4 \\ \dot{\omega}_x \\ \dot{\omega}_y \\ \dot{\omega}_z \end{pmatrix} = \begin{pmatrix} \dfrac{1}{2}\omega_z q_2 - \dfrac{1}{2}\omega_y q_3 - \dfrac{1}{2}\omega_x q_4 \\ -\dfrac{1}{2}\omega_z q_1 + \dfrac{1}{2}\omega_x q_3 + \dfrac{1}{2}\omega_y q_4 \\ \dfrac{1}{2}\omega_y q_1 - \dfrac{1}{2}\omega_x q_2 + \dfrac{1}{2}\omega_z q_4 \\ -\dfrac{1}{2}\omega_x q_1 - \dfrac{1}{2}\omega_y q_2 - \dfrac{1}{2}\omega_z q_3 \\ \dfrac{1}{I_x(M_x-\omega_y I_z \omega_z + \omega_z I_y \omega_y)} \\ \dfrac{1}{I_y(M_y-\omega_z I_x \omega_x + \omega_x I_z \omega_z)} \\ \dfrac{1}{I_z(M_z-\omega_x I_y \omega_y + \omega_y I_x \omega_x)} \end{pmatrix} \tag{3-105}$$

系统状态方程的雅可比矩阵为

$$\boldsymbol{F} = \frac{\partial f}{\partial \boldsymbol{X}} = \begin{pmatrix} F(\boldsymbol{\omega}) & \boldsymbol{0}_{4\times 3} \\ \boldsymbol{0}_{3\times 4} & F(\boldsymbol{M}) \end{pmatrix} \tag{3-106}$$

其中

$$F(\boldsymbol{\omega})=\frac{1}{2}\begin{pmatrix} 0 & \omega_z & -\omega_y & \omega_x \\ -\omega_z & 0 & \omega_x & \omega_y \\ \omega_y & -\omega_x & 0 & \omega_z \\ -\omega_x & -\omega_y & -\omega_z & 0 \end{pmatrix} \tag{3-107}$$

$$F(\boldsymbol{M})=$$

$$\begin{pmatrix} 0 & -\dfrac{\omega_z(I_y-I_z)}{[I_x(M_x-\omega_y I_z\omega_z+\omega_z I_y\omega_y)]^2} & -\dfrac{\omega_y(I_y-I_z)}{[I_x(M_x-\omega_y I_z\omega_z+\omega_z I_y\omega_y)]^2} \\ -\dfrac{\omega_z(I_z-I_x)}{[I_y(M_y-\omega_z I_x\omega_x+\omega_x I_z\omega_z)]^2} & 0 & -\dfrac{\omega_x(I_z-I_x)}{[I_y(M_y-\omega_z I_x\omega_x+\omega_x I_z\omega_z)]^2} \\ -\dfrac{\omega_y(I_x-I_y)}{[I_z(M_z-\omega_x I_y\omega_y+\omega_y I_x\omega_x)]^2} & -\dfrac{\omega_x(I_x-I_y)}{[I_z(M_z-\omega_x I_y\omega_y+\omega_y I_x\omega_x)]^2} & 0 \end{pmatrix} \tag{3-108}$$

3.7 基于磁流体角位移传感器的宽频姿态确定

平台颤振产生的原因可以分为两大类：空间环境干扰和自身机械运作。空间环境的干扰，例如高层大气阻力、太阳风之类导致航天器运行轨道衰减，运行姿态变化，这时就需要航天器上的调姿机构来维持航天器运行姿态。这个动态的过程就破坏了航天器平台原有的稳定。此外，航天器上的执行结构在工作时引入的颤振也是不可避免的。

航天器在轨成像过程中，平台颤振会导致光学相机的视轴产生周期性的姿态抖动，进而导致 CCD 扫描行的相对位置不稳。一方面，会使成像采集的地物发生错位，降低影像绝对定位精度；另一方面，会使多片 CCD 间的重叠区发生错位，降低影像拼接精度。此外，在 TDI - CCD 焦平面上也会出现明显的像移现象，破坏其与光生电荷运动的同步性，从而产生多级积分影像的误匹配和影像细节模糊与扭曲，降低高分辨率光学卫星成像的辐射和几何质量。

航天器平台高频颤振对影像质量的影响程度随传感器空间分辨率的提升更加明显。这导致航天器对外界的扰动更加敏感，已经成为制约有效载荷指向精度、稳定度和影像质量的重要因素。

国内外众多研究机构对航天器平台高频颤振的特性进行了各类在轨检测和分析。这些研究主要分为两类：基于数字图像处理振动曲线提取的高频颤振研究和基于精密检测设备的高频颤振研究。其中，基于数字图像处理振动曲线提取的高频颤振研究间接利用了高分辨率光学卫星本身的各类分时成像数据，基于视差成像原理和各种数学方法检测和补偿姿态颤振。基于数字图像处理振动曲线提取的高频颤振研究不依赖于特殊的姿态传感器设备，因而具有普遍性和通用性等优势。但该类方法均属于事后的被动检测，主要存在三个方面的不足：其一是影像间密集匹配的计算量大，为了获取精确的配准误差曲线，需要在沿轨和垂轨方向密集地采样统计；其二是严重依赖于影像密集匹配和粗差探测剔除的精度，无法排除匹配误差对高频颤振检测精度的干扰；其三是仅能获取在沿轨和垂轨方向的颤振量，由于配准误差曲线方程的病态性，无法精确反求在三个欧拉角方向的颤振量。

相比之下，基于精密检测设备的高频颤振研究能够很好地解决上述问题。利用磁流体角位移传感器等高带宽传感器直接测量航天器的振动的角速度和角位移等信息，并实现颤振补偿。

星敏感器与陀螺组合联合滤波得到高精度姿态确定系统（PADS）主要用于高精度的影像外部几何定位，其输出单个历元时刻在俯仰、翻滚和偏航三个方向的绝对姿态，且误差不会累积；而高频角位移数据能够提供每条 CCD 扫描线对应的瞬时姿态，用于影像内部几何精度的优化。在传感器高精度在轨几何定标、影像直接定位和几何纠正等几何精准处理工作中，将高精度姿态确定系统（PADS）数据和角位移数传感器（ADS）数据联合解算（见图 3 - 20），可提供更加密集且精准的姿态数据，改善影像的几何质量。

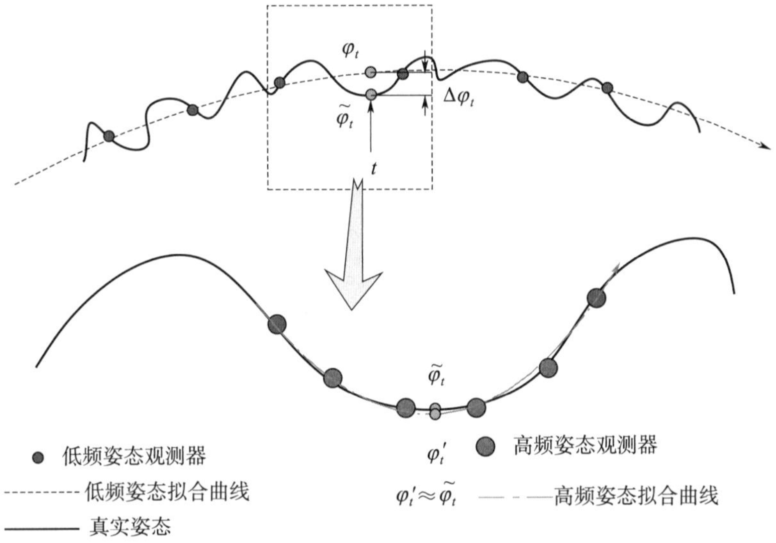

图 3 - 20　高精度姿态确定与高频颤振补偿相结合的姿态数据精化示意图

研究宽频高精度姿态信息融合方法，首先，需要了解航天器在轨振动的情况，包括在轨振动频谱特性、振动幅值。其次，需要对敏感器的频响特性、精度水平有足够的认识。最后，研究宽频姿态信息融合的方法。在敏感器模型基础上，通过敏感器敏感到的数据、宽频信息融合算法，反解出平台真实宽频姿态运动信息。

3.7.1　航天器在轨振动情况

欧空局曾在 OLYMPUS 卫星进行了微振动环境评测，在卫星上用三个彼此正交的微加速计对振动进行测量，发现其振动频谱基本集中在 200 Hz 以下。美国国家航空航天局/戈达德航天飞行中心（NASA/GSFC）提供了 LANDSAT - 4 在轨测量的振动数据，太阳能电池阵列驱动会在 1 Hz 处产生约为 100μrad 的振动，而卫星上的反作用轮基波和二次谐波将分别产生频率为 100 Hz 和 200 Hz、振幅为 4μrad 和 0.6μrad 的振动。连续振动功率谱以及三个谐波振动分量构建了整个扰动随机模型，高频颤振（超过 200 Hz）的振幅很小[7]。

从相关资料中查到若干国外航天器的抖动量均方根值（见表 3－1）、平台振动谱在轨测试结果及模拟结果（见图 3－21）。

表 3－1　国外若干航天器抖动量均方根值

航天器名称	航天器抖动量							
	1～10 Hz		10～100 Hz		100 Hz～1 kHz		1～10 kHz	
	μrad	″	μrad	″	μrad	″	μrad	″
ASTRO－SPAS	0.58	0.119 6	0.45	0.092 8	0	0	0.59	0.121 7
STRV－2	0.22	0.045 4	0.03	0.006 2	0.02	0.004 1	0.22	0.045 4
RME	0.10	0.020 6	0.35	0.072 2	0.17	0.0351	0.40	0.082 5
CASSINI	1.33	0.274 3	1.48	0.305 3	0.01	0.002 1	1.92	0.396
Olympus	7.76	1.600 6	4.01	0.827 1	1.20	0.247 5	11.49	2.37
Motorola	17.56	3.622 0	4.43	0.913 8	3.93	0.810 6	18.49	3.813 8
Landsat	3.42	0.705 4	6.07	1.252	3.21	0.662 1	7.62	1.571 7
Bosch	61.70	12.726 5	13.18	2.718 6	6.29	1.297 4	63.22	13.040 1
Hrdls	18.37	3.789 1	18.79	3.875 7	7.66	1.58	26.97	5.525 8

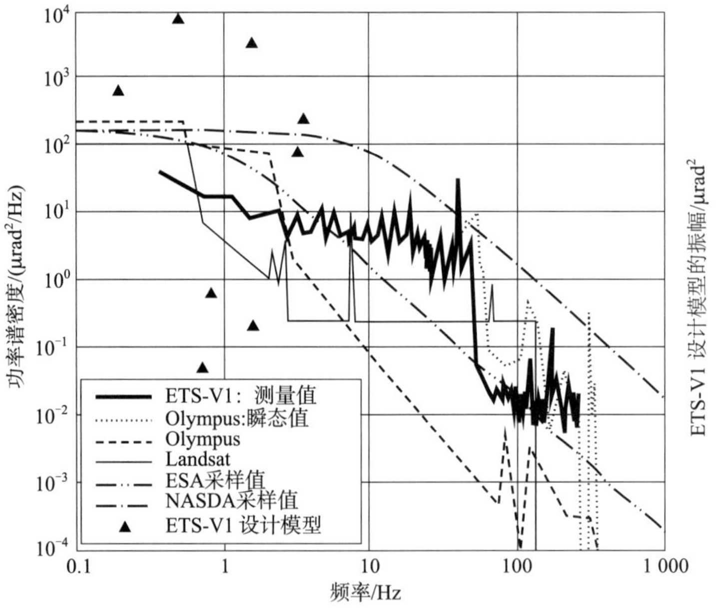

图 3－21　国外卫星平台振动谱

3.7.2 宽频测量敏感器特性

（1）高精度姿态确定系统（PADS）

高精度姿态确定系统是采用星敏感器与陀螺联合滤波得到的低频姿态确定系统。根据航天器运动学方程、测量敏感器物理特性分别建立姿态偏差四元素状态方程、观测方程，通过扩展卡尔曼滤波得到高精度姿态信息，同时估计出陀螺的常值漂移。高精度姿态确定系统的带宽由敏感器测量带宽、敏感器采样频率综合得到。高精度姿态确定系统精度由敏感器测量噪声、滤波性能综合确定。

（2）磁流体角位移传感器（ADS）

基于磁流体动力学效应的角位移传感器能够测量 2～1 000 Hz 频率范围内的角振动信息（见图 3-22～图 3-25、表 3-2、表 3-3）。

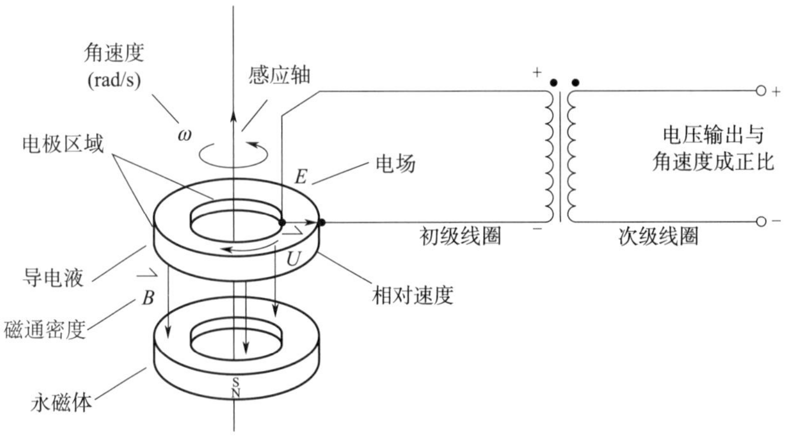

图 3-22　磁流体动力学效应角位移传感器原理

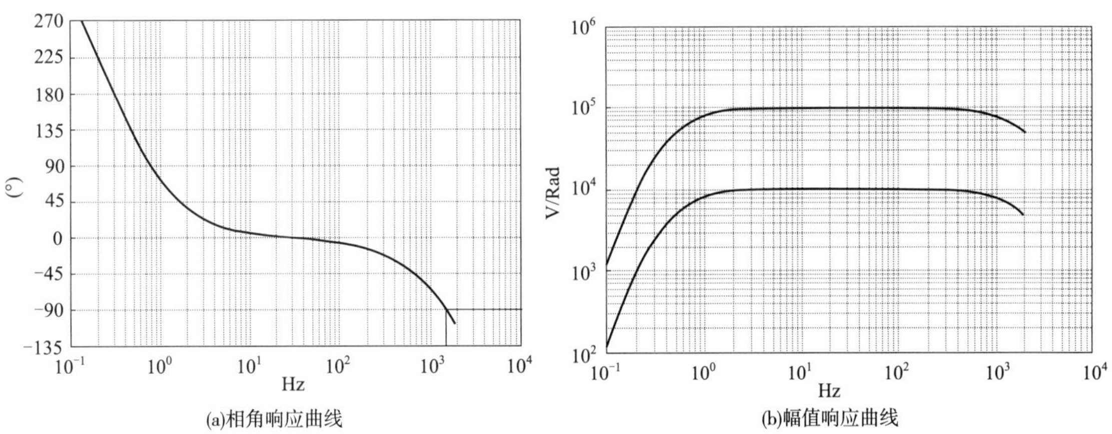

图 3-23　ARS-12G 角位移传感器频响特性

表 3-2 噪声等效角速率

（单位：μrad/s）

敏感器	1～10 Hz	10～100 Hz	100～1 000 Hz	1～1 000 Hz rss①
ARS-04	5 768.0	11 400.0	33 218.0	35 590.00
ARS-09	1 136.0	2 248.0	6 534.0	7 011.00
ARS-01	874.0	1 729.0	5 033.0	5 393.00
ARS-12	1.3	2.0	5.6	6.09

①rss 表示均方根。

表 3-3 噪声等效角

（单位：μrad）

敏感器	1～10 Hz	10～100 Hz	100～1 000 Hz	1～1 000 Hz rss
ARS-04	393.400	62.700	17.200	398.00
ARS-09	77.500	12.300	3.400	78.500
ARS-01	59.600	9.500	2.600	60.400
ARS-12	0.070	0.011	0.003	0.071

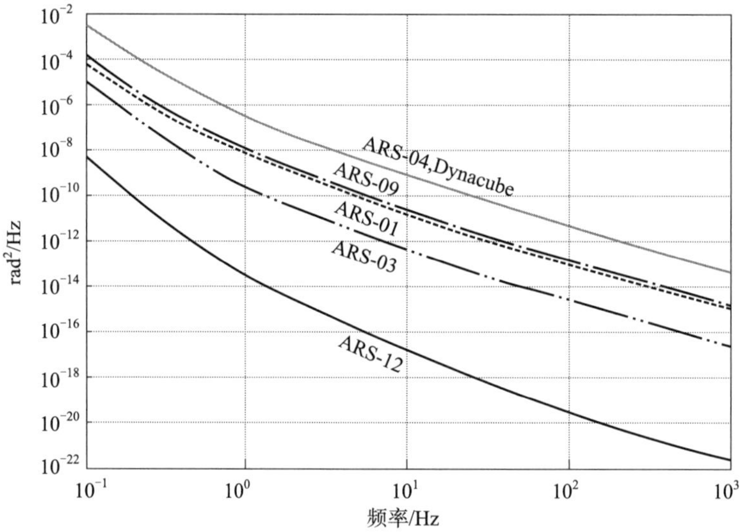

图 3-24 角位移噪声功率谱密度

3.7.3 宽频姿态角信息融合方法

（1）联合滤波方法

联合滤波器方案是将高带宽传感器与低带宽传感器叠加后的信号，通过联合滤波器得到真实输入宽频姿态角速度信号，再通过姿态角解算得到期望的姿态角信息。其中联合滤波器的设计方法是基于高带宽传感器（如角位移传感器，ADS）与低带宽传感器（如星敏感器、惯性测量单元）的传递函数。图 3-26 即为联合滤波方法原理图。

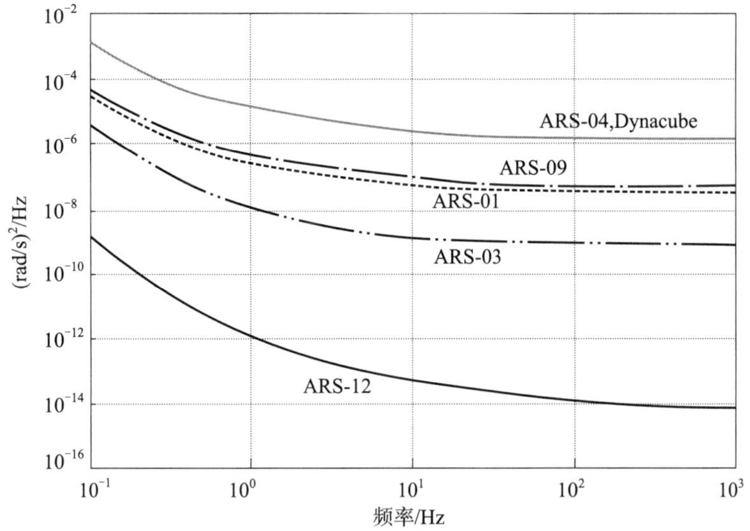

图 3-25　角速率噪声功率谱密度

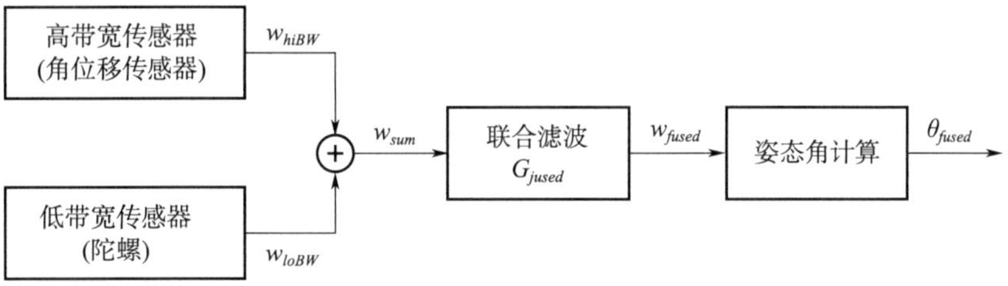

图 3-26　联合滤波方法原理图

联合滤波器 $G_{jused}=\dfrac{1}{G_{loBW}+G_{hiBW}}$，推导过程如下

$$w_{hiBW}=G_{hiBW}w_{real} \tag{3-109}$$

$$w_{loBW}=G_{loBW}w_{real} \tag{3-110}$$

$$w_{hiBW}+w_{loBW}=(G_{hiBW}+G_{loBW})w_{real} \tag{3-111}$$

$$w_{real}=\frac{w_{hiBW}+w_{loBW}}{G_{hiBW}+G_{loBW}} \tag{3-112}$$

姿态角的递推计算公式推导如下

$$\dot{\boldsymbol{C}}=-\tilde{\boldsymbol{w}}\boldsymbol{C}=-\begin{pmatrix}0 & -w_Z & w_Y\\ w_Z & 0 & -w_X\\ -w_Y & w_X & 0\end{pmatrix} \tag{3-113}$$

其中，$\boldsymbol{C}$ 为姿态矩阵，将其转换成离散信号形式

$$\frac{\boldsymbol{C}(n)-\boldsymbol{C}(n-1)}{T}=-\tilde{\boldsymbol{w}}(n)\boldsymbol{C}(n-1) \tag{3-114}$$

$$\boldsymbol{C}(n)=(\boldsymbol{I}-\tilde{\boldsymbol{w}}(n)T)\boldsymbol{C}(n-1) \tag{3-115}$$

如果欧拉角 θ_X，θ_Y，θ_Z 为小量，姿态矩阵的小参量式为

$$\boldsymbol{C}=\begin{pmatrix}1 & \theta_Z & -\theta_Y\\ -\theta_Z & 1 & \theta_X\\ \theta_Y & -\theta_X & 1\end{pmatrix} \tag{3-116}$$

则可得到

$$\begin{cases}\theta_X=\dfrac{1}{2}(C_{23}-C_{32})\\ \theta_Y=\dfrac{1}{2}(C_{31}-C_{13})\\ \theta_Z=\dfrac{1}{2}(C_{12}-C_{21})\end{cases} \tag{3-117}$$

（2）基于 Kalman 滤波方法的信息融合算法

Kalman 时域滤波方法根据高精度姿态确定系统（PADS）、角位移传感器（ADS）宽频测量信息的传递函数，以可观标准型来建立相应的状态方程与观测方程，将二者的状态方程进行融合，得到包含真实姿态角信息的状态量。分别通过高精度姿态确定系统、角位移传感器测量数据进行相应的时间更新与测量更新，基于 Kalman 滤波方法的信息融合原理如图 3－27 所示。

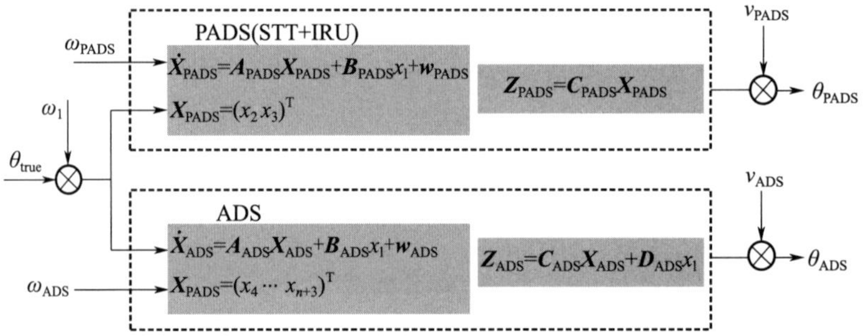

图 3－27 基于 Kalman 滤波方法的信息融合方框图

根据 PADS 的传递函数 $G_{\rm PADS}=\dfrac{\beta_1 s+\beta_0}{s^2+\alpha_1 s+\alpha_0}$，按可观标准型建立空间表达式，得到其对应的状态方程与观测方程如下

$$\dot{\vec{x}}_{\rm PADS}=\boldsymbol{A}_{\rm PADS}\vec{x}_{\rm PADS}+\boldsymbol{B}_{\rm PADS}x_1+\vec{\boldsymbol{w}}_{\rm PADS} \tag{3-118}$$

$$\boldsymbol{y}_{\rm PADS}=\boldsymbol{C}_{\rm PADS}\vec{\boldsymbol{x}}_{\rm PADS}+\boldsymbol{v}_{\rm PADS} \tag{3-119}$$

$$\vec{\boldsymbol{x}}_{\rm PADS}=(x_2\quad x_3)^{\rm T},\boldsymbol{y}=(\boldsymbol{\theta}_{\rm PADS})$$

$$\boldsymbol{A}_{\rm PADS}=\begin{pmatrix}0 & -\alpha_0\\ 1 & -\alpha_1\end{pmatrix},\boldsymbol{A}_{\rm PADS}=\begin{pmatrix}\beta_0\\ \beta_1\end{pmatrix},\boldsymbol{C}_{\rm PADS}=(0\quad 1)$$

其中，输入 u 为 x_1，即真实姿态角信息。

根据 ADS 的传递函数 $G_{\rm PADS}=d_0+\dfrac{\beta_{n-1}s^{n-1}+\alpha_{n-1}s^{n-2}+\cdots+\beta_1 s+\beta_0}{s^n+\alpha_{n-1}s^{n-1}+\alpha_{n-2}s^{n-2}+\cdots+\alpha_1 s+\alpha_0}$，同样按

可观标准型建立空间表达式，得到其对应的状态方程与观测方程如下

$$\dot{\vec{\boldsymbol{x}}}_{ADS} = \boldsymbol{A}_{ADS}\vec{x}_{ADS} + \boldsymbol{B}_{ADS}x_1 + \vec{w}_{PADS} \tag{3-120}$$

$$\boldsymbol{y}_{ADS} = \boldsymbol{C}_{ADS}\vec{\boldsymbol{x}}_{ADS} + \boldsymbol{D}_{ADS}\boldsymbol{x}_1 + \boldsymbol{v}_{ADS} \tag{3-121}$$

$$\vec{\boldsymbol{x}}_{ADS} = (x_4 \quad \cdots \quad x_{n+3})^{T}, \boldsymbol{y} = (\boldsymbol{\theta}_{ADS})$$

$$\boldsymbol{A}_{ADS} = \begin{pmatrix} 0 & \cdots & 0 & -\bar{\alpha}_0 \\ \bar{c}_0 & 0 & 0 & -\bar{\alpha}_1 \\ 0 & \vdots & 0 & \vdots \\ 0 & 0 & -\bar{c}_{n-1} & -\bar{\alpha}_{n-1} \end{pmatrix}^{T}, \boldsymbol{B} = \begin{pmatrix} \bar{\beta}_0 \\ \bar{\beta}_1 \\ \vdots \\ \bar{\beta}_{n-1} \end{pmatrix}$$

$$\boldsymbol{C}_{PADS} = (0 \quad \cdots \quad 0 \quad 1), \boldsymbol{D}_{ADS} = (d_0)$$

二者状态方程融合后系统总体状态方程及观测方程如下

$$\dot{\vec{x}} = \boldsymbol{A}\vec{x} + \vec{w}, \boldsymbol{y}_{PADS} = \boldsymbol{H}_{PADS}\vec{x} + \boldsymbol{v}_{PADS}, \boldsymbol{y}_{ADS} = \boldsymbol{H}_{ADS}\vec{x} + \boldsymbol{v}_{ADS} \tag{3-122}$$

$$\vec{x} = (x_1 \quad \vec{x}_{PADS}^{T} \quad \vec{x}_{ADS}^{T})^{T}, \vec{w} = (w_1 \quad \vec{w}_{PADS}^{T} \quad \vec{w}_{ADS}^{T})^{T} \tag{3-123}$$

根据 PADS 与 ADS 的测量数据进行时间更新与测量更新过程如下：

①时间更新

$$\hat{\vec{x}}_{-}(k+1) = (\boldsymbol{I} + \boldsymbol{A}\Delta t)\hat{\vec{x}}_{+}(k) \tag{3-124}$$

$$\boldsymbol{P}_{-}(k+1) = \boldsymbol{P}_{+}(k) + (\boldsymbol{AP}_{+}(k) + \boldsymbol{P}_{+}(k)\boldsymbol{A}^{T})\Delta t, +\boldsymbol{Q}, \boldsymbol{Q} = E(\vec{w}\vec{w}) \tag{3-125}$$

②PADS 测量更新

$$\hat{\vec{x}}_{+}(k) = \hat{\vec{x}}_{-}(k) + K(k)(\boldsymbol{y}_{PADS}(k) - \boldsymbol{H}_{PADS}\hat{\vec{x}}_{-}(k)) \tag{3-126}$$

$$\boldsymbol{P}_{+}(k) = (\boldsymbol{I} - \boldsymbol{K}(k)\boldsymbol{H}_{PADS})\boldsymbol{P}_{-}(k) \tag{3-127}$$

$$K(k) = \boldsymbol{P}_{-}(k)\boldsymbol{H}_{PADS}^{T}(\boldsymbol{H}_{PADS}\boldsymbol{P}_{-}(k)\boldsymbol{H}_{PADS}^{T} + \boldsymbol{R}_{PADS})^{-1}, R_{PADS} = \sigma_{PADS}^{2} \tag{3-128}$$

③ADS 测量更新

$$\hat{\vec{x}}_{+}(k) = \hat{\vec{x}}_{-}(k) + K(k)(\boldsymbol{y}_{ADS}(k) - \boldsymbol{H}_{ADS}\hat{\vec{x}}_{-}(k)) \tag{3-129}$$

$$\boldsymbol{P}_{+}(k) = (\boldsymbol{I} - \boldsymbol{K}(k)\boldsymbol{H}_{ADS})\boldsymbol{P}_{-}(k) \tag{3-130}$$

$$K(k) = \boldsymbol{P}_{-}(k)\boldsymbol{H}_{ADS}^{T}(\boldsymbol{H}_{ADS}\boldsymbol{P}_{-}(k)\boldsymbol{H}_{ADS}^{T} + R_{ADS})^{-1}, R_{ADS} = \sigma_{ADS}^{2} \tag{3-131}$$

高带宽 Kalman 滤波的递推时序如图 3-28 所示，每采集一次陀螺或角位移传感器信号输出时，都会进行卡尔曼滤波器时间与测量的更新。

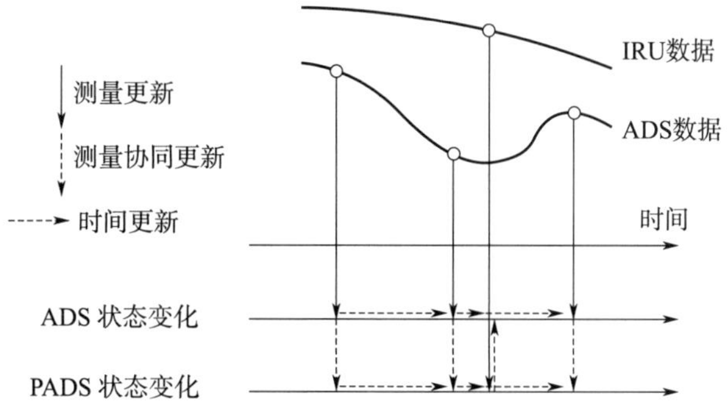

图 3-28 递推时序图

高带宽姿态确定中应用的 Kalman 滤波方程与传统航天器平台中应用的 Kalman 滤波方法的区别主要在状态方程及观测方程建立上。传统航天器 Kalman 滤波的状态方程是基于航天器的运动学方程得到的，观测量为星敏输出的四元数。高带宽姿态确定的状态方程是基于测量敏感器的传递函数建立起来的，观测量分别为传统姿态确定的输出数据与角位移传感器的输出数据。

3.8 航天器姿态测量及指向基准在轨辨识

目前在研航天器型号任务姿态确定精度已达 0.001°，为适应高精度对地遥感的后续需求，需深入研究姿态确定精度 0.000 5°的相关算法和工程实现途径。要解决航天器发射过程中的冲击振动、在轨运行受照环境不同等，导致的不同敏感器之间、敏感器与载荷的相对安装误差长周期变化的估计及补偿问题，提高平台姿态确定系统、平台姿态基准指向的姿态确定能力[8]。

3.8.1 安装误差相关定义

（1）敏感器基准测量

航天器视线敏感器，例如矢量太阳敏感器、地球敏感器、载荷相机等，测量得到方向矢量 $\hat{\boldsymbol{U}}_{i,k}$ ，敏感器坐标系中，指向敏感器外部，数理统计描述如下

$$\hat{\boldsymbol{U}}_{i,k}=\hat{\boldsymbol{U}}_{i,k}^{true}+\Delta\hat{\boldsymbol{U}}_{i,k} \tag{3-132}$$

这里，$\hat{\boldsymbol{U}}_{i,k}^{true}$ 是方向矢量真值，而 $\Delta\hat{\boldsymbol{U}}_{i,k}$ 是测量噪声。i 是敏感器编号，$i=1$，…，n_k ，而 k 是时间编号，$k=1$，…，N 。假定 $\Delta\hat{\boldsymbol{U}}_{i,k}$ 服务高斯分布，其均值为 0，协方差为 $\boldsymbol{R}_{\hat{U}_{i,k}}$ ，即

$$\Delta\hat{\boldsymbol{U}}_{i,k}\sim\mathbb{N}(0,\boldsymbol{R}_{\hat{U}_{i,k}}) \tag{3-133}$$

而不同敏感器测量事实上是独立的，那么

$$E\{\Delta\hat{\boldsymbol{U}}_{i,k},\Delta\hat{\boldsymbol{U}}_{i',k'}\}=\delta_{ii'}\delta_{kk'}\boldsymbol{R}_{\hat{U}_{i,k}} \tag{3-134}$$

因为观测矢量约束为单位矢量，所以 $\boldsymbol{R}_{\hat{U}_{i,k}}$ 是奇异矩阵。

$$\boldsymbol{R}_{\hat{U}_{i,k}}\hat{\boldsymbol{U}}_{i,k}^{true}=\boldsymbol{0} \tag{3-135}$$

（2）本体测量向量与安装关系

$\hat{\boldsymbol{W}}_{i,k}$ 表示星本体系下的测量方向矢量，那么安装矩阵 $\boldsymbol{S}_i$ 是正常正交矩阵，定义如下

$$\hat{\boldsymbol{W}}_{i,k}=\boldsymbol{S}_i\hat{\boldsymbol{U}}_{i,k} \tag{3-136}$$

因此

$$\hat{W}_{i,k}=\boldsymbol{S}_i\hat{\boldsymbol{U}}_{i,k}^{true}+\boldsymbol{S}_i\Delta\hat{\boldsymbol{U}}_{i,k}\equiv\hat{\boldsymbol{W}}_{i,k}^{true}+\Delta\hat{\boldsymbol{W}}_{i,k} \tag{3-137}$$

航天器本体系下的测量误差模型如下

$$\Delta\hat{\boldsymbol{W}}_{i,k}\sim\mathbb{N}(0,\boldsymbol{R}_{\hat{W}_{i,k}}) \tag{3-138}$$

同时

$$\boldsymbol{R}_{\hat{W}_{i,k}} = \boldsymbol{S}_i \boldsymbol{R}_{\hat{U}_{i,k}} \boldsymbol{S}_i^{\mathrm{T}} \tag{3-139}$$

$$\boldsymbol{R}_{\boldsymbol{W}_{i,k}} \hat{\boldsymbol{W}}_{i,k}^{true} = \boldsymbol{0} \tag{3-140}$$

（3）安装误差定义

一般难以知道安装矩阵真值 $\boldsymbol{S}_i$ ，知道地面标定得到的初值 $\boldsymbol{S}_i^o$ ，定义安装误差矩阵 $\boldsymbol{M}_i$ 如下

$$\boldsymbol{S}_i = \boldsymbol{M}_i \boldsymbol{S}_i^0 \tag{3-141}$$

$\boldsymbol{M}_i$ 是正交阵。因此，定义安装误差矩阵转角矢量 $\boldsymbol{\theta}_i$ ，如下：

$$\begin{aligned}\boldsymbol{M}_i &\equiv \mathrm{e}^{[\![\theta_i]\!]} \\ &= \boldsymbol{I} + \left(\frac{\sin|\boldsymbol{\theta}_i|}{\theta_i}\right)[\![\boldsymbol{\theta}_i]\!] + \left(\frac{1-\cos|\theta_i|}{|\theta_i|^2}\right)[\![\boldsymbol{\theta}_i]\!]^2\end{aligned} \tag{3-142}$$

上式经过泰勒展开的一阶近似，其中

$$[\![\boldsymbol{\theta}_i]\!] \equiv \begin{pmatrix} 0 & \theta_3 & -\theta_2 \\ -\theta_3 & 0 & \theta_1 \\ \theta_2 & -\theta_1 & 0 \end{pmatrix} \tag{3-143}$$

式（3-143）是旋转向量的欧拉旋转矩阵公式。θ_1、θ_2、θ_3 是安装误差等效转角。由于误差矩阵是一个非常小的旋转，安装误差等效角非常小，因此可写为

$$\boldsymbol{M}_i \equiv = \boldsymbol{I} + [\![\boldsymbol{\theta}_i]\!] + O\,[\![\boldsymbol{\theta}_i]\!]^2 \tag{3-144}$$

测量等式可写为

$$\hat{\boldsymbol{U}}_{i,k} = \boldsymbol{S}_i^o \boldsymbol{M}_i^{\mathrm{T}} \hat{\boldsymbol{W}}_{i,k}^{true} + \Delta\hat{\boldsymbol{U}}_{i,k} \tag{3-145}$$

3.8.2 星敏感器间安装误差估计

（1）观测方程建立

测量敏感器 $\boldsymbol{i}$ 在 t_k 时刻未经校正的姿态为 $\boldsymbol{A}_{i,k}^o$（$\boldsymbol{A}_{i,k}^o$ 中只考虑了安装误差），则

$$\hat{\boldsymbol{W}}_{i,k}^{otrue} = \boldsymbol{A}_{i,k}^o \hat{\boldsymbol{V}}_{i,k}^{true} \tag{3-146}$$

其中，$\hat{\boldsymbol{W}}_{i,k}^o = \boldsymbol{S}_i^o \hat{\boldsymbol{U}}_{i,k} = \boldsymbol{M}_i^{\mathrm{T}} \hat{\boldsymbol{W}}_{i,k} = \boldsymbol{M}_i^{\mathrm{T}} \boldsymbol{A}_k \hat{V}_{i,k}$ 。因此

$$\boldsymbol{A}_{i,k}^o = \boldsymbol{M}_i^{\mathrm{T}} A_k \tag{3-147}$$

若 $\boldsymbol{A}_{i,k}^{o*}$ 是敏感器 i 在时刻 t_k 姿态矩阵 $\boldsymbol{A}_{i,k}^o$ 的估计值（没有进行未知安装误差的校正，即包含了安装误差与测量误差两方面因素）。则有

$$\boldsymbol{A}_{i,k}^{o*} = (\delta\boldsymbol{A}_{i,k}^o)\boldsymbol{A}_{i,k}^o \tag{3-148}$$

$\delta\boldsymbol{A}_{i,k}^o$ 很大可能是一个小的旋转，因此

$$\delta\boldsymbol{A}_{i,k}^o = \boldsymbol{I} + [\![\xi_{i,k}]\!] + \boldsymbol{O}(|\xi_{i,k}|^2) \tag{3-149}$$

并且

$$|\xi_{i,k}| \ll 1 \tag{3-150}$$

具有很大可能性为

$$E\{\xi_{i,k}\} = 0 \tag{3-151}$$

$$E\{\xi_{i,k}\xi_{j,k}\}=\delta_{ij}\delta_{kk'}P_{i,k} \tag{3-152}$$

其中 $P_{i,k}$ 为测量敏感器 i 在 t_k 时刻的均方差。

$$\delta_{ij}=\begin{cases}1 & i=j\\0 & i\neq j\end{cases}\delta_{kk'}=\begin{cases}1 & k=k'\\0 & k\neq k'\end{cases}$$

因此，可得到

$$\begin{aligned}\boldsymbol{Z}_{ij,k}&\equiv\boldsymbol{A}_{i,k}^{o*}\boldsymbol{A}_{j,k}^{o*\mathrm{T}}=(\delta\boldsymbol{A}_{i,k}^{o})\boldsymbol{A}_{i,k}^{o}\ ((\delta\boldsymbol{A}_{j,k}^{o})\boldsymbol{A}_{j,k}^{o})^{\mathrm{T}}\\&=(\delta\boldsymbol{A}_{i,k}^{o})\boldsymbol{M}_i^{\mathrm{T}}\boldsymbol{A}_k\boldsymbol{A}_k^{\mathrm{T}}\boldsymbol{M}_j\ (\delta\boldsymbol{A}_{j,k}^{o})^{\mathrm{T}}\\&=(\delta\boldsymbol{A}_{i,k}^{o})\boldsymbol{M}_i^{\mathrm{T}}\boldsymbol{M}_j\ (\delta\boldsymbol{A}_{j,k}^{o})^{\mathrm{T}}\end{aligned} \tag{3-153}$$

$\boldsymbol{Z}_{ij,k}$ 也很大可能是一个小的旋转，可以将其写为

$$\boldsymbol{Z}_{ij,k}=I+[\![z_{ij,k}]\!]+\boldsymbol{O}(|z_{ij,k}|^2) \tag{3-154}$$

很大可能性为 $|z_{ij,k}|\ll 1$。根据式（3－154）的定义与 $\boldsymbol{Z}_{ij,k}=\mathrm{e}^{[\![z_{ij,k}]\!]}$ 可以得到

$$\begin{aligned}z_{ij,k}^{1}&=\theta_j-\theta_i+\xi_{i,k}-\xi_{j,k}\\&=\theta_j-\theta_i+\Delta z_{ij,k}^{1}\end{aligned} \tag{3-155}$$

根据式（3－155），我们可以构建观测方程

$$\boldsymbol{Z}_k=\boldsymbol{H}_k\psi+\Delta\boldsymbol{Z}_k \tag{3-156}$$

其中 $\boldsymbol{Z}_k=(z_{12,k}^{\mathrm{T}}\quad\cdots\quad z_{1n_k,k}^{\mathrm{T}})^{\mathrm{T}}$，$\boldsymbol{H}_k=E$，$\Delta\boldsymbol{Z}_k\sim\mathrm{N}(0,\ \boldsymbol{P}_k)^{\mathrm{T}}$。$\boldsymbol{P}_k$ 根据式（3－125）、式（3－127）、式（3－130）构造，由于存在 $\xi_{1,k}$ 的协方差，因此 $\boldsymbol{P}_k$ 并不是对角阵。

（2）安装误差角最优估计算法

最优估计算法应用极大似然估计方法。对于以下观测方程

$$\boldsymbol{Z}_k=\boldsymbol{H}'_k\Psi+\Delta\boldsymbol{Z}_k \tag{3-157}$$

观测误差的统计特性为 $\Delta\boldsymbol{Z}_k\sim N(0,\ \boldsymbol{P}_{Z_k})$。利用极大似然函数，对状态量 ψ 进行估计

$$J_{\psi}^{prior-free}(\Psi)=\frac{1}{2}\sum_{k=1}^{N}[(\boldsymbol{Z}_k-\boldsymbol{H}'_k)^{\mathrm{T}}\boldsymbol{P}_{Z_k}^{-1}(\boldsymbol{Z}_k-\boldsymbol{H}'_k)+\mathrm{logdet}\boldsymbol{P}_{Z_k}+(2n_k-3)\log2\pi] \tag{3-158}$$

$J_{\psi}^{prior-free}(\Psi)$ 对 ψ 取最小值，得到以下等式

$$\boldsymbol{P}_{\Psi\Psi}^{-1}(prior-free)\Psi^{*}(prior-free)=\sum_{k=1}^{N}\boldsymbol{H}_k^{'\mathrm{T}}\boldsymbol{P}_{Z_k}^{-1}\boldsymbol{Z}_k \tag{3-159}$$

其中

$$P_{\Psi\Psi}^{-1}(prior-free)=\sum_{k=1}^{N}\boldsymbol{H}_k^{'\mathrm{T}}\boldsymbol{P}_{Z_k}^{-1}\boldsymbol{H}'_k \tag{3-160}$$

$$\Psi^{*}(prior-free)=\left(\sum_{k=1}^{N}H_k^{'\mathrm{T}}\boldsymbol{P}_{Z_k}^{-1}\boldsymbol{H}'_k\right)^{-1}\sum_{k=1}^{N}\boldsymbol{H}_k^{'\mathrm{T}}\boldsymbol{P}_{Z_k}^{-1}\boldsymbol{Z}_k \tag{3-161}$$

3.8.3 星敏感器与载荷间安装误差估计

(1) 观测方程建立

通常情况下，航天器平台上既具有可完全测量姿态的敏感器（星敏感器），也有只能测量出单个矢量方向的敏感器（太阳敏感器、地球敏感器、观测载荷等）。在这种情况下，需要建立利用这两种敏感器观测数据与安装误差角状态的观测方程[9]。

对于全姿态敏感器，根据全姿态敏感器 i 在时刻 t_k 得到的航天器姿态（忽略未知安装误差）、敏感器 j 基准矢量得到其在本体坐标系观测向量的估计值。即 $\hat{\boldsymbol{W}}^{o,*}_{ij,k}$ 是 $\hat{\boldsymbol{W}}^{o}_{ij,k}$ 的估计值。

$$
\begin{aligned}
\hat{\boldsymbol{W}}^{o,*}_{ij,k} &\equiv \boldsymbol{A}^{o,*}_{i,k}\hat{\boldsymbol{V}}_{j,k} \\
&= (\delta \boldsymbol{A}^{o}_{i,k})\boldsymbol{A}^{o}_{i,k}\hat{\boldsymbol{V}}_{j,k} = (\delta \boldsymbol{A}^{o}_{i,k})\boldsymbol{M}^{\mathrm{T}}_{i}\boldsymbol{A}_{k}\hat{\boldsymbol{V}}_{j,k} = (\boldsymbol{I} + [\![\xi_{i,k}]\!])\,(\boldsymbol{I} - [\![\boldsymbol{\theta}_{i}]\!])\,A_{k}\hat{\boldsymbol{V}}_{j,k} \\
&= \boldsymbol{A}_{k}\hat{\boldsymbol{V}}_{j,k} - [\![\theta_{i}]\!]\boldsymbol{A}_{k}\hat{\boldsymbol{V}}_{j,k} + [\![\xi_{i,k}]\!]\boldsymbol{A}_{k}\hat{\boldsymbol{V}}_{j,k} - [\![\xi_{i,k}]\!][\![\theta_{i}]\!]\boldsymbol{A}_{k}\hat{\boldsymbol{V}}_{j,k}
\end{aligned}
\tag{3-162}
$$

其中

$$
\delta \boldsymbol{A}^{o}_{i,k} = \boldsymbol{I} + [\![\xi_{i,k}]\!] + \boldsymbol{O}(|\xi_{i,k}|^{2}) \tag{3-163}
$$

对于单矢量敏感器，直接利用敏感器 j 观测值、其安装矩阵初值得到其在本体坐标的观测向量初值[10]。

$$
\begin{aligned}
\hat{\boldsymbol{W}}^{o}_{j,k} &\equiv \boldsymbol{S}^{o}_{j}\hat{\boldsymbol{U}}_{j,k} \\
&= \boldsymbol{M}^{\mathrm{T}}_{j}\hat{\boldsymbol{W}}_{j,k} = \boldsymbol{M}^{\mathrm{T}}_{j}A_{k}\hat{\boldsymbol{V}}_{j,k} + \Delta\hat{\boldsymbol{W}}^{o}_{j,k} = (\boldsymbol{I} - [\![\theta_{j}]\!])\,\boldsymbol{A}_{k}\hat{\boldsymbol{V}}_{j,k} + \Delta\hat{\boldsymbol{W}}^{o}_{j,k} \\
&= \boldsymbol{A}_{k}\hat{V}_{j,k} - [\![\theta_{j}]\!]A_{k}\hat{V}_{j,k} + \Delta\hat{W}^{o}_{j,k}
\end{aligned}
\tag{3-164}
$$

根据式（3-162）、式（3-164）构建相应的观测方程：

$$
\begin{aligned}
z^{3}_{ij,k} &= P(\hat{\boldsymbol{W}}^{o}_{j,k})\hat{\boldsymbol{W}}^{o,*}_{ij,k} \times \hat{\boldsymbol{W}}^{o}_{j,k} \\
&= P(\hat{\boldsymbol{W}}^{o}_{j,k})(\theta_{j} - \theta_{i}) + \Delta z^{3}_{ij,k}
\end{aligned}
\tag{3-165}
$$

其中

$$
\Delta z^{3}_{ij,k} = P(\hat{\boldsymbol{W}}^{o}_{j,k})\,[\xi_{i,k} - [\![\hat{\boldsymbol{W}}^{o}_{j,k}]\!]\Delta\hat{\boldsymbol{W}}^{o}_{j,k}] \tag{3-166}
$$

这里 $P(\hat{\boldsymbol{W}}^{o}_{j,k})$ 为 2×3 的矩阵，可将三维向量转换至与 $\hat{\boldsymbol{W}}^{o}_{j,k}$ 正交的两维空间中。因此，如果 $\{\hat{\boldsymbol{W}}^{o}_{j,k}, \hat{\boldsymbol{a}}_{k}, \hat{\boldsymbol{b}}_{k}\}$ 是一个右手正交组，可选择

$$
P(\hat{\boldsymbol{W}}^{o}_{j,k}) = [\hat{\boldsymbol{a}}_{k} \mid \hat{\boldsymbol{b}}_{k}]^{\mathrm{T}}, P(\hat{\boldsymbol{W}}^{o}_{j,k})[\![\hat{W}^{o}_{j,k}]\!] = [\hat{b}_{k} \mid -\hat{a}_{k}]^{\mathrm{T}}. \tag{3-167}
$$

(2) 安装误差角最优估计算法

最优估计算法应用极大似然估计方法。对于以下观测方程

$$
\boldsymbol{Z}_{k} = \boldsymbol{H}'_{k}\Psi + \Delta\boldsymbol{Z}_{k} \tag{3-168}
$$

观测误差的统计特性为 $\Delta\boldsymbol{Z}_{k} \sim N(0, \boldsymbol{P}_{\boldsymbol{Z}_{k}})$。利用极大似然函数，对状态量 ψ 进行估计

$$J_{\psi}^{prior-free}(\boldsymbol{\Psi})=\frac{1}{2}\sum_{k=1}^{N}[(\boldsymbol{Z}_k-\boldsymbol{H}'_k)^{\mathrm{T}}\boldsymbol{P}_{\boldsymbol{Z}k}^{-1}(\boldsymbol{Z}_k-\boldsymbol{H}'_k)+\mathrm{logdet}\boldsymbol{P}_{Z_k}+(2n_k-3)\log 2\pi] \tag{3-169}$$

$J_{\psi}^{prior-free}(\boldsymbol{\Psi})$ 对 ψ 取最小值，得到以下等式

$$\boldsymbol{P}_{\Psi\Psi}^{-1}(prior-free)\boldsymbol{\Psi}^{*}(prior-free)=\sum_{k=1}^{N}\boldsymbol{H}_k^{'\mathrm{T}}\boldsymbol{P}_{\boldsymbol{Z}k}^{-1}\boldsymbol{Z}_k \tag{3-170}$$

其中

$$\boldsymbol{P}_{\Psi\Psi}^{-1}(prior-free)=\sum_{k=1}^{N}\boldsymbol{H}_k^{'\mathrm{T}}\boldsymbol{P}_{\boldsymbol{Z}k}^{-1}\boldsymbol{H}'_k \tag{3-171}$$

$$\left[\sum_{k=1}^{N}\boldsymbol{H}_k^{'\mathrm{T}}\boldsymbol{P}_{Z_k}^{-1}\boldsymbol{H}'_k\right]\boldsymbol{\Psi}^{*}(prior-free)=\sum_{k=1}^{N}\boldsymbol{H}_k^{'\mathrm{T}}\boldsymbol{P}_{\boldsymbol{Z}k}^{-1}\boldsymbol{Z}_k \tag{3-172}$$

3.9 本章小结

本章将航天器姿态确定系统分为姿态敏感器和姿态确定算法两部分，分别进行了介绍。在姿态敏感器部分，主要介绍敏感器的工作模式和所能达到的工作精度。在姿态确定算法部分，主要针对传统姿态确定算法和卡尔曼滤波方法进行讨论，给出相应算法的解决思路和理论，并介绍了基于磁流体角位移传感器的宽频姿态确定方法，以及星敏感器相对于绝对误差系统误差辨识方法。学习本章有助于读者初步了解航天器姿态确定的发展概况，为进一步研究姿态确定相关问题打下基础。

参考文献

[1] FARRELL J L, STUELPNAGEL J C, WESSNER R H, et al. A least squares estimate of satellite attitude (grace wahba) [J]. SIAM Review, 1966, 8 (3): 384 - 386.

[2] SHUSTER M D, OH S D. Three - axis attitude determination from vector observations [J]. Journal of Guidance and Control, American Institute of Aeronautics and Astronautics, 1981, 4 (1): 70 - 77.

[3] MARKLEY F L, CRASSIDIS J L. Fundamentals of Spacecraft Attitude Determination and Control [M]. New York: Springer, 2014.

[4] JULIER S J, UHLMANN J K, DURRANT - WHYTE H F. A new approach for filtering nonlinear systems [A]. Proceedings of 1995 American Control Conference - ACC'95 [C]. 1995, 3: 1628 - 1632.

[5] 朱庆华，李英波. 基于陀螺和四元数的 EKF 卫星姿态确定算法 [J]. 上海航天，2005 (4): 1 - 5, 59.

[6] 黄蔚. CKF 及鲁棒滤波在飞行器姿态估计中的应用研究 [D]. 哈尔滨：哈尔滨工程大学，2015.

[7] 周伟敏，张子龙，施桂国，等. 帆板驱动微振动对卫星的影响与对策 [J]. 噪声与振动控制，2014, 34 (2): 59 - 62, 88.

[8] 赖育网，谷德峰，刘俊宏，等. 星敏感器/陀螺在轨系统误差分析与校准 [C] //第三届高分辨率对地观测学术年会优秀论文集，北京：高分辨率对地观测系统重大专项管理办公室，中国科学院重大科技任务局，中国航天科技集团公司宇航部，中国航天科工集团公司空间工程部，中国电子科技集团公司科技部，2014: 33 - 43.

[9] 刘翔春，周伟敏，廖瑛. 基于多敏感器的高轨卫星姿态确定建模与仿真 [A]. 第 13 届中国系统仿真技术及其应用学术年会论文集 [C]. 中国自动化学会系统仿真专业委员会，中国系统仿真学会仿真技术应用专业委员会，2011: 790 - 793.

[10] 陈宇宙，潘旺华，廖瑛，等. 星敏感器与地平仪组合定姿建模与仿真 [J]. 上海航天，2008, 25 (6): 61 - 64.

第 4 章　敏捷航天器姿态控制与角动量管理

4.1　引言

随着技术的发展和硬件能力的提升，航天器在轨工作模式也越发多样化，对姿态控制系统的要求也越来越高，其中一项重要需求就是敏捷姿态能力[1]。以对地遥感卫星为例，这类航天器通信部署在近地轨道以获取较高的空间观测精度，由于近地航天器在轨飞行速度较快，航天器需要在短时间内完成期望角度的姿态机动，以确保能够对多目标进行观测。在空间分辨率和时间分辨率要求同步提升的背景下，敏捷姿态机动是必须解决的技术问题。

国外在敏捷机动航天器领域布局较早，目前已经有大量敏捷航天器在轨运行，最典型的包括美国的 WorldView 系列卫星（见图 4-1）、法国的 Pleiades 系列卫星（见图 4-2）等。从国外的应用情况可以看出，敏捷航天器通常采用紧凑的整星布局以减小转动惯量，同时对电池阵等柔性结构在设计上进行优化，使其尽量靠近航天器本体，或采用桁架进行支撑，以提高柔性振动基频和阻尼系数，减小对姿态机动过程的影响。

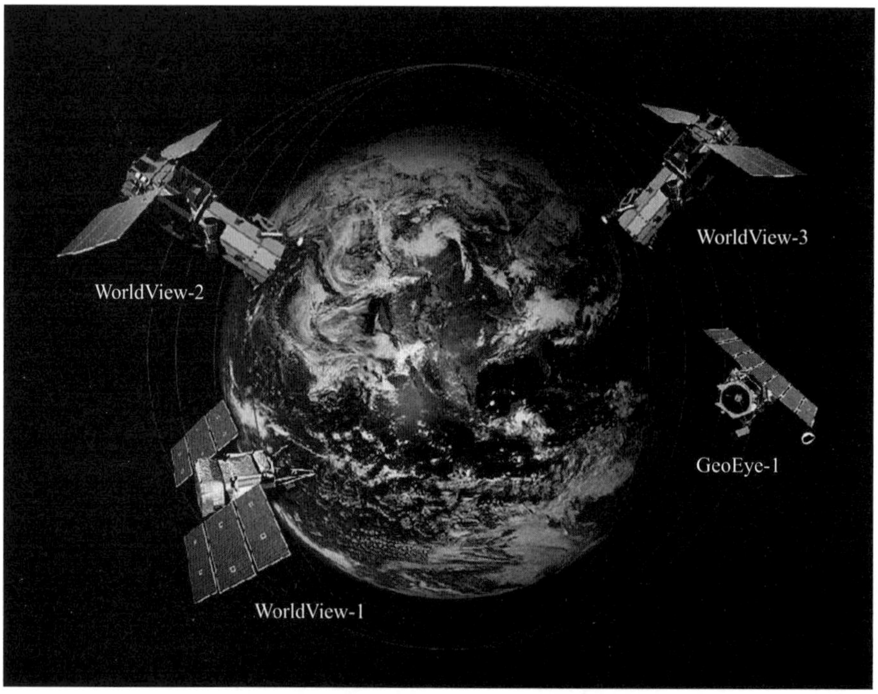

图 4-1　美国的 WorldView 系列卫星

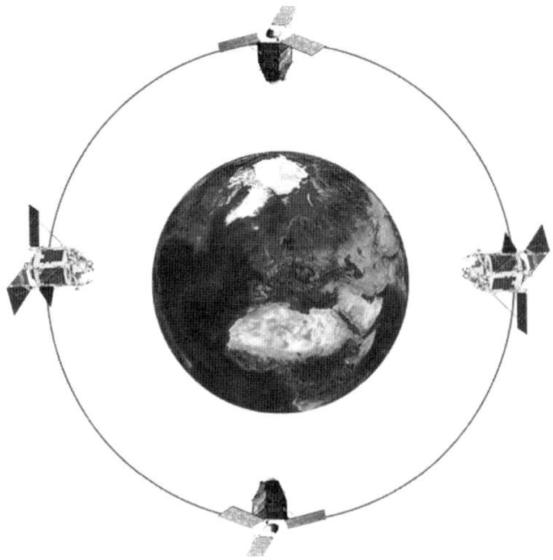

图 4-2　法国的 Pleiades 系列卫星

对姿态控制系统而言，要实现航天器的敏捷姿态机动功能，需要解决以下几个方面的问题：首先，要制定适应空间任意方向任意角度姿态机动的顶层控制策略，明确航天器动力学与运动学描述方法，设计合适的控制逻辑与算法；其次，要配控制力矩陀螺群等大输出力矩的执行机构，根据任务需求完成构形设计、产品选型，并设计满足机动需要的操纵律算法；最后，要开展长期在轨执行机构角动量管理，对克服中间干扰力矩而引起的角动量积累进行及时卸载，保证执行机构有足够的角动量输出能力。

本章将以此类高刚度敏捷航天器为控制对象，说明姿态控制系统实现快速机动控制和角动量管理的策略与方法。

4.2　绕空间欧拉轴的任意角度姿态机动策略

根据欧拉角式的坐标变化关系，航天器从初始姿态向目标姿态的过程，可以分解为绕本体轴一定转序进行旋转，这也是传统航天器进行大角度姿态机动使用较多的方法。然而，对于敏捷航天器而言，这种绕本体轴多次旋转的机动方式需要的时间太长，无法满足执行任务敏捷性的要求，因此，需要采用绕空间欧拉轴的机动策略，通过一次机动即可满足三轴姿态调整要求（见图 4-3）。

4.2.1　空间欧拉轴的确定

欧拉定理表明：刚体绕固定点的任一位移，可由绕通过此点的某一转轴转过一个角度得到。这是航天器一次机动到达目标姿态的理论基础。

要实现绕欧拉轴的姿态机动，首先要确定欧拉轴的方向。

针对某次姿态机动，假设初始姿态四元数表示为 $\boldsymbol{q}$，目标姿态四元数为 $\boldsymbol{q}''$，于是姿态机动四元数 $\boldsymbol{q}'$ 可表示为

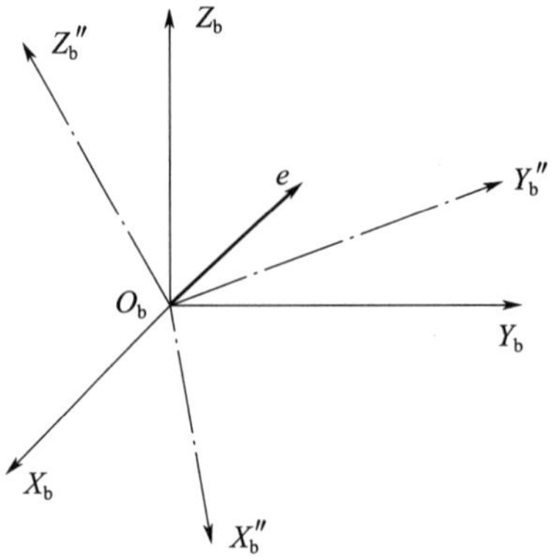

图 4-3 机动前后航天器本体系与欧拉轴示意图

$$\boldsymbol{q}' = \boldsymbol{q}^{-1}\boldsymbol{q}'' \tag{4-1}$$

根据四元数的定义，机动四元数 $\boldsymbol{q}'$ 的矢量部分就是欧拉轴 $\boldsymbol{e}$ 的方向，此外，为使机动过程沿着最小角度执行，还需要根据标量部分的符号进行处理，即

$$\boldsymbol{e} = \text{sign}(q'_4) \cdot \begin{pmatrix} q'_1 \\ q'_2 \\ q'_3 \end{pmatrix} \tag{4-2}$$

通过控制律设计，使航天器姿态绕欧拉轴 $\boldsymbol{e}$ 进行机动即可。

4.2.2 空间任意角度姿态机动策略

空间欧拉轴直接体现在当前姿态与目标姿态的偏差量，也就是机动四元数 $\boldsymbol{q}'$上，因此，对于空间任意角度姿态机动，控制律设计时需要将 $\boldsymbol{q}'$作为姿态误差，引入闭环控制，使得控制力矩沿着欧拉轴方向输出。

考虑 PD 控制律，根据反馈的姿态偏差计算的力矩指令为

$$\boldsymbol{T}_c = \boldsymbol{K}_p \cdot \text{sign}(q'_4) \cdot \begin{pmatrix} q'_1 \\ q'_2 \\ q'_3 \end{pmatrix} + \boldsymbol{K}_d \cdot \boldsymbol{\omega}_e \tag{4-3}$$

根据动力学关系，忽略叉乘引入的非线性小量，航天器动力学模型可以简化为

$$\boldsymbol{T}_c = \boldsymbol{I}\dot{\boldsymbol{\omega}} \tag{4-4}$$

式中，I 为航天器转动惯量矩阵。

为使姿态机动始终沿着欧拉轴 $\boldsymbol{e}$ 的方向，需要姿态角加速度也指向欧拉轴 $\boldsymbol{e}$ 方向，由上两式可得

$$\dot{\boldsymbol{\omega}} = \boldsymbol{I}^{-1}\left(\boldsymbol{K}_p \cdot \text{sign}(q'_4) \cdot \begin{pmatrix} q'_1 \\ q'_2 \\ q'_3 \end{pmatrix} + K_d \cdot \omega_e\right) \tag{4-5}$$

因此，需要满足 $\boldsymbol{I}^{-1}\boldsymbol{K}_p$ 和 $\boldsymbol{I}^{-1}\boldsymbol{K}_d$ 均为元素相等的对角阵的条件，才能实现绕欧拉轴 $\boldsymbol{e}$

转动的要求。对 PD 算法而言，系数矩阵 $\boldsymbol{K}_{\mathrm{p}}$ 和 $\boldsymbol{K}_{\mathrm{d}}$ 表征的是控制系统的带宽和阻尼比，实际的约束条件可以理解为：控制参数设计要使得航天器三轴方向的控制带宽和阻尼比均相等。

4.3 基于路径规划的姿态敏捷机动控制

由于执行机构能够提供的角动量包络和输出力矩有限，为避免姿态机动过程中对执行机构的使用超出其最大能力，需要对机动角速度和控制力矩进行限幅。如果对 PID 等控制律输出直接进行限幅，则会严重影响整个机动过程的动态响应，造成连续的往复振荡运动。在实际应用中，可以采用提前路径规划与机动跟踪相结合的策略，实现较好的控制效果[2]。

4.3.1 时间最优姿态机动路径规划

在航天器转动惯量、执行机构最大输出力矩、最大机动角速度均确定后，可以根据首末姿态进行时间最优的姿态机动路径规划[3]。时间最优机动路径规划原则是：加速阶段，使用最大力矩进行加速，直至角速度达到最大值；匀速阶段，航天器保持最大角速度匀速转动；减速阶段，使用最大力矩进行减速，当航天器角速度降到 0 时，恰好姿态机动到位[4]，姿态机动完整路径如图 4 - 4 所示。

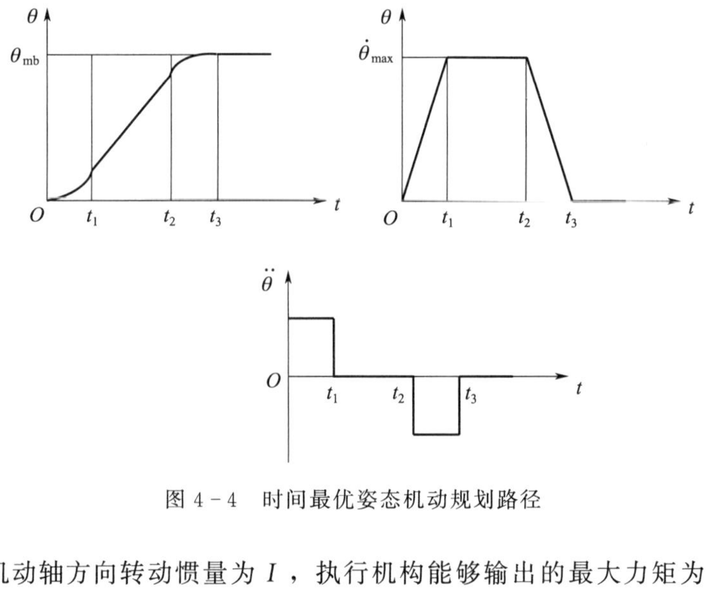

图 4 - 4　时间最优姿态机动规划路径

记航天器机动轴方向转动惯量为 I，执行机构能够输出的最大力矩为 $T_{\max}$、最大角动量包络为 $H_{\max}$，则机动加速与减速过程的姿态角加速度为 $\dot{\omega}_{\max}=T_{\max}/I$，最大姿态角速度为 $\omega_{\max}=H_{\max}/I$，下面对各个机动阶段进行具体分析。

当 $t<t_1$ 时，航天器处于加速阶段，规划的姿态路径为

$$\begin{cases}\theta = \frac{1}{2}\dot{\omega}_{\max} t^2 \\ \omega = \dot{\omega}_{\max} t \\ \dot{\omega} = \dot{\omega}_{\max}\end{cases} \tag{4-6}$$

当 $t_1 < t < t_2$ 时，航天器处于匀速阶段，规划的姿态路径为

$$\begin{cases}\theta = \omega_{\max} \cdot \left(t - \frac{t_1}{2}\right) \\ \omega = \omega_{\max} \\ \dot{\omega} = 0\end{cases} \tag{4-7}$$

当 $t_2 < t < t_3$ 时，航天器处于减速阶段，规划的姿态路径为

$$\begin{cases}\theta = \theta_{\mathrm{mb}} - \frac{1}{2}\dot{\omega}_{\max}\ (t_3 - t)^2 \\ \omega = \omega_{\max} - \dot{\omega}_{\max}(t - t_2) \\ \dot{\omega} = -\dot{\omega}_{\max}\end{cases} \tag{4-8}$$

以上各式中，θ_{mb} 为需要机动的角度，t_1、t_2、t_3 的表达式分别为

$$\begin{cases}t_1 = \frac{H_{\max}}{T_{\max}} \\ t_2 = \frac{\theta_{\mathrm{mb}} \cdot I}{H_{\max}} \\ t_3 = \frac{H_{\max}}{T_{\max}} + \frac{\theta_{\mathrm{mb}} \cdot I}{H_{\max}}\end{cases}$$

4.3.2　准时间最优姿态机动路径规划

在时间最优姿态机动路径规划策略中，控制力矩在 0 和最大值之间直接切换，这种控制量的阶跃变化容易激起液体推进剂或柔性结构的低频振动，影响机动性能。为了减少力矩阶跃变化引起的激振，尤其是减速阶段降低机动到位时的振动干扰，可以对减速阶段的机动路径进行优化，通过使控制力矩缓慢降低到 0。这类规划路径对机动过程末端进行改进处理，使姿态曲线在机动末期连续，可以减小振动干扰，并获得准时间最优的效果，如图 4-5 所示。

下面以基于二次多项式形式的机动末期姿态路径规划为例，对机动各阶段进行具体分析。

当 $t < t_1$ 时，航天器处于加速阶段，规划的姿态路径为

$$\begin{cases}\theta = \frac{1}{2}\dot{\omega}_{\max} t^2 \\ \omega = \dot{\omega}_{\max} t \\ \dot{\omega} = \dot{\omega}_{\max}\end{cases} \tag{4-9}$$

当 $t_1 < t < t_2$ 时，航天器处于匀速阶段，规划的姿态路径为

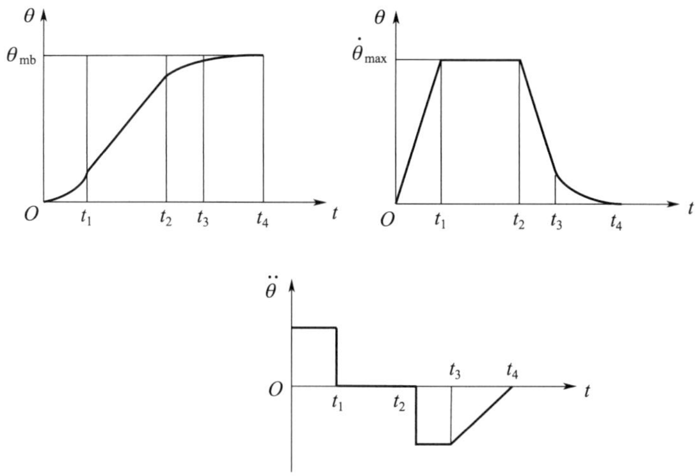

图 4-5　准时间最优姿态机动规划路径

$$\begin{cases}\theta=\omega_{\max}\cdot\left(t-\dfrac{t_1}{2}\right)\\ \omega=\omega_{\max}\\ \dot{\omega}=0\end{cases}\tag{4-10}$$

当 $t_2<t<t_3$ 时，航天器处于减速阶段，规划的姿态路径为

$$\begin{cases}\theta=\theta_{mb}-\dfrac{1}{2}\dot{\omega}_{\max}\ (t_3-t)^2\\ \omega=\omega_{\max}-\dot{\omega}_{\max}(t-t_2)\\ \dot{\omega}=-\dot{\omega}_{\max}\end{cases}\tag{4-11}$$

当 $t_3<t<t_4$ 时，航天器处于过渡减速阶段，规划的姿态路径为

$$\begin{cases}\theta=\dfrac{k_2}{3}\ (t-t_4)^3-\dfrac{k_2}{3}\ (t_3-t_4)^3+\theta_{mb}-\dfrac{k_1^2}{2}\omega_{\max}t_1\\ \omega=k_2\ (t-t_4)^2\\ \dot{\omega}=2\ k_2(t-t_4)\end{cases}\tag{4-12}$$

上述各式中，k_1 表示过渡减速阶段机动角度占整个减速阶段机动角度的比例系数，可根据实际情况进行设计，其他各参数表达式为

$$\begin{cases}k_2=\dfrac{2\dot{\omega}_{\max}}{3(t_4-t_3)}\\ t_1=\dfrac{H_{\max}}{T_{\max}}\\ t_2=\dfrac{\theta_{mb}\cdot I}{H_{\max}}\\ t_3=t_2+(1-k_1)\,t_1\\ t_4=t_3+\dfrac{3\dot{\omega}_{\max}}{2(t_4-t_3)}\end{cases}$$

4.3.3 平缓加减速姿态机动路径规划

对于一些对控制精度要求更高，或者有角速度跟踪精度要求的机动任务，基于二次多项式的路径规划策略仍然无法满足要求。这类任务希望整个机动过程中，控制力矩均能够连续可导，即姿态机动的加速和减速过程都需要尽量平缓，这时采用高阶多项式或正弦拟合等方法能够实现平缓加减速路径规划。

基于高阶多项式形式的机动路径规划策略需要在二次多项式路径的基础上，增加姿态角速度连续可导的设计约束，机动各阶段的路径公式推导过程与二次多项式类似，此处不再赘述。

基于正弦曲线形式的机动路径规划能够很简易地实现姿态连续可导、姿态角速度连读可导的设计目标（见图 4－6），在航天器姿态机动控制中有较广泛的应用，下面对机动各阶段进行具体分析。

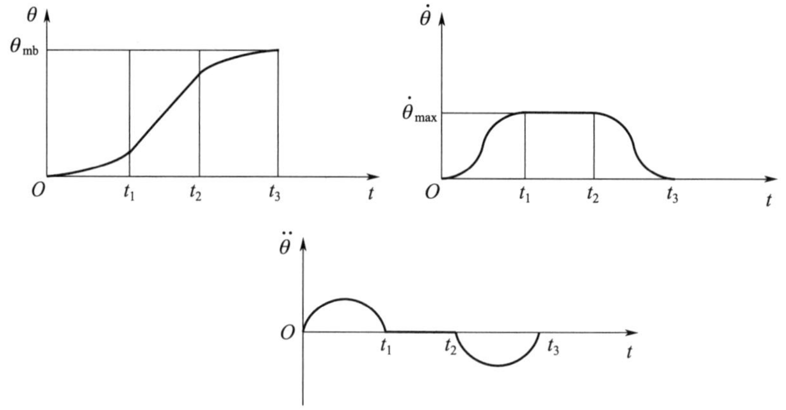

图 4－6　正弦形式姿态机动规划路径

当 $t<t_1$ 时，航天器处于加速阶段，规划的姿态路径为

$$\begin{cases}\theta=-\dfrac{t_1^2}{\pi^2}\dot{\omega}_{\max}\sin\left(\dfrac{\pi}{t_1}t\right)+\dfrac{t_1}{\pi}\dot{\omega}_{\max}t\\ \omega=-\dfrac{t_1}{\pi}\dot{\omega}_{\max}\cos\left(\dfrac{\pi}{t_1}t\right)+\dfrac{t_1}{\pi}\dot{\omega}_{\max}\\ \dot{\omega}=\dot{\omega}_{\max}\sin\left(\dfrac{\pi}{t_1}t\right)\end{cases}\tag{4-13}$$

当 $t_1<t<t_2$ 时，航天器处于匀速阶段，规划的姿态路径为

$$\begin{cases}\theta=\omega_{\max}\cdot\left(t-\dfrac{t_1}{2}\right)\\ \omega=\omega_{\max}\\ \dot{\omega}=0\end{cases}\tag{4-14}$$

当 $t_2<t<t_3$ 时，航天器处于减速阶段，规划的姿态路径为

$$
\begin{cases}
\theta = \dfrac{t_1^2}{\pi^2}\dot{\omega}_{\max}\sin\left(\dfrac{\pi}{t_1}(t-t_2)\right)+\dfrac{t_1}{\pi}\dot{\omega}_{\max}(t-t_3)+\theta_{\mathrm{mb}} \\
\omega = \dfrac{t_1}{\pi}\dot{\omega}_{\max}\cos\left(\dfrac{\pi}{t_1}(t-t_2)\right)+\dfrac{t_1}{\pi}\dot{\omega}_{\max} \\
\dot{\omega} = -\dot{\omega}_{\max}\sin\left(\dfrac{\pi}{t_1}(t-t_2)\right)
\end{cases}
\tag{4-15}
$$

以上各式中，t_1、t_2、t_3 的表达式分别为

$$
\begin{cases}
t_1 = \dfrac{\pi H_{\max}}{2T_{\max}} \\
t_2 = \dfrac{\theta_{\mathrm{mb}} \cdot I}{H_{\max}} \\
t_3 = \dfrac{\pi H_{\max}}{2T_{\max}} + \dfrac{\theta_{\mathrm{mb}} \cdot I}{H_{\max}}
\end{cases}
$$

4.3.4　姿态机动路径跟踪控制

为确保姿态机动过程能够准确跟踪规划的路径，通常需要对控制力矩进行前馈，同时对跟踪规划路径的姿态偏差进行闭环反馈控制[3]。其中，前馈用于提高姿态跟踪的动态性能，减少时域的滞后，反馈用于小时姿态跟踪误差，提高动态跟踪精度。基于“前馈补偿＋闭环反馈”的控制系统原理图如图 4－7 所示。

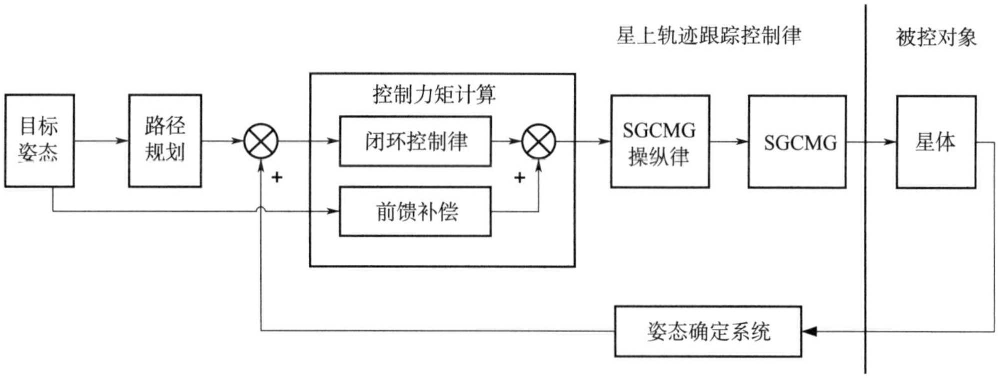

图 4－7　“前馈＋反馈”控制系统原理图

注：SGCMG 为单框架力矩陀螺。

控制律设计时，前馈部分由路径规划的姿态角加速度得到，即

$$
\boldsymbol{T}_{\mathrm{qk}} = \boldsymbol{I}\dot{\omega} e \tag{4-16}
$$

反馈部分由测量得到的姿态与目标姿态之间的偏差，根据 PID 控制算法计算得到。

4.3.5　仿真算例

（1）仿真初始条件

考虑某敏捷机动航天器，转动惯量矩阵为

$$
\boldsymbol{I}=\begin{pmatrix} 3\ 700 & 20 & -120 \\ 20 & 4\ 300 & 30 \\ -120 & 30 & 2\ 400 \end{pmatrix}
$$

航天器初始姿态为［0°，0°，0°］，目标姿态为［0°，50°，0°］，配置 6 台 50 N·m·s 控制力矩陀螺，规划最大控制力矩 30 N·m·s，规划最大机动角速度 2.8（°）/s。

（2）时间最优路径规划仿真

根据上述仿真条件，采用时间最优策略进行机动路径规划，“前馈＋反馈”的闭环控制策略，仿真曲线如图 4－8～图 4－11 所示。

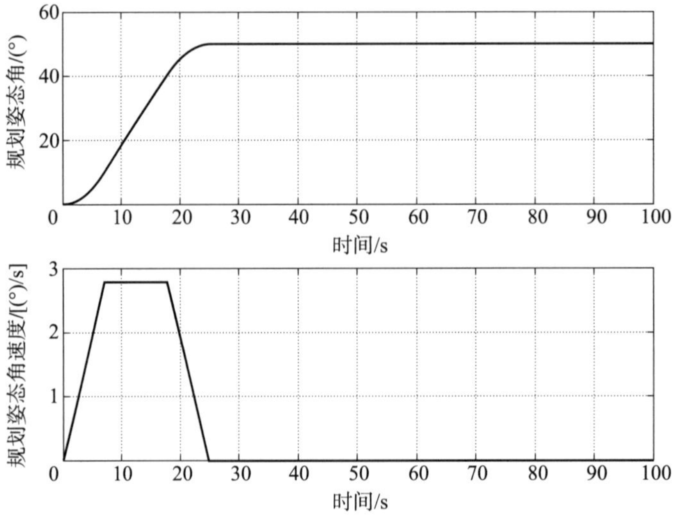

图 4－8　时间最优策略规划路径曲线

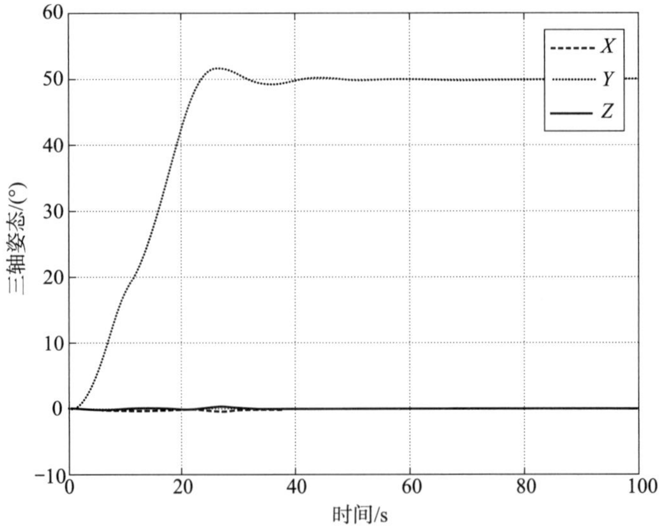

图 4－9　时间最优策略三轴姿态控制曲线

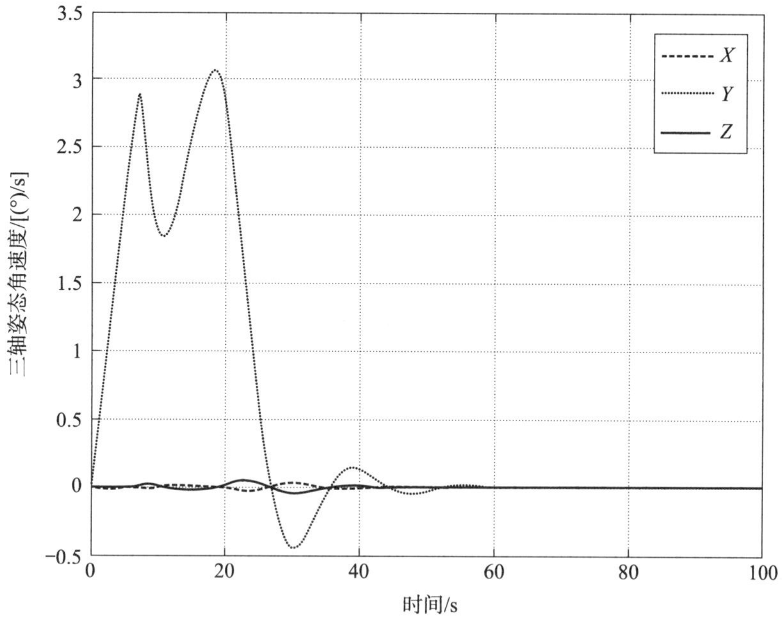

图 4-10　时间最优策略三轴角速度控制曲线

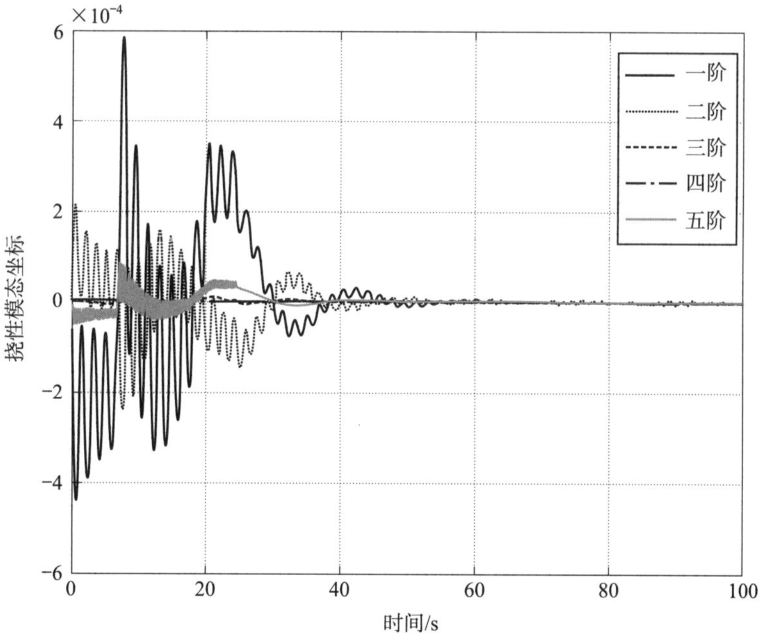

图 4-11　时间最优策略前五阶柔性模态坐标曲线（见彩插）

从仿真结果可以看出，基于时间最优策略规划的机动路径在应用于实际控制时，动态性能并不是很理想，控制立即的突变使得姿态跟踪过程中产出较大超调，并且容易激起柔性振动。

（3）准时间最优路径规划

根据上述仿真条件，采用准时间最优策略进行机动路径规划，“前馈＋反馈”的闭环控制策略，仿真曲线如图 4－12～图 4－15 所示。

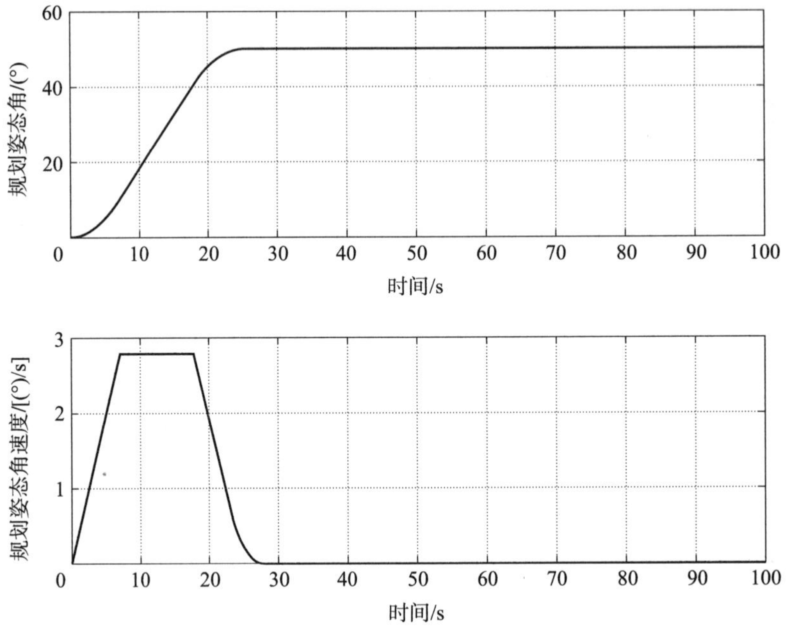

图 4－12　准时间最优策略规划路径曲线

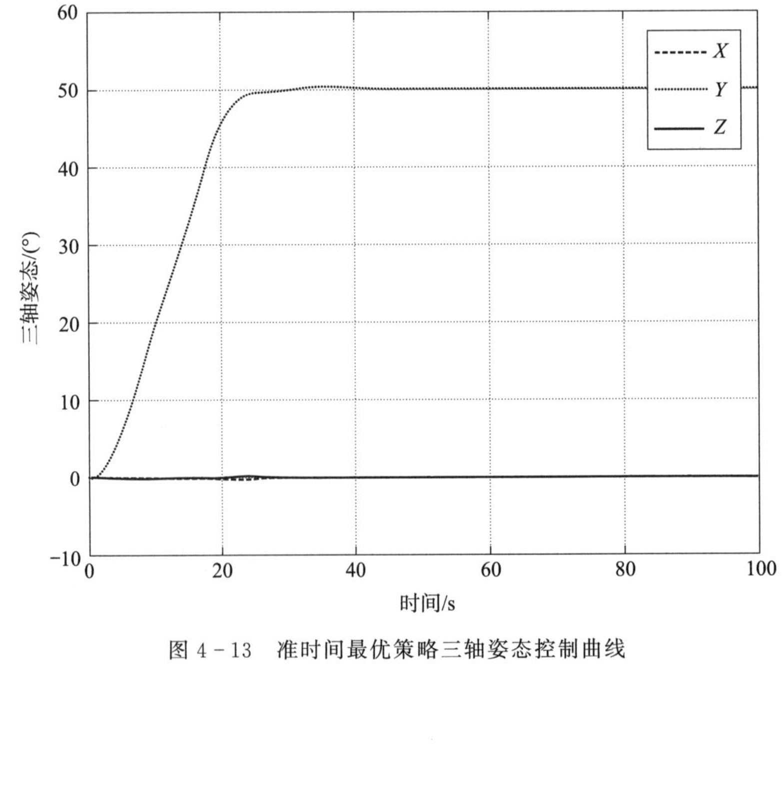

图 4－13　准时间最优策略三轴姿态控制曲线

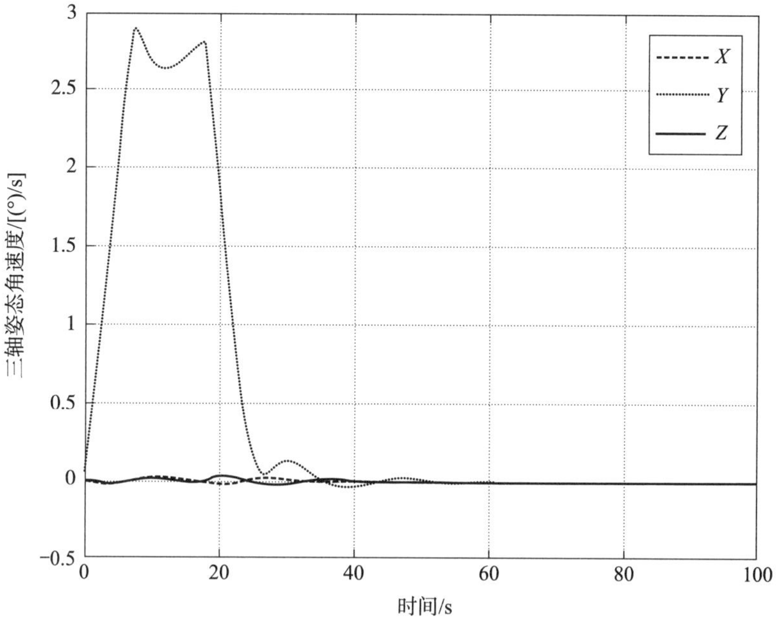

图 4－14 准时间最优策略三轴角速度控制曲线

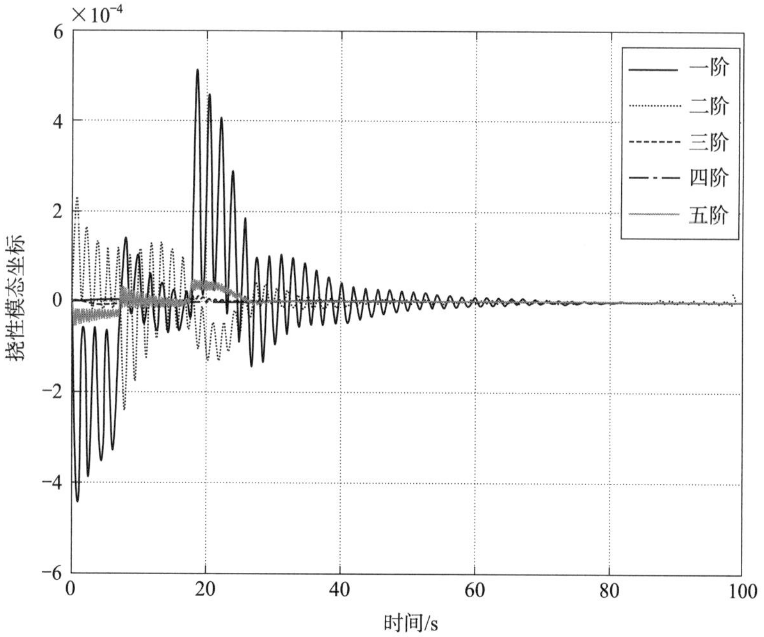

图 4－15 准时间最优策略前五阶柔性模态坐标曲线（见彩插）

从仿真结果可以看出，在机动末期采用二阶多项式对姿态到位阶段路径进行优化后，姿态到位后的超调明显减小，柔性振动幅值也有所降低。

(4) 平缓加减速路径规划

根据上述仿真条件，采用平缓加减速策略进行机动路径规划，“前馈＋反馈”的闭环控制策略，仿真曲线如图 4－16～图 4－19 所示。

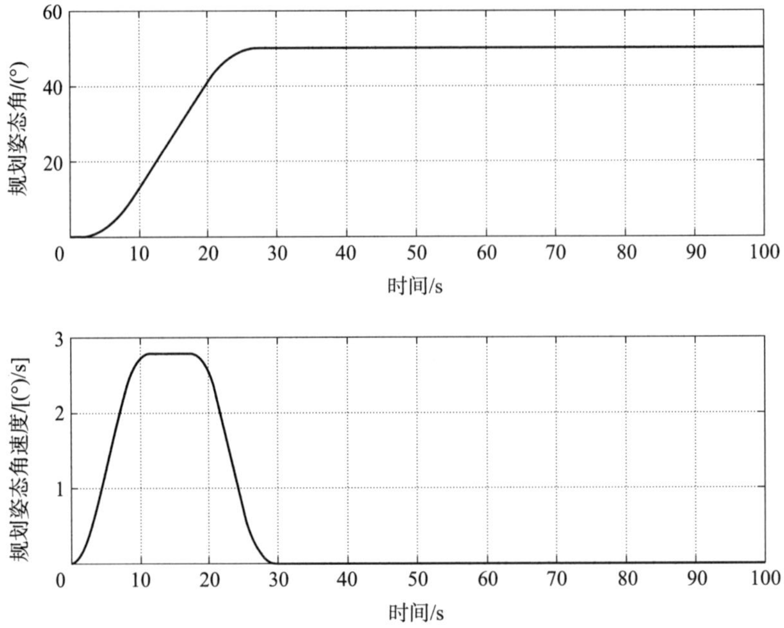

图 4－16　平缓加减速策略规划路径曲线

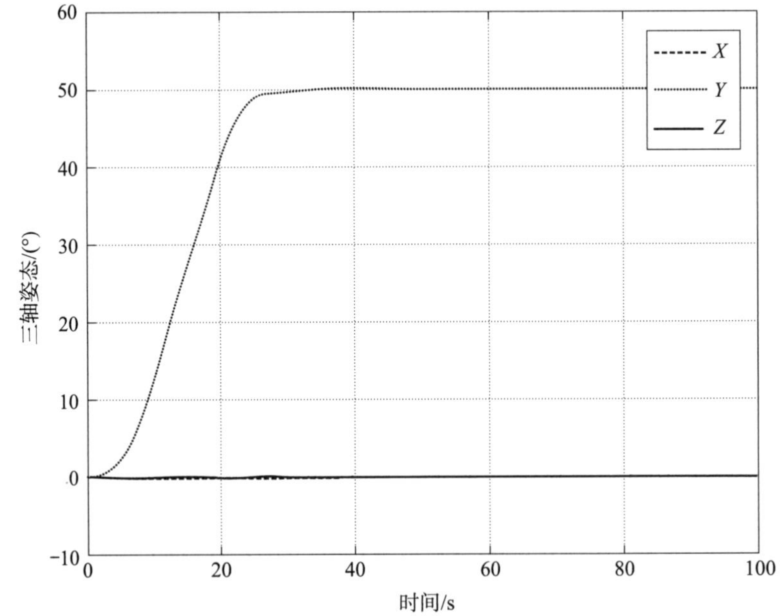

图 4－17　平缓加减速策略三轴姿态控制曲线

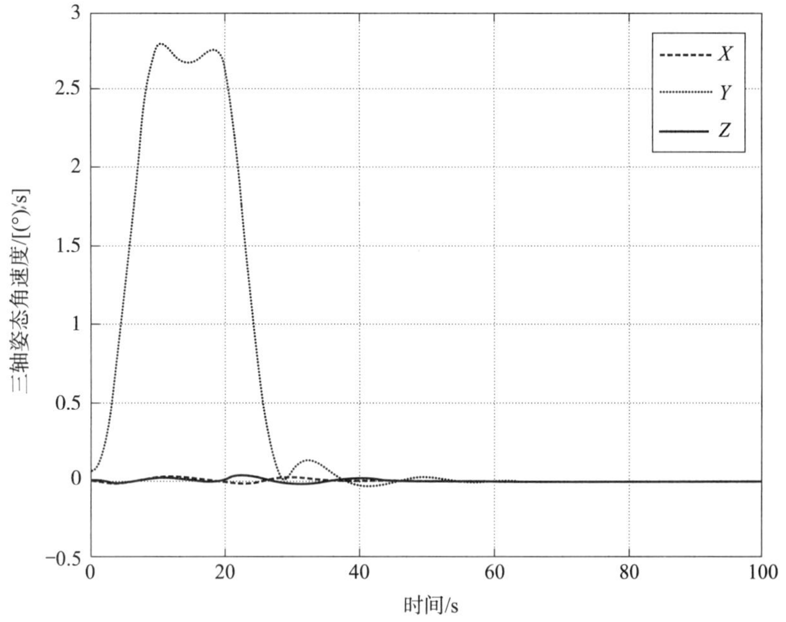

图 4 - 18　平缓加减速策略三轴角速度控制曲线

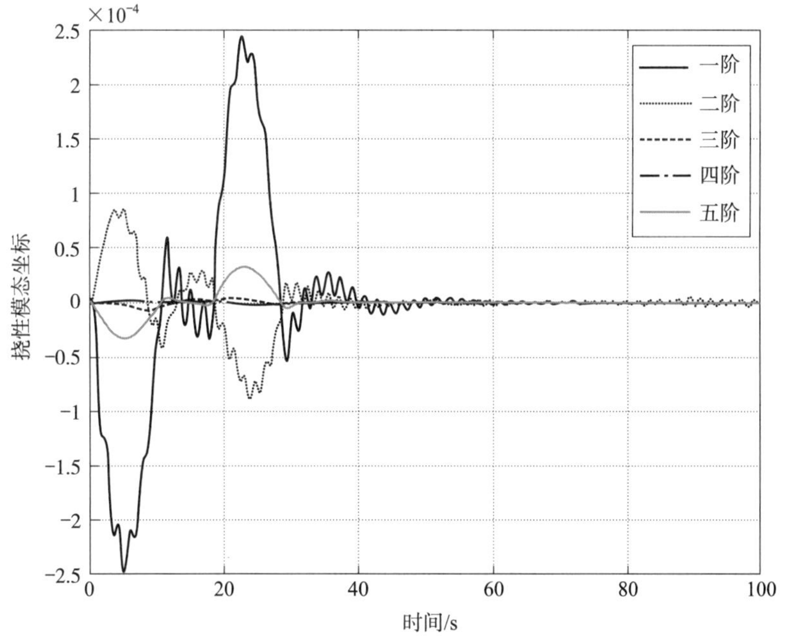

图 4 - 19　平缓加减速策略前五阶柔性模态坐标曲线（见彩插）

从仿真结果可以看出，在采用平缓加减速的规划策略后，姿态机动过程中和到位后的超调均较小，柔性振动幅值也较低。

（5）不同规划路径柔性激振对比

取柔性影响较明显的一阶、二阶、五阶振动为例，三种不同路径规划方式激起的柔性振动对比如图 4－20 所示。

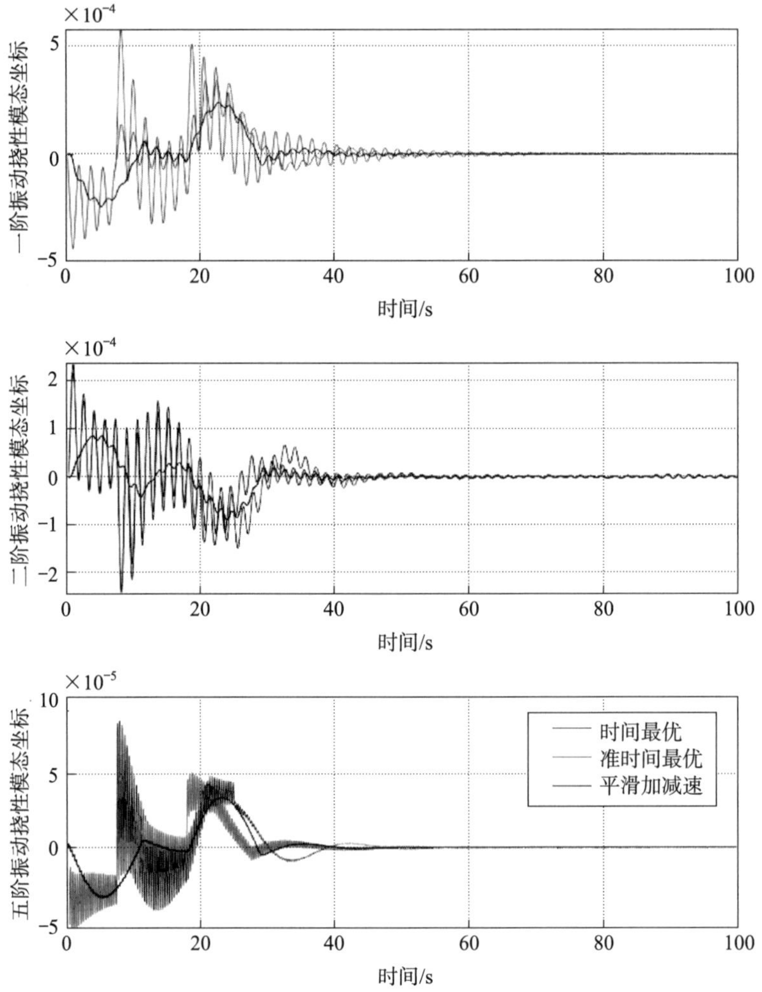

图 4－20　平缓加减速策略前五阶柔性模态坐标曲线（见彩插）

不同策略的路径规划对比曲线与预期效果一致，时间最优策略激起的柔性振动最为显著，准时间最优策略相比时间最优策略稍有改进，但是柔性振荡的趋势仍然很明显，平缓加减速策略相对效果更好，激起的柔性振动幅度大幅降低，更有利于机动到位后快速稳定。

4.4　递阶饱和姿态敏捷机动控制

当姿态机动模式比较复杂、机动角度和方向频繁变化时，提前进行路径规划需要耗费较多时间资源和硬件资源，不利于任务快速响应。对于构型紧凑的高刚度敏捷航天器，采用双层递阶饱和算法能够在无需提前规划的情况下获得近似时间最优的动态机动性能，非常适合多模式频繁机动的航天器使用[5]。

4.4.1 递阶饱和算法基本原理

对于绕空间欧拉轴的姿态机动控制，递阶饱和 PID 控制器的具体形式为[6]

$$\boldsymbol{T}_{c}=\underset{T_{\max}}{\operatorname{sat}}\left(-K_{p}\cdot\underset{\boldsymbol{q}_{\mathrm{emax}}}{\operatorname{sat}}\left(q_{e}+K_{i}\underset{\mathrm{int}}{\operatorname{sat}}\int\boldsymbol{q}_{e}(\tau)\mathrm{d}\tau\right)-K_{d}\cdot\boldsymbol{\omega}_{e}\right) \tag{4-17}$$

式中，$\boldsymbol{T}_c$ 为控制器给出的控制指令；K_p 为比例系数；K_d 为微分项系数；K_i 为积分项系数；$\boldsymbol{q}_e$ 为误差姿态四元数；$\boldsymbol{\omega}_e$ 为误差姿态角速度；int 为积分项饱和值；符号函数的定义为

$$\underset{a}{\operatorname{sat}}(e)=\begin{cases}a & e\geqslant a\\ e & |e|<a\\ -a & e\leqslant -a\end{cases}$$

在实际设计 PID 控制器时，先不考虑积分环节，直接对控制器中的比例项和微分项进行设计，然后根据工程经验，再对积分项进行设计，以消除系统的静态误差。下面分析航天器在姿态控制时的姿态运动形式，一般卫星的姿态运动过程可描述为以下几个阶段。

（1）最大加速度加速阶段

航天器开始进行姿态机动时的初始偏差姿态角大于 $|q_{\mathrm{emax}}|$ ，当 $K_p|q_{\mathrm{emax}}|$ 大于执行机构能够提供的最大力矩时，由于控制器中饱和环节的作用，控制器输出的控制力矩指令为

$$\boldsymbol{T}_c=\boldsymbol{T}_{\max} \tag{4-18}$$

由式（4-18）可以看出，开始阶段控制器输出最大力矩指令，使航天器以最大加速度运动，此时偏差角以很快的速度减小，与此同时，$|\boldsymbol{\omega}_e|$ 的值将以最快的速度增加，当 $|\boldsymbol{\omega}_e|$ 增大到一定值时，控制器输出的指令力矩 $\boldsymbol{T}_c$ 将会小于 $T_{\max}$ 。对于大角度姿态机动来说，仅仅经过这一阶段的运动不足以将偏差角 $\boldsymbol{q}_e$ 控制到小于姿态偏差角饱和值 q_{emax} 以内。

（2）加速结束阶段

加速结束到匀速的过渡阶段，系统的控制器输出形式为

$$\boldsymbol{T}_c=-K_p\cdot q_{\mathrm{emax}}\boldsymbol{e}-K_d\cdot\boldsymbol{\omega}_e \tag{4-19}$$

结合化简后的航天器动力学方程，可将航天器的姿态运动用下面的微分方程来描述

$$\boldsymbol{I}\dot{\boldsymbol{\omega}}_e+K_d\cdot\boldsymbol{\omega}_e=\boldsymbol{C}\quad(\boldsymbol{C}=-K_p\cdot q_{\mathrm{emax}}\boldsymbol{e}) \tag{4-20}$$

式中，$\boldsymbol{I}$ 为转动惯量矩阵；$\boldsymbol{e}$ 为机动欧拉轴。容易看出，方程（4-20）的解为指数形式，此时系统的角速度将以指数形式趋近于其最大值，其运动过程如下

$$\omega=\omega_0 e^{-\frac{K_d}{I}t}+\omega_{\mathrm{emax}}\left(1-e^{-\frac{K_d}{I}t}\right) \tag{4-21}$$

由式（4-21）可以看出航天器角速度以指数 $e^{-\frac{K_d t}{I}}$ 运动，并且渐渐接近所设计的最大角速度值 ω_{emax} ，趋近速度的大小取决于 K_d 的大小。K_d 取值越大，姿态角速度越快地趋近于 ω_{emax} ，K_d 取值越小姿态角速度越慢地趋近于 ω_{emax} 。为满足机动的快速性，通常希望

航天器能够尽快地以最大角速度进行滚动，因此希望 K_d 取值越大越好。但是，在 K_p 大小一定的情况下，如果 K_d 取值过大，系统的测量噪声将会被放大，同时也会增加系统的阻尼，延长机动末段运动的时间，因此 K_d 大小的选择应根据系统的参数折中考虑。

对于力矩的变化形式，可以通过对角速度求导得到，因此力矩的变化形式中存在指数部分，并且与角速度变化的指数部分相同，其表达式为

$$T = T_{max} e^{-\frac{Kd}{I}t} \tag{4-22}$$

（3）匀速转动阶段

由式（4－22）可以看出，T 很快减小至零。在 T 接近于零的同时，ω 以同样速度接近于 ω_{emax}，如果 $T=0$，则 $\omega=\omega_{emax}$，此时系统将以其能达到的最大角速度 ω_{emax} 运动，系统的姿态误差角以最快的速度减小。

（4）减速阶段

当系统的偏差角 $q_e \leqslant q_{emax}$ 时，系统将进入正常的 PID 环节进行运动。此时 K_p、K_d 将对航天器的运动形式起到决定性的作用，将影响到系统的稳定时间以及系统的控制精度。

根据 $\boldsymbol{T}_c$ 的表达式形式可以看出在航天器偏差角超过饱和范围时，递阶饱和控制器的主要控制任务是将偏差姿态角拉入饱和范围内，同时尽快对航天器加速。如果在足够长的时间内航天器的偏差角都在饱和范围之外，卫星的角速度幅值将会变为 $(K_p/K_d)\cdot q_{emax}$，并且不会超过这个值。由此可见，在偏差角较大的情况下递阶饱和控制器使航天器的角速度大小为

$$\omega_{emax} = \frac{K_p}{K_d} q_{emax}$$

4.4.2 固定偏差角上限递阶饱和控制器设计

通常来说，为了使系统快速地收敛，应避免或尽量减小超调量，从上面的分析可以直观地看出，如果 q_{emax} 取值很小，而设计的 ω_{emax} 很大时，在系统运动的末段会出现很大的超调。然而 ω_{emax} 的大小决定航天器机动快慢，不应将其值减小，所以只能将 q_{emax} 设计得很大，而 q_{emax} 同时需要满足如下不等式

$$\frac{I\omega_e^2}{2T_{max}} = \frac{\omega_e^2}{2\dot{\omega}_{max}} \leqslant q_{emax} \tag{4-23}$$

式中，$\dot{\omega}_{max}$ 为滚动轴能够提供的最大角加速度。该表达式的具体含义可以表述为：在控制系统开始减速的阶段，在航天器所能提供的力矩范围内，能够保证将航天器的角度偏差控制到零的同时，航天器的角度偏差也减小为零。由上式可以看出如果 $q_{emax} < I\omega_e^2/(2T_{max})$，即使系统以最大的加速度进行减速也会出现超调现象。因此设计常值饱和上限的饱和值 q_{emax} 时，通常应满足式（4－23）。

由于存在关系式

$$\frac{K_p}{K_d} |q_{emax}| = |\omega_{emax}| \tag{4-24}$$

因此比例微分系数的选择受到了一定限制，而比例微分系数的大小直接影响机动末端

航天器的运动。对于递阶饱和控制器，在运动末段，其控制器形式等价为传统的 PID 控制。因此对于应用递阶饱和控制器的航天器，其某一主轴在运动末端可以等效为一个二阶系统，其形式为

$$\frac{K_{\mathrm{p}}}{Is^2+K_{\mathrm{d}}s+K_{\mathrm{p}}} \tag{4-25}$$

通常情况下，对于普遍意义的二阶系统希望其阻尼比 $\zeta=0.7\sim1$，在高频噪声准许的范围内，希望系统的带宽尽量宽。类比普遍情况二阶系统可以得到

$$\begin{cases}\omega_{\mathrm{n}}=\sqrt{\dfrac{K_{\mathrm{p}}}{I}}\\ \zeta=\dfrac{K_{\mathrm{d}}}{2I\omega_{\mathrm{n}}}\end{cases} \tag{4-26}$$

其中，ω_{n} 表征系统的响应速度与带宽成正比，ζ 为阻尼比。

对于航天器姿态控制系统，在噪声准许的范围内，通常希望 K_{p}、K_{d} 尽量大，以使控制器的响应变快，同时可以提高收敛的速度以及稳态的精度。由式（4-24）与式（4-26）可以得出在阻尼比一定的情况下 q_{emax} 与 K_{p}、K_{d} 之间的制约关系

$$\begin{cases}K_{\mathrm{d}}=2\zeta\sqrt{IK_{\mathrm{p}}}\\ \varphi_{\mathrm{emax}}=2\zeta\omega_{\max}\sqrt{\dfrac{I}{K_{\mathrm{p}}}}\end{cases} \tag{4-27}$$

由上式可以看出，在 ω_{emax} 一定的情况下，q_{emax} 与 K_{p}、K_{d} 成反比，如果 K_{p}、K_{d} 取值过大，必然使得 q_{emax} 取值过小，会出现大的超调，而 K_{p}、K_{d} 取值过小，系统稳态时的性能又无法满足。如果使 q_{emax} 与 K_{p}、K_{d} 同时满足设计要求又会使得系统阻尼比非常大，使得末段收敛非常慢。

4.4.3　变偏差角上限递阶饱和控制器设计

针对上述缺点 WIE B 和 LU J 提出一种动态性能更加优越的递阶饱和控制方法，将 q_{emax} 设计为变动的值，使得系统有足够的能力在 q_{e} 趋近于零的同时，使得 ω_{e} 也趋近于零[7]。其基本思想是保持机动前期的运动形式不变，而通过对控制器的设计使得系统提前进入减速环节，或者可以说成通过限制误差角的最大值来限制航天器机动的角速度，使得航天器在任意时刻的角速度趋近于以最大力矩进行减速且不会出现超调的角速度值。

因此可以令

$$\omega_{\mathrm{emax}}=\sqrt{\frac{2T_{\max}|\varphi_{\mathrm{e}}|}{I}} \tag{4-28}$$

令 $u_c=0$ 可以求出系统的偏差角幅度为 $K_{\mathrm{d}}/K_{\mathrm{p}}\cdot\sqrt{2T_{\max}|q_{\mathrm{e}}|/I}$。另外由于 ω_e 不能超过系统的最大角速度值，可以取

$$\varphi_{\mathrm{up}}=\min\left\{q_{\mathrm{emax}},\frac{K_{\mathrm{d}}}{K_{\mathrm{p}}}\sqrt{\frac{2T_{\max}|\varphi_{\mathrm{e}}|}{I}}\right\} \tag{4-29}$$

这样既保证了系统可以在其设定的最大角速度之内运动，又可以保证系统在机动末

端，在理论上有足够的能力使系统的偏差角与偏差角速度同时控制到零。

在这种变偏差角上限值的递阶饱和控制系统中，通常可以将 q_{emax} 取得很小，设计控制系统时便不用考虑式（4-23）的限制，因此控制系统的参数是完全根据最大机动角速度、系统带宽以及阻尼比确定的，而 q_{emax} 的值由设计好的 K_{p}、K_{d}、ω_{emax} 根据式（4-24）求取。

在加速段与常速度滚动段，该控制器与常值偏差角上限 PID 的运动形式相同，因此，再来分析这种控制器在减速阶段的运动形式，由式（4-29）可知当

$$|q_{\mathrm{e}}| < \left(q_{\mathrm{emax}} \frac{K_{\mathrm{p}}}{K_{\mathrm{d}}}\right)^2 \frac{I}{2T_{\max}} \tag{4-30}$$

姿态角偏差的上限值变为 $K_{\mathrm{d}}/K_{\mathrm{p}} \cdot \sqrt{2T_{\max}|q_{\mathrm{e}}|/I}$，通常当 $|q_{\mathrm{e}}|$ 还很大时便进入这种减速模式，另外比较 $K_{\mathrm{d}}/K_{\mathrm{p}} \cdot \sqrt{2T_{\max}|q_{\mathrm{e}}|/I}$ 与 $|q_{\mathrm{e}}|$ 的大小，判断姿态角是否在饱和值以内，如果满足下式

$$\frac{K_{\mathrm{d}}}{K_{\mathrm{p}}}\sqrt{\frac{2T_{\max}|\varphi_{\mathrm{e}}|}{I}} < |q_{\mathrm{e}}| \tag{4-31}$$

系统偏差角在饱和值以外，此时的偏差角取饱和值，由上式可以推出

$$\frac{2T_{\max}}{I}\left(\frac{K_{\mathrm{d}}}{K_{\mathrm{p}}}\right)^2 < q_{\mathrm{e}} \tag{4-32}$$

而 $2T_{\max}/I \cdot (K_{\mathrm{d}}/K_{\mathrm{p}})^2$ 通常很小，因此，当航天器姿态偏差角很小时才进入传统 PID 运动阶段。通常情况下这种控制器在减速阶段的输入形式如下

$$T_{\mathrm{c}} = -K_{\mathrm{d}}\sqrt{\frac{2T_{\max}|\varphi_{\mathrm{e}}|}{I}} - K_{\mathrm{d}}\omega_{\mathrm{e}} \tag{4-33}$$

理想情况希望 ω_{e} 每时每刻都等于 $\sqrt{2T_{\max}|\varphi_{\mathrm{e}}|/I}$，但是由于减速阶段 u_{c} 不能取零，因此 ω_{e} 总是与期望角速度有一个偏差，以保证系统能够进行减速。由式（4-33）可知，这个角速度与期望值的偏差越大，减速力矩越大，但这样末端的超调会很大，因此总希望 K_{d} 取值大一点，可以使系统在同样偏差角的情况下以更大的力矩进行减速。

当 $2T_{\max}/I \cdot (K_{\mathrm{d}}/K_{\mathrm{p}})^2 \geqslant q_{\mathrm{e}}$ 时，系统以传统的 PID 控制器对航天器进行控制，控制器形式为

$$T_{\mathrm{c}} = -K_{\mathrm{p}}\varphi_{\mathrm{e}} - K_{\mathrm{d}}\omega_{\mathrm{e}} \tag{4-34}$$

4.4.4 仿真算例

采用与 4.3.4 节相同的仿真初始条件，进行递阶饱和算法姿态机动仿真，结果如图 4-21～图 4-23 所示。

从仿真结果可以看出，递阶饱和算法实现了预期的角速度限幅，而且在机动末期具有平滑逼近效果，能够有效减小柔性振动带来的影响，整体上实现了接近时间最优的动态过程。

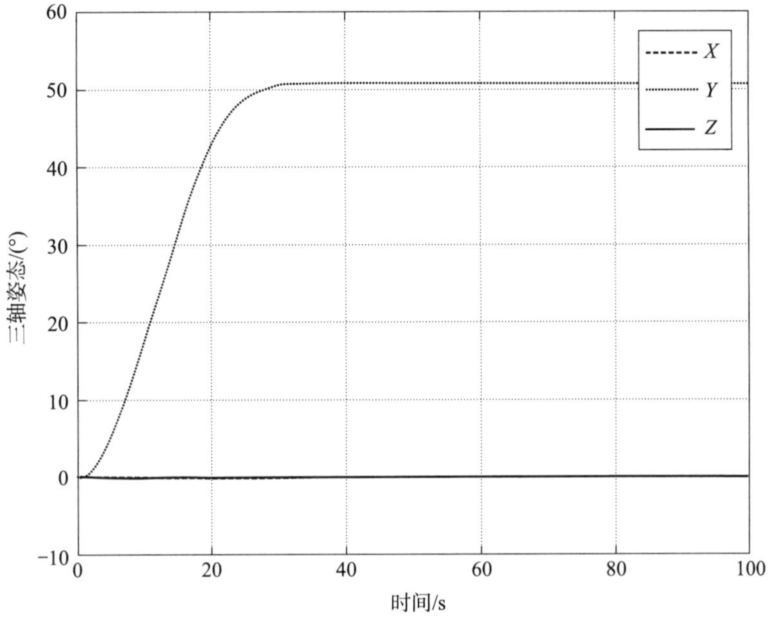

图 4-21　递阶饱和算法三轴姿态控制曲线

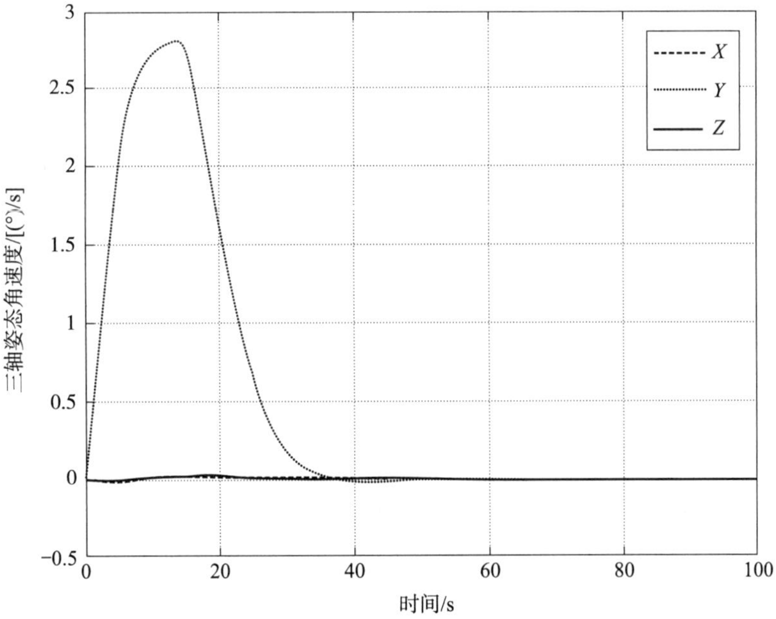

图 4-22　递阶饱和算法三轴角速度控制曲线（见彩插）

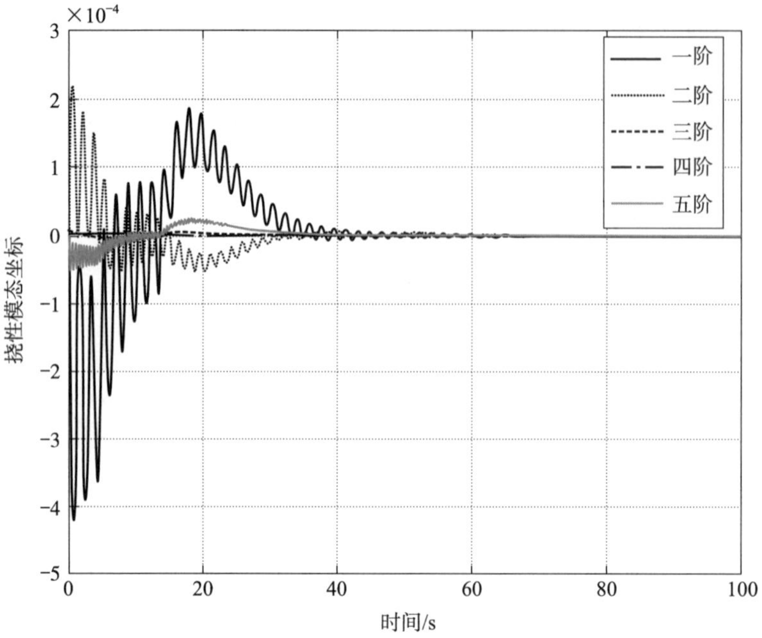

图 4-23 递阶饱和算法前五阶柔性模态坐标曲线（见彩插）

4.5 控制力矩陀螺群及其操纵律

对敏捷航天器而言，必须配置大输出执行机构来实现机动过程中大角加速度和大角速度的运动目标。单框架控制力矩陀螺（以下简称控制力矩陀螺）是目前主流的敏捷航天器执行机构，在国内外在轨航天器上均有广泛应用[8]。

本章对控制力矩陀螺的基本工作原理和应用于航天器姿态控制的操纵方法进行介绍。

4.5.1 控制力矩陀螺工作原理

SGCMG 由机构和线路盒两部分组成，其中机构部分主要由一个框架和一个以恒定转速转动的飞轮组成，飞轮以正交的方式架在单轴框架上，框架轴与动量轴垂直，内框架可绕基座相对转动，提供一个控制自由度[9]。如图 4-24 所示，定义框架坐标系 $ox_g y_g z_g$，$\boldsymbol{g}$、$\boldsymbol{w}$、$\boldsymbol{t}$ 为坐标基轴的单位矢量，h 为动量轮自转角动量，δ 为框架角，则框架角转动速度 $\dot{\delta}$ 引起的 SGCMG 输出力矩为

$$\boldsymbol{T}_{\mathrm{o}} = -(\dot{\delta}\boldsymbol{g}) \times (h\boldsymbol{w}) = -(\dot{\delta}h)\boldsymbol{t} \tag{4-35}$$

4.5.2 配置控制力矩陀螺群的航天器动力学模型

首先考虑航天器本体部分，对高刚度敏捷航天器而言，其本体可按刚体模型进行姿态动力学建模，即

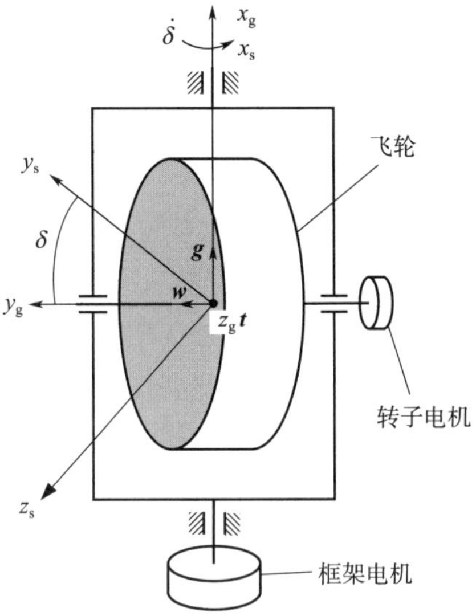

图 4-24 磁力矩器功能原理图

$$\boldsymbol{I}\dot{\boldsymbol{\omega}}+\boldsymbol{\omega}\times(\boldsymbol{I}\boldsymbol{\omega}+\boldsymbol{h}_{\mathrm{CMG}})=\boldsymbol{T}_{\mathrm{c}}+\boldsymbol{T}_{\mathrm{e}} \tag{4-36}$$

式中 $\boldsymbol{I}$ ——航天器转动惯量阵，单位 $\mathrm{kg}\cdot\mathrm{m}^2$，定义如下

$$\boldsymbol{I}=\begin{pmatrix} I_x & -I_{xy} & -I_{xz} \\ -I_{xy} & I_y & -I_{yz} \\ -I_{xz} & -I_{yz} & I_z \end{pmatrix}$$

$\boldsymbol{\omega}$ ——航天器惯性角速度在本体坐标系中向量，单位 rad/s，定义如下

$$\boldsymbol{\omega}=(\omega_x,\omega_y,\omega_z)^{\mathrm{T}}$$

$\boldsymbol{h}_{\mathrm{CMG}}$ ——航天器三轴上的控制力矩陀螺群角动量，单位 $\mathrm{N}\cdot\mathrm{m}\cdot\mathrm{s}$，定义如下

$$\boldsymbol{h}_{\mathrm{CMG}}=(h_x \quad h_y \quad h_z)^{\mathrm{T}}$$

记 $\boldsymbol{T}_{\mathrm{c}}$ 为航天器的控制力矩，单位 $\mathrm{N}\cdot\mathrm{m}$，$\boldsymbol{T}_{\mathrm{e}}$ 为航天器的内外干扰力矩，单位 $\mathrm{N}\cdot\mathrm{m}$，考虑电池阵等柔性机构，则最终的完整动力学包括星体转动和太阳电池阵柔性振动两部分，分别对应式（4-37）和式（4-38）。

$$\boldsymbol{I}\dot{\boldsymbol{\omega}}+\boldsymbol{F}\ddot{\boldsymbol{\eta}}+\boldsymbol{\omega}\times(\boldsymbol{I}\boldsymbol{\omega}+\boldsymbol{h}_{\mathrm{CMG}}+\boldsymbol{F}\dot{\boldsymbol{\eta}})=\boldsymbol{T}_{\mathrm{c}}+\boldsymbol{T}_{\mathrm{e}} \tag{4-37}$$

$$\ddot{\boldsymbol{\eta}}+2\xi\boldsymbol{\Omega}\dot{\boldsymbol{\eta}}+\boldsymbol{\Omega}^2\boldsymbol{\eta}+\boldsymbol{F}^{\mathrm{T}}\dot{\boldsymbol{\omega}}=0 \tag{4-38}$$

式中，$\boldsymbol{F}$ 为太阳电池阵振动与星体转动的耦合系数阵；$\boldsymbol{\eta}$ 为柔性模态坐标；$\boldsymbol{\Omega}$ 为柔性振型频率；ξ 为柔性模态的阻尼系数。

4.5.3 控制力矩陀螺群奇异回避操纵律

控制力矩陀螺群操纵律主要用于将力矩指令解算为每台控制力矩陀螺的框架转速指令[10]。航天器在执行机动任务的过程中，大部分时间均使用奇异回避操纵律，此类操纵律能够精确输出需要的控制力矩，通过零运动来实现对隐奇异点的回避控制。

（1）伪逆操纵律

伪逆操纵律是利用最优化方法求取得到的，选取 SGCMG 框架角速度加权二次型为性能指标，表达式为

$$W = \dot{\boldsymbol{\delta}}^{\mathrm{T}} \dot{\boldsymbol{\delta}} \tag{4-39}$$

以指标 W 最小为约束条件，通过求解含有约束的最优化问题能够求取 $\dot{\delta}$ 的表达式，具体的操纵律形式为

$$\dot{\boldsymbol{\delta}} = -\boldsymbol{C}^{\mathrm{T}} (\boldsymbol{C}\boldsymbol{C}^{\mathrm{T}})^{-1} \boldsymbol{T}_{\mathrm{c}} \tag{4-40}$$

伪逆操纵律能够得到使系统框架角转速取极小值的解，但是在操纵律的设计过程中并没有对系统的奇异问题进行规避，因此该方法不能够很好地回避奇异点，在实际中很少应用。

（2）添加零运动的伪逆操纵律

在矩阵 $\boldsymbol{C}$ 为行满秩矩阵的前提下，根据线性代数理论可以得到 $\dot{\boldsymbol{\delta}}$ 的全部解，其表达为

$$\dot{\boldsymbol{\delta}} = -\boldsymbol{C}^{\mathrm{T}} (\boldsymbol{C}\boldsymbol{C}^{\mathrm{T}})^{-1} \boldsymbol{T}_{\mathrm{c}} + (\boldsymbol{E} - \boldsymbol{C}^{\mathrm{T}} (\boldsymbol{C}\boldsymbol{C}^{\mathrm{T}})^{-1} \boldsymbol{C}) \boldsymbol{d} \tag{4-41}$$

其中，$\boldsymbol{E}$ 为 n 维单位矩阵，$\boldsymbol{d}$ 为任意值组成的向量，可以验证方程（4－41）右侧第二项的存在并不会影响产生力矩的大小。

通常情况下，可通过设计 d 值来设计不同形式的零运动，目前最常用也是最实用的一种避免双曲奇异的操纵律是 MIT 大学教授提出的，该方法通过求解使各个时刻零运动都朝着奇异值增大方向运动的零运动而得到，通常称为梯度零运动方法。

首先求取奇异度量对时间的导数，表达式为

$$\frac{\mathrm{d}D}{\mathrm{d}t} = \frac{\partial D}{\partial \boldsymbol{\delta}} \dot{\boldsymbol{\delta}} = \frac{\partial D}{\partial \boldsymbol{\delta}} (\dot{\boldsymbol{\delta}}_{\mathrm{T}} + \dot{\boldsymbol{\delta}}_{\mathrm{N}}) \tag{4-42}$$

其中，$\dot{\boldsymbol{\delta}}_{\mathrm{T}}$ 表示 SGCMG 系统的特解，是由输入力矩唯一确定的，无法进行设计，而 $\dot{\boldsymbol{\delta}}_{\mathrm{N}} = (\boldsymbol{E} - \boldsymbol{C}^{\mathrm{T}} (\boldsymbol{C}\boldsymbol{C}^{\mathrm{T}})^{-1} \boldsymbol{C}) \boldsymbol{d}$ 是系统的零运动，可以通过对 $\boldsymbol{d}$ 的设计来进行设计，将零运动展开

$$\frac{\partial D}{\partial \boldsymbol{\delta}} \cdot \dot{\boldsymbol{\delta}}_{\mathrm{N}} = \frac{\partial D}{\partial \boldsymbol{\delta}}^{\mathrm{T}} (\boldsymbol{E} - \boldsymbol{C}^{\mathrm{T}} (\boldsymbol{C}\boldsymbol{C}^{\mathrm{T}})^{-1} \boldsymbol{C}) \boldsymbol{d} \tag{4-43}$$

如果某时刻零运动能够保证系统的 $\mathrm{d}D/\mathrm{d}t$ 沿着最大的方向进行变化，需要满足使零运动与奇异值梯度方向一致，由表达式（4－43）可知，$\boldsymbol{d}$ 应该满足条件

$$\boldsymbol{d} = k (\boldsymbol{E} - \boldsymbol{C}^{\mathrm{T}} (\boldsymbol{C}\boldsymbol{C}^{\mathrm{T}})^{-1} \boldsymbol{C})^{\mathrm{T}} \frac{\partial D}{\partial \boldsymbol{\delta}} \tag{4-44}$$

将表达式（4－44）代入式（4－41）并且利用公式

$$\boldsymbol{E} - \boldsymbol{C}^{\mathrm{T}} (\boldsymbol{C}\boldsymbol{C}^{\mathrm{T}})^{-1} \boldsymbol{C} = (\boldsymbol{E} - \boldsymbol{C}^{\mathrm{T}} (\boldsymbol{C}\boldsymbol{C}^{\mathrm{T}})^{-1} \boldsymbol{C}) (\boldsymbol{E} - \boldsymbol{C}^{\mathrm{T}} (\boldsymbol{C}\boldsymbol{C}^{\mathrm{T}})^{-1} \boldsymbol{C})^{\mathrm{T}} \tag{4-45}$$

可得到操纵律的具体表达式为

$$\dot{\boldsymbol{\delta}} = -\boldsymbol{C}^{\mathrm{T}} (\boldsymbol{C}\boldsymbol{C}^{\mathrm{T}})^{-1} \boldsymbol{T}_{\mathrm{c}} + k (\boldsymbol{E} - \boldsymbol{C}^{\mathrm{T}} (\boldsymbol{C}\boldsymbol{C}^{\mathrm{T}})^{-1} \boldsymbol{C}) \frac{\partial D}{\partial \boldsymbol{\delta}} \tag{4-46}$$

式中，D 表示奇异面的度量函数。

奇异梯度零运动操纵律是一种能够有效避免双曲奇异的操纵律，适用于大于等于 6 个

SGCMG 组成的执行机构系统。因为只要 SGCMG 的构型合理，且 SGCMG 的数量大于 6，系统的椭圆奇异全部在最大角动量包络附近，所以可以适当地缩小 SGCMG 的角动量使用空间，从而直接应用简单的零运动操纵律来避免奇异问题。

4.5.4 控制力矩陀螺群奇异逃离操纵律

奇异逃离操纵律在控制力矩陀螺群框架构形接近或达到奇异状态时，用于驱动框架位置从奇异状态逃离出来，此类操纵律需要付出的代价是人为引入了控制力矩的误差，因此，奇异逃离过程中必然引起姿态短时间失稳。

（1）奇异伪逆操纵律（SPI）

如果指令力矩 $\boldsymbol{T}_c$ 垂直于奇异方向 $\boldsymbol{u}$ ，这种算法能够获得最小范数解，该算法的表达式为

$$\dot{\boldsymbol{\delta}} = -\boldsymbol{C}^{\mathrm{T}} (\boldsymbol{C}\boldsymbol{C}^{\mathrm{T}} + \boldsymbol{u}\boldsymbol{u}^{\mathrm{T}})^{-1} \boldsymbol{T}_c \tag{4-47}$$

这种方法相当于假想一个 SGCMG，其编号为 $n+1$，该 SGCMG 产生的力矩方向为 $\boldsymbol{u}$ 方向，因此该方法能够精确地提供垂直于 $\boldsymbol{u}$ 方向的力矩。

该方法的缺点也是明显的，需要获得奇异方向才能够应用，如何判断系统陷入奇异与脱离奇异，并且根据奇异曲面计算奇异方向等步骤都是相对复杂的。而且，如果当系统陷入奇异点时产生力矩的框架角速度与奇异曲面的变化曲率相同，则系统无法脱离奇异曲面。或者如果指令力矩与奇异方向共线，系统将停止运动，无法逃离奇异面。

如果排除上面所说的两种情况，依靠力矩误差，系统还是能够通过沿着椭圆曲面滑动一段后，很好地脱离奇异曲面的。

（2）鲁棒伪逆操纵律（SRI）

鲁棒伪逆操纵律是一种比较适合实际应用的控制律，该控制方法选取下面的函数为性能指标

$$W = (\boldsymbol{T}_c + \boldsymbol{C}\dot{\boldsymbol{\delta}})^{\mathrm{T}} (\boldsymbol{T}_c + \boldsymbol{C}\dot{\boldsymbol{\delta}}) + k\, \dot{\boldsymbol{\delta}}^{\mathrm{T}} \dot{\boldsymbol{\delta}} \tag{4-48}$$

直接利用无约束最优化方法求解，得到简单的操纵律形式，即

$$\dot{\boldsymbol{\delta}} = -\boldsymbol{C}^{\mathrm{T}} (\boldsymbol{C}\boldsymbol{C}^{\mathrm{T}} + k\boldsymbol{E})^{-1} \boldsymbol{T}_c \tag{4-49}$$

该操纵律计算简单，可以方便地应用到实际的控制系统中，对矩阵进行奇异值分解可以得到该操纵的其他表示形式，为

$$\dot{\boldsymbol{\delta}} = -(e_{\mathrm{T1}} \quad e_{\mathrm{T2}} \quad e_{\mathrm{T3}}) \begin{pmatrix} \dfrac{\lambda_1}{\lambda_1{}^2 + k} & & \\ & \dfrac{\lambda_1}{\lambda_2{}^2 + k} & \\ & & \dfrac{\lambda_1}{\lambda_3{}^2 + k} \end{pmatrix} (\hat{\boldsymbol{c}}_1 \quad \hat{\boldsymbol{c}}_2 \quad \hat{\boldsymbol{c}}_3)^{\mathrm{T}} T_c \tag{4-50}$$

可以很明显地看出该算法能够产生一个虚拟的奇异轴方向的力矩，同时改变了非奇异方向的力矩值，并且该算法并不是在系统陷入奇异的时候才使用，而是可以在整个运动过

程中一直使用。

(3) 奇异方向规避操纵律(SDA)

该控制算法借鉴 SRI 算法的一些特点，直接对其进行改进，即仅仅改变系统最接近奇异方向的力矩，并不改变垂直于奇异方向的力矩输出。该算法是利用零运动分解的方法得到的，具体的表达式为

$$\dot{\boldsymbol{\delta}} = -(\boldsymbol{e}_{T1} \quad \boldsymbol{e}_{T2} \quad \boldsymbol{e}_{T3})\begin{pmatrix} \frac{1}{\lambda_1} & & \\ & \frac{1}{\lambda_2} & \\ & & \frac{\lambda_1}{\lambda_3{}^2+k} \end{pmatrix}(\hat{\boldsymbol{c}}_1 \quad \hat{\boldsymbol{c}}_2 \quad \hat{\boldsymbol{c}}_3)^{\mathrm{T}}\boldsymbol{T}_c \tag{4-51}$$

该方程的另一种表达式为

$$\dot{\boldsymbol{\delta}} = -\boldsymbol{C}^{\mathrm{T}}(\boldsymbol{CC}^{\mathrm{T}} + k\hat{\boldsymbol{c}}_3\hat{\boldsymbol{c}}_3{}^{\mathrm{T}})^{-1}\boldsymbol{T}_c \tag{4-52}$$

该方法能够精确提供非奇异轴的力矩，并且具有操纵律形式简洁、运算方便的特点，是前两种方法的一个改进。

(4) 扰动鲁棒伪逆操纵律(PSR)

这种方法是针对指令力矩与奇异方向共线的情况提出来的。在这种情况下，前面所提到的操纵律有一个共同的特点：所有的 SGCMG 停止运动，这样就会导致系统无法脱离奇异状态。因此，Bong Wie 对 SRI 方法进行一定的改进，将操纵律改写成下面的形式

$$\dot{\boldsymbol{\delta}} = -\boldsymbol{C}^{\mathrm{T}}(\boldsymbol{CC}^{\mathrm{T}} + k\boldsymbol{G})^{-1}\boldsymbol{T}_c \tag{4-53}$$

式中，$\boldsymbol{G}$ 是一个 3×3 的矩阵，其表达式为

$$\boldsymbol{G} = \begin{pmatrix} 1 & \varepsilon_3 & \varepsilon_2 \\ \varepsilon_3 & 1 & \varepsilon_1 \\ \varepsilon_2 & \varepsilon_1 & 1 \end{pmatrix} \tag{4-54}$$

式中，非对角线的元素是一个小幅值的周期扰动，该扰动能够使得系统在指令力矩与奇异方向重合的情况下，使系统脱离奇异曲面。

(5) 非对角鲁棒伪逆操纵律(o-DSR)

非对角鲁棒伪逆操纵律是针对系统无法利用零运动来脱离奇异曲面的问题而提出的，该方法通过求解下面指标的极值得到

$$W = (\boldsymbol{T}_c + \boldsymbol{C}\dot{\boldsymbol{\delta}})^{\mathrm{T}}(\boldsymbol{T}_c + \boldsymbol{C}\dot{\boldsymbol{\delta}}) + k\,\dot{\boldsymbol{\delta}}^{\mathrm{T}}\boldsymbol{V}\dot{\boldsymbol{\delta}} \tag{4-55}$$

系统的操纵律的表达式为

$$\dot{\boldsymbol{\delta}} = -\boldsymbol{VA}^{\mathrm{T}}(\boldsymbol{AVA}^{\mathrm{T}} + k\boldsymbol{G})^{-1}T_c \tag{4-56}$$

式中，$\boldsymbol{V}$ 是一个对角线元素不相等的对称矩阵，其表达式为

$$\boldsymbol{V} = \begin{pmatrix} V_1 & \alpha & \alpha & \alpha \\ \alpha & V_2 & \alpha & \alpha \\ \alpha & \alpha & V_3 & \alpha \\ \alpha & \alpha & \alpha & V_4 \end{pmatrix} \tag{4-57}$$

其中，α 为一个小量，可以看出式（4－56）能够在某种程度上利用系统的零运动来脱离奇异面。

4.6　执行机构角动量管理

航天器在轨飞行过程中，受到各种空间干扰力矩的影响，为维持航天器三轴姿态稳定，执行机构需要将干扰力矩的影响吸收，最终表现为执行机构自身角动量的不断积累。当积累的角动量较大时，将影响其角动量运动范围，进而降低姿态机动的动态性能，因此，敏捷航天器需要不断地对执行机构进行角动量管理。

对于近地航天器而言，角动量管理通常使用磁力矩器来实现，对于高轨航天器而言，由于地磁场强度太弱，只能采用推力器来实现。

4.6.1　磁力矩器工作原理

磁力矩器是根据控制指令通以矢量电流产生磁矩，从而在地磁场中产生磁力架的一类执行机构[11]。具体而言，在航天器姿轨控系统中计算机子系统为磁力矩器提供控制磁电流信号，磁力矩器产生和控制电流成正比的磁矩，该磁矩跟地磁场作用产生力矩，用于执行机构角动量卸载，在正常工作状态下，X 轴、Y 轴和 Z 轴各有一个磁力矩器工作。

磁力矩器由一根铁镍合金棒作为铁心，并在其外密绕一些线圈，另外还有连接器、挡板、绝缘材料等组成。磁力矩器外形、挡板、底座等均用非导磁材料组成（见图 4－25）。

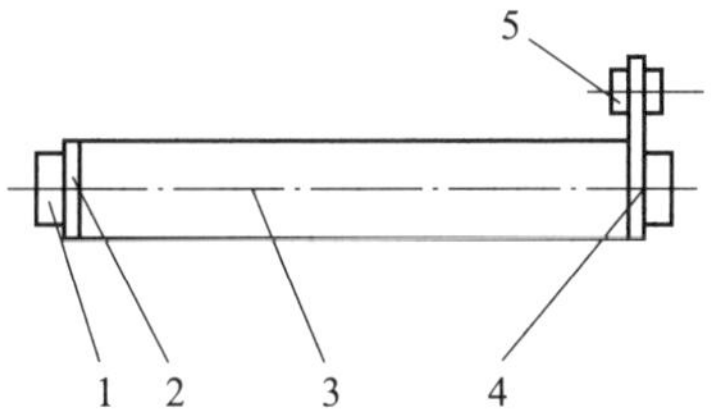

图 4－25　磁力矩器结构图

1—镍合金棒；2—挡板；3—线圈及绝缘材料；4—连接器安装板；5—连接器

磁力矩器的磁性线圈控制系统是利用飞行体中磁线圈产生的磁力矩与外界地磁场相互作用得到的控制力矩来使飞行器再定向的。虽然它的控制速度与推力器相比，通常需要更长的时间，但有如下的优点：没有运动部件、结构简单、重量轻。由于它们使用地球的天然磁场，在高轨道使用效率不高，而适用于低轨道的飞行器。磁力矩器产生的磁矩 $\boldsymbol{M}$ 与地磁场 $\boldsymbol{B}$ 相互作用而产生控制力矩 $\boldsymbol{T}$ 的关系为

$$\boldsymbol{T}=\boldsymbol{M}\times\boldsymbol{B} \tag{4-58}$$

4.6.2　磁卸载控制

航天器在姿态机动过程中受到各种外界干扰力矩作用，使得航天器在每次机动完成

后，执行机构角动量并不是处于理想的零角动量状态，当角动量积累达到设定阈值时，航天器启动磁卸载。

要实现角动量的卸载，需要磁力矩器产生的磁力矩为

$$\boldsymbol{T}_{\mathrm{n}}=-\dot{\boldsymbol{H}}=-\boldsymbol{C}\dot{\boldsymbol{\delta}}_{\mathrm{e}} \tag{4-59}$$

其中，偏差框架角速度 $\dot{\boldsymbol{\delta}}_{\mathrm{e}}$ 为

$$\dot{\boldsymbol{\delta}}_{\mathrm{e}}=\frac{\boldsymbol{\delta}_{0}-\boldsymbol{\delta}}{\Delta t} \tag{4-60}$$

其中，Δt 为卸载所需时间，应为控制周期的整数倍，实际中根据磁力矩器的力矩输出能力合理选择。

实际上，磁控力矩要同时受到航天器当地地磁场和本身磁偶极子的限制，只能在垂直于地磁场强度 $\boldsymbol{B}_{\mathrm{E}}$ 的平面内产生。在所需卸载力矩为 T_{n} 时，实际能够提供的磁力矩为

$$\boldsymbol{T}_{\mathrm{m}}=-\frac{\boldsymbol{B}_{\mathrm{E}}\times\boldsymbol{C}\left(\dfrac{\boldsymbol{\delta}_{0}-\boldsymbol{\delta}}{\Delta t}\right)}{\|\boldsymbol{B}_{\mathrm{E}}\|^{2}}\times\boldsymbol{B}_{\mathrm{E}} \tag{4-61}$$

式（4-61）就是使用磁力矩器进行角动量卸载的卸载控制律。力矩 $\boldsymbol{T}_{\mathrm{n}}$、$\boldsymbol{T}_{\mathrm{m}}$ 和地磁场强度 $\boldsymbol{B}_{\mathrm{E}}$ 之间的几何关系如图 4-26 所示。

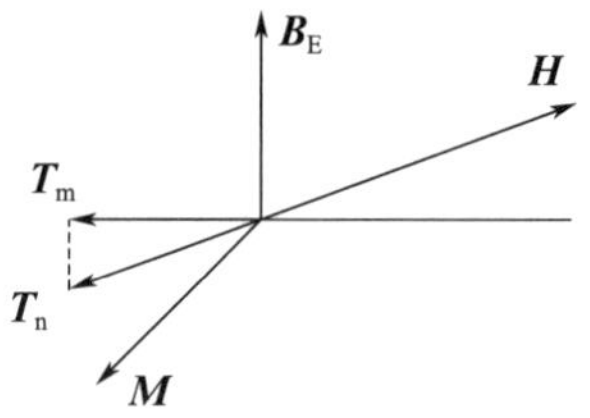

图 4-26　期望卸载力矩与实际磁控力矩

可以看出，只有当控制力矩陀螺的角动量正好与地磁场强度方向垂直时，磁力矩器才能完全地对角动量进行卸载，而实际上二者方向是不可能始终垂直的。从另一个角度看，$\boldsymbol{B}_{\mathrm{E}}$ 方向的变化也为完全卸载角动量提供了可能，这与航天器实际的运行轨道和磁力矩器的安装方位有关。

4.7　本章小结

本章以敏捷航天器为研究对象，分析了此类航天器绕空间欧拉轴实现任意姿态机动的控制策略，设计了基于路径规划和递阶饱和两种方法的姿态敏捷机动控制律，两种方案能够分别适用不同的任务与工况。通过对规划路径的优化，能够实现减小柔性振动的目的，使姿态机动到位后更快收敛。在传统 PID 算法上施加合适的饱和控制，无需提前进行路径规划也能够取得接近时间最优的动态性能。此外，对敏捷航天器常用的控制力矩陀螺进行了详细说明，介绍了其工作原理与实际应用的操纵方法。最后，针对长期飞行过程中的角动量管理需求，根据磁力矩器的基本工作原理，设计了角动量磁卸载控制算法。

参考文献

[1] 周伟敏，廖瑛，杨雅君，等. 一种应用输入成型的敏捷卫星快速姿态机动控制方法［J］. 航天器工程，2016，25（4）：27－32.

[2] 周伟敏. 挠性结构卫星姿态机动与成像控制技术研究［D］. 长沙：国防科技大学，2019.

[3] 范国伟，王绍举，常琳，等. 基于三段式规划的挠性敏捷卫星姿态快速机动控制［A］. 第36届中国控制会议论文集（C）［C］. 中国自动化学会控制理论专业委员会，2017：1579－1584.

[4] CREAMER G，DELAHUNT P，GATES S，et al. Attitude determination and control of Clementine during lunar mapping［J］. Journal of Guidance，Control，and Dynamics，American Institute of Aeronautics and Astronautics，1996，19（3）：505－511.

[5] 华冰，陈林，吴云华. 微小卫星联合执行机构的递阶饱和姿态控制方法［J］. 中国惯性技术学报，2017，25（6）：821－827.

[6] 张美华，张丙文. 轮控小卫星姿态大角度机动递阶饱和控制器设计［J］. 上海航天，2005（3）：15－18.

[7] WIE B，LU J. Feedback control logic for spacecraft eigenaxis rotations under slew rate and control constraints［J］. Journal of Guidance，Control，and Dynamics，American Institute of Aeronautics and Astronautics，1995，18（6）：1372－1379.

[8] 郭延宁，李传江，张永合，等. 采用框架角受限控制力矩陀螺的航天器姿态机动控制［J］. 航空学报，2011，32（7）：1231－1239.

[9] 张锦江. 单框架控制力矩陀螺系统的构型分析和对比研究［J］. 中国空间科学技术，2003（3）：54－58.

[10] 杨凤阐. 可重构控制力矩陀螺群操控技术研究［D］. 长春：中国科学院长春光学精密机械与物理研究所，2017.

[11] 郑育红，王平. 一种用磁力矩器控制卫星姿态的新方法［J］. 宇航学报，2000（3）：94－99.

第5章　柔性航天器姿态控制系统

5.1　引言

航天器的姿态机动控制指航天器从某一角度位置经过控制力矩的作用转到另一指定角度位置的过程。控制航天器的姿态就是要设计满足条件的姿态控制器。对于柔性航天器的控制方法研究都是建立在合适的动力学模型基础之上的。因此对柔性航天器建立精确的动力学方程是非常必要的。本章在柔性航天器姿态动力学模型的基础上分析了不同的振动抑制的方法，设计了不同的航天器姿态控制方法。

随着航天事业的发展，各种航天器承担的任务越来越多，使得航天器的规模越来越大，构型越来越复杂，许多航天器都带有多个大型附件，如大型太阳能电池阵、大型抛物面天线和空间柔性机械臂等。以图5-1所示的国际空间站为例，其上所安装的太阳能帆板就达十对之多。大型化、低刚度与柔性化是各类航天结构的一个重要发展趋势。轻型结构可以增加有效载荷的质量，提高运载工具的效率。大型结构可以增加空间结构的功能，如更大的太阳能电池阵列可以为空间结构提供更加充足的能源。

图5-1　国际空间站

这些柔性附件质量小、刚度低、阻尼小，与航天器主体之间的动力学耦合较为复杂，在航天器的飞行和控制过程中，作用在航天器上的控制力不仅调整了航天器自身的位置和姿态，同时也激励了柔性附件的弹性振动。此外，外层空间中发生的流星雨、太阳风、温度差等都可能成为引起这些柔性外伸结构剧烈振动的激励源。考虑到柔性构件振动模态具有低频率、小阻尼的特点，如不采取措施对其振动进行抑制，在太空中运行时，一旦受到某种激励的作用，其大幅度的振动要延续很长时间。这不仅会影响航天结构的工作，如姿态的稳定和定向精度、机械臂在任务空间中的抓捕等问题，还将使结构产生过早的疲劳破坏，影响结构的使用寿命，或导致结构中仪器的损坏。另一方面，柔性振动可能引起航天器之间不应有的碰撞，如交会对接过程中两航天器接触的瞬间，因结构的振动可能使碰撞力增加或降低，碰撞力增加可能会引起强度或其他问题，而降低也能让锁紧机构工作不稳甚至失误，又如大型机械臂抓取和传递结构件、舱段或整个航天器时，未预期的振动使被抓取物和主体同时振动、可能碰到周围的结构或设备，出现事故。

本章旨在给出柔性结构振动的控制方法，提高航天器的工作效率与工作安全性。

5.2　柔性航天器的姿态动力学建模

柔性航天器往往带有很多种柔性附件，如太阳帆板、柔性天线等，随着各种柔性部件的引入，其外形结构也逐渐趋向于复杂化，柔性化已成为现代航天器的一个重要趋势。有关柔性航天器的建模研究，国内外在理论和实验方面已取得了一定的成果。根据模态分析法理论，柔性航天器的动力学模型是无穷多维的，而起主要作用的是低阶模态。根据具体的需要，本书将研究柔性航天器的前三阶模态。

5.2.1　弹性变形运动的数学描述

对航天器上的柔性体（如天线、太阳帆板等）的弹性变形运动的描述有相对描述和绝对描述之分，这是由所选参考系的不同而确定的。相对描述是建立在一个非惯性系上的，如对物体本身建立一个随动参考系，物体的形变运动是用自己的参考系来描述的。而绝对描述往往是建立在一个惯性参考系上的，如指定某一个固定坐标系作为本系统的参考系，系统中每一个物体的位移必须都用此参考系来描述。目前最常用的是相对描述法。

柔性帆板有对称弯曲、反对称弯曲、对称扭转等多种振动形式。当柔性帆板没有振动时，星体的质心与刚体的质心是重合的。当柔性航天器在轨运行时，太阳帆板的振动会影响到航天器整体的姿态运动，由于航天器偏航运动所引起的太阳帆板的振动叫作反对称弯曲振动，就是此反对称弯曲振动会影响到航天器的偏航姿态，由于滚动运动与偏航运动存在耦合关系，进而帆板的振动又会影响航天器的滚动运动。本节将重点研究柔性帆板的振动与航天器偏航姿态的相互作用，忽略其与滚动偏航运动的耦合关系。在研究带太阳帆板的柔性航天器的动力学方程时，由于涉及太阳帆板的弹性形变，用绝对坐标描述法遇到了困难，所以采用相对描述方法。在柔性航天器上建立一连体坐标系，连体坐标系的轴与太阳帆板未变形前的轴线重合。即使航天器中心刚体在惯性坐标系下发生较大的姿态机动或轨道变化等运动，柔性体在连体坐标系变形为较小的运动。这样利用模态展开法或有限元离散法对其进行动力学分析时，可以达到降低自由度，简化数学模型的目的。

5.2.2 变形体的离散化方法

由于柔性附件的弹性形变的自由度是无限的，也就无法得到柔性航天器系统动力学模型的精确解。这就需要将柔性振动离散成有限个自由度的形式来建立弹性系统的近似分析模型。对弹性形变主要有三种离散化方法：

（1）模态分析法

所谓模态分析法就是把弹性形变表示成一个有限级数和的形式，即：$\boldsymbol{u}_{\mathrm{f}}=\boldsymbol{\Phi}q_n$，式中，$\boldsymbol{\Phi}=(\phi_1, \phi_2, \cdots, \phi_n)$为形变的模态向量矩阵，$q_n=q_n=(t)$为相应的模态坐标，$n$为模态的向量数。本书将采用模态分析法建立带单个太阳帆板的柔性航天器的动力学模型。

模态分析法的优点在于：

1）可以根据实际对象的具体要求来选择模态截断的范围，如果控制对象的振动响应主要来自低阶模态，可选取1～3阶模态，而有些时候则需要取5～6阶模态，也就是需要把贡献相对较小的模态截去来简化计算的复杂度。

2）可用理论和数值分析与实验所得数据相结合的方式，直接应用实验模态技术所得到的实验数据。

模态分析法的缺点是：剩余模态的振动会造成理论误差，或者有可能使系统发散。

（2）瑞利—里兹法

对所研究的柔性部件建立一个假设位移场，用$\boldsymbol{\Phi}=(x, y, z)$表示，并取：$\boldsymbol{\Phi}=(\varphi_1, \varphi_2, \cdots, \varphi_n)$，是用来描述物体的弹性变形的。物体上各点的变形向量$\boldsymbol{u}_{\mathrm{f}}$可表示为$\boldsymbol{u}_{\mathrm{f}}=\boldsymbol{\Phi}q_{\mathrm{f}}$。

（3）有限单元法

有限单元法实质上是瑞利—里兹法的一种特殊形式。它将所研究物体分为一些形状规则的单元，并对每个单元采用瑞利—里兹法分析。各单元通过节点联结起来，各单元的形函数将各单元节点的位移联合描述为弹性体上质点的位移，从而把无限多自由度的系统离散化。根据以上原理可得：对于i物体在第j单元上的任意一点p的位移向量可表示为$\boldsymbol{u}_{\mathrm{f}}^{ij}$。式中$N^{ij}$为$j$单元的形函数，代表$j$单元的变形模式，$\boldsymbol{u}^{ij}$为该单元的节点位移向量。

5.2.3 柔性航天器动力学的基本力学原理

分析带太阳帆板的柔性航天器用到的基本物理学原理有矢量力学方法和力学方法，通常有以下两种方法：

（1）牛顿—欧拉方法

牛顿—欧拉方法是运用牛顿定律、达朗贝尔原理等列出某一个物体的动力学方程，然后消除各物体间的相互作用，最后求得整个系统的动力学方程的一类分析方法。各个方程中包含了所有动力学的基本变量，可以直观地表示出建模的过程，但是由于步骤多，仅适合处理比较简单的系统问题，对于较复杂的多体柔性系统问题由于计算过于复杂存在很大的困难。

（2）Lagrange 方法

此方法是通过计算系统的总动能及总弹性势能来构造 Lagrange 函数，然后由

$$\frac{\mathrm{d}}{\mathrm{d}}t=\left(\frac{\partial L}{\partial q}\right)-\frac{\partial L}{\partial q}=Q$$

可获得拉格朗日动力学方程，与牛顿—欧拉方法相比，构造系统的总动能和总势能方程是比较容易的，因此用 Lagrange 方法来研究柔性航天器的动力学问题是比较容易的，而且物体间的相互作用会自动被消去，使复杂的问题大大简化。

5.2.4　建立柔性航天器的姿态动力学模型

（1）柔性航天器模型

图 5－2 为带单个太阳帆板柔性航天器的结构示意图，坐标系 $OXYZ$ 为惯性坐标系，$oxyz$ 为本体坐标系，其中 o 点位于太阳帆板与中心刚体的连接处，oy 轴为太阳帆板未发生形变的轴线，b 为中心刚体的半径，l 为帆板的长度，J_{h} 为中心刚体的转动惯量，J_{p} 为帆板绕 z 轴的转动惯量，E_{j} 为帆板的刚度，假设太阳帆板弹性形变仅考虑沿 ox 轴的形变而忽略沿纵向的变化，用 $W(x, t)$ 表示帆板在 $x\in(0, l)$ 点处的弹性形变量，m_{tip} 和 J_{tip} 分别为帆板顶端的质量块的质量及转动惯量，$\theta(t)$ 为中心刚体转动的姿态角。

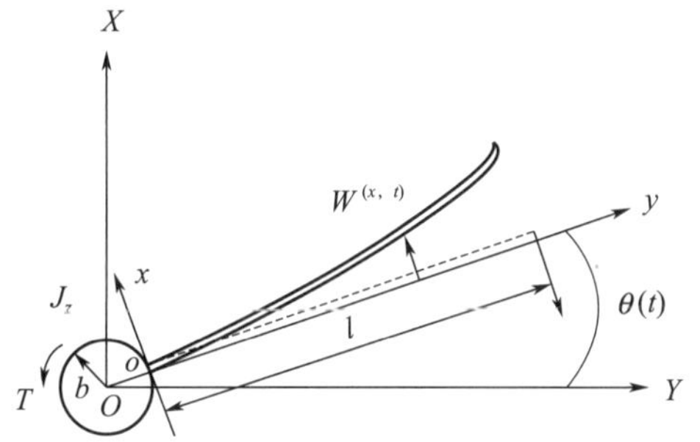

图 5－2　柔性航天器结构示意图

设柔性帆板在 oxy 平面内绕 z 轴以角度 θ 转动，其截面面积为 A，密度为 ρ，则系统的总动能为

$$T=\frac{1}{2}J_{\mathrm{h}}\dot{\theta}^{2}+\rho A\int_{b}^{b+l}(\dot{r}+\dot{\theta}\times r)^{2}\mathrm{d}x \tag{5-1}$$

由于 $r=r_0+u$，$\dot{r}_0=0$，上式变为

$$T=\frac{1}{2}J_{\mathrm{h}}\dot{\theta}^{2}+\rho A\int_{b}^{b+l}\left[\left(\frac{\partial u}{\partial t}\right)^{2}-x\dot{\theta}\,\frac{\partial w}{\partial t}\right]\mathrm{d}x \tag{5-2}$$

式中 $\int_{l}\mathrm{d}x$ 为在柔性太阳帆板上的积分，中心刚体和太阳帆板绕 z 轴的总转动惯量为

$$J_{z}=J_{\mathrm{h}}+\rho\int_{l}x^{2}\mathrm{d}x=J_{\mathrm{h}}+J_{\mathrm{p}}$$

系统的应变势能为

$$U=E_{\mathrm{j}}\int_{l}\left(\frac{\partial^{2}u}{\partial x^{2}}\right)^{2}\mathrm{d}x \tag{5-3}$$

系统是自由振动的，根据以上推导可得拉格朗日函数为

$$L=T-U=\frac{1}{2}J_{\mathrm{h}}\dot{\theta}^{2}+\int_{l}\left[\left(\frac{\partial w}{\partial t}\right)^{2}-x\dot{\theta}^{2}\frac{\partial w}{\partial t}-E_{\mathrm{j}}\left(\frac{\partial^{2}w}{\partial x^{2}}\right)^{2}\right]\mathrm{d}x \tag{5-4}$$

柔性航天器的动力学方程由变分方程可以求得，以下分别为系统的姿态方程和振动方程

$$J_{z}\ddot{\theta}-\rho A\int_{l}x\frac{\partial^{2}w}{\partial t^{2}}\mathrm{d}x=0 \tag{5-5}$$

$$\rho A\frac{\partial^{2}u}{\partial t^{2}}+E_{\mathrm{j}}\frac{\partial^{4}u}{\partial x^{4}}-\rho Ax\ddot{\theta}=0 \tag{5-6}$$

其中振动方程（5-6）在 $x=0$ 和 $x=l$ 处的边界条件为

$$u(b,t)=\frac{\partial u(b,t)}{\partial x}=\frac{\partial u(b+l,t)}{\partial x}=\frac{\partial^{3}u(b+l,t)}{\partial x^{3}}$$

式（5-5）和式（5-6）所组成的微分方程组，是由一个表示刚性姿态运动的常微分方程和表示太阳帆板振动的偏微分方程所组成的，由于两者相互耦合，增加了求解过程的复杂性。为此，可以采用模态分析法，将帆板的振动表示为无穷项级数之和的形式，各项由仅依赖时间 t 的函数与仅依赖帆板长度变量 x 的函数的乘积表示，即

$$W(l,t)=\sum_{n=1}^{\infty}\phi_{n}(x)\cos(w_{n}t) \tag{5-7}$$

其中 $\phi_n(x)$ 为柔性附件的第 n 阶振型函数，w_n 是模态振动所对应阶数的模态频率。求得帆板振型和模态频率后，再把系统表示成常微分方程组的形式。

由于柔性帆板在实际情况下是自由振动的，根据模态分析理论，引入无纲量变量 $\eta=\frac{u}{l}$，$\zeta=\frac{x-R}{l}$，则式（5-5）表示为

$$\begin{cases}\rho A\dfrac{\partial^{2}\eta}{\partial t^{2}}+\dfrac{E_{\mathrm{j}}}{l^{4}}\dfrac{\partial^{4}\eta}{\partial\xi^{4}}=0\\[2ex]\eta\Big|_{\xi=0}=\dfrac{\partial\eta}{\partial\zeta}\Big|_{\xi=0}=\dfrac{\partial^{2}\eta}{\partial\xi^{2}}\Big|_{\xi=0}=\dfrac{\partial^{3}\eta}{\partial\xi^{3}}\Big|_{\xi=0}=0\end{cases} \tag{5-8}$$

由弹性振动理论得出柔性帆板的前三阶固有模态频率为

$$w_{1}=\frac{(1.875)^{2}}{3}\sqrt{\frac{E_{\mathrm{j}}}{Al^{4}}}\quad w_{2}=\frac{(4.694)^{2}}{3}\sqrt{\frac{E_{\mathrm{j}}}{Al^{4}}}\quad w_{3}=\frac{(7.855)^{2}}{3}\sqrt{\frac{E_{\mathrm{j}}}{Al^{4}}}$$

振型为

$$X_{i}(\xi)=\sin\lambda_{i}\xi-\mathrm{sh}\lambda_{i}\xi+\frac{\sin\lambda_{i}+\mathrm{sh}\lambda_{i}}{\cos\lambda_{i}+\mathrm{ch}\lambda_{i}}(\mathrm{ch}\lambda_{i}\xi-\cos\lambda_{i}\xi) \tag{5-9}$$

且满足

$$\int_{0}^{1}X_{i}(\xi)\mathrm{d}\xi=1$$

式中，$\xi=\frac{x-R}{l}$，$\lambda_i(i=1,2,\cdots)$ 为第 i 阶模态对应的系统特征值。

由振动理论中振型的正交性可得

$$\int_0^1 X_i(x)X_j(x)\mathrm{d}x=\begin{cases}1 & i=j\\0 & i\neq j\end{cases}$$

$$\int_0^1 \frac{E_\mathrm{j}}{\rho A l^4}X_i(x)\frac{\mathrm{d}^4 X_j(x)}{\mathrm{d}x^4}\mathrm{d}x=\begin{cases}w_i^2 & i=j\\0 & i\neq j\end{cases}$$

根据叠加原理，把太阳帆板的振动方程表示成各阶模态级数和的形式为

$$\eta(\xi,t)=\sum_{i=1}^{\infty}X_i(\xi)Q_i(t) \tag{5-10}$$

其中，$Q_i(t)$ 为帆板的模态坐标。

令

$$\phi_i(x)=\frac{X_i\left(\dfrac{x-R}{l}\right)}{\sqrt{\rho A l}}a \quad i=1,2,\cdots$$

得到太阳帆板的弹性位移量 $u(x,\ t)$ 为

$$u(x,t)=\sum_{i=1}^{n}\phi_i(x)q_i(t) \tag{5-11}$$

其中 $q_i(t)=l\sqrt{\rho ABQ_i(t)}$，把上式代入柔性航天器的姿态方程和振动方程中，得到

$$J_z\ddot{\theta}-\rho A\sum_{i=1}^{N}q_i(t)\int_R^{l+R}x\phi_i(x)\mathrm{d}x=T \tag{5-12}$$

$$\rho A\sum_{i=1}^{N}\phi_i(x)\ddot{q}(t)+\sum_{i=1}^{N}E_\mathrm{j}\frac{\partial^4\phi_i(x)}{\partial x^4}q_i(t)-\rho Ax\ddot{\theta}=0 \tag{5-13}$$

上式两端都乘以 $\phi_i(x)$，然后再对 x 积分，可得

$$\sum_{i=1}^{N}\ddot{q}(t)\int_l^{l+R}\rho A\phi_j(x)\mathrm{d}x+\sum_{i=1}^{N}q_i(t)\int_l^{l+R}E_\mathrm{j}\phi_j(x)\frac{\partial^4\phi_j(x)}{\partial x^4}\mathrm{d}x-\ddot{\theta}\int_l^{l+R}\rho A\phi_j(x)\mathrm{d}x=0 \tag{5-14}$$

由振型的正交性，可得

$$\ddot{q}_j(t)+w_j^2q_j(t)-\ddot{\theta}\int_l\rho A\phi_j(x)\mathrm{d}x=0 \quad j=1,2,\cdots,N$$

令

$$F_i=\int_l\rho Ax\phi_j(x)\mathrm{d}x$$

$$\boldsymbol{q}(t)=\begin{pmatrix}q_1(t)\\q_2(t)\\\vdots\\q_N(t)\end{pmatrix},\boldsymbol{F}=\begin{pmatrix}F_1\\F_2\\\vdots\\F_N\end{pmatrix},\boldsymbol{\Omega}_N^2=\begin{pmatrix}w_1^2 & & \\ & \ddots & \\ & & w_n^2\end{pmatrix}$$

则柔性航天器的姿态方程和振动方程可化简为

$$\begin{cases}J_\mathrm{h}\ddot{\theta}+\boldsymbol{F}^\mathrm{T}\ddot{\boldsymbol{q}}=T_\mathrm{c}+T_\mathrm{d}\\\boldsymbol{F}\ddot{\theta}+\ddot{\boldsymbol{q}}+\boldsymbol{\Omega}_N^2\boldsymbol{q}=\boldsymbol{0}\end{cases} \tag{5-15}$$

式中，T_c 为控制力矩；T_d 为外界干扰力矩。

若考虑系统的阻尼条件，令阻尼系数为 ξ，其准确数值较难确定，一般在 0.005～0.01 范围之内，本书取 0.01。则上式可写为

$$\begin{cases} J_h\ddot{\theta}+\boldsymbol{F}^{\mathrm{T}}\ddot{q}=T_c+T_d \\ \boldsymbol{F}\ddot{\theta}+\ddot{\boldsymbol{q}}+2\xi\boldsymbol{\Omega}_N\dot{\boldsymbol{q}}+\boldsymbol{\Omega}_N^2\boldsymbol{q}=\boldsymbol{0} \end{cases} \tag{5-16}$$

由式（5-16）二阶常微分方程组可以看出柔性航天器姿态方程和振动方程的模态坐标方程是解耦的，其中 $\boldsymbol{F}$ 为系数，表示柔性附件每阶模态与航天器本体相互影响程度以及大致形式。由以上模态分析过程可知，我们可以通过模态截断来解决带太阳帆板柔性航天器的分布参数模型带来的无限自由度的问题。

通过 $\phi_i(x)$ 的正交性可以把 x 表示为

$$x=\sum_{j=1}^{N}F_j\phi_j(x)\mathrm{d}x \tag{5-17}$$

把方程（5-14）两边同时乘以 x，再对 x 在 l 上进行积分，得到下式

$$\int_l \rho A\left(\sum_{i=1}^{N}x\phi_i(x)\right)\mathrm{d}x\ddot{q}_i(t)+\int_l E_{\mathrm{j}}\left(x\sum_{i=1}^{N}\frac{\partial^4\phi_i(x)}{\partial x^4}\right)\mathrm{d}xq_i(t)=\rho A\int_l x^2\mathrm{d}x\ddot{\theta} \tag{5-18}$$

将式（5-17）代入式（5-18）中，可以得到

$$\sum_{i=1}^{N}(\ddot{q}_i+w_i^2q_i)F_j+J_p\ddot{\theta}=0 \tag{5-19}$$

由式（5-15）可知

$$\ddot{q}_i+w_i^2q_i+F_j\ddot{\theta}=0\quad i=1,2,\cdots,N \tag{5-20}$$

对其进行拉氏变换得

$$\frac{Q_n(s)}{\theta(s)}=-\frac{F_nS^2}{S^2+w_n^2}\quad i=1,2,\cdots,N \tag{5-21}$$

将（5-12）代入式（5-20）中，可以得到

$$\sum_{i=1}^{N}F_i^2=J_p \tag{5-22}$$

由上式可以得出转动耦合系数的一条重要性质：帆板绕 Z 轴的转动惯量等于各阶模态耦合系数的平方和。由此可以得出，某阶模态的耦合系数的大小与其对转动惯量贡献的大小正相关。我们可以根据模态的耦合系数的大小来确定模态截取的范围，达到既简化计算的复杂度又最大限度地提高模型精度来缩小系统误差的目的。与此同时，我们也可以根据柔性结构转动惯量的大小来估算系统的耦合系数。

把式（5-15）中姿态方程中的 $\ddot{q}$ 代入振动方程得

$$(\boldsymbol{J}_z-\boldsymbol{F}_r^{\mathrm{T}}\boldsymbol{F}_r)\ddot{\theta}+\boldsymbol{F}_r^{\mathrm{T}}\boldsymbol{\Omega}_N^2\boldsymbol{q}=T_z \tag{5-23}$$

由以上推导可得，$\boldsymbol{F}_r^{\mathrm{T}}\boldsymbol{F}_r$ 为柔性帆板的转动惯量，$\boldsymbol{F}_r^{\mathrm{T}}\boldsymbol{\Omega}_N^2q$ 为柔性帆板发生振动后，作用在航天器刚体上的干扰力矩。于是可以得出如下结论：系统的耦合系数越大，柔性帆板对中心刚体产生的反作用力越大。因此，若要实现对柔性航天器的姿态稳定控制，必须对柔性航天器的柔性附件的振动进行有效的控制。

（2）柔性航天器模型的标准状态空间方程模型

由以上推导可得带单个太阳帆板的柔性航天器，在考虑阻尼的情况下，其姿态运动方程与帆板的自由振动方程为

$$\begin{cases}\boldsymbol{J}_h\ddot{\theta}+\boldsymbol{F}^{\mathrm{T}}\ddot{\boldsymbol{q}}=T_{\mathrm{c}}+T_{\mathrm{d}}=\mathrm{T}\\ \boldsymbol{F}\ddot{\theta}+\ddot{\boldsymbol{q}}(t)+2\xi\boldsymbol{\Omega}_N\dot{q}(t)+\boldsymbol{\Omega}_N^2\boldsymbol{q}(t)=0\end{cases}\tag{5-24}$$

$\boldsymbol{J}_z$ 为星体的转动惯量，θ 为当前星体姿态角，T 为系统的输入力矩，包括控制力矩 T_{c} 与外界干扰力矩 T_{d}，$\boldsymbol{F}$ 为星体姿态运动与柔性帆板振动的耦合系数矩阵，$\boldsymbol{q}(t)$ 为各阶模态振动矩阵，$\boldsymbol{\Omega}_N$ 为各阶模态振动频率矩阵。其中，

$$F_i=\int_l\rho\boldsymbol{A}x\varphi_i(x)\mathrm{d}x$$

$$\boldsymbol{q}(t)=\begin{pmatrix}q_1(t)\\q_2(t)\\\vdots\\q_N(t)\end{pmatrix},\boldsymbol{F}=\begin{pmatrix}F_1\\F_2\\\vdots\\F_N\end{pmatrix},\boldsymbol{\Omega}_N^2=\begin{pmatrix}w_1^2&&\\&\ddots&\\&&w_n^2\end{pmatrix}$$

将式（5－24）展开得

$$J_h\ddot{\theta}(t)+(F_1\quad F_2\quad F_3)\begin{pmatrix}\ddot{q}_1(t)\\\ddot{q}_2(t)\\\ddot{q}_3(t)\end{pmatrix}=T_{\mathrm{c}}+T_{\mathrm{d}}=T$$

$$\begin{pmatrix}F_1\\F_2\\F_3\end{pmatrix}\ddot{\theta}(t)+\begin{pmatrix}\ddot{q}_1(t)\\\ddot{q}_2(t)\\\ddot{q}_3(t)\end{pmatrix}+2\xi\begin{pmatrix}w_1^2&&\\&\ddots&\\&&w_n^2\end{pmatrix}\begin{pmatrix}\dot{q}_1(t)\\\dot{q}_2(t)\\\dot{q}_3(t)\end{pmatrix}+\begin{pmatrix}w_1^2&&\\&\ddots&\\&&w_n^2\end{pmatrix}\begin{pmatrix}q_1(t)\\q_2(t)\\q_3(t)\end{pmatrix}=\boldsymbol{0}$$

选取状态空间向量

$$\begin{aligned}x_1&=\theta(t)\quad x_5=\dot{\theta}(t)\\x_2&=q_1(t)\quad x_6=\dot{q}_1(t)\\x_3&=q_2(t)\quad x_7=\dot{q}_2(t)\\x_4&=q_3(t)\quad x_8=\dot{q}_3(t)\end{aligned}$$

根据式（5－24）可以推得：

$$\dot{x}_1=x_5$$

$$\dot{x}_2=x_6$$

$$\dot{x}_3=x_7$$

$$\dot{x}_4=x_8$$

$$\dot{x}_5=\frac{F_1w_1^2x_2+F_2w_2^2x_3+F_3w_3^2x_4+2F\xi w_1^2x_6+2F_2\xi w_2^2x_7+2F_3\xi w_3^2x_8+T}{J_z-F_1^2-F_2^2-F_3^2}$$

$$\dot{x}_6=-2\xi w_1x_6-w_1^2x_2-F_1\dot{x}_5$$

$$\dot{x}_5 = -2\xi w_2 x_7 - w_2^2 x_3 - F_2 \dot{x}_6$$

$$\dot{x}_5 = -2\xi w_3 x_8 - w_3^2 x_4 - F_3 \dot{x}_7$$

令 $\Delta = J_z - F_1^2 - F_2^2 - F_3^2$，则有

$$\boldsymbol{A} = \begin{pmatrix} 0 & 0 & 0 & 0 & 1 & 0 & 0 & 0 \\ 0 & 0 & 0 & 0 & 0 & 1 & 0 & 0 \\ 0 & 0 & 0 & 0 & 0 & 0 & 1 & 0 \\ 0 & 0 & 0 & 0 & 0 & 0 & 0 & 1 \\ 0 & \dfrac{F_1 w_1^2}{\Delta} & \dfrac{F_2 w_2^2}{\Delta} & \dfrac{F_3 w_3^2}{\Delta} & 0 & \dfrac{2F_1 \xi w_1}{\Delta} & \dfrac{2F_2 \xi w_2}{\Delta} & \dfrac{2F_3 \xi w_3}{\Delta} \\ 0 & -w_1^2 \dfrac{F_1^2 w_1^2}{\Delta} & -\dfrac{F_1 F_2 w_2^2}{\Delta} & -\dfrac{F_1 F_3 w_3^2}{\Delta} & 0 & -2\xi w_1 - \dfrac{2F_1^2 \xi w_1}{\Delta} & -\dfrac{2F_1 F_2 \xi w_2}{\Delta} & -\dfrac{2F_1 F_3 \xi w_3}{\Delta} \\ 0 & -\dfrac{F^1 F_2 w_1^2}{\Delta} & -w_2^2 \dfrac{F_2^2 w_2^2}{\Delta} & -\dfrac{F_2 F_3 w_3^2}{\Delta} & 0 & -\dfrac{2F_1 F_2 \xi w_1}{\Delta} & -2\xi w_2 - \dfrac{2F_2^2 \xi w_2}{\Delta} & -\dfrac{2F_2 F_3 \xi w_3}{\Delta} \\ 0 & -\dfrac{F_1 F_3 w_1^2}{\Delta} & -\dfrac{F_2 F_3 w_2^2}{\Delta} & -w_3^2 \dfrac{F_3^2 w_3^2}{\Delta} & 0 & -\dfrac{2F_1 F_3 \xi w_1}{\Delta} & -\dfrac{2F_2 F_3 \xi w_2}{\Delta} & -2\xi w_2 \dfrac{2F_3^2 \xi w_3}{\Delta} \end{pmatrix}$$

$$\boldsymbol{X} = \begin{pmatrix} x_1 \\ x_2 \\ x_3 \\ x_4 \\ x_5 \\ x_6 \\ x_7 \\ x_8 \end{pmatrix}, \boldsymbol{Y} = \begin{pmatrix} x_1 \\ x_2 \\ x_3 \\ x_4 \end{pmatrix}, \boldsymbol{B} = \begin{pmatrix} 0 \\ 0 \\ 0 \\ 0 \\ \dfrac{1}{\Delta} \\ 0 \\ 0 \\ 0 \end{pmatrix}, \boldsymbol{C} = \begin{pmatrix} 1 & 0 & 0 & 0 & 0 & 0 & 0 & 0 \\ 0 & 1 & 0 & 0 & 0 & 0 & 0 & 0 \\ 0 & 0 & 1 & 0 & 0 & 0 & 0 & 0 \\ 0 & 0 & 0 & 1 & 0 & 0 & 0 & 0 \end{pmatrix}$$

得带单个太阳帆板的柔性航天器模型的标准状态空间方程为

$$\begin{cases} \dot{\boldsymbol{X}} = \boldsymbol{AX} + \boldsymbol{B}T \\ \boldsymbol{Y} = \boldsymbol{CX} \end{cases} \tag{5-25}$$

5.3　柔性振动抑制方法概述

对柔性航天器的振动控制研究可以借鉴对任意机械系统的振动控制研究方法，可以从机械结构和电气控制两方面进行研究。从机械结构角度出发主要指从机械系统的结构动力学、结构参数、材料以及工艺角度研究产生振动的原因，研究材料的抗振性能，从改变机械结构和参数的角度抑制振动；从电气控制角度出发指从运动控制方面分析产生振动的原因，通过设计合适的运动控制律，优化运动控制算法来抑制振动。

从动力学和振动控制的角度看，大型柔性结构具有以下明显的特点：

1）柔性大，低频模态密集，模态耦合程度高。

2）结构复杂，建模困难。

3）未被控制的结构，阻尼小，非常需要提高结构的阻尼。

4）瞬态环境条件（或载荷）要求振动控制频带较宽，由于载荷的不确定性，需要寻求新的结构响应分析和振动控制规律。

5）系统和环境存在着多种耦合，耦合分析的困难要求由振动控制措施来弥补。

6）要求振动控制系统可靠性高、耗能低并且附加质量低。

针对以上存在的问题，目前，对柔性机构的振动抑制主要有以下几种方法：

1）对弹性构件的材料和形状进行优化，选择刚度与重量比值更大的复合材料，使结构参数更加合理。

2）增加系统的阻尼，从而减少系统的振动。

3）根据机构的动态振动特性和动力学特性，采用现代运动控制算法，实现振动抑制。

4）综合运用前面三种方法。

在上述各种方法中，前两种属于被动控制的范畴，该方法主要依靠改变结构自身内部参数来实现振动抑制。方法 3）属于主动控制范畴，主动控制通过驱动器和外部控制作用抑制结构振动。第 4）种方法属于主动、被动一体控制范畴，它通过结合被动控制中的优化设计与主动控制中的控制策略安排来降低成本，抑制振动，保持结构的稳定性。也即主动、被动一体化控制方法互补了各自的优点，避免了各自的缺点。接下来将分别针对每种方法做详细介绍。

5.3.1　柔性机构的被动振动控制

结构的被动控制通常指结构系统的被动阻尼设计。动力学系统的动态特性主要取决于系统的质量、阻尼和刚度，改变阻尼会显著影响系统的响应。特别是在共振区内，增大阻尼可控制系统的响应。所有的被动阻尼设计的目标都是最大程度地吸收并消耗所关心频段内模态的应变能。

随着材料科学的发展，复合材料的应用为设计高性能机构提供了新的途径。使用复合材料代替金属材料可以有效降低系统的振动响应。高分子复合材料具有高刚度比、大强度比、疲劳特性好等优点而被广泛应用。但由于高性能碳纤维等复合材料价格较贵，很难大范围应用在一般工业领域。大阻尼粘弹性材料具有阻尼大、简单、可靠、性价比高和重量轻等优点而被广泛地应用于被动减振。粘弹性材料具有高阻尼特性，采用粘弹性材料来增加结构阻尼已经成为被动控制技术的主要手段之一。

常见的阻尼系统包括杆式阻尼器、阻尼铰、质量调谐阻尼器、自由阻尼层和约束阻尼层结构等。被动控制的典型结构是约束阻尼层结构。它是将粘弹性材料夹在需要控制的结构和约束层之间组成的结构。在这种结构中，粘弹性材料通过周期性的剪切变形来消耗振动能量以达到减振的目的。其优点是能够在不显著改变结构的质量和刚度的条件下实现削减共振峰值。由于它的高可靠性和鲁棒性，使得它在安全性和可靠性要求很高的航空航天工业中得到了广泛的应用（见图 5－3）。

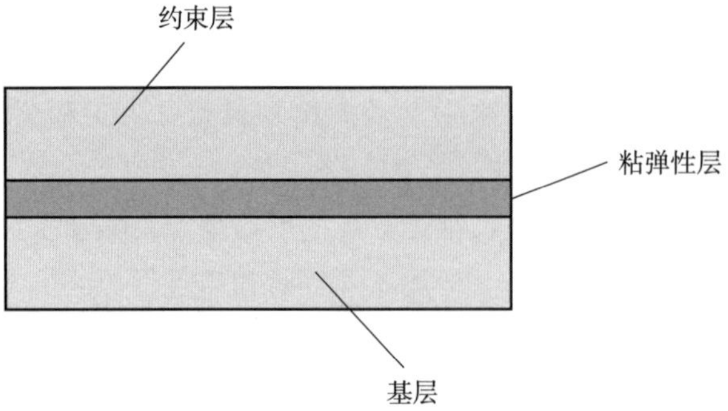

图 5-3 约束阻尼层结构简图

需要注意的是，伴随着主动振动控制的应用，被动振动控制的概念已由隔振器、约束阻尼层的布置和参数选择等传统概念扩展到包括结构阻尼设计在内的所有结构设计和结构修改。以抑制结构振动和优化动力学特性为目的的结构设计和修改也可以认为是广义的被动控制。

被动控制具有容易实现、成本低和结构简单等特点。经过被动控制后，结果可能是阻尼增加，也可能是频率匹配特性变好。但是被动控制缺少控制上的灵活性，对突发性环境变化应变能力差，在外载荷变化或者参数不确定系统等情况下，这种方法很难达到预期要求。由于“水床效应”，在有些情况下不会起到抑振作用，反而会产生相反的效果。所以，简单的被动控制方法很难达到要求。

5.3.2 柔性机构的主动振动控制

1955 年，美国科学家率先提出了振动主动控制技术的研究报告，20 世纪 70 年代振动主动控制才进入广泛的探索阶段，1972 年 Jnares 等首先提出结构振动主动控制的概念，1979 年国际理论和应用力学协会召开了首届振动主动控制学会研讨会。尽管如此，20 世纪 70 年代仍是被动控制技术占主导地位，振动主动控制技术只停留在研究和探索阶段，应用很有限。20 世纪 80 年代，随着现代控制理论，尤其是信号处理技术的成熟，振动主动控制技术得到了蓬勃发展。到 20 世纪 90 年代，振动主动控制技术已日趋成熟，其研究对象已经从简单的线性系统发展到复杂的非线性系统，控制系统从简单的单输入单输出发展到多输入多输出系统，控制方法也在不断改进，如近年来出现的模糊控制、神经网络控制等智能控制新型方法均应用在振动主动控制中。

振动主动控制技术指在振动控制过程中，根据所检测到的结构振动，应用一定的控制策略，经过适时计算，驱动作用器对结构施加某种影响，将结构振动控制在允许的范围以内。它与被动控制的主要区别在于它是一种有源控制，具有明显的反馈控制回路。主动振动的反馈控制通常利用一些新型功能材料和元件的压电、电磁伸缩、磁滞伸缩、形状记忆和电流变化等特性而实现。随着具有低驱动电压、大位移和大驱动力特性的压电材料驱动器的研制成功，主动振动控制技术也得到了进一步的发展。

与被动控制相比，主动控制具有较大的灵活性，对环境的适应能力强。但主动控制需要消耗能源，受到多种因素的影响。由于复杂结构建模方面的困难，主动控制必须考虑模型误差、截断误差等带来的不利因素。由于影响因素较多，使得做可靠性分析也相对比较困难，此外，目前采用较多的基于线性控制规律的主动振动控制对瞬态振动的控制效果不佳。

5.3.3　柔性机构的主动、被动一体化振动控制

随着工程上对于机构运动机动、可靠性方面要求的日益提高，考虑到被动控制和主动控制各自存在的缺陷，航天柔性结构振动控制的一个重要发展趋势是将主动控制和被动控制相结合，将各自的优点进行互补，以取得更好的效果。

将主动控制和被动控制用于同一结构产生了许多新的理论和技术问题，这是许多研究工作的重点，并产生了许多新的概念和方法，最重要的就是主动、被动控制的一体化概念。以二者结合的方式，主动、被动振动控制一体化又可划分为三类：

1）组合控制。

2）半主动控制。

3）杂交控制。

组合控制指同时使用被动控制器件（或材料）和主动控制器，在幅值或频带方面分担控制作用，或在稳定性方面二者互补。对被控结构的作用，彼此不相关，但二者都和系统运动有关，故在设计时不是独立的，优化设计很重要。半主动控制可被认为是被动控制的一种特殊形式，因为它没有将机械能直接输入被控结构中，而是通过调节控制器件实现减振，目前提出的控制器件都是阻尼器，但阻尼作用又是可控的。杂交控制是综合利用被动振动控制和主动振动控制的一种新型控制策略，其中被动振动控制可使结构更稳定，而主动振动控制可实现更好的控制效果。

无论是被动控制、主动控制，还是主动、被动一体化控制方法都有各自的优缺点和应用范围，见表 5－1。因此，在实际工程任务中应根据具体情况合理选择恰当的方法。

表 5－1　各类振动控制性能比较

分类	机理	可控性	鲁棒性	稳定性	可靠性	附加质量	所需能源	费用
被动振动控制	简单	差	好	好	高	小	无	小
主动振动控制	复杂	中	取决于控制律	取决于控制律	低	较大	大	较大
一体化控制	复杂	好	好	好	较高	较小	小	较小

对航天器的柔性振动进行主动抑制，目前在控制器设计方法的选取上，可分为开环控制和闭环控制两种。开环控制常见的有：脉冲调宽控制、分力合成、输入成形法等主动振动抑制方法。闭环控制大致可分为：古典控制、变结构控制、最优控制、鲁棒控制、自适应控制、H_∞ 控制、非线性控制、神经网络控制等。

5.3.4　结构主动振动控制作动器

对于主动振动控制，作动器是不可缺少的重要器件，作动器的性能很大程度上决定了整个系统的性能，高要求的振动控制需要性能优越的传感器和作动器，主动隔振技术中，

传动作动器有液压作动、气压作动和电磁作动三种，新型的作动器有压电陶瓷、压电薄膜、电致伸缩陶瓷、形状记忆合金、磁致伸缩合金以及电流变流体等 6 种。下面对其中几种作动器做简单的介绍。

（1）液压作动器

液压作动器通常由液压缸、电磁阀等组成。工作时，控制信号驱动电磁阀工作，从而在活塞的两端造成压差，推动活塞运动。这种作动器结构简单、输出力和位移较大、可靠性高，适用于低频、对控制力要求较大的振动控制场合，例如，柴油机整机隔振、车辆主动悬架、精密设备隔振等。该作动器缺点也很明显：机构时延大，容易出现爬行、蠕动，工作频率较低（20 Hz 以下）等，且作动器存在明显非线性，控制精度不高。

（2）气动作动器

气动作动器的工作原理与液压作动器类似，它以气体为工作介质，利用气动原理进行工作。该作动器的优点是结构相对简单，输出力和位移较大，可靠性和稳定性高，不存在介质污染。其在铁路主动悬挂系统中得到了广泛应用。与液压作动器相比，该作动器所需要的辅助设备简单、整体重量小。但其缺点是机构时延大，容易出现迟滞现象，另外由于气体具有可压缩性，所以作动器的工作频率较低（低于 10 Hz），非线性较大，难以进行精确控制，这都限制了它的应用。图 5-4 所示为 CSA Engineering 生产的气动纵向隔振器。

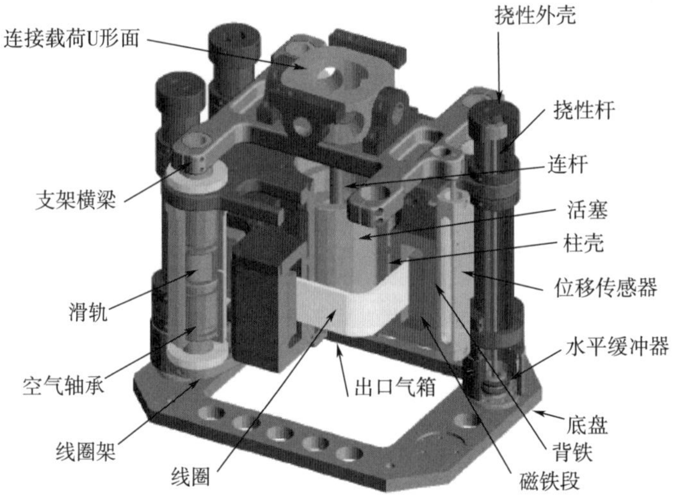

图 5-4　CSA Engineering 生产的气动纵向隔振器（见彩插）

（3）电磁作动器

电磁作动器属于非接触型作动器，它是利用电磁力将转子无接触地悬浮在空间的一种新型机电一体化作动器。它根据电磁原理进行工作，主要由套筒、运动导杆（铸钢体）和驱动线圈等组成。工作时驱动线圈产生一定的磁场，对运动导杆产生磁力作用，推动导杆运动，运动的大小和方向通过驱动电流进行控制。电磁作动器由于具有结构紧凑、能耗小、反应灵敏、适应频带宽、位移大等优点，在振动主动控制中得到了广泛的应用。例如精密隔振平台和主动悬架系统等。图 5-5 所示为 CSA Engineering 公司设计的电磁作动器外形。其内部结构如图 5－6 所示。

图 5－5　电磁作动器外形

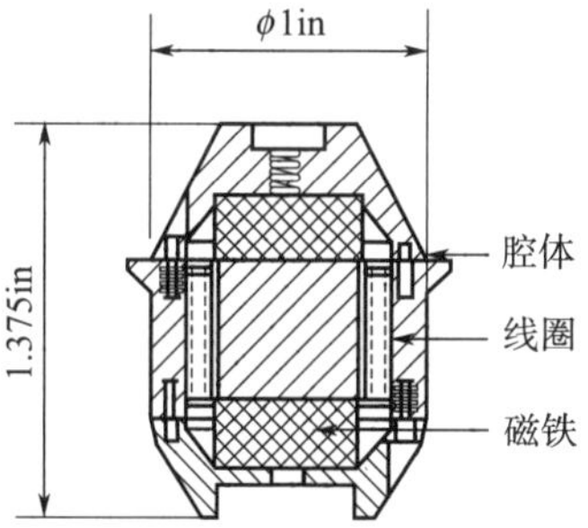

图 5－6　电磁作动器内部结构图

注：1 in＝0.0254 m。

（4）压电作动器

压电作动器利用逆压电效应原理进行工作，即在压电晶体上施加交变电场，压电晶体会在某一方向上产生交变的机械应变。

压电材料能够实现振动的抑制是根据压电材料的正反特性，这种材料既能测量振动也能控制系统的振动。所谓压电材料的正向压电特性是当压电材料受到机械力或者压力时，它能产生电荷。相反，当给压电材料施加电荷时，材料会产生压力或者张力，这是压电材料的反向压电特性。压电材料具有简单小巧、重量轻、频率带宽大、机械能与电能的转换效率高等特性，并且能够简便地链接或者粘贴到各种金属或者合成材料的表面。所以带有压电材料的智能结构被广泛地使用在航空航天等领域。控制策略是用两片同样的压电材料粘贴在柔性杆的上下面上，上面为驱动器，下面为传感器。

为增大输出位移，主动隔振主要使用堆积型压电作动器。为使之更好地工作，需要对其施加一定的预压载荷。压电作动器具有成本低，容易加工制造，能耗低，机械定位精度高，输出力大，响应快（小于 1 ms）以及在把电能转换成机械运动时无磁场产生等优点，所以应用也比较广泛。早在 1989 年压电作动器就被用于直升机转子的控制中，Talafumi Fujita 利用 8 个压电作动器对 0.7 m×0.7 m 的铝制台体进行了 6 自由度微振动主动控制的研究。美国把压电作动器应用于飞机的尾翼根部，如图 5－7 所示。

图 5-7　植入蒙皮的压电陶瓷作动器

（5）超磁致伸缩作动器

超磁致伸缩作动器是在超磁致伸缩材料基础上发展起来的一种新型作动器。其工作原理是利用超磁致伸缩材料的磁致现象，即磁性体在磁场中磁化时，会沿着磁化方向发生微量的伸缩。与其他智能材料作动器（如压电陶瓷作动器、形状记忆合金作动器）相比，具有以下优点：

1）室温磁致伸缩应变量值大，可达 0.15%以上，比镍的约大 40～50 倍，比压电陶瓷的大 5～25 倍，如此大的应变量，可以实现很高的输出功率，这正是此类材料得到发展的重要原因。

2）能量转换效率高，机电耦合系数 $K > 0.70$，即能量转换效率高于 70%，而镍的只有不到 20%，压电陶瓷也只有 40%～60%，转换效率的高低，也是评定作动器好坏的一个综合指标。

3）较高的居里温度（380～800 ℃），可用于 200 ℃以上的较高温区，还可以通过成分设计调整温度特性。

4）能量密度（J/m^3）高，比镍高 400～800 倍，比压电陶瓷高 14～30 倍，应变产生的推力也大，工作要求的电压低。

5）强制磁致伸缩大，产生伸缩的响应速度快，响应时间仅 10～6 s。即对磁化和应力几乎即时响应，用于快速执行器无比优越。

6）频率特性好、频带宽，特别适合于低频区工作，在 0～5 000 Hz 范围内转换成力学性能方面优于已有的任何材料。

7）可承受高达 200 MPa 的压力，适合于制作高压力执行器。

基于以上优点，超磁致伸缩作动器受到了广泛关注和应用。例如精密设备的微振动隔振等。但是，由于磁致伸缩材料固有的一些特性，如：抗压能力较强，但抗剪切和抗拉伸能力较差，因而只能工作在受压状态；在正反磁场作用下都伸长；在不同预压力作用下磁致伸缩率不同等，使作动器的结构设计需要进行一定的优化计算。另外，该作动器与压电作动器类似，也存在迟滞现象，其输入和输出之间呈较强的非线性，对控制方法提出了更高的要求。目前超磁致伸缩作动器的技术已经比较成熟，国外大公司已经开发出了成熟产品。图 5-8 所示即为美国公司研制的超磁致伸缩作动器。但在我国对超磁致伸缩作动器的研究尚处于实验室阶段，需加快研究步伐，尽快研制出性能稳定、应用范围广的实用型产品。

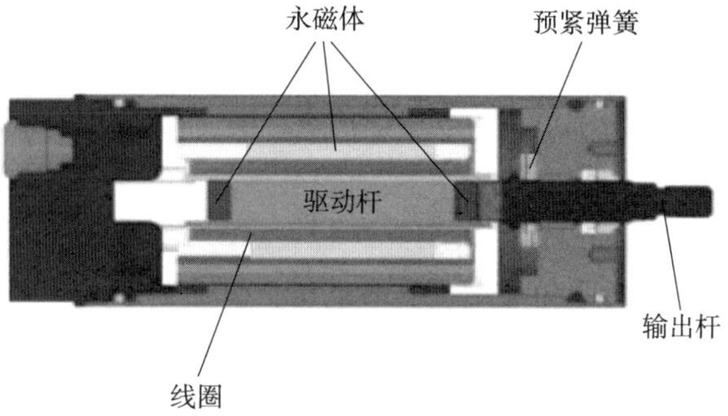

图 5-8　超磁致伸缩作动器

表 5-2 是目前应用于主动振动控制领域的几种作动器一览表。

表 5-2　常用作动器一览表

序号	作动器名称	工作机理	主要性能	主要应用场合
1	压电陶瓷(PZT)	压电效应	响应快,位移、力较小	柔性板、壳智能结构
2	压电薄膜(PVDF)	压电效应	响应快,位移、力小	柔性板、壳智能结构
3	电致伸缩陶瓷(ES)	电致效应	响应快,位移小,力较大	柔性智能桁架
4	形状记忆合金(SMA)	金属相变	响应慢,位移、力较大	柔性智能结构
5	磁致伸缩合金(MS)	磁致效应	响应快,位移、力大	柔性智能桁架
6	电流变液体(ERF)	流体相变	响应快,力较大	主动阻尼
7	液压作动器	液压传动	响应中等,位移、力很大	大型土木结构
8	气动作动器	气压传动	响应中等,位移、力很大	车辆减振
9	电气作动器	电气传动	响应快,位移、力较大	通用型

5.3.5　振动主动控制器设计

振动主动控制的控制方程是二阶常微分方程组，其一般形式为

$$\boldsymbol{M}\ddot{\boldsymbol{x}} + \boldsymbol{C}\dot{\boldsymbol{x}} + \boldsymbol{K}\boldsymbol{x} = \boldsymbol{p}(t) + \boldsymbol{u}(t) \tag{5-26}$$

式中，$\boldsymbol{M}$、$\boldsymbol{C}$、$\boldsymbol{K}$ 分别为系统的质量、阻尼和刚度矩阵；$\boldsymbol{p}(t)$，$\boldsymbol{x}(t)$ 分别为系统的输入、输出向量，$\boldsymbol{u}(t)$ 为施加于结构的控制力向量。主动控制的目的就在于寻求主动力 $\boldsymbol{u}(t)$ 使结构在给定的输入情况下，其输出 $\boldsymbol{x}(t)$ 满足一定的要求。

(1) 振动主动控制技术算法

控制器设计是振动主动控制中的一个重要研究内容，所采用的控制技术几乎涉及控制领域的所有分支，采用不同的控制技术和控制算法在一定程度上决定了对控制对象的控制效果，不同的环境条件、不同的要求精度、不同的控制对象要求的控制算法有所不同。常

用的控制方法有：自适应控制算法、预测控制算法、鲁棒控制算法、瞬时最优控制算法、极点配置算法、独立模态空间控制算法、模糊控制算法、神经网络算法等。

1）自适应控制。振动的自适应控制源于 20 世纪 80 年代。由于受控对象及其参数存在较严重的不确定性，如受控结构模型误差、受控对象结构变化、受控对象工作环境的变化、控制器设计中的工程近似、实现时的元件误差等，要求控制器具有一定的适应能力。自适应控制是针对具有一定不确定性的系统而设计的，可以自动检测系统的参数变化，从而时刻保持系统的性能指标最优。目前主要的控制方法有：简化自适应控制、基于超稳定性的自适应控制、基于自适应滤波的自适应控制，自校正控制等。

2）预测控制。该法通过预测模型、滚动优化、反馈校正三个环节来实现。预测模型是根据受控对象的历史信息和未来输入预测结构的未来输出；滚动优化是在每一采样时刻优化反映受控对象的性能指标，该性能指标只涉及从该时刻开始的未来有限时段，优化过程在线反复进行。预测控制具有可在线实现，采用滚动优化实时修改受控对象参数，可实现对时滞的补偿，对模型具有宽容性，适用于参数和非参数系统、线性或非线性系统等特点。近年来的研究工作主要集中在有扰动、有摄动和有约束的预测控制系统研究上，主要研究其稳定性、鲁棒性和可行性等。

3）鲁棒控制。鲁棒控制就是通过适当选择控制器的结构和控制率，使受控结构的性能对自身模型的不确定性及外部干扰不敏感。目前应用最多的是滑模变结构控制和 H_∞ 控制。滑模变结构控制通过控制作用先使系统进入滑模状态，而滑模面是事先根据控制指标的要求设计的，只要满足不变性的条件，系统对外界的扰动就具有较强的鲁棒性。H_∞ 控制是另一种鲁棒控制，可以在保持系统稳定性的条件下，使控制作用对外部扰动具有相当大的稳定裕度。

4）最优控制。最优控制是首先确定一个明确的目标函数，通过一定的数学方法计算出使该函数取极值时的控制输入。最优控制用极值原理、最优滤波、动态规划、随机分析原理等最优方法设计控制算法。

5）极点配置法。极点配置法是根据被控系统动态品质的要求，确定系统特征值与特征向量的分布，通过状态反馈将系统的闭环极点放在复平面中预定的位置，从而实现预定的要求。

6）独立模态空间控制算法。该方法将无限自由度系统转化为在模态空间内少量几个模态的控制，即把具有分布参数特征的弹性体离散化为模态序列，通过控制振动的主模态对弹性体进行控制。

7）智能控制。智能控制是人工智能、自动控制和运筹学三个主要学科相结合的产物，是自动控制的最新发展阶段，主要用来解决那些用传统控制方法难以解决的复杂系统的控制问题。如：a）实际系统由于存在复杂性、非线性、时变性、不确定性和不完全性等因素影响而无法获得精确的数学模型；b）研究这些系统时必须提出并遵循一些比较苛刻的线性化假设，而这些假设在实际应用中往往与实际不相吻合；c）对于某些复杂的和包含不确定因素的控制过程，根本无法用传统数学模型来表示，即无法解决建模问题；d）为了提高控制性能，传统控制系统可能变得很复杂，从而增加了设备的投资，降低了设备的可靠性。

（2）输入成型技术

考虑一个输入给定的航天器系统，并且该系统包含有柔性模态，则在这个系统的输出结果中会出现振动。这是因为航天器制导系统的控制指令通常根据任务需求计算得来，而并没有考虑到航天器自身的动力学特性。为了在执行控制指令的同时不激发或抑制航天器柔性附件的振动，可以结合柔性模态对制导系统的控制指令进行再设计。这就是输入成型设计方法的基本思想（见图 5-9）。

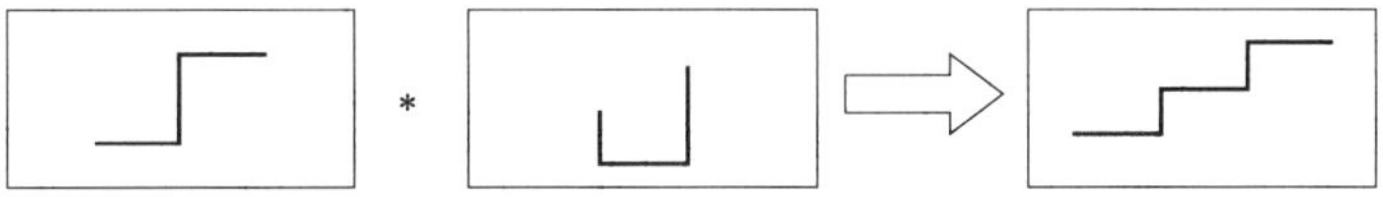

图 5-9　输入成型方法图示

5.3.6　成型器设计

（1）单模态输入成型器设计

为简单起见，首先考虑单模态的振动抑制问题，分以下两步介绍：

1）输入成型器（指令脉冲设计）。

2）最终指令成型。

下面分别进行具体说明。

1）输入成型消除二阶系统振荡的基本原理。指令脉冲设计方法源于线性系统的叠加原理。下面结合一个简单的单自由度二阶线性振动系统进行说明，该线性系统可用下式表示：

$$\ddot{x} + 2\zeta\omega\dot{x} + \omega^2 x = F(t) \tag{5-27}$$

式中，x 为系统状态变量；ω 为系统振动频率；$F(t)$ 为外界作用。

对于一个欠阻尼的二阶系统，其单位脉冲响应为减幅的正弦振荡曲线。如果给二阶振荡系统两个脉冲输入信号，第一个脉冲信号 $A_1\delta(t-t_1)$ 的幅值为 A_1，作用时间为 t_1，第二个脉冲信号 $A_2\delta(t-t_2)$ 的幅值为 A_2，作用时间为 t_2。通过合理设计两个脉冲信号的幅值和作用时间，使得第二个脉冲产生的振动与第一个脉冲的振动大小相等，方向相反，即 $A_1\delta(t-t_1)$ 和 $A_2\delta(t-t_2)$ 的脉冲响应在时刻 t_2 叠加后为零。从而可以完全消除系统的振动。这两个脉冲信号消除振动的过程如图 5-10 所示。

2）指令脉冲序列设计。接下来，依据线性系统理论，首先生成一个脉冲指令使得系统响应输出为零振动。对于一个具有任意阶解耦形式的线性系统来说，都可以写成一系列二阶系统的串联形式，其中每一个二阶系统都具有如下形式的脉冲响应：

$$y(t) = A\frac{\omega_0}{\sqrt{1.0-\zeta^2}}e^{-\zeta\omega_0(t-t_0)}\sin\omega_0\sqrt{1.0-\zeta^2}(t-t_0) \tag{5-28}$$

式中，A 为脉冲幅值；ω_0 为系统无阻尼自然频率；ζ 为阻尼比；t 为时间；t_0 为脉冲作用时间。

一般来说，脉冲为执行机构的力矩或者速度指令。式（5-28）给出了在任意时刻系

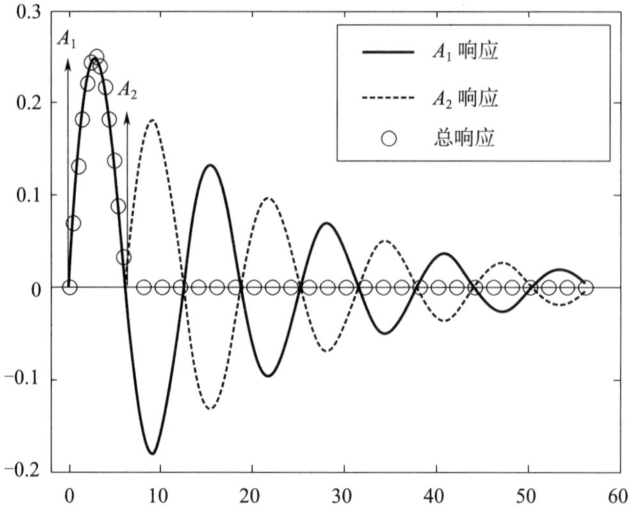

图 5-10　单模态双脉冲振动抑制示意图

统的加速度或者速度响应。

依据几何关系，对于多脉冲输入 $f(t)=\sum_{i=1}^{n}A_i\delta(t-t_i)$，振动幅值可记为

$$A_{\text{amp}}=\sqrt{\left(\sum_{j=1}^{N}B_j\cos\phi_j\right)^2+\left(\sum_{j=1}^{N}B_j\sin\phi_j\right)^2} \tag{5-29}$$

其中

$$B_j=\frac{A_j\omega_0}{\sqrt{1-\zeta^2}}\mathrm{e}^{-\zeta\omega_0(t_N-t_j)}$$

$$\phi_j=\omega_0\sqrt{1-\zeta^2}\cdot t_j$$

A_j 为第 j 个脉冲的幅值，t_j 为第 j 个脉冲的作用时刻，t_N 为脉冲的结束时刻。若要求脉冲作用结束后振动被消除，则需要满足

$$\begin{cases}\sum_{j=1}^{N}B_j\cos\phi_j=0\\ \sum_{j=1}^{N}B_j\sin\phi_j=0\end{cases} \tag{5-30}$$

上式等价于

$$\begin{cases}V_1=\sum_{j=1}^{N}A_j\mathrm{e}^{-\zeta\omega_0(t_N-t_j)}\sin\left(t_j\omega_0\sqrt{1-\zeta^2}\right)=0\\ V_2=\sum_{j=1}^{N}A_j\mathrm{e}^{-\zeta\omega_0(t_N-t_j)}\cos\left(t_j\omega_0\sqrt{1-\zeta^2}\right)=0\end{cases} \tag{5-31}$$

显然，这一约束方程组有无数解，为了得到唯一解，现增加如下附加约束条件：

a）为保证滤波后的信号与滤波前的信号具有相同的增益，需满足幅值约束条件 $\sum_{j=1}^{N} A_j = 1$。

b）为了保证系统的响应不出现超调，要求脉冲幅值为正，即满足 $A_j > 0$。

c）由于输入成型器是有意识地向系统中引入时滞，为了减小对系统响应速度的影响，通常是引入的时滞越小越好，因此要求第一个脉冲的作用时间在零时刻，即满足 $t_1 = 0$。

d）为了保证输入成型器是物理可实现系统，要求 $t_i > 0$。

对于双脉冲系统，未知量有 t_1，t_2，A_1 和 A_2，不失一般性，同时也为了在最短时间内消除振动，选取 $t_1 = 0$，式（5－31）中包括两个约束方程，令 $\omega_d = \omega_0 \sqrt{1-\zeta^2}$，式（5－31）变为

$$A_2 e^{\zeta\omega t_2} \sin(\omega_d t_2) = 0 \tag{5-32}$$

$$A_1 + A_2 e^{\zeta\omega t_2} \cos(\omega_d t_2) = 0 \tag{5-33}$$

由式（5－32）可知，要使式（5－32）为零，必须满足式中正弦项始终为 0。从而有

$$\omega_d t_2 = n\pi \Rightarrow t_2 = \frac{n\pi}{\omega_d} = \frac{nT_d}{2}, n = 1, 2, \cdots \tag{5-34}$$

式中，T_d 为振动的阻尼周期。

式（5－34）给出了关于时间 t_2 的无数解。为了在最短时间内消除振动，我们选取 t_2 的最小值，从而有

$$t_2 = \frac{T_d}{2} \tag{5-35}$$

联立幅值约束条件（幅值和为 1），各参数可解，所得脉冲序列如图 5－11 所示。

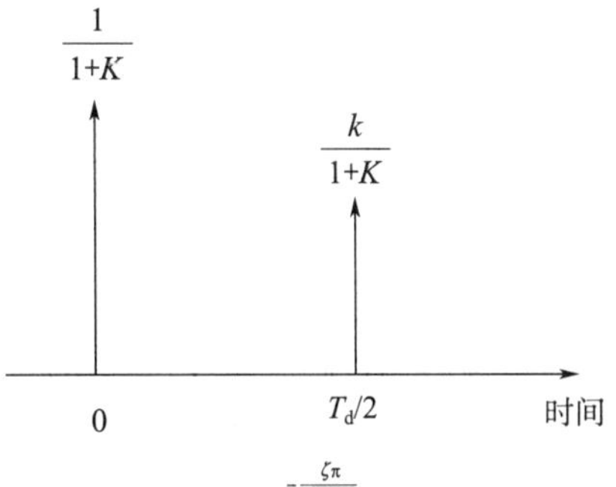

$$K = e^{-\frac{\zeta\pi}{\sqrt{1-\zeta^2}}}$$

$$T_d = \frac{2\pi}{\omega_0\sqrt{1-\zeta^2}}$$

图 5－11　ZV 成型器双脉冲输入

也即双脉冲序列的脉冲幅值以及作用时间分别为

$$A_1=\frac{1}{1+K}\qquad t_1=0$$

$$A_2=\frac{K}{1+K}\qquad t_2=\frac{T_d}{2}$$

其中

$$K=\mathrm{e}^{-\frac{\zeta\pi}{\sqrt{1-\zeta^2}}}$$

这个脉冲序列就是所谓的 ZV 成型器，与图 5－7 的定性结论一致。

3）输入成型器关于频率误差的鲁棒性。显然，只有在系统自然频率和阻尼比非常精确的时候双脉冲输入可以很好地消除残余振动。为了定量描述系统残余振动的大小，定义振动误差为式（5－29）相对 $\sum_{j=1}^{N}A_j$ 值的百分比，残余振动与系统频率或阻尼比的关系称为灵敏度曲线。ZV 成型器的灵敏度曲线如图 5－12 所示。它能定性描绘输入成型器鲁棒性的好坏。假设可接受的残余振动为 5%，那么对于双脉冲输入而言，系统只对大约±5%范围内的频率变化具有鲁棒性。

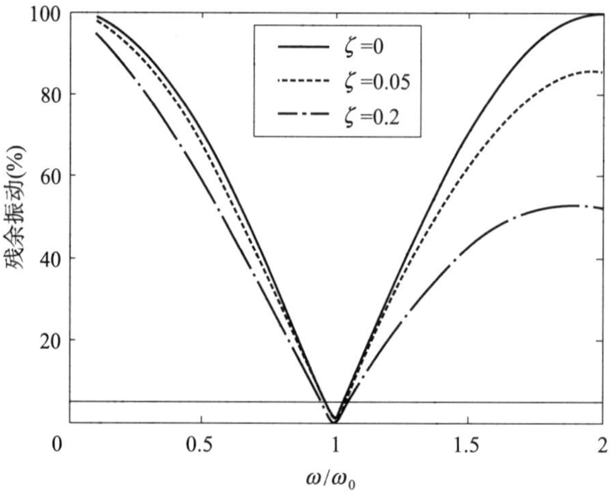

图 5－12　ZV 成型器不同阻尼比下灵敏度曲线

为了增强输入对于系统频率变化的鲁棒性，我们进一步增加新的约束。令式（5－31）关于频率 ω_0 的导数等于 0。从数学意义的角度上讲即使得当频率发生变化时振动响应的变化变小。此时增加两个新的约束方程为

$$\sum_{j=1}^{N}A_jt_j\mathrm{e}^{-\zeta\omega_0(t_N-t_j)}\sin\left(t_j\omega_0\sqrt{1-\zeta^2}\right)=0$$

$$\sum_{j=1}^{N}A_jt_j\mathrm{e}^{-\zeta\omega_0(t_N-t_j)}\cos\left(t_j\omega_0\sqrt{1-\zeta^2}\right)=0$$

此时需要通过将双脉冲输入增加为三脉冲输入来增加两个新的未知数，即 A_3 和 t_3。首先不失一般性假设 $A_1=1$，$t_1=0$，求解 A_2，A_3，t_2 以及 t_3，最后归一化使得 $A_1+A_2+A_3=1$。所得的脉冲序列如图 5－13 所示，灵敏度曲线如图 5－14 所示。从图中可以

看出，对于三脉冲输入而言，系统对大约±20%范围内的频率变化具有鲁棒性，鲁棒性能显著提高，但作用时间较 ZV 成型器变长了。

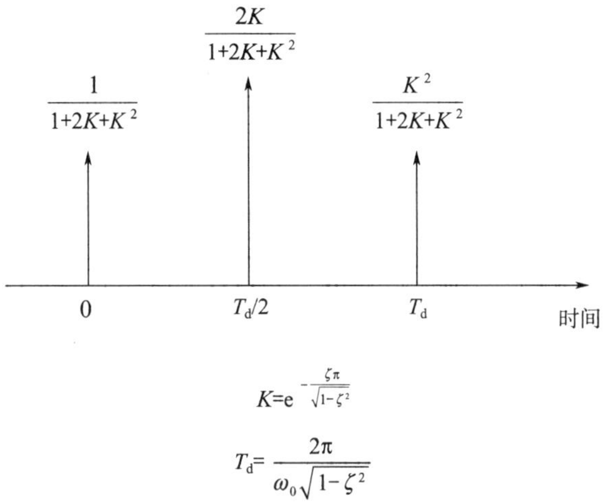

图 5－13　ZVD 成型器三脉冲输入

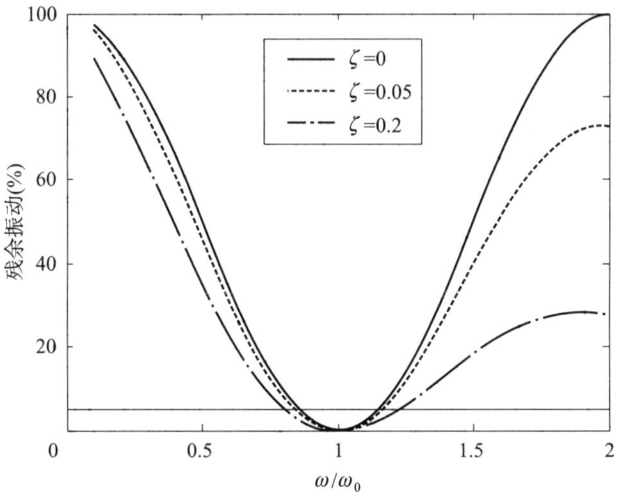

图 5－14　ZVD 成型器不同阻尼比下灵敏度曲线

为了进一步增强成型器的鲁棒性，我们可以进一步令式（5－31）关于频率 ω_0 的更高阶的导数为 0。此时的约束方程变为

$$\begin{cases}\sum_{j=1}^{N}A_j\ (t_j)^q e^{-\zeta\omega_0(t_N-t_j)}\sin\left(t_j\omega_0\sqrt{1-\zeta^2}\right)=0\\ \sum_{j=1}^{N}A_j\ (t_j)^q e^{-\zeta\omega_0(t_N-t_j)}\cos\left(t_j\omega_0\sqrt{1-\zeta^2}\right)=0\end{cases}\tag{5-36}$$

其中 q 为关于 ω_0 的导数的阶数。例如取二阶导数为零（$q=2$）将继续增加两个约束方程，此时可引入四脉冲序列。所得脉冲序列以及灵敏度曲线如图 5－15 和图 5－16 所示。

从图中可以看出，所得到的灵敏度曲线变得更加平稳，成型器在－30％ ～ 40％频率变化区间的频率都有效，相应的，振动衰减的时间也进一步增长。

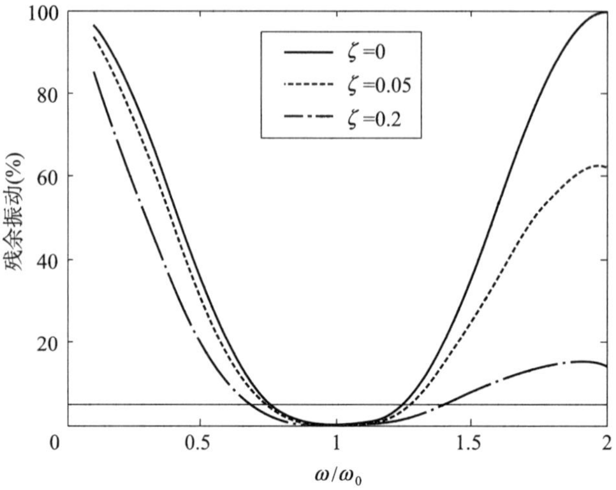

图 5－15　ZVDD 成型器不同阻尼比下灵敏度曲线

图 5－16 给出的是不同成型器之间鲁棒性能的比较，从图中可以看出，对于相同的残余振动 5％，ZVDD 输入成型器具有更宽的频率范围与之对应，说明 ZVDD 输入成型器的鲁棒性能更好，但是这是以牺牲振动衰减的快速性为代价的。

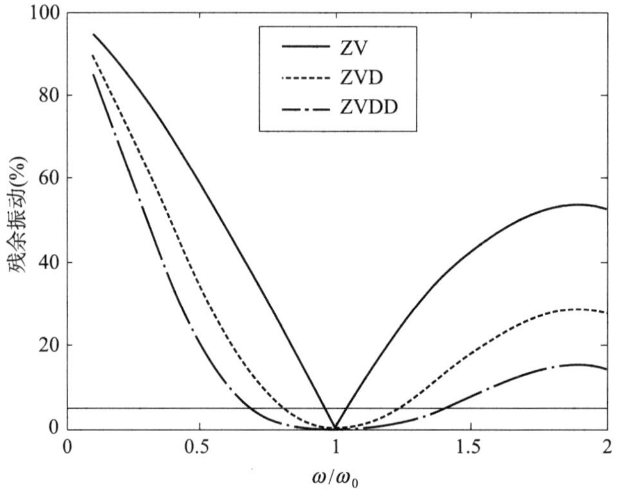

图 5－16　三种成型器灵敏度曲线比较

以上成型器采用相同的方法提高系统鲁棒性，还有一种提高系统鲁棒性的方法是允许系统在标称频率处有一定的余振幅度，但是分别在低于和高于标称频率的两处系统的余振幅度为零，并且在标称频率处的余振微分为零。这样就拓宽了系统的敏感曲线，提高了系统的鲁棒性，这就是 EI 输入成型器。它并不是要求系统在标称频率处的余振为零，而是置在比标称频率高一点和比标称频率低一点的两处系统的余振为零，约束条件为

$$V(\omega_{\text{low}}) = 0$$

$$V(\omega_{\text{high}}) = 0$$

求解约束方程可得到下面的脉冲序列（不考虑阻尼）

$$A_0 = \frac{1+V}{4} \quad T_0 = 0$$

$$A_1 = \frac{1-V}{2} \quad T_1 = \frac{\pi}{\omega}$$

$$A_2 = \frac{1+V}{4} \quad T_2 = 2T_1$$

其中 V 是系统在标称频率处可接受的余振百分比，对于阻尼比非零的情况不能直接求出其解，必须进行优化，求其时间最短的最优解。

4）输入成型器关于阻尼误差的鲁棒性。为了确保系统对系统参数变化不敏感，接下来我们研究当系统阻尼比存在不确定性时灵敏度变化情况。有文献已证明，当振动幅值关于自然频率的导数为零时同样使得幅值关于阻尼比的导数为零。因此，只要保证成型器关于频率的鲁棒性，就能同时保证成型器关于阻尼的鲁棒性。

图 5－17 所示为双脉冲、三脉冲以及四脉冲成型器关于阻尼比的灵敏度曲线，从图中可以看出，成型器关于阻尼比具有很强的鲁棒性，对于较大范围内的阻尼比，成型器都能够很好地实现振动抑制。

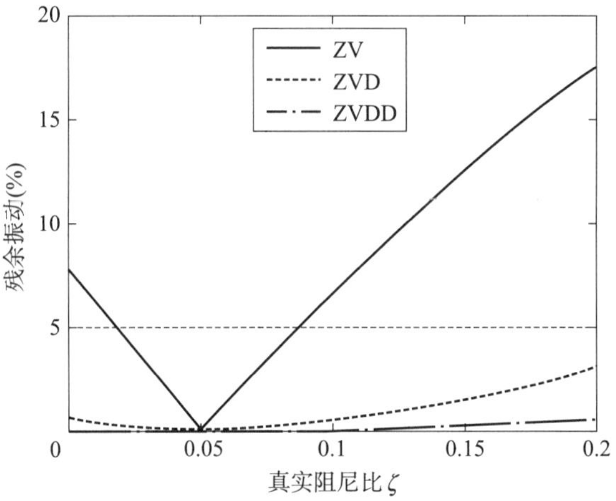

图 5－17　三种成型器残余振动与真实阻尼比之间的关系曲线

5）采用指令脉冲序列生成成型指令。实际系统输入不可能都是脉冲序列，因此我们将脉冲序列的性质转化为可用输入指令的性质。而这可通过将脉冲序列与任意需要的控制信号做卷积实现。所得到的卷积信号作为系统的指令输入。只要脉冲序列不引起振动，那么卷积后的信号也不会引起振动。成型指令的生成方式如图 5－18 所示。

成型指令可用下式得到

$$C(t) = C_0(t) * A_s(t) \tag{5-37}$$

式中，$C(t)$ 为成型指令；$C_0(t)$ 为制导系统指令；$A_s(t)$ 为成型器（脉冲序列）；* 为卷积运算。连续信号的输入成型指令生成结果如图 5－19 所示。

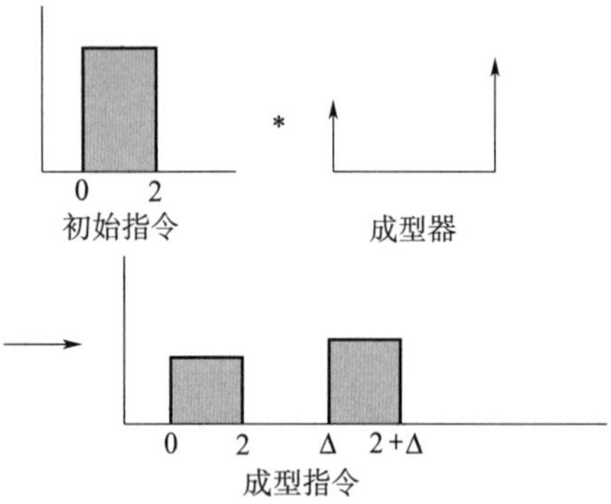

图 5－18　多脉冲成型输入

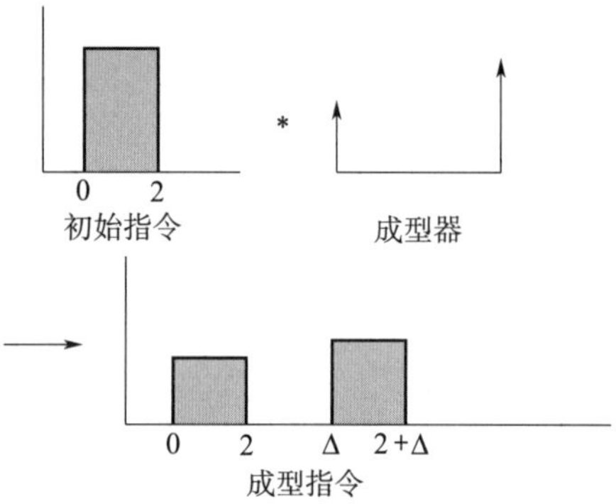

图 5－19　指令输入经卷积后得到的成型指令

（2）多模态成型器设计

输入成型技术一开始是建立在二阶系统基础上的，对于多模态系统，输入成型技术也是有效的。多模态系统的输入成型器设计又可分为独立模态方法和综合模态方法。独立模态方法设计计算简单，而综合模态法则比较直接，但设计过程比较复杂。将多模态振动系统的数学方程简单地描述为几个二阶系统的组合

$$H(s)=\frac{\omega_1^2\cdots\omega_n^2}{(s^2+2\zeta_1\omega_1 s+\omega_1^2)\cdots(s^2+2\zeta_n\omega_n s+\omega_n^2)} \tag{5-38}$$

其中系统含有的自然频率和阻尼系数分别为（ω_1，ζ_1），…，（ω_n，ζ_n）。

1）独立模态法。独立模态法也称为级联法，它利用模态叠加原理，将 n 模态系统的输入成型器看作 n 个单模态系统成型器的级联，针对系统的每个模态和阻尼分别设计成型器 $A_{1s}(\omega_1，\zeta_1)$，…，$A_{ns}(\omega_n，\zeta_n)$，然后串联作为抑制多模态的成型器。对于标准的二阶系统串联而成的多模态系统，设系统模态个数为 n，多模态成型器可描述为下述数学模型

$$A_s=A_{1s}*A_{2s}*\cdots*A_{ns} \tag{5-39}$$

式中，A_s 为最终的多模态成型器；A_{is} 表示抑制第 i 阶模态的脉冲序列；* 表示做卷积运算。

2）综合模态法。综合模态法指同时抑制掉所有系统残余振动而不逐个考虑各个模态的处理方法。独立模态法脉冲个数多，时滞较长，为了减小脉冲个数，可以通过求解系统的约束方程组来直接求解。以设计 ZV 输入成型器为例，包含任意数目模态的约束方程可写为

$$\begin{cases}\sum_{j=1}^{N}A_j\mathrm{e}^{-\zeta_i\omega_i(t_N-t_j)}\sin\left(t_j\omega_i\sqrt{1-\zeta_i^2}\right)=0\\ \sum_{j=1}^{N}A_j\mathrm{e}^{-\zeta_i\omega_i(t_N-t_j)}\cos\left(t_j\omega_i\sqrt{1-\zeta_i^2}\right)=0\\ i=1,2,\cdots,n\end{cases} \tag{5-40}$$

i 表示不同阶的模态，设要抑制的模态数为 n 。对不同的（ω_j， ζ_j），重复上式，得到一系列的非线性方程组。求解这些非线性方程组，就可以得到比独立模态法的时间长度短得多的脉冲序列，脉冲个数一般为 $N=2n+1$，大大地减小了脉冲个数，缩短了滞后时间，但该方法需要同时求解所有模态下的约束方程，计算较为复杂。

5.4　柔性航天器姿态机动控制方法简介

5.4.1　古典控制方法

Toshiaki 等人针对某型大柔性航天器姿态控制问题，设计了 PD 型控制器，采用低通滤波器抑制被忽略的柔性附件的高频模态振动，并设计了补偿器用以抑制航天器姿态扰动。G. T. Tsing 和 R. H. Mahn 采用配置闭环极点的方法，为某一复杂柔性航天器设计了姿态控制系统。Leonard Meirovitch 和 Moon K. Kwak 研究了柔性航天器的柔性振动抑制问题并设计了 PI 姿态控制器。P. H. Park 为美国海洋卫星设计了 PID 姿态控制器。Michael E. Stiebert 采用 PD 控制器和卡尔曼滤波器研究了柔性航天器星体姿态控制和天线指向控制问题。Brij Agrawal 和 R. Joseph Watkins 利用 PD 控制器设计了航天器的姿态控制系统，并用模拟器进行了试验验证。NeilEGoodzeit 等采用前馈加反馈的方法设计了柔性航天器的姿态控制系统。尽管传统方法可在设计中引入一定的不确定性（考虑振动频率和阻尼参数的变化），并通过尽可能增大系统的稳定裕度使系统受控对象的变化或模型的摄动具有一定的“鲁棒性”。但这在相当大的程度上是一种试验性的工作，对经验有很大的依赖性。

5.4.2　现代控制方法

（1）变结构控制方法

变结构控制，采用任意快速开关去强迫输出或被选择的系统变量的相空间轨迹滑动，这种思想是由经典的开关控制发展起来的，而且已经证明它们具有非常好的鲁棒性。针对柔性空间结构姿态控制的模型不确定性问题，人们也开始注意到变结构控制所固有的鲁棒性，并把变结构控制应用于柔性空间飞行器的姿态控制上。针对具有外部干扰的航天器姿态输出跟踪问题，可以采用一种基于有限时间控制技术的滑模控制方法。将 Kalman 滤波器作为观测器既实现了状态重构，还克服了干扰的影响，而且“最优”选取“滑模面”可以达到理想的性能。也可以将变结构控制与模糊控制相结合，来实现柔性航天器的姿态控制和结构的振动抑制；将变结构与其他的设计思想相结合。变结构控制应用到高维系统中，着重需要注意某些预定状态的不确定性以致能量的可能溢出和实际执行机构的有限带宽不能实现任意高的开关频率，另外还有变结构控制的抖振问题，都需要进一步的研究。通常的变结构控制是全状态反馈的，而柔性空间结构中各阶模态为不可测的状态变量，尽管通过在一些点进行线位移（线速度）或角位移（角速度）的测量可以计算，但这些测量有时很难进行，因此，一般是构造状态观测器，然而，如果构造状态观测器，由于系统多存在非线性与不确定性，使得观测的状态与实际的状态存在偏差，不能达到理想的控制效果。有一种输出反馈变结构控制方法，仅利用输出信息通过输出反馈特征值配置来设计滑动平面，而无须全状态可测。

在飞行器各种姿态控制方法中，变结构控制近年来得到突出发展。这主要是由于变结构控制系统在滑模区有完全鲁棒性，即不变性。柔性空间飞行器利用滑模变结构控制方法可以很好地使系统对干扰和系统参数变化具有良好的自适应性，并且控制算法简单易于实现，同时随着计算机技术的高速发展及大功率电子切换器件的出现，很大程度上解决了变结构“抖振”问题。

（2）最优控制方法

最优控制是现代控制理论的一个重要组成部分，人们对用最优控制理论进行航天器的姿态控制已经做了很深入的研究，并且有许多技术已经应用于在轨航天器的姿态控制（如我国的返回式卫星 FSW－2 的姿态控制系统就是采用现代控制理论、卡尔曼滤波以及最优控制的设计方法结合实现的）。对柔性系统控制常用的 LQG 方法就属于最优控制的范畴。但是 LQG 方法也有明显的缺点：鲁棒性差，这限制了它在要求高可靠性的航天工程领域的应用。LQG 方法用于大型空间飞行器控制的第二个基本问题就是 LQG 的控制器维数必须等于对象的维数。大型空间飞行器模型包含几百个振型，LQG 控制器的维数太高，算法过于复杂，无法实时完成。

解决 LQG 维数问题最直接的办法就是在设计模型时消除结构振型，使得它的降维模型对于控制器来说是合理的，但这样容易引起观测溢出和控制溢出，也就是执行机构的未建模动力学和对象的未建模振型的相互作用使得闭环系统不稳定。

（3）鲁棒控制方法

鲁棒控制方法适用于将稳定性和可靠性作为首要目标的系统，要求过程的动态特性已知且不确定因素的变化范围可以预估，不需要精确的过程模型，但需要进行离线辨识。因此，鲁棒控制特别适于控制比较关键、不确定因素变化范围大、稳定裕度小的系统。Park 研究了存在外干扰的航天器姿态调节和鲁棒最优镇定问题，设计了具有传统 PD 形式的线性鲁棒控制器并采用李亚普诺夫稳定性定理证明了闭环系统的全局渐近稳定性。

由于鲁棒控制系统一般不工作在最优状态，因此系统的稳态精度差。并且鲁棒控制存在的普遍问题是控制器阶数偏高。以上两点缺憾，使得人们在选择航天器的控制方法时对鲁棒控制方法态度谨慎。

（4）自适应控制方法

自适应控制的提出至今已有 40 多年，在理论和应用方面都已取得了一系列引人注目的成就。最常用的自适应控制方式是参数自适应控制，即通过实时校正参数来达到适应的目的。一般来说，自适应控制是一种次最优方法，是设计非线性控制系统的一种方法。这种方法将参数辨识和控制结合在一起，控制器要同时完成两个功能，它在控制受控对象运行状态的同时，还要了解受控对象。全系数自适应控制方法以其算法简单、控制品质好、适应性强和鲁棒性强等优点，已在实际工业控制中取得了成功的应用，并且在带柔性太阳帆板和充液系统仿真中表现出超调小、过渡过程时间短、控制精度高、对参数慢变适应性好及抗干扰能力强等优点。在实际工程中多将自适应控制与其他控制方法结合，将控制器参数调整得更加合理。

在结构的自适应控制中采用的方法主要有自矫正控制和模型参考自适应控制等。前者要求在线的参数辨识，实现有一定难度，不利于实时处理；后者不要求在线辨识，实现相对容易，对结构的自适应振动控制具有很大的吸引力。针对一个单轴柔性飞行器模型，在系统所有模型参数完全未知的情况下，可以设计自适应模型跟踪控制器，其利用柔性模态直接反馈，而这点在实际情况下很难实现。

（5）H_∞控制方法

H_∞控制理论是典型的鲁棒控制理论，并被应用于柔性飞行器的控制。它的发展速度快，成果也非常丰富，其设计主要是对系统的频域特性进行整形，而这种整形是通过调整系统的频域特性来获得预期特性。由于主要是针对频域的，这与其他鲁棒控制方法有很大不同，故将它单列出来。有些文献采用一种控制与特征结构配置相结合的控制方法进行柔性空间飞行器的 H_∞控制。H_∞控制是在频域中讨论问题的，因此很难得到时域的响应特性，而特征结构配置很容易满足时域的要求。

5.4.3　柔性航天器姿态 PD 控制

柔性航天器在实际的应用中，会有诸如卫星成像、激光通信等类似的任务，这就要求航天器能达到快速机动并快速稳定的性能。因此对柔性卫星姿态机动控制的研究显得尤为重要。在第 5.2 节中对柔性航天器的动力学模型做了推导，本节将在此基础上设计柔性航天器的姿态控制器。

一般情况下可以通过星体上的传感器测得航天器的姿态角及姿态角速率。通过姿态反馈设计满足需求的姿态控制器。但是对于柔性航天器，太阳帆板的振动模态是不能直接测量的。虽然理论上可以通过设计状态观测器，得到其各阶模态的值，设计各种状态的反馈控制器。但在工程实践中，很难达到理论效果。主要有以下两点原因：1）无法测量柔性结构的参数，而且其相位会在各阶模态频率附近有 180°的转变，因此无法保证观测器估计值的精确度。2）航天器柔性附件的结构阻尼系数很小，一般在 0.005～0.01 范围之内，这使得观测器对参数变化较为敏感。通过以上分析可知：采用输出反馈控制就成了柔性航天器姿态控制器设计中最为有效的选择。

一个好的控制律对控制系统而言是最关键的，这将直接关系到一个控制系统性能的优劣。由于传统的 PID 控制便于实践，计算简单，且稳定性好，因此 PD 控制律是目前航天器姿态控制中应用最多的控制律。

本节将研究 PD 控制律在带单个太阳帆板的柔性航天器姿态控制中的应用问题。针对柔性航天器的动力学方程设计 PD 控制律，应用该控制律对各阶模态振动的控制进行仿真并分析各阶模态对姿态控制的影响。

系统状态方程为

$$\begin{cases}J_z\ddot{\theta}+\boldsymbol{F}^{\mathrm{T}}\ddot{\boldsymbol{q}}=T_{\mathrm{c}}+T_{\mathrm{d}}\\ \boldsymbol{F}\ddot{\boldsymbol{\theta}}+\ddot{\boldsymbol{q}}+2\xi\boldsymbol{\Omega}_N\dot{\boldsymbol{q}}+\boldsymbol{\Omega}_N^2\boldsymbol{q}=\boldsymbol{0}\end{cases} \tag{5-41}$$

取前三阶模态振动进行分析，将以上方程展开得

$$\begin{cases}J_z\ddot{\theta}+F_1\ddot{q}_1(t)+F_2\ddot{q}_2(t)+F_3\ddot{q}_3(t)=T(t)\\ \ddot{q}_1(t)+2\xi w_1\dot{q}_1(t)+w_1^2q_1(t)F_1\ddot{\theta}=0\\ \ddot{q}_2(t)+2\xi w_2\dot{q}_2(t)+w_2^2q_2(t)F_2\ddot{\theta}=0\\ \ddot{q}_3(t)+2\xi w_3\dot{q}_3(t)+w_3^2q_3(t)F_3\ddot{\theta}=0\end{cases} \tag{5-42}$$

令 $\theta(0)$，$\dot{\theta}$ (0)，$\ddot{\theta}$ (0)，$q_n(0)$，$\dot{q}_n(0)$ 等初始条件都为零，对上式做拉氏变换得

$$\begin{cases}J_zS^2\theta(s)+F_1S^2Q_1(s)+F_2S^2Q_2(s)+F_3S^2Q_3(s)=T(s)\\ S^2Q_n(s)+2\xi w_nSQ_n(s)+w_n^2Q_n(s)+F_nS^2\theta(s)=0\end{cases} \tag{5-43}$$

整理得

$$\frac{Q_n(s)}{\theta(s)}=-\frac{F_nS^2}{S^2+2\xi w_nS+w_n^2}\quad n=1,2,3 \tag{5-44}$$

$$\frac{\theta(s)}{T(s)}=\frac{1}{J_zS^2-\dfrac{F_1^2S^4}{S^2+2\xi w_1S+w_1^2}-\dfrac{F_2^2S^4}{S^2+2\xi w_2S+w_2^2}-\dfrac{F_3^2S^4}{S^2+2\xi w_3S+w_3^2}} \tag{5-45}$$

根据 PD 控制器，$T=K_{\mathrm{p}}(\theta_{\mathrm{d}}-\theta)-K_{\mathrm{d}}\dot{\theta}$ ，其中的 K_{p} 和 K_{d} 都是大于零的正数。选取 Lyapunov 函数

$$V=\frac{1}{2}\eta^{\mathrm{T}}\wedge\eta+\frac{1}{2}e^{\mathrm{T}}K_{\mathrm{p}}e+\frac{1}{2}\dot{x}^{\mathrm{T}}A\dot{x} \tag{5-46}$$

式中 $e=\theta_{\mathrm{d}}-\theta$ 。求李亚普诺夫函数的一阶导数得：

$$\begin{aligned}\dot{V}&=\dot{x}^{\mathrm{T}}A\ddot{x}+\dot{\eta}^{\mathrm{T}}\Lambda\eta+\dot{e}^{\mathrm{T}}K_{\mathrm{p}}e\\ &=-\dot{\eta}^{\mathrm{T}}\wedge\eta+\dot{\eta}^{\mathrm{T}}\wedge\eta-\dot{\theta}^{\mathrm{T}}(K_{\mathrm{p}}e+K_{\mathrm{d}}\dot{e})+\dot{e}^{\mathrm{T}}K_{\mathrm{p}}e\\ &=K_{\mathrm{d}}\dot{\theta}\leqslant 0\end{aligned} \tag{5-47}$$

由于 $K_{\mathrm{d}}>0$，可见上述式子当且仅当 $\dot{\theta}=0$，$\eta=\dot{\eta}=0$ 时，$V=0$。所以，以上所设计的 PD 控制器是稳定的。

对 $T=K_{\mathrm{p}}(\theta_{\mathrm{d}}-\theta)-K_{\mathrm{d}}\dot{\theta}$ 拉氏变换得

$$T(s)=K_{\mathrm{p}}(\theta_{\mathrm{d}}-\theta(s))-K_{\mathrm{d}}S\theta(s) \tag{5-48}$$

将其代入式（5-45）得

$$\theta(s)=\frac{K_{\mathrm{p}}\theta_{\mathrm{d}}}{J_zS^2-\dfrac{F_1^2S^4}{S^2+2\xi w_1S+w_1^2}-\dfrac{F_2^2S^4}{S^2+2\xi w_2S+w_2^2}-\dfrac{F_3^2S^4}{S^2+2\xi w_3S+w_3^2}+K_{\mathrm{p}}+SK_{\mathrm{d}}} \tag{5-49}$$

5.4.4　柔性航天器姿态变结构控制

柔性航天器是一个分布参数系统，其状态函数是无穷多维的，因此在建模过程中将其简化。在柔性航天器轨道上运行的过程中，航天器质量和质心会因推进剂的消耗、元器件的老化等原因而发生变化。同时航天器在运行时会受到诸如地球和月球引力、太阳光压等各种干扰的作用。以上这些原因都造成了柔性航天器动力学模型参数的不确定性以及外部干扰的不确定性。通过设计 PD 控制算法也可以使具有不确定性因素的控制系统具有一定的鲁棒性，但这通常很大程度上依赖于设计者丰富的经验。

变结构控制特殊的非线性控制，表现为控制输出的不连续性，并具有很好的鲁棒性。变结构控制的基本概念是受二阶控制系统相平面研究的启发而提出的，其核心思想是使用几个能够在控制过程中进行快速切换的控制器，让每一个控制器结构的良好性能得到最大限度的发挥和利用，从而得到系统的新特性，这对于独立的调节器是很难做到的。滑模变结构控制能够使控制系统获得更优良的新性能。它对不确定性系统具有很好的控制效果，并且在航天器的姿态控制和柔性结构振动控制领域具有很好的控制效果。变结构控制最突出的优点是在理论上当变结构控制系统处于滑动模态阶段时对外界干扰和系统模型及参数的不确定性具有完全鲁棒性。本节将变结构控制应用于具有刚柔耦合特性的柔性航天器控制上，并且加入控制力矩大小受限的约束条件。

（1）滑模变结构控制的基本原理

变结构控制经过几十年的研究和发展，已在理论上和实践中取得了实质性的进展。变结构控制是一类鲁棒控制方法，基本原理在于当系统状态轨迹穿越切换面时，系统反馈控制的控制结构就会随之发生变化，从而使系统的状态在状态空间中达到某个期望的位置。滑模变结构控制系统区别于常规控制系统的地方在于系统的反馈控制“结构”可以在控制过程中发生变化。当系统处于滑动模态阶段时，反馈结构可以根据当时的空间状态、误差及各阶导数有目的地变化，或者系统的某些参数发生变化，或者某些变量极性发生变化，从而迫使系统状态沿预定的滑模面运动。对于实际的控制系统来说，都有一些不确定的参数，特别是对于某些很复杂的部分系统，这些不确定性完全可以把它们视为系统的摄动，因此数学描述具有很多的不确定性。对于任何摄动，不论复杂还是简单的，都可以通过构造滑模变结构控制使得系统的滑动模态对这样的摄动具有不敏感性。这就使得变结构控制具有对系统参数和外界扰动的不敏感和响应快等诸多优点。因此，变结构控制在电力电子系统、航天器姿态机动、电机控制等控制领域得到了广泛的发展和应用。

为了进一步了解变结构控制的原理，考虑如下非线性系统

$$\dot{x} = f(x,t) + B(x,t)u$$

式中 $x \in R^n$ ，$u \in R^m$ ，$t \in R$ 。需要确定切换函数 $S(x) \in R^m$ ，也即系统状态空间滑动超平面。一般情况下 $s(x)$ 的维数等于控制系统的维数。求解变结构控制

$$u_i(x) = \begin{cases} u_i^+(x) & s_i(x) > 0 \\ u_i^-(x) & s_i(x) < 0 \end{cases}$$

令切换函数 $s(x)$ 的表达式为

$$s(x)=cx=\sum_{i=1}^{n}c_ix_i=\sum_{i=1}^{n-1}c_ix_i+x_n \tag{5-50}$$

则 $\sum_{i=1}^{n-1}c_ix_i+x_n=0$ 为变结构控制的切换面（滑模面）。

变结构控制体现在控制量 $u_i^+(x)\neq u_i^-(x)$，为了使控制系统的状态轨迹能够向着滑模面运动，并且最终都能保持在滑模面上到达期望点。滑动超平面方程必须要满足以下的条件

$$\lim_{s\to 0+}\dot{s}<0,\lim_{s\to 0-}\dot{s}>0 \tag{5-51}$$

上式也可以表示为

$$\lim_{t\to\infty}s\dot{s}<0 \tag{5-52}$$

其中 $\dot{s}$ 表示 $s(t)$ 对时间 t 求导。选择合适的 c_i 使方程 $\lambda^{n-1}+c_{n-1}\lambda^{n-2}+\cdots+c_2\lambda+c_1=0$ 的所有根具有负实部。这样可以保证系统在滑动模态阶段的稳定性。

上述的基本想法很简单：若把 s 作为梯状时间函数，选取 $V=-\frac{1}{2}s^2>0$ 为李亚普诺夫函数，对时间求一阶导数可得：$\dot{V}=S^{\mathrm{T}}\dot{S}$，$S\neq 0$，根据式（5-36）得到系统是渐近稳定的。因此可以得出以下结论：不论 s 取任何初始值，都会有 $\lim_{s\to\infty}s=0$ 成立。此外，式 $\lim_{s\to\infty}s\dot{s}<0$ 也可以保证系统存在滑动模态。图 5-20 给出了系统状态轨迹从到达滑模面到趋向系统原点这一过程的示意图。

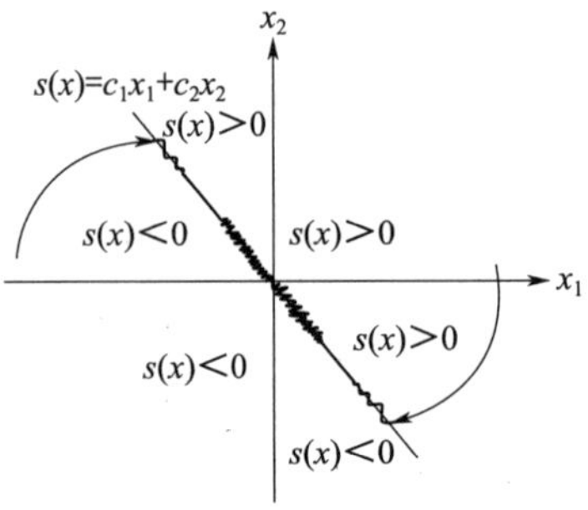

图 5-20　滑模运动状态轨迹示意图

变结构控制器的设计步骤：

1）切换函数 $s(x)$ 的设计，使系统的状态轨迹在此滑模面上或附近滑动，以保证系统良好的动态品质。

2）确定变结构控制 $u(x)$。使得变结构控制输出量 $u(x)$ 满足系统的到达条件 $\lim_{t\to\infty}s\dot{s}<0$，它能将系统的状态轨迹在有限时间内引导到超平面 $s(x)$ 上，使其在上面滑动，并最终趋向控制系统的状态原点。

为此下面将介绍一下滑模面的选取。考虑 n 阶单输入单输出的非线性系统，取状态空间变量为 $\boldsymbol{x}^{\mathrm{T}}=(x_1,x_2,\cdots,x_n)$，控制器输入为 $u(t)$，控制器输出为 $y(t)$，外干扰为

$d(t)$，则系统的状态空间方程表示为

$$\begin{cases}\dot{x}_1(t)=x_2(t)\\ \dot{x}_2(t)=x_3(t)\\ \vdots\\ \dot{x}_{n-1}(t)=x_n(t)\\ \dot{x}_n(t)=f(t)+b(x)+d(t)\\ y(t)=x_1(t)\end{cases} \tag{5-53}$$

用 $y_r(t)$ 表示跟踪输出，上述系统的动态方程的误差形式为 $e_1=y_r(t)-y(t)$，选误差变量为状态空间变量，则以上系统的状态方程可以转换为

$$\begin{cases}\dot{e}_1(t)=e_2(t)\\ \dot{e}_2(t)=e_3(t)\\ \vdots\\ \dot{e}_n(t)=-f(t)+b(e)u-d(t),t\geqslant 0\end{cases} \tag{5-54}$$

其中 $\boldsymbol{e}^{\mathrm{T}}=(e_1,\ e_2,\ \cdots e_n)\in R^n$。线性函数 $S:e\to\delta$ 写为

$$S(e)=ce$$

其中：$\boldsymbol{c}=(c_1,\ c_2,\ \cdots c_{n-1})$，$c_i=(i=1,\ 2,\ \cdots,\ n-1)$ 均为实数。

于是滑模面（超平面）为 S=0 即

$$c_1e_1+c_2e_2+\cdots+e_n=0 \tag{5-55}$$

总之，滑模变结构控制能够保证系统渐近稳定的途径就是：选择一个合适的滑动模态平面，同时控制器的输入 $u(x)$ 设计满足不等式 $\lim\limits_{t\to\infty}s\dot{s}<0$，那么系统状态将从任意初始位置到达滑模面，并沿着滑模面趋向状态空间的原点。

(2) 柔性航天器的输出反馈变结构控制

以上所研究的滑模变结构控制是基于状态反馈的，它要求控制系统的状态必须是能够直接测量的。而通过分析我们可以看出，带单个太阳帆板的柔性航天器系统的状态变量包含柔性帆板的各阶模态，而柔性帆板的各阶模态是不能直接测量的，并且为此设计状态观测器也是复杂并难于实践的，因此若要应用滑模变结构控制器来控制柔性航天器姿态，必须构造出基于系统输出值或模态估计值的滑模变结构控制器。本小节我们将介绍基于系统输出的带单个太阳帆板的柔性航天器系统变结构控制的实现。

系统的动力学模型如下

$$\begin{cases}J_z\ddot{\theta}+\boldsymbol{F}^{\mathrm{T}}\ddot{q}=T_c+T_d\\ \boldsymbol{F}\ddot{\theta}+\ddot{\boldsymbol{q}}(t)+2\xi\boldsymbol{\Omega}_N\dot{\boldsymbol{q}}(t)+\boldsymbol{\Omega}_N^2\boldsymbol{q}(t)=\boldsymbol{0}\end{cases} \tag{5-56}$$

令 $\boldsymbol{e}_1=\theta_d-\theta(t)$，$\boldsymbol{e}_2=\dot{\theta}_d-\theta(t)$，选取 e_1，e_2 为系统的状态变量，将上式转化为状态空间方程形式得

$$\begin{cases}\dot{e}=e_2\\ \dot{e}_2=\ddot{\theta}_d-(J_z-\boldsymbol{F}\boldsymbol{F}^{\mathrm{T}})^{-1}(u+2\boldsymbol{F}\xi\boldsymbol{\Omega}_N\dot{\eta}+\boldsymbol{F}\boldsymbol{\Omega}_N^2\eta)\end{cases} \tag{5-57}$$

式中，θ_{d} 为目标角度。

$$F_i = \int_l \rho A x \varphi_i(x) \mathrm{d}x$$

$$\boldsymbol{q}(t) = \begin{pmatrix} q_1(t) \\ q_2(t) \\ \vdots \\ q_N(t) \end{pmatrix}, \boldsymbol{F} = \begin{pmatrix} F_1 \\ F_2 \\ \vdots \\ F_N \end{pmatrix}, \boldsymbol{\Omega}_N^2 = \begin{pmatrix} w_1^2 & & \\ & \ddots & \\ & & w_n^2 \end{pmatrix}$$

下面给出柔性航天器系统的常规滑模变结构控制律的推导过程，首先设计切换函数

$$s = k_{\mathrm{c}} e_1 + e_2 \tag{5-58}$$

根据滑模变结构的设计原理知，k_{c} 必须大于零。对 s 求导，并令 $\dot{s}$ 得：

$$\begin{aligned} \dot{s} &= k_{\mathrm{c}} \dot{e}_1 + \dot{e}_2 = k_{\mathrm{c}} e_2 + \dot{e}_1 \\ &= k_{\mathrm{c}}(\dot{\theta}_{\mathrm{d}} - \dot{\theta}(t)) + \ddot{\theta}_{\mathrm{d}} - (J_z - \boldsymbol{F}\boldsymbol{F}^{\mathrm{T}})^{-1}(u + 2\boldsymbol{F}\xi\boldsymbol{\Omega}_N \dot{\eta} + \boldsymbol{F}\boldsymbol{\Omega}_N^2 \eta) \end{aligned} \tag{5-59}$$

求解上式得到等价控制力矩：

$$\begin{aligned} T_{\mathrm{eq}} &= (J_z - \boldsymbol{F}\boldsymbol{F}^{\mathrm{T}})(k_{\mathrm{c}} e_2 + \ddot{\theta}_{\mathrm{d}}) - 2\boldsymbol{F}\xi\boldsymbol{\Omega}_N \dot{\eta} - \boldsymbol{F}\boldsymbol{\Omega}_N^2 \eta \\ &= (J_z - \boldsymbol{F}\boldsymbol{F}^{\mathrm{T}}) k_{\mathrm{c}} e_2 - 2\boldsymbol{F}\xi\boldsymbol{\Omega}_N \dot{\eta} - \boldsymbol{F}\boldsymbol{\Omega}_N^2 \eta \end{aligned} \tag{5-60}$$

选择常规的变结构控制律

$$T_{\mathrm{vsc}} = \begin{cases} -T_{\mathrm{f}} & s \geqslant 0 \\ T_{\mathrm{f}} & s < 0 \end{cases} \tag{5-61}$$

式中，T_{f} 为常数。故柔性航天器姿态的滑模变结构控制律为

$$T_{\mathrm{c}} = T_{\mathrm{eq}} + T_{\mathrm{vsc}} \tag{5-62}$$

根据以上控制律可得：$s\dot{s} = sT_{\mathrm{vsc}} = -sT_{\mathrm{f}}\mathrm{sgn}(s) \leqslant 0$，即滑模面可达，并控制系统是渐近稳定的。

(3) 柔性航天器的准滑模变结构控制

在介绍准滑模变结构控制之前，先介绍一下准滑动模态和边界层这两个基本概念。准滑动模态指系统的状态轨迹不一定一直在所设计的滑模面上滑动，而是在滑模面上下的 δ 领域内的模态。系统切换面附近的这一 δ 领域就称为边界层。因此准滑动模态不要求在切换面上切换，只要求在边界层内切换。

准滑模变结构控制既可以是在边界层上进行结构变换的控制也可以是实现连续状态的反馈控制。这种控制策略从根本上避免或削弱了抖振，从而在具体实践中得到了广泛的应用和发展。

通常的准滑模变结构控制有以下两种设计方法：

1）选取适合系统的饱和函数 sat(s) 代替符号函数 sgn(s)，即

$$\mathrm{sat}(s) = \begin{cases} 1 & s > \delta \\ ks & |s| \leqslant \delta, k = \dfrac{1}{\delta} \\ -1 & s < \delta \end{cases} \tag{5-63}$$

其中的 δ 即为边界层。饱和函数 sat(s) 如图 5-21 所示，这样在边界层外还是采用常规的滑模变结构控制方法，在边界层内将离散函数连续化，使得控制器输出的控制量不在瞬间变化，从而有效地降低了系统抖振程度。

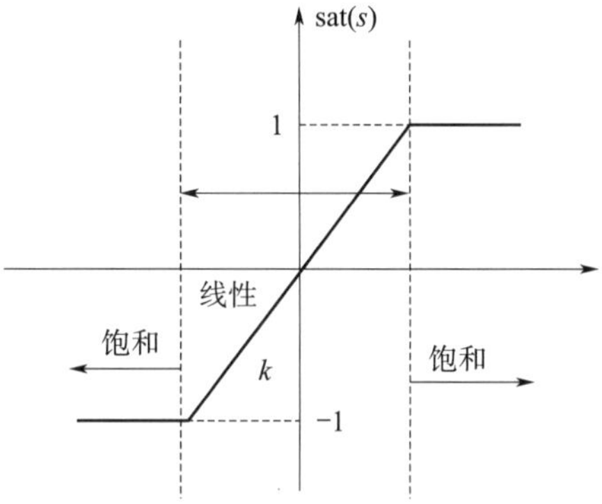

图 5-21 饱和函数

通过以上分析可知，这种方法的设计主要包括两个方面，即连续函数近似和边界层的设计。本节就是应用此种方法来实现对带单个太阳帆板的柔性航天器姿态的控制。

2）继电特性连续化，即用连续函数 $\theta(s)$ 代替符号函数 sgn(s)。

$$\theta(s)=\frac{s}{|s|+\delta} \tag{5-64}$$

对于柔性航天器系统的空间方程

$$\begin{cases}\dot{e}=e_2\\ \dot{e}=\ddot{\theta}_{\mathrm{d}}-(J_z-\boldsymbol{F}\boldsymbol{F}^{\mathrm{T}})^{-1}(u+2\boldsymbol{F}\boldsymbol{\Omega}_N\dot{\eta}+\boldsymbol{F}\boldsymbol{\Omega}_N^2)\eta\end{cases}$$

等价控制力矩：

$$\begin{aligned}T_{\mathrm{eq}}&=(J_z-\boldsymbol{F}\boldsymbol{F}^{\mathrm{T}})(k_c e_2+\ddot{\theta}_{\mathrm{d}})-2\boldsymbol{F}\xi\boldsymbol{\Omega}_N\dot{\eta}-\boldsymbol{F}\boldsymbol{\Omega}_N^2\eta\\ &=(J_2-\boldsymbol{F}\boldsymbol{F}^{\mathrm{T}})k_c e_2-2\boldsymbol{F}\xi\boldsymbol{\Omega}_N\dot{\eta}-\boldsymbol{F}\boldsymbol{\Omega}_N^2\eta\end{aligned}$$

选择准滑模的变结构控制律

$$T_{\mathrm{vsc}}=\begin{cases}-T_{\mathrm{f}}\mathrm{sat}(s) & |s|\geqslant\delta\\ -T_{\mathrm{f}}s/\delta & |s|<\delta\end{cases} \tag{5-65}$$

式中，T_{f} 为常数；δ 为消颤因子。故柔性航天器姿态控制的滑模变结构控制律为

$$T_{\mathrm{c}}=T_{\mathrm{eq}}-T_{\mathrm{vsc}} \tag{5-66}$$

根据以上控制律可得

$$s\dot{s}=s\left[k_c\dot{e}-(J_z-\boldsymbol{F}\boldsymbol{F}^{\mathrm{T}})^{-1}T_{\mathrm{c}}-(J_z-\boldsymbol{F}\boldsymbol{F}^{\mathrm{T}})^{-1}T_{\mathrm{t}}+\ddot{\theta}_{\mathrm{d}}\right]=sT_{\mathrm{vsc}}=\begin{cases}-sT_{\mathrm{f}}+\mathrm{sgn}(s)\\ -sT_{\mathrm{f}}s/\delta\end{cases}<0$$

即滑模面可达且稳定。

（4）柔性航天器基于趋近律的滑模变结构控制

变结构控制系统另一个关键问题就是怎样设计控制律的问题，对此我们引入控制律的

概念，变结构控制过程中的滑模运动是由趋近运动和滑动模态阶段组成的。系统状态轨迹从状态空间内的任意一点趋向滑模面运动并最后到达滑模面的这一过程称为趋近运动，在这一过程中，系统的状态轨迹是全部位于滑模面外或有限次地穿越滑模面的。另一过程是上面所介绍的滑动模态阶段。本节主要介绍趋近运动这一过程。在上述的介绍中我们知道，一般的滑模变结构控制只要保证滑模可达性条件即可。也就是仅保证滑动模态能在有限时间内从状态空间中的任意位置到达滑模面，而对于滑动模态的运动轨迹未作任何要求。因此有必要设计滑动模态的运动轨迹使其较快地到达滑模面，提高系统的动态品质，这便是趋近律的设计问题。常用的四种趋近律为：

1）等速趋近律

$$\dot{s}=-\varepsilon\,\mathrm{sgn}(s) \quad \varepsilon>0 \tag{5-67}$$

这是最简单的趋近律，常数 ε 表示滑动模态滑向切换面 $s=0$ 的速率，ε 越大，趋近速度则越大，引起的系统抖振也会较大。

2）指数趋近律

$$\dot{s}=-\varepsilon\,\mathrm{sgn}(s)-ks \quad \varepsilon>0,k>0 \tag{5-68}$$

式中，$\dot{s}=-ks$ 为指数趋近项，求得解为 $s=s(0)\mathrm{e}^{-kt}$ 。

指数趋近中，可以看出 k 充分大时趋近速度要大于等速趋近律的趋近速度。增大 k 可以提高趋近速度，减小 ε 可以降低系统抖振。在系统模态到达切换面的这一过程中，随着离滑模面距离的减小指数，趋近速度也减小，这样既缩短了到达滑模面的时间又使得状态轨迹到达滑模面时的趋近速度很小。为了防止系统状态轨迹到达切换面时的趋近速度减小到零，需要增加一个等速趋近项 $\dot{s}=-\varepsilon\,\mathrm{sgn}(s)$ ，以保证控制系统的滑动模态可以在允许的时间内到达切换面。

3）幂次趋近律

$$\dot{s}=-k\mid s\mid \mathrm{sgn}(s) \quad k>0 \tag{5-69}$$

经计算得系统模态到达切换面的时间为 $t=\dfrac{s_0^{1-a}}{k(1-a)}$，$0<a<1$ ，因此能保证系统的状态轨迹是可达的。

4）一般趋近律

$$\dot{s}=-\varepsilon\,\mathrm{sgn}(s)-f(s) \quad \varepsilon>0 \tag{5-70}$$

其中 $f(0)=0$，$sf(s)>0$。

显然，当 $s\neq0$ 时，上述四种趋近律都满足滑模到达条件 $s\dot{s}<0$，所以用趋近律设计滑模变结构控制器时不用考虑到达条件。

（5）基于趋近律的变结构控制在柔性航天器姿态控制中的应用

由第 5.2 节可知柔性航天器的状态方程为

$$
\begin{cases}
\dot{x}_1 = x_5 \\
\dot{x}_2 = x_6 \\
\dot{x}_3 = x_7 \\
\dot{x}_4 = x_8 \\
\dot{x}_5 = \dfrac{F_1 w_1^2 x_2 + F_2 w_2^2 x_3 + F_3 w_3^2 x_4 + 2F_1 \xi w_1^2 x_6 + 2F_2 \xi w_2^2 x_7 + 2F_3 \xi w_3^2 x_8 + T}{J_z - F_1^2 - F_2^2 - F_3^2} \\
\dot{x}_6 = -2\xi w_1 x_6 - w_1^2 x_2 - F_1 \dot{x}_5 \\
\dot{x}_5 = -2\xi w_2 x_7 - w_2^2 x_3 - F_2 \dot{x}_6 \\
\dot{x}_5 = -2\xi w_3 x_8 - w_3^2 x_4 - F_3 \dot{x}_7
\end{cases}
\tag{5-71}
$$

其中

$$
x_1 = \theta(t) \quad x_5 = \dot{\theta}(t)
$$
$$
x_2 = q_1(t) \quad x_6 = \dot{q}_1(t)
$$
$$
x_3 = q_2(t) \quad x_7 = \dot{q}_2(t)
$$
$$
x_4 = q_3(t) \quad x_8 = \dot{q}_3(t)
$$

令 $e_1 = \theta_d - \theta(t)$，$e_2 = \dot{\theta}_d - \dot{\theta}(t)$，设计切换函数为

$$
s = k_c e_1 + e_2
$$

趋近律用 $slaw$ 表示，所以得

$$
\dot{s} = k_c \dot{e}_1 + \dot{e}_2 = slaw
$$

经推导得：

$$
\begin{aligned}
\dot{s} &= k_c \dot{e}_1 + \dot{e}_2 \\
&= -k_c x_5 - \dot{x}_5 \\
&= -k_c x_5 - \frac{F_1 w_1^2 x_2 + F_2 w_2^2 x_3 + F_3 w_3^2 x_4 + 2F_1 \xi w_1^2 x_6 + 2F_2 \xi w_2^2 x_7 + 2F_3 \xi w_3^2 x_8 + T(t)}{J_z - F_1^2 - F_2^2 - F_3^2} \\
&= slaw
\end{aligned}
$$

得到系统的控制输入量为

$$
\begin{aligned}
u(t) = & -(J_z - F_1^2 - F_2^2 - F_3^2)(k_c x_5 + slaw) - F_1 w_1^2 x_2 - F_2 w_2^2 x_3 - F_3 w_3^2 x_4 - \\
& 2F_1 \xi w_1^2 x_6 - 2F_2 \xi w_2^2 x_7 - 2F_3 \xi w_3^2 x_8
\end{aligned}
\tag{5-72}
$$

5.4.5　仿真算例

本节仿真中，假设目标姿态角为（0，0，0），初始姿态角为（－3.84°，21.51°，14.51°），三个欧拉角通过 3－2－1 的转动顺序定义。针对柔体模型的姿态机动控制进行仿真。中心体姿态的 PD 控制器参数分别为 $k_1 = 1\ 000$，$k_2 = 60$，不考虑外加干扰和轨道机动，且初始时刻表示柔性振动的各阶广义坐标均为 0。

从图 5－22～图 5－24 可看出，在没有外加干扰的条件下，仅采用 PD 控制同样可以实现航天器的姿态控制。虽然由于柔性振动的影响，姿态角存在一定的抖动，但是仍然满足任务要求。

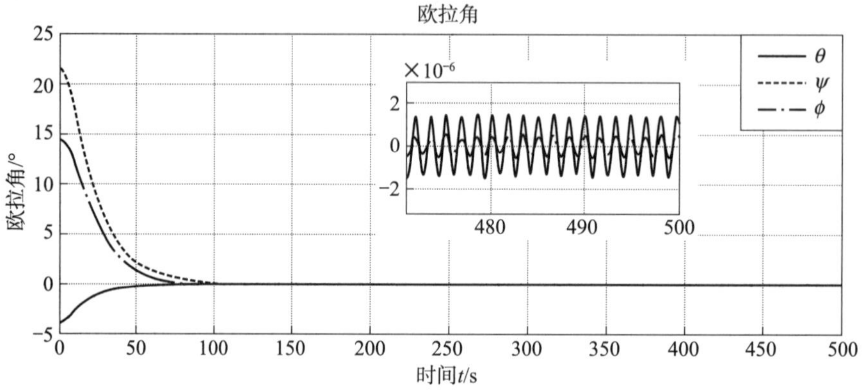

图 5－22　欧拉角变化曲线

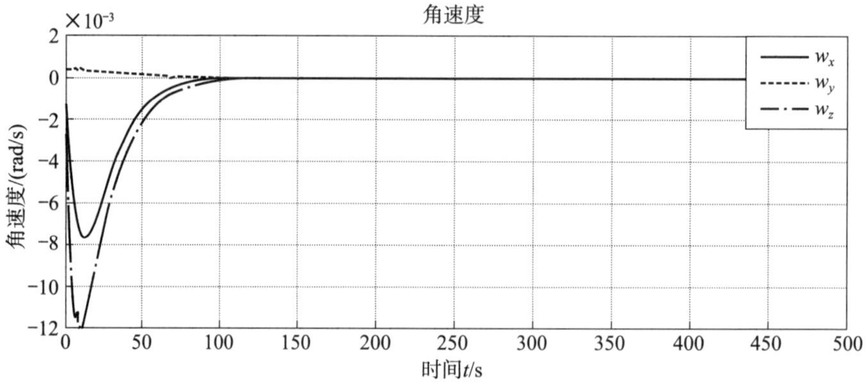

图 5－23　角速度变化曲线

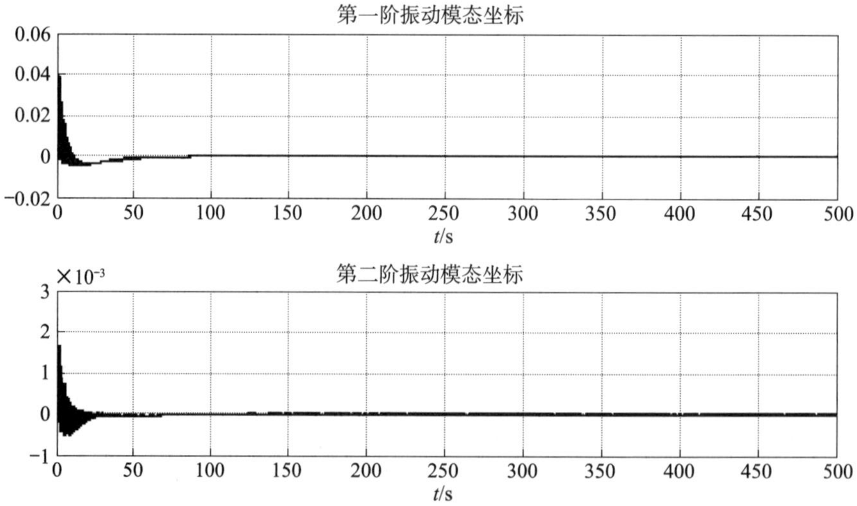

图 5－24　振动模态坐标

5.5　考虑模型不确定性的动态滑模姿态控制

大型桁架结构航天器在姿态镇定过程中，由于环境干扰和柔性部件振动等因素的影响，其姿态精度及姿态稳定度往往难以满足实际任务需求。此外，航天器的结构参数在不同空间环境下存在较大的不确定性，针对单一参数设计的姿态控制规律难以适应复杂空间环境。因此，如何设计响应速度快、稳态精度高、干扰抑制能力强、参数变化自适应的航天器姿态控制器，完成大型桁架结构航天器高精度姿态镇定任务，是一个值得深入研究的问题。

滑模变结构方法鲁棒性强且物理意义明确，适合处理干扰及模型不确定性等问题。本章针对大型桁架结构航天器姿态任务对鲁棒性及可靠性的需求，结合动态滑模控制方法设计了姿态镇定控制律。另一方面，滑模变结构控制在实际应用中最大障碍是其控制输出的抖振[1]。针对这一问题，文献［2］研究了变结构抖振的产生原因与解决方法，文献［3］、［4］采用双曲正弦函数替代符号函数来解决抖振问题，文献［5］采用模糊逻辑系统（FLS）结合自适应技术来消除滑模变结构控制系统中的抖振问题。文献［6］分析了变结构的抖振现象产生原因以及对系统的影响，并针对抖振和高阶模态不可测问题提出了输出反馈变结构控制。然而上述方法并未从根本上消除滑模控制器的抖振问题，而是通过改变控制器中抖振项的形式消除抖振，在稳定性分析上仍存在一定缺陷。

本章通过设计动态切换函数将传统控制律中的符号项转移到控制律的一阶导数中，并最终得到无抖振的连续动态滑模姿态控制律。利用 Lyapunov 方法，证明了所设计的动态滑模姿态控制律能使闭环航天器姿态系统稳定。最后，通过数值仿真验证了所提出方法的正确性与有效性。

5.5.1　基于动态滑模的姿态镇定控制律

针对柔性航天器姿态镇定问题，即

$$\boldsymbol{J}\dot{\boldsymbol{\omega}} + \delta^{\mathrm{T}}\ddot{\eta} = -\boldsymbol{\omega}^{\times}\left(\boldsymbol{J}\boldsymbol{\omega} + \boldsymbol{\delta}^{\mathrm{T}}\dot{\eta}\right) + \boldsymbol{u} + \boldsymbol{d}$$

$$\ddot{\boldsymbol{\eta}} + \boldsymbol{C}\dot{\boldsymbol{\eta}} + \boldsymbol{K}\boldsymbol{\eta} = -\boldsymbol{\delta}\dot{\boldsymbol{\omega}}$$

控制律的设计目标为：设计基于动态滑模的姿态镇定控制律使系统状态变量 $(q_0,\ \boldsymbol{q}_{\mathrm{v}},\ \boldsymbol{\omega})$ 达到稳定，同时，减小柔性附件的振动，即

$$\lim_{t\to\infty} q_0(t) = 1,\quad \lim_{t\to\infty}\boldsymbol{q}_{\mathrm{v}}(t) = \boldsymbol{0}, \lim_{t\to\infty}\boldsymbol{\omega}(t) = \boldsymbol{0} \tag{5-73}$$

利用动态滑模控制的原理，对柔性航天器系统设计动态滑模姿态控制律。首先，设计如下的切换函数

$$\boldsymbol{s} = \boldsymbol{\omega} + \lambda\boldsymbol{q}_{\mathrm{v}} \tag{5-74}$$

式中，λ 为严格的正常数。

考虑如下的 Lyapunov 函数

$$V_0(t) = 2(1 - q_0) \geqslant 0 \tag{5-75}$$

当 $\boldsymbol{s} = \boldsymbol{0}$ 时，有下式成立

$$\dot{V}_0(t) = -2\dot{q}_0 = \boldsymbol{q}_v^{\mathrm{T}}\boldsymbol{\omega} = -\boldsymbol{q}_v^{\mathrm{T}}\lambda\boldsymbol{q}_v \leqslant 0 \tag{5-76}$$

由此可得：当柔性航天器系统的系统状态到达滑模面 $\boldsymbol{s}=\boldsymbol{0}$ 上时，最终有 $\lim\limits_{t\to\infty}\boldsymbol{q}_v=\boldsymbol{0}$ 成立，由此可得 $\lim\limits_{t\to\infty}\boldsymbol{\omega}=\boldsymbol{0}$。故系统在滑模面 $\boldsymbol{s}=\boldsymbol{0}$ 上是渐近稳定的。

对切换函数求导，可得：

$$\begin{aligned}\dot{\boldsymbol{s}} &= \dot{\boldsymbol{\omega}} + \lambda\,\dot{\boldsymbol{q}}_v \\ &= \frac{1}{2}\lambda\boldsymbol{T}(q_0,\boldsymbol{q}_v)\,\boldsymbol{\omega} + \boldsymbol{J}_{\mathrm{mb}}^{-1}[-\boldsymbol{\omega}^{\times}(\boldsymbol{J}_{\mathrm{mb}}\boldsymbol{\omega}+\boldsymbol{\delta}^{\mathrm{T}}\boldsymbol{\psi})+\boldsymbol{\delta}^{\mathrm{T}}(\boldsymbol{C\psi}+\boldsymbol{K\eta}-\boldsymbol{C\delta\omega})+\boldsymbol{u}+\boldsymbol{d}] \\ &= A(\boldsymbol{\omega},\boldsymbol{q},\boldsymbol{\psi},\boldsymbol{\eta}) + \boldsymbol{J}_{\mathrm{mb}}^{-1}\boldsymbol{u} + \boldsymbol{J}_{\mathrm{mb}}^{-1}d\end{aligned} \tag{5-77}$$

其中

$$\boldsymbol{A}(\boldsymbol{\omega},\boldsymbol{q},\boldsymbol{\psi},\boldsymbol{\eta}) = \boldsymbol{J}_{\mathrm{mb}}^{-1}[-\boldsymbol{\omega}^{\times}(\boldsymbol{J}_{\mathrm{mb}}\boldsymbol{\omega}+\boldsymbol{\delta}^{\mathrm{T}}\boldsymbol{\psi})+\boldsymbol{\delta}^{\mathrm{T}}(\boldsymbol{C\psi}+\boldsymbol{K\eta}-\boldsymbol{C\delta\omega})]+ \frac{1}{2}\lambda\boldsymbol{T}(q_0,\boldsymbol{q}_v)\,\boldsymbol{\omega}$$

构造如下新的动态切换函数：

$$\begin{aligned}\boldsymbol{\sigma} &= \dot{\boldsymbol{s}} + \alpha\boldsymbol{s} \\ &= \boldsymbol{A}(\boldsymbol{\omega},\boldsymbol{q},\boldsymbol{\psi},\boldsymbol{\eta}) + \boldsymbol{J}_{\mathrm{mb}}^{-1}\boldsymbol{u} + \alpha\boldsymbol{s} + \boldsymbol{J}_{\mathrm{mb}}^{-1}\boldsymbol{d}\end{aligned} \tag{5-78}$$

式中，α 为严格的正常数。

当 $\boldsymbol{\sigma}=0$ 时，$\dot{\boldsymbol{s}}+\alpha\boldsymbol{s}=\boldsymbol{0}$ 为渐近稳定的一阶系统，即 $\boldsymbol{s}$ 将逐渐趋近于 0。对动态切换函数（5－79）求导，可得：

$$\begin{aligned}\dot{\boldsymbol{\sigma}} &= \dot{\boldsymbol{A}}(\boldsymbol{\omega},\boldsymbol{q},\boldsymbol{\psi},\boldsymbol{\eta}) + \boldsymbol{J}_{\mathrm{mb}}^{-1}\dot{\boldsymbol{u}} + \alpha\dot{\boldsymbol{s}} + \boldsymbol{J}_{\mathrm{mb}}^{-1}\dot{\boldsymbol{d}} \\ &= \dot{\boldsymbol{A}}(\boldsymbol{\omega},\boldsymbol{q},\boldsymbol{\psi},\boldsymbol{\eta}) + \boldsymbol{J}_{\mathrm{mb}}^{-1}\dot{\boldsymbol{u}} + \alpha[\boldsymbol{A}(\boldsymbol{\omega},\boldsymbol{q},\boldsymbol{\psi},\boldsymbol{\eta}) + \boldsymbol{J}_{\mathrm{mb}}^{-1}\boldsymbol{u} + \boldsymbol{J}_{\mathrm{mb}}^{-1}\boldsymbol{d}] + \boldsymbol{J}_{\mathrm{mb}}^{-1}\dot{\boldsymbol{d}} \\ &= \dot{\boldsymbol{A}}(\boldsymbol{\omega},\boldsymbol{q},\boldsymbol{\psi},\boldsymbol{\eta}) + \alpha\boldsymbol{A}(\boldsymbol{\omega},\boldsymbol{q},\boldsymbol{\psi},\boldsymbol{\eta}) + \alpha\boldsymbol{J}_{\mathrm{mb}}^{-1}\boldsymbol{u} + \alpha\boldsymbol{J}_{\mathrm{mb}}^{-1}\boldsymbol{d} + \boldsymbol{J}_{\mathrm{mb}}^{-1}\dot{\boldsymbol{u}} + \boldsymbol{J}_{\mathrm{mb}}^{-1}\dot{\boldsymbol{d}}\end{aligned}$$

令 $\boldsymbol{v}=\dot{\boldsymbol{u}}$，则 $\boldsymbol{v}$ 为下述一阶动态系统的真实输入

$$\dot{\boldsymbol{\sigma}} = \bar{\boldsymbol{A}}(\boldsymbol{\omega},\boldsymbol{q},\boldsymbol{\psi},\boldsymbol{\eta}) + \boldsymbol{J}_{\mathrm{mb}}^{-1}\boldsymbol{v} + \alpha\boldsymbol{J}_{\mathrm{mb}}^{-1}\boldsymbol{d} + \boldsymbol{J}_{\mathrm{mb}}^{-1}\dot{\boldsymbol{d}} \tag{5-79}$$

其中，$\bar{\boldsymbol{A}}(\boldsymbol{\omega},\boldsymbol{q},\boldsymbol{\psi},\boldsymbol{\eta}) = \dot{\boldsymbol{A}}(\boldsymbol{\omega},\boldsymbol{q},\boldsymbol{\psi},\boldsymbol{\eta}) + \alpha\boldsymbol{A}(\boldsymbol{\omega},\boldsymbol{q},\boldsymbol{\psi},\boldsymbol{\eta}) + \alpha\boldsymbol{J}_{\mathrm{mb}}^{-1}\boldsymbol{u}$。因此，不连续的 $\boldsymbol{v}$ 不会引起 $\dot{\boldsymbol{s}}$ 平面的抖振。

针对系统，当干扰力矩为 $\boldsymbol{0}$，即 $\boldsymbol{d}=\boldsymbol{0}$ 时，为了稳定系统，设计如下的控制律

$$\begin{cases}\boldsymbol{v} = \boldsymbol{J}_{\mathrm{mb}}[-\bar{\boldsymbol{A}}(\boldsymbol{\omega},\boldsymbol{q},\boldsymbol{\psi},\boldsymbol{\eta}) + \boldsymbol{w}] \\ \boldsymbol{w} = -k\,\|\boldsymbol{\sigma}\|^{\beta}\mathrm{sign}(\boldsymbol{\sigma})\end{cases} \tag{5-80}$$

其中，$k>0$，$\beta\in(0,1)$。对于任意的向量 $\boldsymbol{x}=(x_1\ x_2\ x_3)^{\mathrm{T}}\in\mathbb{R}^3$，定义 $\mathrm{sign}(x)$ 为

$$\mathrm{sign}(\boldsymbol{x}) = \begin{pmatrix}\dfrac{x_1}{|x_1|} & \dfrac{x_2}{|x_2|} & \dfrac{x_3}{|x_3|}\end{pmatrix}$$

选择如下的 Lyapunov 函数

$$V_1(t) = \frac{1}{2}\boldsymbol{\sigma}^{\mathrm{T}}\boldsymbol{\sigma} \tag{5-81}$$

结合控制律，对上述 Lyapunov 函数求导，可得：

$$\begin{aligned}\dot{V}_1(t) &= \boldsymbol{\sigma}^{\mathrm{T}}\dot{\boldsymbol{\sigma}}_{\mathrm{n}} \\ &= \boldsymbol{\sigma}^{\mathrm{T}}\boldsymbol{w} \\ &= -k\ \|\boldsymbol{\sigma}\|^{\beta}\boldsymbol{\sigma}^{\mathrm{T}}\mathrm{sign}(\boldsymbol{\sigma}) < 0\end{aligned} \tag{5-82}$$

由此可得：当 $\boldsymbol{d}=\boldsymbol{0}$ 时，在控制律的作用下，有 $\lim\limits_{t\to\infty}\boldsymbol{\sigma}=\boldsymbol{0}$ 成立，最终有 $\lim\limits_{t\to\infty}\boldsymbol{q}_{\mathrm{v}}=\boldsymbol{0}$ 和 $\lim\limits_{t\to\infty}\boldsymbol{\omega}=\boldsymbol{0}$ 成立。

当 $\boldsymbol{d}\neq\boldsymbol{0}$ 时，考虑如下的积分切换函数

$$\boldsymbol{\zeta}(t)=\boldsymbol{\sigma}(t)-\boldsymbol{\sigma}(t_0)-\int_{t_0}^{t}\boldsymbol{w}(T)\,\mathrm{d}T \tag{5-83}$$

其中，$\boldsymbol{\sigma}(t_0)$ 为 $\boldsymbol{\sigma}(t)$ 的初始值。

进一步设计如下控制律

$$\begin{cases}\boldsymbol{v}=\boldsymbol{J}_{\mathrm{mb}}[-\bar{A}(\omega,q,\psi,\eta)+w+w_{\mathrm{dis}}] \\ \dot{\boldsymbol{\sigma}}_{\mathrm{n}}=\bar{\boldsymbol{A}}(\boldsymbol{\omega},\boldsymbol{q},\boldsymbol{\psi},\boldsymbol{\eta})+\boldsymbol{J}_{\mathrm{mb}}^{-1}\boldsymbol{v} \\ \boldsymbol{w}=-k\ \|\boldsymbol{\sigma}\|^{\beta}\mathrm{sign}(\boldsymbol{\sigma}) \\ \boldsymbol{w}_{\mathrm{dis}}=-l_1\zeta-l_2\mathrm{sign}(\zeta) \\ \bar{\boldsymbol{A}}(\boldsymbol{\omega},\boldsymbol{q},\boldsymbol{\psi},\boldsymbol{\eta})=\dot{\boldsymbol{A}}(\boldsymbol{\omega},\boldsymbol{q},\boldsymbol{\psi},\boldsymbol{\eta})+\alpha\boldsymbol{J}_{\mathrm{mb}}^{-1}\boldsymbol{u}+\alpha\boldsymbol{A}(\boldsymbol{\omega},\boldsymbol{q},\boldsymbol{\psi},\boldsymbol{\eta})\end{cases} \tag{5-84}$$

其中，$l_1>0$，$l_2>\bar{d}$，$\bar{d}=\|\boldsymbol{J}_{\mathrm{mb}}^{-1}\dot{\boldsymbol{d}}\|+\alpha\|\boldsymbol{J}_{\mathrm{mb}}^{-1}\boldsymbol{d}\|$。

选取如下的 Lyapunov 函数

$$V_2(t)=\frac{1}{2}\boldsymbol{\zeta}^{\mathrm{T}}\boldsymbol{\zeta} \tag{5-85}$$

结合控制律，对上述 Lyapunov 函数求导，可得：

$$\begin{aligned}\dot{V}_2(t) &= \boldsymbol{\zeta}^{\mathrm{T}}\dot{\boldsymbol{\zeta}} \\ &= \boldsymbol{\zeta}^{\mathrm{T}}[\dot{\boldsymbol{\sigma}}(t)-\boldsymbol{w}(t)] \\ &= \boldsymbol{\zeta}^{\mathrm{T}}[-l_1\boldsymbol{\zeta}-l_2\mathrm{sign}(\boldsymbol{\zeta})+\alpha\boldsymbol{J}_{\mathrm{mb}}^{-1}\boldsymbol{d}+\boldsymbol{J}_{\mathrm{mb}}^{-1}\dot{\boldsymbol{d}}] \\ &= -l_1\boldsymbol{\zeta}^{\mathrm{T}}\boldsymbol{\zeta}-l_2\boldsymbol{\zeta}^{\mathrm{T}}\mathrm{sign}(\boldsymbol{\zeta})+\boldsymbol{\zeta}^{\mathrm{T}}(\alpha\boldsymbol{J}_{\mathrm{mb}}^{-1}\boldsymbol{d}+\boldsymbol{J}_{\mathrm{mb}}^{-1}\dot{\boldsymbol{d}})\leqslant -l_1\boldsymbol{\zeta}^{\mathrm{T}}\boldsymbol{\zeta}-l_2\|\boldsymbol{\zeta}\|+\bar{d}\|\boldsymbol{\zeta}\| \\ &= -l_1\boldsymbol{\zeta}^{\mathrm{T}}\boldsymbol{\zeta}-(l_2-\bar{d})\|\boldsymbol{\zeta}\|<0\end{aligned} \tag{5-86}$$

因此，有 $\lim\limits_{t\to\infty}\boldsymbol{\zeta}=\boldsymbol{0}$ 成立。当 $\boldsymbol{\zeta}=\boldsymbol{0}$ 时，可得

$$\dot{\boldsymbol{\sigma}}(t)=\boldsymbol{w}(t)=-k\ \|\boldsymbol{\sigma}\|^{\beta}\mathrm{sign}(\boldsymbol{\sigma}) \tag{5-87}$$

选择如下的 Lyapunov 函数

$$V_3(t)=\frac{1}{2}\boldsymbol{\sigma}^{\mathrm{T}}\boldsymbol{\sigma} \tag{5-88}$$

对上述 Lyapunov 函数求导，可得

$$\dot{V}_3(t)=-k\ \|\boldsymbol{\sigma}\|^{\beta}\boldsymbol{\sigma}^{\mathrm{T}}\mathrm{sign}(\sigma)<0 \tag{5-89}$$

由此可得：当 $\dot{\boldsymbol{d}} \neq 0$ 时，即干扰力矩为慢变和常值情况，在控制律的作用下，有 $\lim\limits_{t\to\infty}\boldsymbol{\sigma}=\boldsymbol{0}$ 成立，最终有 $\lim\limits_{t\to\infty}\boldsymbol{q}_{\mathrm{v}}=\boldsymbol{0}$ 和 $\lim\limits_{t\to\infty}\boldsymbol{\omega}=\boldsymbol{0}$ 成立。

实际上，$\dot{\boldsymbol{A}}(\boldsymbol{\omega},\boldsymbol{q},\boldsymbol{\psi},\boldsymbol{\eta})$ 表达式较为复杂，难以直接获取。因此，用下述有限时间收敛的鲁棒微分器对 $\dot{\boldsymbol{A}}(\boldsymbol{\omega},\boldsymbol{q},\boldsymbol{\psi},\boldsymbol{\eta})$ 进行实时估计[7]

$$\dot{\boldsymbol{z}}_0=-\gamma_1\left\|z_0-\boldsymbol{A}(\boldsymbol{\omega},\boldsymbol{q},\boldsymbol{\psi},\boldsymbol{\eta})\right\|^{1/2}\mathrm{sign}(z_0-\boldsymbol{A}(\boldsymbol{\omega},\boldsymbol{q},\boldsymbol{\psi},\boldsymbol{\eta}))+z_1 \tag{5-90}$$

$$\dot{\boldsymbol{z}}_1=-\gamma_2\mathrm{sign}(\boldsymbol{z}_0-\boldsymbol{A}(\boldsymbol{\omega},\boldsymbol{q},\boldsymbol{\psi},\boldsymbol{\eta})) \tag{5-91}$$

其中，$\gamma_1>\gamma_2>0$。并且，$z_0\in\mathbb{R}^3$ 和 $z_1\in\mathbb{R}^3$ 分别为 $\boldsymbol{A}(\boldsymbol{\omega},\boldsymbol{q},\boldsymbol{\psi},\boldsymbol{\eta})$ 和 $\dot{\boldsymbol{A}}(\boldsymbol{\omega},\boldsymbol{q},\boldsymbol{\psi},\boldsymbol{\eta})$ 的实时估计值。

因此，针对大型桁架结构航天器动力学系统，得到如下动态滑模姿态控制律

$$\begin{cases}\boldsymbol{s}=\boldsymbol{\omega}+\lambda\boldsymbol{q}_{\mathrm{v}}\\ \boldsymbol{\sigma}=\dot{\boldsymbol{s}}+\alpha\boldsymbol{s}\\ \boldsymbol{w}=-k\left\|\boldsymbol{\sigma}\right\|^{\beta}\mathrm{sign}(\boldsymbol{\sigma})\\ \zeta(t)=\boldsymbol{\sigma}(t)-\boldsymbol{\sigma}(t_0)-\int_{t0}^{t}\boldsymbol{w}(\tau)\,\mathrm{d}\tau\\ \boldsymbol{w}_{\mathrm{dis}}=-l_1\zeta-l_2\mathrm{sign}(\zeta)\\ \dot{z}_0=-\gamma_1\left\|z_0-\boldsymbol{A}(\boldsymbol{\omega},\boldsymbol{q},\boldsymbol{\psi},\boldsymbol{\eta})\right\|^{1/2}\mathrm{sign}(z_0-\boldsymbol{A}(\boldsymbol{\omega},\boldsymbol{q},\boldsymbol{\psi},\boldsymbol{\eta}))+z_1\\ \dot{\boldsymbol{z}}_1=-\gamma_2\mathrm{sign}(\boldsymbol{z}_0-\boldsymbol{A}(\boldsymbol{\omega},\boldsymbol{q},\boldsymbol{\psi},\boldsymbol{\eta}))\\ \boldsymbol{A}(\boldsymbol{\omega},\boldsymbol{q},\boldsymbol{\psi},\boldsymbol{\eta})=\boldsymbol{J}_{\mathrm{mb}}^{-1}(-\boldsymbol{\omega}^{\times}(\boldsymbol{J}_{\mathrm{mb}}\boldsymbol{\omega}+\boldsymbol{\delta}^{\mathrm{T}}\boldsymbol{\psi})+\boldsymbol{\delta}^{\mathrm{T}}(\boldsymbol{C\psi}+\boldsymbol{K\eta}-\boldsymbol{C\delta\omega}))+\dfrac{1}{2}\lambda\boldsymbol{T}(q_0,\boldsymbol{q}_{\mathrm{v}})\boldsymbol{\omega}\\ \dot{\boldsymbol{u}}=\boldsymbol{J}_{\mathrm{mb}}(-\alpha\boldsymbol{A}(\boldsymbol{\omega},\boldsymbol{q},\boldsymbol{\psi},\boldsymbol{\eta})-z_1-\alpha\boldsymbol{J}_{\mathrm{mb}}^{-1}\boldsymbol{u}+\boldsymbol{w}+\boldsymbol{w}_{\mathrm{dis}})\end{cases} \tag{5-92}$$

其中，λ，k，β，α 均大于 0，$\gamma_1>\gamma_2>0$。显然，即使 $\dot{\boldsymbol{u}}$ 不连续，柔性航天器姿态控制系统输入的控制力矩 u 还是连续的。因此，传统滑模控制律的抖振问题得到解决，也一定程度上避免了对柔性振动的激励作用。

5.5.2 数值仿真与结果分析

在数值仿真验证中，大型桁架结构航天器参数及空间环境干扰力矩选取见表 5-3。

表 5-3 航天器主要参数及环境干扰

参数名	参数值
航天器转动惯量/(kg · m²)： 主惯量 惯量积	$\boldsymbol{J}_1=1.409\,8\times10^{-6}$，$\boldsymbol{J}_2=1.409\,7\times10^{-6}$，$\boldsymbol{J}_3=9.559\,6\times10^{-4}$ $\boldsymbol{J}_{12}=5.855\,9$，$\boldsymbol{J}_{23}=53.806\,5$，$\boldsymbol{J}_{13}=22.334\,5$
环境干扰	$\boldsymbol{d}=\begin{pmatrix}-0.2+0.5\cos(0.1t)-0.3\sin(0.02t)\\0.4+0.2\sin(0.1t)-0.4\cos(0.02t)\\-0.4+0.3\sin(0.1t)+0.3\cos(0.02t)\end{pmatrix}\mathrm{N\cdot m}$

此外，本书在仿真中将考虑前五阶振动模态的耦合作用，大型桁架结构振动与中心体

转动的耦合系数见表 5-4。

表 5-4　中心体转动与振动耦合系数

模态基频/Hz	X 轴	Y 轴	Z 轴
0.076 577	−646.150 3	557.688 2	−129.178 7
0.156 06	140.283 3	−128.759 0	−249.602 9
0.163 03	191.208 7	213.981 2	−3.866 8
0.183 21	164.962 4	−138.418 5	−58.787 4
0.525 2	−2.337 1	2.582 3	28.691 5

在本节仿真中，角速度的初始值为

$$\boldsymbol{\omega}(0)=(0\ \ 0\ \ 0)^{\mathrm{T}}\mathrm{rad/s}$$

姿态四元数的初始值为

$$q_0(0)=0.998\,8,\ \ q_v(0)=\begin{pmatrix}q_1(0)\\q_2(0)\\q_3(0)\end{pmatrix}=\begin{pmatrix}0\\0.050\\0\end{pmatrix}$$

定义柔性航天器柔性模态变量的初始值为

$$\eta_i(0)=0,\psi_i(0)=0,\ \ i=1,\ 2,\ 3,\ 4$$

本节提出的动态滑模姿态控制律采用下述的参数

$$\lambda=0.1,\ k=0.9,\ \beta=0.01,\ \alpha=0.005,\ \gamma_1=0.001,\gamma_2=0.001$$

值得说明的是，由于本节研究的大型桁架结构航天器为大规模空间复杂结构，在设计空间任务时，需充分考虑其结构对于运动加速度的承受能力。在仿真分析中，均选择较小的初始姿态角和较长的姿态机动时间，满足实际工程的需求。

与文献 [8] 提出的高阶滑模控制律进行对比，其结果如图 5-25 至图 5-30 所示。图 5-25 和图 5-26 为航天器姿态四元数响应曲线，图 5-27 和图 5-28 为航天器欧拉角响应曲线，图 5-29 和图 5-30 为航天器姿态角速度响应曲线。为了便于对比，左侧仿真图为本书提出的动态滑模控制律，右侧仿真图为文献 [8] 中提出的高阶滑模控制律。

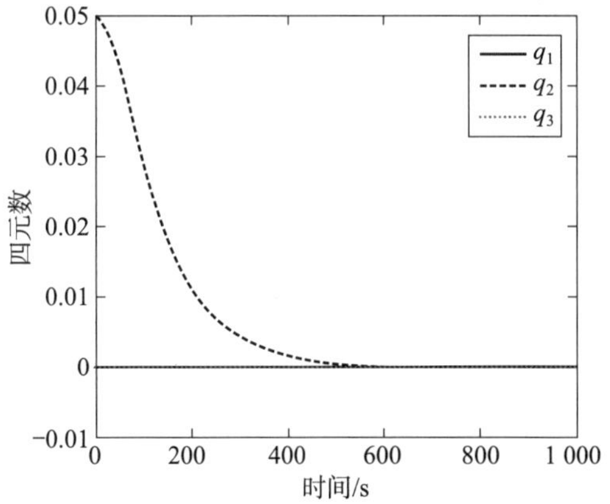

图 5-25　动态滑模控制姿态四元数曲线（见彩插）

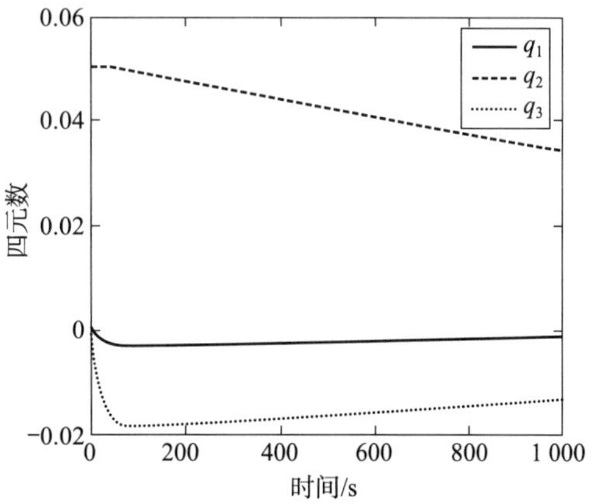

图 5-26　高阶滑模控制姿态四元数曲线

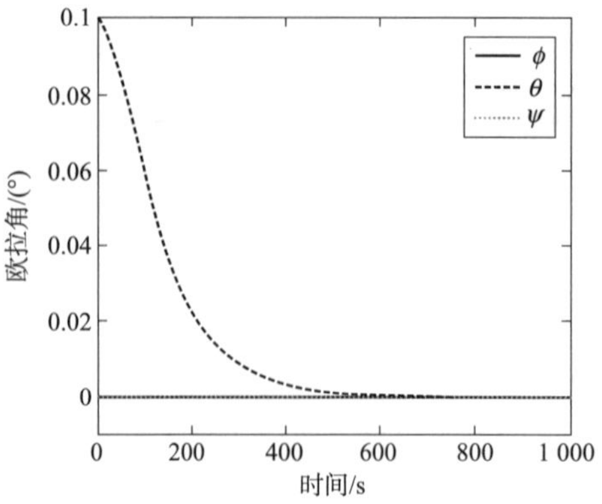

图 5－27　动态滑模控制欧拉角（见彩插）

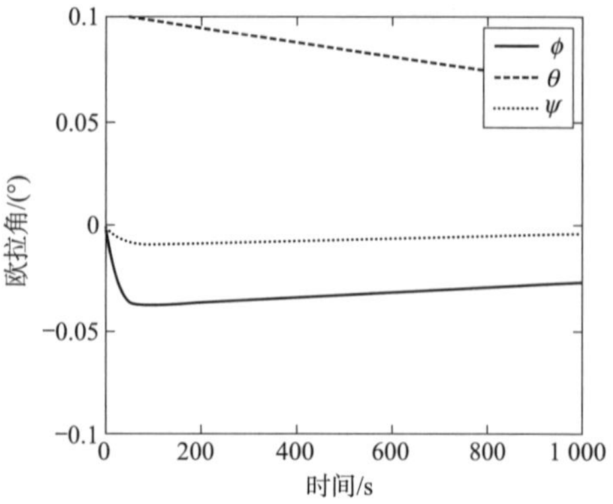

图 5－28　高阶滑模控制欧拉角

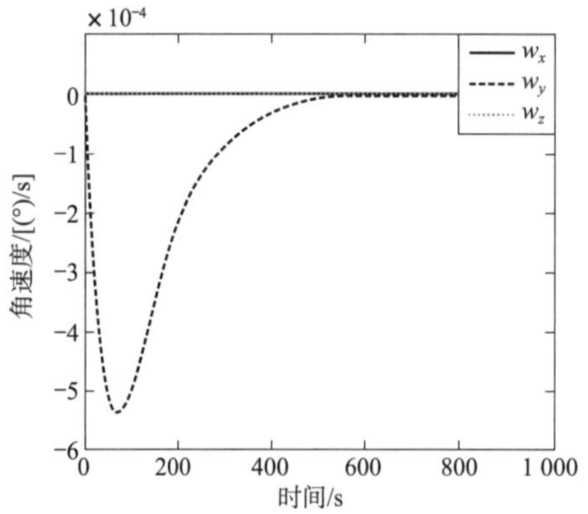

图 5－29　动态滑模控制姿态角速度曲线（见彩插）

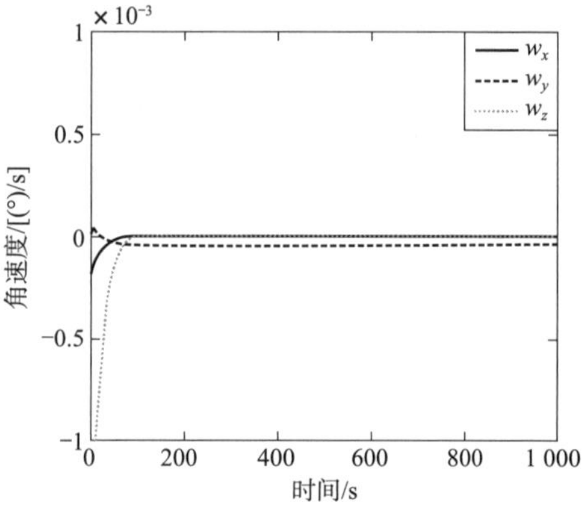

图 5－30　高阶滑模控制姿态角速度曲线（见彩插）

由图 5－25 至图 5－30 可知，在动态滑模姿态控制律的作用下，航天器可实现高精度的姿态镇定控制任务。在姿态镇定运动过程中，运动角速度误差优于 10^{-4}（°）/s，满足实际任务需求。与文献［8］提出的控制律相比，本书设计的动态滑模控制律具有较好的快速性和较高的控制精度。

同时，姿态镇定过程的航天器姿态控制力矩、柔性耦合力矩及前五阶柔性模态响应曲线分别如图 5－31 和图 5－32、图 5－33 和图 5－34、图 5－35 和图 5－36 所示。其中，左侧仿真图为本章提出的动态滑模控制律，右侧仿真图为文献［8］中提出的高阶滑模控制率。

由图 5－31 和图 5－34 可知，在进行姿态镇定过程中，控制力拒不存在抖振的现象，柔性耦合力矩幅值最高可达和姿态控制力矩的幅值相同，大型桁架结构航天器的柔性耦合力矩对姿态稳定的影响非常强烈。但在本节设计的姿态镇定控制律的作用下，航天器仍能够较好地完成任务，各项指标均符合设计要求。观察图 5－31 和图 5－34 可以得出相同的结论。对比两组响应曲线可知，文献［8］中的高阶滑模控制律的控制力矩更大，高阶滑模控制律的柔性模态更大，这一结果充分验证了本章设计控制律的良好性能。

通过总结仿真结果可知，本章提出的动态滑模控制律能够有效避免传统滑模控制的输出抖振问题，系统状态能够快速、精确地收敛于系统平衡点，实现大型桁架结构航天器的姿态镇定任务。

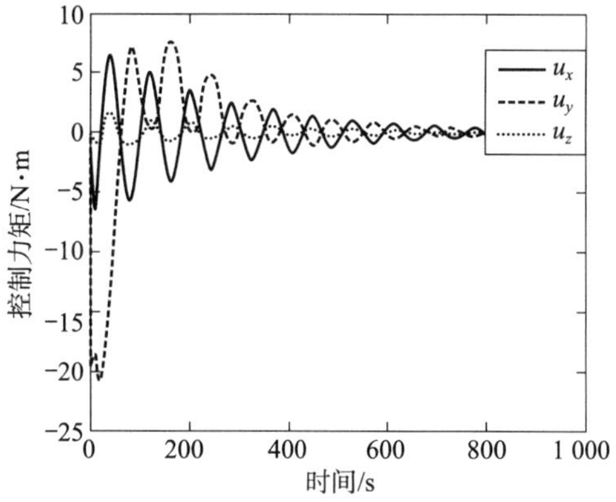

图 5-31　动态滑模控制姿态控制力矩曲线

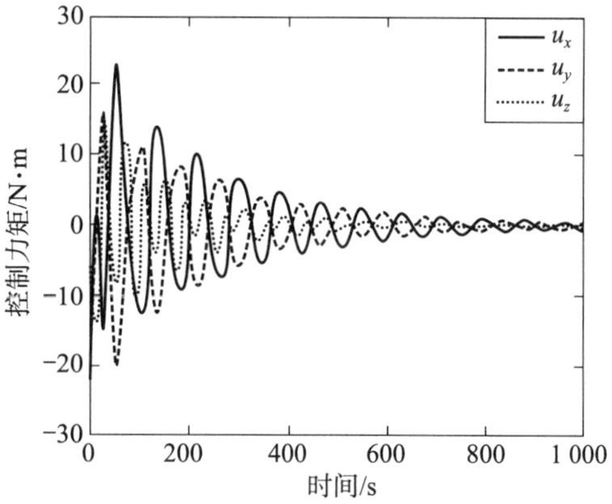

图 5-32　高阶滑模控制姿态控制力矩曲线

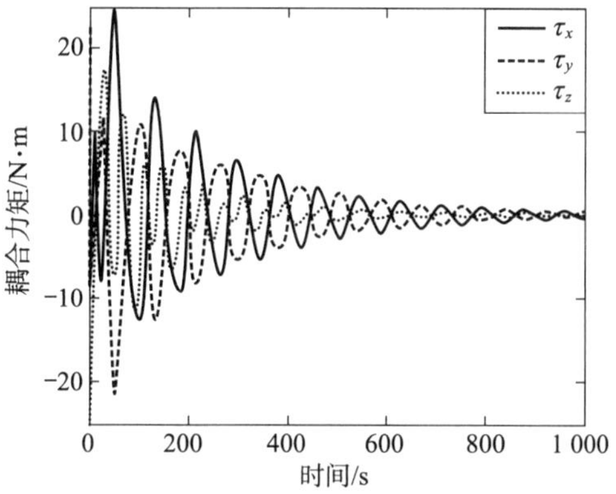

图 5-33　动态滑模控制柔性耦合力矩曲线

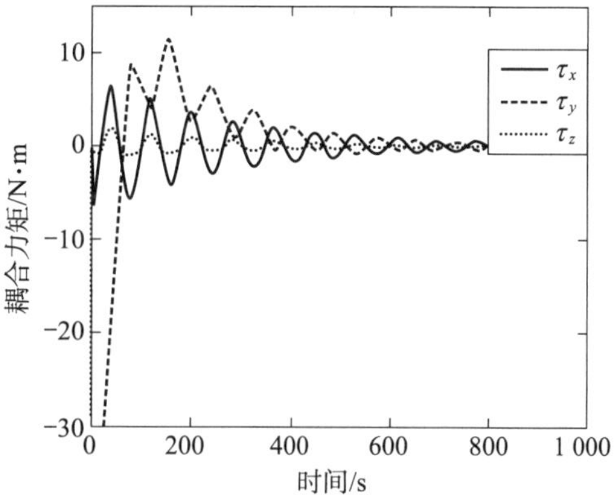

图 5-34　高阶滑模控制柔性耦合力矩曲线

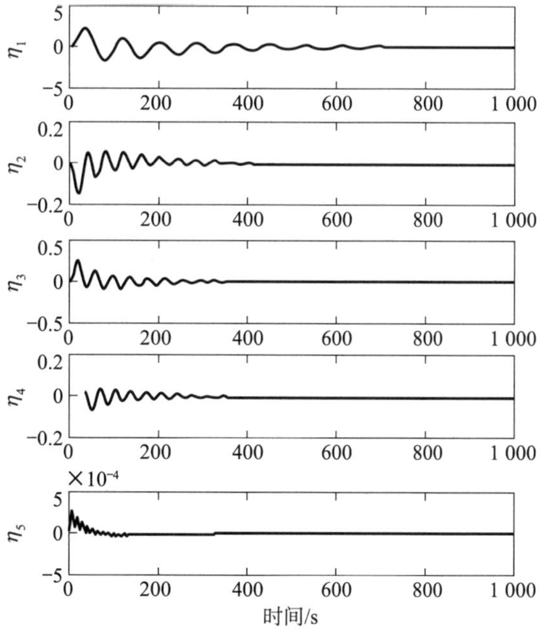

图 5-35　动态滑模控制柔性模态响应曲线

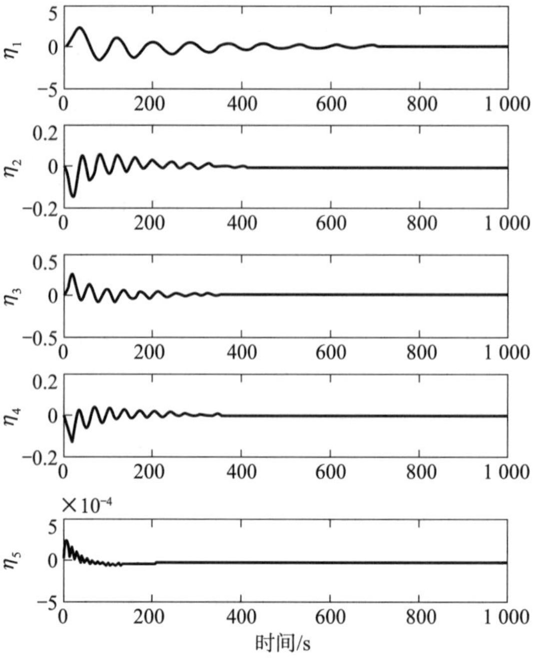

图 5－36　高阶滑模控制柔性模态响应曲线

5.6　本章小结

本章首先建立了柔性航天器的姿态动力学模型，在柔性航天器姿态动力学模型的基础上分析了不同的振动抑制的方法。依据主动振动抑制作动器工作原理，设计主动振动控制器。最后，讨论柔性航天器姿态机动控制方法，并进行柔性航天器姿态 PD 控制和不同的柔性航天器姿态变结构控制设计任务，仿真验证了控制算法的有效性。

本章考虑大型桁架结构航天器的姿态镇定问题，设计了基于动态滑模的控制律。通过设计动态切换函数，将传统控制律中的符号项转移到控制律的一阶导数中，最终得到本质上连续的航天器姿态控制规律，解决了滑模控制律中的符号函数项产生的抖振的问题。仿真结果表明：本章提出的控制方法能够实现大柔性航天器的高精度姿态镇定，且控制器抖振问题得到了明显抑制，与传统振动抑制方法相比，本章有效规避了滑模控制器抖振问题，降低了控制力矩对柔性振动的激励作用。

参考文献

[1] 孙英梅. 卫星挠性部件的输出反馈变结构控制 [D]. 哈尔滨：哈尔滨工业大学，2006.

[2] 刘春梅，沈毅，胡恒章. 一类挠性卫星的受限变结构控制 [J]. 空间科学学报，2000，1：81-88.

[3] 胡庆雷，马广富. 改进型自适应变结构的挠性卫星姿态机动控制 [J]. 哈尔滨工业大学学报，2008，1：1-5.

[4] 胡庆雷，肖冰，马广富. 带有干扰的挠性卫星非线性姿态输出反馈控制 [J]. 动力学与控制学报，2009，4：379-384.

[5] 胡庆雷，马广富，姜野，等. 三轴稳定挠性卫星姿态机动时变滑模变结构和主动振动控制 [J]. 控制理论与应用，2009，2：122-126.

[6] 姜野. 挠性卫星姿态机动的时变滑模变结构主动振动控制研究 [D]. 哈尔滨：哈尔滨工业大学，2007.

[7] 焦建超，苏云，王保华，等. 地球静止轨道膜基衍射光学成像系统的发展与应用 [J]. 国际太空，2016，450（6）：49-55.

[8] 于亚男，胡存明，贺从园，等. 基于高阶滑模变结构的挠性卫星大角度姿态机动控制研究 [J]. 上海航天，2016，33（3）：48-54.

第 6 章　基于路径规划和变系数 PD 的航天器快速姿态控制

6.1　引言

为了保证有效载荷及时进入工作时段，航天器姿态机动到位后需要在短时间内实现高稳定度控制，因此缩短稳定时间是十分必要的[1]。此外，在实际工程应用中，为避免激起较大的柔性结构振动，控制系统的带宽不能过大，这在一定程度上制约了控制性能。本章针对整体结构刚度比较大的遥感卫星，首先根据航天器自身执行机构输出能力和机动任务要求设计一种合理的路径规划算法，然后为实现航天器在控制系统带宽允许范围内对期望姿态进行快速跟踪，设计了两种变系数 PD 快速稳定控制器，以减少航天器姿态稳定时间和提高系统鲁棒性，最后通过数学仿真和在轨飞行试验验证了本章方法的有效性。

6.2　姿态机动路径规划原理

为了完成姿态机动，设计合理的姿态机动路径是十分必要的。路径规划的目标是在航天器动力学参数和控制系统配置约束下设计姿态机动路径，使航天器在最短时间内完成姿态机动过程。由于航天器姿态机动是一个“rest - to - rest”过程，因此姿态机动末端角速度为零[2-4]。

6.2.1　三角形角速度姿态机动路径

航天器的单轴姿态机动可以作为执行机构输出有界的双积分系统的控制问题进行处理，根据时间最优控制知，以滚动轴为例，给定期望单轴姿态角 φ_{f} 后，单轴角速度 $\dot{\varphi}$ 及控制量幅值有如图 6 - 1 (a) 所示的关系，其中，t_h 为对应 $\varphi=0.5\varphi_{\mathrm{f}}$ 的时刻，$t_{\mathrm{f}}=2\,t_{\mathrm{h}}$ 为机动完成时间，此时角速度曲线为三角形。

对于大角度姿态机动情况，以滚动轴为例，根据角动量定理存在如下式所示的角速度约束 $\dot{\varphi}_{\max}$

$$\dot{\varphi}_{\max}=\frac{h_{x\max}}{J_x} \tag{6 - 1}$$

式中，$\dot{\varphi}_{\max}$ 为单轴最大角速度；J_x 为转轴的转动惯量；$h_{x\max}$ 为执行机构所能提供的最大角动量。

在图 6 - 1 (a) 所示的单轴机动路径规划方式中，航天器首先利用执行机构最大输出力矩加速，当姿态角达到期望姿态的一半时，再以反向最大角加速度减速。以滚动轴 x 轴

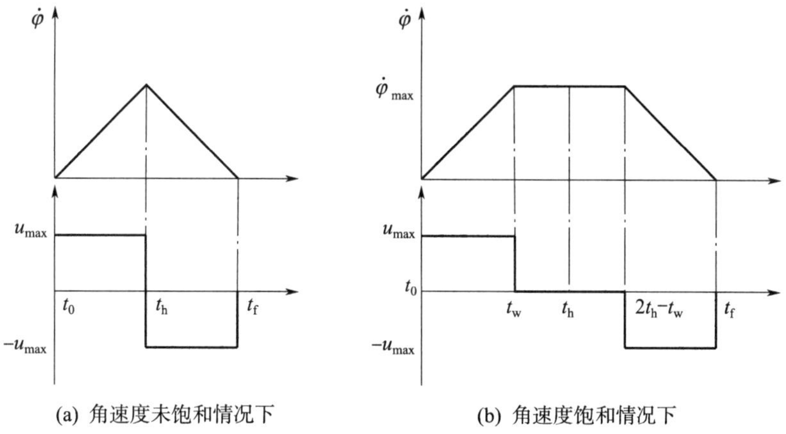

图 6－1　时间最优单轴旋转姿态机动策略

为例，其姿态运动方程可以表示如下

$$\ddot{\varphi}=\frac{u_x}{J_x} \tag{6-2}$$

式中，u_x 为执行机构输出控制力矩。根据图 6－1（a），上式可进一步表示为

$$\begin{cases}\ddot{\varphi}=\dfrac{u_{x\max}}{J_x} & 0<t<t_h \\ \ddot{\varphi}=-\dfrac{u_{x\max}}{J_x} & t_h<t<2t_h\end{cases} \tag{6-3}$$

式中，$u_{x\max}$ 为执行机构最大输出力矩。对式（6－3）积分可得加速期间滚转角及滚转角速度为

$$\begin{cases}\varphi=\dfrac{1}{2}\dfrac{u_{x\max}}{J_x}t^2+\varphi_0 \\ \dot{\varphi}=\dfrac{u_{x\max}}{J_x}t\end{cases} \quad 0\leqslant t\leqslant t_h \tag{6-4}$$

式中，t_h 根据终端期望姿态角计算，满足如下方程

$$\frac{1}{2}\frac{u_{x\max}}{J_x}t_h^2=\frac{\varphi_f-\varphi_0}{2} \tag{6-5}$$

相应地减速阶段根据式（6－4）及式（6－5）可得角度及角速度表达式如下

$$\begin{cases}\varphi(t)=-\dfrac{1}{2}\dfrac{u_{x\max}}{J_x}t^2+2\sqrt{(\varphi_f-\varphi_0)\dfrac{u_{x\max}}{J_x}}\,t-\varphi_f+3\varphi_0 \\ \dot{\varphi}(t)=\dfrac{2u_{x\max}}{J_x}\sqrt{(\varphi_f-\varphi_0)\dfrac{J_x}{u_{x\max}}}-\dfrac{u_{x\max}}{J_x}t\end{cases} \quad t_h<t\leqslant 2t_h \tag{6-6}$$

式中，φ 为机动角度；φ_0 为机动起始角度；φ_f 为目标机动角度；t 为控制时间。航天器机动方式是利用执行机构最大输出力矩使航天器加速到 $(\varphi_0+\varphi_f)/2$，之后再以最大力矩减速。当所规划的路径执行完毕后，指令姿态角、指令姿态角速度、控制时间分别为

$$\begin{cases}\varphi = \varphi_{\mathrm{f}} \\ \dot{\varphi} = 0\end{cases} \quad t > 2t_{\mathrm{h}} \tag{6-7}$$

6.2.2 梯形角速度姿态机动路径

当考虑最大角速度约束 $\dot{\varphi}_{\max}$ 时，对应单轴旋转的时间最优机动策略如图 6-1（b）所示，此时角速度曲线为梯形。其中 t_{w} 为绕本体轴加速结束时刻，$2t_{\mathrm{h}}-t_{\mathrm{w}}$ 为减速（反向加速）开始时刻。航天器首先利用执行机构最大输出力矩加速，当实际角速度达到最大角速度约束 $\dot{\varphi}_{\max}$ 时，执行机构输出力矩为零，角加速度为零，此时航天器滚动轴保持最大角速度 $\dot{\varphi}_{\max}$ 旋转，在 $2t_{\mathrm{h}}-t_{\mathrm{w}}$ 时刻以反向最大角加速度减速。由于执行机构在特定方向产生的最大力矩及最大反向力矩都是幅值一样的定值，所以加速时间和减速时间一样。以滚动轴 x 轴为例，其姿态运动方程可以表示如下

$$\begin{cases}\ddot{\varphi} = \dfrac{u_{x\max}}{J_x} & 0 < t < t_{\mathrm{w}} \\ \ddot{\varphi} = 0 & t_{\mathrm{w}} < t < 2t_{\mathrm{h}} - t_{\mathrm{w}} \\ \ddot{\varphi} = -\dfrac{u_{x\max}}{J_x} & 2t_{\mathrm{h}} - t_{\mathrm{w}} < t < t_{\mathrm{f}}\end{cases} \tag{6-8}$$

式中，$u_{x\max}$ 为执行机构最大输出力矩。对式（6-8）积分可得加速阶段滚动角和滚动角速度为

$$\begin{cases}\varphi = \dfrac{1}{2}\dfrac{u_{x\max}}{J_x}t^2 + \varphi_0 \\ \dot{\varphi} = \dfrac{u_{x\max}}{J_x}t\end{cases} \quad 0 \leqslant t \leqslant t_{\mathrm{w}}, t_{\mathrm{w}} = \frac{J_x}{u_{x\max}}\dot{\varphi}_{\max} \tag{6-9}$$

匀速阶段滚动角和滚动角速度为

$$\begin{cases}\varphi = \dot{\varphi}_{\max}t + \dfrac{1}{2}\dfrac{J_x}{u_{x\max}}\dot{\varphi}_{\max}^2 + \varphi_0 \\ \dot{\varphi} = \dot{\varphi}_{\max}\end{cases} \quad t_{\mathrm{w}} \leqslant t \leqslant 2t_{\mathrm{h}} - t_{\mathrm{w}} \tag{6-10}$$

式中，t_{h} 根据终端期望姿态角计算，满足如下方程

$$\frac{u_{x\max}}{J_x}t_{\mathrm{w}}^2 + 2\frac{u_{x\max}}{J_x}t_{\mathrm{w}}(t_{\mathrm{h}} - t_{\mathrm{w}}) + \varphi_0 = \varphi_{\mathrm{f}} \tag{6-11}$$

相应的减速阶段滚动角和滚动角速度为

$$\begin{cases}\varphi = \varphi_{\mathrm{f}} - \dfrac{u_{x\max}}{J_x}(2t_{\mathrm{h}} - t)^2 \\ \dot{\varphi} = \dfrac{u_{x\max}}{J_x}(2t_{\mathrm{h}} - t)\end{cases} \quad 2t_{\mathrm{h}} - t_{\mathrm{w}} \leqslant t \leqslant t_{\mathrm{f}} \tag{6-12}$$

式中，φ 为机动角度；φ_{f} 为目标机动角度；t 为控制时间。当所规划的路径执行完毕后，指令姿态角、指令姿态角速度、控制时间分别为

$$\begin{cases} \varphi = \varphi_f \\ \dot{\varphi} = 0 \end{cases} \quad t > t_f \tag{6-13}$$

在考虑最大角速度约束 $\dot{\varphi}_{max}$ 时，梯形角速度曲线对应的机动路径机动速度最快，适合已知精确质量特性的刚体航天器。

6.2.3　二次多项式角速度姿态机动路径

梯形角速度曲线对应的角加速度呈阶跃形，即在机动过程中存在控制力矩突变，对执行机构要求较高，在柔性航天器的姿态机动过程中会引起柔性附件的强烈抖振，综合考虑机动过程中最大角速度约束和航天器的柔性，对梯形角速度曲线进行改进。

采用二次多项式形式的角速度曲线如图 6-2 所示，其角速度满足如下方程

$$\dot{\varphi} = \begin{cases} a_1 t^2 & 0 < t \leqslant t_1 \\ a_2 t + a_3 & t_1 < t \leqslant t_2 \\ a_4 t^2 + a_5 t + a_6 & t_2 < t \leqslant t_3 \\ a_7 t + a_8 & t_3 < t \leqslant t_4 \\ a_9 t^2 + a_{10} t + a_{11} & t_4 < t \leqslant t_5 \\ 0 & t_5 < t \end{cases} \tag{6-14}$$

式中，$a_1 \sim a_{11}$、$t_1 \sim t_5$ 为待定系数，且满足以下约束

$$\begin{cases} (a_1 t^2)\big|_{t=t_1} = (a_2 t + a_3)\big|_{t=t_1} \\ (a_2 t + a_3)\big|_{t=t_2} = (a_4 t^2 + a_5 t + a_6)\big|_{t=t_2} \\ (a_4 t^2 + a_5 t + a_6)\big|_{t=t_3} = (a_7 t + a_8)\big|_{t=t_3} = \dot{\varphi}_{max} \\ (a_7 t + a_8)\big|_{t=t_4} = (a_9 t^2 + a_{10} t + a_{11})\big|_{t=t_4} \\ (a_9 t^2 + a_{10} t + a_{11})\big|_{t=t_5} \end{cases} \tag{6-15}$$

对式（6-14）进行微分得到角加速度方程为

$$\ddot{\varphi} = \begin{cases} 2a_1 t & 0 < t \leqslant t_1 \\ a_2 & t_1 < t \leqslant t_2 \\ 2a_4 t + a_5 & t_2 < t \leqslant t_3 \\ a_7 & t_3 < t \leqslant t_4 \\ 2a_9 t + a_{10} & t_4 < t \leqslant t_5 \\ 0 & t_5 < t \end{cases} \tag{6-16}$$

且满足以下约束

$$\begin{cases} (2a_1 t)\big|_{t=t_1} = a_2 \\ a_2 = -a_7 = \dfrac{u_{x\max}}{J_x} \\ a_1 = -a_4 = a_9 \\ a_2 = (2a_4 t + a_5)\big|_{t=t_2} \\ a_7 = (2a_9 t + a_{10})\big|_{t=t_4} \end{cases} \tag{6-17}$$

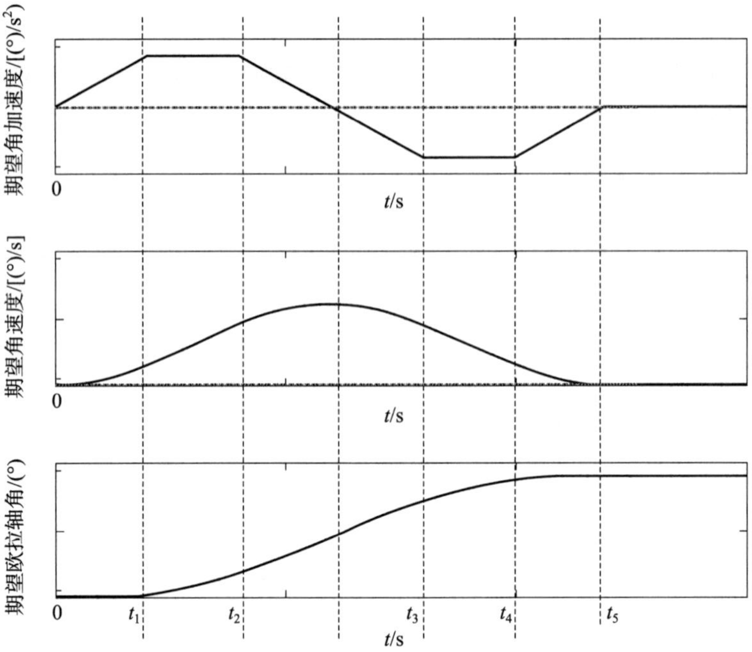

图 6-2　二次多项式角速度姿态机动路径

对式（6-14）进行积分得到姿态角方程为

$$
\varphi=\begin{cases}\dfrac{a_1}{3}t^3+\varphi_0 & 0<t\leqslant t_1\\[2mm] \dfrac{a_2}{2}t^2+a_3t+a_{12}+\varphi_0 & t_1<t\leqslant t_2\\[2mm] \dfrac{a_4}{3}t^3+\dfrac{a_5}{2}t^2+a_6t+a_{13}+\varphi_0 & t_2<t\leqslant t_3\\[2mm] \dfrac{a_7}{2}t^2+a_8t+a_{14}+\varphi_0 & t_3<t\leqslant t_4\\[2mm] \dfrac{a_9}{3}t^3+\dfrac{a_{10}}{2}t^2+a_{11}t+a_{15}+\varphi_0 & t_4<t\leqslant t_5\\[2mm] \varphi_{\mathrm{f}} & t_5<t\end{cases}\tag{6-18}
$$

式中，φ_0 为初始姿态角；φ_{f} 为期望姿态角；$a_{12}\sim a_{15}$ 为待定系数且满足以下约束

$$\begin{cases}\left(\frac{a_1}{3}t^3\right)\Big|_{t=t_1}=\left(\frac{a_2}{2}t^2+a_3t+a_{12}\right)\Big|_{t=t_1}\\ \left(\frac{a_2}{2}t^2+a_3t+a_{12}\right)\Big|_{t=t_2}=\left(\frac{a_4}{3}t^3+\frac{a_5}{2}t^2+a_6t+a_{13}\right)\Big|_{t=t_2}\\ \left(\frac{a_4}{3}t^3+\frac{a_5}{2}t^2+a_6t+a_{13}\right)\Big|_{t=t_3}=\left(\frac{a_7}{2}t^2+a_8t+a_{14}\right)\Big|_{t=t_3}\\ \left(\frac{a_7}{2}t^2+a_8t+a_{14}\right)\Big|_{t=t_4}=\left(\frac{a_9}{3}t^3+\frac{a_{10}}{2}t^2+a_{11}t+a_{15}\right)\Big|_{t=t_4}\\ \left(\frac{a_9}{3}t^3+\frac{a_{10}}{2}t^2+a_{11}t+a_{15}+\varphi_0\right)\Big|_{t=t_5}=\varphi_f\end{cases} \tag{6-19}$$

$$\begin{cases}2t_1=t_3-t_2\\ t_2-t_1=t_4-t_3\\ t_1=t_5-t_4\end{cases} \tag{6-20}$$

可以看出，二次多项式形式的机动路径有效避免了控制力矩的突变，航天器机动角速度变化更加平滑连续，相比梯形角速度机动路径可以减轻机动过程中航天器帆板的抖振。

6.2.4　三次多项式角速度姿态机动路径

由式（6-14）～式（6-20）可以看出，二次多项式角速度曲线对应的机动路径形式复杂，涉及待定参数以及等式约束众多，计算量大，因此提出三次多项式角速度曲线，在保持控制力矩以及角速度曲线不发生突变的基础上，进一步简化了机动路径的数学表达形式。

三次多项式形式的角速度曲线如图 6-3 所示，三次多项式角速度方程如下

$$\dot{\varphi}=\begin{cases}b_1t^3+b_2t^2 & 0<t\leqslant t_1\\ b_3(t-t_1)^3+b_4(t-t_1)^2+b_5 & t_1<t\leqslant t_2\\ 0 & t_2<t\end{cases} \tag{6-21}$$

式中，$b_1\sim b_5$、t_1、t_2 为待定系数，$t_2=2t_1$，且满足如下约束

$$\begin{cases}(b_1t^3+b_2t^2)\big|_{t=t_1}=[b_3(t-t_1)^3+b_4(t-t_1)^2+b_5]\big|_{t=t_1}=\dot{\varphi}_{\max}\\ [b_3(t-t_1)^3+b_4(t-t_1)^2+b_5]\big|_{t=t_2}=0\end{cases} \tag{6-22}$$

对式（6-21）进行微分可以得到三次多项式角速度方程对应的角加速度方程为

$$\ddot{\varphi}=\begin{cases}3b_1t^2+2b_2t & 0<t\leqslant t_1\\ 3b_3(t-t_1)^2+2b_4(t-t_1) & t_1<t\leqslant t_2\\ 0 & t_2<t\end{cases} \tag{6-23}$$

且满足以下约束

$$\begin{cases}(3b_1t^2+2b_2t)\big|_{t=t_1}=[3b_3(t-t_1)^2+2b_4(t-t_1)]\big|_{t=t_1}=\frac{u_{x\max}}{J_x}\\ [3b_3(t-t_1)^2+2b_4(t-t_1)]\big|_{t=t_2}=0\end{cases} \tag{6-24}$$

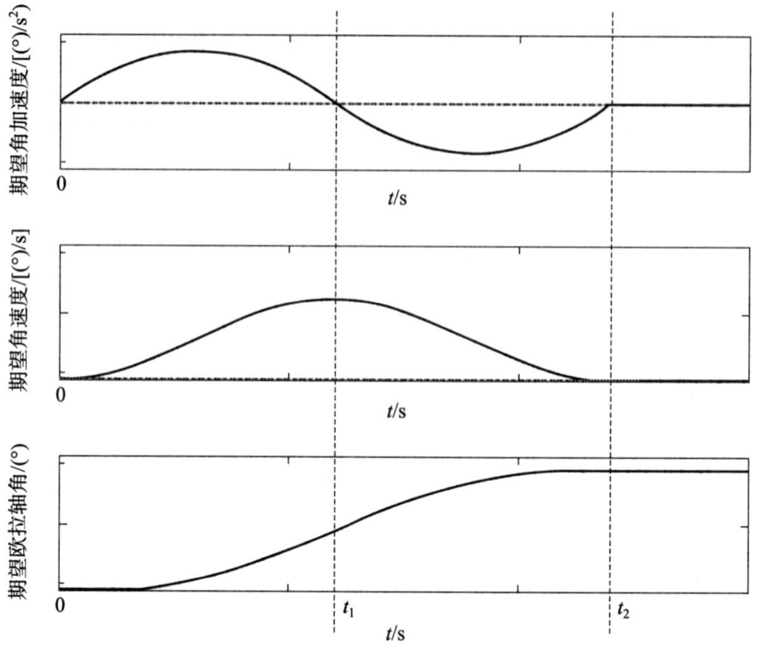

图 6-3 三次多项式角速度姿态机动路径

对式（6-23）进行积分可以得到三次多项式角速度对应的姿态角方程为

$$\varphi=\begin{cases}\dfrac{b_1}{4}t^4+\dfrac{b_2}{3}t^3+\varphi_0 & 0<t\leqslant t_1\\ \dfrac{b_3}{4}(t-t_1)^4+\dfrac{b_4}{3}(t-t_1)^3+b_5t+b_6+\varphi_0 & t_1<t\leqslant t_2\\ \varphi_{\mathrm{f}} & t_2<t\end{cases}\tag{6-25}$$

式中，φ_0 为初始姿态角；φ_{f} 为期望姿态角；式中的待定参数满足以下约束

$$\begin{cases}\left.\left(\dfrac{b_1}{4}t^4+\dfrac{b_2}{3}t^3\right)\right|_{t=t_1}=\left.\left[\dfrac{b_3}{4}(t-t_1)^4+\dfrac{b_4}{3}(t-t_1)^3+b_5t+b_6\right]\right|_{t=t_1}\\ \left.\left[\dfrac{b_3}{4}(t-t_1)^4+\dfrac{b_4}{3}(t-t_1)^3+b_5t+b_6+\varphi_0\right]\right|_{t=t_2}=\varphi_{\mathrm{f}}\end{cases}\tag{6-26}$$

6.2.5 正弦角加速度姿态机动路径

由三次多项式机动路径可以看出，其角速度曲线接近正余弦形式，因此进一步考虑采用形式更简洁的正弦角加速度曲线进行机动路径设计。设计基于正弦角加速度曲线的机动路径如图 6-4 所示。

航天器输出力矩以正弦形式变化，实际角速度曲线为余弦形式。以滚动轴 x 轴为例，其姿态运动方程可以表示如下

$$\begin{cases}\ddot{\varphi}=\dfrac{u_x}{J_x}=\dfrac{u_{x\max}}{J_x}\sin(\alpha t) & 0<t<T\\ \ddot{\varphi}=0 & t\geqslant T\end{cases}\tag{6-27}$$

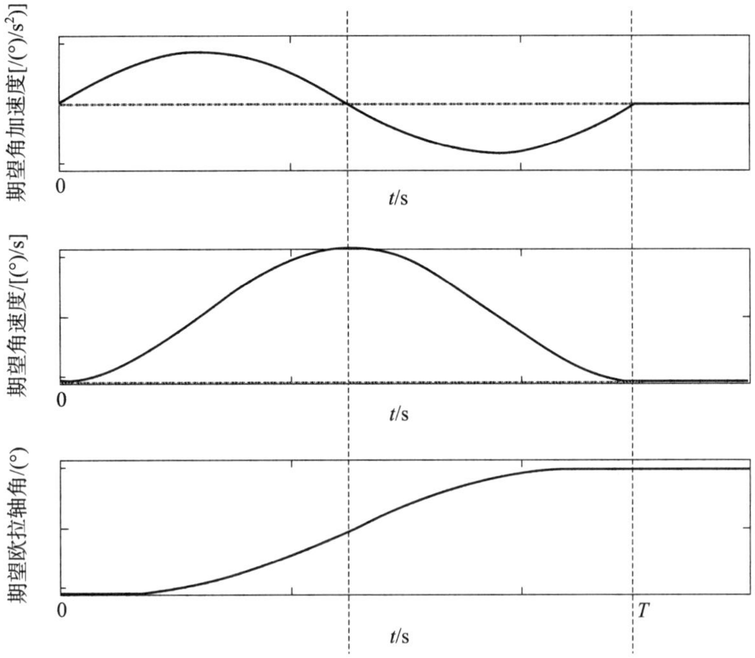

图 6－4　正弦角加速度单轴旋转姿态机动策略

式中，$u_x = u_{x\max}\sin(\alpha t)$，$t_f = 2t_h$。对式（6－27）积分可得角速度方程为

$$\begin{cases}\dot{\varphi} = -\dfrac{1}{\alpha}\dfrac{u_{x\max}}{J_x}\cos(\alpha t) + \beta & 0 < t < T \\ \dot{\varphi} = 0 & t \geqslant T\end{cases} \tag{6-28}$$

对式（6－28）积分可得姿态角方程为

$$\begin{cases}\varphi = -\dfrac{1}{\alpha^2}\dfrac{u_{x\max}}{J_x}\sin(\alpha t) + \beta t + \varphi_0 & 0 < t < T \\ \varphi = \varphi_f & t \geqslant T\end{cases} \tag{6-29}$$

式中，φ_0 为初始姿态角；φ_f 为期望姿态角；α、β 为可调参数，且满足以下约束条件

$$\begin{cases}\left[-\dfrac{1}{\alpha}\dfrac{u_{x\max}}{J_x}\cos(\alpha t) + \beta\right]\Bigg|_{t=\frac{T}{2}} = \dot{\varphi}_{\max} \\ \left[-\dfrac{1}{\alpha^2}\dfrac{u_{x\max}}{J_x}\sin(\alpha t) + \beta t + \varphi_0\right]\Bigg|_{t=T} = \varphi_f\end{cases} \tag{6-30}$$

当最大角速度 $\dot{\varphi}_{\max}$ 和期望姿态角 φ_f 已知时，可以确定 α、β 的取值。

6.2.6　仿真与验证

对于本节提到的五种机动路径进行仿真，当最大控制力矩、最大角速度给定，并且期望姿态角处于合理范围时，可以根据等式约束方程解得机动路径的各个待定参数。

针对单轴姿态机动，以滚动轴为例，滚动轴转动惯量为 1 000 kg·m²，执行机构最大输出力矩为 0.5 N·m，初始姿态角为 0°，期望姿态角为 40°，对五种机动路径的仿真结果如图 6-5～图 6-9 所示。

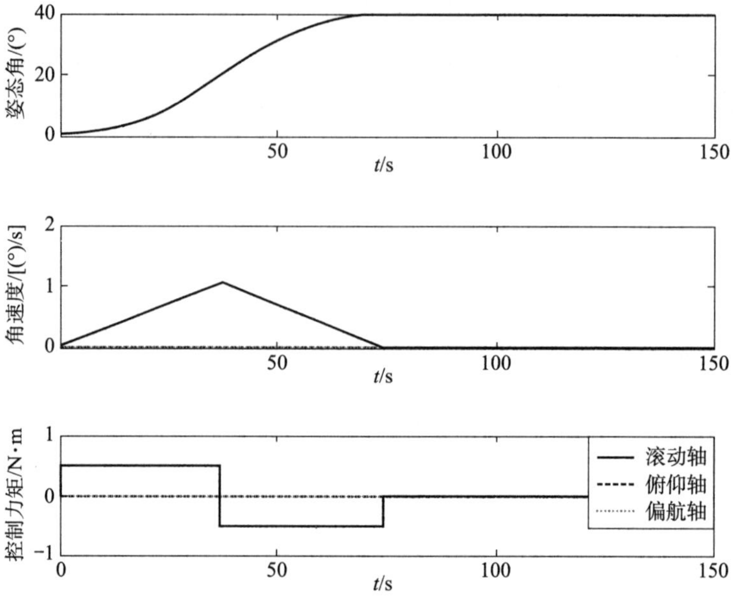

图 6-5　三角形角速度姿态机动路径（见彩插）

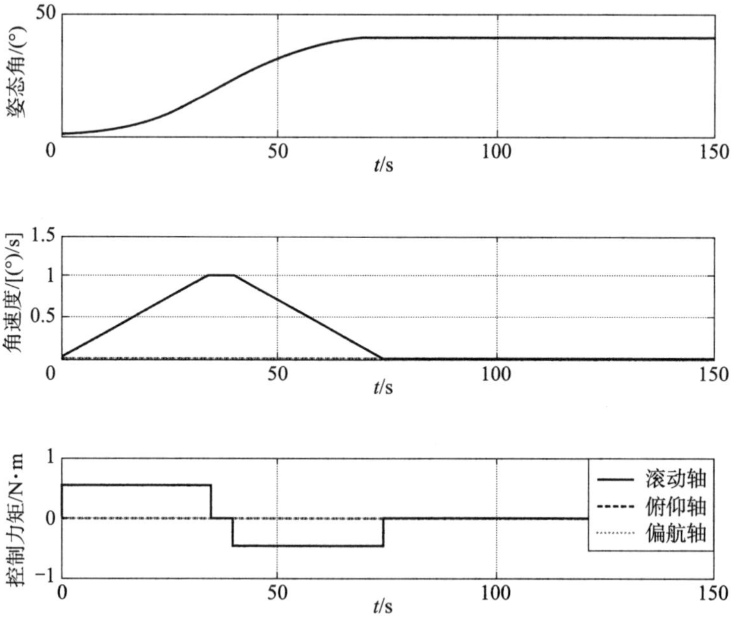

图 6-6　梯形角速度姿态机动路径（见彩插）

三角形角速度姿态机动路径在 74.72 s 完成姿态机动，梯形角速度姿态机动路径在 74.91 s 完成姿态机动，二次多项式角速度姿态机动路径在 94 s 完成姿态机动，三次多项式角速度姿态机动路径在 91.53 s 完成姿态机动，正弦角加速度姿态机动路径在 93.66 s

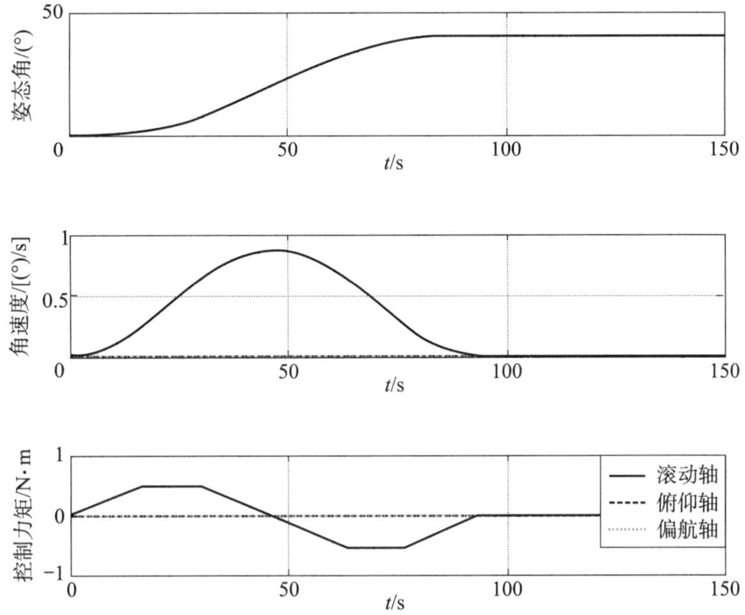

图 6-7　二次多项式角速度姿态机动路径（见彩插）

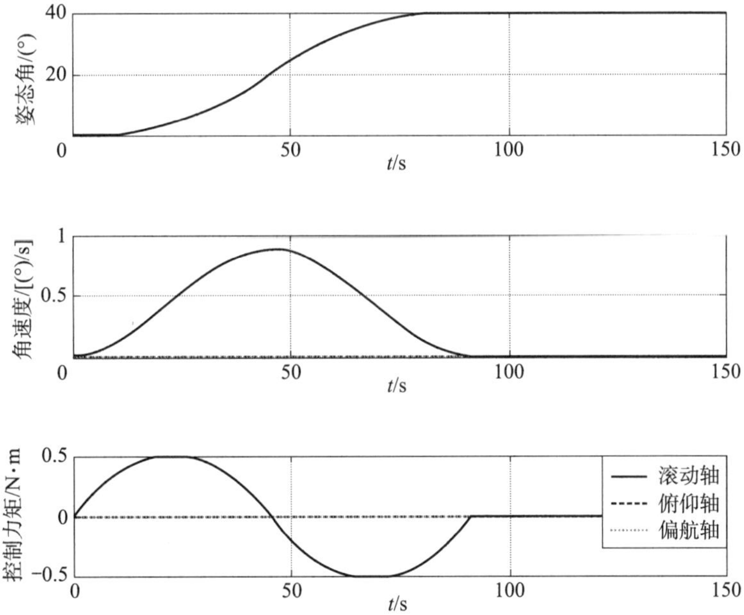

图 6-8　三次多项式角速度姿态机动路径（见彩插）

完成姿态机动。

综上，在考虑最大角速度约束的情况下，梯形角速度曲线机动路径充分利用执行机构最大输出能力，在加速和减速过程中均保持最大角加速度，适用于已知精确质量的刚体航天器姿态机动问题。以梯形角速度曲线进行姿态机动时，由于存在角加速度突变，对于柔

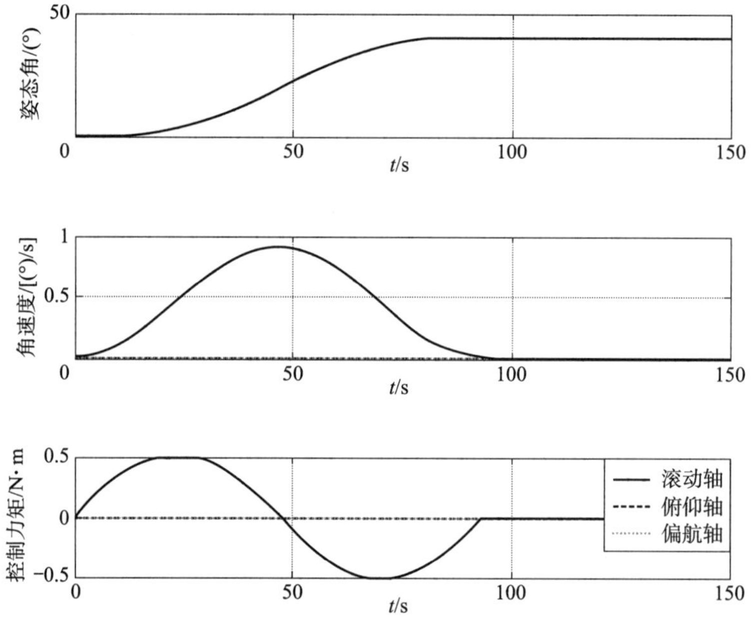

图 6-9 正弦角加速度姿态机动路径（见彩插）

性航天器来说会引起帆板的抖振，严重影响航天器的稳定性，因此本节提出二次多项式角速度曲线、三次多项式角速度曲线以及正弦角加速度曲线机动路径，综合考虑机动时间以及数学运算的简便，正弦角加速度姿态机动路径更适用于柔性航天器，正弦形式的力矩输出代替阶跃形式的力矩输出，使柔性航天器实现平稳机动。

6.3 变系数 PD 快速稳定姿态控制器设计

航天器在姿态机动过程中，根据 6.1 节规划得到的姿态机动路径进行开环控制，使航天器按照期望路径机动。但是，航天器转动惯量存在一定的不确定性，且航天器不可避免地受太空干扰及自身柔性振动的影响，如果仅在开环控制的作用下进行姿态机动，很难达到期望的姿态精度和稳定度。因此，设计闭环姿态控制器是十分必要的。在工程应用中，航天器姿态控制通常采用恒系数 PD 控制器，仍以滚动轴为例，控制器形式为

$$u_x = -k_{px}\Delta\varphi - k_{dx}\Delta\omega_x \tag{6-31}$$

式中，k_{px} 和 k_{dx} 分别为比例和微分系数；$\Delta\varphi$ 和 $\Delta\omega_x$ 分别为角度和角速度误差。该控制律中的 PD 参数在机动控制过程中始终都是一样的，不能针对不同机动阶段自适应调制控制参数以保证最终实现快速稳定的能力。由于定常数 PD 控制存在一定缺陷，学术界对此提出了采用变参数的控制思想来克服定常数 PD 的不足[5-8]。本文也采用这一思想对传统恒系数 PD 控制算法进行改进，设计了两种变系数 PD 控制器，以提高系统收敛过程的速度及姿态精度。

6.3.1　基于指数形式的变系数 PD 控制器设计

对于 PD 控制律，引入微分项能够加快速度误差收敛，并且能够有效地减小超调。但是采用传统定常数 PD 进行控制时，如果为了减小超调或者为了提高稳定度而增大微分项系数，将导致在姿态偏差较大时收敛很慢，此时系统为过阻尼，收敛时间很长，不利于姿态快速跟踪。因此，有必要采用变阻尼 PD 控制策略，通过合理设计微分作用，实现在姿态偏差较大时阻尼小、响应快；姿态偏差较小时阻尼大、超调抑制效果好，且有利于提高稳定度。基于这种设计思想，本节采用变阻尼 PD 控制，使微分系数 k_{dx} 与姿态误差变化趋势相反。k_{dx} 表达式如下

$$k_{dx}=k'_{d}+\beta_2 e^{-\alpha_2|e/r|} \tag{6-32}$$

其中，r 表示机动目标角度，e 为角度误差，k'_{d}、β_2 和 α_2 为设计参数，指数函数 $e^{-\alpha_2|e/r|}$ 的变化趋势如图 6-10 所示。从式（6-32）中可以看出，变阻尼微分项 k_d 具有以下特点：

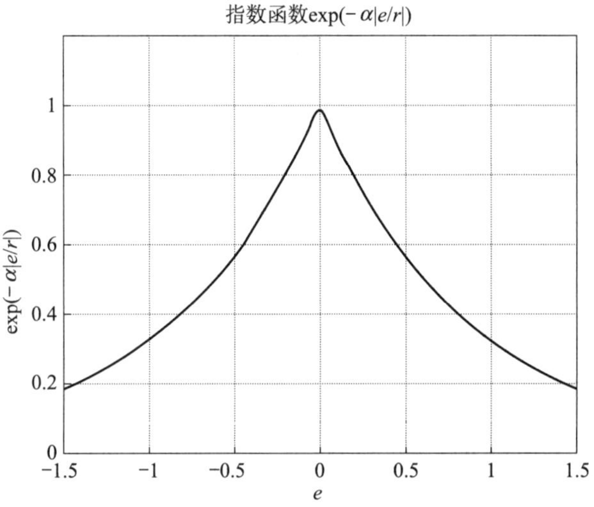

图 6-10　指数函数 $e^{-\alpha|e/r|}$ 变化趋势

1）从机动开始到机动结束，误差 $|e|$ 从 r 趋近于 0，由于 $\alpha_2>0$，因此 k_{dx} 从 $k'_{d}+\beta_2 e^{-\alpha_2}$ 趋近于 $k'_{d}+\beta_2$；2）由于负值 $-\alpha_2$ 出现在指数项中，且 α_2 越小，变化越平缓，α_2 越大，变化越剧烈，因此通过合理设计 α_2，可控制微分作用变化趋势。

此外，比例控制基于姿态偏差进行调节，属于有差调节，在系统稳定的前提下，为了提高姿态精度，同时也为了加快响应速度和缩短调节时间，需要增大比例项 k_p。对此，针对比例项也采用变系数的思想，使比例系数随姿态偏差绝对值减小而减小。变系数 k_p 表达式如下

$$k_p=k'_p-\beta_1 e^{-\alpha_1|e/r|} \tag{6-33}$$

式中，k'_p，β_1 和 α_1 为设计参数，设计时需要保证相互的匹配性，指数函数 $-e^{-\alpha_1|e/r|}$ 的变化趋势如图 6-11 所示。

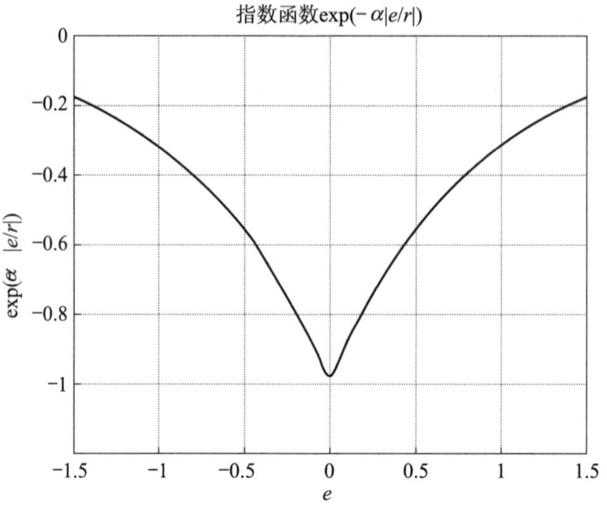

图 6-11 负指数函数 $-e^{-\alpha|e/r|}$ 变化趋势

6.3.2 基于幂次形式的变系数 PD 控制器设计

传统 PD 控制器只能实现系统渐近稳定，只有当时间趋向无穷时系统状态才收敛到平衡点，且系统收敛速度随着误差减小而变慢。为了提升航天器姿态机动速度，本节将采用与第 6.3.1 小节类似的思路设计变系数 PD 控制器，使控制器的比例-微分系数与系统误差成幂次关系，实现在有限时间内完成姿态机动。

以滚动轴为例，根据航天器姿态运动模型，当不考虑干扰时，运动方程为

$$J_x\ddot{\varphi}+\omega_0(J_y-J_z-J_x)\dot{\psi}+4\omega_0^2(J_y-J_z)\varphi=u_x \tag{6-34}$$

令 $e=\varphi-\varphi_c$，e 为姿态误差，φ_c 为期望姿态角。则对应的误差动力学为

$$J_x\ddot{e}+\omega_0(J_y-J_z-J_x)\dot{\psi}+4\omega_0^2(J_y-J_z)e=u_x \tag{6-35}$$

令 $x_1=e$，$x_2=\dot{e}$ 则有

$$\begin{cases}\dot{x}_1=x_2\\ \dot{x}_2=\dfrac{1}{J_x}[u_x-\omega_0(J_y-J_z-J_x)\dot{\psi}-4\omega_0^2(J_y-J_z)x_1]\end{cases} \tag{6-36}$$

设计变系数控制器为

$$u_x=\frac{1}{J_x}[-k_1\mathrm{sig}^{\alpha_1}x_1-k_2\mathrm{sig}^{\alpha_2}x_2+\omega_0(J_y-J_z-J_x)\dot{\psi}+4\omega_0^2(J_y-J_z)x_1] \tag{6-37}$$

其中 k_1，$k_2>0$，$0<\alpha_1<1$，$\alpha_2=2\alpha_1/(1+\alpha_1)$，$k_1$ 和 k_2 的实质为比例和微分系数，函数 $sig^{\alpha}x=|x|^{\alpha}\mathrm{sign}(x)$。

将控制器中的 $-k_1\mathrm{sig}^{\alpha_1}x_1-k_2\mathrm{sig}^{\alpha_2}x_2$ 写成如下形式

$$-k_1\mathrm{sig}^{\alpha_1}x_1-k_2\mathrm{sig}^{\alpha_2}x_2=-k_1|x_1|^{\alpha_1-1}x_1-k_2|x_2|^{\alpha_2-1}x_2=-k'_1x_1-k'_2x_2 \tag{6-38}$$

其中，$k'_1=k_1|x_1|^{\alpha_1-1}$，$k'_2=k_2|x_2|^{\alpha_2-1}$。

由于幂次的存在，可以保证当系统状态误差收敛至平衡点附近时，控制器系数仍然较大，以较快的速度收敛，最终实现有限时间收敛。这就改善了传统控制器收敛速度随收敛误差的减小而降低的缺陷。

定理 6-1　针对系统，若采用控制器，则姿态误差 e 在有限时间内收敛到 0。

以下将分两步进行证明，先证明控制器能使系统渐近稳定，再通过齐次理论证明系统有限时间收敛。

(1) 渐近稳定性

$$\begin{cases}\dot{x}_1=x_2\\ \dot{x}_2=-k_1\mathrm{sig}^{\alpha_1}x_1-k_2\mathrm{sig}^{\alpha_2}x_2\end{cases}\tag{6-39}$$

构造 Lyapunov 方程 $V=k_1|x_1|^{\alpha_1+1}/(\alpha_1+1)+|x_2|^2/2$，对其求时间导数得

$$\begin{aligned}\dot{V}&=k_1x_2\mathrm{sig}^{\alpha_1}(x_1)+\dot{x}_2x_2\\&=-k_2|x_2|^{\alpha_2+1}\leqslant 0\end{aligned}\tag{6-40}$$

因此，V 为非增函数。由于状态变量有界，因此 V 有界。并且根据 $\dot{V}$ 的形式可以验证 $\ddot{V}$ 有界，所以 $\dot{V}$ 一致连续。由 Barbalat 引理可知 $\dot{V}$ 趋于 0。进而可得 x_2 趋于 0。可知 $\dot{x}_1$，$\dot{x}_2$ 有界，因此 x_1，x_2 一致连续。x_1，x_2 运动方程为

$$\mathrm{d}(x_1,x_2)/\mathrm{d}t=k_1|x_1|^{\alpha_1+1}-k_2x_1\mathrm{sig}^{\alpha_2}(x_2)-x_2^2\tag{6-41}$$

记 $g_1(t)=k_1|x_1|^{\alpha_1+1}$，$g_2(t)=-k_2x_1\mathrm{sig}^{\alpha_2}(x_2)-x_2^2$，则可得 $g_1(t)$ 一致连续，又因为 x_2 趋于 0，所以 $g_2(t)$ 趋于 0。根据扩展 Barbalat 引理可知 $g_1(t)$ 趋于 0，因此 x_1 也趋于 0。所以闭环系统是渐近稳定的。

(2) 有限时间收敛

考虑齐次度定义 $f_i(\varepsilon^{r_1}x_1,\cdots,\varepsilon^{r_n}x_n)=\varepsilon^{k+r_i}f_i(x)$，求解系统齐次度 k 如下：

$$\begin{aligned}\varepsilon^{r_2}x_2&=\varepsilon^{r_1+k}x_2-k_1\varepsilon^{r_1\alpha_1}\mathrm{sgn}(x_1)|x_1|^{\alpha_1}-k_2\varepsilon^{r_2\alpha_2}\mathrm{sgn}(x_2)|x_2|^{\alpha_2}\\&=-k_1\varepsilon^{r_2+k}\mathrm{sgn}(x_1)|x_1|^{\alpha_1}-k_2\varepsilon^{r_2+k}\mathrm{sgn}(x_2)|x_2|^{\alpha_2}\end{aligned}\tag{6-42}$$

可以验证，取 $r_1=1$，$r_2=(\alpha_1+1)/2$，$0<\alpha_1<1$，$\alpha_2=2\alpha_1/(1+\alpha_1)$，系统的齐次度 $k=(\alpha_1-1)/2<0$。因此系统渐近稳定且具有负齐次度。由齐次系统的有限时间稳定性定理可知，系统是全局有限时间稳定的。

注：不失一般性，本节仅以滚动轴为例给出了变系数 PD 控制器的设计方法并进行了稳定性分析，对于实际具有三轴姿态控制需求的航天器而言，可以直接扩展应用，比如，单轴控制器可以对应给出 y 轴和 z 轴形式，此处不再赘述。

6.4　数学仿真验证结果与分析

本节将通过数学仿真的方式，对前面提出的机动路径规划算法和变系数 PD 控制器进行仿真验证。

考虑实际安装有两个对称太阳帆板的某型遥感航天器，对应的航天器本体转动惯量为

$$\begin{pmatrix} 1\,000 & -6 & -5 \\ -6 & 600 & 10 \\ -5 & 10 & 800 \end{pmatrix} \text{kg} \cdot \text{m}^2$$

实际柔性太阳帆板的振动有无穷多阶，但此处数学仿真仅考虑前 5 阶，航天器柔性太阳帆板的振动频率及阻尼系数等见表 6-1。

表 6-1　航天器柔性太阳帆板振动参数

振型	频率/Hz	阻尼比
1 阶	0.61	0.02
2 阶	0.98	0.02
3 阶	1.36	0.02
4 阶	1.90	0.02
5 阶	3.40	0.02

在帆板固定初始位置时，每个帆板的振动与星体转动的耦合系数 $\boldsymbol{F}_b$ 为

$$\boldsymbol{F}_b = \begin{pmatrix} 17.620 & 5.7883 \times 10^{-5} & 1.632\,5 \times 10^{-4} & -3.802\,4 & -1.039\,5 \\ -1.205\,6 \times 10^{-2} & 1.171\,7 & 2.127\,4 & 6.189\,1 \times 10^{-3} & -3.531\,9 \times 10^{-4} \\ -1.455\,3 \times 10^{-3} & -16.937 & 5.925\,1 & -7.570\,6 \times 10^{-3} & -1.076\,0 \times 10^{-2} \end{pmatrix}$$

每个帆板振动与帆板转动的耦合系数 $\boldsymbol{F}_a$ 为

$$\boldsymbol{F}_a = (2.1933 \times 10^{-5} \quad 1.759\,0 \quad 1.924\,8 \quad -1.044\,6 \times 10^{-5} \quad 5.436\,7 \times 10^{-7})$$

要实现快速姿态机动，如前文所述，合理规划机动路径以及采用快速收敛控制算法是十分必要的。但是，执行机构输出能力从本质上制约了航天器姿态机动速度。为了实现航天器姿态机动，机动任务采用大力矩飞轮作为执行机构，可以满足任务需求。同时，为了提高飞轮的力矩输出精度，采用转速反馈控制策略，提高飞轮动态特性。且保证了稳态控制期间飞轮可以工作在较低转速，从而避免了飞轮动静不平衡对航天器稳定度的影响。大力矩飞轮的主要指标见表 6-2。

表 6-2　大力矩飞轮的主要指标

最大输出角动量	20 N·m·s	角动量控制偏差	0.001 5 N·m·s
残余动不平衡量	4×10^{-7} kg·m^2	最大输出力矩	0.5 N·m

本节将以绕滚动轴实现 40°姿态机动为例，说明本文设计的姿态机动路径规划策略和变系数 PD 快速稳定控制器的性能。结合第 6.2 节的姿态机动路径规划策略，根据公式可以计算得到加速时间为 37.365 s，减速时间也为 37.365 s。航天器在前 74.73 s 根据规划姿态曲线进行开环控制，而后分别用三种方法进行稳态控制。以下将分别考虑转动惯量标称情况和拉偏情况进行仿真验证。

6.4.1 标称转动惯量的情况

在姿态机动阶段，基于第 6.2 节提出的姿态规划路径进行开环控制。当开环控制完成后（$t=74.73$ s），分别基于传统 PD 控制器和本章提出的变系数 PD 控制器进行稳定控制，提高姿态稳态精度和稳定度。控制器参数见表 6-3。

表 6-3 标称转动惯量情况下各控制器参数

传统 PD 控制器	$k_{px}=200, k_{dx}=400$
基于指数形式的变系数 PD 控制器	$k'_p=200, k'_d=400, \alpha_1=1, \alpha_2=1, \beta_1=1, \beta_2=1$
基于幂次形式的变系数 PD 控制器	$\alpha_1=0.8, \alpha_2=0.89, k_1=200, k_2=400$

1）传统 PD 控制器控制效果如图 6-12～图 6-15 所示。

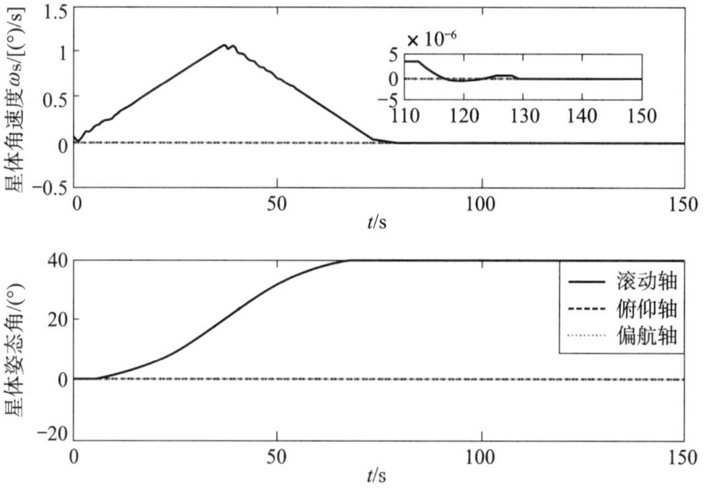

图 6-12 航天器姿态机动曲线（见彩插）

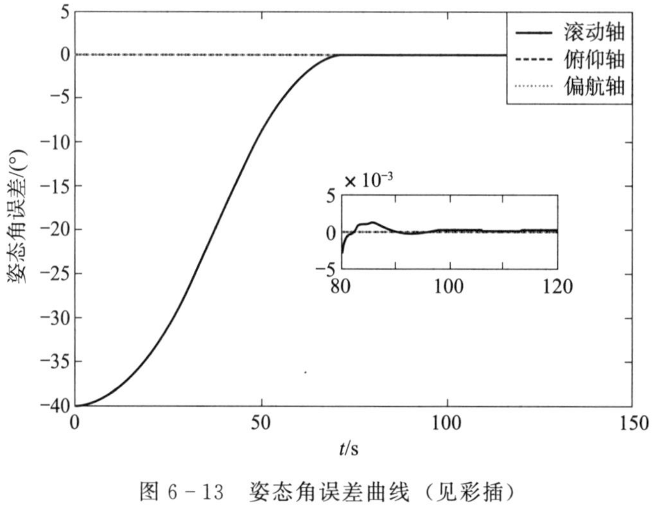

图 6-13 姿态角误差曲线（见彩插）

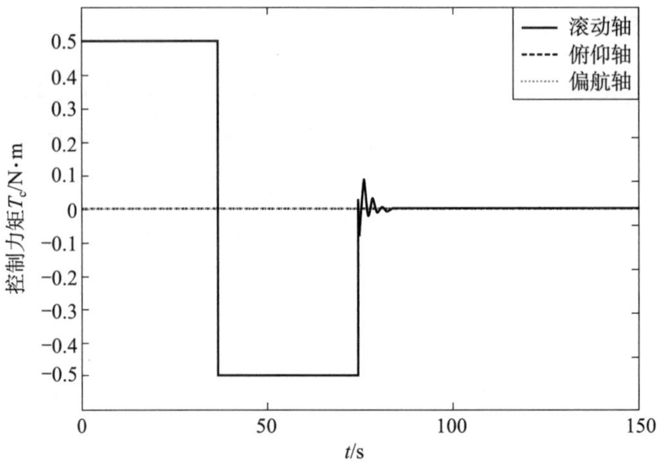

图 6-14 控制力矩曲线（见彩插）

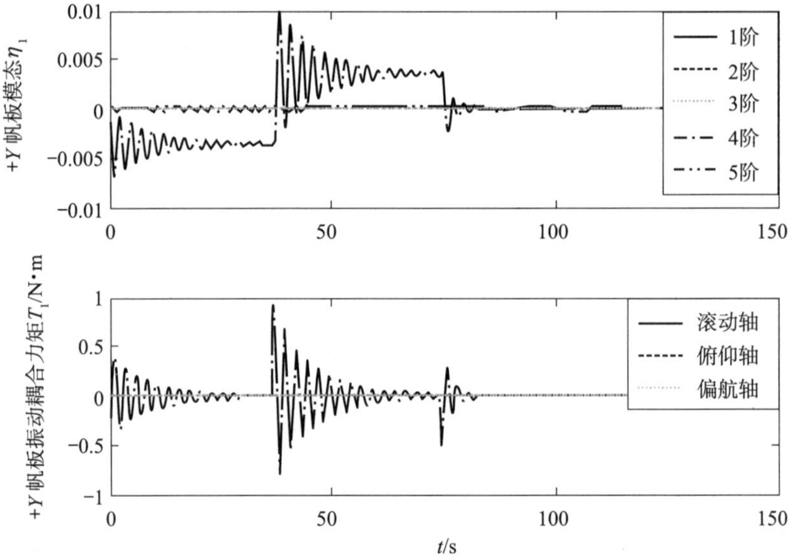

图 6-15 帆板 1 振动模态及耦合力矩（见彩插）

2）基于指数形式的变系数 PD 控制效果如图 6-16 和图 6-17 所示。

3）基于幂次形式的变系数 PD 控制效果如图 6-18 和图 6-19 所示。

从仿真结果中可看出，当不考虑转动惯量不确定性时，开环控制基本可以实现姿态机动，且机动偏差较小。在这种情况下，三种控制器性能差别不大，因为初始姿态偏差极小。三种控制器在 $t=80$ s 时控制精度和稳定度见表 6-4，从表中可看出，在标称转动惯量情况下，本章提出的两种变系数控制器的控制效果略好于传统 PD 控制器，可以提高系统响应速度和缩短稳态收敛时间。

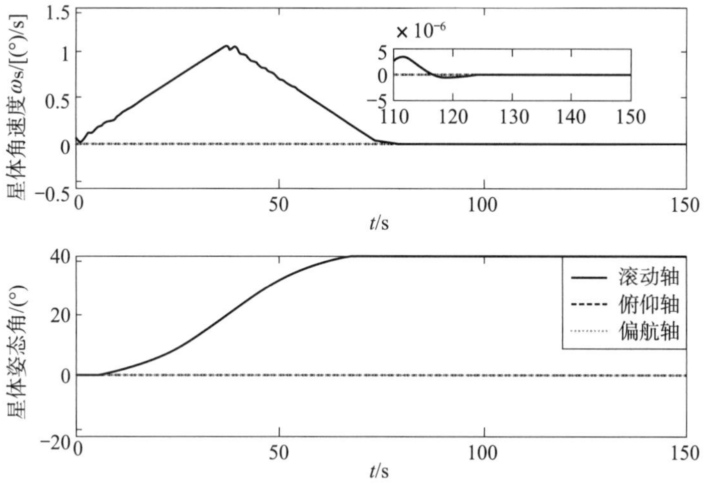

图 6 - 16　航天器姿态机动曲线（见彩插）

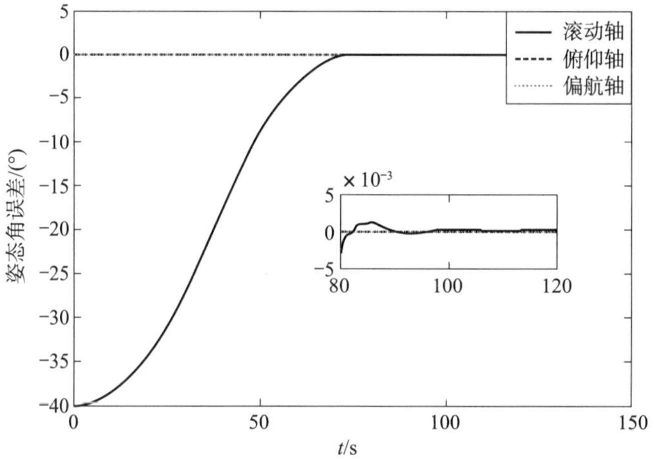

图 6 - 17　姿态角误差曲线（见彩插）

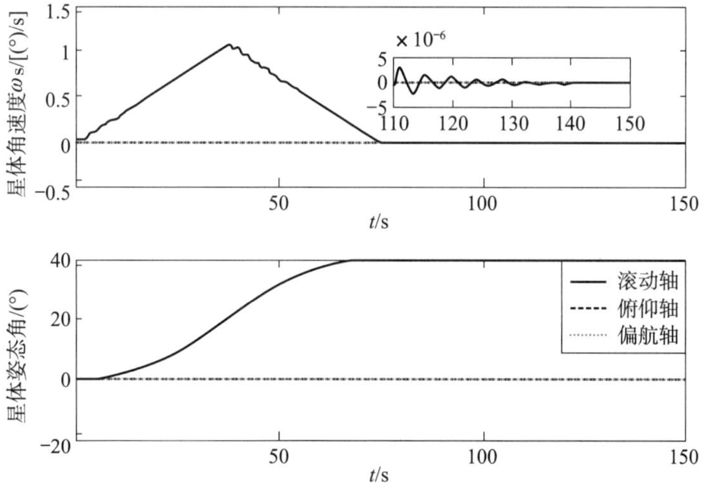

图 6 - 18　航天器姿态机动曲线（见彩插）

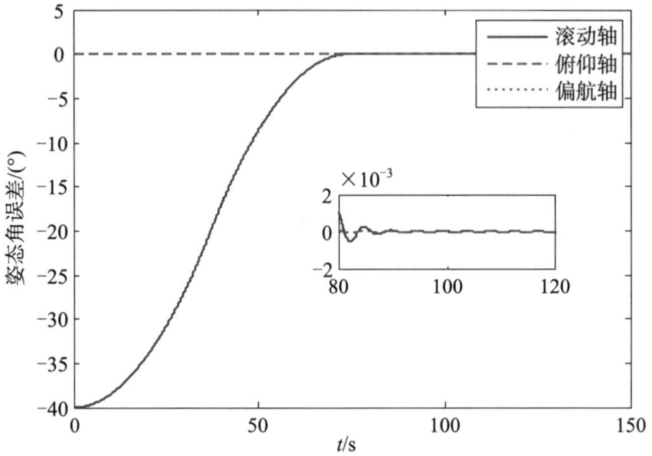

图 6-19 姿态角误差曲线（见彩插）

表 6-4 航天器在三种控制器作用下在 80 s 时刻的精度及稳定度

控制器种类	姿态精度/(°)	姿态稳定度/[(°)/s]
传统 PD 控制器	4×10^{-3}	4.5×10^{-6}
基于指数形式的变系数 PD 控制器	2×10^{-3}	3.5×10^{-6}
基于幂次形式的变系数 PD 控制器	1×10^{-3}	4×10^{-6}

6.4.2 转动惯量存在偏差的情况

航天器在装配过程中存在一定偏差，且随着航天器的在轨运行，其质量也在不断变化。这些都将导致航天器实际的转动惯量与理论值存在偏差。然而第 6.2 节规划的姿态轨迹都是基于标称转动惯量计算得到的，这将导致航天器无法按照规划轨迹运行，且可能存在较大偏差。在这种情况下，开环机动后的稳态控制是十分必要的。以下将对航天器转动惯量拉偏百分之十，利用 6.2 节规划轨迹并分别结合三种闭环控制器进行仿真。各控制器参数选择见表 6-5。

表 6-5 拉偏转动惯量情况下各控制器参数

传统 PD 控制器	$k_{px}=20$，$k_{dx}=200$
基于指数形式的变系数 PD 控制器	$k'_p=45$，$k'_d=210$，$\alpha_1=0.5$，$\alpha_2=0.2$，$\beta_1=30$，$\beta_2=5$
基于幂次形式的变系数 PD 控制器	$\alpha_1=0.75$，$\alpha_2=0.857$，$k_1=20$，$k_2=200$

1）传统 PD 控制器控制效果如图 6-20～图 6-23 所示。

2）基于指数形式的变系数 PD 控制效果如图 6-24 和图 6-25 所示。

3）基于幂次形式的变系数 PD 控制效果如图 6-26 和图 6-27 所示。

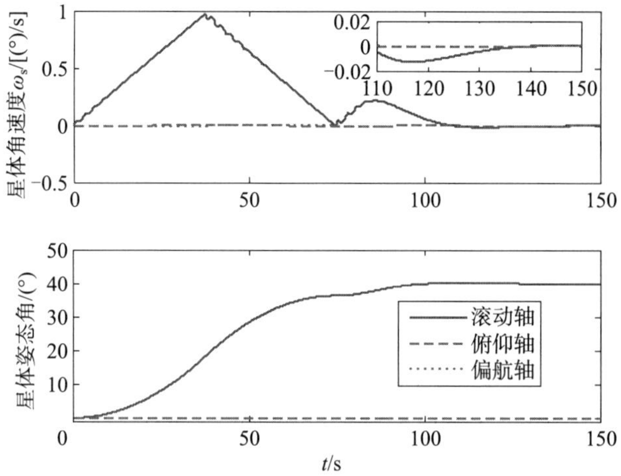

图 6-20　航天器姿态机动曲线（见彩插）

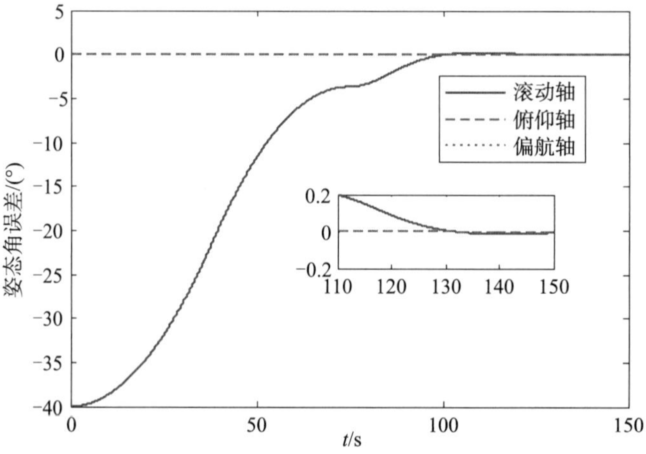

图 6-21　姿态角误差曲线（见彩插）

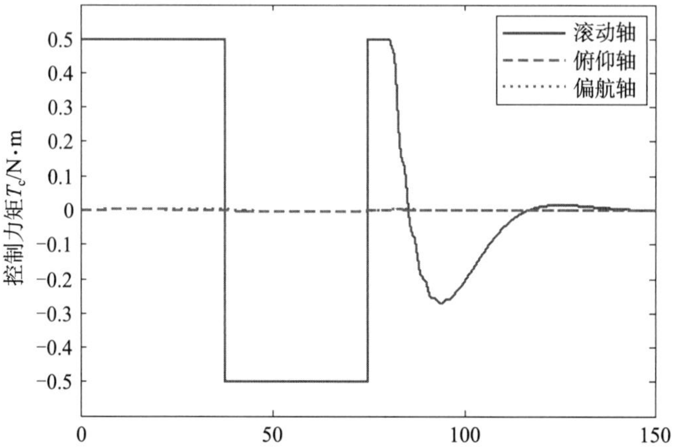

图 6-22　控制力矩曲线（见彩插）

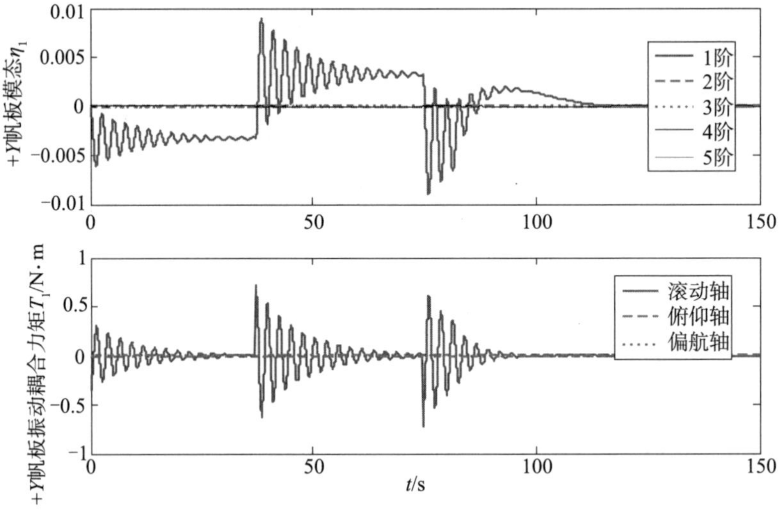

图 6-23 帆板 1 振动模态及耦合力矩（见彩插）

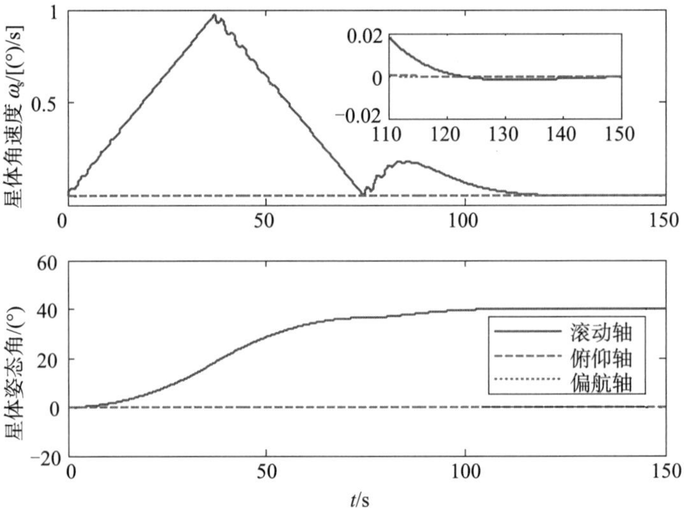

图 6-24 航天器姿态机动曲线（见彩插）

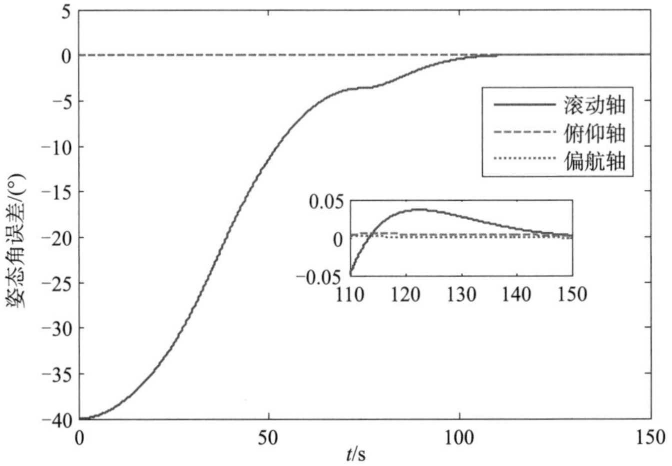

图 6-25 姿态角误差曲线（见彩插）

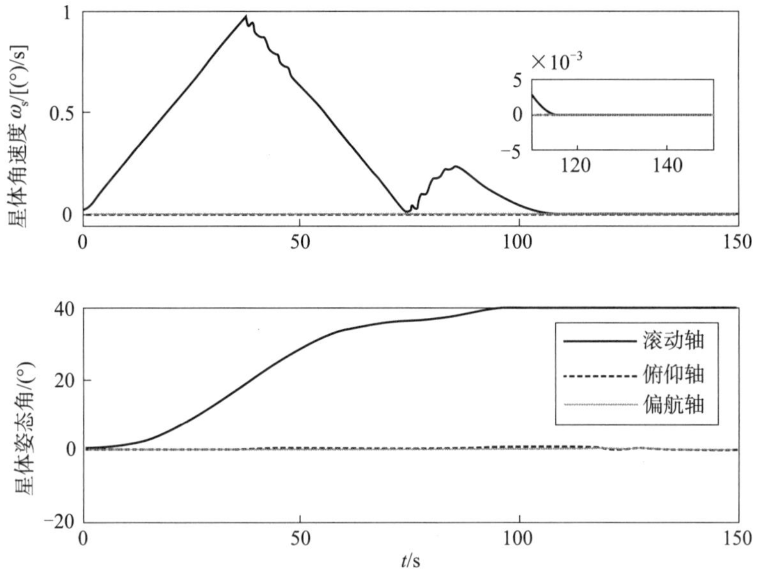

图 6－26　航天器姿态机动曲线（见彩插）

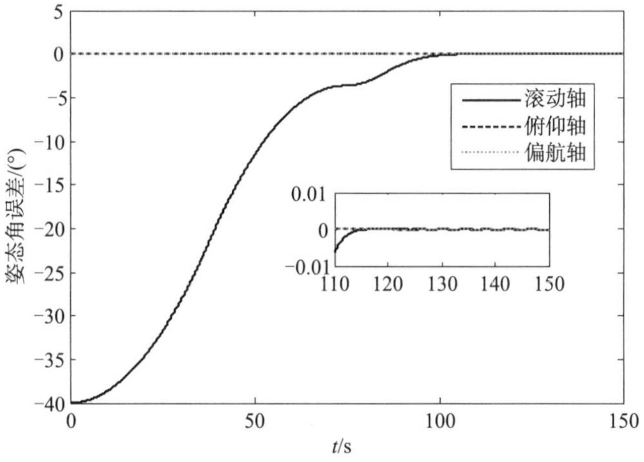

图 6－27　姿态角误差曲线（见彩插）

从仿真结果可以看出，将转动惯量拉偏百分之十后，开环控制偏差很大，74.73 s 姿态实际机动约为 36.2°。在这种情况下，分别利用三种闭环控制器对姿态偏差进行补偿。传统 PD 由于力矩幅值的限制，如果为了提高系统收敛速度和稳态精度而增加比例系数，将导致控制器输出大于执行机构力矩上限，无法产生期望力矩。而变系数控制器的系数随着收敛误差而变化，这样就可以充分利用执行机构最大输出能力，使得当收敛误差较小时仍可以产生较大控制力矩，加速收敛。

在三种控制器的作用下，在第 110 s 时刻系统的收敛精度和稳定度见表 6－6。从表中可以看出，在拉偏转动惯量的情况下，本文提出的两种变系数控制器的控制效果明显好于传统 PD 控制器。从仿真图和表 6－6 可以看出，当存在较大转动惯量不确定时，基于幂次形式的变系数 PD 控制器性能最好，系统收敛最快、精度最高，且系统没有超调，基于指数形式的变系数 PD 控制器性能次之。

表 6-6　航天器在三种控制器作用下在 110s 时刻的精度及稳定度

控制器种类	姿态精度/(°)	姿态稳定度/[(°)/s]
传统 PD 控制器	0.2	0.02
基于指数形式的变系数 PD 控制器	0.05	0.02
基于幂次形式的变系数 PD 控制器	5×10^{-3}	3×10^{-3}

6.5　在轨试验验证结果与分析

系列遥感卫星的整星结构刚度比较大（帆板基频约为 0.6 Hz 左右），采用星敏感器和陀螺联合定姿，采用大力矩飞轮作为姿态机动执行机构。该系列卫星 01 星采用第 6.2 节的“加速-减速”的姿态机动路径和恒定 PD 控制算法，在轨姿态机动 40°用时 155 s（从开始机动到进入稳定度指标的时间），其中包含约 70 s 的姿态稳定时间。从 02 星开始，控制器改为采用第 6.3 节提出的变参数控制律，考虑星载软件实现的可靠性和简易性，采用了第 6.3.1 小节提出的基于指数形式的变系数 PD 控制算法。在与 01 星基本一致的星体转动惯量和控制系统配置下，02 星在轨机动 40°仅用时 110 s，其中的姿态稳定用时为 15 s。01 星和 02 星机动 40°的在轨遥测曲线如图 6-28 和图 6-29 所示，其中图 6-29 表示的是稳定过程，其时间起点从开环控制结束算起。从图中可知，本章所提出的变系数 PD 控制算法通过减少超调量，大幅缩短了姿态机动到位后的稳定时间。

6.6　本章小结

根据光学遥感卫星的需求，解决航天器姿态快速机动与快速稳定问题依然是航天器控制系统的重要任务。对此，本章首先利用刚性模型设计了姿态快速机动路径规划算法，通过对不同姿态机动路径规划方法的比较，选择了一种合理的路径规划方式以规避柔性振动；然后，为进一步提高控制系统对参数不确定的鲁棒性，设计了基于指数形式和幂次形式的快速稳定控制器，减少了航天器在轨惯量参数估计误差或发生变化后对姿态机动性能的影响；最后通过数学仿真和在轨飞行试验，验证了基于指数变系数控制方法的性能，表明了该方法与恒系数 PD 控制方法相比的优越性。

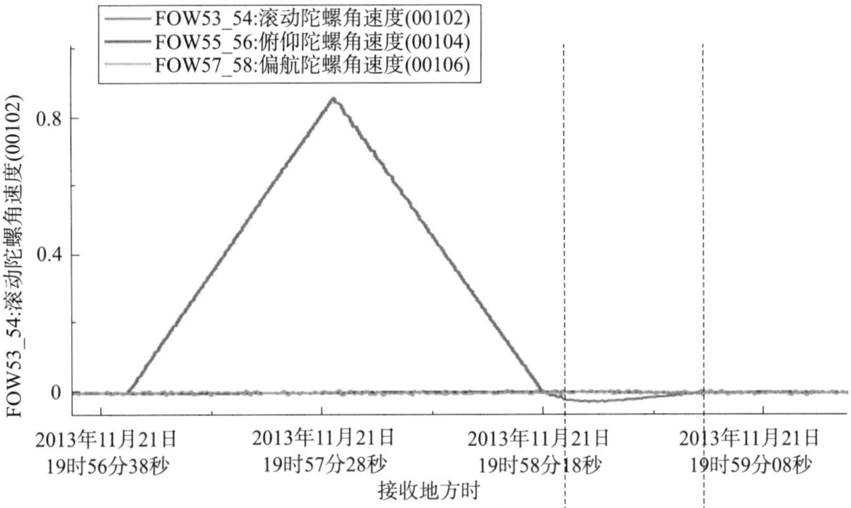

(a) 01星姿态机动过程

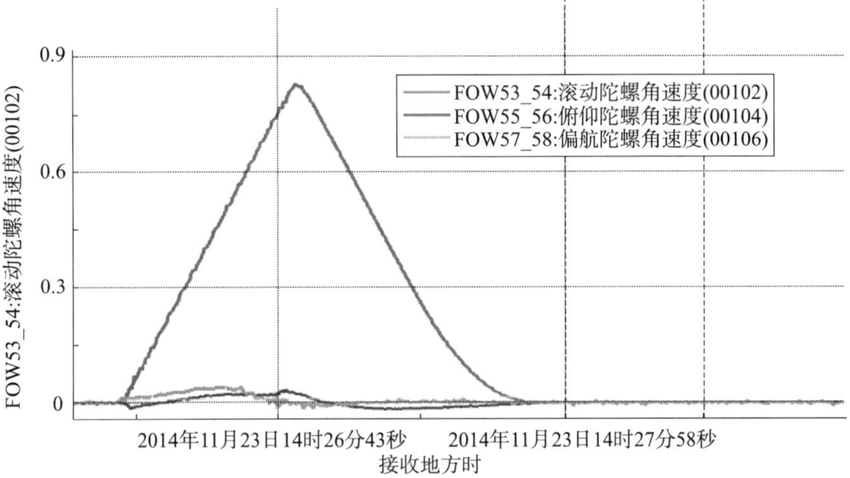

(b) 02星姿态机动过程

图 6-28　01 星与 02 星在轨滚动机动 40°实测曲线对比（见彩插）

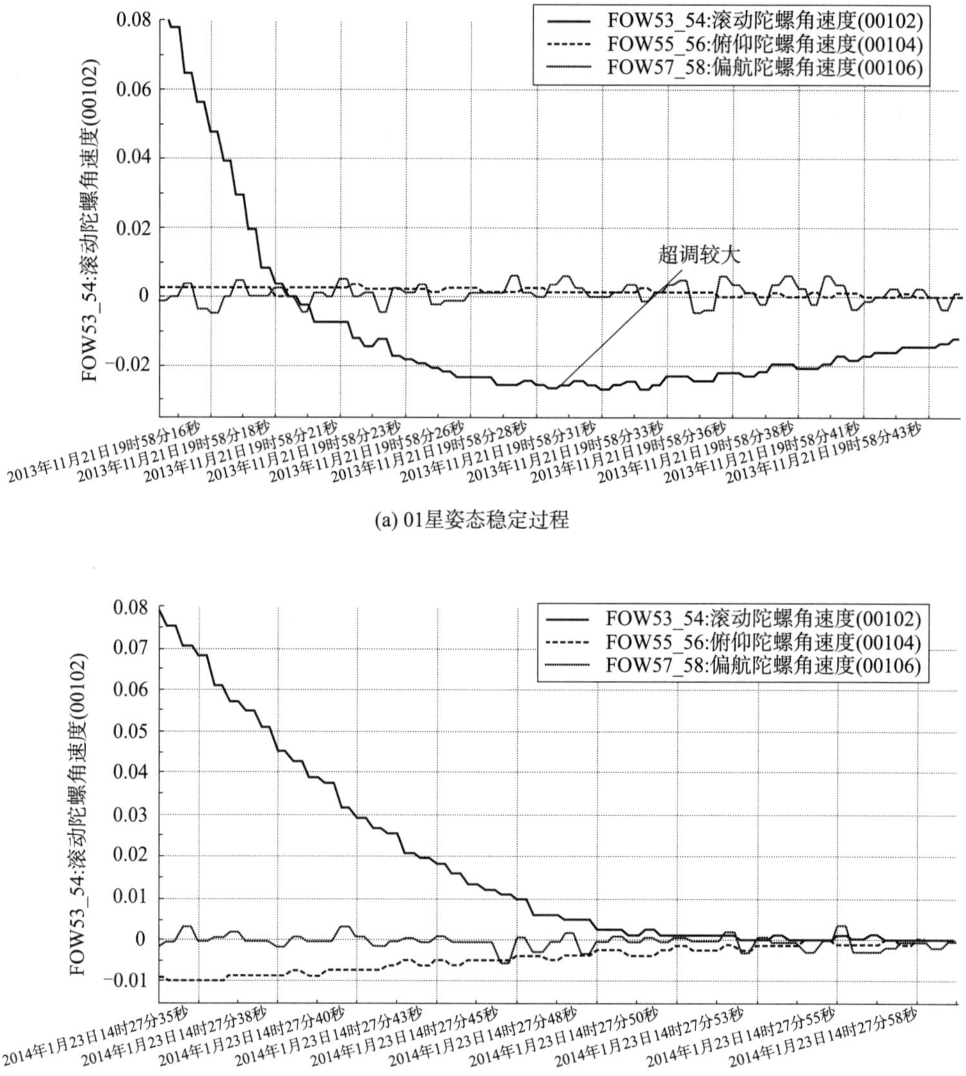

(a) 01星姿态稳定过程

(b) 02星姿态稳定过程

图 6-29　01 星与 02 星在轨姿态机动 40°实测稳定度曲线对比（见彩插）

参考文献

[1] SACHIN ANGADI, SAIKUMAR V, SATYANARAYANA KUMARI B. A novel digital controller for microstepping stepper motor drive using FPGA for Solar Array Drive Assembly in satellites - A comparison with alternative schemes [C]. 2013 International Conference on Advances in Computing, Communications and Informatics, Mysore, India, 2013.

[2] 陆栋宁，刘一武. 挠性太阳帆板驱动控制系统研究 [J]. 空间控制技术与应用，2013，39 (1)：27 - 33.

[3] 程俊波，张强，虎刚，等. 一种高稳定度帆板驱动系统的 T - S 模糊复合控制器 [J]. 宇航学报，2016，37 (3)：307 - 315.

[4] 施桂国，王赟，朱庆华. 大型挠性太阳帆板的闭环驱动控制技术研究 [J]. 上海航天，2015，32 (2)：8 - 12.

[5] 马文坡. 航天光学遥感技术 [M]. 北京：中国科学技术出版社，2010：55 - 115.

[6] UDO RENNER, MATTHIAS BUHL. High Precision Interactive Earth Observeation with LAPAN - TUBSAT [C]. 4s Symposium Small Satellites, Systems and Services, Rhodos, Greece, 2008.

[7] 陈雪芹，耿云海，王峰. 敏捷小卫星对地凝视姿态跟踪控制 [J]. 光学精密工程，2015，20 (5)：1031 - 1040.

[8] CHEN X Q, MA Y H, GENG Y H. Staring imaging attitude tracking control of agile small satellite [C]. 6th IEEE Conference on Industrial Electronics and Applications, Beijing, China, 2011.

第 7 章　基于输入成型的柔性航天器控制

7.1　引言

输入成型具有简单易用性、强鲁棒性等优点，是目前应用于主动振动抑制领域的有效的前馈控制方法。本章将其引入到大型柔性航天器三轴姿态机动控制和柔性帆板驱动控制中，通过快速抑制振动，压缩姿态机动到位后的稳定时间和帆板转速进入稳定的时间，为有效载荷提供更多的工作时间。本章首先阐述了输入成型抑振原理及其设计方法，然后分析了成型器对参数不准的鲁棒性，最后通过航天器姿态机动控制数学仿真和帆板驱动控制地面试验，验证了成型调制控制目标的方法可以有效抑制空间柔性结构振动，缩短姿态稳定时间。

7.2　输入成型器抑振的基本原理及其设计

输入成型利用原始信号与成型脉冲卷积形成信号，然后再输入二阶系统，将残余振动抑制在能容忍的范围内，所用的成型脉冲即为输入成型器（Input shaper），脉冲幅值和时滞根据系统模态频率和阻尼比可以得到。图 7－1 为输入成型的时域响应原理图，单位脉冲经成型器后形成两个脉冲，第一个脉冲幅值为 A_1，作用时间为 t_1，另一个脉冲幅值为 A_2，作用时间为 t_2。二阶系统对两个脉冲的响应是衰减的正弦曲线，经合理计算可使在 t_2 时刻后，系统对两个脉冲的响应幅值相抵消，消除系统振动。由于任一时变信号都可作为分解为时间轴上不同幅值的脉冲序列，而二阶系统对各脉冲的时域响应需满足线性叠加性质，因此输入成型振动抑制能使用到任一输入信号，而不单局限于脉冲输入。

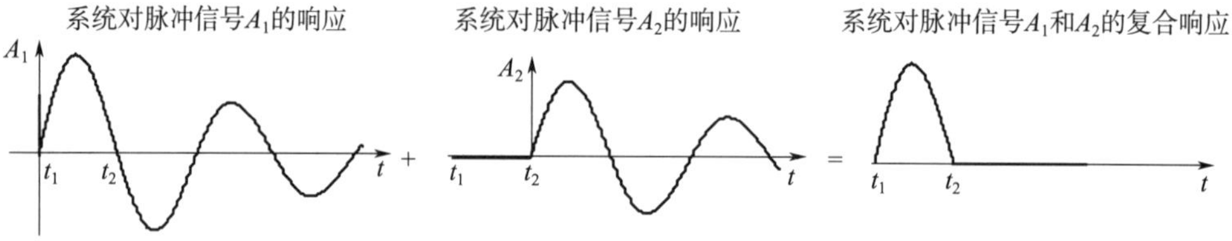

图 7－1　输入成型的时域响应原理图

定义如下所示的二阶系统 $G(s)$ 和一个由 N 个脉冲组成的脉冲序列 $I(t)$

$$G(s)=\frac{\omega^2}{s^2+2\zeta\omega s+\omega^2} \tag{7-1}$$

$$I(t)=\sum_{i=1}^{N}A_i\delta(t-t_i)\rightarrow I(s)=\sum_{i=1}^{N}A_i e^{-t_2 s} \tag{7-2}$$

式中，ω 和 ζ 是系统自然频率和阻尼比；A_i 和 t_i 是第 i 个脉冲的幅值和作用时刻。从式中给出的脉冲序列的传递函数可知，它只有零点，没有极点。为定量描述输入成型对系统振动的抑制效果，将式中对脉冲序列信号的响应与对未成型的单脉冲信号 $\sum_{i=1}^{N}A_i$ 的响应的幅值之比定义为振动比

$$\boldsymbol{V}=e^{-\zeta\omega t_N}\sqrt{\left[\sum_{i=1}^{N}A_i e^{-\zeta\omega t_i}\cos(\omega\sqrt{1-\zeta^2}t_i)\right]^2+\left[\sum_{i=1}^{N}A_i e^{-\zeta\omega t_i}\sin(\omega\sqrt{1-\zeta^2}t_i)\right]^2} \tag{7-3}$$

输入成型要求当最后一个脉冲 $A_N\delta(t-t_N)$ 作用完毕之时，系统的振动等于零，即要求下式成立

$$\begin{cases}\sum_{i=1}^{N}A_i e^{-\zeta\omega t_i}\cos(\omega\sqrt{1-\zeta^2}t_i)=0\\ \sum_{i=1}^{N}A_i e^{-\zeta\omega t_i}\sin(\omega\sqrt{1-\zeta^2}t_i)=0\end{cases} \tag{7-4}$$

显然，这一约束方程组有无穷多解，为了得到唯一解，需要附加约束条件：1）为了保证输入成型器是物理可实现的，要求 $t_i\geqslant 0$，且第一个脉冲出现在零时刻，即 $t_1=0$；2）所有脉冲幅值之和必须等于原始信号幅值，要求 $\sum_{i=1}^{N}A_i=1$；3）脉冲幅值可正可负，在此约束为 $A_i>0$。根据方程和以上约束条件，取 $N=2$ 时，解得方程（7－4）得

$$\begin{pmatrix}\boldsymbol{A}\\ \boldsymbol{t}\end{pmatrix}=\begin{pmatrix}A_1 & A_2\\ t_1 & t_2\end{pmatrix}=\begin{pmatrix}\dfrac{1}{1+K} & \dfrac{K}{1+K}\\ 0 & \dfrac{T_d}{2}\end{pmatrix} \tag{7-5}$$

式中，$K=e^{-(\zeta\pi/\sqrt{1-\zeta^2})}$，$T_d=\dfrac{2\pi}{\omega\sqrt{1-\zeta^2}}$。通常将由式（7－5）给出的两脉冲成型器称为 ZV 成型器。

ZV 成型器对系统频率比较敏感，可通过增加对频率的导数约束来提高成型器的鲁棒性，即令

$$\frac{dV}{d\omega}=0 \tag{7-6}$$

联合求解方程（7－4）和（7－6）可得到新的输入成型器为

$$\begin{pmatrix}\boldsymbol{A}\\ \boldsymbol{t}\end{pmatrix}=\begin{pmatrix}A_1 & A_2 & A_3\\ t_1 & t_2 & t_3\end{pmatrix}=\begin{pmatrix}\dfrac{1}{1+2K+K^2} & \dfrac{2K}{1+2K+K^2} & \dfrac{K^2}{1+2K+K^2}\\ 0 & \dfrac{T_d}{2} & T_d\end{pmatrix} \tag{7-7}$$

式中，K 和 T_d 均同式（7－5）。通常将式（7－7）给出的三脉冲成型器称为 ZVD 成型器。

通过求振动比关于频率的高阶导数还可以得到更多脉冲成型器，但随着脉冲数增加，系统对原始指令的响应滞后就会变得严重，因此不希望脉冲数太多，工程上采用 ZV 和 ZVD 成型器即可。具有 n 个脉冲的输入成型器的实现如图 7-2 所示。

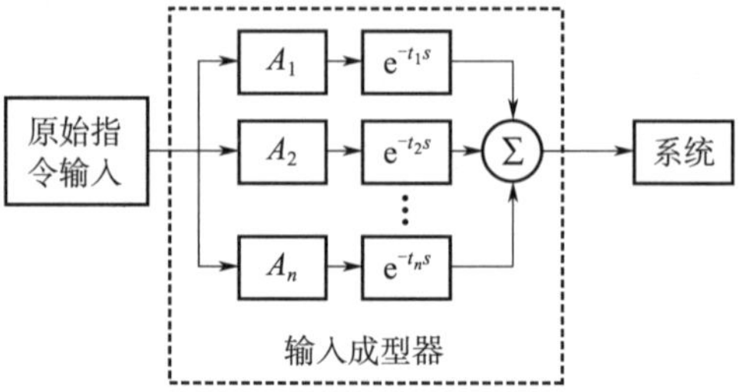

图 7-2 输入成型器的实现

在上述得到输入成型器的数学形式后，其抑制振动的原理可以从频域的零极点对消原理来解释，即输入成型器提供共轭零点，该零点恰好对消二阶系统的共轭极点，从而抑制模态的振动。以针对一个具体的二阶系统振动模态设计 ZV 成型器为例，可绘制出纯二阶系统、输入成型器和“二阶系统+输入成型器”各自的伯德图如图 7-3 所示，从图中可以看出，正是零极点对消使得振动模态消失。

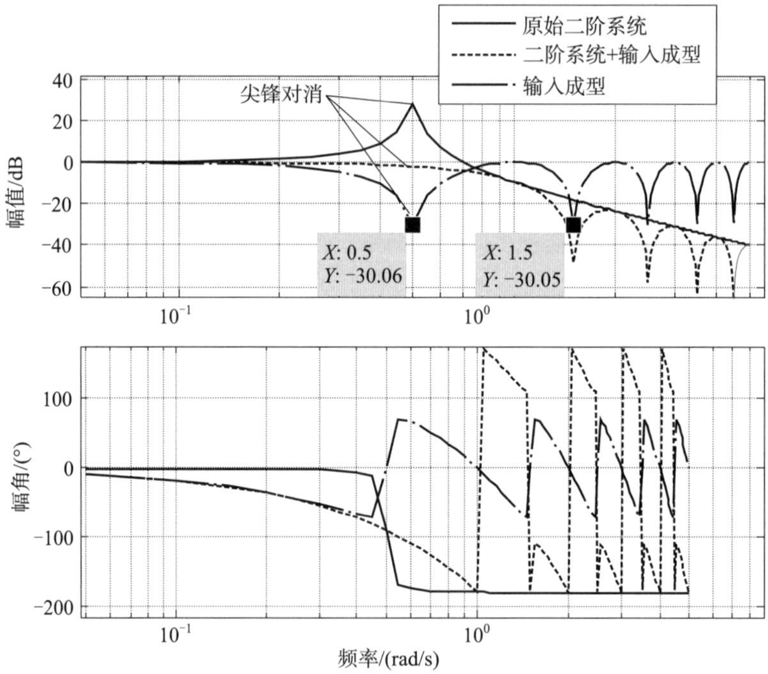

图 7-3 输入成型抑制振动的频域解释

7.3　典型输入成型器的鲁棒性分析

振动频率和阻尼比是设计输入成型器的依据，而实际情况是，地面计算或实验得到的频率和阻尼比与在轨真实数值存在一定偏差，另外，在轨的实际振动频率和阻尼比会随着帆板等部件的运动而发生变化，因此需要分析输入成型器在频率和阻尼比不准或变化情况下的振动抑制鲁棒性。鲁棒性分析可以采用残余振动比作为敏感度函数，该函数的比较基准是未采用输入成型时的系统响应，用加入成型器后系统对输入信号的响应幅值的相对比值评价抑振效果。当频率与阻尼比均为标称值时，残余振动比为零，振动抑制效果最佳。当频率与阻尼比存在偏差时，可以绘制出残余振动比曲线来衡量各种成型器的鲁棒性。

7.3.1　ZV成型器的鲁棒性分析

记标称振动频率为 ω_m，设计ZV成型器时采用的振动频率为 ω_n，假设阻尼比 ζ 无误差，图7-4给出以 ζ 和 ω_n/ω_m 为变量的ZV成型器敏感度函数（ζ 无误差）分布，容易得到，系统阻尼比越大，输入成型器对频率的鲁棒性越好。以标称阻尼比 $\zeta=0.2$ 为例设计ZV输入成型器，在振动频率和阻尼比都存在误差的情况下，图7-5给出了相应的敏感度函数，从图中可看出残余振动比在标称频率与标称阻尼比处表现为一个锥状，且锥点周围敏感度函数的扁平度表征输入成型器的鲁棒性，越扁平鲁棒性越好。

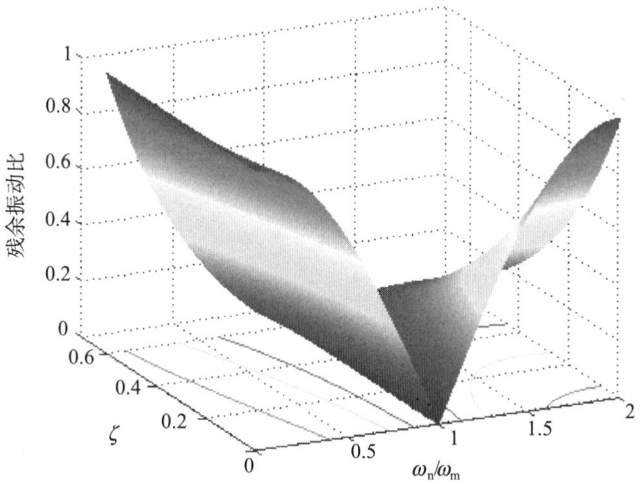

图7-4　不同阻尼比下ZV输入成型器对频率敏感度曲线（ζ 无误差）

7.3.2　ZVD成型器的鲁棒性分析

图7-6为ZVD输入成型器对频率与阻尼比的敏感度函数曲面，与ZV输入成型器曲面相比，ZVD成型器曲面更为扁平，也就是说频率和阻尼比的鲁棒性都得到了提高，然而因为ZVD成型器增加了一个脉冲，导致指令调制时间也相应增加了一倍，所以该方法是以牺牲一定快速性为代价换取鲁棒性的。

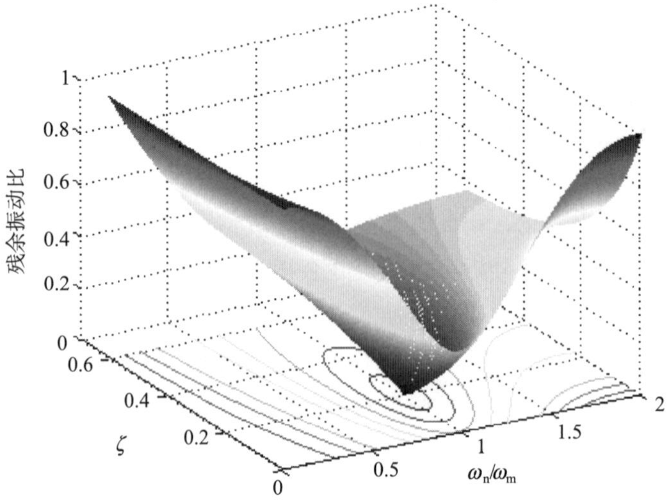

图 7-5 ZV 输入成型器对频率与阻尼比敏感度函数曲面（标称 $\zeta=0.2$）

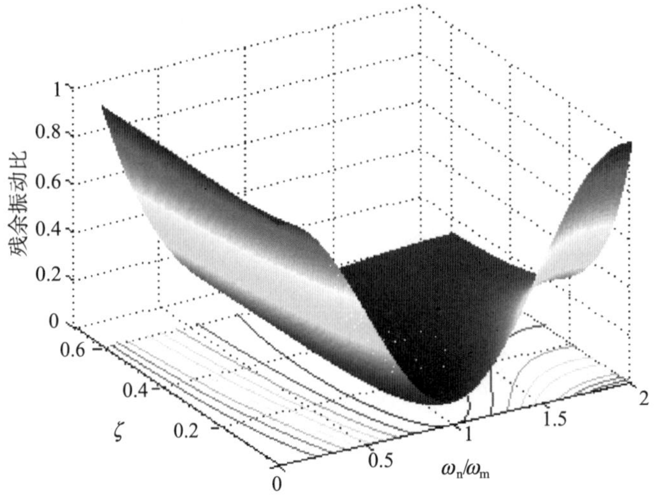

图 7-6 ZVD 输入成型器对频率与阻尼比敏感度函数曲面

和 ZV 输入成型器一样，ZVD 输入成型器鲁棒性最差的点是零阻尼比处。在实际工程中，空间柔性结构具有较小的阻尼比，提高输入成型器的鲁棒性就必须提高阻尼比，而这就得增加硬件装置。增大系统频率与阻尼比更有利于控制系统设计，而输入成型器正向拉偏频率与阻尼比优于反向拉偏，因此可选取稍小的频率与阻尼比。

7.3.3 鲁棒性分析小结

图 7-7 给出了 ZV 和 ZVD 输入成型器在零阻尼情况下的残余振动比，从图中可看出，当频率偏离 ±20% 时，ZV 成型器的残余振动比为 0.3，ZVD 输入成型器的残余振动比为 0.09，鲁棒性增强。由于当振动频率和阻尼比获取不准或发生变化时，输入成型器具有一定的鲁棒性，因此工程应用时可以放宽对柔性参数辨识精度的要求。

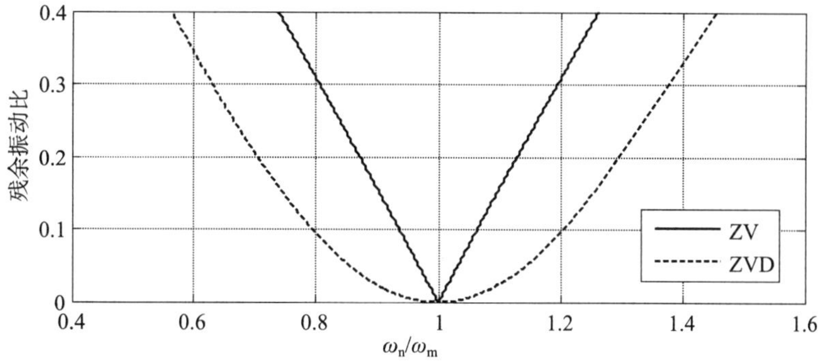

图 7－7　典型输入成型器的敏感度函数曲线对比

7.4　输入成型应用于大柔性结构航天器的三轴姿态机动控制验证

从动力学建模中可知，航天器姿态动力学模型是一个多模二阶振动系统，因此可以采用输入成型对姿态机动路径进行调制[1,2]，以减少帆板等大型柔性结构振动，缩短姿态进入稳定偏置的时间。输入成型是一种对控制指令进行调制的方法，如图 7－8 所示，它在姿态机动中的应用是对已规划好的机动路径（称为原始机动路径）进行再次规划，得到最终机动路径，其中，原始机动路径根据姿控执行机构的力矩能力按刚体航天器规划，最终机动路径通过输入成型器对原始机动路径进行成型调制得到，其末端等于机动后的偏置姿态。输入成型器参数根据拟抑制的柔性振动模态的频率与阻尼比设计。

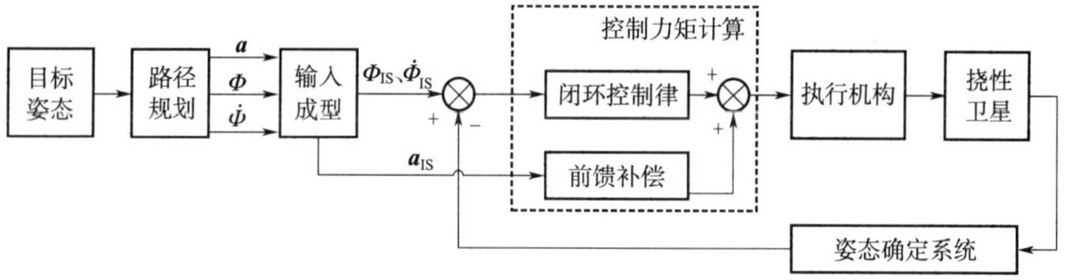

图 7－8　姿态机动控制回路示意图（$\boldsymbol{\Phi}$ 、$\dot{\boldsymbol{\Phi}}$ 和 $\boldsymbol{a}$ 分别为角度、速度和加速度）

7.4.1　多模 ZV 输入成型器设计

假设带柔性太阳帆板航天器的整星惯量矩阵为 $\begin{pmatrix} 1\,000 & 4 & -7 \\ 4 & 500 & 6 \\ 7 & 6 & 1\,000 \end{pmatrix}$ kg · m²，帆板的前五阶振动频率为 $f_1 = 0.08$ Hz、$f_2 = 0.53$ Hz、$f_3 = 1.36$ Hz、$f_4 = 1.90$ Hz、$f_5 = 3.40$ Hz，阻尼比均取 0.005，帆板的前五阶振动与航天器转动的耦合矩阵为 $\begin{pmatrix} 14 & 4\times10^{-5} & 1\times10^{-4} & -2 \\ 5 & 10 & 2 & -1\times10^{-5} \\ 5 & -14 & 5 & 2\times10^{-5} \end{pmatrix}\sqrt{\text{kg}\cdot\text{m}^2}$ 。全程闭环反馈采用 PD 控制算法，加入

控制器之后的系统开环伯德图如图 7-9 所示，从图中可知：

1）控制系统是稳定的，并具有一定的相位和幅值裕度。

2）柔性结构振动模态对系统的影响主要为前两个频率，其中，一阶模态对三轴都有影响，二阶模态主要影响俯仰和偏航轴。

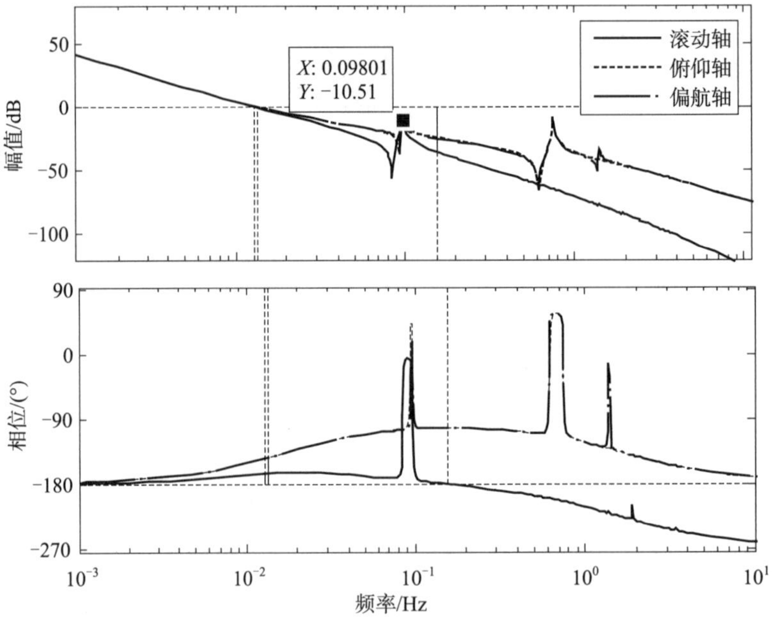

图 7-9　控制系统开环伯德图（见彩插）

为了降低成型器的时间延迟，本节采用 ZV 成型器，且只针对控制系统、帆板基频和二阶频振动进行主动抑制，帆板其他阶次的柔性较小，因此不进行主动抑制。设计出的成型滤波器的参数见表 7-1。

表 7-1　二阶振动模态频率、阻尼及成型器参数

模态		约束模态	非约束模态
三轴控制系统(控制周期0.2 s)	频率/Hz	0.012 0 0.012 0 0.012 0	0.011 8 0.012 2 0.012 0
	阻尼	0.700 0.700 0.700	0.347 0.348 0.351
帆板基频	频率/Hz	0.080	0.097
	阻尼	0.005	0.026
帆板2阶频	频率/Hz	0.530	0.734
	阻尼	0.005	0.013

ZV成型器设计

$$\begin{pmatrix} \boldsymbol{A}_0 \\ \boldsymbol{t}_0/\mathrm{s} \end{pmatrix} = \begin{pmatrix} 0.76 & 0.24 \\ 0 & 45.1 \end{pmatrix}$$

$$*$$

$$\begin{pmatrix} \boldsymbol{A}_1 \\ \boldsymbol{t}_1/\mathrm{s} \end{pmatrix} = \begin{pmatrix} 0.52 & 0.48 \\ 0 & 5.17 \end{pmatrix}$$

$$*$$

$$\begin{pmatrix} \boldsymbol{A}_2 \\ \boldsymbol{t}_2/\mathrm{s} \end{pmatrix} = \begin{pmatrix} 0.51 & 0.49 \\ 0 & 0.67 \end{pmatrix}$$

7.4.2　输入成型器调制后的导引姿态路径

设航天器三轴目标姿态为 $\varphi=25°$，$\theta=35°$，$\psi=15°$（3-1-2 转序），初始姿态和角速

度均为 0。根据执行机构的输出力矩，原始姿态机动路径按照“加速-匀速-减速”的三段式规划（如图 7－10 中虚线所示），将原始姿态机动路径送入成型器调制后得到的实际姿态机动路径如图 7－10 中的实线所示，图中纵轴变量对应的是四元数转角加速度及其速度。从图 7－10 中可以看出，相比原始姿态机动路径，调制后的路径确实存在时间滞后，这是输入成型不可避免的特性。

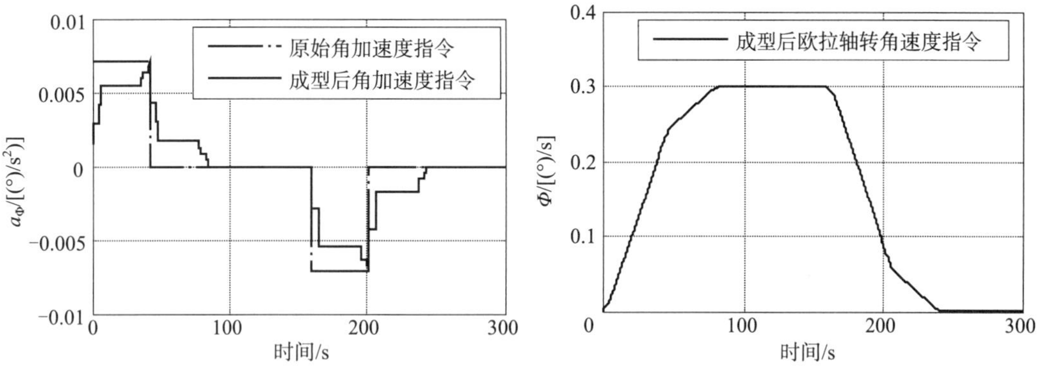

图 7－10　成型后的角加速度和角速度路径

7.4.3　姿态机动控制仿真结果与分析

将上一小节经成型滤波器调制后如图 7－10 所示的姿态机动路径送至控制器，仿真得到如图 7－11 所示的三轴姿态机动结果。

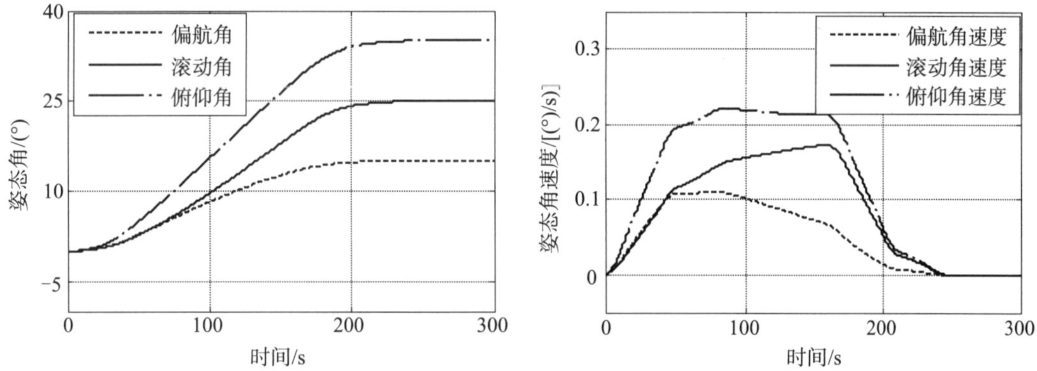

图 7－11　三轴姿态机动控制曲线

为分析输入成型对机动性能和振动抑制的效果，图 7－12 和图 7－13 给出了加入输入成型与否时的姿态控制仿真与帆板柔性结构振动对比结果，从图中可以明显看出，使用输入成型调制姿态路径后，帆板的柔性结构振动在姿态机动到位时已经得到大幅衰减，实现了姿态快速稳定和指向精度的提高。仿真结果表明了输入成型器能够有效降低航天器姿态机动期间的帆板柔性结构振动。

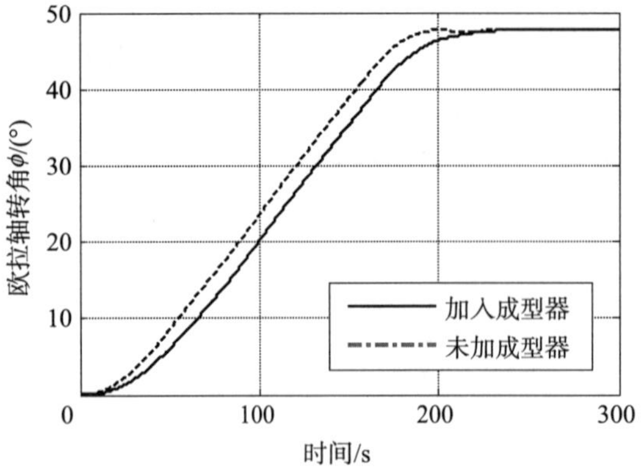

(a) 绕欧拉转轴机动的姿态控制曲线

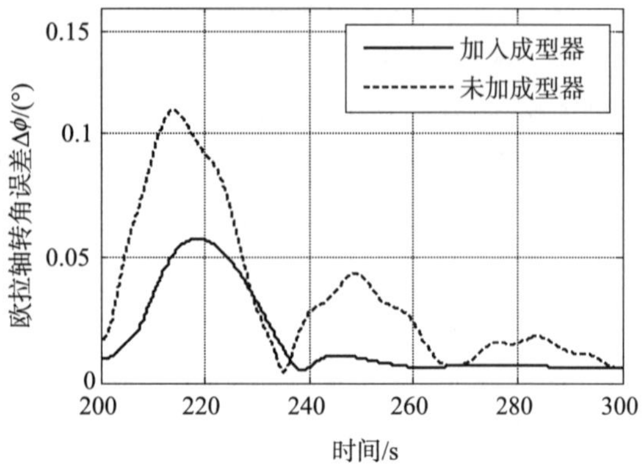

(b) 绕欧拉转轴机动的姿态控制误差

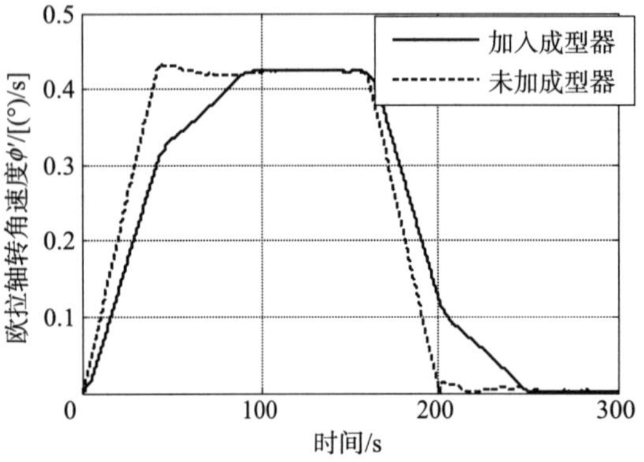

(c) 绕欧拉转轴机动的转速控制曲线

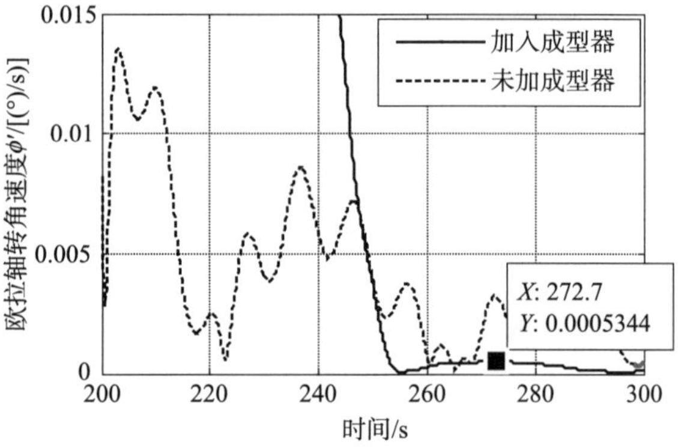

(d) 机动控制后期的姿态稳定度曲线

图 7-12　有无输入成型器的姿态控制曲线对比

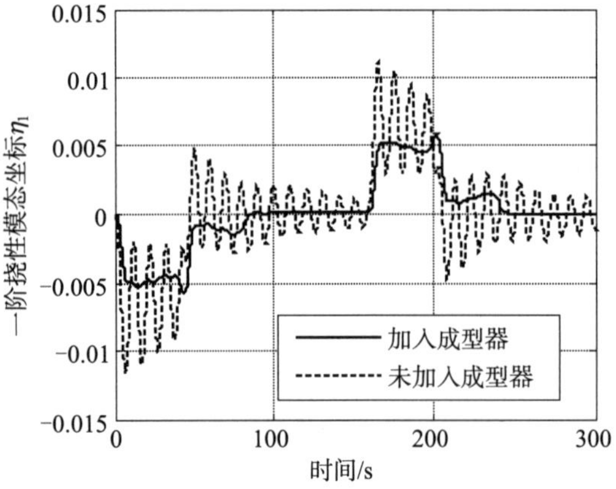

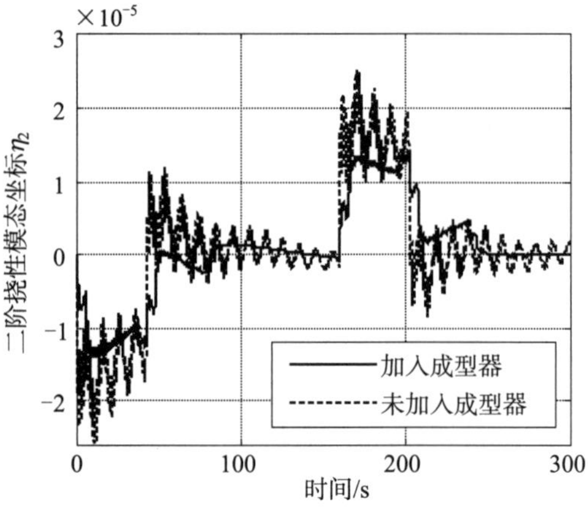

图 7-13　帆板前 2 阶振动模态坐标

7.5　输入成型应用于柔性帆板驱动过程中的振动抑制验证

对于一些带转动型大型太阳帆板的遥感航天器，在有效载荷正常工作之前，除了需要通过航天器平台的姿态机动将载荷指向偏置到某个姿态之外，还需要通过步进电机驱动系统将太阳帆板快速转动到某个角度后停止，或者转到某个角度后再匀速跟踪太阳，从而保证整星能源安全。在帆板驱动开始和结束时段，步进电机将输出很大的驱动力矩，这样就很容易激起帆板的结构振动，可能导致的后果是，即使帆板已经转动到位，但其自身的柔性结构振动若不能快速衰竭，将会影响航天器的姿态稳定度，也不能快速建立载荷工作所需的姿态环境，因此需要有效抑制帆板驱动过程中激起的柔性结构振动。

从动力学建模中可知，柔性帆板驱动系统就是一个多模二阶振荡系统，因此可以采用输入成型进行帆板柔性抑制。基于输入成型的帆板驱动柔性抑制的在轨应用包括如图 7－14 所示的四个步骤，其中，实线为必实施步骤，虚线为选择实施步骤，需要根据在轨参数辨识结果来决定是否实施。

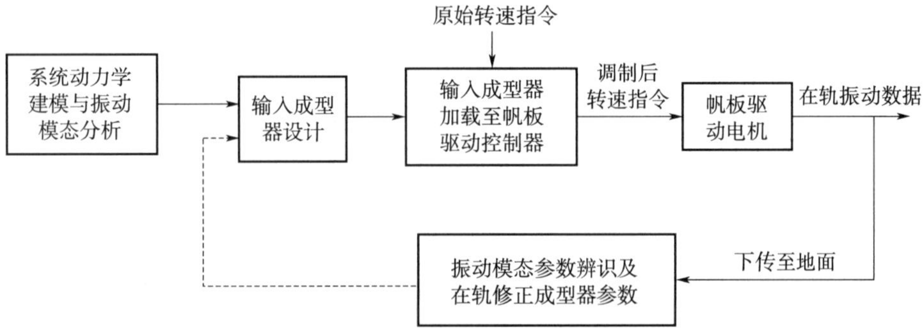

图 7－14　在轨实施流程

7.5.1　地面验证试验系统组成

本文搭建了如图 7－15 所示的一套简易的帆板柔性参数辨识与振动抑制试验系统，主要由步进电机及其驱动器、模拟柔性帆板、振动采集系统、数据采集与控制计算机等组成。

使用 0.9°步距角、1.029 N·m 保持力矩的信浓公司 SST56C3200 两相混合步进电机。步进电机驱动器采用信浓公司的 XNQ440MC 板卡，细分数有 2、4、5、8、10、20、25、40、50、100、200，选取 100 细分正余弦电流。驱动器 24 V 供电，数控计算机每 1 ms 给驱动器发送相应的指令。

模拟柔性帆板采用双翼硬聚氯乙烯（PVC）板结构，去除夹具固定部分后的单翼尺寸约为 1 450 mm×110 mm×3.8 mm，质量约为 0.788 kg。模拟柔性帆板的柔性变形主要是以平面弯曲为主。

振动采集系统包括位置检测敏感器（Position Sensitive Detector，PSD）、LED 和数据

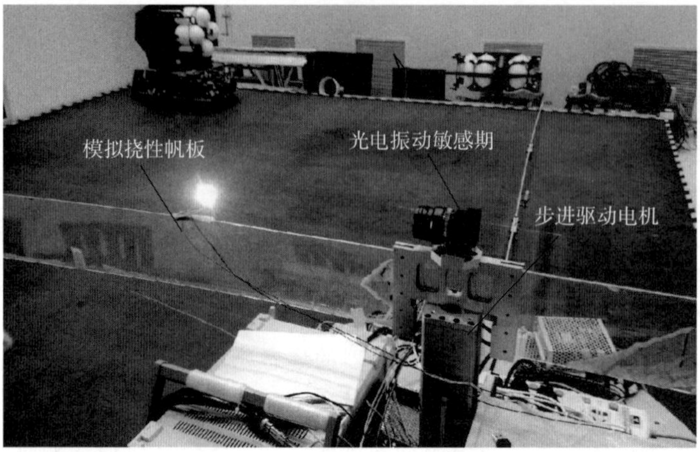

图 7-15　帆板驱动试验系统

采集存储系统。PSD 工作机理是横向光电效应，仅有一完整光敏面，用来检测入射光斑的能量中心位置。系统的工作原理是 LED 发出的光斑照射到 PSD 光敏面，PSD 计算出光斑中心位置，然后转换成对应电压幅值，即可知帆板振动状态。所用 PSD 仅能测左右运动但无法测上下运动，误差不大于 1 mm，数据采集周期是 10 ms。PSD 测量电压与实际位移成正比关系，系数约为 0.1 V/mm。因此，利用测量电压和位移辨识的结果是一样的，所以，为了简便试验，以下试验把 PSD 测量电压当作系统输出进行辨识。

7.5.2　地面验证试验内容

针对验证输入成型抑制帆板驱动过程中的低频结构振动原理可行性的目的，设计了如下所示的试验内容：

1）PSD 测量噪声测定：在帆板安静不动的情况下，让 PSD 开机采集数据，然后对数据做时频谱分析，从而掌握 PSD 的测量噪声状况。

2）系统振动模态参数辨识：让步进电机以一定规律的指令转速转动，PSD 采集电机转动期间的帆板振动数据，然后辨识出帆板一阶频率及其阻尼比。

3）设计输入成型滤波器：由于试验用的帆板振动以一阶弯曲为主，因此利用辨识结果设计只针对一阶频率的 ZV 和 ZVD 成型滤波器。

4）考察无成型滤波器时的帆板振动情况：由于转速切换期间的电机驱动力矩最大，激起的柔性结构振动最大，因此开展指令角速度分别为 6（°）/s →0（°）/s 和 3（°）/s →0（°）/s 的转速切换驱动，PSD 同步采集帆板振动数据。

5）考察加入成型滤波器后的帆板振动情况：分别开展指令角速度为 6（°）/s →0（°）/s 和 3（°）/s →0（°）/s 的转速切换驱动，指令角速度由成型滤波器调制，PSD 同步采集帆板振动数据。

6）比较在同样原始转速工况下，加入输入成型器前后的帆板振动情况。

7.5.3 试验结果与分析

7.5.3.1 柔性帆板振动频率和阻尼比辨识结果

本节利用比较成熟的时域模态参数识别方法——特征系统实现算法（ERA，Eigensystem Realization Algorithm）对试验过程中采集到的模拟帆板振动数据进行振动频率与阻尼比的辨识，为后续的输入成型器设计提供依据。该算法的机理是利用系统脉冲响应得到 Hankel 矩阵，由奇异值分解得系统最小实现，即知系统频率、阻尼比等动力学参数，优点是对矩阵的扰动具有鲁棒性，奇异值变化不大于矩阵变化。

（1）PSD 测量噪声分析

图 7－16（a）是在帆板静止状态利用 PSD 测量的结果，处理可知均值是－0.273 V（安装零位误差造成，无影响），均方差是 0.014 V。图 7－16（b）是对图 7－16（a）中的数据做频谱分析得到的曲线，可以看出，如果不考虑零位误差，测量噪声强度在每个频率点上基本一致，与白噪声相似，所以后续试验将其当作白噪声处理。

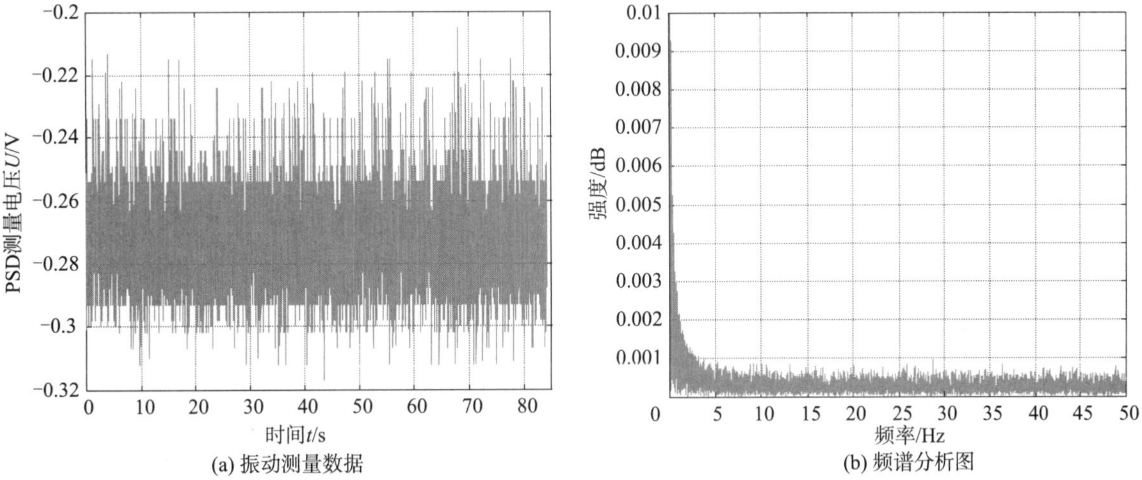

图 7－16　PSD 测量噪声及其频谱分析

（2）系统振动模态参数辨识

工况 1：给帆板驱动电机施加 5（°）/s 的转速指令，图 7－17 给出了相应的 PSD 采集的帆板振动数据及它的频谱分析曲线，可以看出，帆板约在 0.537 6 Hz 处存在一阶振动频率，同时在 5.572 Hz 点也存在振动频谱尖峰，这个频点是步进电机驱动频率产生的（驱动频率为 5（°）/s/0.9°＝5.56 Hz）。利用 ERA 对振动测量数据进行辨识，得到振动频率为 0.5089 Hz 和阻尼比为 0.0786，ERA 辨识出的振动频率与频谱分析结果误差在 7%以内，但前者可以提供后者不具备的阻尼比，而阻尼比是设计输入成型器不可或缺的参数。

工况 2：给帆板驱动电机输入 $4+4\sin(0.2\pi t)$（°）/s 的指令转速，图 7－18 给出相应的 PSD 采集的帆板振动数据及它的频谱分析曲线，根据曲线可知，0.097 75 Hz 和 0.537

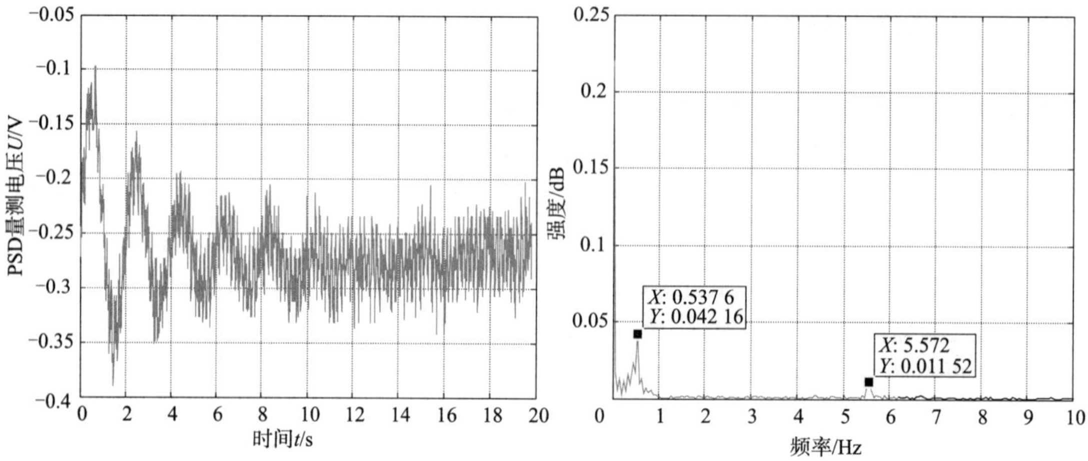

(a)振动测量数据　　(b)频谱分析图

图 7-17　模拟帆板振动曲线及其频谱分析（转速指令 5（°）/s 工况下）

6 Hz 是帆板对输入信号响应的前两阶频点，其中，0.097 75 Hz 与输入信号频率一致，不属于帆板的振动引起，0.537 6 Hz 就是帆板振动产生的一阶频率。利用 ERA 对振动测量数据进行辨识，得到帆板系统的一阶振动频率为 0.531 3 Hz 和阻尼比为 0.068，ERA 辨识出的振动频率与频谱分析结果误差在 5%以内。

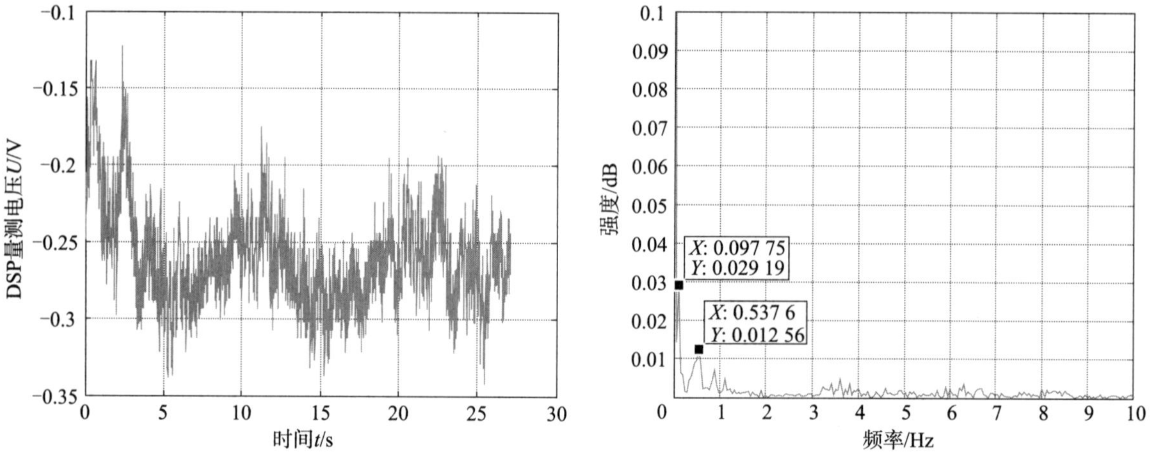

(a) 振动测量数据　　(b) 频谱分析图

图 7-18　模拟帆板振动曲线及其频谱分析（转速指令为 $4+4\sin(0.2\pi t)$（°）/s 工况下）

从上面匀转速和交变转速驱动这两个试验的辨识结果可知，模拟帆板系统的一阶振动频率约为 0.5 Hz，阻尼比约为 0.07。以该辨识结果设计的帆板驱动 ZV 和 ZVD 输入成型器分别为

$$\text{ZV}:\begin{pmatrix} A \\ t/s \end{pmatrix}=\begin{pmatrix} A_1 & A_2 \\ t_1 & t_2 \end{pmatrix}=\begin{pmatrix} 0.5549 & 0.4451 \\ 0 & 1 \end{pmatrix} \tag{7-8}$$

$$\text{ZVD:}\begin{pmatrix} A \\ t/s \end{pmatrix}=\begin{pmatrix} A_1 & A_2 & A_3 \\ t_1 & t_2 & t_3 \end{pmatrix}=\begin{pmatrix} 0.307\ 9 & 0.494\ 0 & 0.158\ 9 \\ 0 & 1 & 2 \end{pmatrix} \tag{7-9}$$

7.5.3.2　柔性帆板驱动柔性抑制试验结果

本节利用上一节设计的输入成型器，开展了帆板驱动过程中的柔性结构振动抑制试验。

试验结果 1：设置帆板原始转速指令在 0～10 s 期间为 6（°）/s，10 s 时将原始转速指令置为零，即帆板转速在第 0 s 和第 10 s 时存在切换，这两个时刻激起的柔性结构振动最大。图 7－19 和图 7－20 分别给出了由 PSD 采集的加入成型滤波器前后的帆板振动原始数据和滤除高频测量噪声后的振动数据，从图中可以明显看出，采用输入成型滤波器对原始转速指令进行调制后，帆板在指令转速切换期间的柔性结构振动得到了比较快速的抑制，幅值抑制程度优于 60%，表明输入成型抑制柔性结构振动原理的可行性。

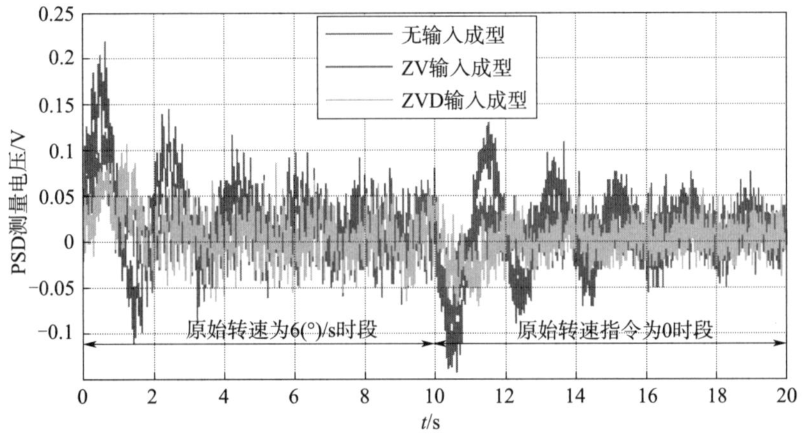

图 7－19　角速度 6（°）/s 时的帆板振动原始测量数据（见彩插）

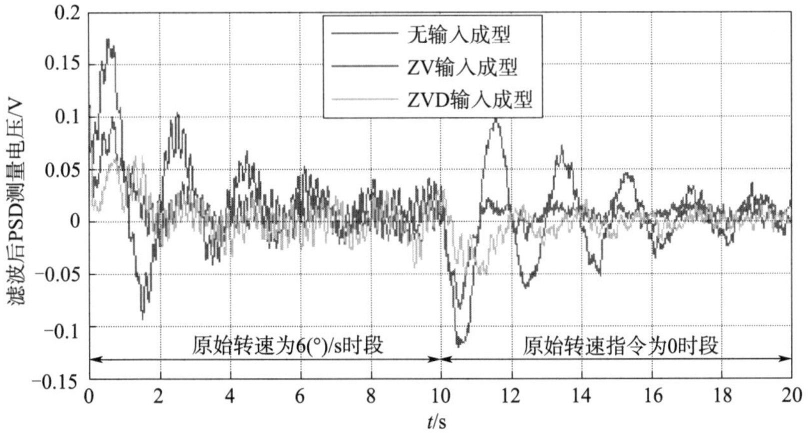

图 7－20　角速度 6（°）/s 时的帆板振动滤波后数据（见彩插）

试验结果 2：设置帆板原始转速指令在 0～10 s 期间为 3（°）/s，10 s 时原始转速指令置为零。图 7-21 和图 7-22 分别给出了由 PSD 采集的加入成型滤波器前后的帆板振动原始数据和滤除高频测量噪声后的振动数据，从图中同样可以明显看出，输入成型滤波器可以快速抑制帆板指令转速切换期间的柔性结构振动。

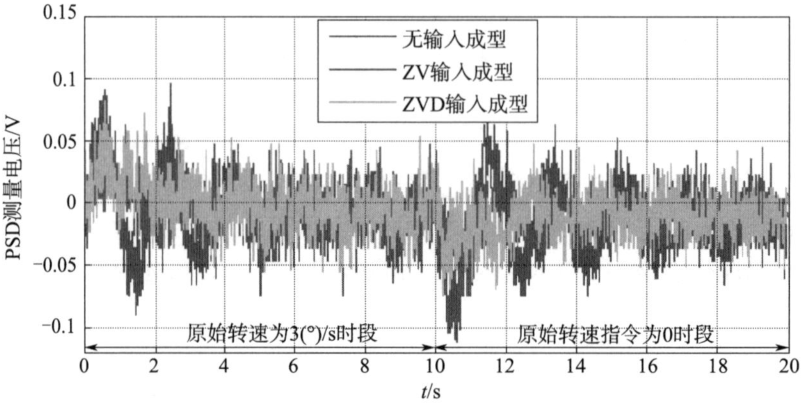

图 7-21　角速度 3（°）/s 时的帆板振动原始测量数据（见彩插）

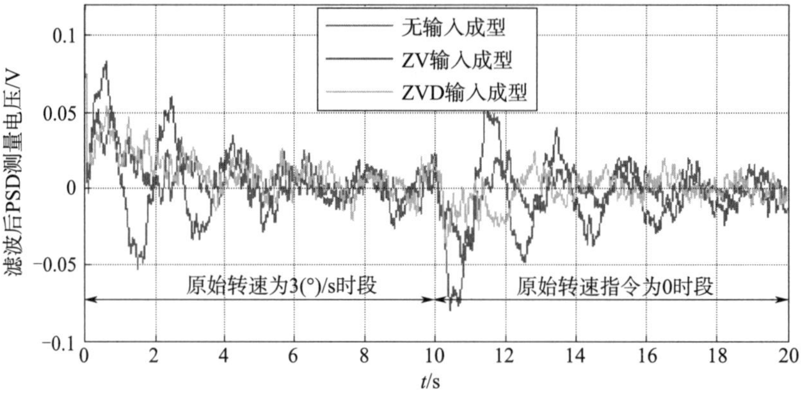

图 7-22　角速度 3（°）/s 时的帆板振动滤波后数据（见彩插）

上述两个试验结果验证了输入成型抑振原理的可行性，表明了通过输入成型对帆板转速指令进行调制后再输给驱动电机，能够有效抑制柔性结构振动，降低柔性振动对航天器姿态稳定度的影响，进而为载荷争取更多的可成像时间。

7.6　本章小结

本章基于输入成型开展了航天器平台姿态机动后偏置和太阳帆板转速切换期间的柔性快速抑制技术研究。针对前者，利用成型滤波器对原始姿态路径进行调制，通过数学仿真试验验证了抑制柔性结构振动的有效性；针对后者，利用成型滤波器对帆板原始转速指令进行调制后再输给驱动电机，搭建了地面试验验证系统，地面试验表明了抑制柔性结构振动的有效性。本章的试验验证结果表明输入成型可以有效抑制帆板等柔性结构振动，降低其对航天器姿态稳定度的影响，最终保证有效载荷更早进入可工作时段。本章所研究的基于输入成型的柔性结构振动抑制方法不需要添加额外硬件，具有星上实现简单的优点，因此具有良好的工程应用价值。

参 考 文 献

[1] 武星星，刘金国，孔德柱，等. 基于地球椭球的离轴式双线阵相机像移补偿 [J]. 红外与激光工程，2014，43 (3)：838－844.

[2] BONG W，LU J B. Feedback Control Logic for Spacecraft Eigenaxis Rotaions Under Slew Rate and Control Contraints [J]. Journal of Guidance，Control，and Dynamics，1995，18 (6)：1372－1379.

第 8 章　奇异摄动理论在高精度柔性航天器姿态控制系统中的应用

8.1　引言

随着航天器规模的变大、柔性附件尺寸的增大和个数的增多，柔性航天器系统的高阶、非线性和不确定性变得越来越不容忽视，给控制器的设计带来了严峻的挑战。奇异摄动方法是一种对上述问题较为有效的解决方法，为系统的分析和控制器设计带来了便捷[1]。

8.2　奇异摄动理论简介

8.2.1　奇异摄动理论的提出

在控制系统中，模型的建立是一个最基本的问题。一些比较复杂的系统通常含有两个或者两个以上的不同数量级的时间常数，比如一些小的电容、电感或者惯量等，这些因素的存在使系统的模型阶数变高，带来病态的数值特性，对这类问题，一种早期简单的处理方法为：忽略小的时间常数，得到整个系统的一种近似，以降低系统模型的阶数。然而，这种近似却是以较大地降低系统的控制效果为代价的。所以为了提高控制系统分析与设计的精度，必须把小参数的影响考虑进去，把系统看成是有关这些小参数的摄动系统[2]。这些摄动问题，按系统包含的小参数的渐近性质，可以分成正则摄动和奇异摄动两类。根据 R. E. O′Malley，Jr 给出的定义[3]：

若摄动问题 P_ε 的解 $y_\varepsilon(x)$ 能表示成 ε 的幂级数

$$y_\varepsilon(x) \sim y_0(x) + \sum_{i=1}^{\infty} y_i(x)\varepsilon^i \quad x \in D \quad \varepsilon \to 0$$

其中，$0 < \varepsilon \leqslant 1$，$y_0(x)$ 为 $P_\varepsilon|_{\varepsilon=0}$ 的解，且上式对 $x \in \bar{D}$ 是一致收敛的，则 P_ε 被称作正则摄动问题，否则，P_ε 被称作奇异摄动问题。定义中 $\bar{D}$ 为 D 的闭包。

8.2.2　标准奇异摄动模型

奇异摄动模型在动力学系统中可以用状态模型来表示，让系统中部分状态的导数与一个小参数 ε 相乘，得到

$$\dot{\boldsymbol{x}} = \boldsymbol{f}(t, \boldsymbol{x}, \boldsymbol{z}, \varepsilon) \tag{8-1}$$

$$\varepsilon\dot{\boldsymbol{z}}=\boldsymbol{g}(t,\boldsymbol{x},\boldsymbol{z},\varepsilon) \tag{8-2}$$

假设当 $(t,\ \boldsymbol{x},\ \boldsymbol{z},\ \varepsilon)\in(0,\ t_1)\times D_x\times D_z\times(0,\ \varepsilon)$（$D_x\subset R^n$，$D_z\subset R^m$ 为开连通集），函数 $\boldsymbol{f}(t,\ \boldsymbol{x},\ \boldsymbol{z},\ \varepsilon)$ 和 $g(t,\ \boldsymbol{x},\ \boldsymbol{z},\ \varepsilon)$ 对自变量连续可微。则可以令式（8－1）和式（8－2）中的 $\varepsilon=0$，那么式（8－2）退化为

$$\boldsymbol{0}=\boldsymbol{g}(t,\boldsymbol{x},\boldsymbol{z},0) \tag{8-3}$$

则状态模型的维数便由 $m+n$ 维降为 n 维。

如果对于任一 $(t,\ \boldsymbol{x})\in(0,\ t_1)\times D_x$，式（8－3）有 $N\geqslant 1$ 个孤立的实根

$$\boldsymbol{z}=\boldsymbol{h}(t,\boldsymbol{x}) \tag{8-4}$$

则式（8－1）和式（8－2）定义的模型为标准奇异摄动模型。这个假设保证了已定义的 n 维降阶模型的根与式（8－3）的解一致。

8.2.3 奇异摄动理论的发展与应用

从 19 世纪后期，由于研究天文学的需要，有关奇异摄动的问题开始被天文学界所研究。20 世纪初，Prandtl 在对流体力学绕流问题的研究中，提出了控制系统的边界层法。近几十年来，奇异摄动理论广泛应用于物理学、化学、力学、天文学等工科领域以及交通、经管等管理领域，我国著名学者钱伟长、钱学森等对奇异摄动理论进行了深入研究，对其发展做出了很大贡献。

从 20 世纪 60 年代中期开始，人们用奇异摄动理论对控制系统中各种问题进行分析、讨论与设计，这种方法发展至今，已经成为现代控制理论中不可或缺的一个重要内容。控制系统中的奇异摄动问题普遍适用的是边界层法，其主要思想为先忽略系统中的快变量，从而降低阶数，然后再引入边界层来提高系统近似程度，形成快慢两个子系统，所以边界层法又被称为边界层校正法。慢子系统不考虑边界层的影响，在时间尺度上变换较慢，而快子系统由边界层影响确定的边界层校正项，只在边界层内起作用，在远离边界的外部区域影响消失，所以变化迅速[4]。综合两个降阶系统，就可以用来近似描述原系统的动力学行为。这实际上相当于在两个时间尺度内分别完成设计任务。这种分解对动态系统来说，实际上就是一种时标的分解[5]，为系统分析与设计带来了极大的好处，另一方面，也避免了数值计算中的“维数灾难”及方程的求解困难。

近年来，奇异摄动理论被广泛应用。奇异摄动理论被用来研究机器人柔性臂的位置与速度跟踪控制问题，设计了一系列多时间尺度复合控制器，较好地满足了系统的可靠性与鲁棒性的要求。文献[6]基于柔性臂奇异摄动模型设计了双时间尺度神经滑模控制，该控制器具有较强的自适应性。文献［7］针对双连杆柔性臂强非线性、强耦合性及不确定性等特点，基于奇异摄动理论将双连杆柔性臂系统分解为快、慢两个子系统，给出一种慢变子系统在反馈线性化后采用模糊控制、快变子系统采用最优控制的混合控制方法，不仅能实现柔性臂轨迹的快速、准确跟踪，有效地抑制弹性振动，并且对负载的变化具有强的鲁棒性。文献［8］等针对 F8 飞机的姿态角控制问题，运用奇异摄动方法设计了较为理想的控制器。文献［9］对一类具有典型双时标特性的非线性奇异摄动系统，设计了内外环复

合轨道机动控制律，跟踪精度和参数摄动鲁棒性较好。

8.3　基于奇异摄动理论的柔性航天器姿态控制系统设计

8.3.1　柔性航天器的奇异摄动分解

（1）柔性航天器慢子系统模型

根据柔性航天器系统动力学方程式

$$\boldsymbol{I}\begin{pmatrix}\ddot{\varphi}\\ \ddot{\theta}\\ \ddot{\psi}\end{pmatrix}+\boldsymbol{F}\begin{pmatrix}\dot{\varphi}\\ \dot{\theta}\\ \dot{\psi}\end{pmatrix}+\boldsymbol{W}\begin{pmatrix}\varphi\\ \theta\\ \psi\end{pmatrix}+\boldsymbol{C}_0\ddot{\boldsymbol{\eta}}=\begin{pmatrix}T_{dx}-\dot{h}_x\\ T_{dy}-\dot{h}_y\\ T_{dz}-\dot{h}_z\end{pmatrix}+\begin{pmatrix}4\omega_0^2 I_{y2}\\ -3\omega_0^2 I_{x2}\\ -\omega_0^2 I_{xy2}\end{pmatrix}$$

考虑到 $\ddot{\boldsymbol{\eta}}+2\xi\boldsymbol{\Lambda}\dot{\eta}+\boldsymbol{\Lambda}^2\boldsymbol{\eta}+C_0^{\mathrm{T}}\dot{\omega}=0$，令 $\boldsymbol{x}=(\varphi\quad\theta\quad\psi)^{\mathrm{T}}$，$\boldsymbol{\eta}=(\eta_1\quad\eta_2\quad\cdots\quad\eta_m)^{\mathrm{T}}$，则上述动力学方程可以统一成如下形式

$$\begin{pmatrix}\boldsymbol{I} & \boldsymbol{c}_0\\ \boldsymbol{c}_0^{\mathrm{T}} & \boldsymbol{E}\end{pmatrix}\begin{pmatrix}\ddot{\boldsymbol{x}}\\ \ddot{\boldsymbol{\eta}}\end{pmatrix}+\begin{pmatrix}\boldsymbol{F} & 0\\ c_1 & 2\xi\boldsymbol{\Lambda}\end{pmatrix}\begin{pmatrix}\dot{\boldsymbol{x}}\\ \dot{\boldsymbol{\eta}}\end{pmatrix}+\begin{pmatrix}\boldsymbol{W} & 0\\ 0 & \boldsymbol{\Lambda}^2\end{pmatrix}\begin{pmatrix}\boldsymbol{x}\\ \boldsymbol{\eta}\end{pmatrix}=\begin{pmatrix}T_{\mathrm{d}}-\dot{h}\\ 0\end{pmatrix}+\begin{pmatrix}T_{\mathrm{d0}}\\ 0\end{pmatrix}$$

整理得到如下方程

$$\begin{pmatrix}\boldsymbol{I} & \boldsymbol{c}_0\\ \boldsymbol{c}_0^{\mathrm{T}} & \boldsymbol{E}\end{pmatrix}\begin{pmatrix}\ddot{\boldsymbol{x}}\\ \ddot{\boldsymbol{\eta}}\end{pmatrix}+\begin{pmatrix}\boldsymbol{F} & 0\\ c_1 & 2\xi\boldsymbol{\Lambda}\end{pmatrix}\begin{pmatrix}\dot{\boldsymbol{x}}\\ \dot{\boldsymbol{\eta}}\end{pmatrix}+\begin{pmatrix}0 & 0\\ 0 & \boldsymbol{\Lambda}^2\end{pmatrix}\begin{pmatrix}\boldsymbol{x}\\ \boldsymbol{\eta}\end{pmatrix}+\begin{pmatrix}\boldsymbol{W}\omega-T_{\mathrm{d0}}\\ c_1\dot{\omega}\end{pmatrix}=\begin{pmatrix}T_{\mathrm{d}}-\dot{h}\\ 0\end{pmatrix}\tag{8-5}$$

令

$$\boldsymbol{M}=\begin{pmatrix}\boldsymbol{I} & \boldsymbol{c}_0\\ \boldsymbol{c}_0^{\mathrm{T}} & \boldsymbol{E}\end{pmatrix}\quad\boldsymbol{H}=\boldsymbol{M}^{-1}=\begin{pmatrix}\boldsymbol{H}_{11} & \boldsymbol{H}_{12}\\ \boldsymbol{H}_{21} & \boldsymbol{H}_{22}\end{pmatrix}\quad\boldsymbol{D}=2\xi\boldsymbol{\Lambda}$$

$$\boldsymbol{S}_1=\boldsymbol{W}\boldsymbol{x}-\boldsymbol{T}_{\mathrm{d0}}\quad\boldsymbol{S}_2=c_1\boldsymbol{x}\quad\boldsymbol{K}=\boldsymbol{\Lambda}^2$$

代入式（8－5）得

$$\begin{pmatrix}\ddot{\boldsymbol{x}}\\ \ddot{\boldsymbol{\eta}}\end{pmatrix}+\begin{pmatrix}\boldsymbol{H}_{11} & \boldsymbol{H}_{12}\\ \boldsymbol{H}_{21} & \boldsymbol{H}_{22}\end{pmatrix}\begin{pmatrix}\boldsymbol{F} & 0\\ c_3 & \boldsymbol{D}\end{pmatrix}\begin{pmatrix}\dot{\boldsymbol{x}}\\ \dot{\boldsymbol{\eta}}\end{pmatrix}+\begin{pmatrix}\boldsymbol{H}_{11} & \boldsymbol{H}_{12}\\ \boldsymbol{H}_{21} & \boldsymbol{H}_{22}\end{pmatrix}\begin{pmatrix}0 & 0\\ 0 & \boldsymbol{K}\end{pmatrix}\begin{pmatrix}\boldsymbol{x}\\ \boldsymbol{\eta}\end{pmatrix}+\begin{pmatrix}\boldsymbol{H}_{11} & \boldsymbol{H}_{12}\\ \boldsymbol{H}_{21} & \boldsymbol{H}_{22}\end{pmatrix}\begin{pmatrix}\boldsymbol{S}_1\\ \boldsymbol{S}_2\end{pmatrix}$$
$$=\begin{pmatrix}\boldsymbol{H}_{11} & \boldsymbol{H}_{12}\\ \boldsymbol{H}_{21} & \boldsymbol{H}_{22}\end{pmatrix}\begin{pmatrix}\boldsymbol{u}\\ 0\end{pmatrix}$$

将上式展开，可得

$$\begin{cases}\ddot{\boldsymbol{x}}=-\boldsymbol{H}_{11}(\boldsymbol{F}\dot{\boldsymbol{x}}+\boldsymbol{S}_1)-\boldsymbol{H}_{12}(\boldsymbol{D}\dot{\boldsymbol{\eta}}+\boldsymbol{K}\boldsymbol{\eta}+\boldsymbol{S}_2)+\boldsymbol{H}_{11}\boldsymbol{u}\\ \ddot{\boldsymbol{\eta}}=-\boldsymbol{H}_{21}(\boldsymbol{F}\dot{\boldsymbol{x}}+\boldsymbol{S}_1)-\boldsymbol{H}_{22}(\boldsymbol{D}\dot{\boldsymbol{\eta}}+\boldsymbol{K}\boldsymbol{\eta}+\boldsymbol{S}_2)+\boldsymbol{H}_{21}\boldsymbol{u}\end{cases}\tag{8-6}$$

令

$$\boldsymbol{z}=\frac{\boldsymbol{\eta}}{\varepsilon^2}\quad\boldsymbol{k}_\varepsilon=\boldsymbol{K}\varepsilon^2$$

则式（8－6）变化为

$$\begin{cases}\ddot{\bar{x}} = -\bar{H}_{11}(\bar{F}\dot{\bar{x}} + \bar{S}_1) - \bar{H}_{12}(\bar{k}_\varepsilon \bar{z} + \bar{S}_2) + \bar{H}_{11}\bar{u} \\ 0 = -\bar{H}_{21}(\bar{F}\dot{\bar{x}} + \bar{S}_1) - \bar{H}_{22}(\bar{k}_\varepsilon \bar{z} + \bar{S}_2) + \bar{H}_{21}\bar{u}\end{cases}$$

在慢变子系统中，令 $\varepsilon = 0$，则式（8－6）变为

$$\begin{cases}\ddot{x} = -H_{11}(F\dot{x} + S_1) - H_{12}(D\varepsilon^2\dot{\eta} + K\varepsilon\eta + S_2) + H_{11}u \\ \varepsilon^2\ddot{\eta} = -H_{21}(F\dot{x} + S_1) - H_{22}(D\varepsilon^2\dot{\eta} + K\varepsilon\eta + S_2) + H_{21}u\end{cases} \tag{8-7}$$

得到

$$\ddot{\bar{x}} = (\bar{H}_{11} - \bar{H}_{12}\bar{H}_{22}^{-1}\bar{H}_{21})(-\bar{S}_1 - \bar{F}\dot{\bar{x}} + \bar{u})$$

其中上标"—"表示当 $\varepsilon = 0$ 时相应的变量的值。

因 $H = M^{-1}$，显然有

$$M_{11}(\bar{H}_{11} - \bar{H}_{12}\bar{H}_{22}^{-1}\bar{H}_{21}) = I$$

所以得到柔性航天器的慢变子系统方程为

$$\ddot{\bar{x}} = \bar{M}_{11}^{-1}(-\bar{S}_1 - \bar{F}\dot{\bar{x}} + \bar{u}) \tag{8-8}$$

（2）柔性航天器快子系统模型

在该子系统中，定义新的变量

$$\xi_1 = \eta - \bar{\eta}$$

$$\xi_2 = \varepsilon\dot{\eta}$$

对时间 t 求导得

$$\varepsilon\frac{\mathrm{d}}{\mathrm{d}t}\xi_1 = \xi_2 - \dot{\bar{\eta}} \tag{8-9}$$

$$\varepsilon\frac{\mathrm{d}}{\mathrm{d}t}\xi_2 = \varepsilon^2\ddot{\eta} = -H_{22}k_\varepsilon\xi_1 - H_{22}D\varepsilon\xi_2 + H_{21}\tilde{u} - H_{21}D_1(\dot{x} - \dot{\bar{x}}) \tag{8-10}$$

其中，$\tilde{u} = u - \bar{u}$。

联合式（8－9）与式（8－10）可得

$$\varepsilon\frac{\mathrm{d}}{\mathrm{d}t}\begin{pmatrix}\xi_1 \\ \xi_2\end{pmatrix} = A_\xi\begin{pmatrix}\xi_1 \\ \xi_2\end{pmatrix} + B_\xi\tilde{u} + \begin{pmatrix}\Delta_1(t) \\ \Delta_2(t)\end{pmatrix} \tag{8-11}$$

其中

$$A_\xi = \begin{pmatrix}0 & I \\ -\bar{H}_{22}k_\varepsilon & -\bar{H}_{22}D\varepsilon\end{pmatrix} \qquad B_\xi = \begin{pmatrix}0 \\ \bar{H}_{21}\end{pmatrix}$$

$$\Delta_1 = -\varepsilon\dot{\bar{\eta}} \qquad \Delta_2 = -H_{21}D_1(\dot{x} - \dot{\bar{x}})$$

当 $\tilde{u} = 0$ 时，航天器的帆板模态是不稳定的，所以需要用 $\bar{u}$ 来稳定系统。引入一个新的时间尺度

$$T = \frac{t - t_0}{\varepsilon}$$

由式（8-11）得到

$$\frac{\mathrm{d}}{\mathrm{d}t\boldsymbol{T}}\begin{pmatrix}\boldsymbol{\xi}_1\\ \boldsymbol{\xi}_2\end{pmatrix}=\boldsymbol{A}_\xi\begin{pmatrix}\boldsymbol{\xi}_1\\ \boldsymbol{\xi}_2\end{pmatrix}+\boldsymbol{B}_\xi\tilde{\boldsymbol{u}}+\begin{pmatrix}\boldsymbol{\Delta}_1(t_0+\varepsilon T)\\ \boldsymbol{\Delta}_2(t_0+\varepsilon T)\end{pmatrix} \tag{8-12}$$

根据奇异摄动理论，慢变量的值等于其对应的外解加上摄动参数的高阶无穷小；而快变量的值等于其对应的外解、边界层校正与摄动参数的高阶无穷小之和[10]。而在边界层的区域，慢系统可看成常数。即

$$\boldsymbol{x}=\bar{\boldsymbol{x}}+\boldsymbol{o}(\varepsilon)$$

$$\boldsymbol{\eta}=\bar{\boldsymbol{\eta}}+\tilde{\boldsymbol{\eta}}+\boldsymbol{o}(\varepsilon)$$

很明显，如果 ε 充分小时，$\boldsymbol{\Delta}_1(t)=\boldsymbol{\Delta}_2(t)=\boldsymbol{0}$，令 $\boldsymbol{\xi}=(\boldsymbol{\xi}_1,\ \boldsymbol{\xi}_2)^{\mathrm{T}}$，快子系统为

$$\dot{\boldsymbol{\xi}}=\boldsymbol{A}_\xi\boldsymbol{\xi}+\boldsymbol{B}_\xi\tilde{\boldsymbol{u}} \tag{8-13}$$

8.3.2　基于 PID 和 LQR 的复合控制器设计

（1）基于 PID 的慢子系统控制器设计

设计慢子系统控制律的基本要求是能够保证柔性航天器姿态控制的精度。慢变子系统因与柔性航天器的刚性本体具有相同的形式，所以可以运用一些刚体航天器姿态控制方法。PID 控制算法发展较为成熟，是目前工程上的主流控制算法，具有对模型要求不高、算法简单易实现、鲁棒性好、可靠性高的优点，能够保障航天器的高可靠性要求。

PID 控制器是根据设定值 $r(t)$ 与实际输出值 $c(t)$ 的差值，构成控制偏差 $e(t)=r(t)-c(t)$，将偏差的比例（P）、积分（I）和微分（D）通过线性组合构成控制量，对被控对象进行控制[11]。

在慢子系统中，定义偏差为

$$\boldsymbol{e}(t)=\boldsymbol{x}_{\mathrm{d}}(t)-\bar{\boldsymbol{x}}(t)\quad \dot{\boldsymbol{e}}(t)=\dot{\boldsymbol{x}}_{\mathrm{d}}(t)-\dot{\bar{\boldsymbol{x}}}(t)$$

则在该系统中 PID 控制器设计方法为

$$\bar{\boldsymbol{u}}=\ddot{\boldsymbol{x}}+\boldsymbol{K}_{\mathrm{p}}\boldsymbol{e}(t)+\boldsymbol{K}_{\mathrm{i}}\int_0^t\boldsymbol{e}(t)\mathrm{d}t+\boldsymbol{K}_{\mathrm{d}}\dot{\boldsymbol{e}}(t) \tag{8-14}$$

PID 控制器设计的关键为其 PID 参数的整定，针对被控过程的特性来确定 PID 控制器的比例系数 K_{p}、积分系数 K_{i} 和微分系数 K_{d} 大小[11]。一般可以把 PID 控制器参数整定方法归为理论计算整定法和工程经验整定法两大类[12]。理论计算整定法基于被控对象的数学模型，经过一系列的理论计算得到控制参数。但是这种方法所得到的参数还需要在实际系统中进一步调整。工程经验整定法不同于理论计算法，不需要理论计算，而是根据工程经验，在系统控制试验中整定参数。通常，在实际工程中普遍采用简单易行的工程整定法。

在实际应用中，常把惯性测量姿态确定和外部参考矢量姿态确定结合起来。每一采样间隔内用惯性测量，每隔一定时间用外部参考矢量测量来修正用惯性测量所获得的姿态，并用它来估计陀螺的漂移，以提高惯性测量的精度。

在柔性航天器控制中，对姿态进行快速、高精度的控制时，需要确保系统的稳定性，故应该综合调节比例、积分、微分控制环节来达到柔性航天器姿态控制的要求，实现所要

求的各项指标。

（2）基于 LQR 的快子系统控制器设计

设计快子系统控制律的基本要求为能够稳定快子系统，抑制其弹性振动。因快子系统呈现出线性，故可以采用线性二次最优控制。

线性二次最优控制方法在现代控制理论中十分重要，它是以状态空间理论为基础，利用极值原理、最优滤波以及动态规划等方法来求解最优控制输入的一种设计方法[13]。最优控制的实质是为寻找合适的控制律，使受控对象从初始状态运行到终端状态时，其性能指标达到最小值或者最大值。最优控制能兼顾系统响应和控制的能量消耗，根据性能指标，在两者之间进行权重分配，使其性能指标达到最优。

线性二次型问题的最优解具有统一的解析表达式，可形成一个简单的状态线性反馈控制律，便于计算和实现闭环反馈控制，极具工程应用价值，而且线性最优控制的结果可以应用在工作于小信号条件下的非线性系统，计算和实现都比非线性控制方法简单。此外，线性最优控制还具有良好的频响特性，可实现极点的最优配置，并可抗慢变输入扰动，动态性能较好。因此线性二次最优控制方法在柔性结构的振动控制中，得到了广泛的应用。

上节中得到的快子系统模型为

$$\dot{\boldsymbol{\xi}} = \boldsymbol{A}_{\xi}\boldsymbol{\xi} + \boldsymbol{B}_{\xi}\tilde{\boldsymbol{u}}$$

其中

$$\boldsymbol{A}_{\xi} = \begin{pmatrix} \boldsymbol{0} & \boldsymbol{I} \\ -\bar{\boldsymbol{H}}_{22}\boldsymbol{k}_{\varepsilon} & -\bar{\boldsymbol{H}}_{22}\boldsymbol{D}\varepsilon \end{pmatrix} \quad \boldsymbol{B}_{\xi} = \begin{pmatrix} \boldsymbol{0} \\ \bar{\boldsymbol{H}}_{21} \end{pmatrix}$$

$\boldsymbol{\xi}$ 为 n 维状态矢量，$\tilde{\boldsymbol{u}}$ 为 n 维控制矢量，$\boldsymbol{A}_{\xi}$ 为 $n \times n$ 维常量矩阵，$\boldsymbol{B}_{\xi}$ 为 $n \times n$ 维常量矩阵。

因为快子系统中 $(\boldsymbol{A}_{\xi}, \boldsymbol{B}_{\xi})$ 完全可控，因此可以使用线性二次最优控制，使系统的状态量调节为零，即柔性附件的振动停止。

取性能指标函数为

$$J = \frac{1}{2}\int_{t0}^{tf} (\boldsymbol{\xi}^{\mathrm{T}}\boldsymbol{Q}(t)\boldsymbol{\xi} + \tilde{\boldsymbol{u}}^{\mathrm{T}}\boldsymbol{R}(t)\tilde{\boldsymbol{u}})\,\mathrm{d}t \tag{8-15}$$

其中，$\boldsymbol{Q}(t)$ 为状态变量的加权矩阵，$\boldsymbol{R}(t)$ 为控制变量的加权矩阵。

所谓最优控制，指取到使性能指标 J 最小的控制变量 $\tilde{\boldsymbol{u}}$，使系统得到最优性能。为求出 $\tilde{\boldsymbol{u}}$，构造一个 Hamilton 函数

$$\boldsymbol{H} = -\frac{1}{2}(\boldsymbol{\xi}^{\mathrm{T}}\boldsymbol{Q}(t)\boldsymbol{\xi} + \tilde{\boldsymbol{u}}^{\mathrm{T}}\boldsymbol{R}(t)\tilde{\boldsymbol{u}}) + \boldsymbol{\lambda}^{\mathrm{T}}(\boldsymbol{A}_{\xi}\boldsymbol{\xi} + \boldsymbol{B}_{\xi}\tilde{\boldsymbol{u}}) \tag{8-16}$$

对上式求导，得到 $\tilde{\boldsymbol{u}}$ 为

$$\tilde{\boldsymbol{u}} = -\boldsymbol{R}^{-1}\boldsymbol{B}_{\xi}\boldsymbol{P}\boldsymbol{\xi} \tag{8-17}$$

其中，$\boldsymbol{P}$ 矩阵为 Riccati 方程

$$\boldsymbol{A}_{\xi}^{\mathrm{T}}\boldsymbol{P} + \boldsymbol{P}\boldsymbol{A}_{\xi} - \boldsymbol{P}\boldsymbol{B}_{\xi}\boldsymbol{R}^{-1}\boldsymbol{B}_{\xi}^{\mathrm{T}}\boldsymbol{P} + \boldsymbol{Q} = \boldsymbol{0} \tag{8-18}$$

的解。

矩阵 $\boldsymbol{Q}$ 和 $\boldsymbol{R}$ 的选取对系统的性能影响较大。通常，可以选取 $\boldsymbol{Q}$ 和 $\boldsymbol{R}$ 为对角矩阵。$\boldsymbol{Q}$ 和

R 矩阵的对角元素分别为状态变量和控制变量相应的权重，一般可以用试凑法在仿真中对 **Q** 和 R 进行调整，得到既满足约束条件，又使系统的性能达到最优的参数。

在柔性航天器姿态控制中，所携带的推进剂是有限的，同时又要达到一定的控制精度，因此，必须综合考虑帆板的抑振和控制的成本，采用适合的加权矩阵进行控制。

8.3.3　基于滑模变结构控制和 LQR 的复合控制器设计

变结构控制是一种有效的控制系统设计方法，适用的系统和控制任务范围非常广。它适用于线性与非线性系统、连续与离散系统、确定性与不确定性系统、集中参数与分布参数系统、同步与时滞系统、集中控制与分散控制系统等。适用的控制任务包括控制系统的调节、跟踪等，对系统的摄动和干扰有良好的自适应性，能获得比常规的 PID 控制更好的效果，因此在柔性航天器控制上得到了广泛的应用。

（1）变结构控制的基本原理

变结构控制实质上是一种特殊的非线性控制，其非线性体现在控制的不连续性。这种控制策略较其他控制的特殊之处为[14]：在动态过程中，系统的“结构”根据系统实时的状态（可以是偏差或者偏差的导数等）有目的地不断变化，“强迫”系统按照预定滑动模态的状态轨迹运动，所以变结构控制又被称为滑动模态控制，也就是滑模变结构控制。这种滑动模态通过人为设定，与原系统的参数和扰动并无关联。

下面介绍滑动模态控制的基本概念及特性。

1）滑动模态及其数学表达。通常情况，在系统

$$\dot{x}=f(x)\quad x\in R^n \tag{8-19}$$

状态空间，存在一个切换面 $s(x)=s(x_1, x_2, \cdots, x_n)=0$，这个平面将状态空间划成 $s>0$ 和 $s<0$ 两部分，如图 8-1 所示。在 $s=0$ 上的点有 A，B，C 三种情况。

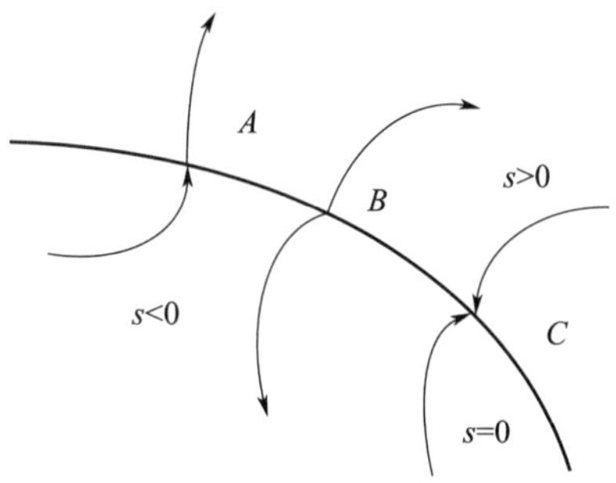

图 8-1　切换面及三种点示意图

通常点：系统运动点 RP（Representative Point）运动到切换面 $s=0$ 附近时穿越此点而过，如图中 A 所示。

起始点：系统运动点 RP 运动到切换面 $s=0$ 附近时，向切换面的该点的两边离开，如图中 B 点所示。

终止点：系统运动点 RP 运动到切换面 $s=0$ 附近时，从切换面的两边趋向于该点，如

图中 C 点所示。

在滑模变结构控制中，A 点和 B 点的研究意义不大，但是 C 点却意义重大。当运动点 RP 在终止点构成的区域附近运动时，会趋近并被“强制”在该区域运动。可以把全由终止点构成的区域称作“滑动模态”区，系统在这个区域的运动就是“滑模运动”。

在由终止点构成的滑动模态区中，当运动点达到切换面 $s=0$ 附近的时候，一定存在

$$\lim_{s\to 0^+}\dot{s}\leqslant 0 \text{ 以及 } \lim_{s\to 0^-}\dot{s}\geqslant 0$$

或者存在

$$\lim_{s\to 0^+}\dot{s}\leqslant 0\leqslant \lim_{s\to 0^-}\dot{s}$$

等价于

$$\lim_{s\to 0}s\dot{s}\leqslant 0 \tag{8-20}$$

不等式（8－20）对系统提出了类似

$$\boldsymbol{v}(x_1,x_2,\cdots,x_n)=\boldsymbol{s}(x_1,x_2,\cdots,x_n)^2 \tag{8-21}$$

的李亚普诺夫函数的必要条件。如果系统满足不等式（8－20）的条件，则式（8－21）就是系统的一个条件李亚普诺夫函数，系统在 $s=0$ 处稳定。

2）滑模变结构控制的基本问题。设有某系统

$$\dot{x}=f(x,u,t)\quad x\in R^n\quad u\in R^m\quad t\in R \tag{8-22}$$

其中，u 为控制输入，t 为时间。

设定其切换函数

$$s=s(x)\quad s\in R^m \tag{8-23}$$

求得控制函数

$$u_i=\begin{cases}u_i^+(x) & s_i(x)>0\\ u_i^-(x) & s_i(x)<0\end{cases} \tag{8-24}$$

其中，$u_i^+(x)\neq u_i^-(x)$，$(i=1,2,\cdots,m)$，滑动模态存在；在 $s=0$ 外的点都能在有限时间内到达切换面，即满足可达性条件；保障滑模运动的稳定性；满足控制系统的动态品质要求。

前三点为滑模变结构控制的三个基本问题，只有满足了这些条件的控制才称为滑模变结构控制。

（2）滑模的存在性和可达性

从上面讨论的滑模变结构控制的三个基本问题可见，滑模的存在性是滑模控制的前提，滑模存在性的条件为

$$\lim_{s\to 0^+}\dot{s}\leqslant 0 \text{ 以及 } \lim_{s\to 0^-}\dot{s}\geqslant 0$$

该条件表明状态空间中的任意点都将在有限时间内趋近并达到切换面。在实际应用中，常常将等号去掉，故可达性条件等价形式为

$$s\dot{s}<0 \tag{8-25}$$

其中，切换函数 $s(x)$ 应该满足以下条件：

1）切换函数可微。

2）切换函数过原点，即满足 $s=0$。

由于系统的状态 x 可能不在 $s=0$ 附近，而是在状态空间的任意位置，此时要求系统的运动必须趋向于切换面 $s=0$。为了保证在有限时间内到达，可对式（8-25）进行修正

$$s\dot{s}<-\sigma \tag{8-26}$$

式中，$\sigma>0$，且 σ 可以取任意小值。

一般，可以将式（8-25）表达成李亚普诺夫函数形式的条件

$$\dot{V}(x)<0 \quad V(x)=\frac{1}{2}s^2 \tag{8-27}$$

式中，$V(x)$ 即为李亚普诺夫函数。

（3）滑模变结构控制系统的运动品质

滑模变结构控制系统的运动由两部分组成：

第一部分：系统在连续控制 $u^+(x)$，$s(x)>0$ 或者 $u^-(x)$，$s(x)<0$ 的正常活动，在状态空间中的运动轨迹全部位于切换面以外，或者有限地穿过切换面 $s=0$。

第二部分：系统在切换面附近并且沿着切换面 $s=0$ 的滑模运动。

因在正常运动段对运动点的具体轨迹没有作规定，所以为了改善运动的动态品质，可以使用一些趋近率来给予控制。可以按需要定义以下趋近率：

1）等速趋近率

$$\dot{s}=-k_\varepsilon \mathrm{sgn}s \quad k_\varepsilon>0 \tag{8-28}$$

其中，k_ε 为常数，表示系统的运动点趋近切换面 $s=0$ 的速率，被称为趋近速度常数。很明显，k_ε 越小，趋近速度越慢；k_ε 越大，趋近速度越快，引起的抖振也越大。

2）指数趋近率

$$\dot{s}=k_\varepsilon \mathrm{sgn}s-ks \quad k_\varepsilon>0 \quad k>0 \tag{8-29}$$

其中，$\dot{s}=-ks$ 是指数趋近项，解为 $s=s(0)\mathrm{e}^{-kt}$。

从解可以看出，在指数趋近中，趋近速度从某一较大值逐步减小为零，这种趋近可以缩短趋近时间，而且还能使运动点到达切换面时的速度很小。但若是单纯的指数趋近，运动点不能保证在有限时间内到达切换面，所以需要增加一个等速趋近项 $\dot{s}=-k_\varepsilon \mathrm{sgn}s$，使得当 s 接近 0 时，趋近速度为 k_ε，保证在有限时间内能达到切换面。

3）幂次趋近率

$$\dot{s}=-k_\varepsilon |s|^a \mathrm{sgn}(s) \quad k_\varepsilon>0 \quad 1>a>0 \tag{8-30}$$

4）一般趋近率

$$\dot{s}=-k_\varepsilon \mathrm{sgn}(s)-f(s) \quad \varepsilon>0 \tag{8-31}$$

其中，$f(0)=0$，当 $s\neq 0$ 时，$sf(s)>0$。

以上四种趋近率显然都满足滑模的可达条件。

（4）滑模的基本控制策略

常见的滑模变结构控制策略，有如下几种设计方法：

1）等效控制。设系统有如下状态方程

$$\dot{x} = f(x, u, t) \quad x \in R^n, u \in R^m, t \in R \tag{8-32}$$

其中，u 为控制输入，t 为时间。

假设 $\dot{s}=0$ 存在，即能到达理想的滑动模态控制，则有

$$\frac{\partial s}{\partial x} f(x, u, t) = 0 \tag{8-33}$$

将上式中得到的解 u_{eq} 称为系统在滑模区域内的等效控制。等效控制适用于无外加干扰的确定系统。

2）常值切换控制

$$u_i = \begin{cases} k_i^+ & s_i(x) > 0 \\ k_i^- & s_i(x) < 0 \end{cases} \tag{8-34}$$

其中，k_i^+ 和 k_i^- 均为实数，$i=1, 2, \cdots, m$ 。

3）函数切换控制

$$u_i = \begin{cases} u_i^+(x) & s_i(x) > 0 \\ u_i^-(x) & s_i(x) < 0 \end{cases} \tag{8-35}$$

其中，$u_i^+(x) = u_i^+(x_1, x_2, \cdots, x_n)$ 和 $u_i^-(x) = u_i^-(x_1, x_2, \cdots, x_n)$ 均为连续函数，$i=1, 2, \cdots, m$ 。

4）比例切换控制

$$\begin{cases} u_j = \varphi_{ij} x_i \\ \varphi_{ij} = \begin{cases} \alpha_{ij} & x_i s_j(x) > 0 \\ \beta_{ij} & x_i s_j(x) < 0 \end{cases} \end{cases} \tag{8-36}$$

其中，α_{ij} ，β_{ij} 都是实数，$i, j=1, 2, \cdots, m$ 。

一般为具有不确定性且含有外加干扰的系统设计控制律时，可以采取等效控制加切换控制

$$u = u_{eq} + u_{vss} \tag{8-37}$$

其中，切换控制 u_{vss} 用来对系统的不确定性和干扰进行鲁棒控制。

（5）基于滑模变结构控制的慢子系统控制器设计

根据之前得到的柔性航天器的慢变子系统方程

$$\ddot{\boldsymbol{x}} = \bar{\boldsymbol{M}}_{11}^{-1}(-\bar{\boldsymbol{S}}_1 - \bar{\boldsymbol{F}}\bar{\boldsymbol{x}} + \bar{\boldsymbol{u}})$$

此处研究三轴稳定航天器，最后该达到的控制目标为 $x=0$ 和 $\dot{x}=0$，则定义的切换函数为

$$\boldsymbol{s} = \dot{\boldsymbol{x}} + \boldsymbol{c}\boldsymbol{x} \tag{8-38}$$

其中，$\boldsymbol{c} = \mathrm{diag}(c_1, c_2, c_3)$ ，且 c_i 均为正数，根据式（8－37）和慢变子系统方程，设计慢子系统的控制律为

$$\bar{\boldsymbol{u}} = \boldsymbol{u}_{eq} + \boldsymbol{u}_{vss} \tag{8-39}$$

其中

$$\boldsymbol{u}_{\mathrm{eq}} = -\bar{\boldsymbol{M}}_{11}\boldsymbol{c}\dot{\boldsymbol{x}} + \bar{S}_1 + \bar{\boldsymbol{F}}\dot{\boldsymbol{x}}$$

$$\boldsymbol{u}_{\mathrm{vss}} = -\bar{\boldsymbol{M}}_{11}(\boldsymbol{k}_s \operatorname{sgn}(\boldsymbol{s}) + \boldsymbol{ks})$$

其中，$\boldsymbol{u}_{\mathrm{eq}}$ 是滑模控制的等效控制，$\boldsymbol{u}_{\mathrm{vss}}$ 是用来满足可达性条件的切换控制，$\operatorname{sgn}(\boldsymbol{s})$ 是 $\boldsymbol{s}$ 的开关函数，$\operatorname{sgn}(\boldsymbol{s}) = (\operatorname{sgn}(s_1) \quad \operatorname{sgn}(s_2) \quad \operatorname{sgn}(s_3))^{\mathrm{T}}$，$\boldsymbol{k}_\varepsilon$ 与 $\boldsymbol{k}$ 矩阵中所有元素为正。

定义李亚普诺夫函数如下

$$\mathbf{V} = \frac{1}{2}\boldsymbol{s}^2(t) \tag{8-40}$$

则

$$\begin{aligned}\dot{\mathbf{V}} &= \boldsymbol{s}\dot{\boldsymbol{s}} = \boldsymbol{s}(\ddot{\boldsymbol{x}} + \boldsymbol{c}\dot{\boldsymbol{x}}) \\ &= \boldsymbol{s}[-\bar{\boldsymbol{M}}_{11}^{-1}(-\bar{\boldsymbol{S}} - \bar{\boldsymbol{F}}\dot{\boldsymbol{x}} - \boldsymbol{u}) + \boldsymbol{c}\dot{\boldsymbol{x}}]\end{aligned} \tag{8-41}$$

将设计的控制律式（8－39）代入式（8－41）中，得到

$$\dot{\mathbf{V}} = \boldsymbol{s}(-\boldsymbol{k}_s \operatorname{sgn}(\boldsymbol{s}) - \boldsymbol{ks}) \tag{8-42}$$

当 $\boldsymbol{s}=0$ 时，$\dot{\mathbf{V}}=\mathbf{0}$；当 $\boldsymbol{s}\neq\mathbf{0}$ 时，$\dot{\mathbf{V}}<\mathbf{0}$。显然，滑动模态的可达性条件成立。根据李亚普诺夫稳定性理论，构成的闭环系统渐近稳定。

为了削弱抖振，在实际应用中，将继电型特性改为饱和型，即用饱和函数 $\operatorname{sat}(s)$ 代替开关函数 $\operatorname{sgn}(s)$，其中 $\operatorname{sat}(s) = (\operatorname{sat}(s_1) \quad \operatorname{sat}(s_2) \quad \operatorname{sat}(s_3))^{\mathrm{T}}$

$$\operatorname{sat}(s_i) = \begin{cases} 1 & s_i > \sigma \\ s_i/\sigma & |s_i| \leqslant \sigma \quad (i=1,2,3) \\ -1 & s_i < -\sigma \end{cases}$$

其中 σ 为“边界层”，是一个较小的正常数。

8.4　仿真算例

这里我们考虑一个针对柔性机械臂的控制算例，给出柔性机械臂的动力学方程如下

$$\boldsymbol{M}(\boldsymbol{\theta},\boldsymbol{q})\begin{pmatrix}\ddot{\boldsymbol{\theta}} \\ \ddot{\boldsymbol{q}}\end{pmatrix} + \begin{pmatrix}\boldsymbol{F}_\theta(\boldsymbol{\theta},\dot{\boldsymbol{\theta}}) \\ \boldsymbol{F}_q(\boldsymbol{\theta},\dot{\boldsymbol{\theta}})\end{pmatrix} + \begin{pmatrix}\boldsymbol{G}_\theta(\boldsymbol{\theta},\dot{\boldsymbol{\theta}},\boldsymbol{q},\dot{\boldsymbol{q}}) \\ \boldsymbol{G}_q(\boldsymbol{\theta},\dot{\boldsymbol{\theta}},\boldsymbol{q},\dot{\boldsymbol{q}})\end{pmatrix} + \begin{pmatrix}-\tau \\ \boldsymbol{K}_q\boldsymbol{q}\end{pmatrix} = \begin{pmatrix}\mathbf{0} \\ \mathbf{0}\end{pmatrix} \tag{8-43}$$

系统质量矩阵 $\boldsymbol{M}(\boldsymbol{\theta},\boldsymbol{q})$ 是一正定矩阵，设它的逆阵为 $\boldsymbol{H}(\boldsymbol{\theta},\boldsymbol{q})$，即

$$\boldsymbol{H}(\boldsymbol{\theta},\boldsymbol{q}) = \boldsymbol{M}^{-1}(\boldsymbol{\theta},\boldsymbol{q}) = \begin{pmatrix}\boldsymbol{H}_{11}(\boldsymbol{\theta},\boldsymbol{q}) & \boldsymbol{H}_{12}(\boldsymbol{\theta},\boldsymbol{q}) \\ \boldsymbol{H}_{21}(\boldsymbol{\theta},\boldsymbol{q}) & \boldsymbol{H}_{22}(\boldsymbol{\theta},\boldsymbol{q})\end{pmatrix}$$

那么式（8－43）变为

$$\begin{pmatrix}\ddot{\theta}\\ \ddot{\boldsymbol{q}}\end{pmatrix}=-\boldsymbol{M}^{-1}(\theta,\boldsymbol{q})\left\{\begin{pmatrix}\boldsymbol{F}_{\theta}(\theta,\dot{\theta})\\ \boldsymbol{F}_{q}(\theta,\dot{\theta})\end{pmatrix}+\begin{pmatrix}\boldsymbol{G}_{\theta}(\theta,\dot{\theta},q,\dot{q})\\ \boldsymbol{G}_{q}(\theta,\dot{\theta},q,\dot{q})\end{pmatrix}+\begin{pmatrix}-\boldsymbol{\tau}\\ \boldsymbol{K}_{q}\boldsymbol{q}\end{pmatrix}\right\}$$
$$=-\begin{pmatrix}\boldsymbol{H}_{11}(\theta,\boldsymbol{q}) & \boldsymbol{H}_{12}(\theta,\boldsymbol{q})\\ \boldsymbol{H}_{21}(\theta,\boldsymbol{q}) & \boldsymbol{H}_{22}(\theta,\boldsymbol{q})\end{pmatrix}\left\{\begin{pmatrix}\boldsymbol{F}_{\theta}(\theta,\dot{\theta})\\ \boldsymbol{F}_{q}(\theta,\dot{\theta})\end{pmatrix}+\begin{pmatrix}\boldsymbol{G}_{\theta}(\theta,\dot{\theta},\boldsymbol{q},\dot{\boldsymbol{q}})\\ \boldsymbol{G}_{q}(\theta,\dot{\theta},\boldsymbol{q},\dot{\boldsymbol{q}})\end{pmatrix}+\begin{pmatrix}-\boldsymbol{\tau}\\ \boldsymbol{K}_{q}\boldsymbol{q}\end{pmatrix}\right\} \tag{8-44}$$

上式可分别写为

$$\ddot{\theta}=-\boldsymbol{H}_{11}\boldsymbol{F}_{\theta}-\boldsymbol{H}_{12}\boldsymbol{F}_{q}-\boldsymbol{H}_{11}\boldsymbol{G}_{\theta}-\boldsymbol{H}_{12}\boldsymbol{G}_{q}-\boldsymbol{H}_{12}\boldsymbol{K}_{q}\boldsymbol{q}+\boldsymbol{H}_{11}\boldsymbol{\tau} \tag{8-45}$$

$$\ddot{\boldsymbol{q}}=-\boldsymbol{H}_{21}\boldsymbol{F}_{\theta}-\boldsymbol{H}_{22}\boldsymbol{F}_{q}-\boldsymbol{H}_{21}\boldsymbol{G}_{\theta}-\boldsymbol{H}_{22}\boldsymbol{G}_{q}-\boldsymbol{H}_{22}\boldsymbol{K}_{q}\boldsymbol{q}+\boldsymbol{H}_{21}\boldsymbol{\tau} \tag{8-46}$$

定义最小刚度系数为 $k=\min(k_{ii})$，定义 $\mu=1/k$ 。引入新的变量 $\boldsymbol{z}=k\boldsymbol{q}$，则有 $\boldsymbol{q}=\mu\boldsymbol{z}$，定义 $\widetilde{\boldsymbol{K}}=\mu\cdot\boldsymbol{K}_{q}$，将新的变量代入式（8-45）和式（8-46）中得

$$\ddot{\theta}=-\boldsymbol{H}_{11}(\theta,\mu\boldsymbol{z})\boldsymbol{F}_{\theta}(\theta,\dot{\theta})-H_{12}(\theta,\mu\boldsymbol{z})\boldsymbol{F}_{q}(\theta,\dot{\theta})-\boldsymbol{H}_{11}(\theta,\mu\boldsymbol{z})\boldsymbol{G}_{\theta}(\theta,\dot{\theta},\mu z,\mu\dot{z})-$$
$$\boldsymbol{H}_{12}(\theta,\mu\boldsymbol{z})\boldsymbol{G}_{q}(\theta,\dot{\theta},\mu z,\mu\dot{z})-\boldsymbol{H}_{12}(\theta,\mu\boldsymbol{z})\widetilde{\boldsymbol{K}}z+\boldsymbol{H}_{11}(\theta,\mu\boldsymbol{z})\boldsymbol{\tau} \tag{8-47}$$

$$\mu\ddot{z}=-\boldsymbol{H}_{21}(\theta,\mu z)\boldsymbol{F}_{\theta}(\theta,\dot{\theta})-\boldsymbol{H}_{22}(\theta,\mu z)\boldsymbol{F}_{q}(\theta,\dot{\theta})-\boldsymbol{H}_{21}(\theta,\mu z)\boldsymbol{G}_{\theta}(\theta,\dot{\theta},\mu z,\mu\dot{z})-$$
$$\boldsymbol{H}_{22}(\theta,\mu z)\boldsymbol{G}_{q}(\theta,\dot{\theta},\mu z,\mu\dot{z})-\boldsymbol{H}_{22}(\theta,\mu z)\widetilde{\boldsymbol{K}}z+\boldsymbol{H}_{21}(\theta,\mu z)\boldsymbol{\tau} \tag{8-48}$$

为了将柔性机械臂动力学方程分解成慢变和快变子系统，令 $\mu=0$，易验证此时以下两式成立

$$\boldsymbol{M}_{11s}^{-1}(\theta,\boldsymbol{0})=\boldsymbol{H}_{11s}(\theta,\boldsymbol{0})-\boldsymbol{H}_{12s}(\theta,0)H_{22s}^{-1}(\theta,\boldsymbol{0})\boldsymbol{H}_{21s}(\theta,\boldsymbol{0}) \tag{8-49}$$

且

$$\boldsymbol{G}_{\theta}(\theta,\dot{\theta},\mu z,\mu\dot{z})=\boldsymbol{G}_{q}(\theta,\dot{\theta},\mu z,\mu\dot{z})=\boldsymbol{0} \tag{8-50}$$

式中下标“s”表示向量处于慢变子系统，即变量在慢时标中的计算，后文中出现的下标“f”表示变量处于快变子系统。

此时式（8-47）和式（8-48）分别变为

$$\ddot{\theta}_{s}=-\boldsymbol{H}_{11s}(\theta,0)\boldsymbol{F}_{\theta s}(\theta,\dot{\theta})-\boldsymbol{H}_{12s}(\theta,0)F_{qs}(\theta,\dot{\theta})-\boldsymbol{H}_{11s}(\theta,0)\boldsymbol{G}_{\theta s}(\theta,\dot{\theta},0,0)-$$
$$\boldsymbol{H}_{12s}(\theta,0)\boldsymbol{G}_{qs}(\theta,\dot{\theta},0,0)-\boldsymbol{H}_{12s}(\theta,0)\widetilde{\boldsymbol{K}}z_{s}+\boldsymbol{H}_{11s}(\theta,0)\boldsymbol{\tau}_{s} \tag{8-51}$$

$$\boldsymbol{0}=-\boldsymbol{H}_{21s}(\theta,0)\boldsymbol{F}_{\theta s}(\theta,\dot{\theta})-\boldsymbol{H}_{22s}(\theta,0)\boldsymbol{F}_{qs}(\theta,\dot{\theta})-\boldsymbol{H}_{21s}(\theta,0)\boldsymbol{G}_{\theta s}(\theta,\dot{\theta},0,0)-$$
$$\boldsymbol{H}_{22s}(\theta,0)\boldsymbol{G}_{qs}(\theta,\dot{\theta},0,0)-\boldsymbol{H}_{22s}(\theta,0)\widetilde{\boldsymbol{K}}z_{s}+\boldsymbol{H}_{21s}(\theta,0)\boldsymbol{\tau}_{s} \tag{8-52}$$

由式（8-52）可得

$$z_s = \widetilde{\boldsymbol{K}}^{-1}\boldsymbol{H}_{22s}^{-1}(\theta,0)[-\boldsymbol{H}_{21s}(\theta,0)\boldsymbol{F}_{\theta s}(\theta,\dot{\theta}) - \boldsymbol{H}_{22s}(\theta,0)\boldsymbol{F}_{qs}(\theta,\dot{\theta}) - \boldsymbol{H}_{21s}(\theta,0)\boldsymbol{G}_{\theta s}(\theta,\dot{\theta},0,0) - \boldsymbol{H}_{22s}(\theta,0)G_{qs}(\theta,\dot{\theta},0,0) + \boldsymbol{H}_{21s}(\theta,0)\boldsymbol{\tau}_s] \tag{8-53}$$

将上式代入（8－51），结合式（8－49），可得

$$\ddot{\theta}_s = \boldsymbol{M}_{11s}^{-1}(-\boldsymbol{F}_{\theta s} + \boldsymbol{\tau}_s) \tag{8-54}$$

为了导出相应的快变子系统，引入快变时标

$$\xi = t/\sqrt{\mu}$$

定义新的状态变量 $z_{f1} = z - z_s$ ，$z_{f2} = \sqrt{\mu}\dot{z}$ ，于是式（8－48）变为

$$\frac{\mathrm{d}z_{f2}}{\mathrm{d}\xi} = -\boldsymbol{H}_{21}(\boldsymbol{F}_\theta + \boldsymbol{G}_\theta) - \boldsymbol{H}_{22}(\boldsymbol{F}_q + \widetilde{\boldsymbol{K}}\boldsymbol{z} + \boldsymbol{G}_q) + \boldsymbol{H}_{21}\boldsymbol{\tau} \tag{8-55}$$

由于慢变时标与快变时标相互独立，且在边界层的区域 $\mu\to 0$ 内慢变分量可视为常数（即 $\mathrm{d}\boldsymbol{z}_s/\mathrm{d}\boldsymbol{\xi} = \sqrt{\mu}\dot{\boldsymbol{z}}_s = \boldsymbol{0}$）。此时，如果令 $\mu = 0$，并将式（8－53）代入上式得

$$\frac{\mathrm{d}z_{f2}}{\mathrm{d}\xi} = -\boldsymbol{H}_{22s}\widetilde{\boldsymbol{K}}\boldsymbol{z}_{f1} + \boldsymbol{H}_{21s}\boldsymbol{\tau}_f \tag{8-56}$$

综合状态变量 z_{f1} 及上式，可得到以状态方程形式描述的快变子系统为

$$\dot{\boldsymbol{z}}_f = \boldsymbol{A}_f\boldsymbol{z}_f + \boldsymbol{B}_f\boldsymbol{\tau}_f \tag{8-57}$$

其中

$$\boldsymbol{A}_f = \begin{pmatrix} \boldsymbol{0} & \boldsymbol{I} \\ -\boldsymbol{H}_{22s}\widetilde{\boldsymbol{K}} & \boldsymbol{0} \end{pmatrix}$$

$$\boldsymbol{B}_f = \begin{pmatrix} \boldsymbol{0} \\ \boldsymbol{H}_{21s} \end{pmatrix}$$

$$z_f = \begin{pmatrix} z_{f1} \\ z_{f2} \end{pmatrix}$$

注：此处的“·”为对快变时标 ξ 求导。τ_f 为快变子系统的控制输入，用于抑制柔性振动。需要指出的是，柔性空间机械臂系统的总控制输入 $\tau = \tau_s + \tau_f$ ；由式（8－54）所确立的慢变子系统具有类似刚性空间机械臂系统的动力学方程，代表了柔性空间机械臂系统的刚性运动部分；而式（8－57）不仅与系统的柔性变量有关，还代表了柔性空间机械臂系统的运动部分。

原系统的状态变量近似为 $\boldsymbol{\theta} = \boldsymbol{\theta}_s + o(\mu)$，$z = z_s + z_{f1} + o(\mu)$ 。当 μ 充分小时，可忽略高阶无穷小项，即 $\boldsymbol{\theta} = \boldsymbol{\theta}_s$，$z = z_s + z_{f1}$ 。

在实际仿真中，给出初始姿态角（0.01　0.01　0.01）rad，姿态角速度（0　0　0）rad/s，初始关节角（0　0　π/2），关节角速度（0　0　0）rad/s，柔性臂 1 和 2 分别取前两阶模态，模态坐标初值取为（0　0　0　0），对应的广义速度初值取为（0　0　0　0）。控制器参数 $\boldsymbol{K}_1 = 2\boldsymbol{I}_6$，$\boldsymbol{K}_2 = 3\boldsymbol{I}_6$ 。航天器质量特性参数见表 8－1，姿态角期望值为 $(0\quad 0\quad 0)^{\mathrm{T}}$，期望的关节角变化规律见表 8－2。

表 8-1 航天器质量特性参数

参数	参数值
中心体质量	3 600 kg
臂 1 质量	100 kg
臂 2 质量	100 kg
臂 3 质量	10 kg
臂 1 安装点	$(0.5\ 0\ 0.5)^{\mathrm{T}}$ m
臂 2 安装点	$(1\ 0\ 0)^{\mathrm{T}}$ m
臂 3 安装点	$(1\ 0\ 0)^{\mathrm{T}}$ m
中心体静矩	$(0\ 0\ 0)^{\mathrm{T}}$ kg·m
臂 1 静矩	$(50\ 0\ 0)^{\mathrm{T}}$ kg·m
臂 2 静矩	$(50\ 0\ 0)^{\mathrm{T}}$ kg·m
臂 3 静矩	$(1\ 0\ 0)^{\mathrm{T}}$ kg·m
中心体惯量	diag(1000 2000 2000) kg·m^2
臂 1 惯量	$(2.5/\pi\ 100/3\ 100/3)$kg·m^2
臂 2 惯量	$(2.5/\pi\ 100/3\ 100/3)$kg·m^2
臂 3 惯量	$(1/8\pi\ 2/15\ 2/15)$kg·m^2
臂 1 刚度	5.5×10^3N·m^2
臂 2 刚度	5.5×10^3N·m^2
臂 1 体密度	2×10^3 kg/m^3
臂 2 体密度	2×10^3kg/m^3
臂 1 线密度	100 kg·m
臂 2 线密度	100 kg·m
臂 1 截面面积	0.05 m^2
臂 2 截面面积	0.05 m^2

表 8-2 关节角运动规律期望值

时间	角度期望值		
	关节 1	关节 2	关节 3
$t<10$	$\frac{\pi}{4}\left(\frac{t}{10}-\frac{1}{2\pi}\sin\frac{\pi t}{5}\right)$	$\frac{\pi}{2}\left(\frac{t}{10}-\frac{1}{2\pi}\sin\frac{\pi t}{5}\right)$	$\frac{\pi}{2}\left(1-\frac{t}{10}+\frac{1}{2\pi}\sin\frac{\pi t}{5}\right)$
$t>10$	$\pi/4$	$\pi/2$	0

仿真时间选取为 15 s，采用 4 级 4 阶龙哥库塔数值算法，步长取为 0.002，所得仿真

结果如图 8-2～图 8-7 所示。

图 8-2 为中心体姿态角跟踪误差，姿态角控制精度为 10^{-4} 量级，图 8-3 为关节角跟踪误差，三节臂跟踪误差分别为 10^{-4}、10^{-3} 以及 10^{-2} 量级，满足精度要求，同时满足任务空间中位置控制误差小于 4 mm 的性能指标。

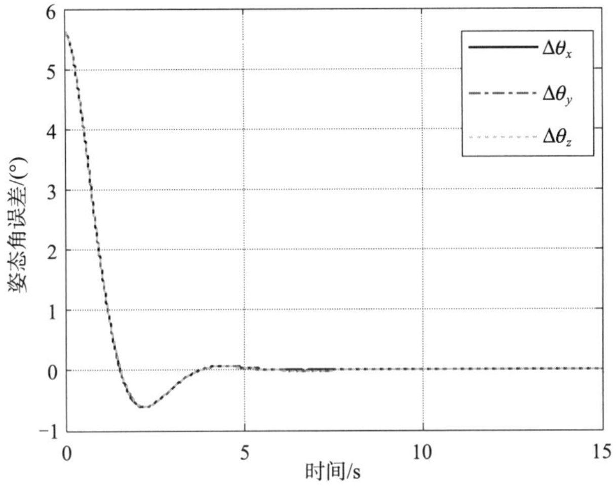

图 8-2　姿态角控制误差（见彩插）

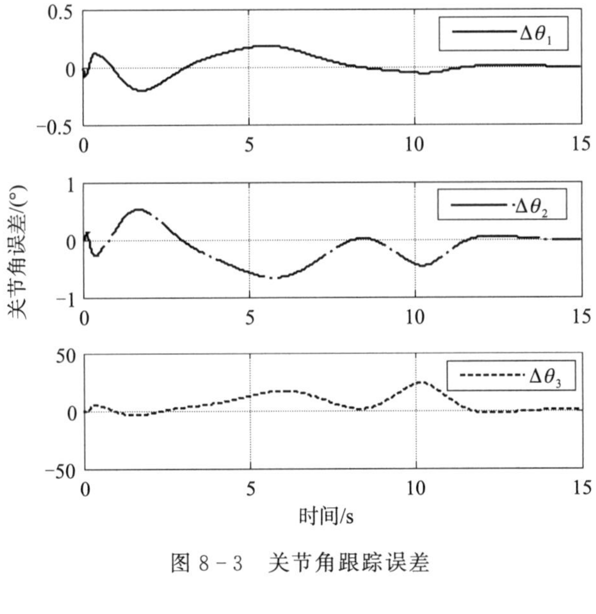

图 8-3　关节角跟踪误差

图 8-4 和图 8-5 分别为姿态角速度控制误差以及关节角速度控制误差，从图中可以看出以上各变量也都收敛到 0。

图 8-6 和图 8-7 分别为臂 1 和臂 2 的模态坐标变化曲线，幅值量级为 10^{-3} 量级，当各关节运动停止后振动得到抑制。

以上仿真结果验证了控制律的有效性。

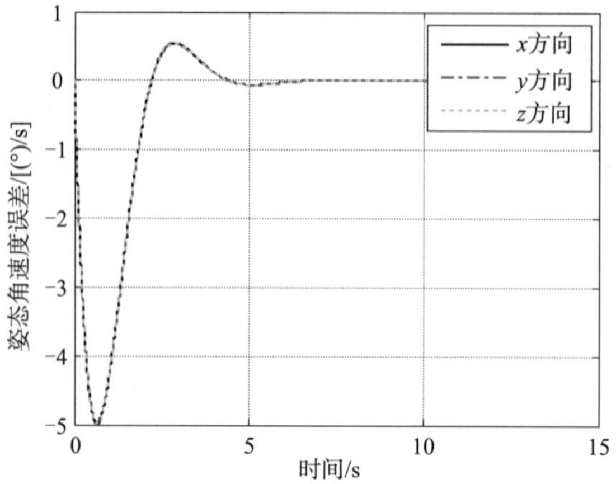

图 8-4　姿态角速度跟踪误差（见彩插）

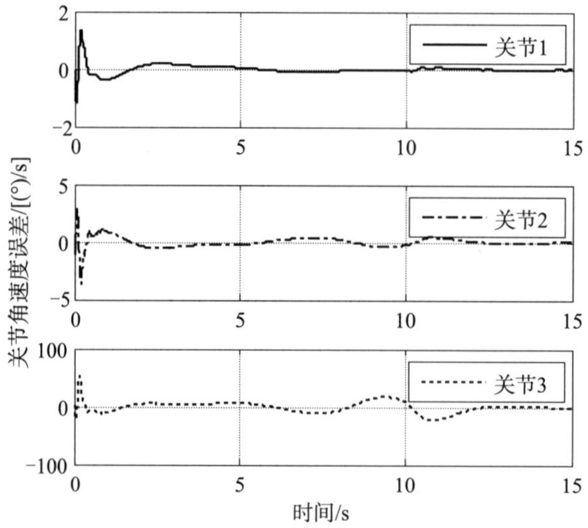

图 8-5　关节角速度跟踪误差

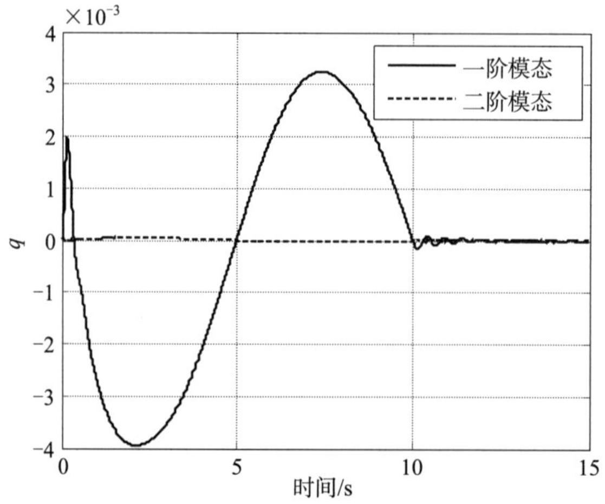

图 8-6　臂 1 模态坐标（见彩插）

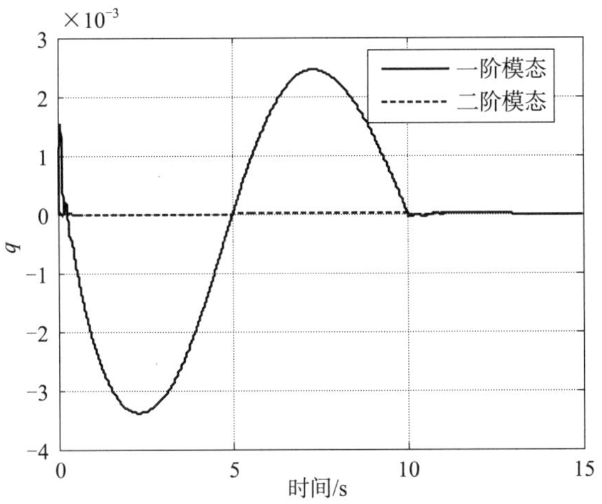

图 8-7　臂 2 模态坐标（见彩插）

8.5　本章小结

本章主要介绍了奇异摄动的理论基础及其发展与应用，对柔性航天器动力学方程进行分解，得到了描述航天器刚性本体运动的慢变子系统和柔性帆板振动的快变子系统，降低了系统位数，为控制器设计奠定了基础。引入 PID 和 LQR 以及滑模变结构的控制方法，讨论了各类方法的应用思路，最后在仿真部分，运用奇异摄动理论解决柔性机械臂的控制问题，实现了中心体姿态稳定和机械臂关节角跟踪以及柔性机械臂弹性振动抑制。

参 考 文 献

[1] 丁雯. 基于奇异摄动的三轴稳定挠性卫星姿态控制系统研究 [D]. 南京：南京理工大学，2010.

[2] 戴诗正. 奇异摄动理论 [J]. 系统工程与电子技术，1988 (2)：1-12.

[3] KOKOTOVIĆ P V，O'MALLAY R E，SANNUTI P. Singular Perturbations and Order Reduction in Control Theory - An Overview [J]. IFAC Proceedings Volumes，1975，8 (1)：512-522.

[4] 蔡晨晓. 奇异摄动系统的稳定反馈控制 [D]. 南京：南京理工大学，2004.

[5] 刘华平，孙富春. 奇异摄动控制系统：理论与应用 [J]. 控制理论与应用，2003 (1)：1-7.

[6] ZHANG Y，YANG T，SUN Z. Neuro-Sliding-Mode Control of Flexible-Link Manipulators Based on Singularly Perturbed Model [J]. Tsinghua Science & Technology，2009，14 (4)：444-451.

[7] 张友安，吕凤琳，孙富春. 基于奇异摄动的双连杆柔性臂模糊控制 [J]. 计算机仿真，2004 (4)：109-112.

[8] SINGH H，NAIDU D S，NAGURKA M L. Unified H_∞ approach for a singularly perturbed aircraft model：2000 American Control Conference [J]. Proceedings of the American Control Conference，2000，3：1847-1851.

[9] 程雪梅，李言俊. 一类非线性奇异摄动系统的轨道机动控制 [J]. 航天控制，2001 (4)：41-47，58.

[10] 唐志国. 基于奇异摄动机械臂协调操作柔性负载系统控制研究 [D]. 长春：吉林大学，2008.

[11] 陶永华，尹怡欣，葛芦生. 新型PID控制及其应用 [M]. 北京：机械工业出版社，1998.

[12] 黄友锐，曲立国. PID控制器参数整定与实现 [M]. 北京：科学出版社，2010.

[13] 胡寿松，王执铨，胡维礼. 最优控制理论与系统 [M]. 2版. 北京：科学出版社，2005.

[14] 刘金琨. 滑模变结构控制MATLAB仿真 [M]. 2版. 北京：清华大学出版社，2012.

第 9 章　航天器快速机动的先进控制方法

9.1　引言

所谓姿态指航天器相对于空间某参考坐标系的方位或指向。在轨运行的航天器都承担着特定的探测、开发和利用空间的任务，为了完成这些任务，对航天器的姿态控制提出了各种要求，而要达到这些要求则必然涉及航天器的姿态控制。常见的姿态控制任务主要有姿态稳定、姿态机动和姿态跟踪。姿态机动指使航天器姿态指向由某一状态运动到另外一个状态的过程，例如当任务要求航天器改变其运动轨道时，在某给定方向产生速度增量，为此需要将航天器姿态从机动当前状态变更到满足变轨要求的状态。姿态控制的主要目的是通过控制作用克服干扰以消除由姿态测量带来的实际姿态与期望姿态的偏差。本章主要讨论航天器快速机动的先进控制方法，包括快速姿态机动路径规划、快速机动的控制算法两部分内容。

9.2　快速姿态机动路径规划

9.2.1　姿态机动路径规划简介

由欧拉旋转定理可知，矢量空间中绕定点做旋转运动的刚体，从初始位置到目标位置的任何角位移，都可以通过绕该点的某一轴旋转一定的角度来实现，其中该旋转轴称作欧拉轴。BILIMORIA[1] 等证明了即使对于最简单的惯性对称（球形或立方形）刚体，欧拉旋转也不是时间最优的，要实现时间最优，就要能在三个控制分量上均实现 bang - bang 控制。通常情况下，航天器采用欧拉旋转来实现最短路径机动，该方法能够减小能量耗损。WIE[2] 等设计了基于四元数反馈控制器来实现姿态的欧拉旋转，结论指出只要选择合适的控制器增益，就能够实现绕欧拉轴的大角度 rest - to - rest 机动。STEYN[3] 也提出了一种绕欧拉轴旋转的近似最小时间机动控制技术，由于考虑了飞轮力矩饱和及转速饱和约束，该控制策略可以看作基于参考角速率跟踪的开环一次开关 bang - bang（或 bang -off - bang）控制。

Hwa[4] 等提出一种拟欧拉旋转机动控制方法，该方法能快速消除与欧拉轴垂直的初始角速度分量，从而实现 move - to - rest 大角度机动。王淑一[5] 等提出了一种按照欧拉轴/角方式、沿最小路径机动的轨迹规划方法，该方法考虑了系统受陀螺的测量范围和执行机构最大角动量包络限制的问题，将航天器沿特征主轴的机动过程规划为加速、匀速、减速三段，从而得到了沿特征主轴机动的参考角速度和参考四元数轨迹，但是所得到的角加速度在不同阶段的衔接处存在突变。

由于在快速姿态机动的过程中，角加速度的突变（即不连续性）常导致航天器上一些柔性附件的强烈振动，对控制效果产生不良影响，因此在轨迹规划当中应该尽量避免。申晓宁[6]等提出了用S形速度曲线的机动路径规划方法来解决加速度突变问题，该方法关键是应用多目标优化算法寻找S函数的参数，在确定航天器实际机动的最佳路径时兼顾了多个性能指标，但其路径的形式较复杂，且速度较大，执行机构易出现饱和。郑立君[7]提出了一种基于抛物线形角加速度曲线的三段式机动路径规划算法，并在该路径方案思想基础上，为了进一步提高机动的快速性，提出了基于正弦函数角加速度曲线的七段式路径规划方案，该方案在机动的快速性和姿态高稳定度方面具有优越性。

伪光谱算法作为一种解决最优控制问题的直接方法，近年来在航天器最优控制中展现出了较大的优势。伪光谱算法的基本原理是通过选取合适的离散点对系统离散化，并求得离散的最优值，再使用多项式插值逼近实际的最优值和系统内的各个变量。根据所选取的离散点的不同，伪光谱算法可分为 Legendre 伪光谱算法和 Gauss 伪光谱算法。FLEMING[8]等考虑到开环系统的缺点，设计了基于 Legendre 伪光谱算法的时间最优闭环控制器，解决了外部干扰及参数不确性对系统的影响。马广富[9]等针对航天器姿态大角度机动的时间优化控制问题，提出了一种基于 Gauss 伪光谱算法的实时闭环控制方法，该方法为了求解时间最优姿态轨迹，把原来不易解决的最优控制问题转化成了已有成熟解法的非线性规划问题，结果较为理想。刘刚[10]等在最优性能指标中同时考虑了能量和时间因素，应用 Legendre 伪光谱算法将最优控制问题转化成了非线性规划问题，最终求解出了能量和时间综合最优姿态机动轨迹。

9.2.2 抛物线形加速度曲线机动路径设计思路

基于抛物线函数设计的三段式机动路径的角加速度方程为 $\ddot{\varphi}(t)=At^2+Bt+C$ ，式中，$\ddot{\varphi}$ 为设计的期望角加速度；A、B 和 C 为可调参数。所得机动路径如图 9－1 所示，设计思路为：将柔性航天器的机动轴欧拉角的加速度按时间分为加速段、匀速段和减速段 3 个阶段。加速段采用开口向下的抛物线作为角加速度轨迹；匀速段角加速度值为零；减速段采用开口向上的抛物线，其角加速度与加速段的角加速度大小相等、方向相反。对这 3 段角加速度轨迹一次积分可得整个机动路径的角速度轨迹，二次积分即得到整个机动路径的角位置轨迹。图 9－1 中 $a_{\max}$ 和 $V_{\max}$ 分别为依据系统受限情况，在留有一定裕量（0.80～0.95）的情况下选定的最大角加速度值和最大角速度值；$T/2$ 为加速段和减速段时间；t_{x1} 为匀速段时间；φ_0 为期望姿态角。

抛物线形加速度机动路径规划步骤：

步骤 1：根据实际系统最大角速度值和最大角加速度值确定 $V_{\max}$ 和 $a_{\max}$ 。

步骤 2：确定 T 。

1）固定 T 值法。根据抛物线形角加速度曲线的最大值 $a_{\max}$ ，以及加速段机动结束时角速度值 $V_{\max}$ ，可得

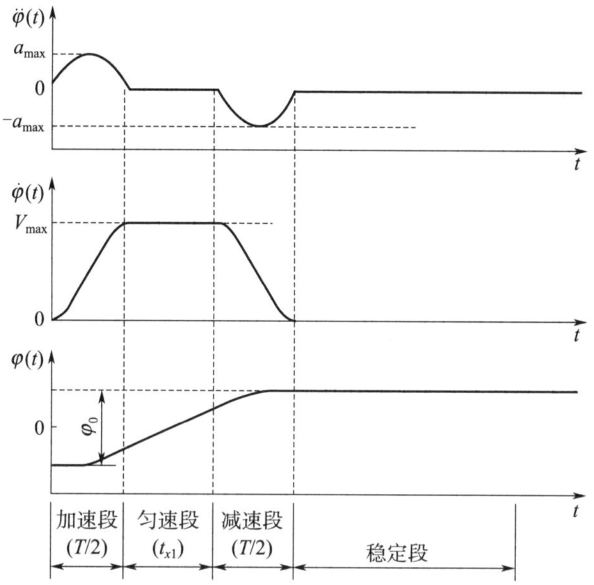

图 9－1　角加速度轨迹

$$T = 3V_y / a_{max} \tag{9-1}$$

此时匀速段的角速度 $V_y = V_{max}$。匀速段时间

$$t_{x1} = (\varphi_0 - T^2 a_{max}/6) / V_y \tag{9-2}$$

该方法可以保证机动过程中角加速度与角速度都能达到最大值，但是由于 T 值较大，导致匀速段时间较短，因此快速性受到限制。

2）多目标优化方法。由于机动过程中加速段时间与匀速段时间的长短对系统快速响应特性的影响是相互矛盾的，因此不固定 T 值，而是在 $(0,\ 3V_y/a_{max})$ 的取值范围内通过多目标优化的方法寻找 T 的帕累托解，使系统的各项性能指标达到帕累托最优解，再根据式（9－1）和式（9－2）得到 V_y 和 t_{x1}。这里采用后一种方法。

步骤 3：已知 a_{max} 和 T，则有：$A = -16a_{max}/T^2$，$B = 8a_{max}/T$，$C = 0$，从而可得各段角加速度轨迹 $\ddot{\varphi}(t)$。加速段角加速度的轨迹方程为 $-8a_{max}/(T(2t^2/T - t))$；减速段角加速度的轨迹方程为 $8a_{max}/\{T(T(t - T/2 - t_{x1})^2/2 - (t - T/2 - t_{x1}))\}$。

步骤 4：由步骤 3 所得各段角加速度轨迹 $\ddot{\varphi}(t)$ 一次积分得到各段的角速度轨迹 $\dot{\varphi}(t)$，二次积分即得各段的角位置轨迹 $\varphi(t)$，完成路径规划。

9.3　快速机动的传统非线性控制

本节首先给出两种无扰动条件下姿态机动的控制方法，然后给出两种航天器除受控制力矩外，还受其他形式的力矩作用的姿态机动方案。

9.3.1 基于 Lyapunov 函数的非线性控制

在姿态机动控制律设计中，由于姿态角和角速度不一定为小量，因此方程不能够进行线性化，即需要针对非线性模型进行控制律设计。此外为避免大角度姿态运动引起的运动学奇异问题，姿态运动学方程采用四元数来描述航天器姿态。此时航天器的姿态动力学模型为

$$\boldsymbol{I}\dot{\boldsymbol{\omega}}+\tilde{\boldsymbol{\omega}}\boldsymbol{I}\boldsymbol{\omega}=\boldsymbol{T}_{c}+\boldsymbol{T}_{d} \tag{9-3}$$

基于四元数的姿态运动学方程为

$$\begin{cases}\dot{\hat{\boldsymbol{q}}}=\dfrac{1}{2}(\hat{\boldsymbol{q}}^{\times}\boldsymbol{\omega}+\boldsymbol{q}_{0}\boldsymbol{\omega})\\ \dot{q}_{0}=-\dfrac{1}{2}\hat{\boldsymbol{q}}^{\mathrm{T}}\boldsymbol{\omega}\end{cases} \tag{9-4}$$

假定期望跟踪的姿态在一个期望的体坐标系 S_{D} 中描述。记 S_{D} 相对惯性坐标系 S_{i} 的姿态四元数为 $\boldsymbol{q}_{d}=(q_{d0}\quad q_{d1}\quad q_{d2}\quad q_{d2})^{\mathrm{T}}=\left(q_{d0}\quad \hat{q}_{d}^{\mathrm{T}}\right)^{\mathrm{T}}$，$S_{D}$ 相对惯性系的角速度为 ω_{d}^{D}，在 S_{D} 中描述。显然 q_{d} 也满足如下的四元数约束方程

$$q_{d0}^{2}+\hat{\boldsymbol{q}}_{d}^{\mathrm{T}}\hat{\boldsymbol{q}}_{d}=1 \tag{9-5}$$

以及如下的运动学方程

$$\begin{cases}\dot{\hat{\boldsymbol{q}}}_{d}=\dfrac{1}{2}(\hat{\boldsymbol{q}}_{d}^{\times}\omega_{d}^{D}+q_{d0}\omega_{d}^{D})\\ \dot{q}_{d0}=-\dfrac{1}{2}\hat{\boldsymbol{q}}_{d}^{\mathrm{T}}\boldsymbol{\omega}_{d}^{D}\end{cases} \tag{9-6}$$

记从惯性坐标系 S_{i} 到星体坐标系 S_{b} 的坐标转换矩阵为 $\boldsymbol{A}_{bi}$，则有

$$\boldsymbol{A}_{bi}=(q_{0}^{2}-\hat{\boldsymbol{q}}^{\mathrm{T}}\hat{\boldsymbol{q}})\boldsymbol{E}_{3}+2\hat{\boldsymbol{q}}\hat{\boldsymbol{q}}^{\mathrm{T}}-2\boldsymbol{q}_{0}\hat{\boldsymbol{q}}^{\times} \tag{9-7}$$

式中，$\boldsymbol{E}_{3}$ 为 3×3 的单位矩阵。同理从惯性坐标系 S_{i} 到 S_{D} 的坐标转换矩阵为

$$\boldsymbol{A}_{DI}=(q_{d0}^{2}-\hat{\boldsymbol{q}}_{d}^{\mathrm{T}}\hat{\boldsymbol{q}}_{d})\boldsymbol{E}_{3}+2\hat{\boldsymbol{q}}_{d}\hat{\boldsymbol{q}}_{d}^{\mathrm{T}}-2q_{d0}\hat{\boldsymbol{q}}_{d}^{\times} \tag{9-8}$$

于是从 S_{D} 到 S_{b} 的坐标转换阵为

$$A_{BD}=A_{BI}A_{DI}^{\mathrm{T}}=(q_{e0}^{2}-\hat{\boldsymbol{q}}_{e}^{\mathrm{T}}\hat{\boldsymbol{q}}_{e})E_{3}+2\hat{\boldsymbol{q}}_{e}\hat{\boldsymbol{q}}_{e}^{\mathrm{T}}-2\hat{\boldsymbol{q}}_{e0}\hat{\boldsymbol{q}}_{e}^{\times} \tag{9-9}$$

式中

$$q_{e0}=q_{0}q_{d0}+\hat{\boldsymbol{q}}^{\mathrm{T}}\hat{\boldsymbol{q}}_{d} \tag{9-10}$$

$$\hat{\boldsymbol{q}}_{e}=q_{d0}\hat{\boldsymbol{q}}-q_{0}\hat{\boldsymbol{q}}_{d}+\hat{\boldsymbol{q}}^{\times}\hat{\boldsymbol{q}}_{d} \tag{9-11}$$

由（9－10）和式（9－11）易见如果定义 $\boldsymbol{q}_{e}=\left(q_{e0}\quad \hat{\boldsymbol{q}}_{e}^{\mathrm{T}}\right)^{T}$，则有

$$\boldsymbol{q}_{e}=\boldsymbol{q}_{d}^{-1}\otimes\boldsymbol{q} \tag{9-12}$$

式中，$\boldsymbol{q}_{d}^{-1}=(q_{d0}\quad -q_{d1}\quad -q_{d2}\quad -q_{d3})^{\mathrm{T}}$ 为 q_{d} 的逆四元数；“$\otimes$”代表四元数乘。由式（9－12）可知 q_{e} 实际上就是从 S_{D} 到 S_{b} 的旋转四元数，它也满足如下的约束方程

$$q_{e0}^{2}+\hat{\boldsymbol{q}}_{e}^{\mathrm{T}}\hat{\boldsymbol{q}}_{e}=1 \tag{9-13}$$

以及运动学关系

$$\begin{cases} \dot{q}_{e0} = -\dfrac{1}{2}\hat{\boldsymbol{q}}_e^{\mathrm{T}}\omega_e \\ \dot{\hat{\boldsymbol{q}}}_e = \dfrac{1}{2}(\hat{\boldsymbol{q}}_e^{\times} + q_{e0}E_3)\omega_e \end{cases} \tag{9-14}$$

由式（9－5）可知，若 $\boldsymbol{q} = \pm \boldsymbol{q}_d$，则有 $\boldsymbol{q}_e = (\pm 1\quad 0\quad 0\quad 0)^{\mathrm{T}}$。反之若 $\boldsymbol{q}_e = (\pm 1\quad 0\quad 0\quad 0)^{\mathrm{T}}$，则有 $\boldsymbol{q} = \boldsymbol{q}_d \otimes \boldsymbol{q}_e = \pm \boldsymbol{q}_d$。由于 $\boldsymbol{q}_e = (1\quad 0\quad 0\quad 0)^{\mathrm{T}}$ 和 $\boldsymbol{q}_e = (-1\quad 0\quad 0\quad 0)^{\mathrm{T}}$ 表示的是同一姿态误差，因此当且仅当 $\hat{\boldsymbol{q}}_e = (0\quad 0\quad 0)^{\mathrm{T}}$ 时，坐标系 S_b 与坐标系 S_D 重合，即星体姿态与期望姿态相同，因此 $\hat{\boldsymbol{q}}_e$ 可作为姿态跟踪误差。对于理想的姿态跟踪而言，仅姿态误差为零是不够的，还要求 S_b 与 S_D 的角速度相等。因此定义角速度误差

$$\boldsymbol{\omega}_e = \boldsymbol{\omega} - \boldsymbol{\omega}_d = \boldsymbol{\omega} - \boldsymbol{A}_{BD}\boldsymbol{\omega}_d^{D} \tag{9-15}$$

式中，$\boldsymbol{\omega}_d = \boldsymbol{A}_{BD}\boldsymbol{\omega}_d^{D}$ 为 ω_d^{D} 在 S_b 中的列阵表示式。基于以上的定义和分析可知，若使航天器准确跟踪给定的姿态，则姿态跟踪控制律应使

$$\begin{cases} \lim\limits_{t\to\infty} \hat{q}_e = 0_3 \\ \lim\limits_{t\to\infty} \omega_e = 0_3 \end{cases} \tag{9-16}$$

式中，$\boldsymbol{0}_3$ 为 3×1 的零向量。

明确了控制器设计目的后，即可对系统进行控制律设计。这里采用 Lyapunov 方法进行控制律设计，该方法既可广泛适用于线性系统，同时也适用于非线性系统。

不考虑干扰力矩作用时，式（9－3）变为

$$\boldsymbol{I}\dot{\boldsymbol{\omega}} + \tilde{\omega}\boldsymbol{I}\boldsymbol{\omega} = \boldsymbol{T}_c \tag{9-17}$$

首先定义 Lyapunov 函数。定义正定无界的 Lyapunov 函数为

$$\boldsymbol{V} = k_1\hat{\boldsymbol{q}}_e^{\mathrm{T}}\hat{\boldsymbol{q}}_e + \frac{1}{2}\boldsymbol{\omega}_e^{\mathrm{T}}\boldsymbol{I}\boldsymbol{\omega}_e \tag{9-18}$$

其中参数 $k_1 > 0$。

式（9－18）对时间求导数可得

$$\begin{aligned} \dot{V} &= 2k_1\hat{\boldsymbol{q}}_e^{\mathrm{T}}\dot{\hat{\boldsymbol{q}}}_e + \boldsymbol{\omega}_e^{\mathrm{T}}\boldsymbol{I}\dot{\boldsymbol{\omega}}_e \\ &= 2k_1\hat{\boldsymbol{q}}_e^{\mathrm{T}}\dot{\hat{\boldsymbol{q}}}_e + \boldsymbol{\omega}_e^{\mathrm{T}}\boldsymbol{I}(\dot{\boldsymbol{\omega}} - \dot{\boldsymbol{\omega}}_d) \end{aligned} \tag{9-19}$$

将姿态动力学方程（9－3）和误差四元数运动学方程（9－14）代入式（9－19）中得

$$\begin{aligned} \dot{V} &= k_1\hat{\boldsymbol{q}}_e^{\mathrm{T}}(\hat{\boldsymbol{q}}_e^{\times} + q_{e0}\boldsymbol{E})\boldsymbol{\omega}_e + \boldsymbol{\omega}_e^{\mathrm{T}}(\boldsymbol{T}_c + \boldsymbol{T}_d - \tilde{\boldsymbol{\omega}}\boldsymbol{I}\boldsymbol{\omega} - \boldsymbol{I}\dot{\boldsymbol{\omega}}_d) \\ &= \boldsymbol{\omega}_e^{\mathrm{T}}(k_1 \cdot q_{e0}\boldsymbol{E} - k_1\hat{\boldsymbol{q}}_e^{\times})\hat{\boldsymbol{q}}_e + \boldsymbol{\omega}_e^{\mathrm{T}}(\boldsymbol{T}_e + \boldsymbol{T}_d - \tilde{\boldsymbol{\omega}}\boldsymbol{I}\boldsymbol{\omega} - \boldsymbol{I}\dot{\boldsymbol{\omega}}_d) \end{aligned} \tag{9-20}$$

注意到

$$\hat{\boldsymbol{q}}_e^{\times}\hat{\boldsymbol{q}}_e = 0 \tag{9-21}$$

于是有

$$\dot{\boldsymbol{V}} = \boldsymbol{\omega}_e^{\mathrm{T}}(\boldsymbol{T}_c + k_1 \cdot q_{e0}\hat{\boldsymbol{q}}_e - \tilde{\boldsymbol{\omega}}\boldsymbol{I}\boldsymbol{\omega} - \boldsymbol{I}\dot{\boldsymbol{\omega}}_d) \tag{9-22}$$

选取控制律

$$\boldsymbol{T}_{\mathrm{c}} = -k\hat{\boldsymbol{q}}_{\mathrm{e}} - \boldsymbol{K}\boldsymbol{\omega}_{\mathrm{e}} + \tilde{\boldsymbol{\omega}}\boldsymbol{I}\boldsymbol{\omega} + \boldsymbol{I}\dot{\boldsymbol{\omega}}_{\mathrm{d}} \tag{9-23}$$

其中 $k = k_1 \cdot q_{e0}$，$\boldsymbol{K}$ 为正定对称矩阵，因此有

$$\dot{V} = -\boldsymbol{\omega}_{\mathrm{e}}^{\mathrm{T}}\boldsymbol{K}\boldsymbol{\omega}_{\mathrm{e}} \leqslant 0 \tag{9-24}$$

也即 $\dot{V}$ 非正，系统是 Lyapunov 稳定的，接下来将证明系统是渐近稳定的。

首先给出 LaSalle 不变集原理：对系统

$$\dot{\boldsymbol{x}} = \boldsymbol{F}(\boldsymbol{x}) \tag{9-25}$$

若存在正定的 Lyapunov 函数 $V(x) > 0$，其时间导数 $\dot{V}(x) \leqslant 0$，则系统的解收敛到不变集 $\boldsymbol{M}$ 。

对于前面所述的姿态控制系统，有系统的解收敛到

$$\boldsymbol{M} = \left\{\boldsymbol{x} = \left(\hat{\boldsymbol{q}}_{\mathrm{e}}^{\mathrm{T}} \quad \boldsymbol{\omega}_{\mathrm{e}}^{\mathrm{T}}\right)^{\mathrm{T}} \in R^6 \quad \boldsymbol{x} = \left(\hat{\boldsymbol{q}}_{\mathrm{e}}^{\mathrm{T}} \quad \boldsymbol{0}_3^{\mathrm{T}}\right)^{\mathrm{T}}\right\} \tag{9-26}$$

因此只需证明 $\boldsymbol{\omega}_{\mathrm{e}} = 0$ 时，$\hat{\boldsymbol{q}}_{\mathrm{e}} = 0$ 即可。

将控制力矩表达代入姿态动力学方程式（9-17）中有

$$\boldsymbol{I}\dot{\boldsymbol{\omega}}_{\mathrm{e}} + \boldsymbol{K}\boldsymbol{\omega}_{\mathrm{e}} + k\hat{\boldsymbol{q}}_{\mathrm{e}} = 0 \tag{9-27}$$

由于 $\boldsymbol{\omega}_{\mathrm{e}} = 0$ 时 $\dot{\omega}_e = 0$，因此，由上式可知 $\omega_{\mathrm{e}} = \boldsymbol{0}$ 时 $\hat{\boldsymbol{q}}_{\mathrm{e}} = \boldsymbol{0}$，系统是渐近稳定的。

仿真：取 $I_x = 250\ \mathrm{kg \cdot m^2}$，$k_1 = 10$，$\boldsymbol{K} = \mathrm{diag}\ (10 \quad 15 \quad 20)$，姿态角初值取为 $(\pi/3 \quad -\pi/2 \quad \pi/4)$ rad，转化为四元数等价于 $\boldsymbol{q}(0) = (0.430\,5 \quad 0.561\,0 \quad -0.430\,5 \quad 0.561\,0)$，初始角速度为 $\boldsymbol{\omega}(0) = (0\ 0.5\ 0)$ rad/s。期望姿态为 $\boldsymbol{q}_{\mathrm{d}} = (1 \quad 0 \quad 0 \quad 0)$，期望角速度为 $\boldsymbol{\omega}_{\mathrm{d}} = (0 \quad 0 \quad 0)$ rad/s。数值仿真结果如图 9-2～图 9-4 所示。

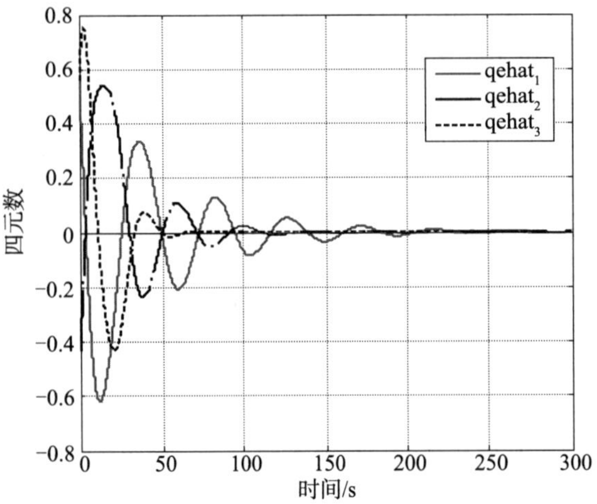

图 9-2　姿态四元数变化曲线

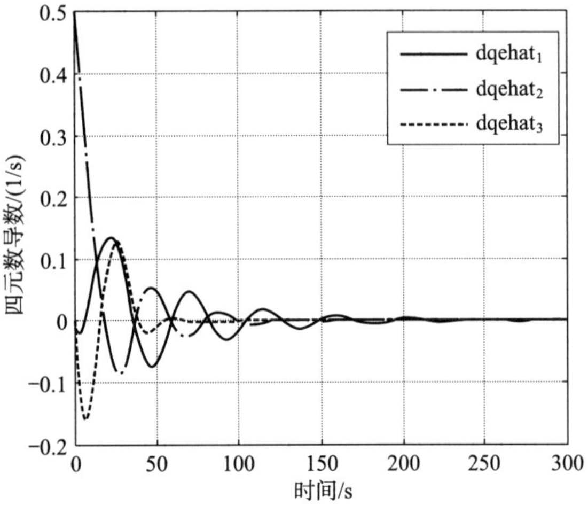

图 9-3　姿态四元数变化率曲线

图 9-2 和图 9-3 分别为平台姿态四元数及其随时间的导数的变化曲线，图 9-4 为控制力矩变化曲线，从图中可以看出，姿态四元数最终收敛到期望值，本小节设计的基于 Lyapunov 函数的非线性姿态机动控制律是有效的。

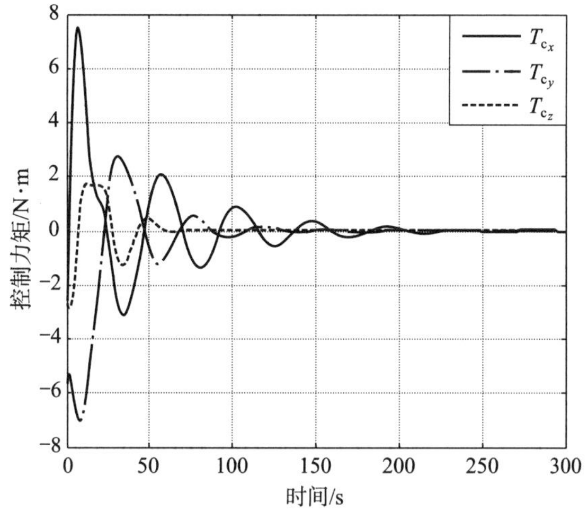

图 9-4　控制力矩变化曲线

9.3.2　变结构姿态控制 I

本小节采用滑模变结构控制方法设计非线性姿态控制律。姿态动力学方程（9-17）还可写成如下矩阵形式

$$\dot{\omega} = f(\omega) + \boldsymbol{B}\boldsymbol{u} \tag{9-28}$$

根据实际的物理意义，在以下集合范围内讨论问题

$$S = \left\{ \begin{matrix} (\varphi,\theta,\psi):(\varphi,\theta) \in ([-\pi,\pi],[-\pi,\pi]) \\ \psi \in (-\pi/2,\pi/2) \end{matrix} \right\} \tag{9-29}$$

写成如下矩阵形式

$$\dot{\boldsymbol{\Theta}} = \boldsymbol{T}\boldsymbol{\omega} \tag{9-30}$$

其中

$$\boldsymbol{\Theta} = (\varphi,\theta,\psi)^{\mathrm{T}}$$

$$\boldsymbol{T} = \begin{pmatrix} 1 & -\cos\varphi\tan\psi & \sin\varphi\tan\psi \\ 0 & \cos\varphi/\cos\psi & -\sin\varphi/\cos\psi \\ 0 & \sin\varphi & \cos\varphi \end{pmatrix}$$

综合得到总的运动方程为

$$\begin{cases} \dot{\boldsymbol{\omega}} = f(\boldsymbol{\omega}) + \boldsymbol{B}\boldsymbol{u} \\ \dot{\boldsymbol{\Theta}} = \boldsymbol{T}\boldsymbol{\omega} \end{cases} \tag{9-31}$$

对控制问题可以描述为：对于系统式（9-28），设计控制律 $\boldsymbol{u}$ ，使得 $\boldsymbol{\Theta}$、$\boldsymbol{\omega}$ 镇定。采用分级控制设计加上滑模变结构设计方案来构造控制器。控制器的设计分为两步：首先设计 $\boldsymbol{\omega}$ 的期望值 ω_{d} ，使得子系统式（9-30）镇定，然后构造滑动模 $\boldsymbol{S}=\boldsymbol{\omega}-\boldsymbol{\omega}_{\mathrm{d}}$ 设计滑模控制器 $\boldsymbol{u}$ 。

精确建模情形下的控制器设计：

首先设计切换函数。切换函数将根据子系统式（9-28）来设计，此时将 $\boldsymbol{\omega}$ 当作虚拟控制量，设计其期望值 $\boldsymbol{\omega}_{\mathrm{d}}$，使得当 $\boldsymbol{\omega}=\boldsymbol{\omega}_{\mathrm{d}}$ 时的虚拟系统 $\dot{\boldsymbol{\Theta}}=\boldsymbol{T}\boldsymbol{\omega}_{\mathrm{d}}$ 具有期望的性能。

考虑到在式（9-29）的限制条件下，$\boldsymbol{T}$ 是可逆的，并且易得

$$\boldsymbol{T}^{-1}=\begin{pmatrix}1 & \sin\theta & 0\\ 0 & \cos\gamma\cos\theta & \sin\gamma\\ 0 & -\sin\gamma\cos\theta & \cos\gamma\end{pmatrix} \tag{9-32}$$

选择

$$\boldsymbol{\omega}_{\mathrm{d}}=\boldsymbol{T}^{-1}\mathrm{diag}(k_1,k_2,k_3)\boldsymbol{\Theta} \tag{9-33}$$

则可以通过选择参数 $k_1<0$，$k_2<0$，$k_3<0$ 得到期望的一阶系统性能。于是选择切换函数

$$\boldsymbol{S}=\begin{pmatrix}s_1\\ s_2\\ s_3\end{pmatrix}=\boldsymbol{\omega}-\boldsymbol{\omega}_{\mathrm{d}}=\begin{pmatrix}\omega_1\\ \omega_2\\ \omega_3\end{pmatrix}-\begin{pmatrix}k_1\varphi+k_2\sin\psi\cdot\theta\\ k_2\cos\varphi\cos\psi\cdot\theta+k_3\sin\varphi\cdot\psi\\ -k_2\sin\varphi\cos\psi\cdot\theta+k_3\cos\varphi\cdot\psi\end{pmatrix} \tag{9-34}$$

进一步设计控制器，选择 Lyapunov 函数

$$V=\frac{1}{2}\boldsymbol{S}^{\mathrm{T}}\boldsymbol{S}+\frac{1}{2}\delta\,\boldsymbol{\Theta}^{\mathrm{T}}\boldsymbol{\Theta} \tag{9-35}$$

其中 $\delta>0$ 为常数。可以得到

$$\begin{aligned}\dot{V}&=\boldsymbol{S}^{\mathrm{T}}\dot{\boldsymbol{S}}+\delta\,\boldsymbol{\Theta}^{\mathrm{T}}\dot{\boldsymbol{\Theta}}\\&=\boldsymbol{S}^{\mathrm{T}}[f(\omega)+\boldsymbol{Bu}-\dot{\omega}_{\mathrm{d}})+\delta\,\boldsymbol{\Theta}^{\mathrm{T}}\boldsymbol{T}\omega_{\mathrm{d}}+\delta\,\boldsymbol{\Theta}^{\mathrm{T}}\boldsymbol{T}(\omega-\omega_{\mathrm{d}}]\\&=\boldsymbol{S}^{\mathrm{T}}[f(\omega)+\boldsymbol{Bu}-\dot{\omega}_{\mathrm{d}}]+\delta k_1\varphi^2+\delta k_2\theta^2+\delta k_3\psi^2+\delta\boldsymbol{S}^{\mathrm{T}}\boldsymbol{T}\boldsymbol{\Theta}\end{aligned}$$

当选择控制器

$$\boldsymbol{u}=-[-\dot{\boldsymbol{\omega}}_{\mathrm{d}}+f(\boldsymbol{\omega})+\delta\boldsymbol{T}\boldsymbol{\Theta}+\boldsymbol{K}_0\boldsymbol{S}+k_{\mathrm{vsc}}\mathrm{sgn}(\boldsymbol{S})] \tag{9-36}$$

其中，$\boldsymbol{K}_0$ 为正定矩阵，$k_{\mathrm{vsc}}>0$ 为标量，$\mathrm{sgn}(\boldsymbol{S})=[\mathrm{sgn}(s_1)\ \mathrm{sgn}(s_2)\ \mathrm{sgn}(s_3)]^{\mathrm{T}}$，则有

$$\begin{aligned}\dot{\boldsymbol{V}}&=-\boldsymbol{S}^{\mathrm{T}}\boldsymbol{K}_0\boldsymbol{S}-k_{\mathrm{vsc}}\boldsymbol{S}^{\mathrm{T}}\mathrm{sgn}(\boldsymbol{S})+\delta k_1\varphi^2+\delta k_2\theta^2+\delta k_3\psi^2\\&\leqslant\delta k_1\varphi^2+\delta k_2\theta^2+\delta k_3\psi^2-\boldsymbol{S}^{\mathrm{T}}\boldsymbol{K}_0\boldsymbol{S}-k_{\mathrm{vsc}}\,||\,\boldsymbol{S}\,||\end{aligned}$$

因为 $k_1<0$，$k_2<0$，$k_3<0$，$K_0>0$，$k_{\mathrm{vsc}}>0$，因此有 $\dot{V}\leqslant 0$，根据 Lyapunov 定理，有式（9-31）和式（9-36）是渐近稳定的，同时当 $\delta>0$ 且接近零时，恒有 $\boldsymbol{S}^{\mathrm{T}}\dot{\boldsymbol{S}}\leqslant 0$，当且仅当 $\boldsymbol{S}=0$ 时 $\boldsymbol{S}^{\mathrm{T}}\dot{\boldsymbol{S}}=0$。所以存在滑动模 $\boldsymbol{S}=0$，将在有限时间内到达并保持在滑动模上。

为了减小抖振，对控制律作一定的修改，式（9-36）重新写为

$$\boldsymbol{u}=-[-\dot{\boldsymbol{\omega}}_{\mathrm{d}}+f(\boldsymbol{\omega})+\delta\boldsymbol{T}\boldsymbol{\Theta}+\boldsymbol{K}_0\boldsymbol{S}+k_{\mathrm{vsc}}sat(\boldsymbol{S},\sigma)] \tag{9-37}$$

其中

$$sat(x,\sigma)=\begin{cases}1 & x>\sigma\\ x/\sigma & -\sigma\leqslant x\leqslant\sigma\quad(\sigma>0)\\ -1 & x<\sigma\end{cases} \tag{9-38}$$

同理可证此时 $\dot{V} \leqslant 0$，$\boldsymbol{S}^{\mathrm{T}}\dot{\boldsymbol{S}} \leqslant 0$，满足滑模控制条件。

根据以上推导，可以得到如下定理。

定理 9－1　选择切换函数式（9－34），在变结构控制器式（9－36）的作用下将使系统式（9－28）的轨迹在有限时间里到达并保持在滑动模上，并且闭环系统式（9－28）和式（9－36）是渐近稳定的。

注：式（9－36）中 $\dot{\boldsymbol{\omega}}_{\mathrm{d}}$ 的表达式为

$$\dot{\omega}_{\mathrm{d}} = \boldsymbol{HT}\dot{\boldsymbol{\Theta}}$$

其中

$$\boldsymbol{H} = \begin{pmatrix} k_1 & k_2\sin\psi & k_2\cos\psi \cdot \theta \\ -k_2\sin\varphi\cos\psi \cdot \theta + k_3\cos\varphi \cdot \psi & k_2\cos\psi\cos\varphi & -k_2\cos\varphi\sin\psi \cdot \theta + k_3\sin\varphi \\ -k_2\cos\varphi\cos\psi \cdot \theta - k_3\sin\varphi \cdot \psi & -k_2\cos\psi\sin\varphi & k_2\sin\varphi\sin\psi \cdot \theta + k_3\cos\varphi \end{pmatrix}$$

仿真：各质量参数以及系统初始状态同 9.3.1 中仿真所用参数。选择 $\boldsymbol{K}_0$ 为单位阵，$k_{\mathrm{vsc}} = 1$，$k_1 = k_2 = k_3 = -1.5$，$\delta = 1$。得到的仿真结果如图 9－5～图 9－7 所示。

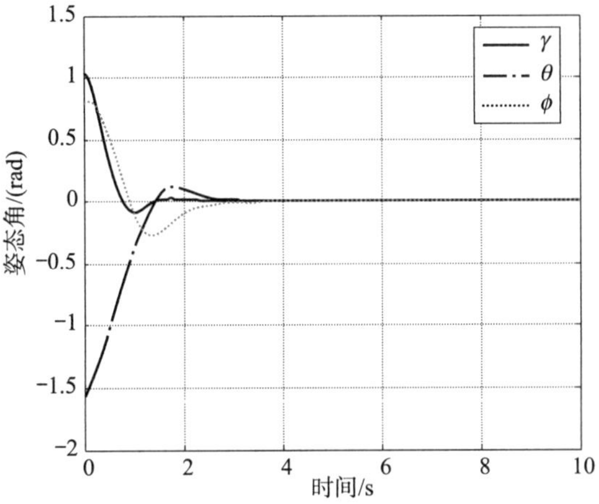

图 9－5　姿态角变化曲线

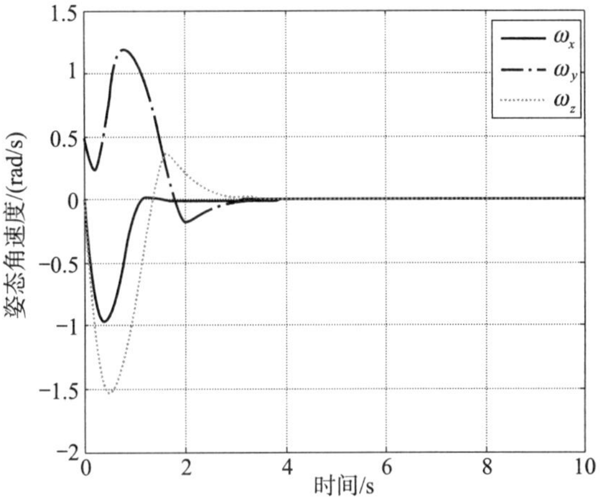

图 9－6　姿态角速度变化曲线

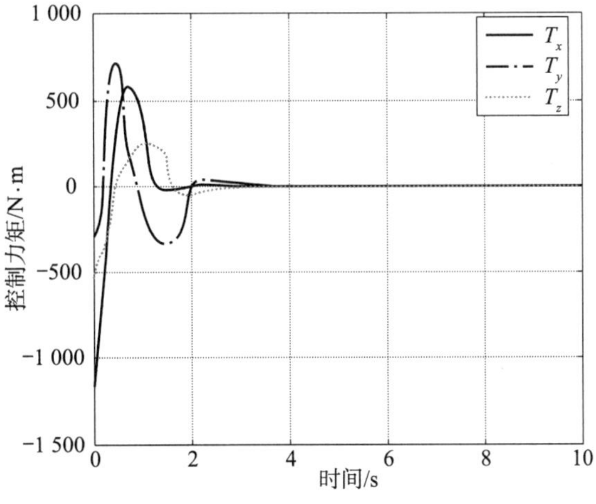

图 9－7　控制力矩变化曲线

从图中可以看出，姿态角和姿态角速度在很短的时间内（5s）收敛到零，但这一过程中所需控制力矩较大，因此该控制方法可用于快速姿态机动的需求。

9.3.3 变结构姿态机动控制Ⅱ

当考虑外界干扰力矩时，姿态动力学方程如式（9-3）所示，此时 $T_d \neq 0$，采用滑模变结构方法设计姿态控制器。定义滑模面为

$$\boldsymbol{S} = \omega_e + \boldsymbol{K}\hat{\boldsymbol{q}}_e \tag{9-39}$$

其中 ω_e、$\hat{\boldsymbol{q}}_e$ 定义同 9.2.1 中定义，$\boldsymbol{K} \in R^{3\times3}$ 为对称正定常值增益阵。取 Lyapunov 函数为

$$V = \frac{1}{2}\boldsymbol{S}^{\mathrm{T}}\boldsymbol{I}\boldsymbol{S} \tag{9-40}$$

将上式对时间求导，则有

$$\begin{aligned}\dot{V} &= \boldsymbol{S}^{\mathrm{T}}(\boldsymbol{I}\dot{\boldsymbol{\omega}} - \boldsymbol{I}\dot{\boldsymbol{\omega}}_d + \boldsymbol{I}\boldsymbol{K}\dot{\hat{\boldsymbol{q}}}_e) \\ &= \boldsymbol{S}^{\mathrm{T}}\left[-\tilde{\boldsymbol{\omega}}\boldsymbol{I}\boldsymbol{\omega} + \boldsymbol{T}_c + \boldsymbol{T}_d - \boldsymbol{I}\dot{\boldsymbol{\omega}}_d + \frac{1}{2}\boldsymbol{I}\boldsymbol{K}(\hat{\boldsymbol{q}}_e^{\times} + q_{e0}\boldsymbol{E}_3)\omega\right]\end{aligned} \tag{9-41}$$

取控制力矩为

$$\boldsymbol{T}_c = \tilde{\boldsymbol{\omega}}\boldsymbol{I}\boldsymbol{\omega} + \boldsymbol{I}\dot{\boldsymbol{\omega}}_d - \frac{1}{2}\boldsymbol{I}\boldsymbol{K}(\hat{\boldsymbol{q}}_e^{\times} + q_{e0}\boldsymbol{E}_3)\boldsymbol{\omega}_e - \boldsymbol{G}\mathrm{sgn}(\boldsymbol{S}) \tag{9-42}$$

其中 $\boldsymbol{G} \in \boldsymbol{R}^{3\times3}$ 为对称正定常值对角阵。则有

$$\dot{V} = \boldsymbol{S}^{\mathrm{T}}(\boldsymbol{T}_d - \boldsymbol{G}\mathrm{sgn}(\boldsymbol{S})) \tag{9-43}$$

在实际任务中，干扰力矩是有界的，因此，只要选取 $G_{ii} \geqslant T_{di}$，便能保证 $\dot{V} \leqslant 0$，V 为半负定函数，当且仅当 $\boldsymbol{S} = \boldsymbol{0}$ 时等号成立。这样就可以保证滑动模的可达性和滑动性。从 $\boldsymbol{G}$ 的选取方式可以看出，设计的控制律对外界干扰的不确定性具有鲁棒性。

类似的，为了降低上述控制过程中的抖振，采用函数 $S_{at}(S)$ 来代替开关函数 sgn(S)。

仿真：选取参数 $\delta = 1\times10^{-3}$，$\boldsymbol{K} = \mathrm{diag}(0.5\ 0.5\ 0.5)$，$\boldsymbol{G} = \mathrm{diag}(10\ 10\ 10)$，假设系绳张力引起的力矩为 $[9\sin(0.1t)\quad 9\cos(0.1t+\pi/3)\quad 9]^{\mathrm{T}}$；质量特性参数和状态变量的初始值同前，得到的仿真结果如图 9-8～图 9-10 所示。

从图中可以看到，姿态四元数以及姿态四元数的变化率都在有限时间内收敛到了零，表明了所设计的变结构姿态机动控制律是有效的。从图 9-10 所示的控制力矩变化曲线中可以看出，控制律呈现出了典型的变结构控制过程中的抖振现象，且由于干扰力矩的周期性，控制力矩也呈现出了同周期的周期性。

9.3.4 自抗扰姿态机动控制

对于非线性姿态动力学方程，同样可以设计类似线性系统的自抗扰姿态机动控制器。

设计二阶线性扩展状态观测器为

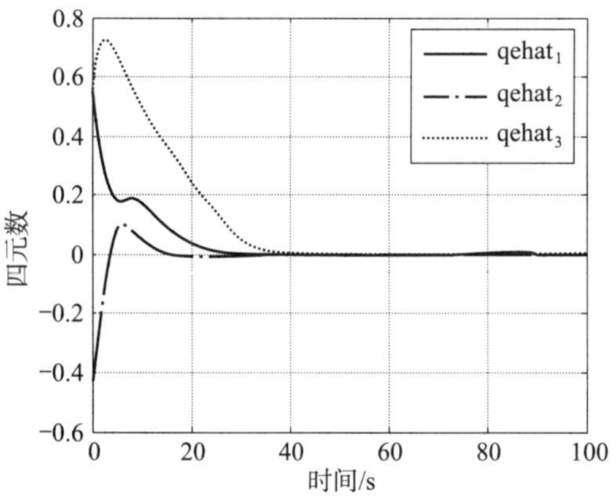

图 9-8　四元数变化曲线

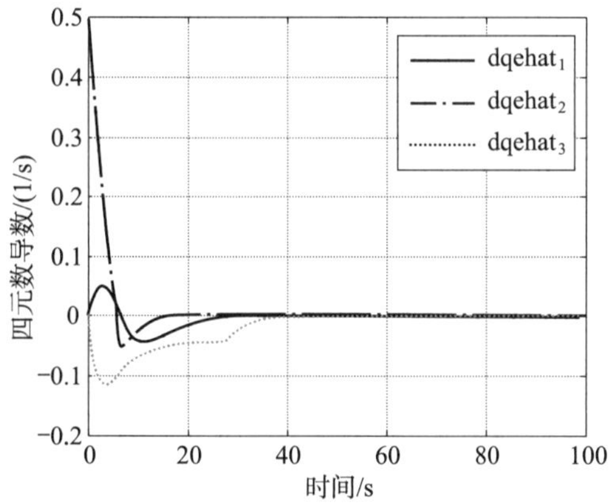

图 9-9　四元数变化率曲线

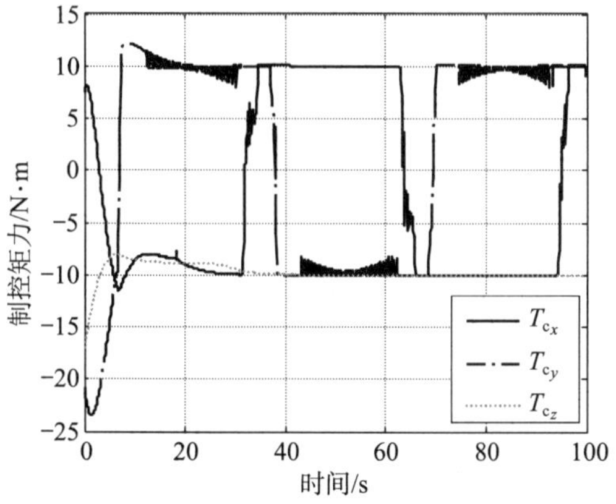

图 9-10　控制力矩变化曲线（见彩插）

$$\begin{cases}\dot{\boldsymbol{z}}_1=\boldsymbol{z}_2-\beta_1(\boldsymbol{z}_1-\boldsymbol{x}_1)-\boldsymbol{I}^{-1}\boldsymbol{\omega}\boldsymbol{I}\boldsymbol{\omega}+\boldsymbol{I}^{-1}\boldsymbol{u}\\ \dot{\boldsymbol{z}}_2=-\beta_2(\boldsymbol{z}_1-\boldsymbol{x}_1)\end{cases}\tag{9-44}$$

其中，控制力是基于 9.3.1 中 Lyapunov 控制器设计得到的，有

$$\boldsymbol{u}=-k\hat{\boldsymbol{q}}_{\mathrm{e}}-\boldsymbol{K}\boldsymbol{\omega}_{\mathrm{e}}+\tilde{\boldsymbol{\omega}}\boldsymbol{I}\boldsymbol{\omega}+\boldsymbol{I}\dot{\boldsymbol{\omega}}_{\mathrm{d}}-\boldsymbol{z}_2\tag{9-45}$$

结合姿态运动学方程，可求解得到平台姿态运动规律，在此不再重复给出。

仿真：平台质量特性为 $\boldsymbol{I}=\mathrm{diag}\ (1\,000\ 2\,000\ 1\,500)\ \mathrm{kg\cdot m^2}$，同前，选取作用于平台上的干扰力矩为

$$\boldsymbol{T}_{\mathrm{d}}=(1\quad 3\sin(0.1\,t)\quad 2\mathrm{sgn}(\sin(0.05\,t)))^{\mathrm{T}}$$

平台姿态四元数初始值为 $q(0)=(0.974\,6\quad 0.062\,5\quad 0.182\,7\quad 0.113\,0)$，角速度初值为 $\omega=(0.01\quad 0.01\quad 0.01)\ \mathrm{rad/s}$。仿真结果如图 9-11～图 9-16 所示。

图 9-11 和图 9-12 为平台角速度变化曲线和姿态四元数变化曲线。从图中可以看出，x 轴方向的角速度最终收敛到零，y 方向的角速度做振幅非常小的正弦规律的波动，z 方向的角速度变化规律与 y 方向类似，不同之处在于幅值略大。这主要是因为 x 方向的干扰力矩为常值力矩，y 方向的干扰力矩为正弦函数，z 方向的干扰力矩为方波函数。图 9-13 给出的是控制力矩的变化曲线，各轴方向的控制力矩表现出与干扰力矩类似的变化规律。

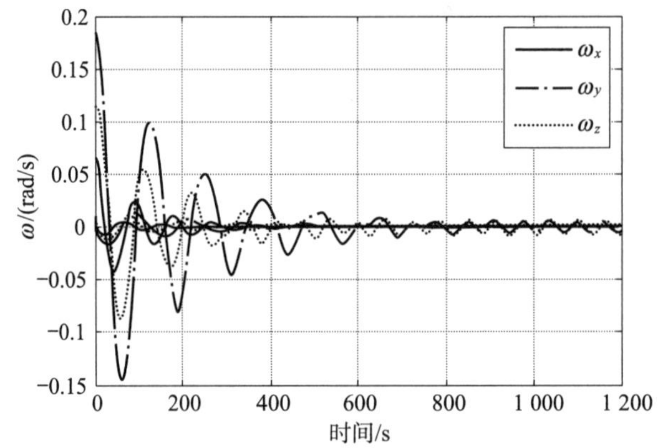

图 9-11 角速度变化曲线（见彩插）

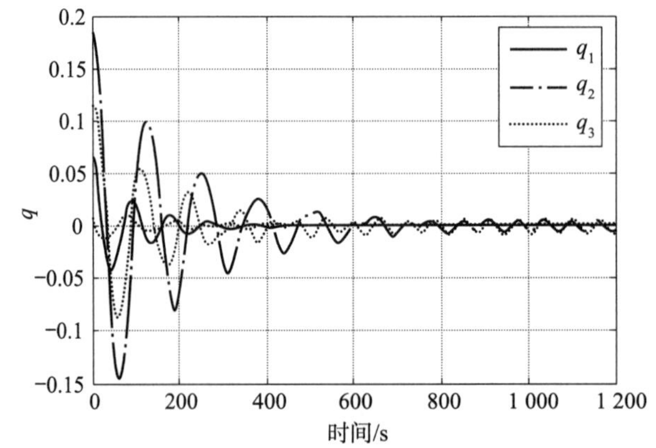

图 9-12 姿态四元数变化曲线（见彩插）

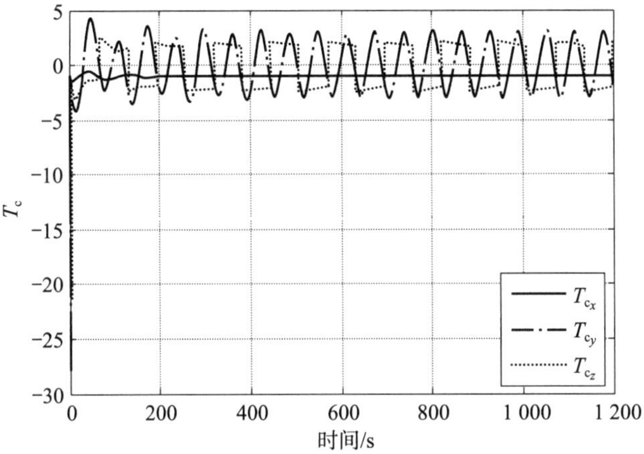

图 9－13　控制律变化曲线（见彩插）

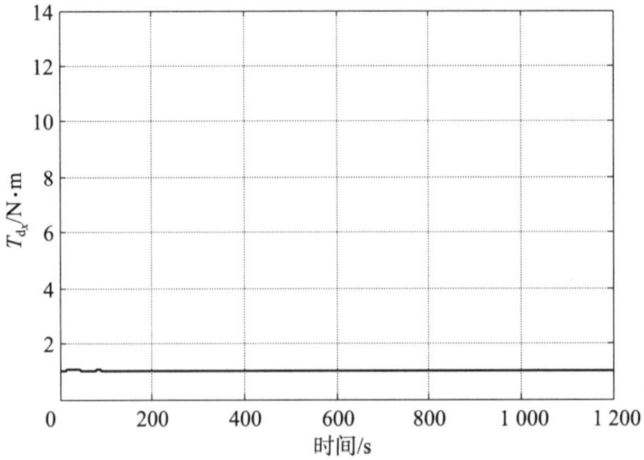

图 9－14　x 轴方向干扰力矩估计（见彩插）

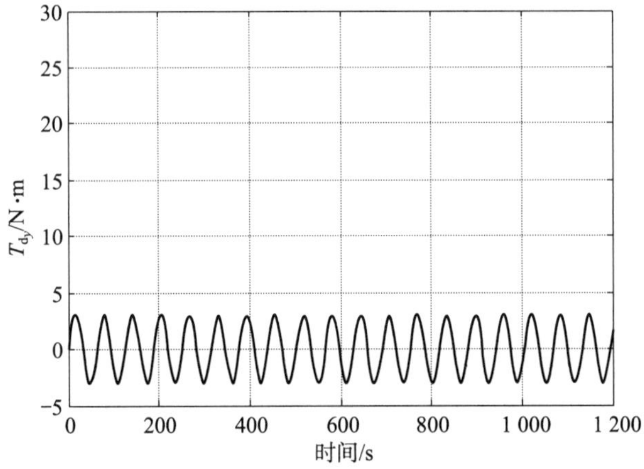

图 9－15　y 轴方向干扰力矩估计（见彩插）

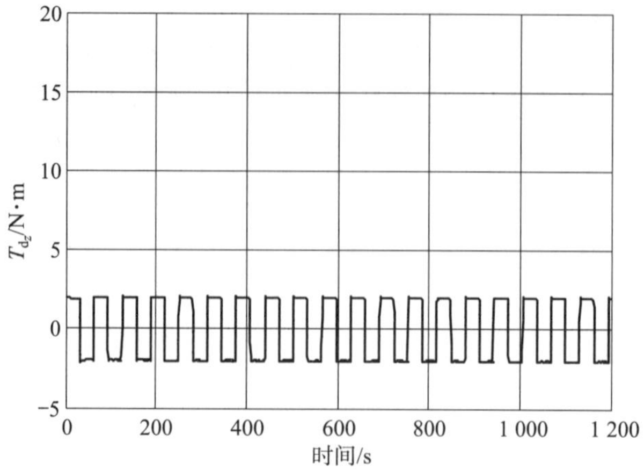

图 9－16　z 轴方向干扰力矩估计（见彩插）

图 9－14～图 9－16 给出的是 ESO 观测器对三轴干扰力矩的估计值，可以看出，观测器能够快速并准确地估计干扰力矩。干扰力矩的估计值与实际作用于机动平台上的干扰值几乎完全相同。

仿真结果表明，所设计的非线性自抗扰姿态机动控制律是有效的。该控制方法无需直接知道外界作用于航天器平台上的干扰力矩的大小，控制方法具有很好的鲁棒性。

9.4　快速机动的智能控制

9.4.1　模糊控制

（1）模糊控制概述

模糊系统理论是由美国加州大学伯克利分校著名教授 L. A. Zadeh 于 1965 年创立的。作为智能控制重要分支的模糊控制系统理论，自提出以来，以其独特的信息处理方法和新颖的控制手段受到人们的广泛关注，取得了巨大的发展。

从广义上讲，模糊控制是基于模糊推理，模仿人的思维方式，对难以建立精确数学模型的对象实施的一种控制策略。它是模糊数学同控制理论相结合的产物，同时也是智能控制的重要组成部分。模糊控制在理论和应用方面都有显著的特点。

模糊控制在理论方面的特点：

1）模糊控制使用语言方法，无需知道被控对象的数学模型，这对于研究具有不确定性的航天器大角度姿态控制这样的非线性耦合系统是一个优势。

2）模糊控制是一种非线性控制，模糊逻辑控制器可以完成非线性控制任务。

3）在被控对象的数学模型难以得到时，应用模糊逻辑系统理论，可以系统而有效地利用专家提供的语言模糊信息，传统控制器无法利用这类语言模糊信息。在某些情况下，如果最主要的信息是专家提供的信息，那么采用模糊控制器自然是最佳的选择了。

4）控制推理采用“不精确推理”，推理过程模仿人的思维过程，由于介入了人的经验，因而能够处理复杂甚至“病态”的系统。

从应用角度看，模糊控制又有以下的优势：

1）方便易懂。模糊控制使用语言信息进行控制，控制原理不难理解。

2）执行简单。模糊逻辑系统具有高度的并行处理能力。

3）开发成本低廉。

4）控制系统的鲁棒性强。

模糊控制也有不足之处。同其他智能控制方法一样，模糊控制缺乏严格的理论体系和设计方法，另外，如何获取能够充分反映被控对象特征的模糊规则库、确定语言变量的隶属函数等，都是需要进一步研究的问题。

一个完整的模糊逻辑控制器 FLC 可以由以下四个部分组成：

1）模糊化。模糊化的功能就是把输入的精确量转化为模糊量，以供后面进行模糊推理，模糊化的方法和采用的推理算法密切相关。

2）模糊规则库。模糊控制就是通过已经模糊化的输入和存在于控制器中的控制知识（模糊规则库），进行推理得到输出，控制执行机构，实现控制的目的。模糊规则库和模糊推理是模糊控制的核心，而具体模糊控制器中模糊规则的获取没有一定的规则，一般有以下两种主要途径：a）请教专家；b）经过实际测量及应用获得的数据。

3）模糊推理。推理是根据已知事实和总结的经验得出的知识推出新的事实。推理的形式有很多种，最常用的推理是演绎推理，它是从一般性的原理出发引伸出比较特殊结论的一种推理。模糊推理就是处理模糊信息的一种近似推理。

4）清晰化。普通的模糊算法的结果是一个模糊集，要经过清晰化，变成确定量才能输出给执行机构进行姿态控制。清晰化就是把模糊集变为单点集。

（2）模糊逻辑控制器设计

由上节内容可知，四元数反馈控制器解耦后的控制器方程为

$$\begin{cases} u_x = -k_{px} q_{bcv1} - k_{dx}\omega_x - T_{dx\max} sign(\omega_x) & (k_{px} > 0, k_{dx} > 0) \\ u_y = -k_{py} q_{bcv2} - k_{dy}\omega_y - T_{dy\max} sign(\omega_y) & (k_{py} > 0, k_{dy} > 0) \\ u_z = -k_{pz} q_{bcv3} - k_{dz}\omega_z - T_{dz\max} sign(\omega_z) & (k_{pz} > 0, k_{dz} > 0) \end{cases} \tag{9-46}$$

当 $k_p(x, y, z) > 0$，$k_d(x, y, z) > 0$ 时，控制系统渐近稳定。

根据控制器的特点，本章设计的模糊逻辑控制器的输入为误差四元数 $\boldsymbol{q}_{bcv} = (q_{bcv1} \quad q_{bcv2} \quad q_{bcv3})^{T}$ 和角速度 $\boldsymbol{\omega} = (\omega_x \quad \omega_y \quad \omega_z)^{T}$，控制器的输出为控制力矩信号 u 。

由式（9－46）可知，整个模糊逻辑控制器由三个通道组成，分别控制航天器三轴运动，每个通道的模糊逻辑控制器输入为 $(q_{bvci} \quad \omega_i)^{T}$，$i = 1, 2, 3$，输出为控制量 u_i ，若无说明，以下提到的模糊逻辑控制器均为单个通道的模糊逻辑控制器。为了表达更加符合逻辑，本文把控制器中的负号提到控制器的前面，将干扰力矩提到模糊控制器后，控制器方程变为 $u = k_p q_{bcv} + k_d \omega$ 。为了统一三轴模糊控制器输出的控制量论域，模糊控制器输出处乘以常数，作为调节。

1）模糊化与清晰化。模糊化方法取最简单也是最常用的单点集模糊化清晰量法，即

将输入清晰量用单点集隶属函数表示，实际取值处隶属度为1，其他点隶属度为0。

清晰化方法取常用的重心法，其他清晰化方法有最大值法、平均最大值法、面积平分法、右取大、左取大等方法。重心法有明确的物理意义，是目前应用最广泛的方法。本章设计的模糊控制器采用最常用的 Mamdani 型模糊控制器，并采用重心法作为清晰化方法。

2）变量划分和隶属函数。为建立模糊规则库，需要将各变量的论域划分为若干个语言值，一般情况下，语言值的数量为三到八个不等，需要根据情况划分变量 q_{bcvi}、ω_i、u_i，$i=1$，2，3，对各个 i 划分相同。常用的语言值表示形式为：NB（Negative Big）、NM（Negative Medium）、NS（Negative Small）、NO（Negative Zero）、PO（Positive Zero）、PS（Positive Small）、PB（Positive Big）。

a）q_{bcvi} 的划分。由于仿真的 q_{bcvi} 是误差四元数，所以它的范围为［−1 1］。根据对控制精度的要求，隶属函数在零点附近需要对数据变化敏感，采用三角形隶属函数时坡度越陡越好；在距离零点较远的地方不需要很高的精度，所以选择变化不明显的梯形隶属函数。根据上一节基于 Lyapunov 的四元数反馈控制器的调试经验和前人经验化简控制规则，将其划分为7个语言值：NB、NM、NS、O、PS、PM、PB。误差四元数采用的隶属函数如图 9－17 所示。

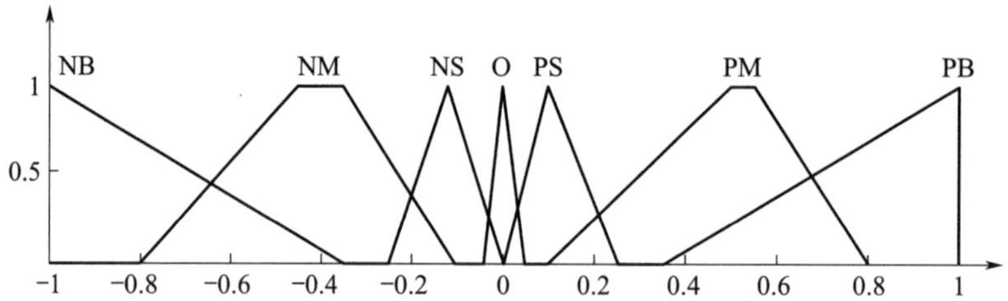

图 9－17 模糊逻辑控制器输入 q_{bcvi}

b）ω_i 的划分。航天器的姿态敏感器存在着角速度测量饱和问题，所以实际的航天器角速度一般不会超过 0.04/s。取角速度 ω_i 论域为［−0.04 0.04］。根据采用四元数反馈控制器调试经验，角速度 ω 划分为5个语言值：NB、NS、O、PS、PB。

角速度 ω_i 采用的隶属函数如图 9－18 所示。

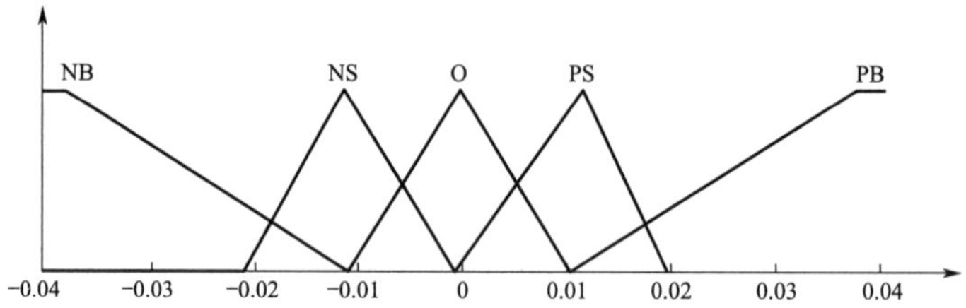

图 9－18 模糊逻辑控制器输入 ω_i

c）u_i 的划分。根据采用四元数反馈控制器调节经验，考虑到设计方便，这里将模糊控制器输出信号 u 的论域设置为［−1.4 1.4］，在模糊控制器后对信号进行比例放大得到相应的论域。控制力矩信号 u_i 可以划分为7个语言值：NB、NM、NS、O、PS、

PM、PB。

3）模糊规则库。模糊规则库是模糊控制器的核心，一般模糊控制规则的制定都是由经验丰富的工作人员经过长期的经验积累获得。根据基于 Lyapunov 的四元数反馈控制器调试和仿真经验，最终得到表 9－1 所示的模糊规则库（输出为 u_i ）。

表 9－1　模糊规则库

	NB	NM	NS	O	PS	PM	PB
NB	NB	NB	NM	NM	NS	PS	PB
NS	NB	NM	NS	NS	PS	PM	PB
O	NB	NM	NS	O	PS	PM	PB
PS	NM	NS	PS	PS	PM	PB	PB
PB	PS	PS	PM	PM	PB	PB	PB

仿真调整时，通过修改模糊规则库和语言值的隶属函数可以改变控制效果。改变模糊规则库对控制影响幅度很大，可用来对控制器进行大幅度调整，修改语言值的隶属函数对控制影响幅度较小，可以用来进行微调。

从四元数反馈控制器的设计过程中可以看到，整个模糊逻辑控制器的设计并不依赖对象的模型，而是通过借助基于 Lyapunov 的四元数反馈控制器控制过程的经验和在仿真中调整得到较理想的控制器。

9.4.2　神经网络控制

传统的基于模型的控制方式，是根据被控对象的数学模型及控制系统要求的性能指标来设计控制器，并对控制规律加以数学解析描述。模糊控制是基于专家经验和领域知识总结出若干条模糊控制规则，构成描述具有不确定性、复杂对象的模糊关系，通过被控系统输出误差及误差变化和模糊关系推理获得控制量，从而对系统进行控制。这两种控制方式都具有显式表达知识，但是神经网络具有很强的逼近非线性函数的能力，即非线性映射能力。把神经网络用于控制正是利用这个特点。

本节设计了一种基于 Lyapunov 四元数反馈控制器和神经网络控制器的四元数反馈神经网络控制器。在基于 Lyapunov 的四元数反馈控制器的结构基础上，利用神经网络控制器分别进行航天器姿态机动控制。

（1）神经网络控制概述

神经网络发展至今已有半个多世纪的历史，概括起来经历了三个阶段：20 世纪 40～60 年代的发展初期；20 世纪 70 年代的研究低潮期；20 世纪 80 年代的突破期。神经网络控制是将神经网络在相应的控制系统结构中当作控制器或辨识器。

基于神经网络的控制称为神经网络控制，简称神经控制。这个新词是在国际自控联杂志《自动化》1994 年第 11 期首次使用的，源于 1992 年的 H. Tolle 和 E. Ersu 的专著 *Neuro Control*。基于神经网络的智能模拟用于控制，是实现智能控制的一种重要形式，近年来获得了迅速的发展。

在控制领域，将具有学习能力的控制系统称为学习控制系统，属于智能控制系统，神经网络控制是有学习能力的，属于学习控制，是智能控制的一个分支。人工神经网络对自动控制具有多种吸引力的特点是：

1）它能以任意精度逼近任意连续非线性函数。

2）对复杂不确定问题具有自适应和自学习能力。

3）它的信息处理的并行机制可以解决控制系统中大规模实时计算问题，而且并行机制中的冗余性可以使控制系统具有很强的容错能力。

4）它具有很强的信息综合能力，能同时处理定量和定性的信息，能很好地协调多种输入信息的关系，适用于多信息融合和多媒体技术。

5）神经计算可以解决许多自动控制计算问题，如优化计算和矩阵代数计算等。

神经网络控制发展的历史虽然不长，但神经网络的应用已渗透到自动控制领域的各个方面，包括系统辨识、系统控制、优化计算以及控制系统的故障诊断和容错技术。神经网络控制的结构和种类划分，根据不同观点可以有不同的形式，目前尚无统一的分类标准。

1991 年，WERBOS[11]将神经网络划分为学习控制、直接逆动态控制、神经网络自适应控制、BBT 控制和自适应决策控制五类。1992 年，HUNT[12]等人发表长篇综述文章，将神经网络控制结构划分为监督控制、直接逆控制、模型参考控制、内模控制、预测控制、系统辨识、最优决策控制、自适应线性控制、增强学习控制、增益排队论及滤波和预报等。

上述两种分类并无本质差别，只是后者划分更细一些，几乎涉及系统辨识、滤波和预报等所有方面，这也间接地反映了随着神经网络理论和应用研究的深入，将向控制领域、信息领域等进一步渗透。

为了从本质上认识神经网络在实现智能控制中的作用和地位，1998 年，哈尔滨工业大学的李士勇[13]教授将神经网络控制从它与传统控制和智能控制两大门类的组合上考虑分为两大类：基于传统控制理论的神经控制和基于神经网络的智能控制。

1）基于传统控制理论的神经控制。将神经网络作为传统控制系统中的一个或几个部分，用以充当辨识器，或对象模型，或控制器，或估计器，或优化计算等。

2）基于神经网络的智能控制。基于神经网络的智能控制是神经网络单独进行控制或由神经网络同其他智能控制方式融合的控制的统称，前者称为神经控制，后者称为智能控制。

（2）神经网络控制器设计

由上节内容可知，四元数反馈控制器解耦后的控制器方程为

$$\begin{cases} u_x = -k_{px}q_{bcv1} - k_{dx}\omega_x - T_{dx\max}sign(\omega_x) & (k_{px}>0,\ k_{dx}>0) \\ u_y = -k_{py}q_{bcv2} - k_{dy}\omega_y - T_{dy\max}sign(\omega_y) & (k_{py}>0,\ k_{dy}>0) \\ u_z = -k_{pz}q_{bcv3} - k_{dz}\omega_z - T_{dz\max}sign(\omega_z) & (k_{pz}>0,\ k_{dz}>0) \end{cases}$$

当 $k_p(x,\ y,\ z)>0$，$k_d(x,\ y,\ z)>0$ 时，控制系统渐近稳定。

基于 Lyapunov 的四元数反馈控制器要取得较好的控制效果，就必须调整好

$k_p(x, y, z)$ 和 $k_d(x, y, z)$ 参数，形成控制量既相互配合又相互制约的关系，这种关系不一定是简单的线性组合，可以是从变化无穷的非线性组合中找出最佳组合。神经网络所具有的任意非线性表达能力，可以通过对系统性能的学习得出具有最佳组合的控制参数。本章将四元数反馈控制器和神经网络控制相结合设计出了四元数反馈的神经网络控制器，并采用 BP 神经网络，建立控制参数自学习四元数反馈的神经网络控制器。

由式（9－47）可知，整个神经网络控制器由三个通道组成，分别控制航天器绕三个轴的运动，每个通道的神经网络控制器输入为 $[q_{bcvi} \quad \omega_i]^T$，$i=1, 2, 3$，输出为控制量 u_i，若无说明，以下提到的神经网络控制器均为单个通道的神经网络控制器。因为神经网络控制器控制参数的调节范围在［－1，1］，所以在控制器输出乘以常数，将控制参数范围设置在［－1，1］的调节范围内。

航天器神经网络控制系统结构如图 9－19 所示。

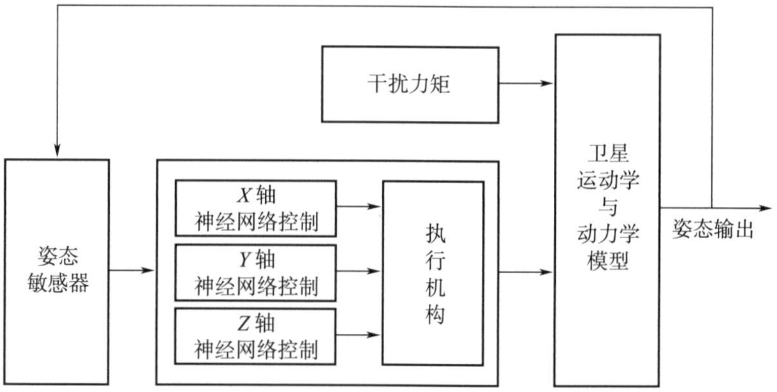

图 9－19　航天器神经网络控制系统结构

1）基于 BP 神经网络的四元数反馈神经网络控制器。BP 神经网络具有逼近任意非线性函数的能力，而且结构和学习算法简单明确。通过 BP 神经网络自身的学习，可以找到某一最优控制律下的控制参数。基于 BP 神经网络的控制系统结构，控制器由两部分组成。

a）基于 Lyapunov 的四元数反馈控制器，两个控制参数 K_p、K_d 为离线整定形式。

b）神经网络，根据系统的运行状态，调节控制器的可调参数，通过神经网络的自身学习、加权系数调整，使其稳定状态对应于某种最优控制律下的控制器参数。这里取 BP 神经网络为一个三层网络，其结构如图 9－20 所示，有 M 个输入节点、Q 个隐层节点、2 个输出节点。输入节点对应所选系统运行状态量，输出节点分别对应四元数反馈控制器的两个控制参数 K_p 和 K_d。由于 K_p 和 K_d 不能为负值，所以输出层神经元的激活函数取非负的 sigmoid 函数，而隐含层神经元的激活函数可取非负对称的 sigmoid 函数。

2）四元数反馈的神经网络控制器控制算法。四元数反馈控制器的控制量为

$$u = -k_p q_{bcv} - k_d \omega \tag{9-47}$$

由图 9－20 可知，BP 网络输入层的输入为

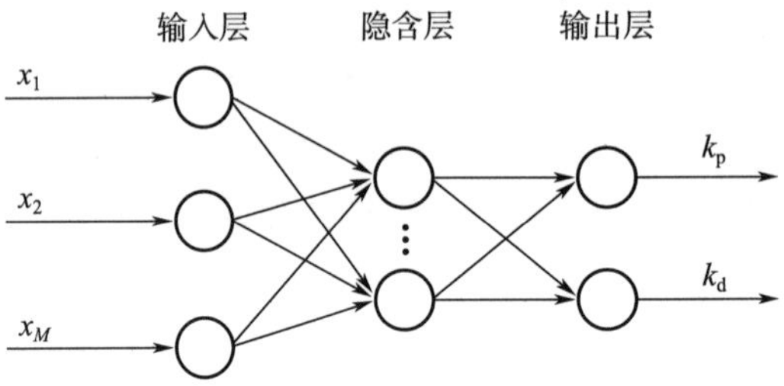

图 9-20　神经网络结构图

$$\begin{cases} x_j^{\mathrm{I}} \quad (j=0,1,2\cdots,M-1) \\ x_M^{\mathrm{I}}=1 \end{cases} \tag{9-48}$$

式中，输入变量的个数 M 取决于被控对象的复杂程度。设右上角标 I、H、O 分别代表输入层、隐含层和输出层，神经网络的隐含层输入输出为

$$\begin{cases} net_i^{\mathrm{H}}(k)=\sum_{j=0}^{M}\omega_{ij}^{\mathrm{H}}x_j^{\mathrm{I}}(k) \\ x_j^{\mathrm{H}}(k)=f(net_i^{\mathrm{H}}(k)) \quad (i=0,1\cdots,Q-1) \\ x_Q^{\mathrm{H}}=1 \end{cases} \tag{9-49}$$

式中，ω_{ij}^{H} 为隐含层加权系数。

隐含层的神经元的激活函数取正负对称的 sigmoid 函数

$$f(x)=\tanh(x)=\frac{\mathrm{e}^x-\mathrm{e}^{-x}}{\mathrm{e}^x+\mathrm{e}^{-x}} \tag{9-50}$$

网络的输出层的输入输出为

$$\begin{cases} net_i^{\mathrm{O}}(k)=\sum_{i=0}^{Q}\omega_{li}^{\mathrm{O}}x_i^{\mathrm{H}}(k) \\ y_l^{\mathrm{O}}(k)=g(net_l^{\mathrm{O}}(k)) \quad l=0,1 \\ y_0^{\mathrm{O}}=k_{\mathrm{p}} \\ y_1^{\mathrm{O}}=k_{\mathrm{d}} \end{cases} \tag{9-51}$$

式中，ω_{ij}^{O} 为输出层加权系数。

输出层节点分别对应四元数控制器的两个参数 k_{p}、k_{d}，由于参数不能为负值，输出层神经元的激活函数取非负的 sigmoid 函数

$$g(x)=\frac{1}{2}(1+\tanh(x))=\frac{\mathrm{e}^x}{\mathrm{e}^x+\mathrm{e}^{-x}} \tag{9-52}$$

取性能指标函数为

$$J=\frac{1}{2}(r(k)-y(k))^2=\frac{1}{2}q_{\mathrm{bcv}}^2(k) \tag{9-53}$$

网络权值的调整算法采用具有阻尼项 BP 算法，即按 J 对加权系数的梯度下降方法搜索调整，并附加一个使搜索快速收敛全局极小的惯性项，则有

$$\Delta\omega_{ij}^{O}(k+1)=-\eta\frac{\partial J}{\partial\omega_{li}^{O}}+\alpha\Delta\omega_{li}^{O}(k)\tag{9-54}$$

式中，η 为学习速率；α 为惯性系数。

$$\frac{\partial J}{\partial\omega_{li}^{O}}=\frac{\partial J}{\partial y(k+1)}\cdot\frac{\partial y(k+1)}{\partial u(k)}\cdot\frac{\partial u(k)}{\partial y_{l}^{O}}\cdot\frac{\partial y_{l}^{O}}{\partial net_{l}^{O}}\cdot\frac{\partial y_{l}^{O}}{\partial\omega_{li}^{O}}\tag{9-55}$$

$$\begin{cases}\dfrac{\partial u(k)}{\partial y_{0}^{O}}=-q_{\text{bcv}}(k)\\ \dfrac{\partial u(k)}{\partial y_{l}^{O}}=-\omega(k)\end{cases}\tag{9-56}$$

其中 $\dfrac{\partial y(k+1)}{\partial u(k)}$ 未知，有两种求解方法：第一种方法是在系统中加入神经网络辨识器，通过神经网络辨识器得到的结果来求解。

神经网络辨识器的算法如下，设被控对象为

$$y(k+1)=h(y(k),\cdots,y(k-n+1),u(k),\cdots,u(k-m+1))\tag{9-57}$$

BP 神经网络的输入为被控对象的输出、输入序列 $\{y(k),\ u(k)\}$ 。采用图的结构输入节点 N 个，隐含节点 M 个，输出层有 1 个节点。左上角标 I 代表辨识器，网络输入个数 $N=n+m$ 。

$${}^{\mathrm{I}}x^{\mathrm{I}}=(y(k),\cdots,y(k-n+1),u(k),\cdots,u(k-m+1))\tag{9-58}$$

隐含层的神经元的激活函数取正负对称的 sigmoid 函数

$${}^{\mathrm{I}}f(x)=\frac{1-\mathrm{e}^{x}}{1+\mathrm{e}^{x}}\tag{9-59}$$

网络的输出为

$${}^{\mathrm{I}}y^{\mathrm{O}}(k)=\sum_{j=0}^{M}{}^{\mathrm{I}}\omega_{ij}^{\mathrm{OI}}x_{j}^{\mathrm{H}}(k)\tag{9-60}$$

设准则函数

$${}^{\mathrm{I}}E(k)=\frac{1}{2}(y(k+1)-{}^{\mathrm{I}}y^{\mathrm{O}}(k+1))^{2}=\frac{1}{2}{}^{\mathrm{I}}e^{2}(k+1)\tag{9-61}$$

网络的权值的调整采用具有阻尼项的 BP 算法，可得

$$\Delta^{\mathrm{I}}\omega_{i}^{\mathrm{O}}(k+1)=\eta^{\mathrm{I}}e(k+1)^{\mathrm{I}}y_{i}^{\mathrm{O}}(k)+\alpha\Delta^{\mathrm{I}}\omega_{i}^{\mathrm{O}}(k)\tag{9-62}$$

$$\Delta^{\mathrm{I}}\omega_{ij}^{\mathrm{H}}(k+1)=\eta^{\mathrm{I}}e(k+1)^{\mathrm{I}}f'({}^{\mathrm{I}}x_{i}^{\mathrm{H}}(k))^{\mathrm{I}}\omega_{i}^{\mathrm{O}}(k)^{\mathrm{I}}x_{i}^{\mathrm{I}}(k)+\alpha\Delta^{\mathrm{I}}\omega_{ij}^{\mathrm{H}}(k)\tag{9-63}$$

可得

$$\begin{aligned}\frac{\partial y(k+1)}{\partial u(k)}&=\sum_{i}\frac{\partial y^{\mathrm{O}}(k+1)}{\partial^{\mathrm{I}}x_{i}^{\mathrm{H}}(k)}\cdot\frac{\partial^{\mathrm{I}}x_{i}^{\mathrm{H}}(k)}{\partial net_{i}^{\mathrm{H}}(k)}\cdot\frac{\partial net_{i}^{\mathrm{H}}(k)}{\partial u(k)}\\&=\sum_{i}{}^{\mathrm{I}}\omega_{i}^{\mathrm{O}}(k)^{\mathrm{I}}f'({}^{\mathrm{I}}net_{i}^{\mathrm{H}}(k))^{\mathrm{I}}\omega_{i}^{\mathrm{O}}(k)\end{aligned}\tag{9-64}$$

第二种方法是由符号函数 $\operatorname{sgn}\left(\dfrac{\partial y(k+1)}{\partial u(k)}\right)$ 近似代替 $\dfrac{\partial y(k+1)}{\partial u(k)}$ ，其正负可以确定该项在计算过程收敛方向所起的作用。而由此带来的计算不精确的影响可以通过调整学习速率 η 来补偿。

因此可得 BP 神经网络输出层的加权系数计算公式为

$$\begin{cases}\Delta\omega_{li}^{O}(k+1)=\eta\delta_{l}^{O}x_{i}^{H}(k)+\alpha\Delta\omega_{li}^{O}(k)\\ \delta_{l}^{O}=-q(k+1)\operatorname{sgn}\left(\dfrac{\partial y(k+1)}{\partial u(k)}\right)\dfrac{\partial u(k)}{\partial y_{l}^{O}(k)}g'(net_{l}^{O}(k))\quad(l=0,1)\end{cases}\tag{9-65}$$

式中，$g'(x)=g(x)(1-g(x))$ 。

以此类推，可得到隐含层的加权系数的计算公式为

$$\begin{cases}\Delta\omega_{ij}^{H}(k+1)=\eta\delta_{i}^{H}x_{j}^{I}(k)+\alpha\Delta\omega_{ij}^{H}(k)\\ \delta_{l}^{H}=f'(net_{i}^{H}(k))\displaystyle\sum_{l=0}^{1}\delta_{i}^{O}\omega_{li}^{O}(k+1)\quad(i=0,1,\cdots,Q-1)\end{cases}\tag{9-66}$$

式中，$f'(x)=\dfrac{1-f^{2}(x)}{2}$ 。

（3）收敛性和稳定性分析

神经网络控制用于实际系统，主要的困难有两个：内存和控制量计算时间。但是在实际的实验过程中，当网络结构选得较小时，系统难以达到适当的控制效果，容易出现大幅度的振荡；而当网络结构选得过大时，系统无法在采样时完成控制量的计算。控制效果和计算速度之间产生了矛盾。

为了使网络的收敛速度加快，可以采用变学习速率的算法。然而网络的学习速率影响着网络的收敛性和系统的稳定性。网络学习速率选取过小使得网络的收敛速度减慢，影响控制效果；而网络学习速率选取过大将使得网络不收敛，从而导致了控制系统的不稳定。如何选取网络的学习速率成为神经网络控制的一个关键问题。

定理 9-2 当神经元网络学习速率 η 满足

$$0<\eta<\frac{1}{\varepsilon^{2}}$$

其中

$$\varepsilon=-\frac{1}{2\sqrt{J}}\frac{\partial J}{\partial W}\tag{9-67}$$

权值调整算法为

$$W(n_{0}+1)=W(n_{0})-\eta\frac{\partial J}{\partial W}\tag{9-68}$$

可以保证控制系统在学习过程中收敛，其中 W 表示神经网络的连接权值，J 为性能指标函数，由式（9-69）决定。

$$J=\frac{1}{2}\,[r(k)-y(k)]^{2}=\frac{1}{2}q^{2}(k)\tag{9-69}$$

神经网络控制系统的收敛性取决于学习速率的选取，定理 9-2 利用 Lyapunov 稳定性原理确定了保证系统收敛的学习速率范围。

由此定理的推导可以得到以下两个推论：

推论 9-1 如果神经网络控制系统是收敛的，则其隐含层至输出层权值调整算法

$$\omega_{li}^{O}(k+1)=\omega_{li}^{O}(k)-\eta_2\frac{\partial J}{\partial\omega_{li}^{O}(k)} \tag{9-70}$$

其中的学习速率 η_2 必然满足

$$0<\eta_2<\frac{1}{\varepsilon_2} \tag{9-71}$$

式中，$\varepsilon_2=\frac{1}{2\sqrt{J}}\delta_l^{O}x_i^{H}(k)$ 。

推论 9-2　如果神经元网络控制系统是收敛的，其输入层至隐含层的权值调整算法

$$\omega_{ij}^{H}(k+1)=\omega_{ij}^{H}(k)-\eta_1\frac{\partial J}{\partial\omega_{ij}^{H}(k)} \tag{9-72}$$

其中的权值调整学习速率 η_1 必须满足

$$0<\eta_1<\frac{1}{\varepsilon_1^2} \tag{9-73}$$

式中，$\varepsilon_1=\frac{1}{2\sqrt{J}}\delta_l^{H}x_j^{I}(k)$ 。

由以上两个推论可知，只要神经元控制系统的学习速率在推论中给出的范围内就可以保证系统的收敛性。在实际应用时，简便起见，可以先取速率为一个足够小的正数，然后再根据推论中的结果进行适当的调整。

定理 9-3　一个神经元网络的连接权取初值时，如果其控制系统是稳定的，且学习速率满足定理 9-2 的条件，则这个神经网络控制系统必然是稳定的。

9.4.3　自适应模糊神经网络控制

从四元数反馈模糊控制器设计可以看出，模糊控制器不依赖于被控对象精确的数学模型，根据人工控制规则组织控制决策表，然后由控制决策表计算控制量的大小，但是控制规则的建立缺乏通用、完整的方法。从四元数反馈的神经网络控制器设计可以看出，神经网络可以逼近任意的非线性关系，并具有强大的学习能力、记忆能力、计算能力，在不同程度和层次上模仿人脑神经系统的信息处理、存储和检索功能，但是神经网络结构复杂，网络训练计算量大，现有学习算法收敛速度较低，设计缺乏理论指导。

模糊神经网络是一种适当结合了模糊逻辑和神经网络互补性质的比单独的神经网络系统或单独模糊推理系统性能更好的系统。本节设计了一种基于 Lyapunov 的四元数反馈控制器和模糊神经网络控制器结合的四元数反馈模糊神经网络控制器。采用基于 Lyapunov 的四元数反馈控制器的结构，利用模糊神经网络控制器进行航天器的姿态机动，并进行了航天器大角度姿态机动控制仿真及结果分析。

（1）模糊神经网络控制概述

1993 年 JANG[14] 在文献中提出了基于网络结构模糊推理的概念，并设计了网络结构模型，这种网络结构便是模糊神经网络的雏形。之后，研究人员设计了多种模糊神经网络结构和学习算法，例如将 Mamdani 模糊模型和多层前向网络相结合，构成了标准型模糊

神经网络，这种网络结构简单，物理意义明确。1996 年，王立新[15]在文献中证明了该网络的万能逼近能力，使该网络在系统控制和辨识中得到了广泛应用。

尽管各种模糊神经网络的结构和学习算法各具千秋，但是它们都有一个共同特点，既能有效利用语言信息又具有强大的自学习和自适应能力，并且网络参数具有较为明确的物理意义，有助于对实际系统的理解和分析。

模糊神经网络控制在控制领域已经成为一个研究热点。神经网络和模糊系统均属于无模型的估计器和非线性动力学系统，是处理不确定性、非线性和其他不确定性问题的有力工具。但两者之间的特性却存在很大的差异。模糊系统中知识的抽取和表达比较方便，它比较适合于表达那些模糊或定性的知识，其推理方式比较类似于人的思维模式。但一般来说，模糊系统缺乏自学习和自适应能力，要设计和实现模糊系统的自适应控制是比较困难的。而神经网络则可以直接从样本中进行有效的学习，它具有并行计算、分布式信息存储、容错能力强以及自适应学习等一系列优点。正是由于这些优点，神经网络的研究受到了广泛的关注并吸引了许多研究工作者的兴趣。但一般来说，神经网络不适于表达基于规则的知识，因此在对神经网络进行训练时，由于不能很好地利用已有的经验知识，常常只能将初始的权值取为零或随机数，从而增加了网络训练的时间或者陷入非要求的局部极值。总的来说，神经网络适合于处理非结构化信息，而模糊控制系统对处理结构化知识更为有效。

基于以上讨论可以看出，将模糊逻辑和神经网络适当结合起来的模糊神经网络控制器，吸取了两者的长处，可构成比单独的神经网络系统或单独的模糊系统性能更好的系统。

目前模糊神经网络的研究热点有：

1）当对象未知或对象过于复杂而无法建立精确的数学模型时，如何利用模糊神经网络来辨识模型。这种方法需要较多的数据，运算效率比较低，还有待于优化。

2）如何利用神经网络来自动生成模糊规则、隶属函数等。

3）如何利用合适的算法对网络进行训练，提高运算效率。

4）如何根据待定问题来确定网络的拓扑结构及函数逼近形式。

在模糊推理系统中，模糊模型的表示主要有两类：一类是模糊规则的后件是输出量的某一模糊集合，称为模糊系统的标准模型或 Mamdani 模型；另一类是模糊规则的后件是输入语言变量的函数，通常称其为模糊系统的 Takagi－Sugeno 模型。Takagi－Sugeno 型模糊推理具有计算简单、利于数学分析的优点，且易于和 PID 控制方法及优化、自适应方法结合，从而实现具有优化和自适应能力的控制器或模糊建模工具。

根据 Takagi－Sugeno 型模糊推理的特点，将其与神经网络进行结合，用于构造具有自适应学习能力的神经模糊系统。两者结合形成的模糊神经网络，同时具有模糊逻辑易于表达人类知识和神经网络的分布信息存储以及学习能力的优点，为复杂系统的建模和控制提供了有效的工具。

（2）自适应模糊神经网络控制器设计

本文采用了由 Takagi－Sugeno 型模糊推理控制器和神经网络相结合的自适应模糊神

经网络控制器。应用该控制器逼近基于 Lyapunov 的四元数反馈控制器，实现了航天器大角度姿态机动控制。

1）模糊系统的 Takagi - Sugeno 模型。由于 MIMO 的模糊规则可分解为多个 MISO 模糊规则，因此下面也只讨论 MISO 模糊系统模型。

设输入量 $x=(x_1, x_2, \cdots, x_n)^{\mathrm{T}}$，每个分量 x_i 均为模糊语言变量，并设

$$T(x_i)=\{A_i^1, A_i^2, \cdots, A_i^j\} \quad i=1,2,3,\cdots n; j=1,2,\cdots,m \tag{9-74}$$

式中，A_i^j 是 x_i 的第 j 个语言变量值，它是定义在论域 U_i 上的一个模糊集合。相应的隶属度函数为 $u_A(x_i)$ $(i=1, 2, \cdots, n)$。

Takagi 和 Sugeno 所提出的模糊规则后件是输入变量的线性组合，即 R_j：如果 x_1 是 A_1^j andx_2 是 $A_2^j$and ⋯ andx_n 是 A_n^j，则

$$y_j=p_{j0}+p_{j1}x_1+\cdots+p_{jn}x_n \tag{9-75}$$

式中，$j=1, 2, \cdots, m, m \leqslant \prod_{i=1}^{n} m_i$。

若输入量采用单点模糊集合的模糊化方法，则对于给定的输入 x，可以求对于每条规则的适应度为

$$\alpha_j=\mu_{A_1^j}(x_1) \wedge \mu_{A_2^j}(x_2) \wedge \cdots \wedge \mu_{A_n^j}(x_n) \tag{9-76}$$

模糊系统的输出量为每条规则的输出量的加权平均，即

$$y=\frac{\sum_{j=1}^{m}\alpha_j y_j}{\sum_{j=1}^{m}\alpha_j}=\sum_{j=1}^{m}\bar{\alpha}_j y_j \tag{9-77}$$

其中

$$\bar{\alpha}_j=\frac{\alpha_j}{\sum_{j=1}^{m}\alpha_j} \tag{9-78}$$

2）系统结构。根据上面给出的模糊模型，可以设计出模糊神经网络结构。MIMO 系统是上面 MISO 系统的简单推广。该网络由前件网络和后件网络两部分组成，前件网络用来匹配模糊规则的前件，后件网络用来产生模糊规则。

a）前件网络。前件网络由 4 层组成。第一层为输入层。它的每个节点直接与输入向量的各分量 x_j 连接，它起着将输入值 $x=(x_1 \quad x_2 \quad \cdots \quad x_n)^{\mathrm{T}}$ 传送到下一层的作用。该层节点数 $N_1=n$。

第二层每个节点代表一个语言变量值，如 NB、NM、PB 等。它的作用是计算各输入分量属于各语言变量值模糊集合的隶属度函数 μ_i^j，即

$$\mu_i^j=\mu_{A_i^j}(x_i) \tag{9-79}$$

式中，$i=1, 2, \cdots, n$；$j=1, 2, \cdots, m_i$（n 是输入量的维数；m_i 是 x_i 的模糊分割数）。如隶属函数采用高斯函数表示的铃形函数，则

$$u_i^j=\mathrm{e}^{\frac{(xi-cij)^2}{\sigma_{ij}^2}} \tag{9-80}$$

式中，c_{ij} 和 σ_{ij} 分别表示隶属函数的中心和宽度。该层的节点总数 $N_2 = \sum_{i=1}^{n} m_i$ 。

第三层的每个节点表示一条模糊规则，它的作用是用来匹配模糊规则的前件，计算出每条规则的适应度，即

$$\alpha_j = \min\{\mu_1^{i1}, \mu_2^{i2}, \cdots, \mu_n^{in}\} \tag{9-81}$$

式中，$i_1 \in \{1, 2, \cdots, m_1\}$ ，$i_2 \in \{1, 2, \cdots, m_2\}$ ，$\cdots$ ，$i_n \in \{1, 2, \cdots, m_n\}$ ；$j=1, 2, \cdots, m$ ，$m = \prod_{i=1}^{n} m_i$ 。

该层的节点总数 $N_3 = m$ 。对于给定的输入，只有在输入点附近的语言变量值才有较大的隶属度值，远离输入点的语言变量值的隶属度很小（高斯型隶属函数），或者为 0（三角形隶属度函数）。当隶属度函数很小（如小于 0.05）时，近似取为 0。因此，在 α_j 中只有少量节点输出非 0，而多数节点的输出为 0，这一点类似于局部渐近稳定。

第四层的节点数与第三层相同 $N_4 = N_3 = m$ ，它实现的是归一化计算，即

$$\bar{\alpha}_j = \frac{\alpha_j}{\sum_{j=1}^{m} \alpha_j} \quad j = 1, 2, \cdots, m \tag{9-82}$$

b）后件网络。后件网络由 r 个结构相同的并列子网络组成，每个子网络产生一个输出量。子网络的第一层是输入层，它将输入变量传送到第二层。输入层中第 0 个节点的输入值 $x_0 = 1$，它的作用是提供模糊规则后件中的常数项。

子网络的第二层共有 m 个节点，每个节点代表一条规则，该层的作用是计算每一条规则的后件，即

$$y_{ij} = p_{j0}^{i} + p_{j1}^{i} x_1 + \cdots + p_{jn}^{i} x_n = \sum_{k=0}^{n} p_{jk}^{i} x_k \quad j = 1, 2, \cdots, m; i = 1, 2, \cdots, r \tag{9-83}$$

子网络的第三层是计算系统的输出，即

$$y_i = \sum_{j=1}^{m} \bar{\alpha}_j y_{ij} \quad i = 1, 2, \cdots, r \tag{9-84}$$

可见，y_i 是各规则后件的加权和，加权系数为各模糊的经归一化的使用度，即前件网络的输出用作后件网络第三层的连接权值。

至此，神经网络完全实现了 Takagi－Sugeno 模糊系统模型。

3）学习算法。假设各输入分量的模糊分割数是预先确定的，那么需要学习的参数主要是后件网络的连接权 $P_{ij}^{\mathrm{I}} (j = 1, 2, \cdots, m; i = 1, 2, \cdots, n; l = 1, 2, \cdots, r)$ ，前件网络第二层各节点隶属函数的中心值为 c_{ij} 和 σ_{ij} $(i = 1, 2, \cdots, m; j = 1, 2, \cdots, n)$ 。

取误差代价函数为

$$E = \frac{1}{2} \sum_{i=1}^{r} (t_i - y_i)^2 \tag{9-85}$$

式中，t_i 和 y_i 分别表示期望输出和实际输出，则 P_{ij}^{k} 的学习算法为

$$\frac{\partial E}{\partial p_{ji}^{l}}=\frac{\partial E}{\partial y_{l}}\frac{\partial y_{l}}{\partial y_{lj}}\frac{\partial y_{lj}}{\partial p_{ji}^{l}}=-(t_{l}-y_{l})\bar{\alpha}_{j}\bar{x}_{i} \tag{9-86}$$

$$p_{ji}^{l}(l+1)=p_{ji}^{l}(l)-\beta\frac{\partial E}{\partial p_{ji}^{l}}=p_{ji}^{l}(l)+\beta(t_{l}-y_{l})\bar{\alpha}_{j}\bar{x}_{i} \tag{9-87}$$

式中，$j=1,2,\cdots,m$；$i=1,2,\cdots,n$；$l=1,2,\cdots,r$。

利用一阶梯度寻优算法可以得到 c_{ij} 和 σ_{ij} 的一阶梯度为

$$\frac{\partial E}{\partial c_{ij}}=-\delta_{ij}^{(2)}\frac{2(x_{i}-c_{ij})}{\sigma_{ij}^{2}} \tag{9-88}$$

$$\frac{\partial E}{\partial \sigma_{ij}}=-\delta_{ij}^{(2)}\frac{2(x_{i}-c_{ij})^{2}}{\sigma_{ij}^{3}} \tag{9-89}$$

参数调整的学习算法为

$$c_{ij}(k+1)=c_{ij}(k)-\beta\frac{\partial E}{\partial c_{ij}} \tag{9-90}$$

$$\sigma_{ij}(k+1)=\sigma_{ij}(k)-\beta\frac{\partial E}{\partial \sigma_{ij}} \tag{9-91}$$

式中，$\beta>0$ 为学习率；$i=1,2,\cdots m$；$j=1,2,\cdots,n$。

自适应模糊神经网络和 BP 网络及 RBF 网络等一样，本质上也是实现从输入到输出的非线性映射。它和 BP 网络一样，结构上都是多层前馈网络，学习算法都是通过误差反传的方法；它与 RBF 网络等一样，都属于局部渐近网络。其中，第二层的隶属度函数类似于基函数。

4）设计过程。一般地，自适应模糊神经网络控制系统的设计步骤如下：

a）确定输入和输出变量的隶属度函数的类型和个数。

b）利用训练数据产生初始的模糊推理系统结构。

c）设定自适应模糊神经网络控制器训练的相关参数。

d）训练自适应模糊神经网络控制器。

e）用检验数据验证得到的自适应神经网络模糊控制器的性能。

f）生成自适应模糊神经网络控制器。

9.5 本章小结

本章针对复杂航天器的姿态快速机动控制问题进行了讨论。分别对快速姿态机动路径规划、基于 Lyaounov 函数的非线性控制、变结构姿态机动控制、自抗扰姿态机动控制等方法进行讨论。引入了智能控制理论，对模糊控制、神经网络控制进行研究，并将二者结合，采用自适应模糊神经网络控制完成机动控制器设计。

参考文献

［1］ BILIMORIA K D，WIE B. Time－optimal three－axis reorientation of a rigid spacecraft［J］. Journal of Guidance，Control，and Dynamics，1993，16（3）：446－452.

［2］ WIE B，BARBA P M. Quaternion feedback for spacecraft large angle maneuvers［J］. Journal of Guidance，Control，and Dynamics，1985，8（3）：360－365.

［3］ STEYN W H. Near－minimum－time eigenaxis rotation maneuvers using reaction wheels［J］. Journal of Guidance，Control，and Dynamics，1995，18（5）：1184－1189.

［4］ OH H S，YOON Y D，CHANG Y K，et al. Near－eigenaxis rotation control law design for moving－to－rest maneuver［J］. Journal of Guidance，Control，and Dynamics，2001，24（6）：1228－1231.

［5］ 王淑一，魏春岭，刘其睿. 敏捷卫星快速姿态机动方法研究［J］. 空间控制技术与应用，2011，37（4）：5.

［6］ 申晓宁，周端，郭毓，等. 基于多目标进化算法的卫星机动路径规划［J］. 航空动力学报，2010（8）：7.

［7］ 郑立君，郭毓，赖爱芳，等. 挠性航天器大角度姿态机动路径规划［J］. 华中科技大学学报（自然科学版），2011（S2）：4.

［8］ FLEMING A，ROSS I M. Optimal control of spinning axisymmetric spacecraft：A pseudospectral approach［C］//AIAA Guidance，Navigation and Control Conference and Exhibit，2008：7164.

［9］ 马广富，刘刚，黄静，等. 基于Gauss伪光谱算法的航天器姿态快速机动控制［C］// 中国自动化学会控制理论专业委员会C卷，2011.

［10］ 刘刚，李传江，马广富，等. 应用SGCMG的卫星姿态快速机动控制［J］. 航空学报，2011，32（10）：1905－1913.

［11］ WERBOS P J. An overview of neural networks for control［J］. IEEE Control Systems Magazine，1991，11（1）：40－41.

［12］ HUNT K J，SBARBARO D，ZBIKOWSKI R，et al. Neural networks for control systems－a survey［J］. Automatica，1992，28（6）：1083－1112.

［13］ 李士勇. 模糊控制・神经控制和智能控制论［M］. 哈尔滨：哈尔滨工业大学出版社，1996.

［14］ JANG J S R. ANFIS：adaptive－network－based fuzzy inference system［J］. IEEE transactions on systems，man，and cybernetics，1993，23（3）：665－685.

［15］ 王立新. 模糊系统与模糊控制教程［M］. 北京：清华大学出版社，2003.

第 10 章　不确定性航天器模型的快速姿态跟踪与控制

10.1　引言

10.1.1　不确定性航天器模型的快速姿态控制问题

良好的姿态机动性能是航天器完成诸如在轨维修、空间观测等复杂任务的前提和保障。目前，许多学者针对航天器姿态跟踪问题展开了深入研究，结果大多是渐近稳定的，而很多在轨任务对快速性具有较高要求。研究大型桁架结构航天器姿态跟踪系统的有限时间稳定问题具有重要的工程价值。与传统控制方法相比，终端滑模有限时间控制能使系统状态在有限时间内收敛，通过在滑模面中引入幂次项，提高系统在平衡点附近的收敛速度具有响应速度快、稳态精度高等优势，适合处理航天器的姿态跟踪问题。

本章研究的大型桁架结构航天器在实际姿态跟踪过程中，往往需要满足期望的动态过程或满足特定的约束条件。例如，卫星在对地扫描成像时，其姿态及姿态角速度误差必须保持在一定范围内以确保成像质量。预设性能控制方法通过引入性能函数和误差变换的方式，使系统收敛速度、超调以及跟踪误差获得预先设定的性能。此外，航天器的柔性部件振动参数存在较大不确定性，难以通过地面实验或在轨辨识等手段精确测量。因此，设计考虑柔性模态不确定的状态约束姿态跟踪控制器，对于完成空间观测任务具有重要意义。

本章考虑大柔性航天器姿态跟踪控制过程中的快速性需求，提出一类自适应终端滑模有限时间控制方法，通过引入饱和函数，解决了终端滑模控制中的奇异问题，并根据实际有限时间稳定定理给出了系统收敛时间与收敛范围间的显式对应关系；为在避免控制器抖振的同时提高系统鲁棒性，设计了一种自适应律算法来估计并补偿环境中的未知干扰。进一步地，针对姿态跟踪任务中可能存在的状态约束及受限问题，在控制器中加入对数形式的预设性能项，使系统滑模面具有期望的动态响应过程。在满足任务需求的前提下，通过合理规划期望轨迹尽可能地减小柔性模态不确定对姿态跟踪系统的影响。仿真结果表明，本章所设计的控制算法具有较好的控制精度和较快的响应速度，在满足实际任务对姿态约束要求的前提下，其控制输出不存在奇异问题和抖振现象，具备较高的工程应用价值。

10.1.2　转动惯量不确定性的控制问题

由于大型桁架结构航天器具有展开机构复杂、姿态控制系统非线性强等特点，很难甚至不可能采用精确的模型参数对控制对象进行描述。此外，光学载荷和柔性部件的运动也是导致转动惯量变化的主要因素。因此，闭环控制系统是否对转动惯量参数不确定性具有自适应能力是衡量大型桁架结构航天器姿态控制系统性能优劣的主要标准。

自适应控制是针对这种“动态结构已知，但含有未知或时变参数”的控制系统提出的一类控制理论，其中心思想是通过对参数的在线估计来消除不确定性对系统的影响。文献［1］针对柔性航天器姿态控制问题，考虑转动惯量不确定性，设计了自适应律对系统不确定性进行补偿，然而在控制器设计过程中没有考虑干扰的影响。文献［2］则研究了柔性航天器姿态控制系统的鲁棒性问题，将动力学摄动的产生原因总结为柔性帆板转动、星上推进剂消耗，以及飞轮转速变化，并进行了分类处理。然而，以上方法均是针对线性模型设计的控制方案，因此在应用中具有一定的局限性。

本章将以由大型桁架结构组成的大型桁架结构航天器为研究对象，考虑航天器在轨运行过程中存在的转动惯量以及外部干扰未知的问题，设计有效的姿态镇定控制器。利用反步法，设计一类自适应律，在实现对航天器中心体转动惯量的实时估计的同时在一定程度上抑制柔性附件的振动。在控制器的作用下，系统从外部干扰信号到输出信号的 L_2 增益不大于某一给定值，从而提升大型桁架结构航天器姿态镇定系统的鲁棒性。

10.1.3 测量不确定性的状态观测与控制问题

目前，大部分航天器姿态控制方案和容错控制方法均基于姿态角速度测量信息。然而，在航天器在轨运行过程中，并非全部状态信息均可被高精度测量。例如，当角速率敏感器产生故障时，就有可能得到错误的角速度测量值；角速率敏感器存在测量噪声时，将导致角速度信息无法精确获取。这些因素大大限制了全状态反馈控制算法的应用。针对这一实际问题，本章将主要研究无角速度信息情况下的大型桁架结构航天器姿态镇定问题。

针对无需角速度测量信息的航天器姿态控制问题，文献［3］率先基于耗散性原理提出了一种仅利用部分状态反馈信息的姿态控制方案，即使用姿态信息设计出一种伪角速率滤波器，并在此基础上设计控制算法，实现姿态镇定。滤波技术提出了一种新型的比例积分算法，实现了无需角速度测量信息的姿态控制。然而，由于需要训练的学习网络参数较多，导致星载计算机计算负荷过大，限制了这种方法的在轨应用。非线性观测器技术是另一种可以实现无需角速度反馈的姿态控制方法，即设计非线性观测器来对角速度信息进行观测。例如，文献［4］设计了一种新型非线性观测器来对柔性附件的振动模态和姿态角速度进行估计。除上述两种方法之外，有相关学者根据 Lyapunov 稳定性理论提出了新型仅依靠姿态测量信息的航天器姿态控制方法。例如文献［5］仅使用航天器姿态的输出反馈信息，即可实现航天器姿态的全局渐近跟踪。

本章主要研究基于四元数模型的柔性航天器姿态控制问题，提出了两种无角速度测量信息控制器。其一，考虑柔性航天器的模态变量是完全可测时，设计基于全状态反馈的无角速度控制器；其二，考虑实际应用中航天器的柔性模态变量难以测量时，构建动态观测器以获得柔性模态的观测值，并设计基于观测器的无角速度控制器。最后，通过数值仿真算例，验证了所设计的控制算法的正确性与有效性。

10.2　基本假设与相关引理

10.2.1　有限时间稳定定义与引理

为了方便控制器设计及闭环系统的稳定性分析，首先给出如下有限时间控制相关定义和引理。

定义 10-1　考虑如下非线性系统

$$\dot{\boldsymbol{x}}=f(\boldsymbol{x})+\boldsymbol{u},\quad f(\boldsymbol{0})=\boldsymbol{0},\boldsymbol{x}\in\mathbb{R}^n \tag{10-1}$$

其中，$\boldsymbol{x}\in\mathbb{R}^n$ 为控制系统状态变量；$\boldsymbol{u}$ 为控制输入。若系统是 Lyapunov 稳定的，且存在时间函数 $T(x)$，使得对于所有 $t\geqslant T(x)$ 的 $\boldsymbol{x}(t)=\boldsymbol{0}$ 恒成立，则系统是有限时间稳定的。如果对于任意 $\boldsymbol{x}(t_0)=\boldsymbol{x}_0$，存在 $\varepsilon>0$ 及 $T(\varepsilon,\ \boldsymbol{x}_0)<\infty$，使得对于所有 $t\geqslant t_0+T(\varepsilon,\ \boldsymbol{x}_0)$，$\|\boldsymbol{x}(t)\|<\varepsilon$ 恒成立，则称系统是实际有限时间稳定的。

引理 10-1　考虑非线性系统，假设存在定义在包含原点邻域 $\hat{U}\subset\mathbb{R}^n$ 内的连续可微函数 $V(\boldsymbol{x})$，且存在实数 $\lambda>0$，$\eta>0$，$0<\alpha<1$，满足：

1) $V(\boldsymbol{x})$ 在 $\hat{U}$ 中正定。

2) $\dot{V}(\boldsymbol{x})\leqslant-\lambda V^{\alpha}(\boldsymbol{x})+\eta,\quad\forall\boldsymbol{x}\in\hat{U}$。

则系统是实际有限时间稳定的，即在有限时间 T 内到达平衡点的邻域内，且 T 满足

$$T\leqslant\frac{V^{1-\alpha}(\boldsymbol{x}_0)}{\lambda\theta_0(1-\alpha)} \tag{10-2}$$

其中，$V(\boldsymbol{x}_0)$ 为 $V(\boldsymbol{x})$ 的初值，θ_0 可取 (0，1) 内任意数值。系统收敛到平衡点邻域的范围可以表示为

$$D=\left\{\lim_{t\to T}\left|V^{\alpha}(x)\leqslant\frac{\eta}{\lambda(1-\theta_0)}\right.\right\} \tag{10-3}$$

10.2.2　预设性能控制定义与引理

在航天器完成姿态跟踪任务的过程中，期望姿态四元数 $\boldsymbol{q}_{\mathrm{d}}$ 通常为固定值，即 $\dot{\boldsymbol{q}}_{\mathrm{d}}=\boldsymbol{0}$。因此，姿态跟踪误差的一阶导数 $\dot{\tilde{\boldsymbol{q}}}$ 直接反映了航天器姿态角速度的大小。为了使系统具有期望的动态过程并保证姿态敏感器正常工作，对跟踪误差 $\tilde{\boldsymbol{q}}$ 及其一阶导数 $\dot{\tilde{\boldsymbol{q}}}$ 进行适当约束是十分必要的。由于本章选取的终端滑模面同时包含 $\tilde{\boldsymbol{q}}$ 及 $\dot{\tilde{\boldsymbol{q}}}$ 的信息，对系统的滑模面响应 $\boldsymbol{s}_i$ 进行约束即可在一定程度上同时约束姿态跟踪误差及航天器姿态角速度。

预设性能控制通过引入形如式（10-4）的性能函数及误差变换，能够将系统的跟踪误差限定在如下约束范围内[6]

$$\rho(t)=(\rho_0-\rho_{\infty})e^{-ht}+\rho_{\infty} \tag{10-4}$$

$$-\rho(t)<e(t)<\rho(t) \tag{10-5}$$

其中，ρ_0 为性能函数初值；ρ_{∞} 为系统稳态误差允许范围；h 为性能函数收敛速率，h 越

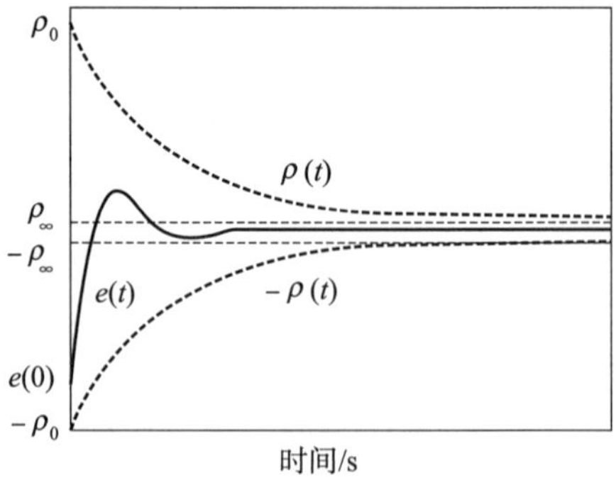

图 10－1　预设跟踪误差响应曲线范例

大则性能函数的收敛速度越快。在性能函数 $\rho(t)$ 约束下的误差响应曲线如图 10－1 所示。除设计性能函数外，传统的预设性能控制还需要对系统进行误差变换，将约束下的跟踪控制问题转化为无约束的稳定控制问题，由于与本章内容无关，这里不再详细给出变换过程。

假设 10－1　外部干扰力矩 $\boldsymbol{d}$ 及航天器整体转动惯量 $\boldsymbol{J}$ 满足 $1/2\,\|\boldsymbol{J}^{-1}\boldsymbol{d}\| \leqslant d_{\max}$，其中 $d_{\max}$ 为未知的正常数。

在假设 10－1 的条件下，针对航天器姿态跟踪动力学方程，即

$$\dot{\tilde{\boldsymbol{q}}} = \frac{1}{2}\begin{pmatrix} -\tilde{\boldsymbol{q}}_{\mathrm{v}}^{\mathrm{T}} \\ \tilde{\boldsymbol{q}}^{\times} + \tilde{q}_0 \boldsymbol{I}_3 \end{pmatrix} \tilde{\boldsymbol{\omega}}$$

$$\boldsymbol{J}\dot{\tilde{\boldsymbol{\omega}}} = -\boldsymbol{\omega}^{\times}\boldsymbol{J}\boldsymbol{\omega} + \boldsymbol{J}(\tilde{\boldsymbol{\omega}}^{\times}\boldsymbol{M}\boldsymbol{\omega}_{\mathrm{d}} - \boldsymbol{M}\dot{\boldsymbol{\omega}}_{\mathrm{d}}) + \boldsymbol{u} + \boldsymbol{d}$$

本章控制律的设计目标为：设计有限时间控制器，使得误差四元数和误差角速度在有限时间内收敛，完成对期望信号的跟踪，即

$$\lim_{t\to T}\tilde{q}_0 = 1,\ \lim_{t\to T}\tilde{\boldsymbol{q}}_{\mathrm{v}} = \boldsymbol{0},\ \lim_{t\to T}\tilde{\boldsymbol{\omega}} = \boldsymbol{0} \tag{10-6}$$

10.2.3　柔性自适应控制基本假设与引理

将航天器姿态动力学及柔性振动方程的和重新表示为如下形式

$$(\boldsymbol{J}_{\mathrm{mb}} + \boldsymbol{\delta}^{\mathrm{T}}\boldsymbol{\delta})\dot{\boldsymbol{\omega}} + \boldsymbol{\delta}^{\mathrm{T}}\ddot{\boldsymbol{\eta}} = -\boldsymbol{\omega}^{\times}\left[(\boldsymbol{J}_{\mathrm{mb}} + \boldsymbol{\delta}^{\mathrm{T}}\boldsymbol{\delta})\boldsymbol{\omega} + \boldsymbol{\delta}^{\mathrm{T}}\dot{\boldsymbol{\eta}}\right] + \boldsymbol{u} + \boldsymbol{d} \tag{10-7}$$

$$\ddot{\boldsymbol{\eta}} + \boldsymbol{C}\dot{\boldsymbol{\eta}} + \boldsymbol{K}\boldsymbol{\eta} = -\boldsymbol{\delta}\dot{\boldsymbol{\omega}} \tag{10-8}$$

考虑柔性航天器在轨运行过程中存在中心转动惯量及外部干扰未知的问题，在控制器设计之前，本章首先做出如下假设：

假设 10－2　假设柔性航天器中心体转动惯量矩阵 $\boldsymbol{J}_{\mathrm{mb}}$ 为如下对称矩阵

$$\boldsymbol{J}_{\mathrm{mb}} = \begin{pmatrix} J_{11} & J_{12} & J_{13} \\ J_{12} & J_{22} & J_{23} \\ J_{13} & J_{23} & J_{33} \end{pmatrix}$$

矩阵中各元素满足

$$J_{\min} \leqslant J_{ij} \leqslant J_{\max}(i,j=1,2,3) \tag{10-9}$$

其中，$J_{\min}>0$、$J_{\max}>0$ 分别为转动惯量未知参数的最小值与最大值。

假设 10-3　假设在航天器姿态控制过程中，柔性附件的柔性模态 $\boldsymbol{\eta}$ 以及其变化率 $\dot{\boldsymbol{\eta}}$ 有界，即

$$\|\boldsymbol{\eta}\| \leqslant \rho_1, \|\dot{\boldsymbol{\eta}}\| \leqslant \rho_2 \tag{10-10}$$

其中，ρ_1、ρ_2 为正常数。

由于航天器姿态控制系统是一个复杂、多变量的系统，本章节利用反步法，将复杂系统拆分为几个小的子系统，逐一镇定。为了便于开展控制器设计和系统稳定性分析，首先引入以下引理和算子。

引理 10-2　考虑一个非线性系统

$$\begin{cases}\dot{\boldsymbol{x}}(t)=\boldsymbol{f}(\boldsymbol{x})+\boldsymbol{g}(\boldsymbol{x})\boldsymbol{u}+\boldsymbol{d} \\ \boldsymbol{y}(t)=\boldsymbol{h}(\boldsymbol{x},\boldsymbol{u})\end{cases} \tag{10-11}$$

其中，$\boldsymbol{x}$ 为系统的状态变量；$\boldsymbol{y}$ 为系统的输出；$\boldsymbol{u}$ 为系统的控制量；$\boldsymbol{d}$ 为系统的干扰量。在给定一个抑制性能指标值 γ 的条件下，如果存在一个半正定函数 $V(x)$ ，使得系统满足

$$V(\boldsymbol{x}(\tau)) \leqslant V(x(0))+\int_0^\tau(\gamma^2\|\boldsymbol{d}\|^2-\|\boldsymbol{y}\|^2)\,\mathrm{d}t, \boldsymbol{d} \in L_2[0,T] \tag{10-12}$$

则称系统满足从外部干扰力矩到输出信号的 L_2 增益不大于 γ 。

引理 10-3　考虑一个非自治系统

$$\dot{\boldsymbol{x}}=f(t,\boldsymbol{x}) \tag{10-13}$$

其中，f：$(0,\infty)\times D \rightarrow \boldsymbol{R}^n$ 在时间上分段连续，D 为包含原点在内的定义域，x 在 D 上满足局部 Lipschitz 条件。假设 $\boldsymbol{x}=\boldsymbol{0}$ 是系统的平衡点，函数 V：$D \rightarrow \boldsymbol{R}$ 连续可导，其径向无界，若满足

$$\dot{V} \leqslant -\boldsymbol{W}(x) \leqslant 0 \tag{10-14}$$

则系统（10-13）的解是一致有界稳定的，且有

$$\lim_{t\rightarrow\infty}\boldsymbol{W}(x)=0 \tag{10-15}$$

为了方便将转动惯量矩阵中的未知参数提取出来，将对称的转动惯量矩阵转化为六维列向量的形式。依据参考文献［7］所提方法，本章引入具有如下性质的线性算子 $L(\cdot)$：$\boldsymbol{R}^3 \rightarrow \boldsymbol{R}^{3\times 6}$ 。

对于一个任意的三维列向量 $\boldsymbol{c}=(c_1\quad c_2\quad c_3)^{\mathrm{T}} \in \boldsymbol{R}^3$，该算子满足

$$\boldsymbol{L}(c)=\begin{pmatrix} c_1 & 0 & 0 & c_2 & c_3 & 0 \\ 0 & c_2 & 0 & c_1 & 0 & c_3 \\ 0 & 0 & c_3 & 0 & c_1 & c_2 \end{pmatrix}$$

定义 $\boldsymbol{\theta}=(J_{11}\quad J_{22}\quad J_{33}\quad J_{12}\quad J_{13}\quad J_{23})^{\mathrm{T}}$ ，有

$$\boldsymbol{J}_{\mathrm{mb}}\boldsymbol{c}=L(\boldsymbol{c})\boldsymbol{\theta} \tag{10-16}$$

10.3　基于有限时间的自适应姿态跟踪控制律

针对大型桁架结构航天器姿态跟踪系统，选取如下形式的终端滑模面

$$s=\dot{\tilde{\boldsymbol{q}}}_{\mathrm{v}}+\beta\operatorname{sig}(\tilde{\boldsymbol{q}}_{\mathrm{v}})^{p} \tag{10-17}$$

其中，$\beta>0$，$0<p<1$ 为待设计的参数，且有：

$$\operatorname{sig}(\tilde{\boldsymbol{q}}_{\mathrm{v}})^{p}=(|\tilde{q}_{\mathrm{v1}}|^{p}\operatorname{sgn}(\tilde{q}_{\mathrm{v1}}),\ |\tilde{q}_{\mathrm{v2}}|^{p}\operatorname{sgn}(\tilde{q}_{\mathrm{v2}}),\ |\tilde{q}_{\mathrm{v3}}|^{p}\operatorname{sgn}(\tilde{q}_{\mathrm{v3}}))^{\mathrm{T}}$$

令 $\boldsymbol{\tau}_{\mathrm{s}}=(\tau_{\mathrm{s1}},\ \tau_{\mathrm{s2}},\ \tau_{\mathrm{s3}})^{\mathrm{T}}$，$\tau_{\mathrm{s}i}=\beta p\ |\tilde{q}_{\mathrm{v}i}|^{p-1}\ \dot{\tilde{q}}_{\mathrm{v}i}$，设计如下形式的控制器

$$\boldsymbol{u}=-\boldsymbol{J}_{\mathrm{mb}}\boldsymbol{G}^{-1}=-\boldsymbol{J}\boldsymbol{G}^{-1}\left[\operatorname{sat}(\boldsymbol{\tau}_{\mathrm{s}},\boldsymbol{\tau}_{\mathrm{m}})+k_{1}\operatorname{sig}(s)^{r}+\frac{\hat{\kappa}\boldsymbol{s}}{2\varepsilon^{2}}\right]-\boldsymbol{F}-\boldsymbol{J}\boldsymbol{G}^{-1}\dot{\boldsymbol{G}}\tilde{\boldsymbol{\omega}} \tag{10-18}$$

$$\operatorname{sat}(\tau_{\mathrm{s}},\tau_{\mathrm{m}})=[\operatorname{sat}(\tau_{\mathrm{s1}},\tau_{\mathrm{m}}),\cdots,\operatorname{sat}(\tau_{\mathrm{s3}},\tau_{\mathrm{m}})]^{\mathrm{T}}$$

$$\operatorname{sat}(\tau_{\mathrm{s}i},\tau_{\mathrm{m}})=\begin{cases}\tau_{\mathrm{s}i}, & \tau_{\mathrm{s}i}\leqslant\tau_{\mathrm{m}}\\ \tau_{\mathrm{m}}\operatorname{sgn}(\dot{\tilde{q}}_{\mathrm{v}i}), & \tau_{\mathrm{s}i}>\tau_{\mathrm{m}}\end{cases}$$

其中，$k_1>0$，$0<r<1$ 为待设计的控制参数；τ_{m} 为饱和函数阈值；$\boldsymbol{G}=(\tilde{\boldsymbol{q}}_{\mathrm{v}}^{\times}+\tilde{q}_{0}\boldsymbol{I}_{3})$，且有 $\|\boldsymbol{G}\|=1$；$\boldsymbol{F}=\boldsymbol{\omega}\times\boldsymbol{J}\boldsymbol{\omega}+\boldsymbol{J}(\tilde{\boldsymbol{\omega}}^{\times}\boldsymbol{C}\boldsymbol{\omega}_{\mathrm{d}}-\boldsymbol{M}\dot{\boldsymbol{\omega}}_{\mathrm{d}})$。

设计如下形式的自适应律对干扰进行估计

$$\dot{\hat{\kappa}}=\rho\left(\frac{\|\boldsymbol{s}\|^{2}}{2\varepsilon^{2}}-\eta\hat{\kappa}\right) \tag{10-19}$$

其中，ρ，$\eta>0$，ε 为任意常数，$\kappa=d_{\max}^{2}$ 为系统广义干扰上界的平方，$\hat{\kappa}$ 为 κ 的自适应估计值，且有 $\hat{\kappa}=\kappa-\tilde{\kappa}$，$\tilde{\kappa}$ 为估计误差。

定理 10-1 对于满足假设 10-1 的航天器姿态跟踪系统，采用控制器和自适应律，能够使系统状态从任一初值在有限时间内到达滑模面邻域后又在有限时间内收敛于平衡点邻域，即系统是实际有限时间稳定的。

证明：定理 10-1 的证明分为两个步骤，首先证明系统状态能够在有限时间内收敛于滑模面 s_i 的邻域 Δ_i；再证明系统状态收敛于滑模面邻域后，能够在有限时间内收敛于平衡点邻域 Ω_i。

第 1 步：定义如下 Lyapunov 函数

$$V_{1,i}=\frac{1}{2}s_{i}^{2}+\frac{1}{2\rho}\tilde{\kappa}^{2} \tag{10-20}$$

对 Lyapunov 函数求导，并代入终端滑模面、控制器及自适应律，可得：

$$\begin{aligned}\dot{V}_{1,i}&=s_{i}\dot{s}_{i}-\tilde{\kappa}\dot{\hat{\kappa}}\\&=-s_{i}(k_{1}\operatorname{sig}(s_{i})^{r}-(\boldsymbol{G}\boldsymbol{J}^{-1}\boldsymbol{d})_{i})-\frac{\kappa s_{i}^{2}}{2\varepsilon^{2}}+\eta\tilde{\kappa}\hat{\kappa}+s_{i}(\beta p\ |\tilde{q}_{\mathrm{v}i}|^{p-1}\ \dot{\tilde{q}}_{\mathrm{v}i}-\operatorname{sat}(\tau_{\mathrm{s}},\tau_{\mathrm{m}}))\\&\leqslant-k_{1}\ |s_{i}|^{r+1}+s_{i}d_{\max}-\frac{\kappa s_{i}^{2}}{2\varepsilon^{2}}+\eta\tilde{\kappa}\hat{\kappa}+s_{i}(\beta p\ |\tilde{q}_{\mathrm{v}i}|^{p-1}\ \dot{\tilde{q}}_{\mathrm{v}i}-\operatorname{sat}(\tau_{\mathrm{s}},\tau_{\mathrm{m}}))\end{aligned} \tag{10-21}$$

为方便证明，将系统状态空间划分为如图 10-2 所示的两个子空间 A 和 B，其定义为

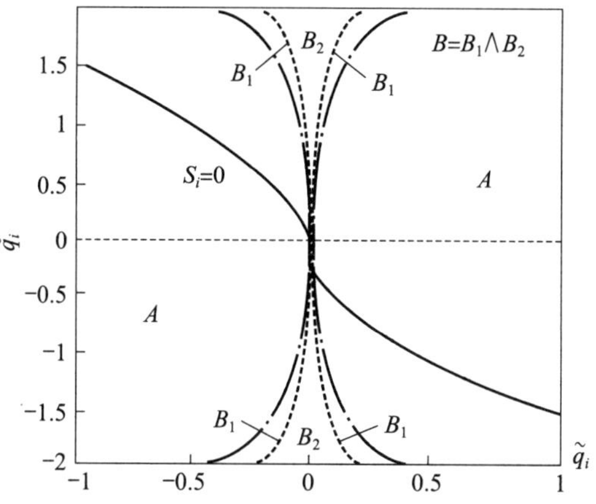

图 10-2　控制器奇异、非奇异区域示意图

$$A=\{(\tilde{q}_{vi},\dot{\tilde{q}}_{vi}):\tau_{si}\leqslant\tau_m\}$$

$$B=\{(\tilde{q}_{vi},\dot{\tilde{q}}_{vi}):\tau_{si}>\tau_m\}$$

(i) 当系统状态位于区域 A 时，饱和函数取为

$$\text{sat}(\tau_{si},\tau_m)=\beta p\ |\tilde{q}_{vi}|^{p-1}\ \dot{\tilde{q}}_{vi} \tag{10-22}$$

对于任意 ε ，有

$$s_i d_{\max}\leqslant\frac{\kappa s_i}{2\varepsilon^2}+\frac{\varepsilon^2}{2} \tag{10-23}$$

将式（10-22)、式（10-23）代入式（10-21），可得

$$\dot{V}_{1,i}\leqslant -k_1\ |s_i|^{r+1}+\eta\tilde{\kappa}\hat{\kappa}+\frac{\varepsilon^2}{2} \tag{10-24}$$

式中，对于任意 $\delta>1/2$，有：

$$\begin{aligned}\eta\tilde{\kappa}\hat{\kappa}&=\eta(-\tilde{\kappa}^2+\tilde{\kappa}\hat{\kappa})\\&\leqslant\eta\left(-\tilde{\kappa}^2+\frac{1}{2\delta}\tilde{\kappa}^2+\frac{\delta}{2}\kappa^2\right)\\&=\frac{-\eta(2\delta-1)}{2\delta}\tilde{\kappa}^2+\frac{\eta\delta}{2}\kappa^2\end{aligned} \tag{10-25}$$

令 $\xi=\frac{\eta(2\delta-1)}{2\delta}\tilde{\kappa}^2$，并将式（10-25）代入式（10-24），可得：

$$\begin{aligned}\dot{V}_{1,i}&\leqslant -k_1\ (s_i^2)^{\frac{r+1}{2}}-\xi^{\frac{r+1}{2}}+\xi^{\frac{r+1}{2}}+\eta\tilde{\kappa}\hat{\kappa}+\frac{\varepsilon^2}{2}\\&=-\gamma\left(\frac{1}{2}s_i^2\right)^{\frac{r+1}{2}}-\gamma\left(\frac{1}{2\rho}\tilde{\kappa}^2\right)^{\frac{r+1}{2}}+\xi^{\frac{r+1}{2}}+\eta\tilde{\kappa}\hat{\kappa}+\frac{\varepsilon^2}{2}\\&=-\gamma V_{1,i}^{\frac{r+1}{2}}+\xi^{\frac{r+1}{2}}+\eta\tilde{\kappa}\hat{\kappa}+\frac{\varepsilon^2}{2}\end{aligned} \tag{10-26}$$

其中 $\gamma = 2^{\frac{r+1}{2}} k_1$， $\rho = \dfrac{\delta \gamma^{\frac{2}{r+1}}}{\eta(2\delta - 1)}$。

情况 1：当 $\xi > 1$ 时，有如下关系成立

$$\xi^{\frac{r+1}{2}} + \eta \tilde{\kappa} \hat{\kappa} < \xi + \eta \tilde{\kappa} \hat{\kappa} \leqslant \frac{\chi \delta}{2} \kappa^2 \tag{10-27}$$

情况 2：当 $\xi \leqslant 1$ 时，有如下关系成立

$$\xi^{\frac{r+1}{2}} - \xi \leqslant \vartheta_0 \tag{10-28}$$

其中，$\vartheta_0 = p_0^{\ p_0/(1-p_0)} - p_0^{\ 1/(1-p_0)} > 0$，　$p_0 = (r+1)/2$。

综合情况 1 及情况 2，可得

$$\xi^{\frac{r+1}{2}} + \eta \tilde{\kappa} \hat{\kappa} < \frac{\eta \delta}{2} \kappa^2 + \vartheta_0 \tag{10-29}$$

将式（10-29）代入式（10-26），可得

$$\dot{V}_{1,i} \leqslant - \gamma V_{1,i}^{\frac{r+1}{2}} + \eta_0 \tag{10-30}$$

其中，$\eta_0 = \eta \delta \kappa^2 / 2 + \varepsilon^2 / 2 + \vartheta_0$。

由引理 10-1 可知，系统状态能够在有限时间内收敛于滑模面 s_i 的邻域 Δ_i，且收敛时间 $T_{1,i}$ 及 Δ_i 满足

$$T_{1,i} \leqslant \frac{2 V_{1,i}^{\frac{1-r}{2}}(0)}{\gamma \theta_1 (1-r)}, \quad \Delta_i \leqslant \sqrt{2} \left[\frac{\eta_0}{(1-\theta_1)\gamma} \right]^{\frac{1}{r+1}} \tag{10-31}$$

其中 $0 < \theta_1 < 1$，$V_{1,i}(0)$ 为 $V_{1,i}$ 的初值。

(ii) 当系统状态位于区域 B 时，饱和函数取为

$$\mathrm{sat}(\tau_{si}, \tau_m) = \tau_m \mathrm{sgn}(\dot{\tilde{q}}_{vi}) \tag{10-32}$$

如图 10-2 所示，区域 B 还可以被划分为两部分，即 $B = B_1 \cup B_2$，其定义为

$$B_1 = \{ (\tilde{q}_{vi}, \dot{\tilde{q}}_{vi}) : \dot{V}_{1,i} = s_i \dot{s}_i < 0 \}$$

$$B_2 = \{ (\tilde{q}_{vi}, \dot{\tilde{q}}_{vi}) : \dot{V}_{1,i} = s_i \dot{s}_i > 0 \}$$

当系统状态由区域 A 进入区域 B 时，饱和项将变为 $\beta \tau_m \mathrm{sgn}(\dot{\tilde{q}}_{vi})$。由于 k_1 是具有一定大小的正数，因此在区域 B_1 内仍有 $\dot{V}_1 < 0$ 成立。但是当系统状态从 B_1 区域进入 B_2 区域时，由于 $\dot{q}_{vi}$ 趋近于零，此时有

$$\dot{V}_{1,i} = s_i \dot{s}_i = s_i O(\beta p \, |\tilde{q}_{vi}|^{p-1} \dot{\tilde{q}}_{vi}) > 0 \tag{10-33}$$

其中，O 代表无穷大渐近的朗道符号。此时系统不再满足 $\dot{V}_{1,i} < 0$，由于系统不确定性及环境干扰等因素的影响，难以准确求得饱和区域 B_1 和 B_2 的边界，但依然可以定性地对系统稳定性进行如下分析。

系统状态 $(q_{vi}, \dot{q}_{vi})$ 之间存在如下关系

$$\tilde{q}_{vi} = \tilde{q}_{vi}(0) + \int_0^t \dot{\tilde{q}}_{vi} \mathrm{d}t \tag{10-34}$$

当系统状态位于 B_2 区域时，应分为 $\dot{\tilde{q}}_{vi}>0$ 和 $\dot{\tilde{q}}_{vi}<0$ 两种情况讨论：

1）当 $\dot{\tilde{q}}_{vi}>0$ 时，意味着 $\tilde{q}_{vi}$ 是单调递增的，此时系统状态会沿顺时针方向穿越 B_2 区域。

2）当 $\dot{\tilde{q}}_{vi}<0$ 时，$\tilde{q}_{vi}$ 是单调递减的，此时系统状态会沿逆时针方向穿越 B_2 区域。

综上，系统状态不会始终保持在 B_2 区域内，而是会在时间 $\sigma(t)$ 内穿过 B_2 区域，并最终到达 A 区域。文献［8］指出，系统状态穿越饱和区域的时间 $\sigma(t)$ 难以准确求得，但其数值仍是有限的。所以，系统状态从任一初始位置出发，均能够在有限时间内收敛于滑模面 s_i 的邻域 Δ_i，且收敛时间为 $T_{1,i}+\sigma(t)$。

第 2 步：证明系统状态收敛于滑模面邻域后，能够在有限时间内收敛于平衡点邻域 Ω_i。

由于此时系统状态位于 Δ_i 内，所以有

$$s_i=\dot{\tilde{q}}_{vi}+\beta\mathrm{sig}(\tilde{q}_{vi})^p=\phi_i \tag{10-35}$$

其中，$\phi_i\leqslant\Delta_i$。此时，选取如下 Lyapunov 函数

$$V_{2,i}=\frac{1}{2}\tilde{q}_{vi}^2 \tag{10-36}$$

对 Lyapunov 函数求导，并代入式（10-35），可得：

$$\begin{aligned}\dot{V}_{2,i}&=\tilde{q}_{vi}\dot{\tilde{q}}_{vi}=\tilde{q}_{vi}[\phi_i-\beta\mathrm{sig}(\tilde{q}_{vi})^p]\\&\leqslant-\beta|\tilde{q}_{vi}|^{p+1}+\tilde{q}_{vi}\phi_i\\&\leqslant-\chi(V_{2,i})^{\frac{p+1}{2}}+\Delta_i\end{aligned} \tag{10-37}$$

其中，$\chi=2^{\frac{p+1}{2}}\beta$。

由引理 10-1 知，系统状态收敛于滑模面邻域后，能够在有限时间内收敛于平衡点邻域，且收敛时间 $T_{2,i}$ 及 $\tilde{q}_{vi}$ 的收敛范围满足

$$T_{2,i}\leqslant\frac{2V_{2,i}^{\frac{p-1}{2}}(0)}{\chi\theta_2(1-p)},|\tilde{q}_{vi}|\leqslant\sqrt{2}\left(\frac{\Delta_i}{(1-\theta_2)\chi}\right)^{\frac{1}{p+1}} \tag{10-38}$$

进一步的，根据式（10-35）可得 $\dot{\tilde{q}}_{vi}$ 的收敛范围为

$$|\dot{\tilde{q}}_{vi}|\leqslant|\tilde{q}_{vi}|+\phi_i\leqslant\sqrt{2}\left(\frac{\Delta_i}{(1-\theta_2)\chi}\right)^{\frac{1}{p+1}}+\Delta_i \tag{10-39}$$

综上，系统状态从任一初始位置出发，均能够在有限时间内收敛于平衡点邻域 Ω_i 内，且收敛时间 T_i 及 Ω_i 满足

$$T_i=T_{1,i}+T_{2,i}+\sigma(t) \tag{10-40}$$

$$\Omega_i=\left\{(\tilde{q}_{vi},\dot{\tilde{q}}_{vi})\;\middle|\;\begin{array}{c}|\tilde{q}_{vi}|\leqslant\Lambda_i\\|\dot{\tilde{q}}_{vi}|\leqslant\Lambda_i+\Delta_i\end{array}\right\} \tag{10-41}$$

其中 $\Lambda_i=\sqrt{2}(\Delta_i/(1-\theta_2)\chi)^{1/p+1}$。

证明完毕。

注 10-1 基于终端滑模面设计的有限时间控制器通常含有奇异项 $\tau_{si}=\beta p\ |\tilde{q}_{vi}|^{p-1}\dot{\tilde{q}}_{vi}$ ，当 $\tilde{q}_{vi}=0$ 且 $\dot{\tilde{q}}_{vi}\neq 0$ 时，τ_{si} 将不再有界，控制器的输出趋向于无穷。受文献［9］的启发，本书采用饱和函数 $\mathrm{sat}(\tau_s,\ \tau_m)$ 代替了控制器中的奇异项，解决了终端滑模有限时间控制器的奇异问题。

注 10-2 如图 10-2 所示，为了保证滑模面 s_i 始终位于 A 区域内，在选取饱和函数阈值 τ_m 时，应满足 $\tau_m>\beta^2 p$ 。

注 10-3 在采用自适应方法对干扰上界进行估计和补偿时，控制器中含有的符号函数 $\mathrm{sgn}(s)$ 会导致输出抖振。受文献［10］、［11］的启发，本书设计的自适应律通过估计系统广义干扰上界平方 κ 的方式，避免了控制器的输出抖振问题。

注 10-4 当系统状态到达滑模面邻域 Δ_i 后，系统轨迹仍有可能进入，甚至反复穿越区域 B ，但很难量化地描述邻域 Δ_i 与区域 B 之间的对应关系或分析区域 B 对系统动态性能的影响。通过定性分析可以发现，当系统状态到达邻域 Δ_i 后，饱和区域 B 的存在并不影响系统实际有限时间稳定的特性，且对系统收敛性能的影响也较为微弱，后续数值仿真也验证了这一结论。

10.4 基于预设性能的状态约束有限时间跟踪控制

本章选取式（10-4）所示的性能函数对系统的滑模面响应 s_i 进行约束，根据式（10-5）可知，其约束范围可以表示为

$$-\rho_i(t)<s_i(t)<\rho_i(t) \tag{10-42}$$

设计控制器为

$$\boldsymbol{u}=-\boldsymbol{J}\,\boldsymbol{G}^{-1}\left[\mathrm{sat}(\tau_s,\tau_m)+k_1\mathrm{sig}\,(s)^{r}+\frac{\hat{\kappa}s}{2\varepsilon^2}+\mathrm{diag}\left(\frac{1}{2}\ln\frac{1+z_i}{1-z_i}\right)\right]-\boldsymbol{F}-\boldsymbol{J}\,\boldsymbol{G}^{-1}\dot{\boldsymbol{G}}\tilde{\boldsymbol{\omega}}$$

$$z_i=s_i/\varphi_{si},\quad \varphi_{si}=m\rho_i(t)+(m-1)\rho_i(t) \tag{10-43}$$

其中，当 $s_i\geqslant 0$ 时，$m=1$；当 $s_i<0$ 时，$m=0$；其余变量及参数的定义与控制器相同。

定理 10-2 对于满足假设 10-1 的航天器姿态跟踪系统，采用控制器和自适应律，能够使系统状态从任一初值在有限时间内到达滑模面邻域后又在有限时间内收敛于平衡点邻域，即系统是实际有限时间稳定的，且系统的滑模面响应 s_i 满足约束条件。

证明：与定理 10-1 的证明过程相似，定理 10-2 的证明过程同样分为两步。

第一步：选取如式（10-20）所示的 Lyapunov 函数 $\dot{V}_{1,\,i}$ 并求导，代入终端滑模面、控制器及自适应律，可得：

$$\begin{aligned}\dot{V}_{1,i}&=s_i\dot{s}_i+\tilde{\kappa}\dot{\tilde{\kappa}}\\&=-s_i\left[k_1\text{sig}(s_i)^r-(\boldsymbol{GJ}^{-1}\boldsymbol{d})_i+\frac{\hat{\kappa}s_i}{2\varepsilon^2}\right]+s_i(\beta p\ |q_{vi}|^{p-1}\dot{q}_{vi}-\text{sat}(\tau_s,\tau_m))-\\&\quad\tilde{\kappa}\dot{\hat{\kappa}}-\frac{s_i}{2}\ln\frac{\delta_i+z_i}{\delta_i-z_i}\end{aligned}\tag{10-44}$$

当 $s_i\geqslant 0$ 时，$z_i\geqslant 0$ 成立，则有

$$z_i\geqslant 0\rightarrow\ln\frac{1+z_i}{1-z_i}\geqslant 0\rightarrow\frac{s_i}{2}\ln\frac{1+z_i}{1-z_i}\geqslant 0\tag{10-45}$$

当 $s_i<0$ 时，$z_i<0$ 成立，则有

$$z_i<0\rightarrow\ln\frac{\delta_i+z_i}{\delta_i-z_i}<0\rightarrow\frac{s_i}{2}\ln\frac{\delta_i+z_i}{\delta_i-z_i}>0\tag{10-46}$$

则 $\frac{s_i}{2}\ln\frac{\delta_i+z_i}{\delta_i-z_i}\geqslant 0$ 恒成立。

根据上述分析可知，式（10-35）与式（10-21）具有相同的形式，则后续证明过程与式（10-22）～式（10-40）一致，这里不再赘述。

注 10-5　在整个控制过程中，当 s_i 受到环境干扰、参数不确定性等因素的影响而靠近约束边界 $\pm\rho_i$ 时，控制器中的预设性能项（对数项）将通过提高控制增益的方式，使 s_i 远离约束边界，这种调节机理与预设性能控制相似。

注 10-6　采用预设性能方法对系统状态进行约束时，一般需要先对系统进行误差变换，而本章直接在控制器中引入了预设性能项，无需系统变换，在一定程度上简化了控制器设计过程。严格地讲，控制器并不属于预设性能控制的范畴，但借鉴了通过性能函数对系统状态进行约束的思想，在控制效果上与传统预设性能控制有很多相似之处。

注 10-7　传统的预设性能控制一般只能约束系统一阶状态响应，难以实现系统的全状态约束。受文献［12］启发，本章通过约束系统滑模面响应，同时约束了跟踪误差 q_{vi} 及其一阶导数 $\dot{q}_{vi}$。

10.5　不确定性模型快速跟踪控制数值仿真分析

本节利用 MATLAB 对航天器姿态跟踪过程进行数值仿真，对本文设计的 PPC+FTSMC 控制律进行验证。仿真中，航天器主要参数与上一章相同，控制器参数见表 10-1。

表 10-1　控制器参数

控制律	控制参数
SMC 部分	$\tau=0.25$，$p=0.9$，$k_1=0.5$ $\mu=100$，$\chi=0.02$，$\tau_m=0.3\ \text{N}\cdot\text{m}$

续表

控制律	控制参数
PPC 部分	$h_1 = 1.5$，$\rho_{10} = 0.080$，$\rho_{1\infty} = 0.0008$ $h_2 = 1.5$，$\rho_{20} = 0.053$，$\rho_{2\infty} = 0.0006$ $h_3 = 1.5$，$\rho_{30} = 0.053$，$\rho_{3\infty} = 0.0006$

对于大型桁架结构航天器，在轨实际任务要求航天器起始姿态角和目标姿态角（姿态角不超过 8°），以及运动角速度［不超过 0.01（°）/s］，实现对某一纬度的长条形区域进行扫描，在匀速扫描时保持运动速度稳定，运动角速度误差应优于 10^{-4}（°）/s，对起始姿态角和目标姿态角的指向精度不做要求。在匀速运动过程中载荷连续成像，同时载荷动镜对姿态的连续运动和微弱抖动进行补偿，实现对某一区域的凝视。所以，仿真中航天器跟踪一组角速度呈梯形变化的指令信号，实现上述任务要求。

根据上述参数，采用 FTSMC 控制器时，航天器的姿态四元数及误差四元数如图 10-3 和图 10-4 所示，欧拉角及欧拉角误差如图 10-5 和图 10-6 所示，角速度及角速度误差如图 10-7 和图 10-8 所示。

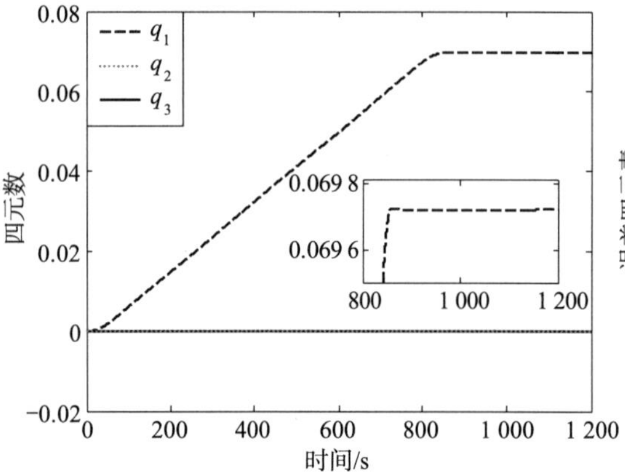

图 10-3　FTSMC 控制姿态四元数曲线（见彩插）

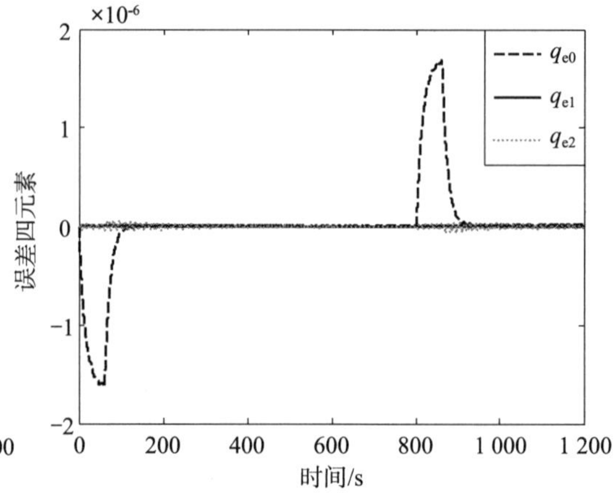

图 10-4　FTSMC 控制姿态误差四元数曲线（见彩插）

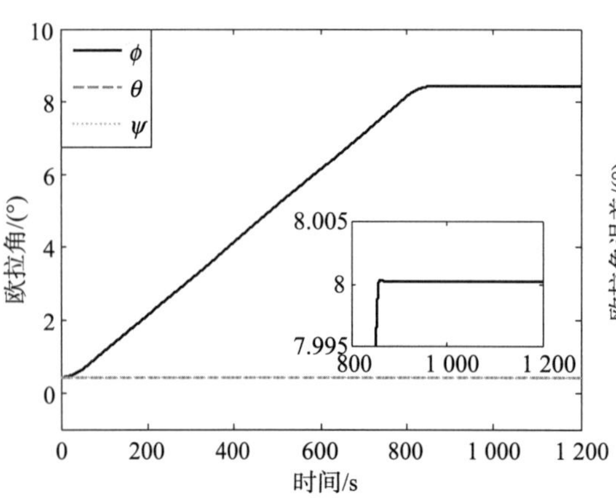

图 10-5　FTSMC 控制姿态欧拉角曲线（见彩插）

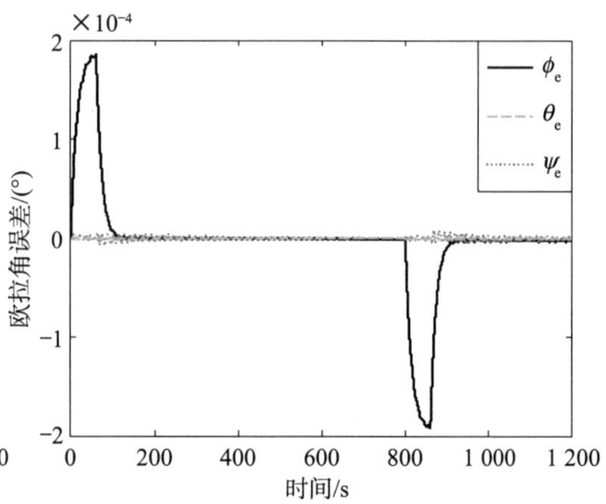

图 10-6　FTSMC 控制欧拉角误差（见彩插）

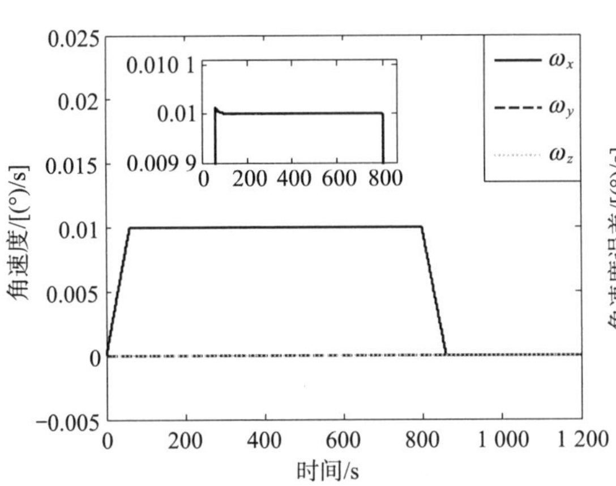

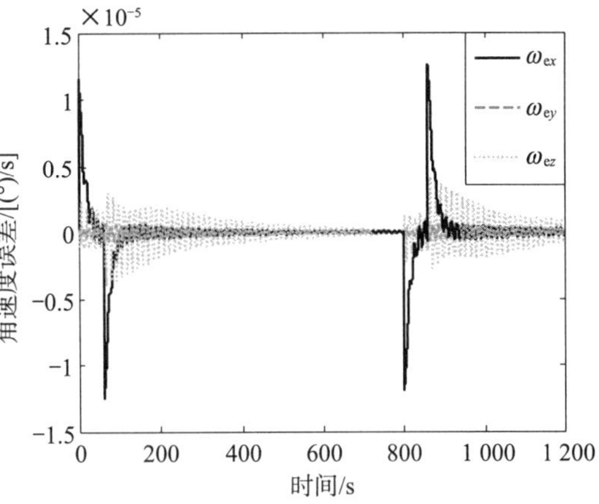

图 10－7　FTSMC 控制姿态角速度曲线（见彩插）图 10－8　FTSMC 控制姿态角速度误差（见彩插）

根据图 10－3 至图 10－8 可知，在 PPC＋FTSMC 控制器的作用下，航天器可以有效地完成姿态跟踪控制任务，最大角速度为 0.01（°）/s，在匀速扫描时保持运动速度稳定，运动角速度误差应优于 10^{-4}（°）/s，满足任务需求。同时，姿态机动过程的航天器姿态控制力矩、柔性耦合力矩及前五阶柔性模态响应曲线分别如图 10－9、图 10－10 和图 10－11 所示。

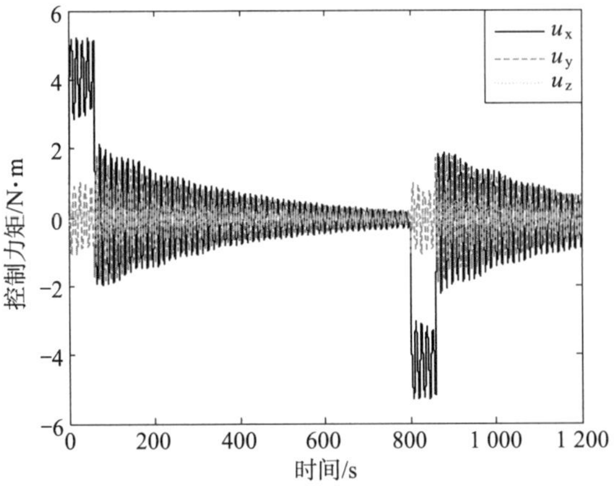

图 10－9　FTSMC 姿态控制力矩（见彩插）

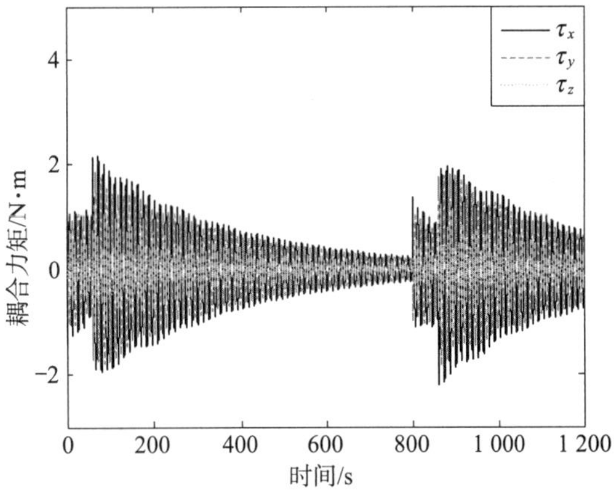

图 10－10　FTSMC 柔性耦合力矩（见彩插）

根据上述仿真结果及分析可知，相比于传统刚体航天器或柔性耦合影响较小的航天器，大型桁架结构航天器的柔性耦合力矩对姿态机动的影响更为强烈，在进行姿态跟踪过程中，柔性耦合力矩幅值最高可达到姿态控制力矩的 42%左右。但在本章设计的姿态跟踪控制器的作用下，航天器仍能够较好地完成扫描、观测等空间任务，各项指标均符合设计要求。

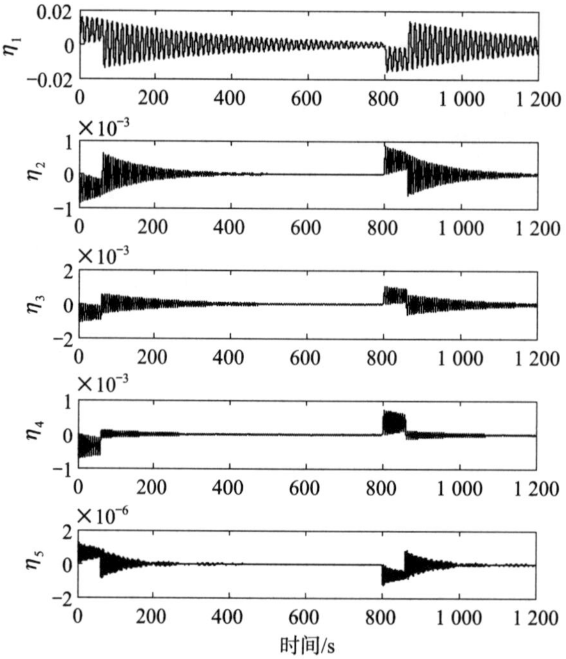

图 10－11　FTSMC 柔性模态响应

10.6　基于反步法的自适应鲁棒控制律

定理 10－3　针对系统，设计具有如下形式的控制律 $\boldsymbol{u}$

$$\boldsymbol{u}=\alpha-F\hat{\boldsymbol{\theta}}-a_3\boldsymbol{\xi}+\boldsymbol{\delta}^{\mathrm{T}}\boldsymbol{C}\boldsymbol{\delta}\boldsymbol{\omega}+\boldsymbol{\omega}^{\times}\boldsymbol{\delta}\boldsymbol{\psi}-\boldsymbol{\delta}^{\mathrm{T}}\boldsymbol{C}\boldsymbol{\psi}-\boldsymbol{\delta}^{\mathrm{T}}\boldsymbol{K}\boldsymbol{\eta} \tag{10-47}$$

与自适应律 $\dot{\hat{\boldsymbol{\theta}}}$

$$\dot{\hat{\boldsymbol{\theta}}}=-a_4\boldsymbol{\Gamma}\boldsymbol{F}^{\mathrm{T}}\boldsymbol{\xi} \tag{10-48}$$

使得系统是一致有界稳定的。其中，$\boldsymbol{\Gamma}$ 为一 6×6 的正定矩阵；$\hat{\boldsymbol{\theta}}$ 为中心刚体转动惯量 $\boldsymbol{J}_{\mathrm{mb}}$ 的参数估计，$\boldsymbol{\alpha}$ 、$\boldsymbol{\xi}$ 、$\boldsymbol{F}(\boldsymbol{\sigma},\ \boldsymbol{\omega},\ \boldsymbol{\eta},\ \boldsymbol{\psi})$ 的表达式如下

$$\boldsymbol{\alpha}=-(a_1q_0\boldsymbol{q}_{\mathrm{v}}+a_2\boldsymbol{\delta}^{\mathrm{T}}(\boldsymbol{C}\boldsymbol{\psi}-2\boldsymbol{K}\boldsymbol{\eta})) \tag{10-49}$$

$$\boldsymbol{\xi}=\boldsymbol{\omega}-\boldsymbol{\alpha} \tag{10-50}$$

$$\boldsymbol{F}=L(\dot{\alpha})+\boldsymbol{\omega}^{\times}L(\boldsymbol{\omega}) \tag{10-51}$$

且可调参数满足如下不等式组

$$\begin{cases}a_1,a_2,a_4,b_1,b_2,b_3,\gamma>0\\ a_3>\dfrac{b_1^2}{2}+\dfrac{1}{2\gamma^2}\\ a_2\boldsymbol{C}\boldsymbol{K}-\dfrac{b_2^2}{2}\boldsymbol{I}>\boldsymbol{0}\\ a_2\boldsymbol{C}-\dfrac{b_3^2}{2}\boldsymbol{I}>\boldsymbol{0}\end{cases} \tag{10-52}$$

证明： 将 ω 看作虚拟控制输入信号，结合航天器的运动学方程以及柔性附件的动力学方程，为系统的一个子系统，形式如下

$$\begin{cases}\dot{\boldsymbol{q}}=\dfrac{1}{2}\boldsymbol{E}(\boldsymbol{q})\boldsymbol{\omega}\\ \dot{\boldsymbol{\eta}}=\boldsymbol{\psi}-\boldsymbol{\delta\omega}\\ \dot{\boldsymbol{\psi}}=-\boldsymbol{K\eta}-\boldsymbol{C\psi}+\boldsymbol{C\delta\omega}\end{cases} \tag{10-53}$$

设计 Lyapunov 候选函数 V_1

$$V_1=a_1\boldsymbol{q}_v^{\mathrm{T}}\boldsymbol{q}_v+\frac{a_2}{2}(\boldsymbol{\eta}^{\mathrm{T}}\quad\boldsymbol{\psi}^{\mathrm{T}})\begin{pmatrix}2\boldsymbol{K}+\boldsymbol{C}^2 & \boldsymbol{C}\\ \boldsymbol{C} & 2\boldsymbol{I}\end{pmatrix}\begin{pmatrix}\boldsymbol{\eta}\\ \boldsymbol{\psi}\end{pmatrix} \tag{10-54}$$

对 V_1 沿着时间轨迹求导，得

$$\dot{V}_1=-a_2\boldsymbol{\psi}^{\mathrm{T}}\boldsymbol{C\psi}-a_2\boldsymbol{\eta}^{\mathrm{T}}\boldsymbol{CK\eta}+(a_1q_0\boldsymbol{q}_v^{\mathrm{T}}+a_2(\boldsymbol{\psi}^{\mathrm{T}}\boldsymbol{C}-2\boldsymbol{\eta}^{\mathrm{T}}\boldsymbol{K})\boldsymbol{\delta})\boldsymbol{\omega} \tag{10-55}$$

将式（10-49）代入式（10-55），可以得到

$$\dot{V}_1=-\boldsymbol{\alpha}^{\mathrm{T}}\boldsymbol{\alpha}-a_2\boldsymbol{\psi}^{\mathrm{T}}\boldsymbol{C\psi}-a_2\boldsymbol{\eta}^{\mathrm{T}}\boldsymbol{CK\eta} \tag{10-56}$$

由假设 10-2 易知，$\dot{V}_1$ 是负定的，那么子系统是渐近稳定的，即

$$\lim_{t\to\infty}q_0=1,\lim_{t\to\infty}\boldsymbol{q}_v=\boldsymbol{0},\lim_{t\to\infty}\boldsymbol{\eta}=\boldsymbol{0},\lim_{t\to\infty}\boldsymbol{\psi}=\boldsymbol{0} \tag{10-57}$$

定义 ξ 为实际角速度与虚拟角速度之间的误差，形式如式（10-50），构造 Lyapunov 候选函数 V_2

$$V_2=V_1+\frac{1}{2}\boldsymbol{\xi}^{\mathrm{T}}\boldsymbol{J}_{\mathrm{mb}}\boldsymbol{\xi} \tag{10-58}$$

对 V_2 沿着时间轨迹求导，可以得到：

$$\begin{aligned}\dot{V}_2&=\dot{V}_1+\boldsymbol{\xi}^{\mathrm{T}}\boldsymbol{J}_{\mathrm{mb}}\dot{\boldsymbol{\xi}}\\ &=\dot{V}_1+\boldsymbol{\xi}^{\mathrm{T}}(-\boldsymbol{\omega}^{\times}(\boldsymbol{J}_{\mathrm{mb}}\boldsymbol{\omega}+\boldsymbol{\delta}^{\mathrm{T}}\boldsymbol{\psi})+\boldsymbol{\delta}^{\mathrm{T}}(\boldsymbol{C\psi}+\boldsymbol{K\eta}-\boldsymbol{C\delta\omega})+\boldsymbol{u}+\boldsymbol{d}-\boldsymbol{J}_{\mathrm{mb}}\dot{\boldsymbol{\alpha}})\\ &=-\boldsymbol{\alpha}^{\mathrm{T}}\boldsymbol{\alpha}-a_2\boldsymbol{\psi}^{\mathrm{T}}\boldsymbol{C\psi}-a_2\boldsymbol{\eta}^{\mathrm{T}}\boldsymbol{CK\eta}+\\ &\quad\boldsymbol{\xi}^{\mathrm{T}}[-\boldsymbol{\alpha}-\boldsymbol{\omega}^{\times}(\boldsymbol{J}_{\mathrm{mb}}\boldsymbol{\omega}+\boldsymbol{\delta}^{\mathrm{T}}\boldsymbol{\psi})+\boldsymbol{\delta}^{\mathrm{T}}(\boldsymbol{C\psi}+\boldsymbol{K\eta}-\boldsymbol{C\delta\omega})+\boldsymbol{u}+\boldsymbol{d}-\boldsymbol{J}_{\mathrm{mb}}\dot{\boldsymbol{\alpha}}]\end{aligned} \tag{10-59}$$

此时，若取控制输入信号为

$$\boldsymbol{u}=\boldsymbol{\alpha}+\boldsymbol{\omega}^{\times}\boldsymbol{J}_{\mathrm{mb}}\boldsymbol{\omega}+\boldsymbol{J}_{\mathrm{mb}}\dot{\boldsymbol{\alpha}}+\boldsymbol{\omega}^{\times}\boldsymbol{\delta}^{\mathrm{T}}\boldsymbol{\psi}-\boldsymbol{\delta}^{\mathrm{T}}(\boldsymbol{C\psi}+\boldsymbol{K\eta}-\boldsymbol{C\delta\omega})-\boldsymbol{d}-a_3\boldsymbol{\xi} \tag{10-60}$$

则有

$$\dot{V}_2\leqslant-\boldsymbol{\alpha}^{\mathrm{T}}\boldsymbol{\alpha}-a_2\boldsymbol{\psi}^{\mathrm{T}}\boldsymbol{C\psi}-a_2\boldsymbol{\eta}^{\mathrm{T}}\boldsymbol{CK\eta}-a_3\boldsymbol{\xi}^{\mathrm{T}}\boldsymbol{\xi}<0 \tag{10-61}$$

但是式（10-60）中包含 $\boldsymbol{J}_{\mathrm{mb}}$ 中的未知参数以及外部干扰项 $\boldsymbol{d}$，这是很难实现的。所以需要对包含这些参数的项进行替换和放缩，转化为易实现的控制器。

利用基本不等式，对 $\boldsymbol{\xi}^{\mathrm{T}}\boldsymbol{d}$ 进行放缩，得到

$$\boldsymbol{\xi}^{\mathrm{T}}\boldsymbol{d}\leqslant\frac{1}{2\gamma^2}\boldsymbol{\xi}^{\mathrm{T}}\boldsymbol{\xi}+\frac{\gamma^2}{2}\boldsymbol{d}^{\mathrm{T}}\boldsymbol{d} \tag{10-62}$$

利用线性算子 $L(\cdot)$ 的性质，将含有 $\boldsymbol{J}_{\mathrm{mb}}$ 的项处理为

$$-\boldsymbol{\omega}^{\times}\boldsymbol{J}_{\mathrm{mb}}\boldsymbol{\omega}-\boldsymbol{J}_{\mathrm{mb}}\dot{\boldsymbol{\alpha}}=-\boldsymbol{\omega}^{\times}L(\boldsymbol{\omega})\boldsymbol{\theta}-L(\dot{\boldsymbol{\alpha}})\boldsymbol{\theta} \tag{10-63}$$

令 $\boldsymbol{F}=L(\dot{\boldsymbol{\alpha}})+\boldsymbol{\omega}^{\times}\boldsymbol{L}(\boldsymbol{\omega})$ ，则式（10－59）可写为

$$\begin{aligned}\dot{V}_2\leqslant&-\boldsymbol{\alpha}^{\mathrm{T}}\boldsymbol{\alpha}-a_2\boldsymbol{\psi}^{\mathrm{T}}\boldsymbol{C}\boldsymbol{\psi}-a_2\boldsymbol{\eta}^{\mathrm{T}}\boldsymbol{CK}\boldsymbol{\eta}+\frac{\gamma^2}{2}\boldsymbol{d}^{\mathrm{T}}\boldsymbol{d}+\\&\boldsymbol{\xi}^{\mathrm{T}}\left[\frac{1}{2\gamma^2}\boldsymbol{\xi}-\boldsymbol{\alpha}-\boldsymbol{\omega}^{\times}\boldsymbol{\delta}^{\mathrm{T}}\boldsymbol{\psi}+\boldsymbol{\delta}^{\mathrm{T}}(\boldsymbol{C}\boldsymbol{\psi}+\boldsymbol{K}\boldsymbol{\eta}-\boldsymbol{C}\boldsymbol{\delta}\boldsymbol{\omega})+\boldsymbol{u}+\boldsymbol{F}\boldsymbol{\theta}\right]\end{aligned} \tag{10-64}$$

取状态变量 $\boldsymbol{\xi}$ 、$\boldsymbol{\eta}$ 和 $\boldsymbol{\psi}$ 构成系统的输出评价信号 $\boldsymbol{z}$ ，形式如下

$$\boldsymbol{z}=(b_1\boldsymbol{\xi}^{\mathrm{T}}\quad b_2\boldsymbol{\eta}^{\mathrm{T}}\quad b_3\boldsymbol{\psi}^{\mathrm{T}}]^{\mathrm{T}} \tag{10-65}$$

将式（10－65）代入式（10－62），则 $\dot{V}_2$ 可写为

$$\begin{aligned}\dot{V}_2\leqslant&-\boldsymbol{\alpha}^{\mathrm{T}}\boldsymbol{\alpha}-\boldsymbol{\psi}^{\mathrm{T}}\left(a_2\boldsymbol{C}-\frac{b_3^2}{2}\boldsymbol{I}\right)\boldsymbol{\psi}-\boldsymbol{\eta}^{\mathrm{T}}\left(a_2\boldsymbol{CK}-\frac{b_2^2}{2}\boldsymbol{I}\right)\boldsymbol{\eta}-\frac{1}{2}\boldsymbol{z}^{\mathrm{T}}\boldsymbol{z}+\frac{\gamma^2}{2}\boldsymbol{d}^{\mathrm{T}}\boldsymbol{d}+\\&\boldsymbol{\xi}^{\mathrm{T}}\left[\left(\frac{1}{2\gamma^2}+\frac{b_1^2}{2}\right)\boldsymbol{\xi}-\boldsymbol{\alpha}-\boldsymbol{\omega}^{\times}\boldsymbol{\delta}^{\mathrm{T}}\boldsymbol{\psi}+\boldsymbol{\delta}^{T}(\boldsymbol{C}\boldsymbol{\psi}+\boldsymbol{K}\boldsymbol{\eta}-\boldsymbol{C}\boldsymbol{\delta}\boldsymbol{\omega})+\boldsymbol{u}+\boldsymbol{F}\boldsymbol{\theta}\right]\end{aligned} \tag{10-66}$$

将控制律代入上式中，可以得到

$$\dot{V}_2\leqslant-\boldsymbol{\psi}^{\mathrm{T}}\left(a_2\boldsymbol{C}-\frac{b_3^2}{2}\boldsymbol{I}\right)\boldsymbol{\psi}-\boldsymbol{\eta}^{\mathrm{T}}\left(a_2\boldsymbol{CK}-\frac{b_2^2}{2}\boldsymbol{I}\right)\boldsymbol{\eta}-\boldsymbol{\alpha}^{\mathrm{T}}\boldsymbol{\alpha}-a_3\boldsymbol{\xi}^{\mathrm{T}}\boldsymbol{\xi}+\boldsymbol{\xi}^{\mathrm{T}}\boldsymbol{F}\tilde{\boldsymbol{\theta}}-\frac{1}{2}\boldsymbol{z}^{\mathrm{T}}\boldsymbol{z}+\frac{\gamma^2}{2}\boldsymbol{d}^{\mathrm{T}}\boldsymbol{d} \tag{10-67}$$

其中，$\tilde{\boldsymbol{\theta}}$ 为中心刚体未知参数的估计误差，表达式为 $\tilde{\boldsymbol{\theta}}=\boldsymbol{\theta}-\hat{\boldsymbol{\theta}}$ 。

进一步构造第三个 Lyapunov 候选函数 V_3

$$V_3=V_2+\frac{1}{2a_4}\tilde{\theta}^{\mathrm{T}}\boldsymbol{\Gamma}^{-1}\tilde{\boldsymbol{\theta}} \tag{10-68}$$

对 V_3 求时间的导数，同时代入自适应率可得：

$$\begin{aligned}\dot{V}_3&=\dot{V}_2+\frac{1}{a_4}\tilde{\boldsymbol{\theta}}^{\mathrm{T}}\boldsymbol{\Gamma}^{-1}\dot{\hat{\boldsymbol{\theta}}}\\&\leqslant-\boldsymbol{\psi}^{\mathrm{T}}\left(a_2\boldsymbol{C}-\frac{b_3^2}{2}\boldsymbol{I}\right)\boldsymbol{\psi}-\boldsymbol{\eta}^{\mathrm{T}}\left(a_2\boldsymbol{CK}-\frac{b_2^2}{2}\boldsymbol{I}\right)\boldsymbol{\eta}-\boldsymbol{\alpha}^{\mathrm{T}}\boldsymbol{\alpha}-a_3\boldsymbol{\xi}^{\mathrm{T}}\boldsymbol{\xi}-\frac{1}{2}\boldsymbol{z}^{\mathrm{T}}\boldsymbol{z}+\frac{\gamma^2}{2}\boldsymbol{d}^{\mathrm{T}}\boldsymbol{d}\end{aligned} \tag{10-69}$$

其中，各可调参数满足不等式组（10－55）。

当外部干扰力矩 $\boldsymbol{d}=\boldsymbol{0}$ 时，式（10－69）可写为

$$\dot{V}_3\leqslant-\boldsymbol{\alpha}^{\mathrm{T}}\boldsymbol{\alpha}-a_3\boldsymbol{\xi}^{\mathrm{T}}\boldsymbol{\xi}-\frac{1}{2}\boldsymbol{z}^{\mathrm{T}}\boldsymbol{z}-\boldsymbol{\psi}^{\mathrm{T}}\left(a_2\boldsymbol{C}-\frac{b_3^2}{2}\boldsymbol{I}\right)\boldsymbol{\psi}-\boldsymbol{\eta}^{\mathrm{T}}\left(a_2\boldsymbol{CK}-\frac{b_2^2}{2}\boldsymbol{I}\right)\boldsymbol{\eta} \tag{10-70}$$

为了方便表达，定义

$$M_1=\boldsymbol{\alpha}^{\mathrm{T}}\boldsymbol{\alpha}+a_3\boldsymbol{\xi}^{\mathrm{T}}\boldsymbol{\xi}+\frac{1}{2}\boldsymbol{z}^{\mathrm{T}}\boldsymbol{z}+\boldsymbol{\psi}^{\mathrm{T}}\left(a_2\boldsymbol{C}-\frac{b_3^2}{2}\boldsymbol{I}\right)\boldsymbol{\psi}+\boldsymbol{\eta}^{\mathrm{T}}\left(a_2\boldsymbol{CK}-\frac{b_2^2}{2}\boldsymbol{I}\right)\boldsymbol{\eta} \tag{10-71}$$

可知，M_1 为半正定函数。由 Lasalle 定理可知，系统（10－7）、（10－8）是渐近稳定

的，即

$$\lim_{t\to\infty} q_0 = 1, \lim_{t\to\infty} \boldsymbol{q}_v = \boldsymbol{0}, \lim_{t\to\infty} \boldsymbol{\omega} = \boldsymbol{0}, \lim_{t\to\infty} \boldsymbol{\eta} = \boldsymbol{0}, \lim_{t\to\infty} \boldsymbol{\psi} = \boldsymbol{0} \tag{10-72}$$

当外部干扰力矩 $\boldsymbol{d} \neq \boldsymbol{0}$ 时，定义一个半正定函数

$$M_2 = -\boldsymbol{\psi}^{\mathrm{T}}\left(a_2\boldsymbol{C} - \frac{b_3^2}{2}\boldsymbol{I}\right)\boldsymbol{\psi} - \boldsymbol{\eta}^{\mathrm{T}}\left(a_2\boldsymbol{CK} - \frac{b_2^2}{2}\boldsymbol{I}\right)\boldsymbol{\eta} - \boldsymbol{\alpha}^{\mathrm{T}}\boldsymbol{\alpha} - a_3\boldsymbol{\xi}^{\mathrm{T}}\boldsymbol{\xi} \tag{10-73}$$

则式（10-69）可写为

$$\dot{V}_3 \leqslant -M_2 - \frac{1}{2}\boldsymbol{z}^{\mathrm{T}}\boldsymbol{z} + \frac{\gamma^2}{2}\boldsymbol{d}^{\mathrm{T}}\boldsymbol{d} \tag{10-74}$$

对式（10-74）继续进行放缩，可以得到

$$\dot{V}_3 \leqslant -\frac{1}{2}\boldsymbol{z}^{\mathrm{T}}\boldsymbol{z} + \frac{\gamma^2}{2}\boldsymbol{d}^{\mathrm{T}}\boldsymbol{d} \tag{10-75}$$

同时对式（10-75）左右两边求 $[0, T)$ 上的积分，可以得到

$$2V_3(T) \leqslant 2V_3(0) + \int_0^T (\gamma^2 \|\boldsymbol{d}(t)\|^2 - \|\boldsymbol{y}(t)\|^2)\,\mathrm{d}t \tag{10-76}$$

由引理10—2和引理10—3可知，由系统式（10-7）、式（10-8）、式（10-47）和式（10-48）构成的闭环系统是一致有界稳定的。证明完毕。

10.7 转动惯量不确定性模型自适应数值仿真分析

为了验证控制器的有效性，参考前文的仿真算例，将航天器姿态控制器各参数初值选取如下：

角速度的初始值设为

$$\boldsymbol{\omega}(0) = (0\ \ 0\ \ 0)^{\mathrm{T}}\ \mathrm{rad/s}$$

姿态四元数的初始值为

$$\boldsymbol{q}(0) = (0.9988\quad 0\quad 0.05\quad 0)^{\mathrm{T}}$$

定义柔性航天器柔性模态变量的初始值为

$$\eta_i(0) = 0.001, \psi_i(0) = 0.000\,1,\ i = 1, 2, \cdots, 30$$

自适应估计的初始值为

$$\hat{\boldsymbol{\theta}}(0) = (1.41\times10^6\quad 1.41\times10^6\quad 9.565\times10^4\quad 5.5\quad 22.7\quad 51.1)^{\mathrm{T}}\mathrm{kg\cdot m^2}$$

控制器的可调参数选取为

$$\begin{cases} a_1 = 10, a_2 = 0.01, a_3 = 55, a_4 = 50 \\ \gamma = 0.1, b_1 = b_2 = b_3 = 1 \\ \boldsymbol{\Gamma} = \mathrm{diag}(0.1, 0.1, 0.1, 0.1, 0.1, 0.1) \end{cases}$$

首先考虑不存在外部干扰力矩的情况，仿真结果如图10-12～图10-17所示。图10-12表示的是姿态四元数的时间响应曲线，可以看出姿态变量在1 000 s趋于稳定。图10-13是对应的欧拉角的响应曲线。图10-14表示的是角速度的收敛时间，1 200 s左右收敛。从图10-15可以看出，控制力矩的时间曲线，控制力矩最大不超过30 N·m。图10-

16 是耦合控制力矩的时间响应曲线，可以看出耦合控制力矩最大幅值约为14 N • m，方向与控制力矩方向相反，且幅值略小于控制力矩。图 10 - 17 表示的是柔性模态的时间响应曲线，在自阻尼和控制器的作用下，柔性附件的振动得到了一定程度的抑制。图 10 - 18 表示的是转动惯量的估计值。可见，在控制器作用下，闭环系统的稳定性得到了保证，柔性附件的振动得到了抑制，同时，也能够使系统对外部干扰力矩具有 L_2 增益的减弱。

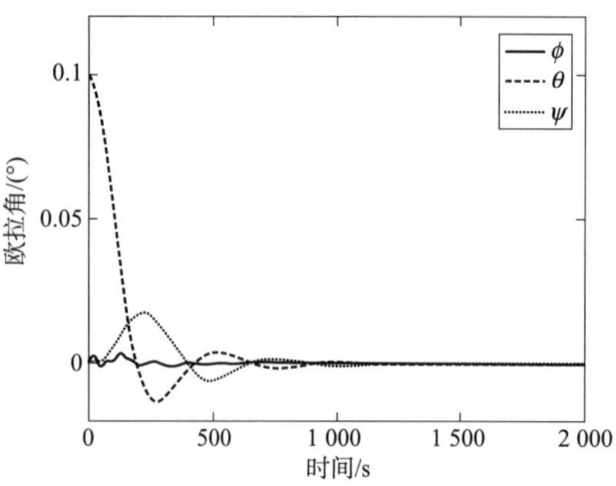

图 10 - 12　姿态四元数响应曲线（见彩插）

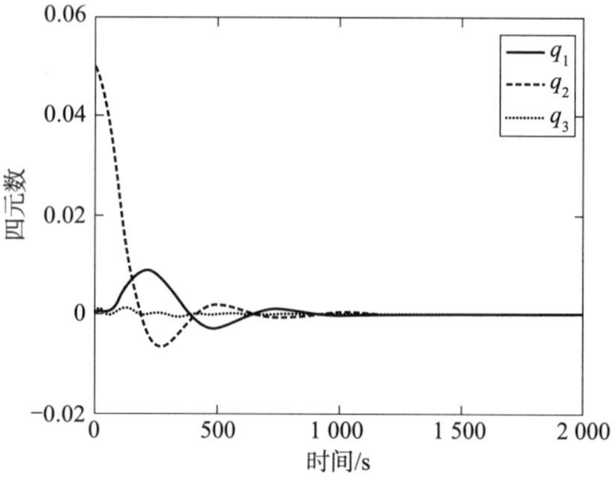

图 10 - 13　欧拉角响应曲线（见彩插）

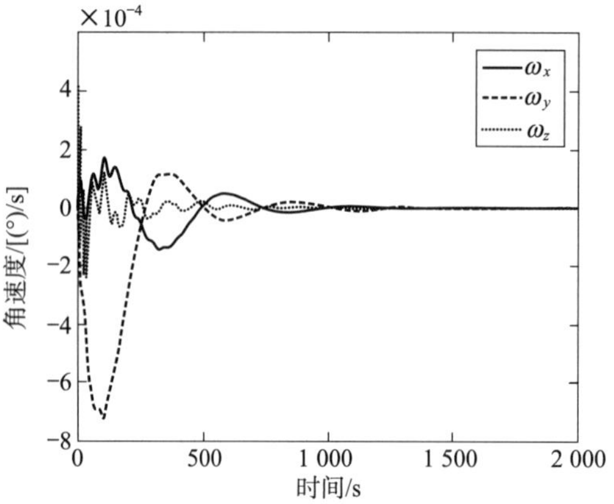

图 10 - 14　姿态角速度曲线（见彩插）

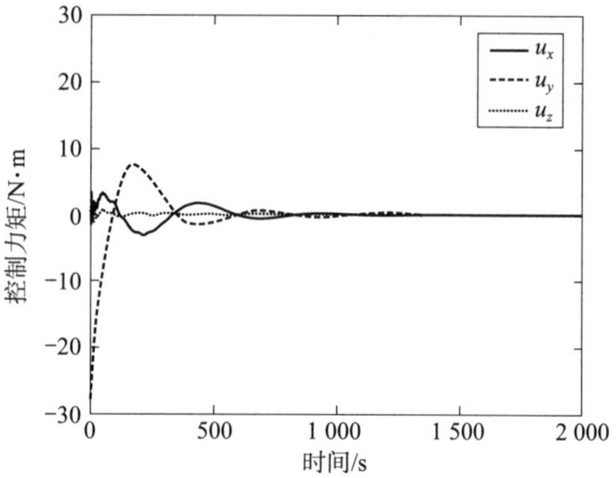

图 10 - 15　姿态控制力矩曲线（见彩插）

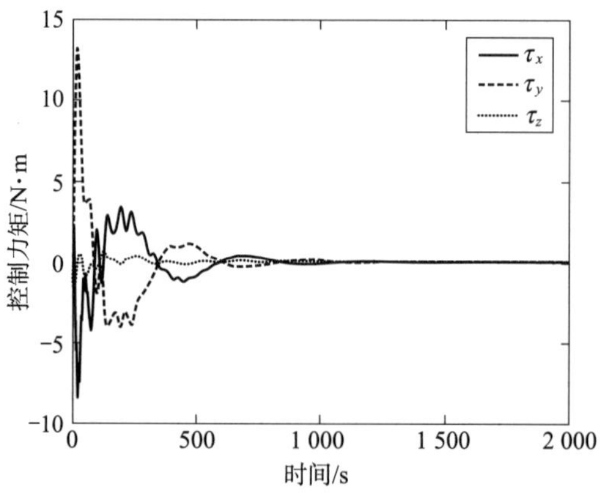

图 10 - 16　柔性耦合力矩曲线（见彩插）

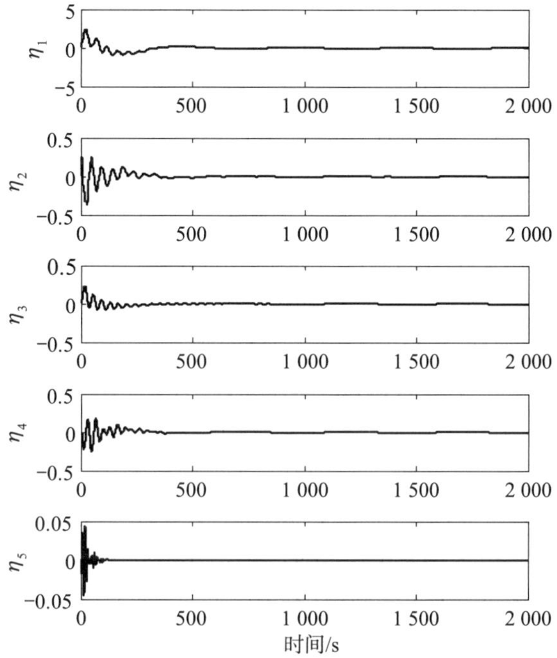

图 10-17　柔性模态响应曲线

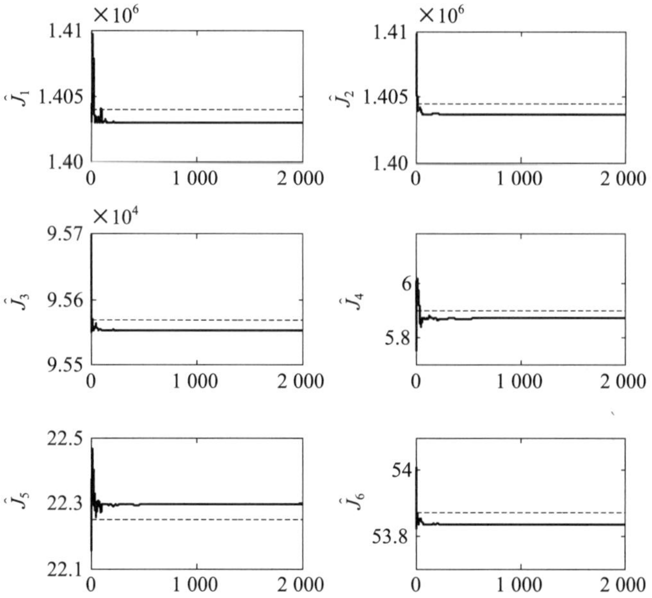

图 10-18　转动惯量的估计值

为了验证本章所设计控制器对干扰的抑制作用，接下来考虑受到外部干扰力矩影响情况，施加的外界干扰信号 $\boldsymbol{d}$ 如 10.3 节。图 10－19～图 10－25 所示为闭环系统在有外部干扰情况下各状态量的时间响应曲线。图 10－19 表示的是姿态四元数的时间响应曲线，姿态变量在 1 000 s 趋于稳定，超调量在 0.007 以内。图 10－20 表示的是四元数姿态变量对应的欧拉角的时间响应曲线。图 10－21 表示的是柔性航天器角速度的收敛情况，在 1 200 s 左右趋于稳定。图 10－22 表示的是控制力矩的时间曲线，可以看出控制力矩最大不超过 30 N·m。图 10－23 是耦合控制力矩的时间响应曲线，可能看出耦合控制力矩方向与控制力矩方向相反，而且大小稍小于控制力矩，最大幅值不超过 15 N·m。图 10－24 表示的是柔性模态的时间响应曲线，可以看出随着时间的衰减，柔性附件的振动得到了一定程度的抑制。图 10－25 表示的是转动惯量的估计值。可见，在控制器作用下，闭环系统的稳定性得到了保证，柔性附件的振动得到了抑制，同时，也能够使系统对外部干扰力矩具有 L_2 增益的减弱。

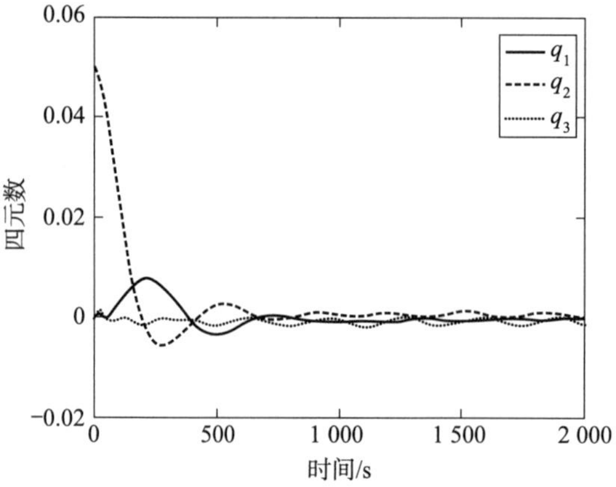

图 10－19　姿态四元数响应曲线（见彩插）

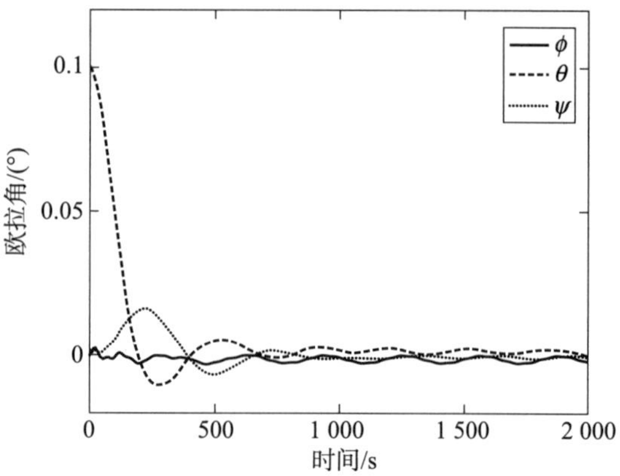

图 10－20　欧拉角响应曲线（见彩插）

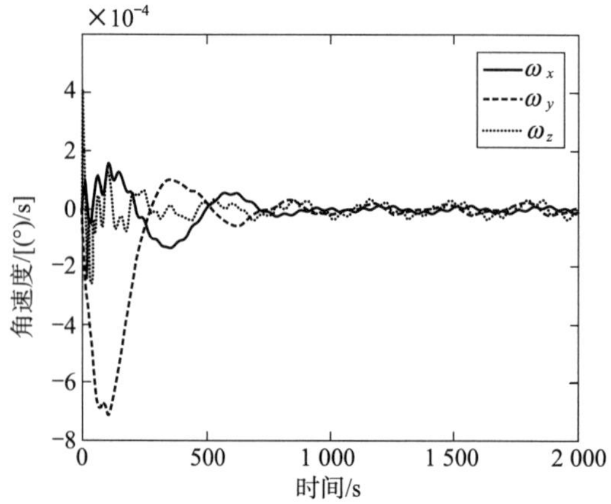

图 10－21　姿态角速度曲线（见彩插）

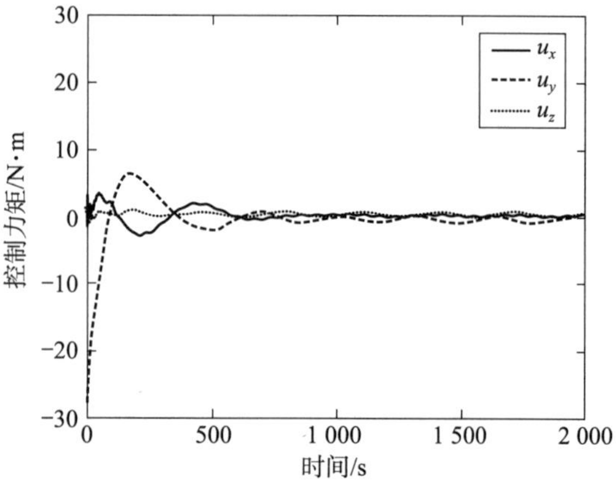

图 10－22　姿态控制力矩曲线（见彩插）

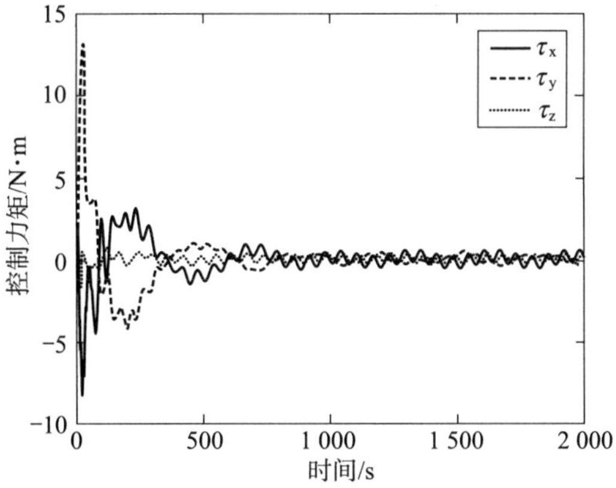

图 10-23　柔性耦合力矩曲线

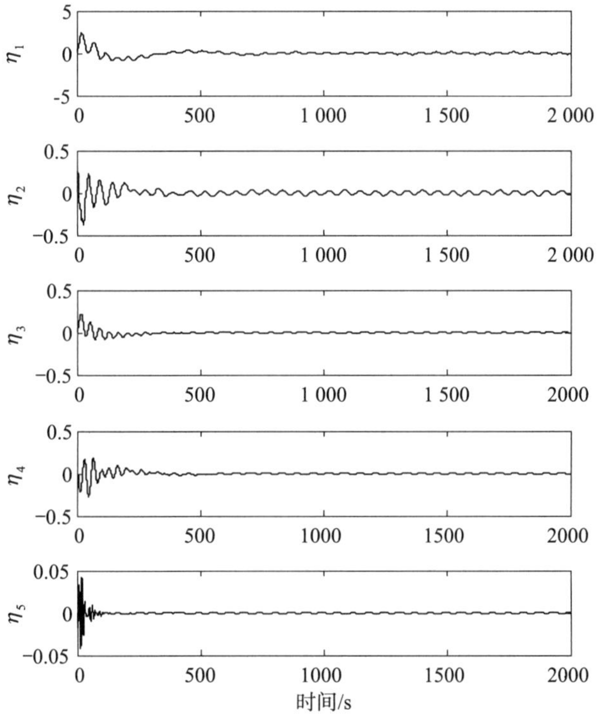

图 10-24　柔性模态响应曲线

10.8　基于状态反馈的无角速度信息姿态控制律

考虑在柔性航天器姿态控制时不存在外部干扰，转动惯量不存在摄动的情况下，航天器姿态动力学模型可写成

$$\boldsymbol{J}\dot{\boldsymbol{\omega}}+\boldsymbol{\delta}^{\mathrm{T}}\ddot{\boldsymbol{\eta}}=-\boldsymbol{\omega}\times(\boldsymbol{J}\boldsymbol{\omega}+\boldsymbol{\delta}^{\mathrm{T}}\dot{\boldsymbol{\eta}})+\boldsymbol{u} \tag{10-77}$$

对式（10-77）进行降阶简化处理，可得柔性航天器系统的动力学模型

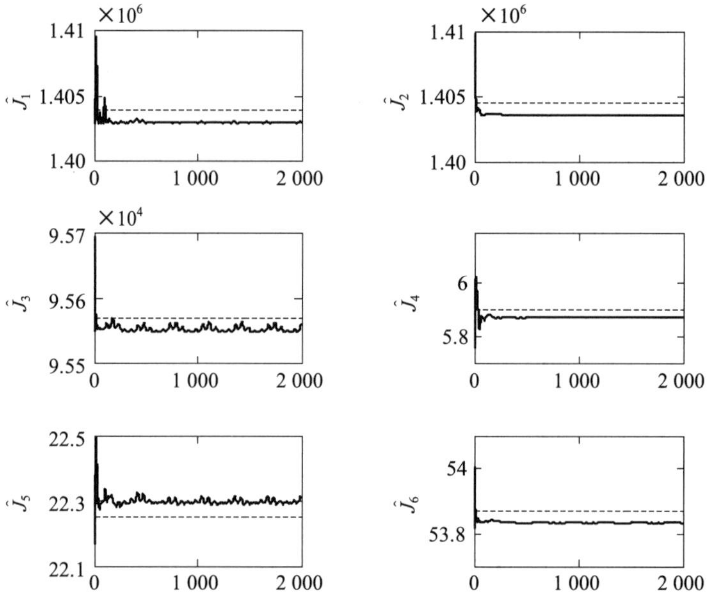

图 10 - 25　转动惯量的估计值

$$\begin{cases}\dot{\boldsymbol{\omega}}=\boldsymbol{J}_{\mathrm{mb}}^{-1}[-\boldsymbol{\omega}\times(\boldsymbol{J}_{\mathrm{mb}}\boldsymbol{\omega}+\boldsymbol{\delta}^{\mathrm{T}}\boldsymbol{\psi})+\boldsymbol{\delta}^{\mathrm{T}}(\boldsymbol{C}\boldsymbol{\psi}+\boldsymbol{K}\boldsymbol{\eta}-\boldsymbol{C}\boldsymbol{\delta}\boldsymbol{\omega})+\boldsymbol{u}]\\ \dot{\boldsymbol{\eta}}=\boldsymbol{\psi}-\boldsymbol{\delta}\boldsymbol{\omega}\\ \dot{\boldsymbol{\psi}}=-(\boldsymbol{C}\boldsymbol{\psi}+\boldsymbol{K}\boldsymbol{\eta}-\boldsymbol{C}\boldsymbol{\delta}\boldsymbol{\omega})\end{cases} \tag{10-78}$$

其中，$\boldsymbol{J}_{\mathrm{mb}}$ 为航天器中心刚体的转动惯量，满足

$$\boldsymbol{J}_{\mathrm{mb}}=\boldsymbol{J}-\boldsymbol{\delta}^{\mathrm{T}}\boldsymbol{\delta} \tag{10-79}$$

$\boldsymbol{\psi}$ 为柔性附件总速度，满足

$$\boldsymbol{\psi}=\dot{\boldsymbol{\eta}}+\boldsymbol{\delta}\boldsymbol{\omega} \tag{10-80}$$

定义矩阵 $\boldsymbol{\Xi}$

$$\boldsymbol{\Xi}(q_0,\boldsymbol{q}_{\mathrm{v}})=(-\boldsymbol{q}_{\mathrm{v}}\quad q_0\boldsymbol{I}_3-\boldsymbol{q}_{\mathrm{v}}^{\times}) \tag{10-81}$$

与姿态传感器相比，角速度传感器更为昂贵。因此，不含角速度的控制律设计在应用中显得尤为重要。本章的目的在于设计此类控制器使柔性航天器系统满足

$$\lim_{t\to\infty}\boldsymbol{q}_{\mathrm{v}}(t)=\boldsymbol{0},\ \lim_{t\to\infty}\boldsymbol{\eta}(t)=\boldsymbol{0},\ \lim_{t\to\infty}\boldsymbol{\psi}(t)=\boldsymbol{0},\lim_{t\to\infty}\boldsymbol{\omega}(t)=\boldsymbol{0} \tag{10-82}$$

在本节中，首先假设 $\boldsymbol{\eta}$ 和 $\boldsymbol{\psi}$ 完全可测，角速度信息不可测得，引入如下非线性滤波器

$$\boldsymbol{z}=\boldsymbol{C}_{\mathrm{v}}(\boldsymbol{s})\dot{\boldsymbol{q}} \tag{10-83}$$

其中，$\boldsymbol{C}_{\mathrm{v}}(\boldsymbol{s})$ 是一个 4×4 的线性时不变且严格实正定的正则传递矩阵。基于此滤波器，针对柔性航天器系统式（10 - 78），设计全状态反馈无角速度测量信息控制器

$$\boldsymbol{u}=-\boldsymbol{F}\begin{pmatrix}\boldsymbol{q}_{\mathrm{v}}\\ \boldsymbol{\eta}\\ \boldsymbol{\psi}\end{pmatrix}-2\boldsymbol{\Xi}(q_0,\boldsymbol{q}_{\mathrm{v}})\boldsymbol{z} \tag{10-84}$$

其中

$$\boldsymbol{F}=\left(k\boldsymbol{I}_3\quad \boldsymbol{\delta}^{\mathrm{T}}\left(\begin{pmatrix}\boldsymbol{K}\\ \boldsymbol{C}\end{pmatrix}-\boldsymbol{P}\begin{pmatrix}\boldsymbol{I}_N\\ -\boldsymbol{C}\end{pmatrix}\right)^{\mathrm{T}}\right) \tag{10-85}$$

在控制增益式（10-85）中，正定矩阵 $\boldsymbol{P}$ 将在后文中确定。根据所设计的控制器式（10-84），给出如下定理。

定理 10-4　考虑由式（10-78）描述的柔性航天器系统。令 $\boldsymbol{C}_{\mathrm{v}}(s)$ 为一个 4×4 线性时不变且严格实正定的正则传递矩阵，对称矩阵 $\boldsymbol{P}$ 满足如下李雅普诺夫方程

$$\boldsymbol{P}\begin{pmatrix}\boldsymbol{0} & \boldsymbol{I}_N\\ -\boldsymbol{K} & -\boldsymbol{C}\end{pmatrix}+\begin{pmatrix}\boldsymbol{0} & \boldsymbol{I}_N\\ -\boldsymbol{K} & -\boldsymbol{C}\end{pmatrix}^{\mathrm{T}}\boldsymbol{P}=-2\boldsymbol{Q} \tag{10-86}$$

其中，$\boldsymbol{Q}$ 是预先确定的正定矩阵。在控制器式（10-84）的作用下，闭环系统响应满足式（10-82）。

证明：考虑任意 $\boldsymbol{C}_{\mathrm{v}}(s)$ 的最小实现如下

$$\begin{cases}\dot{\boldsymbol{x}}=\boldsymbol{A}_1\boldsymbol{x}+\boldsymbol{B}_1\dot{\boldsymbol{q}}\\ \boldsymbol{z}=\boldsymbol{C}_1\boldsymbol{x}\end{cases} \tag{10-87}$$

由于 $\boldsymbol{C}_{\mathrm{v}}(s)$ 是线性时不变且严格正定的正则传递矩阵，根据 Kalman - Yakubovich - Popv′s 引理，可得存在正定对称矩阵 $\boldsymbol{P}$ 和 $\boldsymbol{Q}_1$ 使得

$$\boldsymbol{A}_1^{\mathrm{T}}\boldsymbol{P}_1+\boldsymbol{P}_1\boldsymbol{A}_1=-\boldsymbol{Q}_1,\boldsymbol{P}_1\boldsymbol{B}_1=\boldsymbol{C}_1^{\mathrm{T}} \tag{10-88}$$

定义

$$V_1=k((q_0-1)^2+\boldsymbol{q}_{\mathrm{v}}^{\mathrm{T}}\boldsymbol{q}_{\mathrm{v}}) \tag{10-89}$$

$$V_2=\frac{1}{2}\boldsymbol{\omega}^{\mathrm{T}}\boldsymbol{J}_{\mathrm{mb}}\boldsymbol{\omega} \tag{10-90}$$

$$V_3=2\boldsymbol{x}^{\mathrm{T}}\boldsymbol{P}_1\boldsymbol{x} \tag{10-91}$$

$$V_4=\frac{1}{2}(\boldsymbol{\eta}^{\mathrm{T}}\quad \boldsymbol{\psi}^{\mathrm{T}})\boldsymbol{P}\begin{pmatrix}\boldsymbol{\eta}\\ \boldsymbol{\psi}\end{pmatrix} \tag{10-92}$$

对于柔性航天器系统（10-78）考虑 Lyapunov 函数 $V=V_1+V_2+V_3+V_4$，则可得

$$\boldsymbol{V}=k[(\boldsymbol{q}_0-1)^2+\boldsymbol{q}_{\mathrm{v}}^{\mathrm{T}}\boldsymbol{q}_{\mathrm{v}}]+\frac{1}{2}\boldsymbol{\omega}^{\mathrm{T}}\boldsymbol{J}_{\mathrm{mb}}\boldsymbol{\omega}+2\boldsymbol{x}^{\mathrm{T}}\boldsymbol{P}_1\boldsymbol{x}+\frac{1}{2}(\boldsymbol{\eta}^{\mathrm{T}}\quad \boldsymbol{\psi}^{\mathrm{T}})\boldsymbol{P}\begin{pmatrix}\boldsymbol{\eta}\\ \boldsymbol{\psi}\end{pmatrix} \tag{10-93}$$

分别求 V_1、V_2、V_3 和 V_1 关于时间的导数。对于 V_1，利用式（10-89）可得：

$$\begin{aligned}\dot{V}_1&=2k(q_0-1\quad \boldsymbol{q}_{\mathrm{v}}^{\mathrm{T}})\dot{\boldsymbol{q}}\\ &=2k(q_0-1\quad \boldsymbol{q}_{\mathrm{v}}^{\mathrm{T}})\frac{1}{2}\boldsymbol{\Xi}^{\mathrm{T}}(q_0,\boldsymbol{q}_{\mathrm{v}})\boldsymbol{\omega}\\ &=k(q_0-1\quad \boldsymbol{q}_{\mathrm{v}}^{\mathrm{T}})(-\boldsymbol{q}_{\mathrm{v}}\quad q_0\boldsymbol{I}_3-\boldsymbol{q}_{\mathrm{v}}^{\times})^{\mathrm{T}}\boldsymbol{\omega}\\ &=-k(q_0-1)\boldsymbol{q}_{\mathrm{v}}^{\mathrm{T}}\omega+k\boldsymbol{q}_{\mathrm{v}}^{\mathrm{T}}(q_0I_3-\boldsymbol{q}_{\mathrm{v}}^{\times\mathrm{T}})\boldsymbol{\omega}\\ &=k\boldsymbol{q}_{\mathrm{v}}^{\mathrm{T}}\boldsymbol{\omega}\end{aligned} \tag{10-94}$$

对于函数 V_2，由式（10-90），可得：

$$
\begin{aligned}
\dot{V}_2 &= \omega^{\mathrm{T}} \boldsymbol{J}_{\mathrm{mb}} \dot{\boldsymbol{\omega}} \\
&= \boldsymbol{\omega}^{\mathrm{T}} \boldsymbol{J}_{\mathrm{mb}} \{ \boldsymbol{J}_{\mathrm{mb}}^{-1} [-\boldsymbol{\omega} \times (\boldsymbol{J}_{\mathrm{mb}} \boldsymbol{\omega} + \boldsymbol{\delta}^{\mathrm{T}} \boldsymbol{\psi}) + \boldsymbol{\delta}^{\mathrm{T}} (\boldsymbol{C}\boldsymbol{\psi} + \boldsymbol{K}\boldsymbol{\eta} - \boldsymbol{C}\boldsymbol{\delta}\boldsymbol{\omega}) + \boldsymbol{u}] \} \\
&= \boldsymbol{\omega}^{\mathrm{T}} (\boldsymbol{\delta}^{\mathrm{T}} (\boldsymbol{C}\boldsymbol{\psi} + \boldsymbol{K}\boldsymbol{\eta} - \boldsymbol{C}\boldsymbol{\delta}\boldsymbol{\omega}) + \boldsymbol{u}) \\
&= \boldsymbol{\omega}^{\mathrm{T}} \left[\boldsymbol{\delta}^{\mathrm{T}} (\boldsymbol{C}\boldsymbol{\psi} + \boldsymbol{K}\boldsymbol{\eta} - \boldsymbol{C}\boldsymbol{\delta}\boldsymbol{\omega}) - \boldsymbol{F} \begin{pmatrix} \boldsymbol{q}_{\mathrm{v}} \\ \boldsymbol{\eta} \\ \boldsymbol{\psi} \end{pmatrix} - 2\boldsymbol{\Xi}(q_0, \boldsymbol{q}_{\mathrm{v}}) z \right] \\
&= \boldsymbol{\omega}^{\mathrm{T}} \boldsymbol{\delta}^{\mathrm{T}} (\boldsymbol{C}\boldsymbol{\psi} + \boldsymbol{K}\boldsymbol{\eta} - \boldsymbol{C}\boldsymbol{\delta}\boldsymbol{\omega}) - 2\, \boldsymbol{\omega}^{\mathrm{T}} \boldsymbol{\Xi}(q_0, \boldsymbol{q}_{\mathrm{v}}) z - \boldsymbol{\omega}^{\mathrm{T}} \begin{pmatrix} k\, \boldsymbol{I}_3 & \boldsymbol{\delta}^{\mathrm{T}} \left(\begin{pmatrix} \boldsymbol{K} \\ \boldsymbol{C} \end{pmatrix} - \boldsymbol{P} \begin{pmatrix} \boldsymbol{I}_N \\ -\boldsymbol{C} \end{pmatrix} \right)^{\mathrm{T}} \end{pmatrix} \begin{pmatrix} \boldsymbol{q}_{\mathrm{v}} \\ \boldsymbol{\eta} \\ \boldsymbol{\psi} \end{pmatrix} \\
&= \boldsymbol{\omega}^{\mathrm{T}} \boldsymbol{\delta}^{\mathrm{T}} (\boldsymbol{C}\boldsymbol{\psi} + \boldsymbol{K}\boldsymbol{\eta} - \boldsymbol{C}\boldsymbol{\delta}\boldsymbol{\omega}) - 4\, \dot{\boldsymbol{q}}^{\mathrm{T}} \boldsymbol{z} + \boldsymbol{\omega}^{\mathrm{T}} \left[-k\, \boldsymbol{q}_{\mathrm{v}} - \boldsymbol{\delta}^{\mathrm{T}} \begin{pmatrix} \boldsymbol{K} \\ \boldsymbol{C} \end{pmatrix}^{\mathrm{T}} \begin{pmatrix} \boldsymbol{\eta} \\ \boldsymbol{\psi} \end{pmatrix} + \boldsymbol{\delta}^{\mathrm{T}} \boldsymbol{P} \begin{pmatrix} \boldsymbol{I}_N \\ -\boldsymbol{C} \end{pmatrix}^{\mathrm{T}} \begin{pmatrix} \boldsymbol{\eta} \\ \boldsymbol{\psi} \end{pmatrix} \right] \\
&= -\boldsymbol{\omega}^{\mathrm{T}} k\, \boldsymbol{q}_{\mathrm{v}} - \boldsymbol{\omega}^{\mathrm{T}} \boldsymbol{\delta}^{\mathrm{T}} \boldsymbol{C}\boldsymbol{\delta}\boldsymbol{\omega} + (\boldsymbol{\eta}^{\mathrm{T}} \quad \boldsymbol{\psi}^{\mathrm{T}}) \boldsymbol{P} \begin{pmatrix} \boldsymbol{I}_N \\ -\boldsymbol{C} \end{pmatrix} \boldsymbol{\delta}\boldsymbol{\omega} - 4\, \boldsymbol{z}^{\mathrm{T}} \dot{\boldsymbol{q}}
\end{aligned} \tag{10-95}
$$

由式（10-87）、式（10-88）和式（10-91）可得函数 V_3 的关于时间的导数：

$$
\begin{aligned}
\dot{V}_3 &= 4\, \boldsymbol{x}^{\mathrm{T}} \boldsymbol{P}_1 \dot{\boldsymbol{x}} \\
&= 4\, \boldsymbol{x}^{\mathrm{T}} \boldsymbol{P}_1 (\boldsymbol{A}_1 \boldsymbol{x} + \boldsymbol{B}_1 \dot{\boldsymbol{q}}) \\
&= 4\, \boldsymbol{x}^{\mathrm{T}} \boldsymbol{P}_1 \boldsymbol{A}_1 \boldsymbol{x} + 4\, \boldsymbol{x}^{\mathrm{T}} \boldsymbol{P}_1 \boldsymbol{B}_1 \dot{\boldsymbol{q}} \\
&= 4\, \boldsymbol{x}^{\mathrm{T}} \boldsymbol{P}_1 \boldsymbol{A}_1 \boldsymbol{x} + 4\, \boldsymbol{x}^{\mathrm{T}} \boldsymbol{C}_1 \dot{\boldsymbol{q}} \\
&= -2\, \boldsymbol{x}^{\mathrm{T}} \boldsymbol{Q}_1 \boldsymbol{x} + 4\, \boldsymbol{z}^{\mathrm{T}} \dot{\boldsymbol{q}}
\end{aligned} \tag{10-96}
$$

由式（10-92），可得函数 V_4 关于时间的导数：

$$
\begin{aligned}
\dot{V}_4 &= (\boldsymbol{\eta}^{\mathrm{T}} \quad \boldsymbol{\psi}^{\mathrm{T}}) \boldsymbol{P} \begin{pmatrix} \dot{\boldsymbol{\eta}} \\ \dot{\boldsymbol{\psi}} \end{pmatrix} \\
&= (\boldsymbol{\eta}^{\mathrm{T}} \quad \boldsymbol{\psi}^{\mathrm{T}}) \boldsymbol{P} \left(\begin{pmatrix} \boldsymbol{0} & \boldsymbol{I}_N \\ -\boldsymbol{K} & -\boldsymbol{C} \end{pmatrix} \begin{pmatrix} \boldsymbol{\eta} \\ \boldsymbol{\psi} \end{pmatrix} - \begin{pmatrix} \boldsymbol{I}_N \\ -\boldsymbol{C} \end{pmatrix} \boldsymbol{\delta}\boldsymbol{\omega} \right) \\
&= (\boldsymbol{\eta}^{\mathrm{T}} \quad \boldsymbol{\psi}^{\mathrm{T}}) \boldsymbol{P} \begin{pmatrix} \boldsymbol{0} & \boldsymbol{I}_N \\ -\boldsymbol{K} & -\boldsymbol{C} \end{pmatrix} \begin{pmatrix} \boldsymbol{\eta} \\ \boldsymbol{\psi} \end{pmatrix} - (\boldsymbol{\eta}^{\mathrm{T}} \quad \boldsymbol{\psi}^{\mathrm{T}}) \boldsymbol{P} \begin{pmatrix} \boldsymbol{I}_N \\ -\boldsymbol{C} \end{pmatrix} \boldsymbol{\delta}\boldsymbol{\omega}
\end{aligned} \tag{10-97}
$$

由式（10-93）～式（10-97）可得 $\dot{V}$：

$$
\begin{aligned}
\dot{V} &= \dot{V}_1+\dot{V}_2+\dot{V}_3+\dot{V}_4 \\
&= k\,\boldsymbol{q}_{\mathrm{v}}^{\mathrm{T}}\boldsymbol{\omega}-\boldsymbol{\omega}^{\mathrm{T}}k\,\boldsymbol{q}_{\mathrm{v}}-\boldsymbol{\omega}^{\mathrm{T}}\boldsymbol{\delta}^{\mathrm{T}}\boldsymbol{C}\boldsymbol{\delta\omega}+(\boldsymbol{\eta}^{\mathrm{T}}\quad\boldsymbol{\psi}^{\mathrm{T}})\boldsymbol{P}\begin{pmatrix}\boldsymbol{I}_N\\-\boldsymbol{C}\end{pmatrix}\boldsymbol{\delta\omega}-4\,\boldsymbol{z}^{\mathrm{T}}\dot{\boldsymbol{q}}-2\boldsymbol{x}^{\mathrm{T}}\boldsymbol{Q}_1\boldsymbol{x}+ \\
&\quad 4\,\boldsymbol{z}^{\mathrm{T}}\dot{\boldsymbol{q}}+(\boldsymbol{\eta}^{\mathrm{T}}\quad\boldsymbol{\psi}^{\mathrm{T}})\boldsymbol{P}\begin{pmatrix}\boldsymbol{0}&\boldsymbol{I}_N\\-\boldsymbol{K}&-\boldsymbol{C}\end{pmatrix}\begin{pmatrix}\boldsymbol{\eta}\\\boldsymbol{\psi}\end{pmatrix}-(\boldsymbol{\eta}^{\mathrm{T}}\quad\boldsymbol{\psi}^{\mathrm{T}})\boldsymbol{P}\begin{pmatrix}\boldsymbol{I}_N\\-\boldsymbol{C}\end{pmatrix}\boldsymbol{\delta\omega} \\
&= -\boldsymbol{\omega}^{\mathrm{T}}\boldsymbol{\delta}^{\mathrm{T}}\boldsymbol{C}\boldsymbol{\delta\omega}-2\,\boldsymbol{x}^{\mathrm{T}}\boldsymbol{Q}_1\boldsymbol{x}-(\boldsymbol{\eta}^{\mathrm{T}}\quad\boldsymbol{\psi}^{\mathrm{T}})\boldsymbol{Q}\begin{pmatrix}\boldsymbol{\eta}\\\boldsymbol{\psi}\end{pmatrix}\leqslant 0
\end{aligned}
\tag{10-98}
$$

由于连续可微，且是径向无界的正定函数，在整个状态空间内 $\dot{V}\leqslant 0$，因此从 LaSalle 不变集原理可得系统全局渐近稳定。定义为最大不变集 $\bar{\Omega}$ 包含于

$$
\Omega=\{(\boldsymbol{q},\boldsymbol{\omega},\boldsymbol{x},\boldsymbol{\eta},\boldsymbol{\psi}):\dot{V}=0\}=\{(\boldsymbol{q},\boldsymbol{\omega},\boldsymbol{x},\boldsymbol{\eta},\boldsymbol{\psi}):\boldsymbol{\omega}=\boldsymbol{0},\boldsymbol{x}=\boldsymbol{0},\boldsymbol{\eta}=\boldsymbol{0},\boldsymbol{\psi}=\boldsymbol{0}\}
\tag{10-99}
$$

由此可得，在集合 Ω 上 $\boldsymbol{J}_{\mathrm{mb}}\dot{\boldsymbol{\omega}}=0$，可得

$$
-\boldsymbol{\omega}\times(\boldsymbol{J}_{\mathrm{mb}}\boldsymbol{\omega}+\boldsymbol{\delta}^{\mathrm{T}}\boldsymbol{\psi})+\boldsymbol{\delta}^{\mathrm{T}}(\boldsymbol{C}\boldsymbol{\psi}+\boldsymbol{K}\boldsymbol{\eta}-\boldsymbol{C}\boldsymbol{\delta\omega})+\boldsymbol{u}=\boldsymbol{0}
\tag{10-100}
$$

进一步推出在集合 Ω 上 $\boldsymbol{u}=\boldsymbol{0}$。由式（10-83）～式（10-85）可得

$$
\boldsymbol{u}=-k\,\boldsymbol{q}_{\mathrm{v}}-\boldsymbol{\delta}^{\mathrm{T}}(\boldsymbol{K}-\boldsymbol{P})\boldsymbol{\eta}-\boldsymbol{\delta}^{\mathrm{T}}(\boldsymbol{I}+\boldsymbol{P})\boldsymbol{C}\boldsymbol{\psi}-2\boldsymbol{\Xi}(q_0,\boldsymbol{q}_{\mathrm{v}})\boldsymbol{C}_1\boldsymbol{x}=\boldsymbol{0}
\tag{10-101}
$$

综上可得，在集合 Ω 上 $q_{\mathrm{v}}=0$。由此可证柔性航天器系统渐近稳定，且有

$$
\bar{\Omega}=\{(\boldsymbol{q},\boldsymbol{\omega},\boldsymbol{x},\boldsymbol{\eta},\boldsymbol{\psi}):\boldsymbol{x}=\boldsymbol{0},\boldsymbol{\omega}=\boldsymbol{0},\boldsymbol{q}_{\mathrm{v}}=\boldsymbol{0},\boldsymbol{\eta}=\boldsymbol{0},\boldsymbol{\psi}=\boldsymbol{0}\}
\tag{10-102}
$$

证明完毕。

注 10-8　由于采用滤波器 $\boldsymbol{C}_{\mathrm{v}}(s)$ 或者滤波器式（10-87），在所设计的控制器式（10-84）中，不需要直接使用角速度测量信息，因此称为无角速度测量信息滤波器。

10.9　基于观测器的无角速度信息姿态控制律

在控制器（10-87）中，模态变量是可测的。然而在实际应用中，由于无穷阶正交模态间的相互耦合，柔性模态变量信息往往难以获取。因此，针对柔性模态变量不可测的情况，设计控制器是尤为重要的。在本节中采用观测器对不可测的模态变量进行估计，设计基于观测器的无角速度信息控制器。在控制器式（10-84）中将模态变量用其估计值进行替代。定义柔性模态变量 η 的估计值为 $\hat{\eta}$，ψ 的估计值为 $\hat{\psi}$，构建观测器

$$
\begin{pmatrix}\dot{\hat{\boldsymbol{\eta}}}\\\dot{\hat{\boldsymbol{\psi}}}\end{pmatrix}=\begin{pmatrix}\boldsymbol{0}&\boldsymbol{I}_N\\-\boldsymbol{K}&-\boldsymbol{C}\end{pmatrix}\begin{pmatrix}\hat{\boldsymbol{\eta}}\\\hat{\boldsymbol{\psi}}\end{pmatrix}-2\boldsymbol{T}\boldsymbol{\delta}\boldsymbol{\Xi}(q_0,\boldsymbol{q}_{\mathrm{v}})\dot{\boldsymbol{q}}
\tag{10-103}
$$

其中

$$
\boldsymbol{T}=\begin{pmatrix}\boldsymbol{I}_N\\-\boldsymbol{C}\end{pmatrix}-\boldsymbol{P}_3^{-1}\left(\begin{pmatrix}\boldsymbol{K}\\\boldsymbol{C}\end{pmatrix}-\boldsymbol{P}_2\begin{pmatrix}\boldsymbol{I}_N\\-\boldsymbol{C}\end{pmatrix}\right)
\tag{10-104}
$$

正定矩阵 $\boldsymbol{P}_2$ 和 $\boldsymbol{P}_3$ 将在后续确定。针对柔性航天器系统式（10－78），设计基于观测器式（10－103）的无角速度信息反馈控制器

$$\boldsymbol{u}=-\boldsymbol{F}\begin{pmatrix}\boldsymbol{q}_{\mathrm{v}}\\ \hat{\boldsymbol{\eta}}\\ \hat{\boldsymbol{\psi}}\end{pmatrix}-2\boldsymbol{\Xi}(q_0,\boldsymbol{q}_{\mathrm{v}})\boldsymbol{z} \tag{10－105}$$

其中，$\boldsymbol{F}$ 如式（10－85）所示，$\boldsymbol{z}$ 如式（10－83）所示。

注 10－9　在本节中利用柔性模态变量 $\eta-\psi$ 的基本结构，构建柔性模态变量动态观测器式（10－103）。基于观测器无角速度信息控制器的设计只需将全状态反馈控制器式（10－84）中的柔性模态变量 η 和 ψ 用其观测值 $\hat{\eta}$ 和 $\hat{\psi}$ 替换。

注 10－10　与柔性航天器系统现有的柔性模态观测器相比较，观测器式（10－103）具有一个重要的性质即没有直接使用角速度测量信息。因此动态输出反馈控制器式（10－105）可被应用于没有角速度传感器的柔性航天器系统中。

定理 10－5　考虑由式（10－78）描述的柔性航天器系统。令 $\boldsymbol{C}_{\mathrm{v}}$ 为一个 4×4 线性时不变且严格实正定的正则传递矩阵，正定对称矩阵 $\boldsymbol{P}_2$ 和 $\boldsymbol{P}_3$ 满足如下李雅普诺夫方程

$$\boldsymbol{P}_i\begin{pmatrix}\mathbf{0} & \boldsymbol{I}_N\\ -\boldsymbol{K} & -\boldsymbol{C}\end{pmatrix}+\begin{pmatrix}\mathbf{0} & \boldsymbol{I}_N\\ -\boldsymbol{K} & -\boldsymbol{C}\end{pmatrix}^{\mathrm{T}}\boldsymbol{P}_i=-2\boldsymbol{Q}_i,i=2,3 \tag{10－106}$$

其中，$\boldsymbol{Q}_2$ 和 $\boldsymbol{Q}_3$ 为两个预先给定的正定矩阵，基于观测器的无角速度测量信息控制器式（10－105）的作用，在任意初始状态下，$\boldsymbol{q}_{\mathrm{v}}$，$\boldsymbol{\omega}$，$\boldsymbol{x}$，$\boldsymbol{\eta}$，$\boldsymbol{\psi}$ 渐近趋向于 $\mathbf{0}$。

证明　考虑 $\boldsymbol{C}_{\mathrm{v}}(s)$ 的一个最小实现如式（10－87）和式（10－88）所示。引入如下柔性模态变量观测值和实际值的误差

$$\boldsymbol{e}_\eta=\boldsymbol{\eta}-\hat{\boldsymbol{\eta}},\quad \boldsymbol{e}_\psi=\boldsymbol{\psi}-\hat{\boldsymbol{\psi}} \tag{10－107}$$

分别定义函数 V_1，V_2，V_3 如式（10－89）～式（10－91），V_4 和 V_5 如下

$$V_4=\frac{1}{2}(\boldsymbol{\eta}^{\mathrm{T}}\quad \boldsymbol{\psi}^{\mathrm{T}})\boldsymbol{P}_2\begin{pmatrix}\boldsymbol{\eta}\\ \boldsymbol{\psi}\end{pmatrix}$$

$$V_5=\frac{1}{2}(\boldsymbol{e}_\eta^{\mathrm{T}}\quad \boldsymbol{e}_\psi^{\mathrm{T}})\boldsymbol{P}_3\begin{pmatrix}\boldsymbol{e}_\eta\\ \boldsymbol{e}_\psi\end{pmatrix} \tag{10－108}$$

对于柔性航天器系统（10－78），考虑 Lyapunov 函数如下

$$V=V_1+V_2+V_3+V_4+V_5 \tag{10－109}$$

通过计算可知函数 V_1 和 V_3 的导数和定理 10—3 证明中所得的一样。以下将具体计算函数 V_2，V_4 和 V_5 的导数。针对函数 V_2，由式（10－105）和式（10－107）可得：

$$\begin{aligned}
\dot{V}_2 &= \boldsymbol{\omega}^{\mathrm{T}} \boldsymbol{J}_{\mathrm{mb}} \dot{\boldsymbol{\omega}} \\
&= \boldsymbol{\omega}^{\mathrm{T}} \boldsymbol{J}_{\mathrm{mb}} \{\boldsymbol{J}_{\mathrm{mb}}^{-1}[-\boldsymbol{\omega} \times (\boldsymbol{J}_{mb}\boldsymbol{\omega} + \boldsymbol{\delta}^{\mathrm{T}}\boldsymbol{\psi}) + \boldsymbol{\delta}^{\mathrm{T}}(\boldsymbol{C}\boldsymbol{\psi} + \boldsymbol{K}\boldsymbol{\eta} - \boldsymbol{C}\boldsymbol{\delta}\boldsymbol{\omega}) + \boldsymbol{u}]\} \\
&= \boldsymbol{\omega}^{\mathrm{T}} \left[\boldsymbol{\delta}^{\mathrm{T}}(\boldsymbol{C}\boldsymbol{\psi} + \boldsymbol{K}\boldsymbol{\eta} - \boldsymbol{C}\boldsymbol{\delta}\boldsymbol{\omega}) - \boldsymbol{F}\begin{pmatrix} \boldsymbol{q}_{\mathrm{v}} \\ \hat{\boldsymbol{\eta}} \\ \hat{\boldsymbol{\psi}} \end{pmatrix} - 2\boldsymbol{\Xi}(q_0, \boldsymbol{q}_{\mathrm{v}})z \right] \\
&= \boldsymbol{\omega}^{\mathrm{T}} \boldsymbol{\delta}^{\mathrm{T}}(\boldsymbol{C}\boldsymbol{\psi} + \boldsymbol{K}\boldsymbol{\eta} - \boldsymbol{C}\boldsymbol{\delta}\boldsymbol{\omega}) - 2\boldsymbol{\omega}^{\mathrm{T}}\boldsymbol{\Xi}(q_0, \boldsymbol{q}_{\mathrm{v}})z + \boldsymbol{\omega}^{\mathrm{T}} \left[-\left(k\boldsymbol{I}_3 \quad \boldsymbol{\delta}^{\mathrm{T}}\left(\begin{pmatrix} \boldsymbol{K} \\ \boldsymbol{C} \end{pmatrix} - \boldsymbol{P}_2\begin{pmatrix} \boldsymbol{I}_N \\ -\boldsymbol{C} \end{pmatrix}\right)^{\mathrm{T}} \right) \begin{pmatrix} \boldsymbol{q}_{\mathrm{v}} \\ \hat{\boldsymbol{\eta}} \\ \hat{\boldsymbol{\psi}} \end{pmatrix} \right] \\
&= \boldsymbol{\omega}^{\mathrm{T}} \boldsymbol{\delta}^{\mathrm{T}}(\boldsymbol{C}\boldsymbol{\psi} + \boldsymbol{K}\boldsymbol{\eta} - \boldsymbol{C}\boldsymbol{\delta}\boldsymbol{\omega}) - 4z^{\mathrm{T}}\dot{\boldsymbol{q}} - \boldsymbol{\omega}^{\mathrm{T}}k\boldsymbol{q}_{\mathrm{v}} - \boldsymbol{\omega}^{\mathrm{T}}\boldsymbol{\delta}^{\mathrm{T}} \left[\begin{pmatrix} \boldsymbol{K} \\ \boldsymbol{C} \end{pmatrix} - \boldsymbol{P}_2\begin{pmatrix} \boldsymbol{I}_N \\ -\boldsymbol{C} \end{pmatrix}\right]^{\mathrm{T}} \left[\begin{pmatrix} \boldsymbol{\eta} \\ \boldsymbol{\psi} \end{pmatrix} - \begin{pmatrix} \boldsymbol{e}_\eta \\ \boldsymbol{e}_\psi \end{pmatrix}\right] \\
&= -\boldsymbol{\omega}^{\mathrm{T}}\boldsymbol{\delta}^{\mathrm{T}}\boldsymbol{C}\boldsymbol{\delta}\boldsymbol{\omega} - \boldsymbol{\omega}^{\mathrm{T}}k\boldsymbol{q}_{\mathrm{v}} + (\boldsymbol{\eta}^{\mathrm{T}} \quad \boldsymbol{\psi}^{\mathrm{T}})\boldsymbol{P}_2\begin{pmatrix} \boldsymbol{I}_N \\ -\boldsymbol{C} \end{pmatrix}\boldsymbol{\delta}\boldsymbol{\omega} - 4z^{\mathrm{T}}\dot{\boldsymbol{q}} + (\boldsymbol{e}_\eta^{\mathrm{T}} \quad \boldsymbol{e}_\psi^{\mathrm{T}})\left[\begin{pmatrix} \boldsymbol{K} \\ \boldsymbol{C} \end{pmatrix} - \boldsymbol{P}_2\begin{pmatrix} \boldsymbol{I}_N \\ -\boldsymbol{C} \end{pmatrix}\right]\boldsymbol{\delta}\boldsymbol{\omega}
\end{aligned} \tag{10-110}$$

针对函数 V_4，由式（10－92），可得：

$$\begin{aligned}
\dot{V}_4 &= (\boldsymbol{\eta}^{\mathrm{T}} \quad \boldsymbol{\psi}^{\mathrm{T}})\boldsymbol{P}_2\begin{pmatrix} \dot{\boldsymbol{\eta}} \\ \dot{\boldsymbol{\psi}} \end{pmatrix} \\
&= (\boldsymbol{\eta}^{\mathrm{T}} \quad \boldsymbol{\psi}^{\mathrm{T}})\boldsymbol{P}_2\begin{pmatrix} \boldsymbol{0} & \boldsymbol{I}_N \\ -\boldsymbol{K} & -\boldsymbol{C} \end{pmatrix}\begin{pmatrix} \boldsymbol{\eta} \\ \boldsymbol{\psi} \end{pmatrix} - (\boldsymbol{\eta}^{\mathrm{T}} \quad \boldsymbol{\psi}^{\mathrm{T}})P_2\begin{pmatrix} \boldsymbol{I}_N \\ -\boldsymbol{C} \end{pmatrix}\boldsymbol{\delta}\boldsymbol{\omega}
\end{aligned} \tag{10-111}$$

针对函数 V_5，由式（10－83），式（10－107）和式（10－103），可得：

$$\begin{aligned}
\dot{V}_5 &= (\boldsymbol{e}_\eta^{\mathrm{T}} \quad \boldsymbol{e}_\psi^{\mathrm{T}})\boldsymbol{P}_3\begin{pmatrix} \dot{\boldsymbol{e}}_\eta \\ \dot{\boldsymbol{e}}_\psi \end{pmatrix} \\
&= (\boldsymbol{e}_\eta^{\mathrm{T}} \quad \boldsymbol{e}_\psi^{\mathrm{T}})\boldsymbol{P}_3\left[\begin{pmatrix} \boldsymbol{0} & \boldsymbol{I}_N \\ -\boldsymbol{K} & -\boldsymbol{C} \end{pmatrix}\begin{pmatrix} \boldsymbol{\eta} \\ \boldsymbol{\psi} \end{pmatrix} - \begin{pmatrix} \boldsymbol{I}_N \\ -\boldsymbol{C} \end{pmatrix}\boldsymbol{\delta}\boldsymbol{\omega} - \begin{pmatrix} \dot{\hat{\boldsymbol{\eta}}} \\ \dot{\hat{\boldsymbol{\psi}}} \end{pmatrix}\right] \\
&= (\boldsymbol{e}_\eta^{\mathrm{T}} \quad \boldsymbol{e}_\psi^{\mathrm{T}})\boldsymbol{P}_3\begin{pmatrix} \boldsymbol{0} & \boldsymbol{I}_N \\ -\boldsymbol{K} & -\boldsymbol{C} \end{pmatrix}\begin{pmatrix} \boldsymbol{\eta} \\ \boldsymbol{\psi} \end{pmatrix} - \begin{pmatrix} \boldsymbol{I}_N \\ -\boldsymbol{C} \end{pmatrix}\boldsymbol{\delta}\boldsymbol{\omega} - (\boldsymbol{e}_\eta^{\mathrm{T}} \quad \boldsymbol{e}_\psi^{\mathrm{T}})\boldsymbol{P}_3 2\boldsymbol{T}\boldsymbol{\delta}\boldsymbol{\Xi}(q_0, \boldsymbol{q}_{\mathrm{v}})\dot{\boldsymbol{q}} \\
&= (\boldsymbol{e}_\eta^{\mathrm{T}} \quad \boldsymbol{e}_\psi^{\mathrm{T}})\boldsymbol{P}_3\left(\begin{pmatrix} \boldsymbol{0} & \boldsymbol{I}_N \\ -\boldsymbol{K} & -\boldsymbol{C} \end{pmatrix}\begin{pmatrix} \boldsymbol{\eta} \\ \boldsymbol{\psi} \end{pmatrix} - \begin{pmatrix} \boldsymbol{I}_N \\ -\boldsymbol{C} \end{pmatrix}\boldsymbol{\delta}\boldsymbol{\omega}\right) - (\boldsymbol{e}_\eta^{\mathrm{T}} \quad \boldsymbol{e}_\psi^{\mathrm{T}})\boldsymbol{P}_3\left[\begin{pmatrix} \boldsymbol{0} & \boldsymbol{I}_N \\ -\boldsymbol{K} & -\boldsymbol{C} \end{pmatrix}\begin{pmatrix} \hat{\boldsymbol{\eta}} \\ \hat{\boldsymbol{\psi}} \end{pmatrix} - \begin{pmatrix} \boldsymbol{I}_N \\ -\boldsymbol{C} \end{pmatrix}\boldsymbol{\delta}\boldsymbol{\omega}\right] - \\
&\quad (\boldsymbol{e}_\eta^{\mathrm{T}} \quad \boldsymbol{e}_\psi^{\mathrm{T}})\boldsymbol{P}_3\boldsymbol{P}_3^{-1}\left[\begin{pmatrix} \boldsymbol{K} \\ \boldsymbol{C} \end{pmatrix} - \boldsymbol{P}_2\begin{pmatrix} \boldsymbol{I}_N \\ -\boldsymbol{C} \end{pmatrix}\right]\boldsymbol{\delta}\boldsymbol{\omega} \\
&= (\boldsymbol{e}_\eta^{\mathrm{T}} \quad \boldsymbol{e}_\psi^{\mathrm{T}})\boldsymbol{P}_3\begin{pmatrix} \boldsymbol{0} & \boldsymbol{I}_N \\ -\boldsymbol{K} & -\boldsymbol{C} \end{pmatrix}\begin{pmatrix} \boldsymbol{e}_\eta \\ \boldsymbol{e}_\psi \end{pmatrix} - (\boldsymbol{e}_\eta^{\mathrm{T}} \quad \boldsymbol{e}_\psi^{\mathrm{T}})\left[\begin{pmatrix} \boldsymbol{K} \\ \boldsymbol{C} \end{pmatrix} - \boldsymbol{P}_2\begin{pmatrix} \boldsymbol{I}_N \\ -\boldsymbol{C} \end{pmatrix}\right]\boldsymbol{\delta}\boldsymbol{\omega}
\end{aligned} \tag{10-112}$$

将式（10－94）、式（10－96）、式（10－110）、式（10－111）代入式（10－109）中可得：

$$
\begin{aligned}
\dot{V} &= \dot{V}_1 + \dot{V}_2 + \dot{V}_3 + \dot{V}_4 + \dot{V}_5 \\
&= k\,\boldsymbol{q}_{\mathrm{v}}^{\mathrm{T}}\boldsymbol{\omega} - \boldsymbol{\omega}^{\mathrm{T}}\boldsymbol{\delta}^{\mathrm{T}}\boldsymbol{C}\boldsymbol{\delta}\boldsymbol{\omega} - \boldsymbol{\omega}^{\mathrm{T}}k\,\boldsymbol{q}_{\mathrm{v}} - (\boldsymbol{e}_{\eta}^{\mathrm{T}} \quad \boldsymbol{e}_{\psi}^{\mathrm{T}})\left[\begin{pmatrix}\boldsymbol{K}\\ \boldsymbol{C}\end{pmatrix} - \boldsymbol{P}_2\begin{pmatrix}\boldsymbol{I}_N\\ -\boldsymbol{C}\end{pmatrix}\right]\boldsymbol{\delta}\boldsymbol{\omega} + \\
&\quad (\boldsymbol{\eta}^{\mathrm{T}} \quad \boldsymbol{\psi}^{\mathrm{T}})\boldsymbol{P}_2\begin{pmatrix}\boldsymbol{I}_N\\ -\boldsymbol{C}\end{pmatrix}\boldsymbol{\delta}\boldsymbol{\omega} + (\boldsymbol{e}_{\eta}^{\mathrm{T}} \quad \boldsymbol{e}_{\psi}^{\mathrm{T}})\boldsymbol{P}_3\begin{pmatrix}\boldsymbol{0} & \boldsymbol{I}_N\\ -\boldsymbol{K} & -\boldsymbol{C}\end{pmatrix}\begin{pmatrix}\boldsymbol{e}_{\eta}\\ \boldsymbol{e}_{\psi}\end{pmatrix} + \\
&\quad (\boldsymbol{\eta}^{\mathrm{T}} \quad \boldsymbol{\psi}^{\mathrm{T}})\boldsymbol{P}_2\begin{pmatrix}\boldsymbol{0} & \boldsymbol{I}_N\\ -\boldsymbol{K} & -\boldsymbol{C}\end{pmatrix}\begin{pmatrix}\boldsymbol{\eta}\\ \boldsymbol{\psi}\end{pmatrix} - (\boldsymbol{\eta}^{\mathrm{T}} \quad \boldsymbol{\psi}^{\mathrm{T}})\boldsymbol{P}_2\begin{pmatrix}\boldsymbol{I}_N\\ -\boldsymbol{C}\end{pmatrix}\boldsymbol{\delta}\boldsymbol{\omega} + \\
&\quad (\boldsymbol{e}_{\eta}^{\mathrm{T}} \quad \boldsymbol{e}_{\psi}^{\mathrm{T}})\left[\begin{pmatrix}\boldsymbol{K}\\ \boldsymbol{C}\end{pmatrix} - \boldsymbol{P}_2\begin{pmatrix}\boldsymbol{I}_N\\ -\boldsymbol{C}\end{pmatrix}\right]\boldsymbol{\delta}\boldsymbol{\omega} - 4\,\boldsymbol{z}^{\mathrm{T}}\dot{\boldsymbol{q}} - 2\,\boldsymbol{x}^{\mathrm{T}}\boldsymbol{Q}_1\boldsymbol{x} + 4\,\boldsymbol{z}^{\mathrm{T}}\dot{\boldsymbol{q}} \\
&= -\boldsymbol{\omega}^{\mathrm{T}}\boldsymbol{\delta}^{\mathrm{T}}\boldsymbol{C}\boldsymbol{\delta}\boldsymbol{\omega} - 2\,\boldsymbol{x}^{\mathrm{T}}\boldsymbol{Q}_1\boldsymbol{x} - (\boldsymbol{\eta}^{\mathrm{T}} \quad \boldsymbol{\psi}^{\mathrm{T}})\boldsymbol{Q}_2\begin{pmatrix}\boldsymbol{\eta}\\ \boldsymbol{\psi}\end{pmatrix} - (\boldsymbol{e}_{\eta}^{\mathrm{T}} \quad \boldsymbol{e}_{\psi}^{\mathrm{T}})\boldsymbol{Q}_3\begin{pmatrix}\boldsymbol{e}_{\eta}\\ \boldsymbol{e}_{\psi}\end{pmatrix} \leqslant 0
\end{aligned}
\tag{10-113}
$$

因此，与定理 10－3 证明的方法类似，定理 10—4 可由 LaSalle 不变集原理证明得到。

证明完毕。

10.10 测量不确定性姿态控制数值仿真分析

在本节中，将全反馈无角速度测量信息控制器式（10－84）和基于观测器的无角速度测量信息控制器式（10－105）应用于大型桁架结构航天器系统中。

四元数的初始姿态为

$$
q_0(0) = 0.998\,8,\quad \boldsymbol{q}_{\mathrm{v}}(0) = \begin{pmatrix} q_1(0)\\ q_2(0)\\ q_3(0)\end{pmatrix} = \begin{pmatrix} 0\\ 0.05\\ 0\end{pmatrix}
$$

航天器的初始角速度如下

$$
\boldsymbol{\omega}(0) = (0 \quad 0 \quad 0)^{\mathrm{T}}
$$

首先将全状态反馈控制器式（10－84）应用于航天器系统式（10－78）中。控制器参数如下

$$
k = 400, \boldsymbol{B}_1 = 8\,\boldsymbol{I}_4, \boldsymbol{A}_1 = -10\,\boldsymbol{I}_{4\times 4}, \boldsymbol{Q} = 2\times 10^{-4}\,\boldsymbol{I}_{60}, \boldsymbol{Q}_1 = 1\,500\,\boldsymbol{I}_4
$$

其中，参数 $\boldsymbol{P}$ 为 Lyapunov 矩阵方程（10－86）的解。

图 10－26 为在本章所设计的全状态反馈控制器式（10－84）作用下航天器的姿态四元数响应曲线，欧拉角、姿态角速度、控制力矩及柔性耦合力矩响应曲线分别如图 10－27、图 10－28、图 10－29 和图 10－30 所示。柔性模态变量的时间响应曲线如图 10－31 所示。由图 10－26 和图 10－28 可得，在角速度不能精确测量的情况下，柔性航天器系统的姿态四元数 q 及姿态角速度均渐近收敛，即渐近稳定。

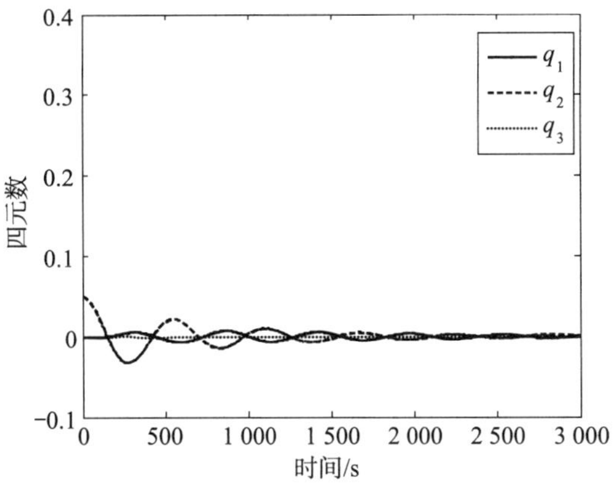

图 10－26　全状态反馈姿态四元数响应曲线（见彩插）

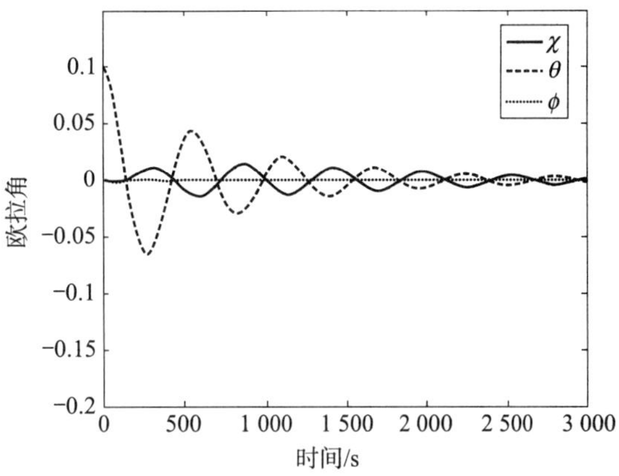

图 10－27　全状态反馈欧拉角（见彩插）

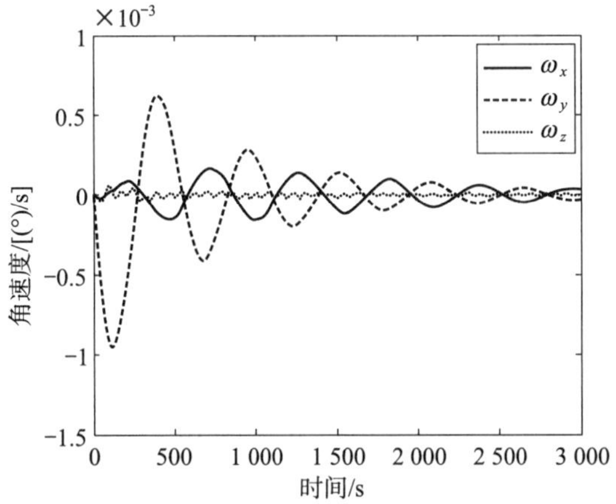

图 10－28　全状态反馈角速度（见彩插）

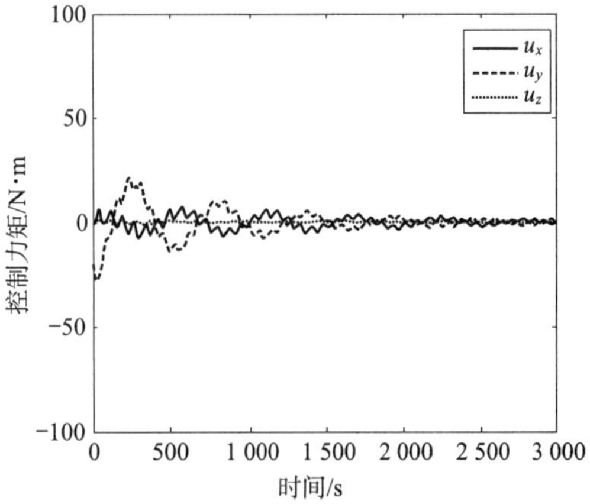

图 10－29　全状态反馈控制力矩（见彩插）

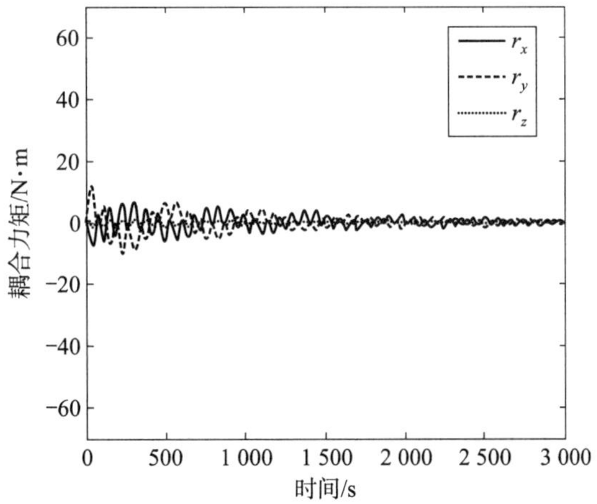

图 10－30　全状态反馈耦合力矩（见彩插）

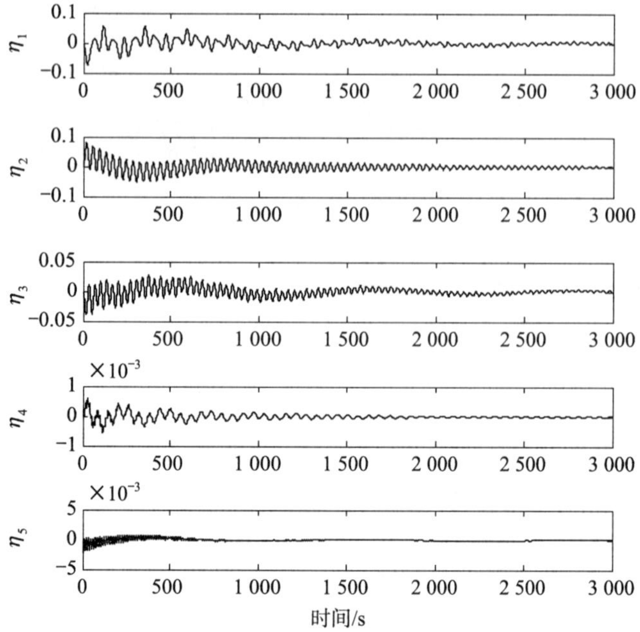

图 10－31　全状态反馈柔性模态响应曲线

其次，将基于观测器的无角速度测量信息控制器式（10－105）应用于航天器系统式（10－78）中。控制器参数如下：

$k=150$，$\boldsymbol{B}_1=6\boldsymbol{I}_{4\times4}$，$\boldsymbol{A}_1=-6\boldsymbol{I}_{4\times4}$，$\boldsymbol{Q}_1=400\boldsymbol{I}_4$，$\boldsymbol{Q}_2=5.8\times10^{-4}\boldsymbol{I}_{60}$，$\boldsymbol{Q}_3=10\boldsymbol{I}_{60}$

其中，矩阵 $\boldsymbol{P}_2$ 和 P_3 可由式（10－106）计算得到。

图 10－32 为利用本章所设计的反馈控制器式（10－105）对应的姿态四元数向量部分响应曲线，相应的欧拉角、姿态角速度、控制力矩、柔性耦合力矩曲线分别如图 10－33、图 10－34、图 10－35 和图 10－36 所示。柔性模态变量真实值和估计值的时间响应曲线如图 10－37 所示。由图 10－32 和图 10－34 可得，在角速度不能精确测量、桁架结构振动模

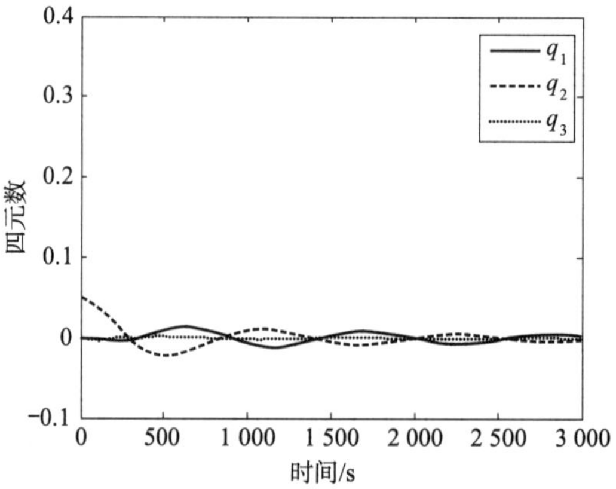

图 10－32　无角速度测量姿态四元数响应曲线（见彩插）

态不能精确已知等情况下，利用本章所设计的观测器式（10－103）和控制器式（10－105）可确保系统渐近稳定，且结合图 10－37 可以实现对模态的有效观测。

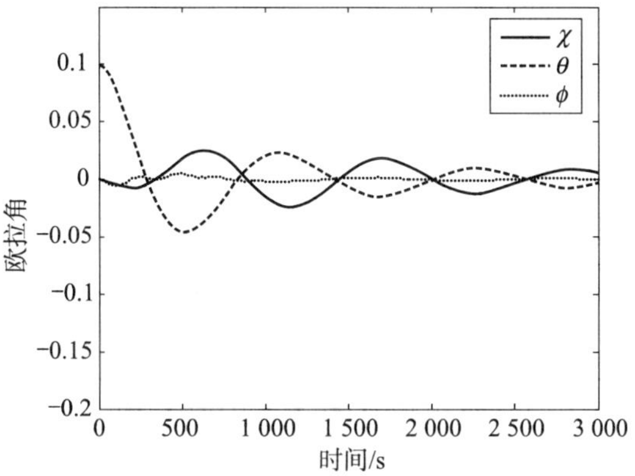

图 10－33　无角速度测量欧拉角响应曲线（见彩插）

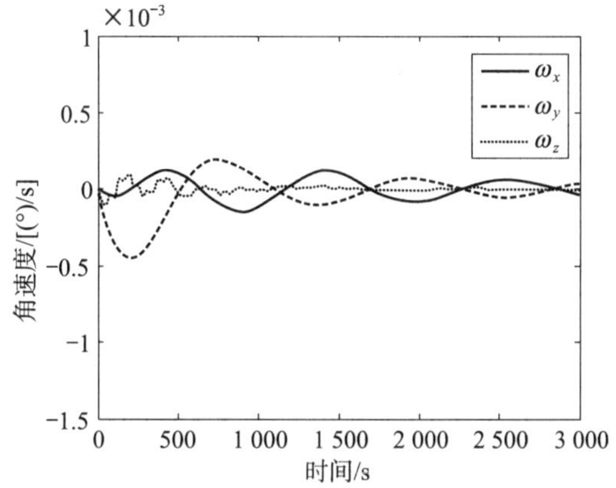

图 10－34　无角速度测量角速度响应曲线（见彩插）

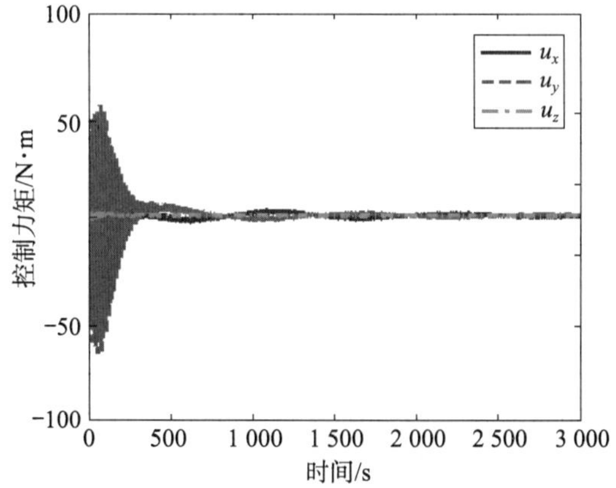

图 10－35　无角速度测量控制力矩（见彩插）

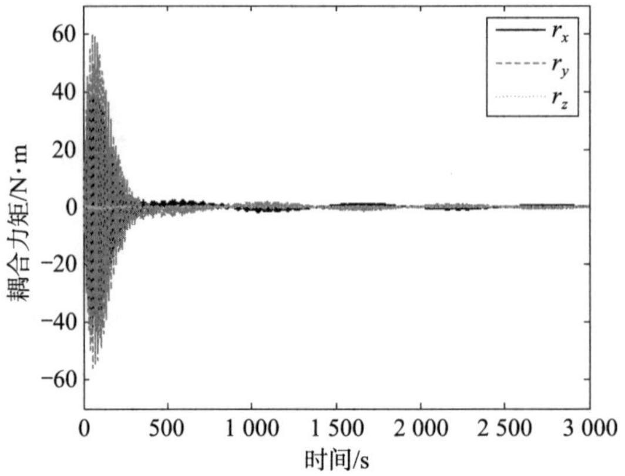

图 10-36　无角速度测量耦合力矩（见彩插）

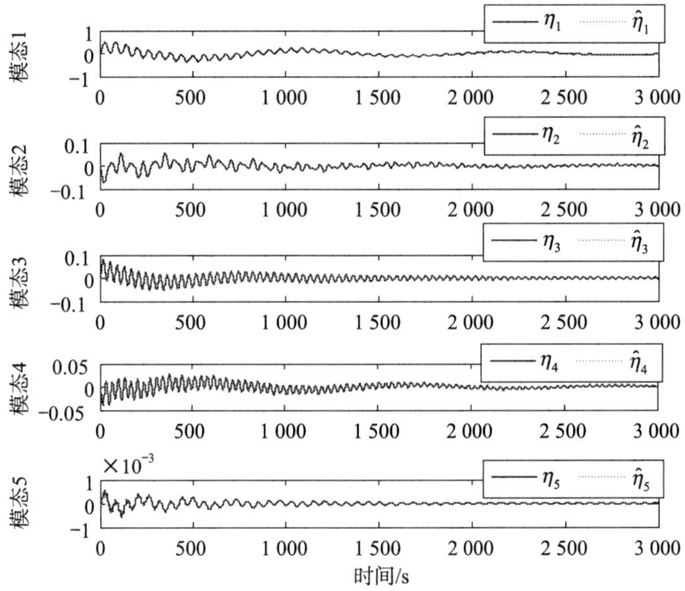

图 10-37　无角速度测量柔性模态跟踪曲线（见彩插）

10.11　本章小结

本章针对约束条件下的大型桁架结构航天器姿态跟踪控制问题，提出了新型的有限时间控制方法，经过严格的理论分析及充分的仿真验证，得出如下结论：

1）所提控制方法将处理终端滑模奇异问题的饱和函数法与实际有限时间稳定概念相结合，避免了传统终端滑模控制器的奇异问题。

2）所提控制方法通过引入新型自适应律，在增强系统鲁棒性的同时，规避了控制器输出的抖振问题。

3）进一步考虑航天器姿态跟踪过程中的约束问题，所提控制方法借鉴了预设性能控制的思想，将系统的滑模面响应约束在了预先设定的范围内。

4）采用工程中常见的“匀加速—匀速—匀减速”轨迹作为期望轨迹进行跟踪，满足大型桁架结构航天器匀速扫描任务需求，并在一定程度上抑制了柔性附件振动，降低了模态不确定性的影响。

综上，本文所提出的方法属于高增益控制方法，控制精度高、响应速度快，具有一定的理论与实际应用价值。

本章基于大型桁架结构航天器动力学模型，利用反步法设计了一类自适应控制器。在所设计的控制器作用下，姿态控制系统在无外界扰动的情况下渐近稳定，在考虑外界干扰的情况下有界稳定且系统从干扰到输出的 L_2 增益不大于给定指标。此外，该控制器可以实时估计中心体转动惯量，并有效抑制星上柔性部件的振动。本章末利用特定的仿真算例验证了设计的控制器的有效性。

本章主要针对大型桁架结构航天器姿态控制问题，基于四元数模型设计了一类无角速度信息的姿态镇定控制器。首先，设计了状态反馈控制器并保证了航天器系统在该控制律作用下，其四元数模态响应的收敛性。其次，针对模态变量不可测的情况，设计了基于观测器的反馈控制器。最后，通过将所设计的动态控制器运用于航天器系统中，证明了闭环系统的收敛性。本章提出的两种大型桁架结构航天器姿态控制律均无需姿态角速度测量信息。

参考文献

[1] SHAHRAVI M, KABGANIAN M. Attitude Tracking and Vibration Suppression of Flexible Spacecraft using Implicit Adaptive Control Law [C]. American Control Conference, 2005: 913 - 918.

[2] SHOW L L, JUANG J C, et al. Quaternion Feedback Attitude Control Design: A Nonlinear H_∞ Approach [J]. Asian Journal of Control, 2003, 5 (3): 406 - 411.

[3] NICOSIA S, TOMEI P. Nonlinear observer and output feedback attitude control of spacecraft [J]. IEEE Transactions on Aerospace and Electronic Systems, 1992, 28 (4): 970 - 977.

[4] DI GENNARO S. Output attitude tracking for flexible spacecraft [J]. Automatica, 2002, 36 (10): 1719 - 1726.

[5] TAYEBI A. Unit quaternion - based output feedback for the attitude tracking problem [J]. IEEE Transactions on Automatic Control, 2008, 53 (6): 1516 - 1520.

[6] BEAUMET G, VERFAILLIE G, CHARMEAU M C, et al. Autonomous Planning for An Agile Earth - observing Satellite [C]. Proceedings of the 9th International Symposium on Artificial Intelligence, Robotics and Automation in Space, Los Angeles, California, USA, 2008.

[7] JIN E D, SUN Z W. Robust controllers design with finite time convergence for rigid spacecraft attitude tracking control [J]. Aerospace Science and Technology, 2008, 12 (4): 324 - 330.

[8] BECHLIOULIS C P, ROVITHAKIS G A. Robust adaptive control of feedback linearizable MIMO nonlinear systems with prescribed performance [J]. IEEE Transactions on Automatic Control, 2008, 53 (9): 2090 - 2099.

[9] FENG Y, YU X H, HAN F L. On nonsingular terminal sliding - mode control of nonlinear systems [J]. Automatica, 2013, 49 (6): 1715 - 1722.

[10] ZHOU J L, YANG J Y. Smooth sliding mode control for missile interception with finite - time convergence [J]. Journal of Guidance, Control, and Dynamics, 2015, 38: 1 - 8.

[11] HU Q L, SHAO X D. Smooth finite - time fault - tolerant attitude tracking control for rigid spacecraft [J]. Aerospace Science and Technology, 2016, 55: 144 - 157.

[12] HAN S I, LEE J Y. Finite - time sliding surface constrained control for a robot manipulator with an unknown deadzone and disturbance [J]. Isa Transactions, 2016, 65: 307 - 318.

第11章 航天器变参数控制器设计方法

11.1 引言

1988年，SHAMMA[1]等人在增益调度控制系统分析与设计中提出线性变参数（LPV）控制系统理论，利用实时可测的外部参数改变方程的系数矩阵，使得LPV系统能更加准确描述非线性系统，采用经典的变增益控制器设计方法主要是针对参数化的系统线性化模型设计多个LTI控制器，再对控制器增益进行插值，这种方法仅适用于参数变化较慢的情况。后来，针对LPV系统的理论研究及应用越来越多。PACKARD[2]提出了小增益控制设计理论，将变增益控制器综合问题化为线性矩阵不等式优化问题，利用分时线性变换（LFT）方法，结合 H_∞ 鲁棒控制，提出变增益 H_∞ 控制器设计。在此基础上，APKARIAN[3]等人针对利用小增益法设计LPV系统控制器时存在的保守性问题，将 H_∞ 控制器设计转化为凸优化问题，通过求解线性矩阵不等式，得到具有鲁棒性的时不变控制器。既简化设计，又保证在参数较大范围变化时系统的鲁棒性。

近年来，LPV技术在航天器控制领域得到了广泛的重视，并在各类系统中得到了应用，如导弹、火箭、再入航天器、高超声速飞行器、卫星领域等。由于航天器动力学方程经过一定变换可以转化为LPV形式，而该方法可以大大地节省计算时间，所以引起了研究人员的广泛关注。VOINOT等[4]采用了Apkarian中提出的方法，考虑了火箭内回路控制问题。在再入式返回任务中，由于大气环境的剧烈变化导致气动参数大范围变化，给控制系统设计带来了极大的挑战，GANET[5]和VEENMAN[6]采用LPV方法，使得该问题得到了很好的解决。在航天器任务中，随着近些年电推进技术的发展，以及载荷的增加提高了对航天器提供能量的要求，这就必须采用大型的太阳能帆板。此外，为了实现低耗能通信，必须采用大型天线，这一系列的需求直接导致了航天器柔性附件的增多，使得在控制系统设计过程中必须考虑航天器结构的柔性问题。关于柔性结构的建模，参数辨识以及控制极大地增大了复杂度。TILLERSON[7]和VIGANO[8]考虑了航天器交会对接和编队问题中的时变系统控制问题，CORTI[9]针对两个特殊的航天器姿态控制问题，在LPV方法的框架下，指出采用LPV方法可以获得简单而系统的控制系统。虽然LPV技术在诸多领域得以应用，但是由于复杂的空间环境和缺乏可靠的LPV软件工具，LPV技术在空间中的应用仍然有限。为此，欧洲空间局计划设计一种以工业LPV控制为框架的LPV软件工具。

通常来讲，增益调度控制器采用强大的线性控制器设计方法来处理复杂的非线性问题。考虑航天器姿态控制系统设计，在增益调度问题中，研究人员通过引入LPV技术，对经典的Lyapunov方法做进一步延伸，找到了一种有效的处理非线性问题的方法。LPV

系统通常由一些线性系统表示，这些线性系统与可测的时变参数相关。LPV 综合问题解的满足条件可通过求解一系列的线性矩阵不等式得到。WU[10]等人针对刚体航天器的大角度姿态机动问题，采用 LPV 综合方法，基于运动学和动力学分解控制的方法，设计了姿态跟踪控制器，该方法可以实现姿态渐近跟踪。BIANNIC[11]等人考虑航天器姿轨控系统工作的不同模式（安全保持模式、任务模式以及轨控模式），研究了具有切换控制器的航天器姿态控制回路的稳定性分析问题。该控制器可以使反作用飞轮在工作过程中能量消耗最小。作者通过将拟 LPV 控制器近似非线性切换控制器，从而将闭环系统重新整理为 LPV 的标准形式，并在实际的航天器任务中得到了应用。HUGHES[12]等人针对绕惯性主轴做大角度机动的航天器控制问题，在控制器综合问题中将 LPV 控制器与 H_∞ 性能指标结合，从而提高了控制器性能。针对不同的参数范围设计了不同的 LPV 控制器，在给定相同的 H_∞ 上界值 γ 时，比较了闭环特性，并给出了最优的 γ 解。

本章主要介绍 LPV 系统理论的相关内容，集中讨论 LPV 模型的建立方法、LPV 系统的稳定性分析方法以及 LPV 控制系统的设计思路，并以其在航天器姿态控制领域的应用为例，验证该理论在姿态控制领域的适用性。

11.2 线性变参数系统建模

11.2.1 线性变参数系统理论基础

考虑一个最通用的连续线性变参数系统的方程如下

$$\begin{cases}\dot{x}(t)=A(\delta(t))x(t)+B_1(\delta(t))w(t)+B_2(\delta(t))u(t)\\ z(t)=C_1(\delta(t))x(t)+D_{11}(\delta(t))w(t)+D_{12}(\delta(t))u(t)\\ y(t)=C_2(\delta(t))x(t)+D_{21}(\delta(t))w(t)\end{cases} \tag{11-1}$$

其中，$x\in R^n$，$u\in R^m$，$w\in R^p$，$z\in R^q$，$y\in R^r$，分别为状态量、控制输入、外部干扰、控制输出和测量量。参数矩阵中的矢量 $\delta\in R^s$ 实时可测，且其取值范围是已知的。也就是说，所给定的 s 阶的矢量参数 $\delta=(\delta_1, \cdots, \delta_s)$，$\underline{\delta}_j\leqslant\delta_j\leqslant\overline{\delta}_j$。

在这一部分中我们假设，参数矩阵 $A(\delta(t))$、$B(\delta(t))$、$B_2(f(t))$、$C_1(\delta(t))$、$C_2(\delta(t))$、$D_{11}(\delta(t))$、$D_{12}(\delta(t))$、$D_{21}(\delta(t))$ 对 $\delta(t)$ 的依赖是仿射的，即可以表示成如下形式

$$A(\delta(t)):=A_0+\sum_{i=1}^{s}\delta_i(t)A_i, B_1(\delta(t)):=B_{10}+\sum_{i=1}^{s}\delta_i(t)B_{1i}$$

$$B_2(\delta(t)):=B_{20}+\sum_{i=1}^{s}\delta_i(t)B_{2i}, C_1(\delta(t)):=C_{10}+\sum_{i=1}^{s}\delta_i(t)C_{1i}$$

$$C_2(\delta(t)):=C_{20}+\sum_{i=1}^{s}\delta_i(t)C_{2i}, D_{11}(\delta(t)):=D_{110}+\sum_{i=1}^{s}\delta_i(t)D_{11i}$$

$$D_{12}(\delta(t)):=D_{20}+\sum_{i=1}^{s}\delta_i(t)D_{2i}, D_{21}(\delta(t)):=D_{120}+\sum_{i=1}^{s}\delta_i(t)D_{21i}$$

LPV 系统的控制器可表示为

$$\begin{cases}\dot{x}_k(t)=A_k(\delta(t))x_k(t)+B_k(\delta(t))y(t)\\ u(t)=C_k(\delta(t))x_k(t)+D_k(\delta(t))y(t)\end{cases} \tag{11-2}$$

其中 $x_k \in R^{n_c}$ ，并且

$$A_k(\delta(t)):=A_{k0}+\sum_{i=1}^{s}\delta_i(t)A_{ki},B_k(\delta(t)):=B_{k0}+\sum_{i=1}^{s}\delta_i(t)B_{ki}$$

$$C_k(\delta(t)):=C_{k0}+\sum_{i=1}^{s}\delta_i(t)C_{ki},D_k(\delta(t)):=D_{k0}+\sum_{i=1}^{s}\delta_i(t)D_{ki}$$

对上述 LPV 系统方程和 LPV 控制器建立闭环形式的 LPV 系统得到其表达式如下

$$\begin{cases}\dot{x}_{cl}(t)=A_{cl}(\delta(t))x_{cl}(t)+B_{cl}(\delta(t))w(t)\\ z(t)=C_{cl}(\delta(t))x_{cl}(t)+D_{cl}(\delta(t))w(t)\end{cases}\tag{11-3}$$

其中，$x_{cl}:=[x(t)\quad x_k(t)]^{\mathrm{T}}$

$$A_{cl}(\delta(t)):=\begin{pmatrix}A(\delta(t))+B_1(\delta(t))D_k(\delta(t))C_1(\delta(t)) & B_2(\delta(t))C_k(\delta(t))\\ B_k(\delta(t))C_2(\delta(t)) & A_k(\delta(t))\end{pmatrix}$$

$$B_{cl}(\delta(t)):=\begin{pmatrix}B_1(\delta(t))+B_2(\delta(t))D_k(\delta(t))D_{21}(\delta(t))\\ B_k(\delta(t))D_{21}(\delta(t))\end{pmatrix}$$

$$C_{cl}(\delta(t)):(C_1(\delta(t))+D_{12}(\delta(t))D_k(\delta(t))C_2(\delta(t))\quad D_{12}(\delta(t))C_k(\delta(t)))$$

$$D_{cl}(\delta(t)):(D_{11}(\delta(t))+D_{12}(\delta(t))D_k(\delta(t))D_{21}(\delta(t)))$$

图 11-1 为线性变参数闭环系统的框架，按照上述方程式，其中 w 、z 分别为系统的扰动输入和输出，y 表示系统测量量，δ 为系统的变参数，P_δ 和 K_δ 分别为系统模型和控制器模型。

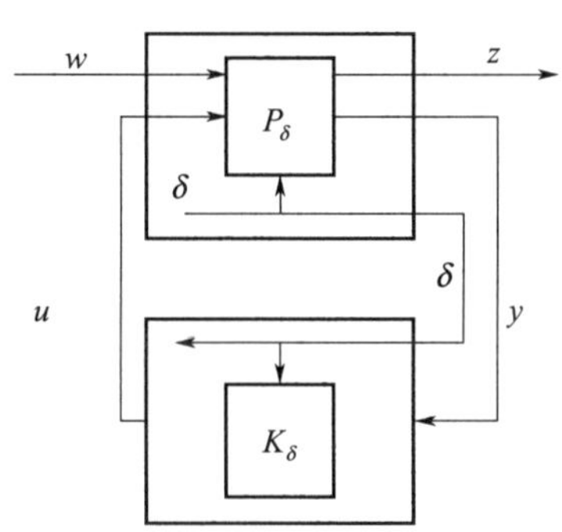

图 11-1　LPV 系统示意图

定义 11-1　超平面：设 $\boldsymbol{d}$ 是一个非零向量，α 是实数，则 R^n 中满足条件 $\boldsymbol{d}^{\mathrm{T}}\boldsymbol{x}=\alpha$ 的点所组成的集合 $H_+=\{\boldsymbol{x}\in R^n \mid \boldsymbol{d}^{\mathrm{T}}\boldsymbol{x}\geqslant\alpha\}$ 称为 R^n 中的一个超平面。超平面 H 是从 n 维空间到 $n-1$ 维空间的一个仿射子空间，它由一个 n 维向量和一个实数定义。超平面将整个空间分割为两个闭半空间 $H_+=\{\boldsymbol{x}\in R^n \mid \boldsymbol{d}^{\mathrm{T}}\boldsymbol{x}\geqslant\alpha\}$ 和 $H_-=\{\boldsymbol{x}\in R^n \mid \boldsymbol{d}^{\mathrm{T}}\boldsymbol{x}\leqslant\alpha\}$ 。

定义 11-2　凸组合：设 x_1，x_2，…，x_m 为欧几里得空间 R^n 中的 m 个向量，则将

$$x=\sum_{i=1}^{m}\lambda_i x_i,\sum_{i=1}^{m}\lambda_i=1\quad(\lambda_i\geqslant 0)\tag{11-4}$$

称为 x_1，x_2，…，x_m 的凸组合。

定义 11-3　凸集：设 C 为 R^n 上一个子集合，若对于任意两点 x_1，$x_2\in C$ ，$\lambda\in R$ ，$0\leqslant\lambda\leqslant 1$，有 $\lambda x_1+(1-\lambda)x_2\in C$ ，则称 C 为一个凸集。凸集 C 边界上的一点 x 称为 C

的一个极点。

定义 11-4 凸包：设 $S \subset R^n$ 是 R^n 中给定的集合，则 S 的凸包指包含 S 的最小凸集。在空间中一个几何对象的凸包就是包含该对象的最小的凸多面体。

定义 11-5 多胞形：一个多面体或者多面体集合，它是由有限多个闭半空间的交集形成的一个集合，如果该交集是非空和有界的，则称为一个多胞形。

除了仿射参数依赖形式以外，参考鲁棒控制中对于不确定性的描述，LPV 系统亦可以表示为线性分式变换（LFT）的形式，首先给出 LFT 的定义。

定义 11-6 下 LFT 映射：令 $\boldsymbol{M}$ 是一个复矩阵，分块为 $\boldsymbol{M}=\begin{pmatrix} M_{11} & M_{12} \\ M_{21} & M_{22} \end{pmatrix} \in C^{(p_1+p_2)\times(q_1+q_2)}$，令 $\boldsymbol{\Delta}_l \in C^{q_1\times p_2}$ 也为复矩阵，则定义关于 $\boldsymbol{\Delta}_l$ 的下 LFT 映射：$F_l(\boldsymbol{M}, \cdot)$：$C^{q_2\times p_2} \rightarrow C^{p_1\times q_1}$，只要逆 $(\boldsymbol{I}-M_{22}\boldsymbol{\Delta}_l)^{-1}$ 存在，则 $F_l(\boldsymbol{M}, \boldsymbol{\Delta}_l)$：$M_{11}+M_{12}\boldsymbol{\Delta}_l(\boldsymbol{I}-M_{22}\boldsymbol{\Delta}_l)^{-1}M_{21}$。

定义 11-7 上 LFT 映射：令 $\boldsymbol{M}$ 是一个复矩阵，分块为 $\boldsymbol{M}=\begin{pmatrix} M_{11} & M_{12} \\ M_{21} & M_{22} \end{pmatrix} \in C^{(p_1+p_2)\times(q_1+q_2)}$，令 $\boldsymbol{\Delta}u \in C^{q_1\times p_2}$ 也为复矩阵，则定义关于 $\boldsymbol{\Delta}_l$ 的下 LFT 映射：$F_u(\boldsymbol{M}, \cdot)$：$C^{q_2\times p_2} \rightarrow C^{p_2\times q_2}$，只要逆 $(\boldsymbol{I}-M_{11}\boldsymbol{\Delta}_u)^{-1}$ 存在，则 $F_u(\boldsymbol{M}, \boldsymbol{\Delta}u)$：$=M_{22}+M_{22}\boldsymbol{\Delta}u(\boldsymbol{I}-\boldsymbol{M}_{11}\boldsymbol{\Delta}_u)^{-1}M_{12}$。在给出 LFT 相关定义以后，考虑一个离散的状态空间 LPV 模型如下所示

$$\begin{cases} x(k+1)=A(\delta(k))x(k)+B(\delta(k))u(k) \\ y(k)=C(\delta(k))x(k)+D(\delta(k))u(k) \end{cases} \tag{11-5}$$

用 LFT，则

$$\begin{pmatrix} x(k+1) \\ \alpha(k) \\ y(k) \end{pmatrix}=\begin{pmatrix} A_{\mathrm{ss}}(k) & A_{\mathrm{sp}}(k) & B_{\mathrm{s}}(k) \\ A_{\mathrm{ps}}(k) & A_{\mathrm{pp}}(k) & B_{\mathrm{p}}(k) \\ C_{\mathrm{s}}(k) & C_{\mathrm{p}}(k) & D(k) \end{pmatrix}\begin{pmatrix} x(k) \\ \beta(k) \\ u(k) \end{pmatrix} \tag{11-6}$$

11.2.2 线性变参数系统建模方法

在应用线性变参数的控制器设计方法之前，需要将非线性模型转化为线性变参数形式。因此，LPV 建模在控制器设计中是十分关键的，现有的解决方案主要分为三种，Jaccobian 线性化法、状态变换法和方程替换法。

1）Jaccobian 线性化法：是应用最为广泛的方法，其基本思想就是对非线性系统的一系列平衡点进行 Jaccobian 线性化，得到一组线性时不变 LTI 系统，然后插值得到系统 LPV 模型。这组线性化的系统覆盖了需要的整个工作区域，所得结果是原非线性系统在特定平衡点周围的局部近似。可见，该方法的基础就是对一系列非线性模型平衡点进行一阶 Taylor 展开，即

$$\boldsymbol{\delta}_{f1}=f_1(\boldsymbol{z},\boldsymbol{\omega},\boldsymbol{u})-f_1(\boldsymbol{z},\boldsymbol{\omega},\boldsymbol{u})\,|_{eq} \tag{11-7}$$

$$\boldsymbol{\delta}_{f1}=\boldsymbol{\Delta}_z f\,\boldsymbol{\delta}_z+\boldsymbol{\Delta}_\omega \boldsymbol{f}\,\boldsymbol{\delta}_{\boldsymbol{\omega}}+\boldsymbol{\Delta}_u f\,\boldsymbol{\delta}_u=\boldsymbol{\Delta}_z f(\boldsymbol{z}-\boldsymbol{z}_{\mathrm{eq}})+\boldsymbol{\Delta}_\omega f(\boldsymbol{\omega}-\boldsymbol{\omega}_{\mathrm{eq}})+\boldsymbol{\Delta}_u f(\boldsymbol{u}-\boldsymbol{u}_{\mathrm{eq}}) \tag{11-8}$$

其中 $\boldsymbol{\Delta}_z$ 表示函数 f 对 z 的导数。整理上式得到

$$\begin{pmatrix}\dot{\delta}_z\\ \dot{\delta}_\omega\end{pmatrix}=\begin{pmatrix}\boldsymbol{\Delta}_z f_1 & \boldsymbol{\Delta}_\omega f_1\\ \boldsymbol{\Delta}_z f_2 & \boldsymbol{\Delta}_\omega f_2\end{pmatrix}\Bigg|_{\mathrm{eq}}\begin{pmatrix}\delta_z\\ \delta_\omega\end{pmatrix}+\begin{pmatrix}\boldsymbol{\Delta}_u f_1\\ \boldsymbol{\Delta}_u f_2\end{pmatrix}(\delta_u) \tag{11-9}$$

这一方法的缺点主要在于采用一阶的 Taylor 展开带来的误差。尤其是在控制输入较大时，相比原非线性系统会有发散情况。此外，由于平衡点的数目和位置选取不同，会造成对原始模型的拟合精度不同，也无法很好地反映系统的时变特性。

2）状态变换法是通过非线性状态变量的精确变换得到系统的准 LPV 模型。该方法基于非变参数状态变量和控制输入的可微方程，旨在消去不依赖变参数的任何非线性项。虽然这一方法应用也有很多，但是要求非线性系统具有如下结构

$$\begin{cases}\begin{pmatrix}\dot{\boldsymbol{z}}\\ \dot{\boldsymbol{\omega}}\end{pmatrix}=\boldsymbol{A}(\theta)\begin{pmatrix}\boldsymbol{z}\\ \boldsymbol{\omega}\end{pmatrix}+\boldsymbol{B}(\theta)\boldsymbol{u}+\boldsymbol{K}(\theta)\\ \boldsymbol{y}=(\boldsymbol{z}\quad \boldsymbol{\eta})^{\mathrm{T}}\end{cases} \tag{11-10}$$

且变参数的维数需要和控制输入的维数一致。假设存在连续可微函数 $\tilde{\boldsymbol{\omega}}(\boldsymbol{\theta})$ 和 $\tilde{\boldsymbol{u}}(\boldsymbol{\theta})$，对任意 $\boldsymbol{\theta}\in\boldsymbol{\Theta}$，系统处于稳定状态，即满足

$$\begin{pmatrix}\mathbf{0}\\ \mathbf{0}\end{pmatrix}=\begin{pmatrix}\boldsymbol{K}_1(\theta)\\ \boldsymbol{K}_2(\theta)\end{pmatrix}+\begin{pmatrix}\boldsymbol{A}_{11}(\theta) & \boldsymbol{A}_{12}(\theta)\\ \boldsymbol{A}_{21}(\theta) & \boldsymbol{A}_{22}(\theta)\end{pmatrix}\begin{pmatrix}\boldsymbol{z}\\ \tilde{\boldsymbol{\omega}}(\theta)\end{pmatrix}+\begin{pmatrix}\boldsymbol{B}_1(\theta)\\ \boldsymbol{B}_2(\theta)\end{pmatrix}\tilde{\boldsymbol{u}}(\theta) \tag{11-11}$$

用式（11-10）和式（11-11）相减并通过状态变换消去非线性项 $\boldsymbol{K}(\theta)$ 得到

$$\begin{aligned}\begin{pmatrix}\dot{\boldsymbol{z}}\\ \dot{\boldsymbol{\omega}}-\dot{\tilde{\boldsymbol{\omega}}}(\theta)\end{pmatrix}=&\begin{pmatrix}0 & A_{12}(\theta)\\ 0 & A_{22}(\theta)-\boldsymbol{\Delta}_2\tilde{\boldsymbol{\omega}}(\theta)A_{12}(\theta)\end{pmatrix}\begin{pmatrix}\boldsymbol{z}\\ \boldsymbol{\omega}-\tilde{\boldsymbol{\omega}}(\theta)\end{pmatrix}+\\ &\begin{pmatrix}B_1(\theta)\\ B_2(\theta)-\boldsymbol{\Delta}_2\tilde{\boldsymbol{\omega}}(\theta)B_1(\theta)\end{pmatrix}[\boldsymbol{u}-\tilde{\boldsymbol{u}}(\theta)]\end{aligned} \tag{11-12}$$

这种方法不能保证不依赖于变参数的稳定状态方程的存在。

3）函数替换方法则是利用变参数及依赖变参数的微分方程的线性组合作为替换的分解方程，选择一个平衡点作为基准点，将状态变量转化为如下形式

$$\delta_z=z-\tilde{z}\,,\ \delta_\omega=\omega-\tilde{\omega}\,,\ \delta_u=u-\tilde{u}$$

经过变换得到

$$\begin{pmatrix}\dot{\delta}_z+\dot{\tilde{z}}\\ \dot{\delta}_\omega+\dot{\tilde{\omega}}\end{pmatrix}=\begin{pmatrix}A_{11}(\delta_z+\tilde{z}) & A_{12}(\delta_z+\tilde{z})\\ A_{21}(\delta_z+\tilde{z}) & A_{22}(\delta_z+\tilde{z})\end{pmatrix}\begin{pmatrix}\delta_z\\ \delta_\omega\end{pmatrix}+\begin{pmatrix}B_1(\delta_z+\tilde{z})\\ B_2(\delta_z+\tilde{z})\end{pmatrix}\delta_u+\boldsymbol{K} \tag{11-13}$$

将非线性项分解为 δ_z 的线性形式，得到结果如下

$$K=k_1(z)\delta_z+\cdots+k_n(z)\delta_z$$

代入式（11-13）得到 LPV 模型为

$$\begin{pmatrix}\dot{z}\\ \dot{\omega}\end{pmatrix}=\begin{pmatrix}A_{11}(z)+K_1(z) & A_{12}(z)\\ A_{21}(z)+K_1(z) & A_{22}(z)\end{pmatrix}\begin{pmatrix}z-\tilde{z}\\ \omega-\tilde{\omega}\end{pmatrix}+\begin{pmatrix}B_1(z)\\ B_2(z)\end{pmatrix}(u-\tilde{u}) \tag{11-14}$$

11.2.3 基于 HOSVD 的 LPV 系统多胞分解

高阶奇异值分解（HOSVD）是在进行凸多胞 LPV 模型建模时用到的模型处理方法，针对所得网格空间张量进行分解与重构，达到在张量空间降维的目的。

定义 11－8 （张量展开）将张量 $\boldsymbol{A}$，沿第 n 模式（$n=1, \cdots, N$）展开为矩阵 $\boldsymbol{A}_{(n)}$ 的操作叫作张量展开。假设一个 N 阶张量 $\boldsymbol{A} \in R^{I_1\times I_2\times\cdots I_N}$，其中的元素可表示为 $(A)_{i_1 i_2 \cdots i_n} = a_{i_1 i_2 \cdots i_n}$，则张量 $\boldsymbol{A}$ 沿第 n 模式展开后，$a_{i_1 i_2 \cdots i_n}$ 出现在矩阵 $\boldsymbol{A}_{(n)}$ 的第 i_n 行第 j 列，其中

$$j=(i_{n+1}-1)I_{n+2}I_{n+3}\cdots I_N I_1 I_2\cdots I_{n-1}+(i_{n+2}-1)I_{n+3}I_{n+4}\cdots I_N I_1 I_2\cdots I_{n-1}+\cdots+(i_N-1)I_1 I_2\cdots I_{n-1}+(i_1-1)I_2 I_3\cdots I_{n-1}+(i_2-1)I_3 I_4\cdots I_{n-1}+\cdots+i_{n+1} \tag{11-15}$$

定义 11－9 （张量与矩阵的积）对于给定张量 $\boldsymbol{A} \in R^{I_1\times I_2\times\cdots\times I_N}$ 与矩阵 $U \in R^{J_n\times I_n}$，其中 n 模乘积记为 $\boldsymbol{A}\times_n \boldsymbol{U}$，是一个（$I_1\times I_2\times\cdots\times I_{n-1}\times J_n\times I_{n+1}\times\cdots\times I_N$）阶张量，其元素由下式给定

$$(\boldsymbol{A}\times_n \boldsymbol{U})_{i_1 i_2\cdots i_{n-1} j_n j_{n+1}\cdots i_N} \overset{\text{def}}{=} \sum a_{i_1 i_2\cdots i_{n-1} j_n j_{n+1}\cdots i_N} u_{j_n i_n} \tag{11-16}$$

定义 11－10 （张量的标量积）对任意两个张量 $\boldsymbol{A}$，$\boldsymbol{B} \in R^{I_1\times I_2\times\cdots\times I_N}$，标量积 $\langle \boldsymbol{AB}\rangle$ 由下式给定

$$\langle \boldsymbol{AB}\rangle \overset{\text{def}}{=} \sum_{i_1}\sum_{i_2}\cdots\sum_{i_N} b_{i_1 i_2\cdots i_N} a_{i_1 i_2\cdots i_N} \tag{11-17}$$

定义 11－11 （高阶奇异值分解）对任意的 N 阶实张量 $\boldsymbol{A} \in R^{I_1\times I_2\times\cdots\times I_N}$，有下式成立

$$\boldsymbol{A}=\boldsymbol{S}\times_1 \boldsymbol{U}_{(1)}\times_2 \boldsymbol{U}_{(2)}\times_3\cdots\times_N \boldsymbol{U}_{(N)} \overset{\text{def}}{=} \boldsymbol{S}\bigotimes_{n=1}^{N}\boldsymbol{U}_{(n)} \tag{11-18}$$

式中，$\boldsymbol{U}_{(n)}=(\boldsymbol{u}_1^{(n)}\boldsymbol{u}_2^{(n)}\cdots\boldsymbol{u}_I^{(n)})$ 是 $I_n\times I_n$ 阶正交矩阵，$n=1, 2, \cdots, N$，$S\in R^{I_1\times I_2\times\cdots\times I_N}$，且对 $\boldsymbol{S}$ 的任意两个子张量 $\boldsymbol{S}_{i_n}=\alpha$，$\boldsymbol{S}_{i_n}=\beta$，当 $\alpha\neq\beta$ 时，有 $\langle \boldsymbol{S}_{i_n=\alpha}, \boldsymbol{S}_{i_n=\beta}\rangle=0$。对任意整数 n，满足如下排序

$$\|\boldsymbol{S}_{i_n=1}\|\geqslant\|\boldsymbol{S}_{i_n=2}\|\geqslant\cdots\geqslant\|\boldsymbol{S}_{i_n=I_n}\|\geqslant 0 \tag{11-19}$$

其中，Frobenius 范数 $\|\boldsymbol{S}_{i_n=1}\|$，记为 $\sigma_i^{(n)}$，是张量 $\boldsymbol{A}$ 的 n 模奇异值，$\boldsymbol{u}_i^{(n)}$ 是第 i 个 n 模奇异向量。

考虑如下 LPV 系统状态空间模型

$$\begin{cases}\dot{x}(t)=A(\boldsymbol{p}(t))x(t)+B(\boldsymbol{p}(t))u(t)\\ y(t)=C(\boldsymbol{p}(t))x(t)+D(\boldsymbol{p}(t))u(t)\end{cases} \tag{11-20}$$

式中，$u(t)\in R^k$，$y(t)\in R^l$，$x(t)\in R^m$ 分别为系统控制输入、系统输出以及系统状态变量。上述系统矩阵可以表示成如下形式

$$\boldsymbol{S}(\boldsymbol{p}(t))=\begin{pmatrix}A(\boldsymbol{p}(t)) & B(\boldsymbol{p}(t))\\ C(\boldsymbol{p}(t)) & D(\boldsymbol{p}(t))\end{pmatrix}\in R^{(m+k)\times(m+l)} \tag{11-21}$$

矩阵时变，其中 $\boldsymbol{p}(t)\in\Omega$ 为时变的 N 维参数向量，是闭超立方体 $\Omega=[a_1, b_1]\times[a_2, b_2]\times\cdots\times[a_N, b_N]\subset R^N$ 中的一个元素。$S(\boldsymbol{p}(t))$ 可利用任意变参数 $\boldsymbol{p}(t)$ 与 LTI

系统 $S_{i_1 i_2 \cdots i_N} \in R^{O\times I} = R^{(m+k)\times(m+l)}$ 的凸组合进行逼近，$\boldsymbol{S}_{i_1 i_2 \cdots i_N}$ 被称为顶点系统。可以通过定义权系数函数 $\omega_n(\boldsymbol{p}(t)) \in [0, 1]$，使得 $\boldsymbol{S}(\boldsymbol{p}(t))$ 可以表示成 $\boldsymbol{S}_{i_1 i_2 \cdots i_N}$ 的凸组合。这种凸组合可以通过张量积的形式表达如下

$$\begin{pmatrix} \dot{x}(t) \\ y(t) \end{pmatrix} = \boldsymbol{S} \bigotimes_{n=1}^{N} \boldsymbol{\omega}_n(\boldsymbol{p}_n(t)) \begin{pmatrix} x(t) \\ u(t) \end{pmatrix} \tag{11-22}$$

式中，行向量 $\boldsymbol{\omega}_n(\boldsymbol{p}_n(t)) \in R^{I_n}$ $(n=1, \cdots, N)$ 可以包含权系数函数 $\omega_{n,j_n}(p_n)$，$i_n=1, \cdots, I_n$。而且函数 $\omega_{j_n}(p_n) \in [0, 1]$ 表示定义在紧集 Ω 的第 n 维的第 i_n 个单变量权系数函数，$p_n(t)$ 表示向量 $p(t)$ 的第 n 个元素，$I_n(n=1, \cdots, N)$ 表示权系数函数的维数大小，$(N+2)$ 维张量 $\boldsymbol{S} \in R^{I_1\times I_2\times\cdots\times I_N\times O\times I}$ 由 LTI 顶点系统 $S_{i_1+i_2\cdots i_N} \in R^{O\times I}$ 组成。

显然，进行奇异值分解后的系统只是原系统的近似，其与原 LPV 系统的误差可表示为

$$\| \boldsymbol{S}(\boldsymbol{p}_n(t)) - \boldsymbol{S} \bigotimes_{n=1}^{N} \boldsymbol{\omega}_n(\boldsymbol{p}_n(t)) \| \leqslant \varepsilon \tag{11-23}$$

误差与 LTI 顶点系统个数成反比，如果 LTI 顶点个数无限大，理论上可以精确逼近原系统。一般情况下，为了便于分析和设计，根据系统可容忍误差大小，选择有限个 LTI 顶点系统。总结 LPV 系统多胞分解流程如下：

1）离散化 LPV 模型：定义变参数空间 Ω，$\boldsymbol{p}(t) \in \Omega = [a_1, b_1] \times [a_2, b_2] \times \cdots \times [a_N, b_N]$，对变参数空间 Ω 进行等距网格划分

$$\theta = a_n + \frac{b_n - a_n}{H_n - 1}(h_n - 1), h_n = 1, \cdots, H_n \tag{11-24}$$

每一维网格数为 H_n，在划分好的参数空间上离散化给定函数 $\boldsymbol{S}(\boldsymbol{p}_n(t))$，将离散化后的一系列矩阵储存于张量 $\boldsymbol{S}^D$ 中。

2）对张量 $\boldsymbol{S}^D$ 的前 N 维进行高阶奇异值分解，在每一维中，舍弃 0 或很小的奇异值以及与之对应的奇异值向量，得到 $\boldsymbol{S}^D \underset{\gamma}{\approx} \boldsymbol{S} \bigotimes_{n} \boldsymbol{U}$。

3）构造连续的权系数函数，矩阵 $\boldsymbol{U}_n$ 的第 i_n 个列向量 $\boldsymbol{u}_n$ 便确定了变量 $\boldsymbol{p}_n(t)$ 的离散权函数 $\omega_{ni_n}(\boldsymbol{p}_n)$。

11.2.4　模型降阶

LPV 模型可以精确描述复杂航天器的非线性动力学特性，然而初始建立的 LPV 模型阶数较高，会造成控制过程的计算量过大，因此需要在合理条件下对系统模型进行降阶处理。模型降阶就是用低阶简单模型逼近原系统模型，从而使得系统分析与设计简化。该理论最早由 De Prony 提出。这种模型降阶的方法可以大大简化系统的复杂程度，通过设计标准反馈控制器和状态观测器可以得到对原系统控制的类似性能，从而保持原系统的主要特征。

通常情况下，模型降阶有以下两种解决方案，一种是从建模的角度进行降阶，即根据经典的假设模态法，选择具有较好展开收敛性的模态集，以便用较少的模态对系统进行建模。另一种是在模型建立之后，对所建立的模型通过合适的降阶方法，进行合理的自由度

减缩，从而进一步对模型降阶。对于这两个方面，目前已经有很多成熟的降阶理论，比较具有代表性的有模态综合法、动力缩聚技术和模型降阶准则等，其中模态综合法是在建模的过程中完成降阶的，而动力缩聚则是在模型建立之后进行物理自由度的减缩，模型降阶准则应用比较灵活，可以根据具体情况在建模前或建模后进行降阶。这里主要对模型降阶准则进行研究。

针对不同的理论模型，降阶方法也有很多种，如平衡截断法、奇异摄动法、Hankel 范数法、投影法、集结法、劳斯近似法、Pade 近似法等。其中 Moore 的平衡截断法在模型降阶这一领域有里程碑式的意义。Moore 从系统内平衡实现的角度出发，对稳定、可控和可观系统，提出了一种渐近稳定的平衡降阶方法。此后，许多学者在很多方面发展了该方法，对不稳定、不可控和不可观的线性定常系统，离散、随机和双线性系统分别研究了平衡降阶方法，并形成了一套完整的理论。

模型降阶实际上就是建模复杂度和实际可用性的折中，将最能匹配实际应用的特性保留下来，通过这些特性能够近似整个系统，实现对系统的认识和改造。这里考虑一个柔性航天器的线性化模型，如下所示

$$\begin{cases} \dot{x} = Ax + Bu \\ y = Cx + Du \end{cases} \tag{11-25}$$

模型降阶就是通过投影运算，找到一个新的低阶线性模型 N_r

$$\begin{cases} \dot{\tilde{x}} = SAR\tilde{x} + SBu = Ar\tilde{x} + Bru \\ y = CR\tilde{x} + Du = Cr\tilde{x} + Du \end{cases} \tag{11-26}$$

使得新建模型和原始线性模型保持相似的动态特性，即：

1）近似误差小。

2）系统性能：稳定性、鲁棒性、动态性能等能够保持。

3）新系统的计算复杂度小，分析仿真难度低。

平衡截断的模型降阶分为求解代数 Riccati 方程在内的右互质分解过程，求取 Gramian 矩阵、计算奇异值、构造平衡变换矩阵、平衡变换，截断的平衡截断过程以及模型验证过程。

右互质分解：对于具有静不稳定特性的系统，可以利用右互质分解得到稳定系统的组合形式，为其后的模型降阶提供条件。其流程可以用图 11－2 表示。

平衡截断法是一种基于奇异值分解的模型降阶的方法。该方法首先通过计算系统的能控和能观的 Gramian 矩阵，得到系统的 Hankel 奇异值，确定对系统输入输出影响较小的状态，然后构造平衡变换矩阵，对系统进行平衡变换，使得系统的能控和能观的 Gramian 矩阵相等，且等于由系统奇异值构成的对角阵，处于平衡状态。这里的平衡指的是通常情况下，对于稳定的 LTI 系统，系统的可控 Gramian 矩阵和可观 Gramian 矩阵相等。最后对系统进行截断处理，将对系统输入输出影响较小的状态阶段，得到降阶模型。对于平衡系统进行阶段，就是截掉平衡 Gramian 矩阵中对角元素较小的 Hankel 奇异值对应的状态以得到保持系统特性的降阶系统。而对于一般系统，在经过平衡变换后，得到等价的平衡

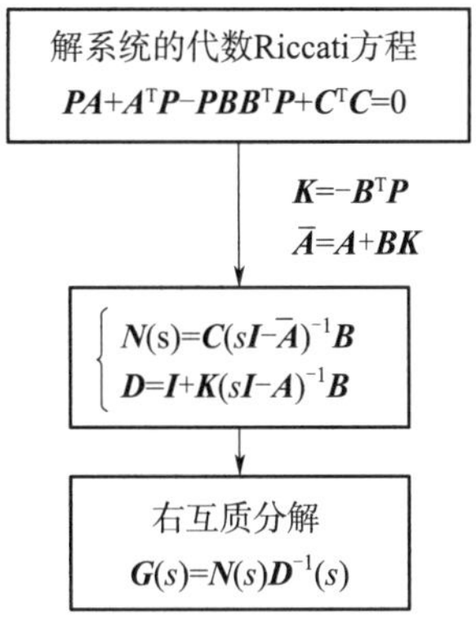

图 11-2　右互质分解流程

系统进行截断。具体步骤总结如图 11-3 所示。

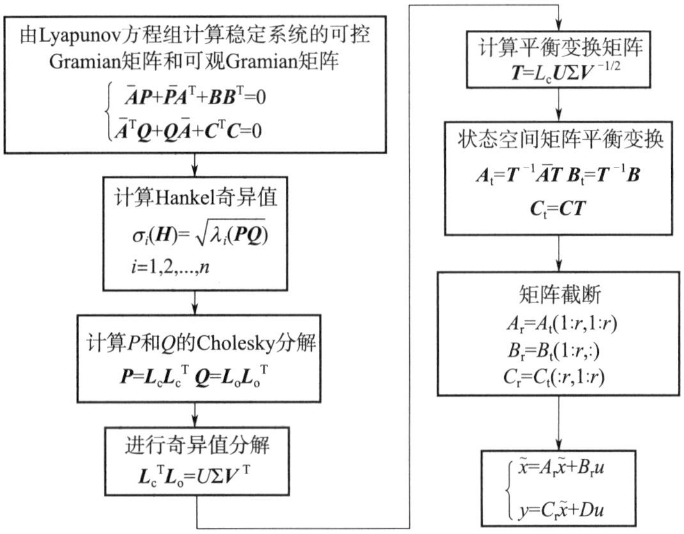

图 11-3　平衡截断流程

考虑一个线性时变的离散系统模型，其结构如下

$$\begin{pmatrix} x(k+1) \\ \alpha(k) \\ y(k) \end{pmatrix} = \begin{pmatrix} A_{ss}(k) & A_{sp}(k) & B_s(k) \\ A_{ps}(k) & A_{pp}(k) & B_p(k) \\ C_s(k) & C_p(k) & D(k) \end{pmatrix} \begin{pmatrix} x(k) \\ \beta(k) \\ u(k) \end{pmatrix} \tag{11-27}$$

其中，$x(k)$，$y(k)$，$u(k)$ 分别为状态量、输出量和输入量，这里用线性分式变换 LFT 的方法，可以得到图 11-4，δ_i 时变参数通过线性分式反馈（α，β）作用于系统 $\boldsymbol{G}$。

令对角阵 $\boldsymbol{\Delta}(k)=\mathrm{diag}(\delta_1(k)\boldsymbol{I}_{n1},\ \cdots,\ \delta_d(k)\boldsymbol{I}_{nd})$ 表示变参数，可以得到

$$\begin{pmatrix} x(k+1) \\ y(k) \end{pmatrix} = \boldsymbol{H}(k) \begin{pmatrix} x(k) \\ u(k) \end{pmatrix} \tag{11-28}$$

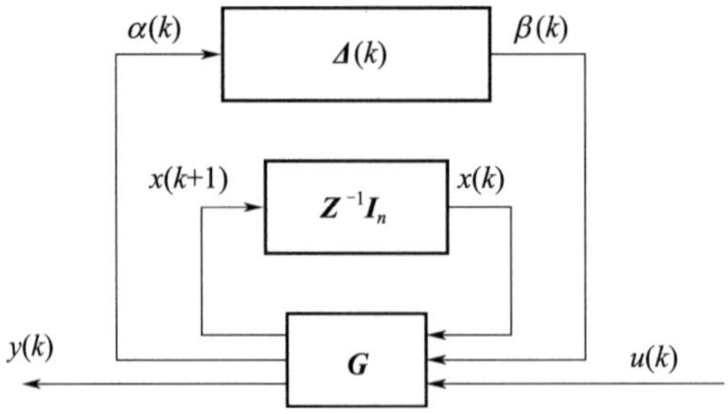

图 11-4　LFT 系统示意

$$\boldsymbol{H}(k)=\begin{pmatrix}A_{ss}(k) & B_s(k)\\ C_s(k) & D(k)\end{pmatrix}+\begin{pmatrix}A_{sp}(k)\\ C_p(k)\end{pmatrix}\boldsymbol{\Delta}(k)\times$$
$$(\boldsymbol{I}-A_{pp}(k)\boldsymbol{\Delta}(k))^{-1}(A_{ps}(k)\quad B_p(k))$$

定义系统 G_δ 为映射 $u\rightarrow y$，引入移位算子 Z 可以得到系统方程为

$$\begin{pmatrix}x\\ \alpha\\ y\end{pmatrix}=\begin{pmatrix}ZA_{ss} & ZA_{sp} & ZB_s\\ A_{ps} & A_{pp} & B_p\\ C_s & C_p & D\end{pmatrix}\begin{pmatrix}x\\ \beta\\ u\end{pmatrix}\tag{11-29}$$

$$\begin{pmatrix}x\\ \beta\end{pmatrix}=diag(\boldsymbol{I}^n,\boldsymbol{\Delta}_1,\cdots,\boldsymbol{\Delta}_d)\begin{pmatrix}x\\ \alpha\end{pmatrix}=\boldsymbol{\Delta}\begin{pmatrix}x\\ \alpha\end{pmatrix}\tag{11-30}$$

引入定义，$\tilde{\boldsymbol{Z}}=\begin{pmatrix}Z & 0\\ 0 & \boldsymbol{I}\end{pmatrix}$，$\boldsymbol{A}=\begin{pmatrix}A_{ss} & A_{sp}\\ A_{ps} & A_{pp}\end{pmatrix}$，$\boldsymbol{B}=\begin{pmatrix}B_s\\ B_p\end{pmatrix}$，$\boldsymbol{C}=(C_s,\ C_p)$，则 LPV 系统实现可表示为

$$G_\delta=(\boldsymbol{A},\boldsymbol{B},\boldsymbol{C},\boldsymbol{D};\boldsymbol{\Delta})\tag{11-31}$$

由于满足 G_δ 强稳定的 LPV 模型可等价地由平衡实现来表示，因此根据平衡实现的定义，存在对角算子 $\Sigma=diag(\Sigma_0,\ \Sigma_1,\ \cdots,\ \Sigma_d)\in\lambda$，满足条件，其中 $\boldsymbol{\Sigma}_i=diag(\Sigma_i(0),\ \Sigma_I(1),\ \Sigma_i(2),\ \cdots)$，$\boldsymbol{\Sigma}_i(k)$ 为定义在 S^{n_i} 上的对角正定矩阵，且对角整数按大小排序。若存在整数 r_i 满足 $0\leqslant r_i\leqslant n_i$，则将 $\boldsymbol{\Sigma}_i(k)$ 分为两个子块 $\boldsymbol{\Gamma}_i(k)\in S^{\gamma_i}$ 和 $\Omega_i(k)\in S^{n_i-\gamma_i}$，也就是

$$\boldsymbol{\Sigma}_i=\begin{pmatrix}\boldsymbol{\Gamma}_i & 0\\ 0 & \boldsymbol{\Omega}_i\end{pmatrix}\tag{11-32}$$

据此，对 $\boldsymbol{A}$，$\boldsymbol{B}$，$\boldsymbol{C}$ 分块，有

$$
\boldsymbol{A}=\begin{pmatrix}
\begin{pmatrix}\hat{A}_{ss} & A_{ss12}\\ A_{ss21} & A_{ss22}\end{pmatrix} & \begin{pmatrix}\hat{A}_{sp}^{1} & A_{sp12}^{1}\\ A_{sp21}^{1} & A_{sp22}^{1}\end{pmatrix} & \cdots & \begin{pmatrix}\hat{A}_{sp}^{d} & A_{sp12}^{d}\\ A_{sp21}^{d} & A_{sp22}^{d}\end{pmatrix}\\
\begin{pmatrix}\hat{A}_{ps}^{1} & A_{ps12}^{1}\\ A_{ps21}^{1} & A_{ps22}^{1}\end{pmatrix} & \begin{pmatrix}\hat{A}_{pp}^{d1} & A_{pp12}^{d1}\\ A_{pp21}^{d1} & A_{pp22}^{d1}\end{pmatrix} & \cdots & \begin{pmatrix}\hat{A}_{pp}^{1d} & A_{pp12}^{d}\\ A_{pp21}^{1d} & A_{pp22}^{1d}\end{pmatrix}\\
\vdots & \vdots & \ddots & \vdots\\
\begin{pmatrix}\hat{A}_{ps}^{d} & A_{ps22}^{d}\\ A_{ps21}^{d} & A_{ps22}^{d}\end{pmatrix} & \begin{pmatrix}\hat{A}_{pp}^{d1} & A_{pp12}^{d1}\\ A_{pp21}^{d1} & A_{pp22}^{d1}\end{pmatrix} & \cdots & \begin{pmatrix}\hat{A}_{pp}^{dd} & A_{pp12}^{dd}\\ A_{pp21}^{dd} & A_{pp22}^{dd}\end{pmatrix}
\end{pmatrix}
$$

$$
\boldsymbol{B}=\left(\begin{pmatrix}\hat{\boldsymbol{B}}_{s}^{T} & \hat{\boldsymbol{B}}_{s2}^{T}\end{pmatrix}\quad \begin{pmatrix}(\hat{\boldsymbol{B}}_{p}^{1})^{T} & (\boldsymbol{B}_{p2}^{1})^{T}\end{pmatrix}\quad \cdots \quad \begin{pmatrix}(\hat{\boldsymbol{B}}_{p}^{d})^{T} & (\boldsymbol{B}_{p2}^{d})^{T}\end{pmatrix}\right)^{T}
$$

$$
\boldsymbol{C}=\left(\begin{pmatrix}\hat{C}_{s} & C_{s2}\end{pmatrix}\quad \begin{pmatrix}\hat{C}_{p}^{1} & C_{p2}^{1}\end{pmatrix}\quad \cdots \quad \begin{pmatrix}\hat{C}_{p}^{d} & C_{p2}^{d}\end{pmatrix}\right)
$$

从而可以得到系统 $\boldsymbol{G}_{\delta}$ 的平衡截断 $\boldsymbol{G}_{\delta,\ r}=(\boldsymbol{A}_{r},\ \boldsymbol{B}_{r},\ \boldsymbol{C}_{r},\ \boldsymbol{D}_{r};\ \boldsymbol{\Delta}_{r})$，其中

$$
\begin{pmatrix}\boldsymbol{A}_{r} & \boldsymbol{B}_{r}\\ \boldsymbol{C}_{r} & \boldsymbol{D}_{r}\end{pmatrix}=\begin{pmatrix}
\hat{A}_{ss} & \hat{A}_{sp}^{1} & \cdots & \hat{A}_{sp}^{d} & \hat{\boldsymbol{B}}_{s}^{T}\\
\hat{A}_{ps}^{1} & \hat{A}_{pp}^{d1} & \cdots & \hat{A}_{pp}^{1d} & \hat{\boldsymbol{B}}_{p}^{1}\\
\vdots & \vdots & \ddots & \vdots & \vdots\\
\hat{A}_{ps}^{d} & \hat{A}_{pp}^{d1} & \cdots & \hat{A}_{pp}^{dd} & \hat{\boldsymbol{B}}_{p}^{d}\\
\hat{C}_{s} & \hat{C}_{p}^{1} & \cdots & \hat{C}_{p}^{d} & D
\end{pmatrix}
$$

$$
\boldsymbol{\Delta}_{r}=diag\,(\boldsymbol{\Gamma}^{\gamma_0},\hat{\boldsymbol{\Delta}}_{1},\cdots,\hat{\boldsymbol{\Delta}}_{d})=P\boldsymbol{\Delta}P^{*}
$$

$$
\hat{\boldsymbol{\Delta}}_{i}=diag\,(\delta_{i}(0)\,\boldsymbol{I}_{r_i},\delta_{i}(1)\,\boldsymbol{I}_{r_i},\cdots)
$$

利用广义 Gramian 矩阵可以证明定理，强 l_2 稳定的 LPV 系统的平衡截断系统也是强 l_2 稳定且存在平衡实现的。因此，这种降阶方法是有效的，并且 $\| G_{\delta}-G_{\delta,\ \gamma}\| < 2\sum_{i=0}^{d}\sum_{j}\omega_{i,\ j}$，其中 $w_{i,\ j}$ 为块对角算子 Ω_{i} 中不同的对角整数，即误差上确界。

在这里给出柔性航天器的算例（数据来源 ETS-Ⅷ卫星[13]），柔性航天器结构参数如下所示

$$
m_{b}=2911.1,\ m_{a1}=259.48,\ m_{a2}=259.47,\ m_{a3}=m_{a4}=122.70
$$

$$
\boldsymbol{J}_{ab}=\begin{pmatrix}25\,959 & -128.85 & -975.68\\ -128.85 & 69\,334 & 114.21\\ -975.68 & 114.21 & 54\,802\end{pmatrix}
$$

$$
J_{a3}=\begin{pmatrix}3\,337.4 & 0.300\,00 & -0.050\,000\\ 0.300\,00 & 69\,334 & 2.642\,2\\ -0.050\,000 & 2.642\,2 & 3\,400.0\end{pmatrix}
$$

$$J_{a4}=\begin{pmatrix}3\,568.1 & 4.560\,0 & -0.050\,000\\ 4.560\,0 & 52.6 & 37.300\\ -0.050\,000 & 37.300 & 3\,400.5\end{pmatrix}$$

附件的振动频率和阻尼见表 11－1。

表 11－1　附件振动频率与阻尼

j	$\omega_{a_{1,j}}$	$\zeta_{a_{1,j}}$	$\omega_{a_{2,j}}$	$\zeta_{a_{2,j}}$	$\omega_{a_{3,j}}$	$\zeta_{a_{3,j}}$	$\omega_{a_{4,j}}$	$\zeta_{a_{4,j}}$
1	0.104 50	0.005	0.105 30	0.005	0.006 0	0.005	0.061 0	0.005
2	0.178 20	0.005	0.178 50	0.005	0.130 0	0.005	0.130 0	0.005
3	0.515 10	0.005	0.507 10	0.005	0.315 0	0.005	0.315 0	0.005
4	0.708 80	0.005	0.704 90	0.005	0.455 0	0.005	0.455 0	0.005
5	1.298 0	0.005	1.289 2	0.005	0.909 0	0.005	0.915 0	0.005
6	2.141 4	0.005	2.193 1	0.005	1.847 0	0.005	1.854 0	0.005
7	3.330 1	0.005	3.338 0	0.005	2.789 0	0.005	2.791 0	0.005
8	4.151 6	0.005	4.070 6	0.005				

转动惯量由下式计算

$$\boldsymbol{J}=\boldsymbol{J}_{\mathrm{b}}-\boldsymbol{m}_{\mathrm{b}}\boldsymbol{r}_{\mathrm{b}}^{\times}\boldsymbol{r}_{\mathrm{b}}^{\times}+\sum_{i=1}^{4}\boldsymbol{C}_i^{\mathrm{T}}\boldsymbol{J}_{\mathrm{a}i}\boldsymbol{C}_i-\sum_{i=1}^{4}m_{\mathrm{a}i}\boldsymbol{r}_{\mathrm{a}i}^{\times}\boldsymbol{r}_{\mathrm{a}i}^{\times}\tag{11-33}$$

$$\boldsymbol{C}_1=\boldsymbol{C}_2=\begin{pmatrix}1&0&0\\0&1&0\\0&0&1\end{pmatrix},\ \boldsymbol{C}_3(\delta)=\begin{pmatrix}-\sin\delta&0&-\cos\delta\\0&-1&0\\-\cos\delta&0&\sin\delta\end{pmatrix},\ \boldsymbol{C}_4(\delta)=\begin{pmatrix}\sin\delta&0&\cos\delta\\0&1&0\\-\cos\delta&0&\sin\delta\end{pmatrix}$$

则系统的姿态动力学方程为

$$\boldsymbol{M}(\delta)\ddot{\boldsymbol{q}}+\boldsymbol{D}\dot{\boldsymbol{q}}+\boldsymbol{K}\boldsymbol{q}=\boldsymbol{H}u\tag{11-34}$$

$$\boldsymbol{y}=\begin{pmatrix}\boldsymbol{H}^{\mathrm{T}}&0\\0&\boldsymbol{H}^{\mathrm{T}}\end{pmatrix}\begin{pmatrix}\boldsymbol{q}\\\dot{\boldsymbol{q}}\end{pmatrix}\tag{11-35}$$

其中：

$\boldsymbol{M}(\delta)=\begin{pmatrix}\boldsymbol{J}(\delta)&\boldsymbol{P}(\delta)\\\boldsymbol{P}^{\mathrm{T}}(\delta)&\boldsymbol{I}_{\Sigma_i n_i}\end{pmatrix}$，$\boldsymbol{K}=\begin{pmatrix}\boldsymbol{0}_{3\times3}&\boldsymbol{0}_{3\times\Sigma_i n_i}\\\boldsymbol{0}_{\Sigma_i n_i\times3}&\Omega^2\end{pmatrix}$，$\boldsymbol{D}=\begin{pmatrix}0_{3\times3}&\boldsymbol{0}_{3\times\Sigma_i n_i}\\\boldsymbol{0}_{\Sigma_i n_i\times3}&\Lambda\end{pmatrix}$，$\boldsymbol{L}=\begin{pmatrix}\boldsymbol{I}_3\\0_{\Sigma_i n_i\times3}\end{pmatrix}$，$\boldsymbol{q}=(\boldsymbol{\theta}^{\mathrm{T}}\quad\boldsymbol{\eta}_1^{\mathrm{T}}\quad\boldsymbol{\eta}_2^{\mathrm{T}}\quad\boldsymbol{\eta}_3^{\mathrm{T}}\quad\boldsymbol{\eta}_4^{\mathrm{T}})^{\mathrm{T}}\in R^{(3+\Sigma_j n_j)\times1}$。

由于给出的二阶系统存在不稳定模态，因此无法直接对其进行模型降阶，对此，需要在模型降阶时，把不稳定部分先分解出来，然后对稳定部分采用二阶系统平衡截断法降阶。这里采用合同变换的方法，引入变换

$$\boldsymbol{q}(t)=\boldsymbol{\Phi}\boldsymbol{q}(t)\tag{11-36}$$

其中

$$\boldsymbol{\Phi}=\begin{pmatrix}\boldsymbol{\Phi}_{11}&-\boldsymbol{M}_{11}^{-1}\boldsymbol{C}\boldsymbol{\Phi}_{22}\\0&\boldsymbol{\Phi}_{22}\end{pmatrix},\ \boldsymbol{M}_{11}=J(\delta)$$

则有

$$\boldsymbol{\Phi}^{\mathrm{T}}\boldsymbol{M\Phi}=\begin{pmatrix}\boldsymbol{\Phi}_{11}^{\mathrm{T}}\boldsymbol{M}_{11}\boldsymbol{\Phi}_{11} & 0\\ 0 & \boldsymbol{\Phi}_{22}^{\mathrm{T}}(\boldsymbol{C}^{\mathrm{T}}\boldsymbol{M}_{11}^{-1}\boldsymbol{C\Phi}_{22}+\boldsymbol{\Phi}_{22})\end{pmatrix} \tag{11-37}$$

$$\boldsymbol{\Phi}^{\mathrm{T}}\boldsymbol{D\Phi}=\begin{pmatrix}0 & 0\\ 0 & \boldsymbol{\Phi}_{22}^{\mathrm{T}}D_{22}\boldsymbol{\Phi}_{22}\end{pmatrix} \tag{11-38}$$

$$\boldsymbol{\Phi}^{\mathrm{T}}K\boldsymbol{\Phi}=\begin{pmatrix}0 & 0\\ 0 & \boldsymbol{\Phi}_{22}^{\mathrm{T}}K_{22}\boldsymbol{\Phi}_{22}\end{pmatrix} \tag{11-39}$$

可以得到解耦后的系统为

$$\left(\begin{bmatrix}M_{\mathrm{u}} & 0\\ 0 & M_{\mathrm{s}}\end{bmatrix},\begin{bmatrix}0 & 0\\ 0 & D_{\mathrm{s}}\end{bmatrix},\begin{bmatrix}0 & 0\\ 0 & K_{\mathrm{s}}\end{bmatrix},\begin{bmatrix}H_{0\mathrm{u}}\\ H_{0\mathrm{s}}\end{bmatrix},(C_{\mathrm{u}}\quad C_{\mathrm{s}})\right) \tag{11-40}$$

其中：

$M_{\boldsymbol{u}}=\boldsymbol{P}_{11}^{\mathrm{T}}M_{11}P_{11}$，$M_{\mathrm{s}}=\boldsymbol{P}_{22}^{\mathrm{T}}(\boldsymbol{C}^{\mathrm{T}}\boldsymbol{M}_{11}^{\mathrm{T}}\boldsymbol{CP}_{22}+M_{22})\boldsymbol{P}_{22}$，$D_{\mathrm{s}}=P_{22}^{\mathrm{T}}D_{22}\boldsymbol{P}_{22}$，$K_{\mathrm{s}}=\boldsymbol{P}_{22}^{\mathrm{T}}K_{22}\boldsymbol{P}_{22}$，$\boldsymbol{H}_0=\boldsymbol{\Phi}^{\mathrm{T}}\boldsymbol{H}=(H_{0\mathrm{u}}^{\mathrm{T}}\quad H_{0\mathrm{s}}^{\mathrm{T}})^{T}$，$\boldsymbol{C\Phi}=(C_{\mathrm{u}}\quad C_{\mathrm{s}})$。

对所得到的稳定二阶子系统（M_{s}，D_{s}，K_{s}，C_{s}）应用平衡截断法降阶，可以得到稳定系统的降阶系统（M_{sr}，D_{sr}，K_{sr}，H_{osr}，C_{sr}），经过系统合成，可以得到系统的降阶模型为（$\boldsymbol{M}_{\mathrm{r}}$，$\boldsymbol{D}_{\mathrm{r}}$，$\boldsymbol{K}_{\mathrm{r}}$，$\boldsymbol{H}_{\mathrm{or}}$，$\boldsymbol{C}_{\mathrm{r}}$），其中，$\boldsymbol{M}_{\mathrm{r}}=dian(M_{\boldsymbol{u}},\ M_{sr})$，$\boldsymbol{D}_{\mathrm{r}}=diag(0,\ D_{\mathrm{sr}})$，$\boldsymbol{K}_{\mathrm{r}}=diag(0,\ K_{\mathrm{sr}})$，$\boldsymbol{H}_{\mathrm{or}}=(\boldsymbol{H}_{0\mathrm{u}}^{\mathrm{T}},\ \boldsymbol{H}_{0\mathrm{sr}}^{\mathrm{T}})^{\mathrm{T}}$，$\boldsymbol{C}_{r}=(C_{\mathrm{u}},\ C_{\mathrm{sr}})$。

代入上述数据，降阶后保留前 2 阶柔性模态，可以得到原始变参数系统的奇异值曲线和截断误差的奇异值曲线分别如图 11－5、图 11－6 所示，可见降阶模型与全阶模型在低频响应处符合较好，而无法反映某些高频特性。

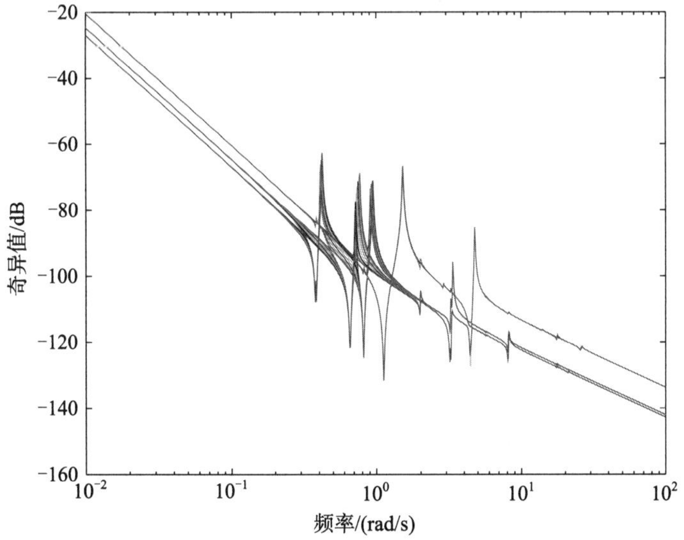

图 11－5　原始非线性系统奇异值

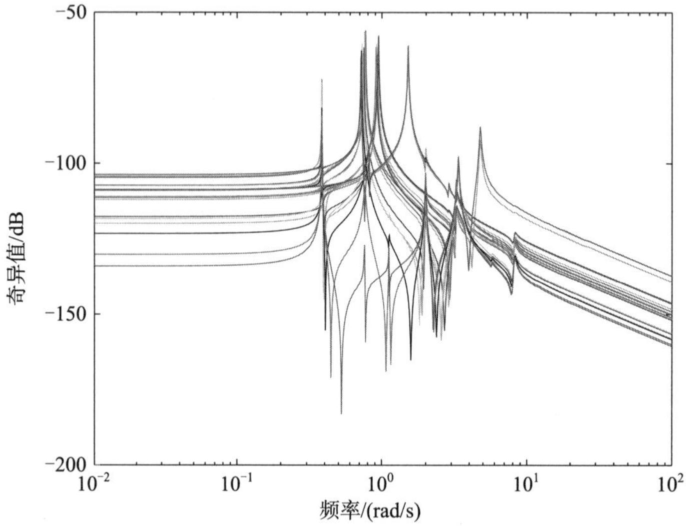

图 11-6 降阶系统与原始系统

11.3 线性变参数系统稳定性分析

11.3.1 线性矩阵不等式

在设计 LPV 系统控制器中，问题最终不可避免地化为求解多组线性矩阵不等式(LMI）的凸优化问题，因此本节首先介绍 LMI 的相关知识和求解方法。线性矩阵不等式和 LMI 工具在控制工程、系统识别以及结构设计中应用广泛。由于 LMI 求解器易于数值指定，综合设计约束、条件和目标，因此对于 Lyapunov 稳定分析设计、LQG 控制、H_∞ 控制、协方差控制等问题均适用。首先给出线性矩阵不等式的定义。

定义 11-12 一个线性矩阵不等式就是具有以下一般形式的矩阵不等式

$$\boldsymbol{F}(x)=\boldsymbol{F}_0+x_1\boldsymbol{F}_1+\cdots+x_N\boldsymbol{F}_N<0 \tag{11-41}$$

其中，$F(x)$ 是有限维空间 V 到 S，$S:=\{\boldsymbol{M}\mid\exists n>0,\boldsymbol{M}=\boldsymbol{M}^{\mathrm{T}}\in R^{n\times n}\}$ 的仿射函数。$\boldsymbol{F}_0$，$\boldsymbol{F}_1$，…，$\boldsymbol{F}_n$ 是给定的对称常数矩阵，x_1，…，x_N 是未知变量，称为决策变量，$\boldsymbol{x}=(x_1\quad\cdots\quad x_N)^{\mathrm{T}}\in R^N$ 是由决策变量构成的向量，称为决策向量。

注：由空间 V 到 S 的仿射变换可记为 $F(\boldsymbol{x})=F_0+T(\boldsymbol{x})$。那么若用 $\{e_1,\cdots,e_N\}$ 表示 V 空间的基，则可以记为 $T(\boldsymbol{x})=\overset{N}{\Sigma}x_j\boldsymbol{F}_j$。那么定义中的 $\boldsymbol{x}=(x_1\quad\cdots\quad x_N)^{\mathrm{T}}\in R^N$ 表示为 $\boldsymbol{x}=\sum\limits_{j=1}^{N}x_j\boldsymbol{e}_j$。

Lyapunov 矩阵不等式

$$F(\boldsymbol{x})=\boldsymbol{A}^{\mathrm{T}}\boldsymbol{X}+\boldsymbol{X}\boldsymbol{A}+\boldsymbol{Q}<\boldsymbol{0} \tag{11-42}$$

其中：$\boldsymbol{A}$、$\boldsymbol{Q}\in R^{n\times n}$ 已知，而 $\boldsymbol{X}\in R^{n\times n}$ 未知。此时，可以将矩阵化为以 E_1，E_2，…，E_N 为基的形式，记作 $\boldsymbol{X}=\sum\limits_{j=1}^{N}x_j\boldsymbol{E}_j$，得到 $F(\boldsymbol{X})=F(\sum\limits_{j=1}^{N}x_j\boldsymbol{E}_j)=\boldsymbol{F}_0+\sum\limits_{j=1}^{N}x_jF(\boldsymbol{E}_j)=\boldsymbol{F}_0+$

$\sum_{j=1}^{N} x_j \boldsymbol{F}_j$；也就是式（11－41）的形式。

引理 11－1　（许尔补引理）由空间 V 到 S 的仿射变换可记为 $\boldsymbol{F}$，可分割成以下形式

$$F(\boldsymbol{X})=\begin{pmatrix} F_{11}(\boldsymbol{X}) & F_{12}(\boldsymbol{X}) \\ F_{21}(\boldsymbol{X}) & F_{22}(\boldsymbol{X}) \end{pmatrix} \tag{11-43}$$

这里 $F_{11}(\boldsymbol{X})$ 为方阵。则有 $\boldsymbol{F}<0$，当且仅当

$$\begin{cases} F_{11}(\boldsymbol{X})<\boldsymbol{0} \\ F_{22}(\boldsymbol{X})-F_{12}(\boldsymbol{X})\ (F_{11}^{-1}(\boldsymbol{X}))\ F_{21}(\boldsymbol{X})<\boldsymbol{0} \end{cases} \tag{11-44}$$

证明： 由于 $F(\boldsymbol{X})$ 是对称的，所以 $\boldsymbol{F}_{11}=\boldsymbol{F}_{11}^{\mathrm{T}}$，$\boldsymbol{F}_{22}=\boldsymbol{F}_{22}^{\mathrm{T}}$，$F_{12}=\boldsymbol{F}_{21}^{\mathrm{T}}$，则由块矩阵初等运算可得

$$\begin{pmatrix} \boldsymbol{I} & 0 \\ -F_{21}\boldsymbol{F}_{11}^{-1} & \boldsymbol{I} \end{pmatrix}\begin{pmatrix} \boldsymbol{F}_{11} & \boldsymbol{F}_{12} \\ F_{21} & \boldsymbol{F}_{22} \end{pmatrix}\begin{pmatrix} \boldsymbol{I} & 0 \\ -\boldsymbol{F}_{21}\boldsymbol{F}_{11}^{-1} & \boldsymbol{I} \end{pmatrix}=\begin{pmatrix} \boldsymbol{F}_{11} & 0 \\ 0 & \boldsymbol{F}_{22}-\boldsymbol{F}_{21}\boldsymbol{F}_{11}^{-1}\boldsymbol{F}_{12} \end{pmatrix}$$

因此，$\boldsymbol{F}<\boldsymbol{0}$ 可得

$$\begin{pmatrix} \boldsymbol{I} & 0 \\ -\boldsymbol{F}_{21}\boldsymbol{F}_{11}^{-1} & \boldsymbol{I} \end{pmatrix}\begin{pmatrix} \boldsymbol{F}_{11} & \boldsymbol{F}_{12} \\ \boldsymbol{F}_{21} & \boldsymbol{F}_{22} \end{pmatrix}\begin{pmatrix} \boldsymbol{I} & 0 \\ -\boldsymbol{F}_{21}\boldsymbol{F}_{11}^{-1} & \boldsymbol{I} \end{pmatrix}^{\mathrm{T}}<\boldsymbol{0}$$

$$\begin{pmatrix} \boldsymbol{F}_{11} & 0 \\ 0 & \boldsymbol{F}_{22}-\boldsymbol{F}_{21}\boldsymbol{F}_{11}^{-1}\boldsymbol{F}_{12} \end{pmatrix}<\boldsymbol{0}$$

也就是

$$\begin{cases} \boldsymbol{F}_{11}<\boldsymbol{0} \\ \boldsymbol{F}_{22}-\boldsymbol{F}_{12}\boldsymbol{F}_{11}^{-1}\boldsymbol{F}_{21}<\boldsymbol{0} \end{cases}$$

实际问题中很少直接给出理想的矩阵不等式，使用许尔补引理可以将非线性不等式转化为线性不等式求解 LMI。

前面说过，控制中的最优问题最后都需要线性矩阵不等式求解。由于 $\boldsymbol{F}<\boldsymbol{0}$ 是对变量 $\boldsymbol{X}$ 的凸约束，因此求解性能函数的最小值（最大值）的优化问题也是一种凸优化问题。利用凸优化理论，假设由状态空间 V 到 S 的映射 F、G、H 是仿射变换，存在三种类型的 LMI 问题：

1）可行性问题：对于给定 LMI，检验是否存在 $\boldsymbol{x}$ 使得 $F(\boldsymbol{x})<\boldsymbol{0}$ 成立，称为 LMI 可行性问题。如果存在 $\boldsymbol{x}$，则可行，否则 LMI 不可行。

2）最优化问题：用 $f\in S\rightarrow R$，$S=\{\boldsymbol{x}\mid F(\boldsymbol{x})<\boldsymbol{0}\}$。确定

$$\boldsymbol{V}_{\mathrm{opt}}=\inf f(\boldsymbol{x}),\boldsymbol{x}\in S$$

这是一个有 LMI 约束的优化问题，包括确定 V_{opt} 和对任意 $\boldsymbol{\varepsilon}>\boldsymbol{0}$，存在 $\boldsymbol{x}\in S$ 满足

$$\boldsymbol{V}_{\mathrm{opt}}\leqslant f(\boldsymbol{x})\leqslant\boldsymbol{V}_{\mathrm{opt}}+\boldsymbol{\varepsilon}$$

3）广义特征值问题：相当于使得 $\lambda\in R$ 对

$$\begin{cases} \lambda F(\boldsymbol{x})-G(\boldsymbol{x})>0 \\ F(\boldsymbol{x})>0 \\ H(\boldsymbol{x})>0 \end{cases}$$

这类凸优化问题可采用内置点法求解，具体步骤思路参考相关文献，在此不再赘述。随着内置点法的广泛应用，可以利用 MATLAB 的 LMI 工具箱直接解决这类问题。

11.3.2 线性变参数系统的稳定性

在给定线性变参数系统的标准形式后，需要通过稳定闭环系统，使非线性系统状态收敛在平衡点，来实现对初始线性变参数系统的控制效果。在讨论稳定之前，首先给出稳定性的基本概念以及一些在讨论中用到的基本概念。

对线性时不变系统（LTI）进行稳定性分析时，我们通常需要判断系统矩阵特征值是否全部落在左半平面。如果特征值全部落在左半平面，则可以判定该 LTI 系统稳定。然而，时变系统不能以此判定系统是否稳定。由 Lyapunov 稳定性定理，对于简化的线性变参数系统

$$\dot{\boldsymbol{x}} = \boldsymbol{A}(\delta)\boldsymbol{x} \tag{11-45}$$

要使其满足渐近稳定条件，则需要对所有 δ 取值的情况下，系统都保持渐近稳定。

定理 11-1 对于上述变参数系统，如果存在一个对称正定矩阵 $\boldsymbol{P}$，使得对所有 $\delta(t) \in \Delta_\delta$，矩阵不等式

$$\boldsymbol{A}^{\mathrm{T}}(\delta)\boldsymbol{P} + \boldsymbol{P}\boldsymbol{A}(\delta) < 0 \tag{11-46}$$

成立，则变参数系统二次稳定。

定理 11-2 （鲁棒稳定性）给定正定二次型

$$V_{\mathrm{r}}(\boldsymbol{x},\delta) = \boldsymbol{x}^{\mathrm{T}}\boldsymbol{P}(\delta)\boldsymbol{x}, \boldsymbol{P}(\delta) \in \Delta_\delta \tag{11-47}$$

是系统的 Lyapunov 函数，则系统具有鲁棒稳定性。此时，这个 Lyapunov 函数是参数依赖的。由上述定义可以看出，系统的二次稳定性即为鲁棒稳定性，反之，则不成立。

定理 11-3 （Lyapunov 稳定定理）如果存在可微的矩阵函数 $\boldsymbol{P}$: $\Delta_p \to S^n_{\succ 0}$ 使得满足

$$\boldsymbol{A}^{\mathrm{T}}(\delta)\boldsymbol{P}(\delta) + \boldsymbol{P}(\delta)\boldsymbol{A}(\delta) + \sum_{i=1}^{N}\nu_i \frac{\partial \boldsymbol{P}(\delta)}{\partial \delta_i} < \boldsymbol{0}, (\delta,\nu) \in \Delta_\delta \times \Delta_\nu \tag{11-48}$$

则系统是鲁棒稳定的。

一般情况下，需要验证在全部 $\delta \in \Delta_\delta$ 均具有稳定性，即要验证无穷多个矩阵不等式的可行性，这样的稳定性条件具有很大的保守性，并且显然，这在具体的检验过程中是不可取的，因此，借鉴对于不确定系统的处理办法，考虑参数的仿射依赖模型，具体形式参见 11.2 节。据此，定义顶点集

$$\Delta_0 = \{\delta = (\delta_1, \cdots, \delta_k) : \delta_i = \delta_i^- \text{ 或 } \delta_i^+, i = 1, \cdots, k\}$$

可见，变参数的取值范围是由 Δ_δ 组成的凸胞，即由 Δ_δ 的点的凸组合全体构成的集合。

定理 11-4 （仿射二次稳定）对于具有仿射参数依赖形式的系统，如果存在对称正定矩阵 $\boldsymbol{P}_0, \boldsymbol{P}_1, \cdots, P_k$ 使得对于所有的 $\delta \in \Delta_0$，都有如下矩阵成立，则该系统是仿射二次稳定的。

$$\begin{cases}\boldsymbol{P}(\delta)=\boldsymbol{P}_0+\delta_1\boldsymbol{P}_1+\cdots+\delta_k\boldsymbol{P}_k>0\\ \boldsymbol{A}^{\mathrm{T}}(\delta)\boldsymbol{P}(\delta)+\boldsymbol{P}(\delta)\boldsymbol{A}(\delta)+\dfrac{\mathrm{d}\boldsymbol{P}(\delta)}{\mathrm{d}t}<\boldsymbol{0}\end{cases}\tag{11-49}$$

需要注意的是 Δ_0 是一个有限集，Δ_δ 是一个无限集，这也就实现了用一组有限多个矩阵不等式来判定系统二次稳定性。

当 LPV 系统参数矩阵具有多胞形结构时，即

$$\boldsymbol{A}(\delta)=\sum_{i=1}^{N}\delta_i\boldsymbol{A}_i,\delta\in\Delta_\delta\tag{11-50}$$

则稳定性的讨论大大简化。具体情况如下：

定理 11-5　（多胞形结构的二次稳定定理）当且仅当存在矩阵 $\boldsymbol{P}\in S^n_{\succ 0}$ 使得线性矩阵不等式组

$$\boldsymbol{A}_i^{\mathrm{T}}\boldsymbol{P}+\boldsymbol{P}\boldsymbol{A}_i<0,i=1,\cdots,N\tag{11-51}$$

成立，则多胞形的 LPV 系统具有二次稳定性。

定义 11-13　若存在 $\boldsymbol{P}\in\chi$ ，满足 $\boldsymbol{APA}^{\mathrm{T}}-\tilde{\boldsymbol{Z}}^{\mathrm{T}}\boldsymbol{P}\tilde{\boldsymbol{Z}}<0$，则 LPV 模型 G_δ 是强 l_2 稳定的。

定义 11-14　若存在对角算子 $\Sigma\in\chi$ ，满足 $\boldsymbol{A}\Sigma\boldsymbol{A}^{\mathrm{T}}-\tilde{\boldsymbol{Z}}^{\mathrm{T}}\Sigma\tilde{\boldsymbol{Z}}+\boldsymbol{BB}^{\mathrm{T}}<0,\boldsymbol{A}^{\mathrm{T}}\tilde{\boldsymbol{Z}}^{\mathrm{T}}\Sigma\tilde{\boldsymbol{Z}}\boldsymbol{A}-\Sigma+\boldsymbol{CC}^{\mathrm{T}}<0$，则称 LPV 系统 G_δ 存在平衡实现。

11.3.3　线性变参数系统的性能指标

我们知道，根据实际工程问题涉及的信号度量不同，对系统的性能指标要求也不同，这也就形成了不同的优化控制问题，常见的有 H_2 和 H_∞ 优化控制等。下面分别对这两种性能指标进行讨论。

1）H_∞ 性能指标：主要用来描述模型由于不确定性引起的鲁棒性问题。H_∞ 范数可以表示误差到输出的最大能量增益。因此，考虑将 H_∞ 范数作为目标函数进行优化，可以使得干扰对系统输出影响最小。

我们知道，对于具有如下形式的线性时不变（LTI）系统：

$$\begin{cases}\dot{\boldsymbol{x}}(t)=\boldsymbol{Ax}(t)+\boldsymbol{Bd}(t)\\ \boldsymbol{e}(t)=\boldsymbol{Cx}(t)+\boldsymbol{Dd}(t)\end{cases}\tag{11-52}$$

其中，状态量 $\boldsymbol{x}\in\boldsymbol{R}^n$ ，扰动 $\boldsymbol{d}\in R^{nd}$ ，控制输出 $\boldsymbol{e}\in R^{n_c}$ 。如果矩阵 $\boldsymbol{A}$ 的特征值小于 0，则有 $\boldsymbol{A}$ 渐近稳定，扰动到控制输出的 H_∞ 范数有如下定义

$$\|\boldsymbol{G}\|_\infty=\max\frac{\|\boldsymbol{e}\|_2}{\|\boldsymbol{d}\|_2},\ \|\boldsymbol{d}\|_2\neq 0\tag{11-53}$$

其中，$\|\boldsymbol{e}\|_2=\int_0^\infty\boldsymbol{e}^{\mathrm{T}}(t)\boldsymbol{e}(t)\boldsymbol{e}(t)\mathrm{d}t$ ，$\|\boldsymbol{d}\|_2=\int_0^\infty\boldsymbol{d}^{\mathrm{T}}(t)\boldsymbol{d}(t)\mathrm{d}t$ 。

2）H_2 性能指标：对于处理随机的噪声、干扰比较有效。

考虑如下线性变参数系统

$$\begin{cases}\dot{\boldsymbol{x}}=\boldsymbol{A}(\rho)\boldsymbol{x}+\boldsymbol{B}\boldsymbol{u}+\boldsymbol{E}\boldsymbol{w}\\ \boldsymbol{z}=\boldsymbol{C}\boldsymbol{x}+\boldsymbol{D}\boldsymbol{u}\end{cases} \tag{11-54}$$

根据线性变参数系统反馈控制器存在前提做如下假设：

a) $R>0$，$\boldsymbol{C}^{\mathrm{T}}\boldsymbol{D}=0$。

b) ($\boldsymbol{A}$，$\boldsymbol{B}$) 可控，($\boldsymbol{C}$，$\boldsymbol{A}$) 可观测。

可以写出状态反馈变参数控制器为

$$\boldsymbol{u}=-K(\rho)\boldsymbol{x} \tag{11-55}$$

其中，$\boldsymbol{x}(t)\in R^{n}$ 是系统状态量，$\boldsymbol{u}(t)\in R^{m}$ 是控制输入，$\boldsymbol{w}(t)\in R^{nw}$ 是扰动输入，$\boldsymbol{z}(t)\in R^{nz}$ 是系统输出量，$\boldsymbol{\rho}:=(\rho_1 \quad \cdots \quad \rho_r)^{\mathrm{T}}$ 表示变参数。

定义 11-15　$Q:=\boldsymbol{C}^{\mathrm{T}}\boldsymbol{C}$，$R:=\boldsymbol{D}^{\mathrm{T}}\boldsymbol{D}$，根据线性变参数系统反馈控制器存在前提，做如下假设：

1) $R>0$，$\boldsymbol{C}^{\mathrm{T}}\boldsymbol{D}=0$。

2) ($\boldsymbol{A}$，$\boldsymbol{B}$) 可控，($\boldsymbol{C}$，$\boldsymbol{A}$) 可观测。

将控制器代入系统方程可以得到一个闭环系统如下所示

$$\begin{cases}\dot{\boldsymbol{x}}=\boldsymbol{A}_{cl}(\rho)\boldsymbol{x}+\boldsymbol{B}_{cl}\boldsymbol{w}\\ \boldsymbol{z}=\boldsymbol{C}_{cl}(\rho)\boldsymbol{x}\end{cases} \tag{11-56}$$

其中，$\boldsymbol{A}_{cl}(\rho):=\boldsymbol{A}(\rho)-\boldsymbol{B}K(\rho)$，$\boldsymbol{B}_{cl}=\boldsymbol{E}$，$\boldsymbol{C}_{cl}=\boldsymbol{C}-\boldsymbol{D}K(\rho)$。根据上式线性变参数模型，给出 Lyapunov 函数和 H_2 性能指标的定义。

1) 存在矩阵 $\boldsymbol{P}>\boldsymbol{0}$，使得二次型 Lyapunov 函数

$$V(t)=\boldsymbol{x}^{\mathrm{T}}\boldsymbol{P}\boldsymbol{x}>\boldsymbol{0} \tag{11-57}$$

2) H_2 性能指标定义：对于一个脉冲扰动 $\boldsymbol{w}(t)=\boldsymbol{w}_0\delta(t)$，$\|\boldsymbol{w}_0\|_2=1$，性能指标为

$$J_{zw}=\int_0^{\infty}\boldsymbol{z}^{\mathrm{T}}(t)\boldsymbol{z}(t)\mathrm{d}t \tag{11-58}$$

即得到

$$J_{zw}=\int_0^{\infty}(\boldsymbol{x}^{\mathrm{T}}Q\boldsymbol{x}+\boldsymbol{u}^{\mathrm{T}}R\boldsymbol{u})\mathrm{d}t \tag{11-59}$$

11.4　线性变参数控制系统设计

11.4.1　变参数鲁棒变增益控制方法

考虑如式（11-57）中 Lyapunov 函数来分析系统稳定性和性能，则有

$$\dot{V}+\frac{1}{\gamma}\boldsymbol{e}^{\mathrm{T}}\boldsymbol{e}-\gamma\boldsymbol{d}^{\mathrm{T}}\boldsymbol{d}<0 \tag{11-60}$$

代入可得

$$\dot{\boldsymbol{x}}^{\mathrm{T}}\boldsymbol{P}\boldsymbol{x}+\boldsymbol{x}^{\mathrm{T}}\boldsymbol{P}\boldsymbol{x}+\frac{1}{\gamma}\boldsymbol{e}^{\mathrm{T}}\boldsymbol{e}-\gamma\boldsymbol{d}^{\mathrm{T}}\boldsymbol{d}<0 \tag{11-61}$$

由此，可以得到满足系统 H_∞ 性能需要保证系统 $\|\boldsymbol{e}\|_2<\gamma\|\boldsymbol{d}\|_2$，根据这一推导结

果可见，γ 越小，系统的能量放大能力越强。所以，γ 就作为优化指标。

为了描述方便，在此引入实有界定理：

定理 11-6　实有界定理：对于一个给定的连续系统的传递函数形式如下

$$\boldsymbol{G}(s)=\boldsymbol{C}\,(s\boldsymbol{I}-\boldsymbol{A})^{-1}\boldsymbol{B}+\boldsymbol{D} \tag{11-62}$$

存在以下结论，且互为充要条件：

1) $\boldsymbol{A}$ 是稳定的，并且 $\|\boldsymbol{C}(s\boldsymbol{I}-\boldsymbol{A})^{-1}\boldsymbol{B}+\boldsymbol{D}\|_{\infty}\leqslant\gamma$ 。

2) 存在一个对称正定矩阵 $\boldsymbol{X}$ 满足下列 LMI：

$$\begin{pmatrix}\boldsymbol{A}^{\mathrm{T}}\boldsymbol{X}+\boldsymbol{X}\boldsymbol{A} & \boldsymbol{X}\boldsymbol{B} & \boldsymbol{C}^{\mathrm{T}}\\ \boldsymbol{B}^{\mathrm{T}}\boldsymbol{X} & -\gamma\boldsymbol{I} & \boldsymbol{D}^{\mathrm{T}}\\ \boldsymbol{C} & \boldsymbol{D} & -\gamma\boldsymbol{I}\end{pmatrix}<0 \tag{11-63}$$

因此，如果系统 $\begin{pmatrix}\dot{\boldsymbol{x}}\\ \boldsymbol{e}\end{pmatrix}=\begin{pmatrix}\boldsymbol{A} & \boldsymbol{B}\\ \boldsymbol{C} & \boldsymbol{D}\end{pmatrix}\begin{pmatrix}\boldsymbol{x}\\ \boldsymbol{d}\end{pmatrix}$ 渐近稳定，且满足 $\|\boldsymbol{e}\|_2<\gamma\|\boldsymbol{d}\|_2$ 的充要条件为：存在一个正定对称矩阵 $\boldsymbol{P}>0$，对任意正数 γ ，满足

$$\begin{pmatrix}\boldsymbol{A}^{\mathrm{T}}\boldsymbol{P}+\boldsymbol{P}\boldsymbol{A} & \boldsymbol{P}\boldsymbol{B} & \boldsymbol{C}^{\mathrm{T}}\\ \boldsymbol{B}^{\mathrm{T}}\boldsymbol{P} & -\gamma\boldsymbol{I} & \boldsymbol{D}^{\mathrm{T}}\\ \boldsymbol{C} & \boldsymbol{D} & -\gamma\boldsymbol{I}\end{pmatrix}<\boldsymbol{0} \tag{11-64}$$

为了使 γ 最小，求解上述线性矩阵不等式。这一问题可利用 MATLAB 中的 LMI 工具箱完成。该定理针对的是线性时不变系统，在讨论 LPV 系统时，则须保证存在 $\boldsymbol{P}>0$，使得在所有变参数轨迹产生的状态空间上保证不等式成立。

由此，可以得到闭环 LPV 系统具有多胞形结构的二次稳定条件。即存在一个正定对称矩阵 $\boldsymbol{P}>\boldsymbol{0}$，任意正数 γ ，满足

$$\begin{pmatrix}\boldsymbol{A}_{cl,j}^{\mathrm{T}}\boldsymbol{P}+\boldsymbol{P}\boldsymbol{A}_j & \boldsymbol{P}\boldsymbol{B}_{cl} & \boldsymbol{C}_j^{\mathrm{T}}\\ \boldsymbol{B}_{cl}^{\mathrm{T}}\boldsymbol{P} & -\gamma\boldsymbol{I} & \boldsymbol{D}_{cl}^{\mathrm{T}}\\ \boldsymbol{C}_j & \boldsymbol{D}_{cl} & -\gamma\boldsymbol{I}\end{pmatrix}<0,j=1,\cdots,2^s \tag{11-65}$$

其中：

$$\boldsymbol{A}_j=\boldsymbol{A}_0+\sum_{i=1}^{s}\boldsymbol{e}_i^j\boldsymbol{A}_{cl,\,i}\ ;\ \boldsymbol{C}_j=\boldsymbol{C}_0+\sum_{i=1}^{s}\boldsymbol{e}_i^j\boldsymbol{C}_{cl,\,i}\ ;\ \boldsymbol{A}_{cl,\,j}:\ =\begin{pmatrix}\boldsymbol{A}_j+\boldsymbol{B}_u\boldsymbol{D}_k\boldsymbol{C}_{yi} & \boldsymbol{B}_uC_k\\ B_k\boldsymbol{C}_{yi} & A_{k,\,i}\end{pmatrix}\ ;$$

$\boldsymbol{B}_{cl}=\begin{pmatrix}\boldsymbol{B}_z+\boldsymbol{B}_uD_kD_{uz}\\ B_kD_{uz}\end{pmatrix}$ ；$\boldsymbol{C}_{cl,\,i}:=(\boldsymbol{C}_{zi}+\boldsymbol{D}_{zu}D_k\boldsymbol{C}_{yi}\quad \boldsymbol{D}_{zu}C_{k,\,i})$ ；$\boldsymbol{D}_{cl}=\boldsymbol{D}_{zz}+\boldsymbol{D}_{zu}D_kD_{uz}$ ；$i=0,\cdots,s$ ；$\boldsymbol{e}^j$ 为矢量；$j=1,\cdots,2^s$ ，表示超立方体 Δ_R 的 2^s 个顶点。

在得到 LTI 系统的稳定性理论后，针对理论中给出的一般 LPV 系统如式（11-1）所示，LPV 的核心问题为对所有的多胞顶点寻找相同的 Lyapunov 函数，以保证对 LPV 对象所有可能轨迹都具有 H_∞ 性能。利用消元定理，可以使包含多个变量的 LMI 转化成只包含较少变量的等价不等式，令矩阵不等式求解更加容易，给出如下定理并对连续时间系统 H_∞ 求解条件进行证明。

定理 11-7　设 $\boldsymbol{P}$，$\boldsymbol{Q}$ 和 $\boldsymbol{H}$ 是给定的适当维数矩阵，且 $\boldsymbol{H}$ 对称，$\boldsymbol{N}_P$ 和 $\boldsymbol{N}_Q$ 分别是由核

空间 $\ker(\boldsymbol{P})$ 和 $\ker(\boldsymbol{Q})$ 的任意一组基向量作为列向量构成的矩阵，则存在一个矩阵 $\boldsymbol{X}$，使得

$$\boldsymbol{H}+\boldsymbol{P}^{\mathrm{T}}\boldsymbol{X}\boldsymbol{Q}+\boldsymbol{Q}^{\mathrm{T}}\boldsymbol{X}\boldsymbol{P}<0 \tag{11-66}$$

当且仅当

$$\boldsymbol{N}_P^{\mathrm{T}}\boldsymbol{H}\boldsymbol{N}_P<0 \tag{11-67}$$

$$\boldsymbol{N}_Q^{\mathrm{T}}\boldsymbol{H}\boldsymbol{N}_Q<0 \tag{11-68}$$

利用上述定理，可以推得求解连续时间 H_∞ 问题可解的条件是，寻找使得 γ 值最小的 (R, S)，使得 $R, S>0$ 满足

$$\begin{pmatrix}\boldsymbol{N}_R & 0\\ 0 & I\end{pmatrix}^{\mathrm{T}}\begin{pmatrix}\boldsymbol{A}R+R\boldsymbol{A}^{\mathrm{T}} & R\boldsymbol{C}_1^{\mathrm{T}} & \boldsymbol{B}_1\\ \boldsymbol{C}_1R & -\gamma\boldsymbol{I} & \boldsymbol{D}_{11}\\ \boldsymbol{B}_1^{\mathrm{T}} & \boldsymbol{D}_{11}^{\mathrm{T}} & -\gamma\boldsymbol{I}\end{pmatrix}\begin{pmatrix}\boldsymbol{N}_R & 0\\ 0 & \boldsymbol{I}\end{pmatrix}<0 \tag{11-69}$$

$$\begin{pmatrix}\boldsymbol{N}_S & 0\\ 0 & \boldsymbol{I}\end{pmatrix}^{\mathrm{T}}\begin{pmatrix}\boldsymbol{A}^{\mathrm{T}}S+S\boldsymbol{A} & S\boldsymbol{B}_1 & \boldsymbol{C}_1^{\mathrm{T}}\\ \boldsymbol{B}_1^{\mathrm{T}}S & -\gamma I & \boldsymbol{D}_{11}^{\mathrm{T}}\\ \boldsymbol{C}_1 & \boldsymbol{D}_{11} & -\gamma I\end{pmatrix}\begin{pmatrix}\boldsymbol{N}_S & 0\\ 0 & \boldsymbol{I}\end{pmatrix}<0 \tag{11-70}$$

$$\begin{pmatrix}\boldsymbol{R} & I\\ I & \boldsymbol{S}\end{pmatrix}\geqslant 0 \tag{11-71}$$

其中，N_S，N_R 分别是 $(\boldsymbol{B}_2^{\mathrm{T}}\boldsymbol{D}_{12}^{\mathrm{T}})$ 和 $(C_2\quad D_{21})$ 的零空间，定义如下

$$\boldsymbol{N}_R=\ker(B_2^{\mathrm{T}}\quad D_{12}^{\mathrm{T}}) \tag{11-72}$$

$$\boldsymbol{N}_S=\ker(C_2\quad D_{21}) \tag{11-73}$$

证明：将控制器参数表示在一个参数矩阵里，可以得到

$$\boldsymbol{\Theta}:=\begin{pmatrix}A_k & B_k\\ C_k & D_k\end{pmatrix}\in R^{(n+k)\times(n+k)} \tag{11-74}$$

引入如下定义

$$\boldsymbol{A}_0:=\begin{pmatrix}\boldsymbol{A} & 0\\ 0 & \boldsymbol{0}_k\end{pmatrix},\ \boldsymbol{B}_0:=\begin{pmatrix}B_z\\ 0\end{pmatrix},\ \boldsymbol{C}_0:=(C_z\quad 0),\ \boldsymbol{B}:=\begin{pmatrix}0 & \boldsymbol{B}_u\\ \boldsymbol{I}_k & 0\end{pmatrix}$$

$$\boldsymbol{C}:=\begin{pmatrix}0 & I_k\\ C_u & 0\end{pmatrix},\ \boldsymbol{D}_{12}:=(0\quad \boldsymbol{D}_{zu}),\ \boldsymbol{D}_{21}:=\begin{pmatrix}0\\ D_{uz}\end{pmatrix}$$

闭环系统 $(A_{cl}, B_{cl}, C_{cl}, D_{cl})$ 可以表示为

$$\boldsymbol{A}_{cl}=\boldsymbol{A}_0+\boldsymbol{B}\boldsymbol{\Theta}\boldsymbol{C},\boldsymbol{B}_{cl}=\boldsymbol{B}_0+\boldsymbol{B}\boldsymbol{\Theta}\boldsymbol{D}_{21},\boldsymbol{C}_{cl}=\boldsymbol{C}_0+\boldsymbol{D}_{12}\boldsymbol{\Theta}\boldsymbol{C},\boldsymbol{D}_{\mathrm{cl}}=\boldsymbol{D}_{zz}+\boldsymbol{D}_{12}\boldsymbol{\Theta}D_{21}$$

代入矩阵不等式可以得到

$$\boldsymbol{\Psi}_{\mathrm{cl}}+\boldsymbol{Q}^{\mathrm{T}}\boldsymbol{\Theta}^{\mathrm{T}}\boldsymbol{P}_{X_{cl}}+\boldsymbol{P}_{X_{cl}}^{\mathrm{T}}\boldsymbol{\Theta}\boldsymbol{Q}<\boldsymbol{0} \tag{11-75}$$

$$\boldsymbol{\Psi}_{\mathrm{cl}}:=\begin{pmatrix}\boldsymbol{A}_0^{\mathrm{T}}\boldsymbol{X}_{cl}+\boldsymbol{X}_{\mathrm{cl}}\boldsymbol{A}_0 & \boldsymbol{X}_{cl}B_0 & \boldsymbol{C}_0^{\mathrm{T}}\\ * & -\gamma\boldsymbol{I} & \boldsymbol{D}_{zz}^{\mathrm{T}}\\ * & * & -\gamma I\end{pmatrix},\ \boldsymbol{P}_{\boldsymbol{X}_{cl}}:=(\boldsymbol{B}^{\mathrm{T}}\boldsymbol{X}_{cl}\quad 0\quad \boldsymbol{D}_{12}^{\mathrm{T}})$$

$$\boldsymbol{Q}:=(C\quad D_{21}\quad 0)$$

根据前述定理可以得到上式等价于

$$\boldsymbol{W}_{P_{X_{cl}}}^{\mathrm{T}}\boldsymbol{\Psi}_{cl}\boldsymbol{W}_{P_{X_{cl}}}<0,\boldsymbol{W}_{Q}^{\mathrm{T}}\boldsymbol{\Psi}_{cl}\boldsymbol{W}_{Q}<0 \tag{11-76}$$

由于 $\boldsymbol{P}_{X_{cl}}=\boldsymbol{P}\begin{pmatrix}\boldsymbol{X}_{cl} & 0 & 0\\ 0 & I & 0\\ 0 & 0 & I\end{pmatrix}$，$\boldsymbol{F}=(\boldsymbol{B}^{\mathrm{T}}\quad 0\quad \boldsymbol{D}_{12}^{\mathrm{T}})$，知 $\boldsymbol{W}_{P_{X_{cl}}}=\begin{pmatrix}X_{cl}^{-1} & 0 & 0\\ 0 & I & 0\\ 0 & 0 & \boldsymbol{I}\end{pmatrix}\boldsymbol{W}_{p}$，因此可以将 $\boldsymbol{W}_{P_{X_{cl}}}^{\mathrm{T}}\boldsymbol{\Psi}_{cl}\boldsymbol{W}_{P_{X_{cl}}}<0$，写成

$$\boldsymbol{W}_{P}^{\mathrm{T}}\begin{pmatrix}\boldsymbol{X}_{cl}^{-1} & 0 & 0\\ 0 & \boldsymbol{I} & 0\\ 0 & 0 & \boldsymbol{I}\end{pmatrix}\boldsymbol{\Psi}_{cl}\begin{pmatrix}\boldsymbol{X}_{cl}^{-1} & 0 & 0\\ 0 & \boldsymbol{I} & 0\\ 0 & 0 & \boldsymbol{I}\end{pmatrix}\boldsymbol{W}_{P}=\boldsymbol{W}_{P}^{\mathrm{T}}\boldsymbol{\Phi}_{cl}\boldsymbol{W}_{P}<0 \tag{11-77}$$

$$\boldsymbol{\Phi}_{cl}=\begin{pmatrix}\boldsymbol{A}_{0}\boldsymbol{X}_{cl}^{-1}+\boldsymbol{X}_{cl}^{-1}\boldsymbol{A}_{0}^{\mathrm{T}} & \boldsymbol{B}_{0} & \boldsymbol{X}_{cl}^{-1}\boldsymbol{C}_{0}^{\mathrm{T}}\\ * & -\gamma\boldsymbol{I} & \boldsymbol{D}_{zz}^{\mathrm{T}}\\ * & * & -\gamma\boldsymbol{I}\end{pmatrix} \tag{11-78}$$

将 $\boldsymbol{X}_{cl}$，$\boldsymbol{X}_{cl}^{-1}$ 分块，可以得到

$$\boldsymbol{X}_{cl}:=\begin{pmatrix}S & \boldsymbol{N}\\ \boldsymbol{N}^{\mathrm{T}} & \cdot\end{pmatrix},\boldsymbol{X}_{cl}^{-1}:=\begin{pmatrix}R & \boldsymbol{M}\\ \boldsymbol{M}^{\mathrm{T}} & \cdot\end{pmatrix}$$

代入式（11－78）可以得到

$$\boldsymbol{\Phi}_{cl}=\begin{pmatrix}\boldsymbol{A}R+R\boldsymbol{A}^{\mathrm{T}} & * & \vdots & * & *\\ \boldsymbol{M}^{\mathrm{T}}\boldsymbol{A}^{\mathrm{T}} & 0 & \vdots & * & *\\ \cdots & \cdots & \vdots & \cdots & \cdots\\ \boldsymbol{B}_{z}^{\mathrm{T}} & 0 & \vdots & -\gamma\boldsymbol{I} & *\\ C_{z}R & C_{z}\boldsymbol{M} & \vdots & \boldsymbol{D}_{zz} & -\gamma\boldsymbol{I}\end{pmatrix} \tag{11-79}$$

由于 $\boldsymbol{P}:=\begin{pmatrix}0 & \boldsymbol{I}_{k} & \boldsymbol{0}_{k\times m_{1}} & 0\\ B_{2}^{\mathrm{T}} & 0 & 0 & \boldsymbol{D}_{12}^{\mathrm{T}}\end{pmatrix}$，则 $\boldsymbol{W}_{P}=\begin{pmatrix}W_{1} & 0\\ 0 & 0\\ 0 & \boldsymbol{I}_{m_{1}}\\ W_{2} & 0\end{pmatrix}$，代入矩阵不等式化简得到

$$\begin{pmatrix}W_{1} & 0\\ 0 & \boldsymbol{I}_{m_{1}}\\ W_{2} & 0\end{pmatrix}^{\mathrm{T}}\begin{pmatrix}\boldsymbol{A}R+R\boldsymbol{A}^{\mathrm{T}} & * & *\\ \boldsymbol{B}_{1}^{\mathrm{T}} & -\gamma\boldsymbol{I} & *\\ C_{1}R & D_{11} & -\gamma\boldsymbol{I}\end{pmatrix}\begin{pmatrix}W_{1} & 0\\ 0 & \boldsymbol{I}_{m_{1}}\\ W_{2} & 0\end{pmatrix}<0 \tag{11-80}$$

由于 $\boldsymbol{N}_{R}=\begin{pmatrix}W_{1}\\ W_{2}\end{pmatrix}$ 表示 $null(\boldsymbol{B}_{u}^{\mathrm{T}},\ \boldsymbol{D}_{zu}^{\mathrm{T}})$ 的基，因此式（11－80）等价为

$$\begin{pmatrix}\boldsymbol{N}_{R} & 0\\ 0 & \boldsymbol{I}_{m_{1}}\end{pmatrix}^{\mathrm{T}}\begin{pmatrix}\boldsymbol{A}R+R\boldsymbol{A}^{\mathrm{T}} & * & *\\ C_{z}R & -\gamma\boldsymbol{I} & *\\ \boldsymbol{B}_{z}^{\mathrm{T}} & \boldsymbol{D}_{zz}^{\mathrm{T}} & -\gamma\boldsymbol{I}\end{pmatrix}\begin{pmatrix}\boldsymbol{N}_{R} & 0\\ 0 & \boldsymbol{I}_{m_{1}}\end{pmatrix}<0 \tag{11-81}$$

同理可以得到，$N_{S}=\begin{pmatrix}W_{3}\\ W_{4}\end{pmatrix}$ 表示 $null((C_{u},\ D_{uz}))$ 的基，有

$$\begin{pmatrix}\boldsymbol{N}_{S} & 0\\ 0 & \boldsymbol{I}_{m_{1}}\end{pmatrix}^{\mathrm{T}}\begin{pmatrix}\boldsymbol{A}^{\mathrm{T}}S+S\boldsymbol{A} & * & *\\ \boldsymbol{B}_{z}^{\mathrm{T}}S & -\gamma\boldsymbol{I} & *\\ C_{z} & \boldsymbol{D}_{zz} & -\gamma\boldsymbol{I}\end{pmatrix}\begin{pmatrix}\boldsymbol{N}_{S} & 0\\ 0 & \boldsymbol{I}_{m_{1}}\end{pmatrix}<0 \tag{11-82}$$

证毕。

以上三式是针对一个 LTI 系统的 LMI 优化方程组。当参数矩阵变化时，需要对 LTI 系统进行 H_∞ 综合。接下来将讨论如何进行控制器综合，将结论应用在 LPV 系统控制器设计中。针对前面给出的 LPV 系统，其中参数 $\delta(t)$ 在一个集合中变化，此外其变化率是有界的 $v_i < \dot{\delta}_i < \bar{v}_i$，$i=1, 2, \cdots, s$。不失一般性，首先给出保证 L_2 增益性能的变增益控制器的求解定理。

定理 11－8　针对式（11－22）给出的一般 LPV 系统，当存在变增益输出反馈控制器保证内部稳定，并使得闭环系统有以 γ 为界的 L_2 增益时，必须满足存在参数依赖的矩阵 $\boldsymbol{X}$，$\boldsymbol{Y}$，以及参数依赖的状态空间矩阵（$\hat{\boldsymbol{A}}_k$，$\hat{B}_k$，$\hat{C}_k$，D_k），使得对所有的（δ，$\dot{\delta}$），都有以下 LMI 成立

$$\begin{pmatrix} \dot{\boldsymbol{X}} + \boldsymbol{XA} + \hat{B}_k C_2 + (*) & * & * & * \\ \hat{\boldsymbol{A}}_k^{\mathrm{T}} + \boldsymbol{A} + B_2 D_k C_2 & -\dot{Y} + \boldsymbol{A}Y + B_2\hat{C}_k + (*) & * & * \\ (\boldsymbol{X}B_1 + \hat{B}_k D_{21})^T & (\boldsymbol{X}B_1 + \hat{B}_k D_{21})^T & -\gamma I & * \\ (C_1 + D_{12}D_k C_2) & C_1 Y + D_{12}\hat{C}_k & D_{11} + D_{12}D_k D_{21} & -\gamma\boldsymbol{I} \end{pmatrix} < \boldsymbol{0} \tag{11-83}$$

$$\begin{pmatrix} \boldsymbol{X} & \boldsymbol{I} \\ \boldsymbol{I} & \boldsymbol{Y} \end{pmatrix} > \boldsymbol{0} \tag{11-84}$$

通过以下步骤可以得到变增益控制器：

求因式分解结果

$$\boldsymbol{I} - \boldsymbol{XY} = \boldsymbol{NM}^{\mathrm{T}} \tag{11-85}$$

计算控制器状态空间矩阵（A_k，B_k，C_k，D_k）

$$A_k = \boldsymbol{N}^{-1}(\boldsymbol{X}\dot{\boldsymbol{Y}} + \boldsymbol{N}\dot{\boldsymbol{M}}^{\mathrm{T}} + \hat{\boldsymbol{A}}_k^{\mathrm{T}} - \boldsymbol{X}(\boldsymbol{A} - B_2 D_k C_2)\boldsymbol{Y} - \hat{B}_k C_2 \boldsymbol{Y} - \boldsymbol{X}B_2\hat{C}_k)\boldsymbol{M}^{-\mathrm{T}} \tag{11-86}$$

$$B_k = N^{-1}(\hat{B}_k - \boldsymbol{X}B_2 D_k) \tag{11-87}$$

$$C_k = (\hat{C}_k - D_k C_2 \boldsymbol{Y})\boldsymbol{M}^{-\mathrm{T}} \tag{11-88}$$

关于该理论的证明过程可以参考 P. Gahinet 的相关文献，此处不再赘述。要使在所有变参数轨迹上 LMI 均成立，这是一个无穷维约束的凸优化问题，几乎不可能解出来，那么则需要用到在理论研究部分提出的仿射形式。即可以将（$\hat{\boldsymbol{A}}_k$，$\hat{B}_k$，$\hat{C}_k$，D_k）和（$\boldsymbol{X}$，$\boldsymbol{Y}$）写成如下形式

$$\hat{\boldsymbol{A}}_k := \hat{\boldsymbol{A}}_{k0} + \sum_{i=1}^{s}\rho_i(t)\hat{\boldsymbol{A}}_{ki}, \quad \hat{B}_k := \hat{B}_{k0} + \sum_{i=1}^{s}\rho_i(t)\hat{B}_{ki}, \quad \hat{C}_k := \hat{C}_{k0} + \sum_{i=1}^{s}\rho_i(t)\hat{C}_{ki}$$

$$\hat{D}_k := \hat{D}_{k0} + \sum_{i=1}^{s}\rho_i(t)\hat{D}_{ki}, \quad \boldsymbol{X} := \boldsymbol{X}_0 + \sum_{i=1}^{s}\rho_i(t)X_i, \quad \boldsymbol{Y} := \boldsymbol{Y}_0 + \sum_{i=1}^{s}\rho_i(t)\boldsymbol{Y}_i$$

由于变参数微分假设是线性变化的，所以只需要检验变参数微分空间的端点和变参数

轨迹所有点是否满足 LMI。为了将无穷维问题转化为有限维，引入网格化的方法，将轨迹空间划分为有限个网格点，利用鲁棒性求解。具体操作参见如下步骤：

1）初始化，选定变参数空间网格数目。

2）在变参数轨迹空间中，求解带有 LMI 约束的 γ 最小化问题。

3）选定更密集网格点，检验是否满足约束条件。

4）如果不满足，则增加网格密度从步骤 2）重新求解。

尽管将无穷维的问题简化到有限维，但是计算量还是比较大的，例如当变参数为 3 维时，如果选取的网格点数为 7，那么所需要的 LMI 约束数目就可以达到（7^3+1）个$=344$个。关于减少计算量，提高计算效率的问题，也是线性变参数理论的一个研究方向。一般情况总是十分复杂的，在应用中，考虑到实际问题，我们通常对模型和求解做一些适当的简化，得到更适用于实际问题的理论，具体如下：

假设，矩阵函数（$\boldsymbol{A}(\delta)$，$\boldsymbol{B}_2(\delta)$，$C_2(\delta)$）是参数依赖的，且稳定可测；矩阵（$C_2\quad D_{21}$）和（$\boldsymbol{B}_2^{\mathrm{T}}\quad D_{12}^{\mathrm{T}}$）是行满秩的；$D_{22}=0$。

为简化分析，这里讨论全状态反馈的情况，即 $y=x$，则状态反馈的控制律可写为下面的形式

$$u=F(\delta)x$$

将前述的 LTI 系统推广至 LPV 系统，得到满足 LPV 状态反馈控制的条件如下

$$\begin{pmatrix}\boldsymbol{N}_R & 0\\ 0 & \boldsymbol{I}\end{pmatrix}^{\mathrm{T}}\begin{pmatrix}\boldsymbol{A}(\delta)R(\delta)+R(\delta)\boldsymbol{A}^{\mathrm{T}}(\delta)-\sum\limits_{i=1}^{s}\{\underline{v}_i,\overline{v}_i\}\dfrac{\partial R(\delta)}{\partial\delta_i} & R(\delta)C_1^{\mathrm{T}}(\delta) & B_1(\delta)\\ C_1(\delta)R(\delta) & -\gamma\boldsymbol{I} & D_{11}(\delta)\\ \boldsymbol{B}_1^{\mathrm{T}}(\delta) & \boldsymbol{D}_{11}^{\mathrm{T}}(\delta) & -\gamma\boldsymbol{I}\end{pmatrix}\begin{pmatrix}N_R & 0\\ 0 & \boldsymbol{I}\end{pmatrix}<0 \tag{11-89}$$

得到状态反馈控制增益

$$F(\delta)=-(\boldsymbol{D}_{12}^{\mathrm{T}}\boldsymbol{D}_{12}^{-1}(\delta))(\gamma\boldsymbol{B}_2^{\mathrm{T}}(\delta)\boldsymbol{R}^{-1}(\delta)+\boldsymbol{D}_{12}^{\mathrm{T}}(\delta)\boldsymbol{C}_1(\delta)) \tag{11-90}$$

上述矩阵不等式中存在参数变化的矩阵，需要求解无穷次方程组。为了简化计算，通常将参数离散化，即用系统参数的有限点来代表全体。需要说明的是，每一个选取参数点都代表系统的线性化模型，并且这些离散点足够近，保证在线性化区域是有效的。此外，$R(\delta)$ 和 $S(\delta)$ 都用一组有限个数基函数表示，即

$$R(\delta)=\sum_{i=1}^{N_f}f_i(\delta)R_i \tag{11-91}$$

$$S(\delta)=\sum_{i=1}^{N_g}g_i(\delta)S_i \tag{11-92}$$

其中，$f_i(\delta)$，$g_i(\delta)$ 是制定的基函数。至此，通过设计鲁棒变增益控制器使得闭环系统满足内部稳定，并且从扰动输入到被调输出的闭环传递函数的 H_∞ 范数小于性能指标。

对于使用 H_2 性能指标的鲁棒控制器设计，考虑如下线性变参数系统

$$\begin{cases}\dot{\boldsymbol{x}} = \boldsymbol{A}(\rho)\boldsymbol{x} + \boldsymbol{Bu} + \boldsymbol{Ew} \\ \boldsymbol{z} = \boldsymbol{Cx} + \boldsymbol{Du}\end{cases}$$

根据线性变参数系统反馈控制器存在前提做如下假设：

1）$R > 0$，$\boldsymbol{C}^{\mathrm{T}}\boldsymbol{D} = 0$。

2）（$\boldsymbol{A}$，$\boldsymbol{B}$）可控，（$\boldsymbol{C}$，$\boldsymbol{A}$）可观测。

可以写出状态反馈变参数控制器为

$$\boldsymbol{u} = -K(\rho)\boldsymbol{x}$$

其中，$\boldsymbol{x}(t) \in R^n$ 是系统状态量，$\boldsymbol{u}(t) \in R^m$ 是控制输入，$\boldsymbol{w}(t) \in R^{nw}$ 是扰动输入，$z(t) \in R^{nz}$ 是系统输出量，$\boldsymbol{\rho}:=(\rho_1 \cdots \rho_r)^{\mathrm{T}}$ 是变参数。

将控制器代入系统方程，可以得到一个闭环系统如下所示

$$\begin{cases}\dot{\boldsymbol{x}} = \boldsymbol{A}_{cl}(\rho)\boldsymbol{x} + \boldsymbol{B}_{cl}\boldsymbol{w} \\ \boldsymbol{z} = \boldsymbol{C}_{cl}(\rho)\boldsymbol{x}\end{cases} \tag{11-93}$$

其中，$\boldsymbol{A}_{cl}(\rho)$：$\boldsymbol{A}(\rho) - \boldsymbol{B}K(\rho)$，$\boldsymbol{B}_{cl} = \boldsymbol{E}$，$\boldsymbol{C}_{cl}$：$\boldsymbol{C} - \boldsymbol{D}K(\rho)$。根据式（11-93）给出的闭环线性变参数模型，由 Lyapunov 稳定性理论和 H_2 性能指标定义，可以得到满足 Lyapunov 稳定性条件下，保证系统 H_2 性能指标最优的表述为

$$\inf \left[Tr(\boldsymbol{B}_{cl}^{\mathrm{T}} P \boldsymbol{B}_{cl}) \right]$$

使得 $P > 0$：

$$\dot{\boldsymbol{P}} + \boldsymbol{P}\boldsymbol{A}_{cl} + \boldsymbol{A}_{cl}^{\mathrm{T}} P + \boldsymbol{C}_{cl}^{\mathrm{T}} \boldsymbol{C}_{cl} < 0 \tag{11-94}$$

为了简便起见，令 $\boldsymbol{X} = \boldsymbol{P}^{-1} > \boldsymbol{0}$，应用有界实引理，将式（11-94）化为线性矩阵不等式的形式：

$$\begin{pmatrix} \boldsymbol{A}_{cl}X + X\boldsymbol{A}_{cl}^{\mathrm{T}} & X\boldsymbol{C}_{cl}^{\mathrm{T}} \\ \boldsymbol{C}_{cl}X & -\boldsymbol{I}_{nz} \end{pmatrix} < \boldsymbol{0} \tag{11-95}$$

即得到

$$\boldsymbol{\Phi}_{H2}(\boldsymbol{A}, K, X) := \begin{pmatrix} (\boldsymbol{A} - \boldsymbol{B}K)X + X(\boldsymbol{A} - \boldsymbol{B}K)^{\mathrm{T}} & * \\ (\boldsymbol{C} - \boldsymbol{D}K)X & -\boldsymbol{I}_{nz} \end{pmatrix} < \boldsymbol{0} \tag{11-96}$$

令 $W := KX$，代入则有

$$\boldsymbol{\Psi}_{H2}(A, W, X) := \begin{pmatrix} (\boldsymbol{AX} - \boldsymbol{BW}) + (\boldsymbol{AX} - \boldsymbol{BW})^{\mathrm{T}} & * \\ (\boldsymbol{CX} - \boldsymbol{DW}) & -\boldsymbol{I}_{nz} \end{pmatrix} < 0 \tag{11-97}$$

在满足上述性能条件下，引入凸分解理论，给出关于线性变参数系统控制器求解的定理如下：

定理 11-9 在一个具有凸结构的系统 $\boldsymbol{A} = Co[\alpha](A_1 \cdots\cdots, A_p)$ 中，每一个凸顶点 $1 \leqslant i \leqslant p$ 的子系统 A，B，存在不同的 Lyapunov 解 $\boldsymbol{X}_i$，使得系统 H_2 性能指标满足。即可以写成

$$J_{\mathrm{opti}} = \inf[Tr(Z_i)]$$

使得

$$\Phi_0(\boldsymbol{X}_i, Z_i) > \boldsymbol{0} \tag{11-98}$$

$$\boldsymbol{\Psi}_{H2}(A_i, \boldsymbol{W}_i, \boldsymbol{X}_i) < \boldsymbol{0},\ 1 \leqslant i \leqslant p \tag{11-99}$$

求解上述不等式的最优解 ($\boldsymbol{W}_i$，$\boldsymbol{X}_i$)，可以得到每一个凸顶点对应的线性时不变系统的控制器增益 $K_i = \boldsymbol{W}_i \boldsymbol{X}_i^{-1}$，$1 \leqslant i \leqslant p$ 。

11.4.2　输入受限 LPV 系统鲁棒变增益控制

（1）输入受限 LPV 系统

饱和非线性是实际控制系统中的常见现象，执行器饱和会严重影响控制器的性能，导致系统不稳定。根据前面的仿真可以看出，航天器的执行机构所能提供的控制输入力矩很容易饱和，因此，需要确保在控制过程中控制输入尽可能小。如果单一加上饱和环节会造成系统稳定时间增长，并不能确保最优性能的满足，更难以直接证明添加非线性饱和环节后系统的稳定性。要想真正解决输入受限情况下的控制器设计，则需要引入输入受限系统理论。

针对系统执行器发生饱和的问题，较常见的方法就是引入一个正数 λ_0，满足 $\|u\|_2^2 \leqslant \lambda_0$，将这一条件视为优化问题的指标。其处理方法大致可分为两类：一是在设计控制器时就考虑饱和问题，并采用有界控制避免饱和的发生，以达到系统渐近稳定；二是在执行器饱和的时候，采用附加设计的抗饱和补偿器来弥补系统发生饱和时的性能下降。设计抗饱和控制器，常常分为两步，首先忽略执行器饱和的限制，采用线性系统的理论按照性能指标设计控制器，然后考虑执行器饱和时，通过设计补偿器来减少由于控制输入受限带来的性能损耗。多数情况下，系统大部分处于非饱和状态，系统的设计性能不受影响，而抗饱和补偿器在饱和发生时，保证系统的稳定性和性能。此外，也可以在设计控制器的同时考虑执行器饱和。

关于饱和现象的研究可以追溯到 20 世纪 60 年代，Fetik 和 Ross 在研究由于 PID 引起的积分饱和现象时提出抗饱和控制框架，采用反馈计算和跟踪策略，即引入一个反馈信号来调整控制器的输出信号以减少积分饱和问题对系统的运行产生的不利影响，使系统尽快退出饱和区。近年来，对于抗饱和控制的研究主要集中在抗饱和补偿器的设计方法上，其主要可以分为静态和动态两种。在采用静态补偿器的抗饱和结构中，控制器的增益为静态增益矩阵。对于动态补偿器，其输出既作用于控制器的状态，又作用于输出。GRIMM[14] 等人考虑 H_∞ 控制器情形下，基于 LMI 的可行性构造动态抗饱和控制器，结果表明通过设计抗饱和控制器，闭环性能指标可以在最好的情况下达到无饱和时最坏情况下的性能指标。

当然除了经常考虑的执行器幅度饱和，还存在执行器比率饱和。即执行器的输出量的变化率不会超过某个给定值。在仅考虑比率饱和时，可以将输入信号微分后作为新的输入信号，这个新的输入信号仅仅是幅度有界，此时就可以利用幅度饱和的研究方法研究系统稳定性问题。同时考虑两种饱和时，则有两种建模方法。一种是建立执行器的线性动态方程，然后将幅度饱和与比率饱和施加到线性方程；另一种是将约束作为控制器的一部分，从而避免了执行器过载情况。

定义 11－16 函数 $\sigma: R^m \mapsto R^m$ 为标准的向量饱和函数

$$\sigma(\boldsymbol{u}) = (\sigma(u_1) \quad \sigma(u_2) \quad \cdots \quad \sigma(u_m))^{\mathrm{T}} \tag{11-100}$$

其中，$\sigma(u_i)=\mathrm{sign}(u_i)\min\{1,\ |u_i|\}$。假定参数向量 $\boldsymbol{p}(t)$ 预先未知，但是参数变化率 $\dot{p}_i$ 的上下限是已知的，并且满足 $\dot{p}/\dot{p}_i \leqslant v_i$。控制器输入受限的数学描述为 $\phi = diag(\phi_i)$，其中

$$\phi_i = \begin{cases} \phi_{\max} & u \geqslant u_{\max} \\ ku & u_{\min} \leqslant u \leqslant u_{\max} \\ \phi_{\min} & u \leqslant u_{\min} \end{cases} \tag{11-101}$$

考虑一个拟 LPV 系统如下

$$\begin{cases} \dot{\boldsymbol{x}} = \boldsymbol{A}(\theta)x + \boldsymbol{B}_w(\theta)\boldsymbol{w} + \boldsymbol{B}_u\boldsymbol{u} \\ \boldsymbol{z} = \boldsymbol{C}_z(\theta)\boldsymbol{x} + \boldsymbol{D}_{zw}(\theta)\boldsymbol{w} + \boldsymbol{D}_{zu}\boldsymbol{u} \\ \boldsymbol{y} = \boldsymbol{C}_y\boldsymbol{x} + \boldsymbol{D}_{yw}\boldsymbol{w} \end{cases} \tag{11-102}$$

其中，$\boldsymbol{x} \in R^n$、$\boldsymbol{u} \in R^m$、$\boldsymbol{w} \in R^q$、$\boldsymbol{z} \in R'$、$\boldsymbol{y} \in R^p$ 分别是状态、输入、扰动、控制力矩、测量输出。θ 为和状态有关的自增益变量。给出系统的控制器方程组如下

$$\begin{cases} \dot{\boldsymbol{x}}_c = \boldsymbol{A}_c(\theta)\boldsymbol{x}_c + \boldsymbol{B}_c(\theta)\boldsymbol{u}_c + \boldsymbol{v} \\ \boldsymbol{y}_c = \boldsymbol{C}_c(\theta)\boldsymbol{x}_c + \boldsymbol{D}_c(\theta)\boldsymbol{u}_c \end{cases} \tag{11-103}$$

其中，$\boldsymbol{x}_c \in R^{nc}$，$\boldsymbol{u}_c \in R^p$，$\boldsymbol{y}_c \in R^m$，$\boldsymbol{v}$ 为附加的抗积分饱和输入。对于无约束的闭环系统，存在 $\boldsymbol{u}=y_c$，$\boldsymbol{u}_c=y$，$\boldsymbol{v}=\boldsymbol{0}$。针对上述闭环系统，作如下假设：

1）矩阵 $\boldsymbol{B}_u$，$\boldsymbol{D}_{zu}$，$\boldsymbol{C}_y$，$\boldsymbol{D}_{yw}$ 具有参数不变性。

2）扰动输入幅值有界，即：对任意的 $t>0$，$\boldsymbol{w}(t)\in W$，$W=\{w \in R^q,\ \boldsymbol{w}^{\mathrm{T}}\boldsymbol{w}<\delta\}$。

3）自增益参数依赖于系统状态，且有界。即：$\Theta=\{\theta:\ \theta_i \leqslant \theta \leqslant \overline{\theta}_i,\ i=1,\ \cdots,\ k\}$。

4）控制输入幅值有界，即：$-\overline{u}_i \leqslant u_i(t) \leqslant \overline{u}_i$，$i=1,\ \cdots,\ m$。

至此，可以得到抗积分饱和 LPV 控制的器方程为

$$\begin{cases} \dot{\boldsymbol{x}}_c = \boldsymbol{A}_c(\theta)\boldsymbol{x}_c + \boldsymbol{B}_c(\theta)\boldsymbol{u}_c + \boldsymbol{E}_c(\mathrm{sat}(\boldsymbol{y}_c) - \boldsymbol{y}_c) \\ \boldsymbol{y}_c = \boldsymbol{C}_c(\theta)\boldsymbol{x}_c + \boldsymbol{D}_c(\theta)\boldsymbol{u}_c \end{cases} \tag{11-104}$$

其中，$\boldsymbol{x}_c \in R^{nc}$，$\boldsymbol{u}_c \in R^p$，$\boldsymbol{y}_c \in R^m$，$E_c$ 为静态抗积分饱和项。在考虑控制力矩受限的情况下，则有 $\boldsymbol{u}=\mathrm{sat}(\boldsymbol{y}_c)$，$\boldsymbol{u}_c=\boldsymbol{y}$，$\boldsymbol{v}=\boldsymbol{E}_c(\mathrm{sat}(\boldsymbol{y}_c)-\boldsymbol{y}_c)$，$\mathrm{sat}(y_{ci})=\mathrm{sign}(y_{ci})\min\{|y_{ci}|,\ \overline{u}_i\}$。闭环系统的方程组可写为

$$\begin{cases} \dot{\boldsymbol{\xi}} = \boldsymbol{A}_{cl}(\theta)\boldsymbol{\xi} + \boldsymbol{B}_{cl}(\theta)\boldsymbol{w} - (\boldsymbol{B}_{clu} + \boldsymbol{R}_{cl}\boldsymbol{E}_c(\theta))\boldsymbol{\Psi}(\boldsymbol{y}_c) \\ \boldsymbol{z} = \boldsymbol{C}_{cl}(\theta)\boldsymbol{\xi} + \boldsymbol{D}_{cl}(\theta)\boldsymbol{w} + \boldsymbol{D}_{\Psi}\boldsymbol{\Psi}(\boldsymbol{y}_c) \end{cases} \tag{11-105}$$

其中 $\boldsymbol{\xi} = (\boldsymbol{x}^{\mathrm{T}} \quad \boldsymbol{x}_c^{\mathrm{T}})^{\mathrm{T}}$，$\boldsymbol{\Psi}(\boldsymbol{y}_c) = \boldsymbol{y}_c - \mathrm{sat}(\boldsymbol{y}_c)$，$\boldsymbol{A}_{cl}(\theta) = \begin{pmatrix} \boldsymbol{A}(\theta) + \boldsymbol{B}_u\boldsymbol{D}_c(\theta)\boldsymbol{C}_y & \boldsymbol{B}_u\boldsymbol{C}_c(\theta) \\ \boldsymbol{B}_c(\theta)\boldsymbol{C}_y & \boldsymbol{A}_c(\theta) \end{pmatrix}$，$\boldsymbol{B}_{cl}(\theta) = \begin{pmatrix} \boldsymbol{B}_w(\theta) + \boldsymbol{B}_u\boldsymbol{D}_c(\theta)\boldsymbol{D}_{yw} \\ \boldsymbol{B}_c(\theta)\boldsymbol{D}_{yw} \end{pmatrix}$，$\boldsymbol{B}_{clu} = \begin{pmatrix} \boldsymbol{B}_u \\ \boldsymbol{0} \end{pmatrix}$，$\boldsymbol{R}_{cl} = \begin{pmatrix} \boldsymbol{0} \\ \boldsymbol{I}_{nc} \end{pmatrix}$，$\boldsymbol{D}_{\psi} = -\boldsymbol{D}_{zu}$，$\boldsymbol{C}_{cl}(\theta) = (\boldsymbol{C}_z(\theta) + \boldsymbol{D}_{zu}\boldsymbol{D}_c(\theta)\boldsymbol{C}_y \quad \boldsymbol{D}_{zu}\boldsymbol{C}_c(\theta))$，$\boldsymbol{D}_{cl}(\theta) = \boldsymbol{D}_{zw}(\theta) +$

$\boldsymbol{D}_{zu}\boldsymbol{D}_{c}(\theta)\boldsymbol{D}_{yw}$ 。

控制器输出

$$\boldsymbol{y}_{c}=\boldsymbol{K}_{cl}(\theta)\boldsymbol{\xi}+\boldsymbol{K}_{clw}(\theta)\boldsymbol{w} \tag{11-106}$$

其中 $\boldsymbol{K}_{cl}(\theta)=(\boldsymbol{D}_{c}(\theta)\boldsymbol{C}_{y}\quad \boldsymbol{C}_{c}(\theta))$ ，$\boldsymbol{K}_{clw}(\theta)=\boldsymbol{D}_{c}(\theta)\boldsymbol{D}_{yw}$ 。

(2) 抗饱和补偿器的设计方法

对于上节所述的 LPV 系统，给出设计 LPV 控制器需要满足的几条条件：

1) 在不考虑扰动力矩的情况下，控制器保证在变参数轨迹上的区域渐近稳定，而存在扰动力矩时，需满足状态变量在其轨迹范围内。

2) 控制器保证闭环系统对于状态变量的约束。

3) 对于非约束闭环系统，在未达到控制器饱和时，能够满足扰动输入 m 到被控输出 z 的 L_2 增益有上界 γ 。也就是说，在未达到饱和时考虑系统的 L_2 增益性能，在达到控制器饱和时则仅满足状态变量的轨迹范围要求和闭环状态的约束。

在明确了控制器的设计目标后，首先给出基于线性矩阵不等式的定理：

定理 11-10　如果对于给定的 $\beta_1>0$, $\gamma>0$，存在对称正定矩阵 $\boldsymbol{X}\in\mathbb{R}^{n\times n}$ ，$\boldsymbol{Y}\in\mathbb{R}^{n\times n}$ ，正标量 β_2，正对角矩阵 $\boldsymbol{S}\in\mathbb{R}^{m\times m}$ ，矩阵 $\hat{\boldsymbol{A}}(\theta)\in\boldsymbol{R}^{n\times n}$ ，$\hat{\boldsymbol{B}}(\theta)\in\boldsymbol{R}^{n\times p}$ ，$\hat{\boldsymbol{C}}(\theta)\in\boldsymbol{R}^{m\times n}$ ，$\boldsymbol{Z}_1(\theta)\in\boldsymbol{R}^{m\times n}$ ，$\boldsymbol{Z}_2(\theta)\in\boldsymbol{R}^{m\times n}$ ，$\boldsymbol{D}(\theta)\in\boldsymbol{R}^{m\times P}$ ，$\boldsymbol{Q}(\theta)\in\boldsymbol{R}^{n\times m}$ 使得如下的矩阵不等式成立

$$\begin{pmatrix}\boldsymbol{\varphi}_{11}(\theta) & \boldsymbol{\varphi}_{12}(\theta) & \boldsymbol{\varphi}_{13}(\theta) & \boldsymbol{\varphi}_{14}(\theta)\\ * & \boldsymbol{\varphi}_{22}(\theta) & \boldsymbol{\varphi}_{23}(\theta) & \boldsymbol{\varphi}_{24}(\theta)\\ * & * & \boldsymbol{\varphi}_{33}(\theta) & \boldsymbol{\varphi}_{34}(\theta)\\ * & * & * & \boldsymbol{\varphi}_{44}(\theta)\end{pmatrix}<\boldsymbol{0} \tag{11-107}$$

$$\begin{pmatrix}\boldsymbol{\vartheta}_{11}(\theta) & \boldsymbol{\vartheta}_{12}(\theta) & \boldsymbol{\vartheta}_{13}(\theta) & \boldsymbol{\vartheta}_{14}(\theta)\\ * & \boldsymbol{\vartheta}_{22}(\theta) & \boldsymbol{\vartheta}_{23}(\theta) & \boldsymbol{\vartheta}_{24}(\theta)\\ * & * & \boldsymbol{\vartheta}_{33}(\theta) & \boldsymbol{\vartheta}_{34}(\theta)\\ * & * & * & \boldsymbol{\vartheta}_{44}(\theta)\end{pmatrix}<\boldsymbol{0} \tag{11-108}$$

$$\begin{pmatrix}\boldsymbol{X} & * & *\\ \boldsymbol{I} & \boldsymbol{Y} & *\\ \hat{C}_i(\theta)-\hat{Z}_{1i}(\theta) & (\hat{D}(\theta)C_y)_i-\hat{Z}_{2i}(\theta) & \bar{u}_i^2\end{pmatrix}\geqslant\boldsymbol{0}\ ,\ i=1,\cdots,m \tag{11-109}$$

$$\begin{pmatrix}\boldsymbol{X} & * & *\\ \boldsymbol{I} & \boldsymbol{Y} & *\\ H_{1i}X & H_{1i} & h_{0i}^2\end{pmatrix}\geqslant 0\ ,\ i=1,\cdots,s \tag{11-110}$$

$$\beta_2\delta-\beta_1<0 \tag{11-111}$$

其中，$\boldsymbol{\varphi}_{11}(\theta)=A(\theta)X+XA(\theta)^{\mathrm{T}}+\boldsymbol{B}_u\hat{\boldsymbol{C}}(\theta)+\hat{\boldsymbol{C}}(\theta)^{\mathrm{T}}\boldsymbol{B}_u^{\mathrm{T}}+\boldsymbol{\beta}_1\boldsymbol{X}$

$\boldsymbol{\varphi}_{12}(\theta)=\boldsymbol{A}(\theta)+\boldsymbol{A}(\theta)^{\mathrm{T}}+\boldsymbol{B}_u\hat{\boldsymbol{D}}(\theta)\boldsymbol{C}_y+\beta_1\boldsymbol{I}_n$ ，$\boldsymbol{\varphi}_{13}(\theta)=-\boldsymbol{B}_u\boldsymbol{S}+\hat{\boldsymbol{Z}}_1(\theta)^{\mathrm{T}}$ ，$\boldsymbol{\varphi}_{14}(\theta)=\boldsymbol{B}_u\hat{\boldsymbol{D}}(\theta)\boldsymbol{D}_{yw}+\boldsymbol{B}_w(\theta)$ ，$\boldsymbol{\varphi}_{22}(\theta)=\boldsymbol{Y}\boldsymbol{A}(\theta)+\boldsymbol{A}(\theta)^{\mathrm{T}}\boldsymbol{Y}+\hat{\boldsymbol{B}}(\theta)\boldsymbol{C}_y+\boldsymbol{C}_y^{\mathrm{T}}\hat{\boldsymbol{B}}(\theta)^{\mathrm{T}}+\beta_1\boldsymbol{Y}$

$\boldsymbol{\varphi}_{23}(\theta)=-\hat{\boldsymbol{Q}}(\theta)+\hat{\boldsymbol{Z}}_2(\theta)^{\mathrm{T}}$，$\boldsymbol{\varphi}_{24}(\theta)=\hat{\boldsymbol{B}}(\theta)D_w+\boldsymbol{YB}_w(\theta)$，$\boldsymbol{\varphi}_{33}(\theta)=-2\boldsymbol{S}$，$\boldsymbol{\varphi}_{34}(\theta)=\hat{\boldsymbol{D}}(\theta)\boldsymbol{D}_{yw}$，$\boldsymbol{\varphi}_{44}(\theta)=-\beta_2\boldsymbol{I}$，$\boldsymbol{\vartheta}_{11}(\theta)=\boldsymbol{A}(\theta)\boldsymbol{X}+\boldsymbol{XA}(\theta)^{\mathrm{T}}+\boldsymbol{B}_u\hat{\boldsymbol{C}}(\theta)+\hat{\boldsymbol{C}}(\theta)^{\mathrm{T}}\boldsymbol{B}_u^{\mathrm{T}}$

$\boldsymbol{\vartheta}_{12}(\theta)=\boldsymbol{A}(\theta)+\boldsymbol{A}(\theta)^{\mathrm{T}}+\boldsymbol{B}_u\hat{\boldsymbol{D}}(\theta)\boldsymbol{C}_y$，$\boldsymbol{\vartheta}_{13}(\theta)=\boldsymbol{B}_w(\theta)+\boldsymbol{B}_u\hat{\boldsymbol{D}}(\theta)\boldsymbol{D}_{yw}$，$\boldsymbol{\vartheta}_{14}(\theta)=\boldsymbol{XC}_z(\theta)^{\mathrm{T}}+\hat{\boldsymbol{C}}_z(\theta)^{\mathrm{T}}\boldsymbol{D}_{zu}^{\mathrm{T}}$，$\boldsymbol{\vartheta}_{22}(\theta)=\boldsymbol{YA}(\theta)+\boldsymbol{A}(\theta)^{\mathrm{T}}\boldsymbol{Y}+\hat{\boldsymbol{B}}(\theta)\boldsymbol{C}_y+\boldsymbol{C}_y^{\mathrm{T}}\hat{\boldsymbol{B}}(\theta)^{\mathrm{T}}$

$\boldsymbol{\vartheta}_{23}(\theta)=\boldsymbol{YB}_w(\theta)+\hat{\boldsymbol{B}}(\theta)\boldsymbol{D}_{yw}$，$\boldsymbol{\vartheta}_{24}(\theta)=\boldsymbol{C}_z(\theta)^{\mathrm{T}}+\boldsymbol{C}_y^{\mathrm{T}}\hat{\boldsymbol{D}}(\theta)^{\mathrm{T}}\boldsymbol{D}_{zu}^{\mathrm{T}}$，$\boldsymbol{\vartheta}_{33}(\theta)=-\gamma\boldsymbol{I}_m$，$\boldsymbol{\vartheta}_{34}(\theta)=\boldsymbol{D}_{zw}(\theta)^{\mathrm{T}}+\boldsymbol{D}_{yw}^{\mathrm{T}}\hat{\boldsymbol{D}}(\theta)^{\mathrm{T}}\boldsymbol{D}_{zu}^{\mathrm{T}}$，$\boldsymbol{\vartheta}_{44}(\theta)=-\gamma\boldsymbol{I}_p$。

则有 LPV 的控制器矩阵为

$$\begin{cases}\boldsymbol{E}_{\mathrm{c}}(\theta)=\boldsymbol{N}^{-1}\hat{\boldsymbol{Q}}(\theta)\boldsymbol{S}^{-1}-\boldsymbol{N}^{-1}\boldsymbol{YB}_u\\ \boldsymbol{D}_{\mathrm{c}}(\theta)=\hat{\boldsymbol{D}}(\theta)\\ \boldsymbol{C}_{\mathrm{c}}(\theta)=(\hat{\boldsymbol{C}}(\theta)-\boldsymbol{D}_{\mathrm{c}}(\theta)\boldsymbol{C}_y\boldsymbol{X})\boldsymbol{M}^{-\mathrm{T}}\\ \boldsymbol{B}_{\mathrm{c}}(\theta)=\boldsymbol{N}^{-1}(\hat{\boldsymbol{A}}(\theta)-\boldsymbol{NB}_{\mathrm{c}}(\theta)\boldsymbol{C}_y\boldsymbol{X}-\boldsymbol{YB}_u\boldsymbol{C}_{\mathrm{c}}(\theta)\boldsymbol{M}^{\mathrm{T}}-\boldsymbol{Y}(\boldsymbol{A}(\theta)+\boldsymbol{B}_u\boldsymbol{D}_{\mathrm{c}}(\theta)\boldsymbol{C}_y)\boldsymbol{X})\boldsymbol{M}^{-\mathrm{T}}\end{cases}\tag{11-112}$$

其中，$\boldsymbol{M}$、$\boldsymbol{N}$ 由 $\boldsymbol{MN}^{\mathrm{T}}=\boldsymbol{I}-\boldsymbol{XY}$ 得到。

在给出上述定理的证明之前，先给出一些前提假定。通常情况下，除了对于控制力矩的约束以外，系统的状态变量往往是有界的，因此可以定义一个具有多面体的状态约束

$$\aleph=\{\boldsymbol{\xi}\in\mathbb{R}^{2n}:\boldsymbol{H}_i\boldsymbol{\xi}\leqslant h_{0i},i=1,\cdots,s\}\tag{11-113}$$

根据扰动有界，状态变量存在取值范围，控制力矩受约束的情形，定义矩阵 $\boldsymbol{G}_{cl}=(G_1(\theta)\quad G_2(\theta))$，可以确定闭环系统状态变量的区域 $S_\theta\{\boldsymbol{\xi}\in\mathbb{R}^{2n},\ |[K_{cli}(\theta)-G_{cli}(\theta)]\boldsymbol{\xi}|\leqslant\bar{u}_i,\ i=1,\ \cdots,\ m\}$，$\forall\theta\in\Theta$。根据前述定义，可以给出引理，如果 $\boldsymbol{\xi}\in\boldsymbol{S}_\theta$，对任意对角正定的矩阵 $\boldsymbol{T}\in\mathbb{R}^{m\times m}$，有下面矩阵不等式成立

$$\boldsymbol{\Psi}(\boldsymbol{y}_{\mathrm{c}})^{\mathrm{T}}\boldsymbol{T}\left(\boldsymbol{\Psi}(\boldsymbol{y}_{\mathrm{c}})-(\boldsymbol{G}_{cl}(\theta)\quad\boldsymbol{0}\quad\boldsymbol{K}_{clw}(\theta))\begin{pmatrix}\boldsymbol{\xi}\\ \boldsymbol{\Psi}(\boldsymbol{y}_{\mathrm{c}})\\ \boldsymbol{w}\end{pmatrix}\right)\leqslant\boldsymbol{0}\tag{11-114}$$

由于扰动输入是幅值有界的，采用 $\boldsymbol{W}$ 不变理论来保证轨迹有界。首先给出定义。

定义 11-17 闭环系统状态变量空间 $\boldsymbol{\Sigma}\subset\mathbb{R}^{2n}$ 是 $\boldsymbol{W}$ 不变的，如果对任意 $\boldsymbol{\xi}(0)\in\boldsymbol{\Sigma}$，$\boldsymbol{w}(t)\in\boldsymbol{W}$ 以及任意变参数 $\theta(t)$ 都有状态变量的轨迹始终在 $\boldsymbol{\Sigma}$ 中。

得到这一轨迹空间可以用一个椭圆体集合来表示，引入一个二次函数 $V(t)=\boldsymbol{\xi}^{\mathrm{T}}\boldsymbol{P\xi}$，$\boldsymbol{P}=\boldsymbol{P}^{\mathrm{T}}>\boldsymbol{0}$，则该集合可以表示为 $\boldsymbol{\Sigma}=\{\boldsymbol{\xi}\in\mathbb{R}^{2n}:\ \boldsymbol{\xi}^{\mathrm{T}}\boldsymbol{P\xi}<1\}$。为了保证 $\boldsymbol{\Sigma}$ 是 $\boldsymbol{W}$ 不变集，需要保证

$$\dot{V}(t)<0,\ \begin{cases}\forall\boldsymbol{\xi}(t):\boldsymbol{\xi}^{\mathrm{T}}\boldsymbol{P\xi}<1\\ \forall\boldsymbol{w}(t):\boldsymbol{w}^{\mathrm{T}}\boldsymbol{w}<\delta\end{cases}\tag{11-115}$$

在所有状态变量轨迹上都成立。通过 $\boldsymbol{S}$ 过程，如果存在标量 $\beta_1>0$，$\beta_2>0$，使得

$$\dot{V}+\beta_1(\boldsymbol{\xi}^{\mathrm{T}}\boldsymbol{P\xi}-1)+\beta_2(\delta-\boldsymbol{w}^{\mathrm{T}}\boldsymbol{w})<0\tag{11-116}$$

则可以使得式（11－115）成立。

下面给出前述定理的证明，首先证明稳定性满足的充分条件。对于闭环系统，引入 $\boldsymbol{S}$ 过程，可以得到如果存在正定矩阵 $\boldsymbol{T}$ 和正标量 $\beta_1>0,\beta_2>0$，使得

$$\begin{cases}\dfrac{\mathrm{d}V}{\mathrm{d}t}+\beta_1(\boldsymbol{\xi}^{\mathrm{T}}\boldsymbol{P}\boldsymbol{\xi}-1)+\beta_2(\delta-\boldsymbol{w}^{\mathrm{T}}\boldsymbol{w})-2\boldsymbol{\Psi}(\boldsymbol{y}_{\mathrm{c}})^{\mathrm{T}}\boldsymbol{T} \\ \Psi(\boldsymbol{y}_{\mathrm{c}})-(G_{cl}(\theta)\quad 0\quad K_{clw}(\theta))\begin{pmatrix}\boldsymbol{\xi}\\ \Psi(\boldsymbol{y}_{\mathrm{c}})\\ \boldsymbol{w}\end{pmatrix}<\boldsymbol{0}\end{cases} \tag{11-117}$$

则对于所有具有 $\boldsymbol{\Sigma}$ 边界的 $\boldsymbol{\xi}\in\boldsymbol{S}_\theta$ 和所有的 $\boldsymbol{w}(t)\in\boldsymbol{W}$，$\dot{V}(t)<0$。因此，为了满足 $\boldsymbol{\Sigma}$ 为 $\boldsymbol{W}$ 不变集，需要满足 $\boldsymbol{\Sigma}\in\boldsymbol{S}_\theta$。

为了保证式（11－117）成立，则需要满足下列两个不等式：

$$\frac{\mathrm{d}V}{\mathrm{d}t}+\beta_1\boldsymbol{\xi}^{\mathrm{T}}\boldsymbol{P}\boldsymbol{\xi}-\beta_2\boldsymbol{w}^{\mathrm{T}}\boldsymbol{w}-2\Psi(\boldsymbol{y}_{\mathrm{c}})^{\mathrm{T}}T_1\left(\Psi(\boldsymbol{y}_{\mathrm{c}})-(\boldsymbol{G}_{cl}(\theta)\quad 0\quad \boldsymbol{K}_{clw}(\theta))\begin{pmatrix}\boldsymbol{\xi}\\ \Psi(\boldsymbol{y}_{\mathrm{c}})\\ \boldsymbol{w}\end{pmatrix}\right)<0 \tag{11-118}$$

$$\beta_2\delta-\beta_1<0 \tag{11-119}$$

在这里引入许尔补引理可以将不等式（11－128）化为

$$\begin{pmatrix}sym(\boldsymbol{P}\boldsymbol{A}_{cl}(\theta))+\beta_1\boldsymbol{P} & -\boldsymbol{P}(\boldsymbol{B}_{clu}+\boldsymbol{R}_{cl}\boldsymbol{E}_{\mathrm{c}}(\theta))+\boldsymbol{G}_{cl}^{\mathrm{T}}(\theta)\boldsymbol{T} & \boldsymbol{P}\boldsymbol{B}_{cl}(\theta)\\ * & -2T & \boldsymbol{T}\boldsymbol{K}_{clw}(\theta)\\ * & * & -\beta_2\boldsymbol{I}\end{pmatrix}<\boldsymbol{0} \tag{11-120}$$

为了使上式转为线性矩阵不等式，则需要给出 β_1，并作如下变换：

$$\boldsymbol{P}=\begin{pmatrix}\boldsymbol{Y} & N\\ \boldsymbol{N}^{\mathrm{T}} & \bullet\end{pmatrix},\ \boldsymbol{P}^{-1}=\begin{pmatrix}\boldsymbol{X} & \boldsymbol{M}\\ \boldsymbol{M}^{\mathrm{T}} & \bullet\end{pmatrix}$$

并且定义矩阵

$$\boldsymbol{\Pi}=\begin{pmatrix}\boldsymbol{X} & \boldsymbol{I}\\ \boldsymbol{M}^{\mathrm{T}} & 0\end{pmatrix},\ \boldsymbol{S}=\boldsymbol{T}^{-1}$$

给式（11－120）前后同乘对角矩阵 $diag(\boldsymbol{\Pi}^{\mathrm{T}},\boldsymbol{S},\boldsymbol{I})$ 及其转置，可以得到线性矩阵不等式

$$\begin{pmatrix}sym(\boldsymbol{A}(\theta)X+\boldsymbol{B}_u\hat{\boldsymbol{C}}(\theta))+\beta_1\boldsymbol{X} & \boldsymbol{A}(\theta)+\hat{\boldsymbol{A}}(\theta)^{\mathrm{T}}+\boldsymbol{B}_u\hat{\boldsymbol{D}}(\theta)\boldsymbol{C}_y+\beta_1\boldsymbol{I}_n & -\boldsymbol{B}_u\boldsymbol{S}+\hat{\boldsymbol{Z}}_1(\theta)^{\mathrm{T}} & \boldsymbol{B}_u\hat{\boldsymbol{D}}(\theta)\boldsymbol{D}_{yw}+\boldsymbol{B}_w(\theta)\\ * & sym(\boldsymbol{Y}\boldsymbol{A}(\theta)+\hat{\boldsymbol{B}}(\theta)\boldsymbol{C}_y)+\beta_1\boldsymbol{Y} & -\hat{\boldsymbol{Q}}(\theta)+\hat{\boldsymbol{Z}}_2(\theta)^{\mathrm{T}} & \hat{\boldsymbol{B}}(\theta)\boldsymbol{D}_w+\boldsymbol{Y}\boldsymbol{B}_w(\theta)\\ * & * & -2\boldsymbol{S} & \hat{\boldsymbol{D}}(\theta)\boldsymbol{D}_{yw}\\ * & * & * & -\beta_2\boldsymbol{I}\end{pmatrix}<\boldsymbol{0} \tag{11-121}$$

也就是定理中的式（11－107）。

此外，对于公式 $\boldsymbol{\Sigma} \in \boldsymbol{S}_{\theta}$ ，需要满足如下条件：

$$\begin{pmatrix} \boldsymbol{P} & * \\ K_{cli}(\theta) - \boldsymbol{G}_{cli}(\theta) & \bar{u}_i^2 \end{pmatrix} \geqslant \boldsymbol{0}, i = 1, \cdots, m \tag{11-122}$$

前后同乘对角矩阵 $diag(\boldsymbol{\Pi}^{\mathrm{T}}, \boldsymbol{I})$ ，可以得到式（11－109）。

对于状态变量的约束条件，需要满足

$$\begin{pmatrix} \boldsymbol{P} & * \\ H_i & h_{0i}^2 \end{pmatrix} \geqslant \boldsymbol{0} \tag{11-123}$$

前后同乘对角矩阵 $diag(\boldsymbol{\Pi}^{\mathrm{T}}, \boldsymbol{I})$ ，可以得到式（11－110）。

对于满足 L_2 增益性能的条件，考虑 $\dot{V}(t)$ 在非约束系统条件下，即不考虑控制器约束，则有如下不等式成立：

$$\frac{\mathrm{d}V}{\mathrm{d}t} + \frac{1}{\gamma}\boldsymbol{z}^{\mathrm{T}}\boldsymbol{z} - \gamma \boldsymbol{w}^{\mathrm{T}} w < 0 \tag{11-124}$$

根据前面推导 LMI 的过程，应用许尔补引理，引入 β_1，并进行前述变换可以得到线性矩阵不等式（11－107）。至此，可以得到对于非约束系统的 L_2 增益是小于 γ 的。

11.5 仿真算例

在本章中，我们研究带柔性太阳帆板航天器的姿态控制问题，考虑外部扰动和帆板随太阳转动过程中参数大范围摄动问题。带柔性帆板的航天器在对目标定向过程中需要考虑由于帆板的转动引起的整星的转动惯量和耦合系数矩阵的变化。对于这种非线性的变参数问题，如果依靠闭环系统鲁棒性会导致控制器性能较差。如果帆板转动较为剧烈，则无法将这种变化视为不确定性扰动。因此，在这里引入线性变参数理论，并将帆板转角视为系统变参数。我们知道，航天器上的状态参数并不是完全可得的，因此，全状态反馈的方法在实际工程领域并不适用。此外，由约束模型分析设计得到的控制器阶数较高，考虑到柔性系统的非约束模型更容易将低阶和高阶模态分开，因此，选用非约束模型进行系统分析和控制器设计。如果不考虑高阶模态，可能仍会造成模态溢出的问题，导致系统失稳，于是将全状态分为低阶模态和范数有界的附加扰动的组合，可以通过对闭环系统应用鲁棒稳定性达到抑制扰动模态的效果。为了验证线性变参数理论的有效性，选取一个典型的大柔性附件航天器的耦合动力学模型。首先对这一动力学模型进行分析，再进行控制器设计。为了满足控制器的设计目标，参考相关文献，选用具有 2 自由度的控制系统，具体形式如图 11－7 所示，控制器由稳定控制的反馈环节和信号跟踪的前馈环节组成。其中，前馈环节的控制增益 $K_1(\delta, s)$ 用来对转动帆板进行精密的姿态跟踪，反馈控制环节的输入则是动力学系统的测量输出。

通过对所选取 LPV 系统和参考系统的误差的 H_{∞} 范数进行优化保证控制器性能最优。在保证系统稳定控制部分，采用类似姿态稳定鲁棒最优控制中的静态反馈控制器，这里不再赘述。给出得到的闭环稳定系统的表达式如下：

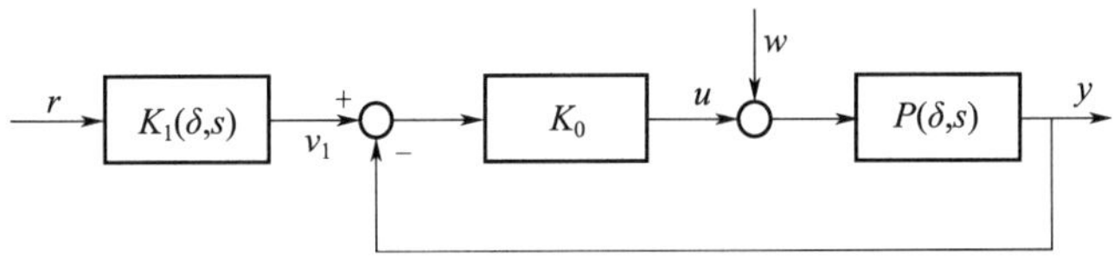

图 11-7　2 自由度姿态跟踪控制器设计

$$\begin{cases}\boldsymbol{E}_p(\delta)=\boldsymbol{A}_p(\delta)x_p+\boldsymbol{B}_p(\delta)v_1\\ y=\boldsymbol{C}_p\boldsymbol{x}_p\end{cases} \tag{11-125}$$

其中，$\boldsymbol{x}_p=(\boldsymbol{p}^{\mathrm{T}}\quad \dot{\boldsymbol{p}}^{\mathrm{T}})^{\mathrm{T}}$，$\boldsymbol{E}_p(\delta)=\begin{pmatrix}\boldsymbol{I} & 0\\ 0 & M(\delta)\end{pmatrix}$，$\boldsymbol{A}_p(\delta)=\begin{pmatrix}0 & \boldsymbol{I}\\ -K_c & -D_c\end{pmatrix}$，$\boldsymbol{B}_p(\delta)=\begin{pmatrix}0\\ LK_0\end{pmatrix}$，$\boldsymbol{C}_p=(\boldsymbol{L}^{\mathrm{T}}\quad 0)$。

在前馈控制器设计部分，为了改进姿态跟踪信号 $r\in R^3$ 的能力，设计系统如图 11-8 所示。

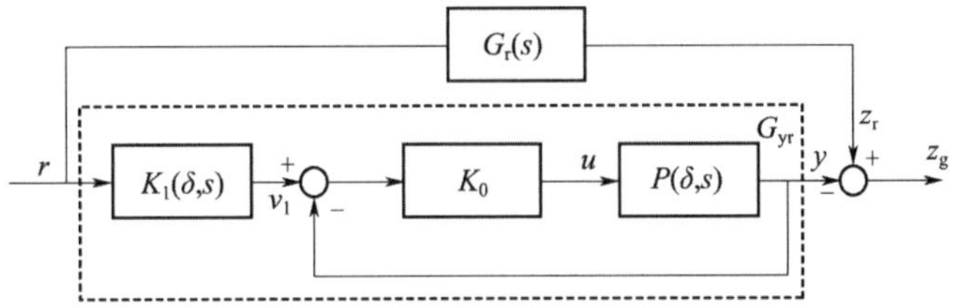

图 11-8　2 自由度姿态跟踪控制增广系统

通过最小化 $\gamma_g>0$，使得 $\|G_r-G_{yr}(\delta,\ s)\|_\infty<\gamma_g$。$z_r=G_r(s)r$。表示参考系统的传递函数。如果系统为线性时不变系统，则是一个标准的 H∞ 控制问题，但是对于 LPV 系统，前馈控制器需要设计为变参数形式，即 $K_1(\delta,\ s)$。设其变增益控制器形式为

$$\begin{cases}\dot{x}_k=A_k(\delta)x_k+B_k(\delta)r\\ v_1=C_k(\delta)x_k+D_k(\delta)r\end{cases} \tag{11-126}$$

参考系统模型为

$$\begin{cases}\dot{x}_r=A_rx_r+B_rr\\ z_r=C_rx_r\end{cases} \tag{11-127}$$

则可以得到增广系统为

$$\begin{cases}\boldsymbol{E}_g(\delta)\dot{x}=\boldsymbol{A}_g\boldsymbol{x}_g+\boldsymbol{B}_{g1}r+\boldsymbol{B}_{g2}v_1\\ z_g=\boldsymbol{C}_{g1}\boldsymbol{x}_g\\ y_g=r\end{cases} \tag{11-128}$$

其中，$\boldsymbol{x}_g=(\boldsymbol{x}_r^{\mathrm{T}}\quad \boldsymbol{x}_p^{\mathrm{T}})^{\mathrm{T}}$，$\boldsymbol{E}_g(\delta)=\begin{pmatrix}I & 0\\ 0 & \boldsymbol{E}_p(\delta)\end{pmatrix}$，$\boldsymbol{A}_g=\begin{pmatrix}A_r & 0\\ 0 & A_p\end{pmatrix}$，$\boldsymbol{B}_{g1}=\begin{pmatrix}B_r\\ 0\end{pmatrix}$，$\boldsymbol{B}_{g2}=$

$\begin{pmatrix} 0 \\ B_p \end{pmatrix}$，$\boldsymbol{C}_{g1} = (C_r \quad -C_p)$ 。

代入前置控制器可以得到

$$\begin{cases} \boldsymbol{E}_{cl}(\delta) = \boldsymbol{A}_{cl}(\delta)\boldsymbol{x}_{cl} + \boldsymbol{B}_{cl}(\delta)r \\ z_g = \boldsymbol{C}_{cl}\boldsymbol{x}_{cl} \end{cases} \tag{11-129}$$

其中，$\boldsymbol{x}_{cl} = (\boldsymbol{x}_g^{\mathrm{T}} \quad \boldsymbol{x}_k^{\mathrm{T}})^{\mathrm{T}}$，$\boldsymbol{E}_{cl}(\delta) = \begin{pmatrix} \boldsymbol{E}_g(\delta) & 0 \\ 0 & \boldsymbol{I} \end{pmatrix}$，$\boldsymbol{A}_{cl}(\delta) = \begin{pmatrix} \boldsymbol{A}_g & \boldsymbol{B}_{g2}C_k(\delta) \\ 0 & A_k(\delta) \end{pmatrix}$，$\boldsymbol{B}_{cl}(\delta) = \begin{pmatrix} \boldsymbol{B}_{g1} + \boldsymbol{B}_{g2}D_k(\delta) \\ B_k(\delta) \end{pmatrix}$，$\boldsymbol{C}_{cl} = (\boldsymbol{C}_{g1} \quad 0)$ 。至此，可以得到整个系统的状态方程，根据有界实引理，得到满足控制器性能的条件为

$$\begin{pmatrix} \boldsymbol{S}_g + \boldsymbol{S}_g^{\mathrm{T}} & * & * \\ \boldsymbol{C}_{cl}\boldsymbol{X}_g\boldsymbol{E}_{cl}(\delta)^{\mathrm{T}} & -\gamma_g I & * \\ \boldsymbol{B}_{cl}(\delta)^{T} & 0 & -\gamma_g \boldsymbol{I} \end{pmatrix} < \boldsymbol{0} \tag{11-130}$$

$$\boldsymbol{X}_g = \boldsymbol{X}_g^{\mathrm{T}} > 0, \boldsymbol{S}_g = \boldsymbol{A}_{cl}(\delta)\boldsymbol{X}_g\boldsymbol{E}_{cl}(\delta)^{\mathrm{T}} \tag{11-131}$$

要得到控制器参数，则需要求在全部变参数轨迹上满足条件的解，显然这是不可能的。因此，将变化的系统矩阵写成变参数的凸组合形式，即

$$\boldsymbol{E}_{cl}(\delta) = \sum_{i=1}^{\sigma}\boldsymbol{\alpha}_i\boldsymbol{E}_{cli}，\boldsymbol{A}_{cl}(\delta) = \sum_{i=1}^{\sigma}\boldsymbol{\alpha}_i\boldsymbol{A}_{cli}，\boldsymbol{B}_{cl}(\delta) = \sum_{i=1}^{\sigma}\boldsymbol{\alpha}_i\boldsymbol{B}_{cli}$$

代入式（11-130）可以得到

$$\begin{cases} \boldsymbol{A}_{cl}(\delta)\boldsymbol{X}_g\boldsymbol{E}_{cl}(\delta) \\ = (\boldsymbol{\alpha}_1\boldsymbol{A}_{cl1} + \boldsymbol{\alpha}_2\boldsymbol{A}_{cl2} + \cdots + \boldsymbol{\alpha}_\sigma\boldsymbol{A}_{cl\sigma})\boldsymbol{X}_g(\boldsymbol{\alpha}_1\boldsymbol{E}_{cl1} + \boldsymbol{\alpha}_2\boldsymbol{E}_{cl2} + \cdots + \boldsymbol{\alpha}_\sigma\boldsymbol{E}_{cl\sigma}) \\ = \boldsymbol{\alpha}_1^2\boldsymbol{A}_{cl1}\boldsymbol{X}_g\boldsymbol{E}_{cl1} + \boldsymbol{\alpha}_1\boldsymbol{\alpha}_2\boldsymbol{A}_{cl1}\boldsymbol{X}_g\boldsymbol{E}_{cl2} + \cdots + \boldsymbol{\alpha}_1\boldsymbol{\alpha}_\sigma\boldsymbol{A}_{cl1}\boldsymbol{X}_g\boldsymbol{E}_{cl\sigma} + \boldsymbol{\alpha}_2\boldsymbol{\alpha}_1\boldsymbol{A}_{cl2}\boldsymbol{X}_g\boldsymbol{E}_{cl1} + \\ \boldsymbol{\alpha}_2^{\mathrm{T}}\boldsymbol{A}_{cl2}\boldsymbol{X}_g\boldsymbol{E}_{cl2} + \cdots + \boldsymbol{\alpha}_2\boldsymbol{\alpha}_\sigma\boldsymbol{A}_{cl2}\boldsymbol{X}_g\boldsymbol{E}_{cl\sigma} + \cdots \\ = \sum_{i=1}^{\sigma}\boldsymbol{\alpha}_i^{\mathrm{T}}\boldsymbol{A}_{cli}\boldsymbol{X}_g\boldsymbol{E}_{cli} + \sum_{i=1}^{\sigma}\boldsymbol{\alpha}_i\boldsymbol{\alpha}_j(\boldsymbol{A}_{cli}\boldsymbol{X}_g\boldsymbol{E}_{clj} + \boldsymbol{A}_{clj}\boldsymbol{X}_g\boldsymbol{E}_{cli}) \\ j = i+1, i+2, \cdots, \sigma \end{cases} \tag{11-132}$$

$$\begin{cases} \boldsymbol{C}_{cl}\boldsymbol{X}_g\boldsymbol{E}_{cl}(\delta) = \boldsymbol{C}_{cl}\boldsymbol{X}_g(\boldsymbol{\alpha}_1\boldsymbol{E}_{cl1} + \boldsymbol{\alpha}_2\boldsymbol{E}_{cl2} + \cdots + \boldsymbol{\alpha}_\sigma\boldsymbol{E}_{cl\sigma}) \\ = \sum_{i=1}^{\sigma}\boldsymbol{\alpha}_i\boldsymbol{C}_{cl}\boldsymbol{X}_g\boldsymbol{E}_{cli} = \sum_{i=1}^{\sigma}\boldsymbol{\alpha}_i^2\boldsymbol{C}_{cl}\boldsymbol{X}_g\boldsymbol{E}_{cli} + \sum_{i=1}^{\sigma}\boldsymbol{\alpha}_i\boldsymbol{\alpha}_j(\boldsymbol{C}_{cl}\boldsymbol{X}_g\boldsymbol{E}_{cli} + \boldsymbol{C}_{cl}\boldsymbol{X}_g\boldsymbol{E}_{clj}) \\ j = i+1, i+2, \cdots, \sigma \end{cases} \tag{11-133}$$

$$\begin{aligned} \boldsymbol{B}_{cl}(\delta) &= \sum_{i=1}^{\sigma}\boldsymbol{\alpha}_i\boldsymbol{B}_{cli} \\ &= \sum_{i=1}^{\sigma}\boldsymbol{\alpha}_i^2\boldsymbol{B}_{cli} + \sum_{i=1}^{\sigma}\boldsymbol{\alpha}_i\boldsymbol{\alpha}_j(\boldsymbol{B}_{cli} + \boldsymbol{B}_{clj}), j = i+1, i+2, \cdots, \sigma \end{aligned} \tag{11-134}$$

且有

$$(\boldsymbol{\alpha}_1+\boldsymbol{\alpha}_2+\cdots+\boldsymbol{\alpha}_\sigma)(\boldsymbol{\alpha}_1+\boldsymbol{\alpha}_2+\cdots+\boldsymbol{\alpha}_\sigma)=\sum_{i=1}^{\sigma}\boldsymbol{\alpha}_i^2+2\sum_{i=1}^{\sigma}\boldsymbol{\alpha}_i\boldsymbol{\alpha}_j,j=i+1,i+2,\cdots,\sigma \tag{11-135}$$

整理前述线性矩阵不等式可以得到

$$\begin{pmatrix}\sum_{i=1}^{\sigma}\boldsymbol{\alpha}_i^2\boldsymbol{A}_{cli}\boldsymbol{X}_g\boldsymbol{E}_{cli}+\left(\sum_{i=1}^{\sigma}\boldsymbol{\alpha}_i^2\boldsymbol{A}_{cli}\boldsymbol{X}_g\boldsymbol{E}_{cli}\right)^{\mathrm{T}} & * & * \\ \sum_{i=1}^{\sigma}\boldsymbol{\alpha}_i^2\boldsymbol{C}_{cl}\boldsymbol{X}_g\boldsymbol{E}_{cli} & -\sum_{i=1}^{\sigma}\boldsymbol{\alpha}_i{}^2\gamma\boldsymbol{I} & * \\ \sum_{i=1}^{\sigma}\boldsymbol{\alpha}_i^2\boldsymbol{B}_{cli} & 0 & -\sum_{i=1}^{\sigma}\boldsymbol{\alpha}_i^2\gamma\boldsymbol{I}\end{pmatrix}$$

$$=\sum_{i=1}^{\sigma}\boldsymbol{\alpha}_i^2\begin{pmatrix}\boldsymbol{A}_{cli}\boldsymbol{X}_g\boldsymbol{E}_{cli}+(\boldsymbol{A}_{cli}\boldsymbol{X}_g\boldsymbol{E}_{cli})^{\mathrm{T}} & * & * \\ \boldsymbol{C}_{cl}\boldsymbol{X}_g\boldsymbol{E}_{cli} & -\gamma I & * \\ \boldsymbol{B}_{cli} & 0 & -\gamma I\end{pmatrix}=\sum_{i=1}^{\sigma}\boldsymbol{\alpha}_i^2\boldsymbol{\phi}_i \tag{11-136}$$

$$\begin{pmatrix}\sum_{i=1}^{\sigma}\boldsymbol{\alpha}_i\boldsymbol{\alpha}_j(\boldsymbol{A}_{cli}\boldsymbol{X}_g\boldsymbol{E}_{clj}+\boldsymbol{A}_{clj}\boldsymbol{X}_g\boldsymbol{E}_{cli})+\left(\sum_{i=1}^{\sigma}\boldsymbol{\alpha}_i\boldsymbol{\alpha}_j(\boldsymbol{A}_{cli}\boldsymbol{X}_g\boldsymbol{E}_{clj}+\boldsymbol{A}_{clj}\boldsymbol{X}_g\boldsymbol{E}_{cli})\right)^{\mathrm{T}} & * & * \\ \sum_{i=1}^{\sigma}\boldsymbol{\alpha}_i\boldsymbol{\alpha}_j(\boldsymbol{C}_{cl}\boldsymbol{X}_g\boldsymbol{E}_{cli}+\boldsymbol{C}_{cl}\boldsymbol{X}_g\boldsymbol{E}_{clj}) & -\sum_{i=1}^{\sigma}\boldsymbol{\alpha}_i\boldsymbol{\alpha}_j\gamma\boldsymbol{I} & * \\ \sum_{i=1}^{\sigma}\boldsymbol{\alpha}_i\boldsymbol{\alpha}_j(\boldsymbol{B}_{cli}+\boldsymbol{B}_{clj}) & 0 & -\sum_{i=1}^{\sigma}\boldsymbol{\alpha}_i\boldsymbol{\alpha}_j\gamma\boldsymbol{I}\end{pmatrix}$$

$$=\sum_{i=1}^{\sigma}\boldsymbol{\alpha}_i\boldsymbol{\alpha}_j\begin{pmatrix}\boldsymbol{A}_{cli}\boldsymbol{X}_g\boldsymbol{E}_{clj}+\boldsymbol{A}_{clj}\boldsymbol{X}_g\boldsymbol{E}_{cli}+(\boldsymbol{A}_{cli}\boldsymbol{X}_g\boldsymbol{E}_{clj}+\boldsymbol{A}_{clj}\boldsymbol{X}_g\boldsymbol{E}_{cli})^{\mathrm{T}} & * & * \\ \boldsymbol{C}_{cl}\boldsymbol{X}_g\boldsymbol{E}_{cli}+\boldsymbol{C}_{cl}\boldsymbol{X}_g\boldsymbol{E}_{clj} & -\gamma\boldsymbol{I} & * \\ \boldsymbol{B}_{cli}+\boldsymbol{B}_{clj} & 0 & -\gamma\boldsymbol{I}\end{pmatrix}$$

$$=\sum_{i=1}^{\sigma}\boldsymbol{\alpha}_i\boldsymbol{\alpha}_j(\boldsymbol{\psi}_{ij}+\boldsymbol{\psi}_{ji}) \tag{11-137}$$

则条件可以化为

$$\sum_{i=1}^{\sigma}\boldsymbol{\alpha}_i^2\boldsymbol{\Phi}_i+\sum_{i=1}^{\sigma}\boldsymbol{\alpha}_i\boldsymbol{\alpha}_j(\boldsymbol{\psi}_{ij}+\boldsymbol{\psi}_{ji})<0 \tag{11-138}$$

$$\boldsymbol{\phi}_i=\begin{pmatrix}\sum_{i=1}^{\sigma}\boldsymbol{\alpha}_i^2\boldsymbol{A}_{cli}\boldsymbol{X}_g\boldsymbol{E}_{cli}+\left(\sum_{i=1}^{\sigma}\boldsymbol{\alpha}_i^2\boldsymbol{A}_{cli}\boldsymbol{X}_g\boldsymbol{E}_{cli}\right)^{\mathrm{T}} & * & * \\ \sum_{i=1}^{\sigma}\boldsymbol{\alpha}_i^2\boldsymbol{C}_{cl}\boldsymbol{X}_g\boldsymbol{E}_{cli} & -\sum_{i=1}^{\sigma}\boldsymbol{\alpha}_i^2\gamma\boldsymbol{I} & * \\ \sum_{i=1}^{\sigma}\boldsymbol{\alpha}_i^2\boldsymbol{B}_{cli} & 0 & -\sum_{i=1}^{\sigma}\alpha_i^2\gamma\boldsymbol{I}\end{pmatrix}$$

$$\boldsymbol{\psi}_{ij}=\begin{pmatrix}\boldsymbol{A}_{cli}\boldsymbol{X}_g\boldsymbol{E}_{clj}+(\boldsymbol{A}_{cli}\boldsymbol{X}_g\boldsymbol{E}_{clj})^{\mathrm{T}} & * & * \\ \boldsymbol{C}_{cl}\boldsymbol{X}_g\boldsymbol{E}_{clj} & -\gamma\boldsymbol{I} & * \\ \boldsymbol{B}_{clj} & 0 & -\gamma\boldsymbol{I}\end{pmatrix}$$

$$\boldsymbol{\psi}_{ji}=\begin{pmatrix}\boldsymbol{A}_{clj}\boldsymbol{X}_g\boldsymbol{E}_{cli}+(\boldsymbol{A}_{clj}\boldsymbol{X}_g\boldsymbol{E}_{cli})^{\mathrm{T}} & * & * \\ \boldsymbol{C}_{cl}\boldsymbol{X}_g\boldsymbol{E}_{cli} & -\gamma\boldsymbol{I} & * \\ \boldsymbol{B}_{cli} & 0 & -\gamma\boldsymbol{I}\end{pmatrix}$$

只要在每个凸顶点保证

$$\boldsymbol{\phi}_i<\boldsymbol{0}\ ,\ \boldsymbol{\psi}_{ij}+\boldsymbol{\psi}_{ji}<\boldsymbol{0} \tag{11-139}$$

$$i=1,2,\cdots,\sigma\ ,\ j=i+1,i+2,\cdots,\sigma$$

即可以解得位于凸顶点的控制器（A_{ki}，B_{ki}，C_{ki}，D_{ki}），通过凸组合可以建立具有变增益形式的前馈控制器

$$\boldsymbol{A}_k=\sum_{i=1}^{\sigma}\boldsymbol{\alpha}_i\boldsymbol{A}_{ki}\ ,\ \boldsymbol{B}_k=\sum_{i=1}^{\sigma}\boldsymbol{\alpha}_i\boldsymbol{B}_{ki}\ ,\ \boldsymbol{C}_k=\sum_{i=1}^{\sigma}\boldsymbol{\alpha}_i\boldsymbol{C}_{ki}\ ,\ \boldsymbol{D}_k=\sum_{i=1}^{\sigma}\boldsymbol{\alpha}_i\boldsymbol{D}_{ki}$$

在应用 LMITOOL 时，由于上式中存在多个未知矩阵相乘的形式，难以表述，因此将上述矩阵不等式改写成外因子与块矩阵相乘的形式，先求解以 γ 最小为优化目标的满足矩阵不等式的对阵矩阵，再通过求解 LMI 的可行解得到控制器参数。最后通过在线调参得到前馈控制器的输出结果。这一控制系统如图 11－9 所示。

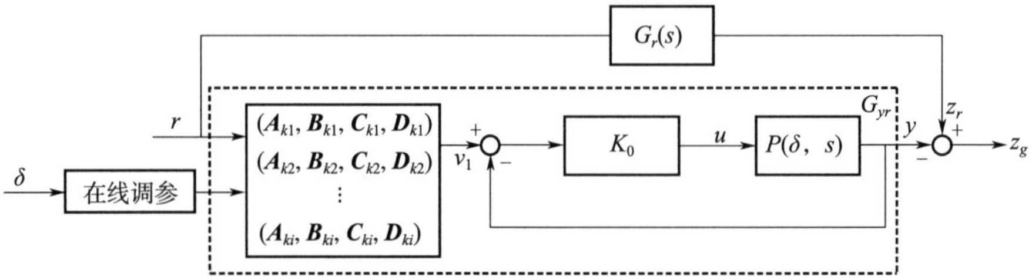

图 11－9　在线调参自增益控制系统示意

经过 HOSVD 处理的系统顶点，应用 LMITOOLS 可解得前馈控制器参数矩阵。

在时域仿真中，设置参考指令为

$$r_{roll}=\begin{cases}0.5^{\circ} & 20<t<500\\ -0.5^{\circ} & 500\leqslant t<1000\\ 0^{\circ} & t\leqslant 20\ ||\ t\geqslant 1000\end{cases},\ r_{pitch}=\begin{cases}0.1^{\circ} & 100<t<600\\ -0.5^{\circ} & 600\leqslant t<1000\\ 0^{\circ} & t\leqslant 100\ ||\ t\geqslant 1\,000\end{cases},\ r_{yaw}=0^{\circ}$$

1）在帆板不转动时，姿态跟踪曲线如图 11－10 所示。

2）考虑帆板转动［转速 360（°）/天］时，跟踪曲线如图 11－11 所示。

3）受到空间方波扰动（$w_1=\begin{cases}-0.3\ \mathrm{N\cdot m} & 0<t<50\\ 0\end{cases}$，$w_2=\begin{cases}-0.5\ \mathrm{N\cdot m} & 40<t<90\\ 0\end{cases}$，$w_3=\begin{cases}-0.5\ \mathrm{N\cdot m} & 100<t<150\\ 0\end{cases}$），无指令输入时的跟踪曲线如图 11－12 所示。

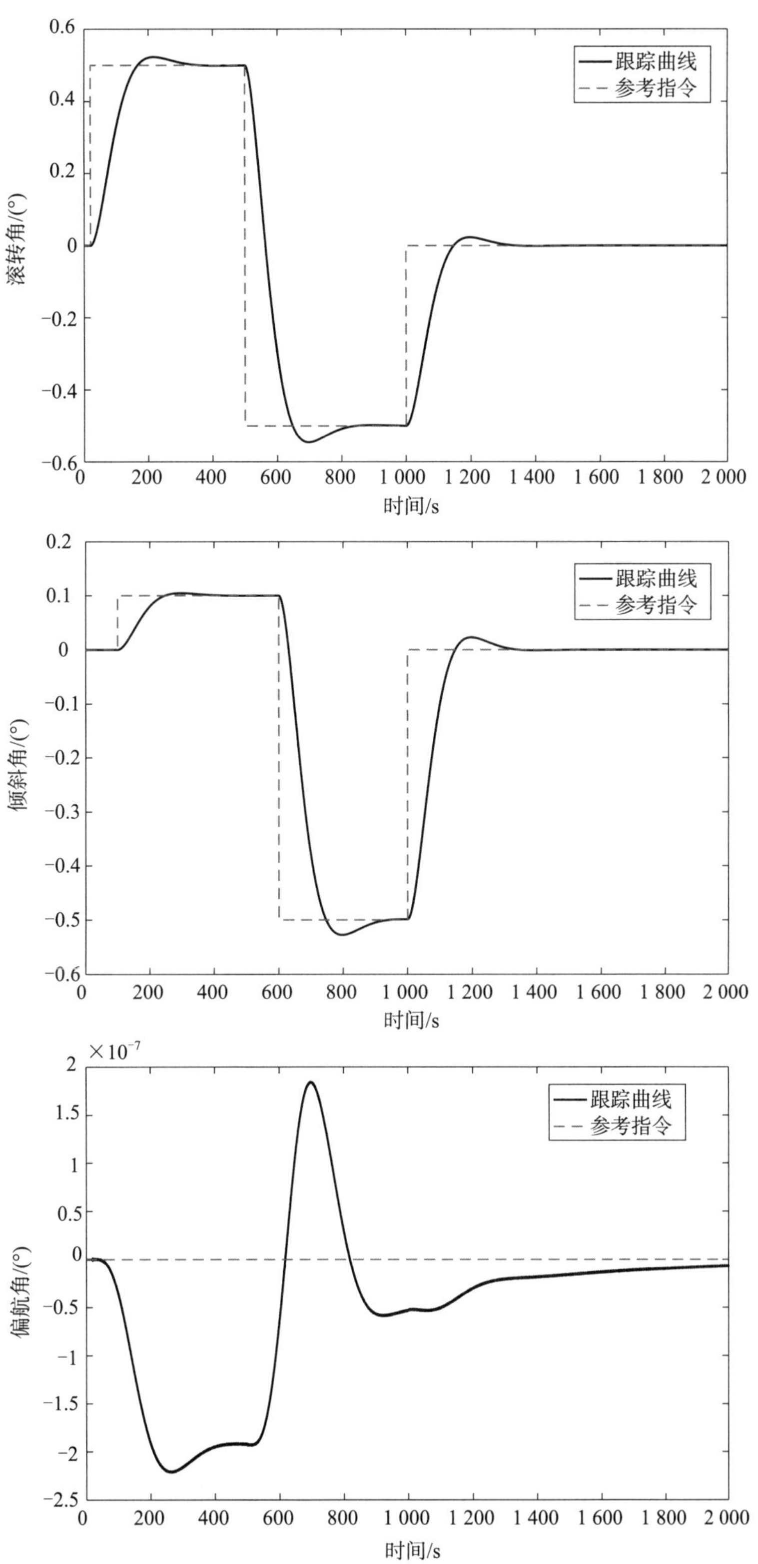

图 11 - 10　帆板不转动时姿态跟踪控制仿真

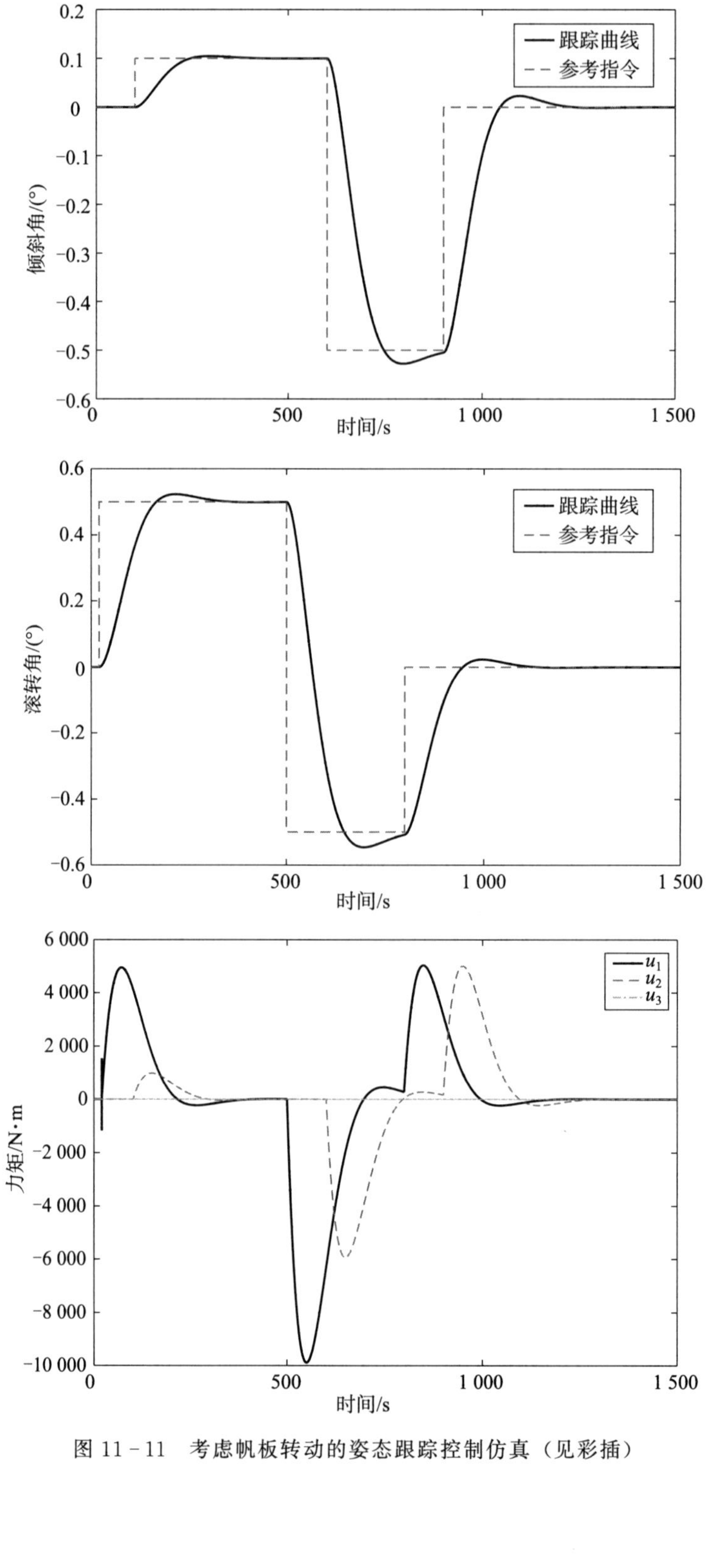

图 11-11 考虑帆板转动的姿态跟踪控制仿真（见彩插）

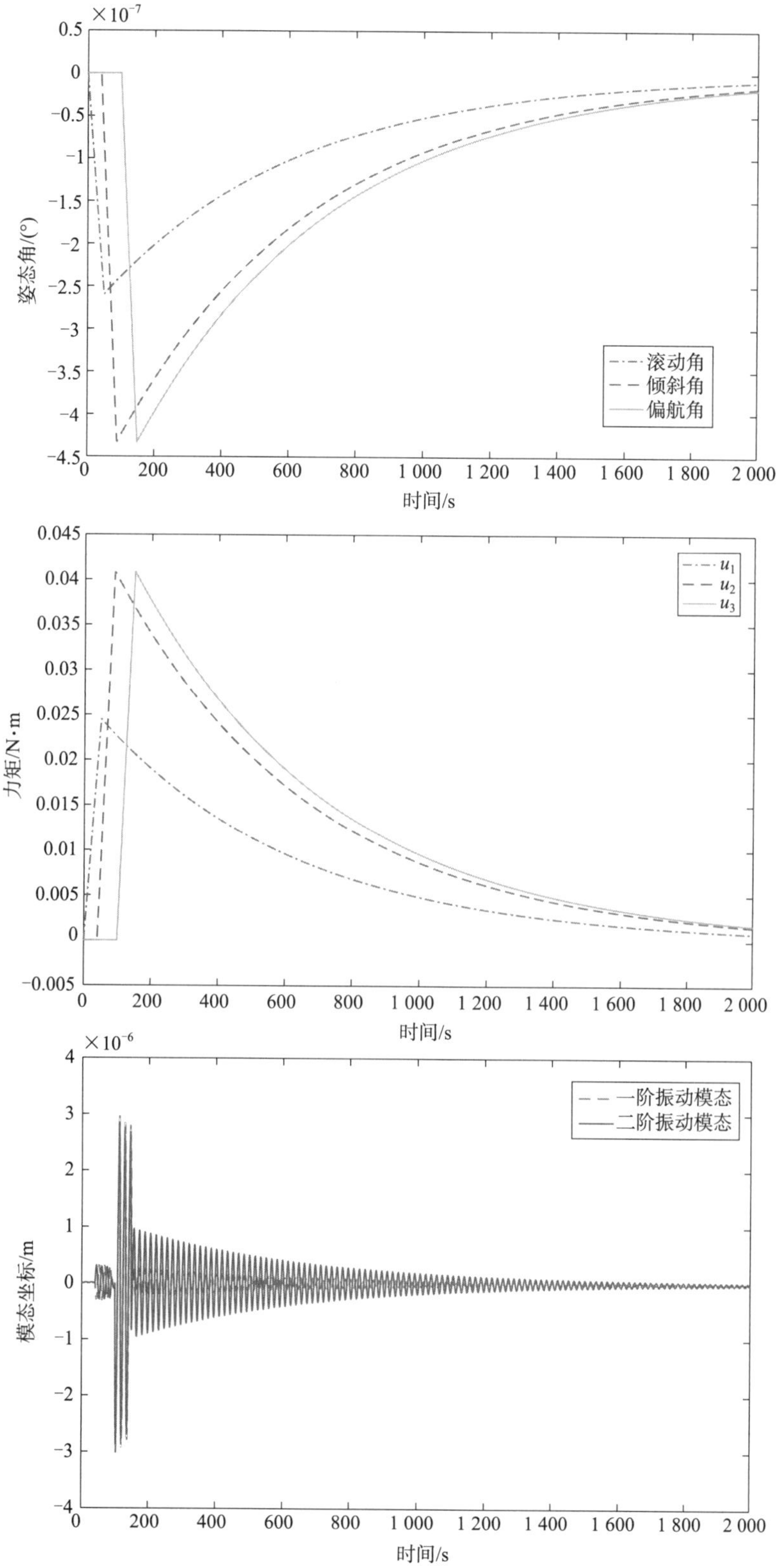

图 11－12　考虑方波扰动时姿态控制仿真（见彩插）

根据上述仿真结果可知，所设计的前馈＋鲁棒最优控制器在保证系统稳定的同时还具有一定的鲁棒性，满足设计需要。在跟踪时，由于在算例中所采用的模型较为复杂，航天器刚度矩阵很大，所以当采用算例中的跟踪角度指令时，需要的反馈控制增益也很大，这在实际中是很难达到的，因此在后续的研究中，需要针对这一情况，结合具体任务对航天器的执行机构情况进行设计。

11.6 本章小结

本章基于线性变参数系统理论，讨论了其建模方法和稳定性分析思路。依据变参数控制器设计方法，给出了线性变参数控制器设计思路。最后，通过姿态跟踪的算例，说明该方法在姿态控制方面应用的可行性。主要在以下几个方面做了一些具体工作：

1）对相关领域的国内外研究现状进行归纳。总结归纳了相关预备知识与基础理论，包括线性矩阵不等式理论、线性变参数系统基础理论、线性变参数系统稳定性理论、高阶奇异值分解理论和线性变参数建模方法。

2）论述了复杂航天器姿态动力学模型的降阶技术，介绍了高阶模型的降阶方法和基于平衡截断的降阶流程，给出了适用于 LPV 模型的降阶算法，并进行仿真。基于线性时不变系统的降阶理论，讨论了具有线性分式变换形式的 LPV 模型的降阶方法，并给出了证明。这一部分是对 LPV 系统进行控制器设计的前提，减少因模型阶数过高导致的高阶控制器难以实现的问题，为后面章节的控制器设计提供模型基础。

3）论述了 LPV 系统的先进鲁棒变增益控制方法，介绍了两种系统鲁棒性能指标，并基于 Lyapunov 函数给出满足性能指标的控制器求解算法。针对求解参数依赖矩阵不等式的问题，对具有仿射形式的系统矩阵给出先求解顶点控制器，再进行参数调度的思路。应用实有界定理，将求解系统范数最优的问题转化为具有一些列线性矩阵不等式约束的凸优化问题，使得可以应用 lmitool 工具箱求解。考虑到鲁棒最优控制的高增益和执行机构输出力矩受限的矛盾，对具有饱和非线性现象的系统，采用附加设计的抗饱和补偿器来弥补系统发生饱和时的性能下降。当未发生饱和时，考虑系统的 L_2 增益性能，在达到控制器饱和时则仅考虑满足状态变量的轨迹范围要求和闭环状态的约束。

4）在前述理论的基础上，进行基于 LPV 系统的复杂航天器姿态控制系统设计。对于附件转动的柔性航天器，引入高阶奇异值分解理论得到具有多胞形结构的 LPV 模型，论证系统 H_∞ 性能指标的鲁棒最优控制器存在条件，得到满足闭环系统稳定性的仿真结果。通过对复杂航天器姿态动力学模型分析，讨论高阶模态的降阶过程和误差大小，设计具有两自由度的鲁棒控制器，应用鲁棒稳定性抑制扰动模态，针对增广系统论证姿态跟踪控制的可行性，通过仿真验证控制设计的有效性并分析控制器的性能。

参考文献

[1] SHAMMA J S, CLOUTIER J R. Gain - scheduled missile autopilot design using linear parameter varying transformations [J]. Journal of guidance, Control, and dynamics, 1993, 16 (2): 256 - 263.

[2] PACKARD A. Gain scheduling via linear fractional transformations [J]. Systems & control letters, 1994, 22 (2): 79 - 92.

[3] APKARIAN P, GAHINET P, BECKER G. Self - scheduled H_∞ control of linear parameter - varying systems: a design example [J]. Automatica, 1995, 31 (9): 1251 - 1261.

[4] VOINOT O, APKARIAN P, ALAZARD D. Gain - scheduling h - infinity control of the launcher in atmospheric flight via linear - parameter varying techniques [C] //AIAA Guidance, Navigation, and Control Conference and Exhibit. 2002: 4853.

[5] GANET M, DUCAMP M. LPV control for flexible launcher [C] //AIAA Guidance, Navigation, and Control Conference. 2010: 8193.

[6] VEENMAN J, KOROGLU H, SCHERER C. Analysis of the controlled NASA HL20 atmospheric re - entry vehicle based on dynamic IQCs [C] //AIAA Guidance, Navigation, and Control Conference. 2009: 5637.

[7] INALHAN G, TILLERSON M, HOW J P. Relative dynamics and control of spacecraft formations in eccentric orbits [J]. Journal of guidance, control, and dynamics, 2002, 25 (1): 48 - 59.

[8] VIGANO L, LOVERA M, DRAI R. An LTP/LPV approach to orbit control of spacecraft on elliptical orbits [J]. IFAC Proceedings Volumes, 2008, 41 (2): 2105 - 2110.

[9] CORTI A, DARDANELLI A, LOVERA M. LPV methods for spacecraft control: An overview and two case studies [C] //2012 American Control Conference (ACC). IEEE, 2012: 1555 - 1560.

[10] WU L, SHI P, WANG C, et al. Delay - dependent robust H_∞ and $L_2 - L_\infty$ filtering for LPV systems with both discrete and distributed delays [J]. IEE Proceedings - Control Theory and Applications, 2006, 153 (4): 483 - 492.

[11] BIANNIC J M, APKARIAN P, GARRARD W L. Parameter varying control of a high - performance aircraft [J]. Journal of guidance, control, and dynamics, 1997, 20 (2): 225 - 231.

[12] HUGHES H, WU F. H - infinity LPV state feedback control for flexible hypersonic vehicle longitudinal dynamics [C] //AIAA guidance, navigation, and control conference. 2010: 8281.

[13] NAGASHIO T, KIDA T, OHTANI T, et al. Design and implementation of robust symmetric attitude controller for ETS - VIII spacecraft [J]. Control Engineering Practice, 2010, 18 (12): 1440 - 1451.

[14] GRIMM G, HATFIELD J, POSTLETHWAITE I, et al. Antiwindup for stable linear systems with input saturation: an LMI - based synthesis [J]. IEEE Transactions on Automatic control, 2003, 48 (9): 1509 - 1525.

第 12 章　光学遥感航天器像移补偿与在轨自主路径规划

12.1　引言

航天光学遥感作为全球信息快速获取的重要手段，广泛应用于国家安全、环境监测和科学考察等领域，各国不断研发具有高时空分辨率的对地光学遥感航天器。其中，美国于 2016 年 11 月 11 日发射的 WorldView - 4 卫星是目前世界上最先进的商业光学遥感卫星，卫星轨道高度为 617 km，相机星下点幅宽为 13.1 km，全色分辨率为 0.31 m，具备双向推扫功能。WorldView - 4 卫星通过配置大力矩输出的控制力矩陀螺群，具有 10.6s 就可以扫过地面 200 km 范围的敏捷机动能力，具备 66.5 km×112 km 的同轨五条带拼接，以及 26.6 km×112 km 的两条带立体成像等多种成像模式。

采用增长相机焦距的方法可以提高图像分辨率，但光学系统的相对孔径会增大，体积和重量也会增加，因此轻小型化相机应运而生，其中关键的技术途径是使用由多行线阵 CCD 组成的时间延迟积分-电荷耦合器件（TDI - CCD）。TDI（Time Delay and Integration）是一种线扫描方式，能够增加线扫描传感器灵敏度。在 TDI - CCD 推扫成像的过程中，航天器的姿态与轨道运动对成像质量有重要影响，需要航天器在轨进行像移补偿，以达到看清目标的目的。此外，随着敏捷机动能力的提升，光学成像模式不断扩展，多条带拼接成像、多角度成像、多点目标快速切换扫描等成像模式的应用越来越广泛，要求航天器控制系统具备姿态路径规划与指向控制的需求，以满足看得见目标的要求。

为达到航天高分辨率 TDI - CCD 相机“看得见目标”并“看得清目标”的目的，本章主要探究推扫成像过程中，和航天器姿态控制系统相关的高精度像移补偿以及姿态路径规划与跟踪控制问题。

12.2　典型的光学遥感成像模式

低轨高分辨率光学遥感主要基于 TDI - CCD 载荷进行推扫成像，典型的成像模式如图 12 - 1 所示，包括同轨多目标成像、同轨多条带拼接成像、同轨多角度立体成像和斜轨主动推扫成像。根据航天器姿态稳定与否，推扫成像可分为被动推扫和主动推扫两种成像方式：

1）被动推扫成像：航天器滚动和偏航轴姿态在相机拍照期间保持不变，只有偏航轴跟踪缓变的偏流角。这种成像方式仅利用航天器轨道运动扫描目标，类似于人坐在汽车里，眼睛不动，依靠汽车前进看得目标。被动推扫通常用于如图 12 - 1 所示的同轨多目标成像和同轨多角度立体成像模式，相机扫描出的条带与星下点轨迹平行。如果要看与星下点轨迹倾斜的长条目标，被动推扫方式需要将目标切割为与星下点轨迹平行的多个条带后再进行拼接扫描。被动推扫为目前 TDI 光学遥感的常用模式。

2）主动推扫成像：航天器姿态在相机推扫期间，除了偏航轴跟踪偏流角，滚动和俯仰角也在按照设定的规律变化。这种方式类似于人坐在汽车里，头部转动带动眼睛转动，依靠汽车前进和头部运动看得目标。主动推扫扫描目标比较灵活，既可以看与星下点轨迹平行的目标，例如图 12－1 的同轨多目标成像、同轨多条带拼接成像、同轨多角度立体成像模式，又可以直接看与星下点轨迹不平行的目标，例如图 12－1 中的斜轨主动推扫成像。主动推扫成像也叫动中成像，是 TDI 光学成像方式的新方向，目前已经有一些航天器在轨应用。

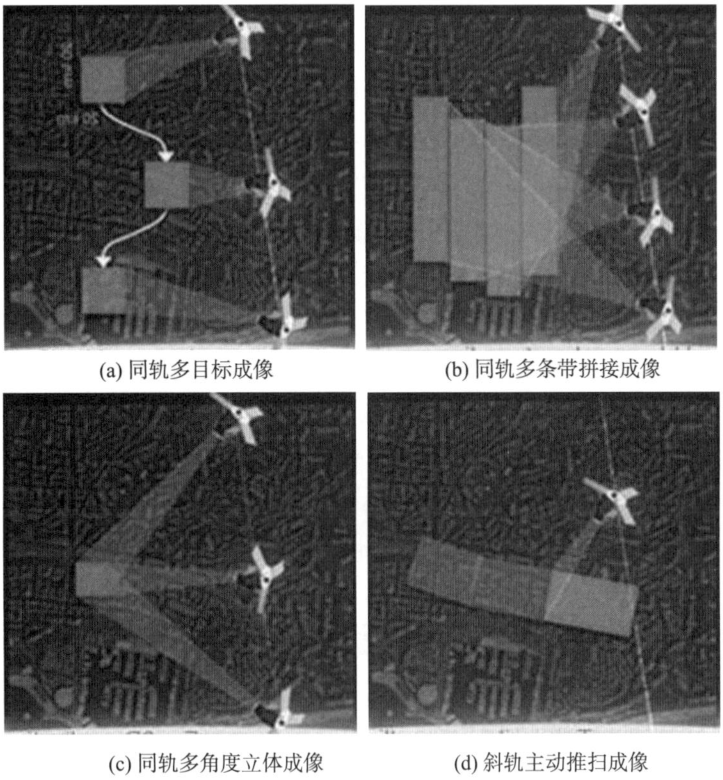

(a) 同轨多目标成像　(b) 同轨多条带拼接成像

(c) 同轨多角度立体成像　(d) 斜轨主动推扫成像

图 12－1　典型光学遥感成像模式

为了保证相机载荷在各种成像模式下都能“看得见目标”并“看得清目标”，需要航天器在成像之前规划指向目标的姿态路径，成像过程中进行保证清晰成像的像移补偿。

12.3　TDI－CCD 成像原理及像移补偿原理

TDI－CCD 采用多级积分推扫成像工作方式，要求光生电荷的转移速度与像点移动

（简称“像移”）速度相同，以保证每一列像元都能对同一目标积分。如果电荷转移速度与像移速度不匹配，则目标像在不同 TDI－CCD 行间转移时出现错位，使得图像 MTF 数值明显下降，图像模糊就看不清目标，因此像移补偿尤为重要。本节首先介绍 TDI－CCD 的工作原理，然后建立像移数学模型，最后根据图像质量指标提出像移补偿对航天器姿态控制的精度要求。

12.3.1 TDI－CCD 相机的工作原理

面对空间相机轻小型化的发展趋势，为了提高相机地面像元分辨率，保证相机灵敏度等其他特性免受负面影响，目前高分辨率空间相机多采用具有高灵敏度的特殊 CCD 器件，也就是 TDI－CCD（Time Delay and Integration－Charge Coupled Devices）[1]。

TDI 是一种增加线扫描传感器灵敏度的扫描技术，这里采用运动小球通过 TDI 阵列来解释 TDI 的工作原理。为了满足 TDI－CCD 对同一目标进行多次曝光的条件，假设 TDI－CCD 相机处于静止状态。由于 TDI－CCD 扫描方向存在相对速度，需要控制小球运动方向与电荷沿 TDI 转移的方向一致，及小球运动的速率与电荷转移速率匹配。由图 12－2 所示，假设 TDI－CCD 探测器的阵列为 $M \times N$，其中 M 为积分级数（即探测器的行数），N 为每一级上的像元数目（即探测器列数），航天器沿着 TDI－CCD 级数方向推扫成像，在 t_1 时刻，小球成像到像面第 1 级的第 i 个像元上，积分完成后将积累的光生电荷 Q_1 储存到第 1 级对应缓存中；在 t_2 时刻，物面景物成像到像面第 2 级中第 i 个像元，积累光生电荷 Q_2 叠加后存入第 2 级对应缓存；按照上述过程，直到 t_M 时刻，小球成像到像面第 M 级中第 i 个像元，积累光生电荷为 Q_M；最后将全部电荷 $Q_1 \sim Q_M$ 叠加后通过读出寄存器读出。航天器在轨飞行时，通过控制航天器姿态角来保证小球运动方向与电荷沿 TDI 转移的方向一致，通过控制相机 CCD 的行转移频率（行频）来保证小球运动速率与电荷转移速率匹配，两方面联合保证，即为像移补偿。

TDI－CCD 的积分级数可到 96 级，随着相机或景物的运动，TDI－CCD 从第 1 级至第 96 级依次感光，电荷从第 1 级至第 26 级逐级累积。最终，经过多重延时积分积累起来的电荷包（成像数据信息）转移到 CCD 水平读出寄存器上，并从最后一级经运算放大器传输出去。从 TDI－CCD 的电性能特点可以看出，TDI－CCD 为一种单方向推扫成像器件，与一般 CCD 相比，TDI 借助了 6、12、24、48、96 等可变积分级数来增加曝光时间。由于信号存储与曝光时间成正比，TDI－CCD 通过延长曝光时间来增加所收集到的光子，因此比一般线阵 CCD 具有更高的灵敏度，可在低光照度环境下成像。

12.3.2 TDI 相机的像移速度矢量模型

TDI－CCD 相机在轨拍照时，航天器姿轨运动和地球自转共同导致目标像在 TDI－CCD 像平面上运动，产生像移，需要航天器实时进行像移匹配，以达到看清目标的目的。匹配的前提是需要知道像移速率及方向，因此本小节基于空间矢量关系，建立像移数学模型。

目标、相机和航天器平台的空间指向关系除了需要用到惯性系、航天器轨道系和航天

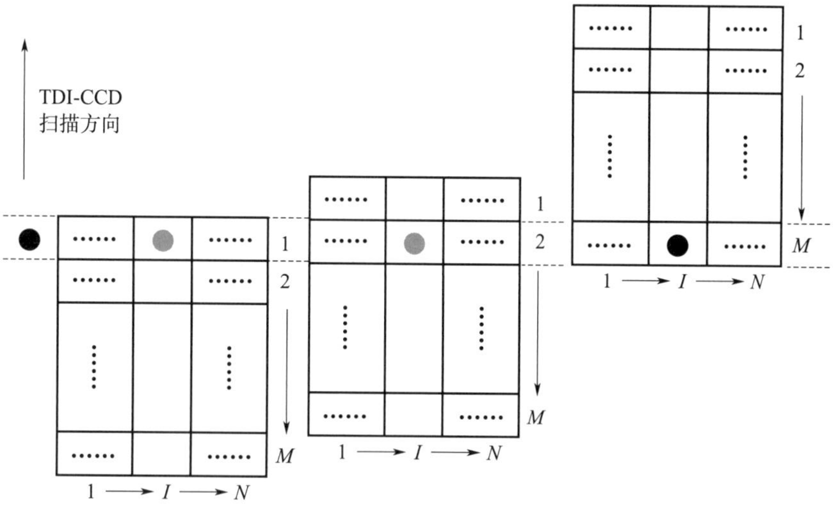

图 12-2　TDI-CCD 工作原理

器本体系之外，还需要用到如图 12-3 所示的新坐标系：

1）相机坐标系：原点为相机的摄像中心（即物镜中心点），O_cx_c 与 TDI 推扫方向平行，O_cz_c 轴沿光轴方向。

2）像平面坐标系：原点在相机的像平面中心，O_px_p 轴与 TDI 推扫方向平行，O_py_p 轴与 TDI 推扫方向垂直。相机坐标系与像平面坐标系指向相同。

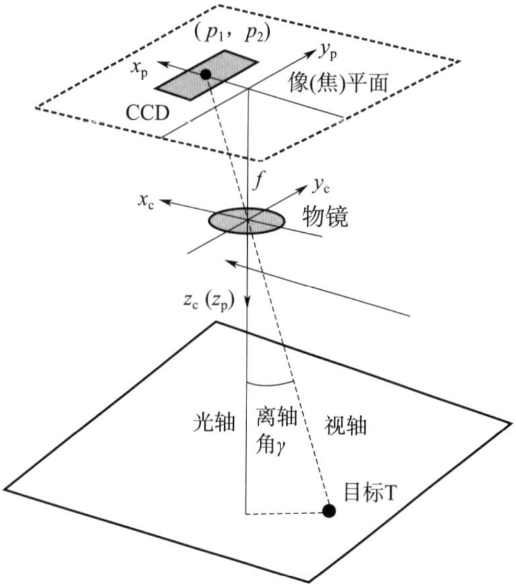

图 12-3　相机坐标系和像平面坐标系示意图

为便于理解，绘制如图 12-4 所示的反映像点、航天器和目标的空间关系图，点 i 为目标 T 成在像面上的像点，$\boldsymbol{R}_{et}$ 为从惯性系原点指向目标 T 的矢量，$\boldsymbol{R}_{es}$ 为从惯性系原点指向航天器质心的矢量，$\boldsymbol{R}_{st}$ 为从航天器质心指向目标 T 的矢量，$\boldsymbol{R}_{ct}$ 为从相机坐标系原点指向目标 T 的矢量，$\boldsymbol{R}_{pi}$ 为从像平面坐标系原点指向像点 i 的位置矢量。将像点矢量 $\boldsymbol{R}_{pi}$ 在像面坐标系描述为 $\boldsymbol{R}_{pi}^{p}$，对它求时间导数可得到在像面坐标系中表示的像移速度 $\dot{\boldsymbol{R}}_{pi}^{p}$，过程分为以下三个步骤[2]。

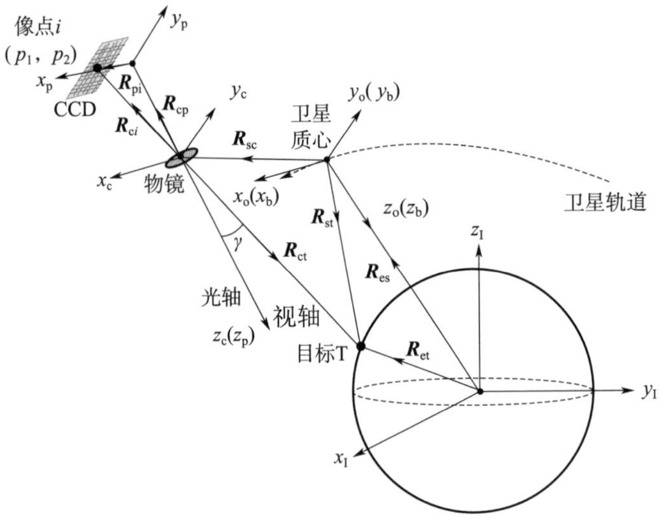

图 12－4　矢量关系图

步骤 1：计算像平面坐标系上的像点位置矢量 $\boldsymbol{R}_{pi}^{p}$。

记相机焦距为 f，矢量 $\boldsymbol{R}_{cp}^{c}=(0\quad 0\quad f)^{T}$，在像平面坐标系中描述的像点 i 的位置矢量 $\boldsymbol{R}_{pi}^{p}$ 为

$$\boldsymbol{R}_{pi}^{p}=\boldsymbol{R}_{ci}^{c}-\boldsymbol{R}_{cp}^{c}=-\frac{f}{H}\boldsymbol{R}_{ct}^{c}-\boldsymbol{R}_{cp}^{c} \tag{12-1}$$

式中，H 为 $\boldsymbol{R}_{ct}$ 在相机坐标系的 z_c 轴上的投影，记 $\boldsymbol{R}_{ct}^{c}=(X_{ct},\ Y_{ct},\ Z_{ct})^{T}$，则 $H=Z_{ct}>0$。

记从航天器本体坐标系到相机坐标系的转换矩阵为 $\boldsymbol{A}_{cb}$，在相机坐标系中描述的从相机到目标的矢量为

$$\boldsymbol{R}_{ct}^{c}=\boldsymbol{A}_{cb}(\boldsymbol{R}_{st}^{b}-\boldsymbol{R}_{sc}^{b})$$

记 $\boldsymbol{A}_{bo}$ 为从航天器轨道系到航天器本体系的姿态矩阵，$\boldsymbol{A}_{oi}$ 为从惯性系到航天器本体系的姿态矩阵，将 $\boldsymbol{R}_{st}^{b}=\boldsymbol{A}_{bo}(\boldsymbol{A}_{oi}\boldsymbol{R}_{et}^{I}-\boldsymbol{R}_{es}^{o})$ 代入上式得

$$\boldsymbol{R}_{ct}^{c}=\boldsymbol{A}_{cb}[\boldsymbol{A}_{bo}(\boldsymbol{A}_{oi}\boldsymbol{R}_{et}^{I}-\boldsymbol{R}_{es}^{o})-\boldsymbol{R}_{sc}^{b}] \tag{12-2}$$

式中，$\boldsymbol{R}_{es}^{o}=(0\quad 0\quad -R_s)^{T}$，$R_s$ 为航天器到地心的距离。将式代入式（12－1）中，有

$$\boldsymbol{R}_{pi}^{p}=-\frac{f}{H}\boldsymbol{A}_{cb}(\boldsymbol{A}_{bo}\boldsymbol{A}_{oi}\boldsymbol{R}_{et}^{I}-\boldsymbol{A}_{bo}\boldsymbol{R}_{es}^{o}-\boldsymbol{R}_{sc}^{b})-\boldsymbol{R}_{cp}^{c} \tag{12-3}$$

步骤 2：求像点位置矢量关于时间的导数，得到像移速度矢量 $\dot{\boldsymbol{R}}_{pi}^{p}$。

上式关于时间的导数为

$$\begin{aligned}\dot{\boldsymbol{R}}_{\mathrm{p}i}^{\mathrm{p}}&=-\frac{f}{H}\left[\boldsymbol{A}_{\mathrm{cb}}(\boldsymbol{A}_{\mathrm{bo}}\boldsymbol{A}_{\mathrm{oi}}\boldsymbol{R}_{\mathrm{et}}^{\mathrm{I}}-\boldsymbol{A}_{\mathrm{bo}}\boldsymbol{R}_{\mathrm{es}}^{\mathrm{o}}-\boldsymbol{R}_{\mathrm{sc}}^{\mathrm{b}})\right]'+\frac{f\dot{H}}{H^2}\boldsymbol{A}_{\mathrm{cb}}(\boldsymbol{A}_{\mathrm{bo}}\boldsymbol{A}_{\mathrm{oi}}\boldsymbol{R}_{\mathrm{et}}^{\mathrm{I}}-\boldsymbol{A}_{\mathrm{bo}}\boldsymbol{R}_{\mathrm{es}}^{\mathrm{o}}-\boldsymbol{R}_{\mathrm{sc}}^{\mathrm{b}})-\dot{\boldsymbol{R}}_{\mathrm{cp}}^{\mathrm{c}}\\&=-\frac{f}{H}(\dot{\boldsymbol{A}}_{\mathrm{cb}}(\boldsymbol{A}_{\mathrm{bo}}\boldsymbol{A}_{\mathrm{oi}}\boldsymbol{R}_{\mathrm{et}}^{\mathrm{I}}-\boldsymbol{A}_{\mathrm{bo}}\boldsymbol{R}_{\mathrm{es}}^{\mathrm{o}}-\boldsymbol{R}_{\mathrm{sc}}^{\mathrm{b}}))-\frac{f}{H}\boldsymbol{A}_{\mathrm{cb}}(\boldsymbol{A}_{\mathrm{bo}}\boldsymbol{A}_{\mathrm{oi}}\boldsymbol{R}_{\mathrm{et}}^{\mathrm{I}}-\boldsymbol{A}_{\mathrm{bo}}\boldsymbol{R}_{\mathrm{es}}^{\mathrm{o}}-\boldsymbol{R}_{\mathrm{sc}}^{\mathrm{b}})'+\\&\quad\frac{f\dot{H}}{H^2}\boldsymbol{A}_{\mathrm{cb}}\boldsymbol{A}_{\mathrm{bo}}(\boldsymbol{A}_{\mathrm{oi}}\boldsymbol{R}_{\mathrm{et}}^{\mathrm{I}}-\boldsymbol{R}_{\mathrm{es}}^{\mathrm{o}})-\dot{\boldsymbol{R}}_{\mathrm{cp}}^{\mathrm{c}}\end{aligned}\tag{12-4}$$

考虑相机结构稳定，上式有 $\dot{\boldsymbol{R}}_{\mathrm{cp}}^{\mathrm{c}}=0$ 和 $\dot{\boldsymbol{A}}_{\mathrm{cb}}=0$；考虑航天器质心到物镜的距离 $\boldsymbol{R}_{\mathrm{sc}}$ 相对要小得多，忽略上式的 $\boldsymbol{R}_{\mathrm{sc}}^{\mathrm{b}}$ 及其导数；进一步忽略和 $\frac{1}{H^2}$ 相关的小项，可将上式简化为

$$\dot{\boldsymbol{R}}_{\mathrm{p}i}^{\mathrm{p}}=-\frac{f}{H}\boldsymbol{A}_{\mathrm{cb}}\ (\boldsymbol{A}_{\mathrm{bo}}\boldsymbol{A}_{\mathrm{oi}}\boldsymbol{R}_{\mathrm{et}}^{\mathrm{I}}-\boldsymbol{A}_{\mathrm{bo}}\boldsymbol{R}_{\mathrm{es}}^{\mathrm{o}}-\boldsymbol{R}_{\mathrm{sc}}^{\mathrm{b}})'\tag{12-5}$$

展开后为

$$\begin{aligned}\dot{\boldsymbol{R}}_{\mathrm{p}i}^{\mathrm{p}}&=-\frac{f}{H}\boldsymbol{A}_{\mathrm{cb}}(\dot{\boldsymbol{A}}_{\mathrm{bo}}\boldsymbol{A}_{\mathrm{oi}}\boldsymbol{R}_{\mathrm{et}}^{\mathrm{I}}+\boldsymbol{A}_{\mathrm{bo}}\dot{\boldsymbol{A}}_{\mathrm{oi}}\boldsymbol{R}_{\mathrm{et}}^{\mathrm{I}}+\boldsymbol{A}_{\mathrm{bo}}\boldsymbol{A}_{\mathrm{oi}}\dot{\boldsymbol{R}}_{\mathrm{et}}^{\mathrm{I}}-\dot{\boldsymbol{A}}_{\mathrm{bo}}\boldsymbol{R}_{\mathrm{es}}^{\mathrm{o}}-\boldsymbol{A}_{\mathrm{bo}}\dot{\boldsymbol{R}}_{\mathrm{es}}^{\mathrm{o}})\\&=-\frac{f}{H}\boldsymbol{A}_{\mathrm{cb}}\left[\dot{\boldsymbol{A}}_{\mathrm{bo}}(\boldsymbol{A}_{\mathrm{oi}}\boldsymbol{R}_{\mathrm{et}}^{\mathrm{I}}-\boldsymbol{R}_{\mathrm{es}}^{\mathrm{o}})+\boldsymbol{A}_{\mathrm{bo}}(\dot{\boldsymbol{A}}_{\mathrm{oi}}\boldsymbol{R}_{\mathrm{et}}^{\mathrm{I}}+\boldsymbol{A}_{\mathrm{oi}}\dot{\boldsymbol{R}}_{\mathrm{et}}^{\mathrm{I}})\right]\\&=-\frac{f}{H}\boldsymbol{A}_{\mathrm{cb}}\left[-\tilde{\boldsymbol{\omega}}_{\mathrm{s}}\boldsymbol{A}_{\mathrm{bo}}(\boldsymbol{A}_{\mathrm{oi}}\boldsymbol{R}_{\mathrm{et}}^{\mathrm{I}}-\boldsymbol{R}_{\mathrm{es}}^{\mathrm{o}})+\boldsymbol{A}_{\mathrm{bo}}(-\tilde{\omega}_0\boldsymbol{A}_{\mathrm{oi}}\boldsymbol{R}_{\mathrm{et}}^{\mathrm{I}}+\boldsymbol{A}_{\mathrm{oi}}\tilde{\boldsymbol{\omega}}_{\mathrm{e}}\boldsymbol{R}_{\mathrm{et}}^{\mathrm{I}})\right]\end{aligned}\tag{12-6}$$

式中，考虑圆轨道，$\dot{\boldsymbol{R}}_{\mathrm{es}}^{\mathrm{o}}=0$，$\tilde{\boldsymbol{\omega}}_{\mathrm{s}}$ 为航天器轨道角速度矢量 $\boldsymbol{\omega}_{\mathrm{s}}=(\omega_x\quad\omega_y\quad\omega_z)^{\mathrm{T}}$ 的斜对称矩阵，$\tilde{\boldsymbol{\omega}}_0$ 为航天器轨道角速度矢量 $\boldsymbol{\omega}_0=(0\quad-\omega_0\quad0)^{\mathrm{T}}$ 的斜对称矩阵，ω_0 为航天器轨道角速度，$\tilde{\boldsymbol{\omega}}_{\mathrm{e}}$ 为地球自转速度矢量 $\boldsymbol{\omega}_{\mathrm{e}}=(0\quad0\quad\omega_{\mathrm{e}})^{\mathrm{T}}$ 的斜对称矩阵，ω_{e} 为地球自转速度。

上式给出的 $\dot{\boldsymbol{R}}_{\mathrm{p}i}^{\mathrm{p}}$ 表达式即为运行于圆轨道或近圆轨道的 TDI 相机的像移速度矢量模型，其中，$\tilde{\boldsymbol{\omega}}_{\mathrm{s}}$、$\tilde{\boldsymbol{\omega}}_0$ 和 $\tilde{\boldsymbol{\omega}}_{\mathrm{e}}$ 分别反映了航天器轨道运动、航天器姿态运动和目标随地球自转对像移的影响。称像移速度矢量与像平面坐标 x 轴的夹角为偏流角 β，记 $\dot{\boldsymbol{R}}_{\mathrm{p}i}^{\mathrm{p}}$ 在像平面坐标系中的分量为 $V_x=\dot{\boldsymbol{R}}_{\mathrm{p}i}^{\mathrm{p}}(1)$ 和 $V_y=\dot{\boldsymbol{R}}_{\mathrm{p}i}^{\mathrm{p}}(2)$，则偏流角为

$$\beta=\arctan\left(\frac{V_y}{V_x}\right)\tag{12-7}$$

和CCD电荷转移相关的是像移速度大小 V 和推扫行频 h_{p}（单位：Hz），它们为

$$V=\sqrt{V_x^2+V_y^2},hp=\frac{V}{l}=\frac{\sqrt{V_x^2+V_y^2}}{l}$$

式中，l 为单个像元的长度。

航天器偏流角跟踪通常采用 PD 控制律，因此还需要知道偏流角速度，考虑算法复杂性，这里将前后两拍的偏流角 $\beta(k)$ 和 $\beta(k-1)$ 进行差分，得到偏流角速度，即

$$\dot{\beta}(k)=\frac{\beta(k)-\beta(k-1)}{\Delta t}$$

式中，Δt 为前后两拍的时间间隔。此外，高精度的机动成像控制需要前馈偏流角加速

度，可通过对偏流角速度进行差分后滤波得到。

步骤 3：求像点 i 对应的目标位置矢量 $\boldsymbol{R}_{et}$。

在计算像移模型式(12－6)时，一般是基于指定像点反求目标位置矢量 $\boldsymbol{R}_{et}^{I}=(X_I, Y_I, Z_I)^T$。根据图 12－4 的矢量关系，为

$$\begin{aligned}\boldsymbol{R}_{et}^{I}&=\boldsymbol{A}_{Io}(\boldsymbol{R}_{ct}^{o}+\boldsymbol{R}_{sc}^{o}+\boldsymbol{R}_{es}^{o})=\boldsymbol{A}_{Io}(\boldsymbol{A}_{ob}\boldsymbol{R}_{ct}^{b}+\boldsymbol{R}_{sc}^{o}+\boldsymbol{R}_{es}^{o})\\&\approx\boldsymbol{A}_{Io}\boldsymbol{A}_{ob}\boldsymbol{A}_{cb}^{-1}\boldsymbol{R}_{ct}^{c}+\boldsymbol{A}_{Io}\boldsymbol{R}_{es}^{o}\end{aligned} \tag{12-8}$$

上式忽略小项 $\boldsymbol{R}_{sc}^{o}$。记矩阵 $\boldsymbol{A}=\boldsymbol{A}_{Io}\boldsymbol{A}_{ob}\boldsymbol{A}_{cb}^{-1}$ 和矢量 $\boldsymbol{B}=\boldsymbol{A}_{Io}\boldsymbol{R}_{es}^{o}$，它们可根据航天器姿态和轨道参数计算出，进一步将上式简写为

$$\boldsymbol{R}_{et}^{I}=\boldsymbol{A}\boldsymbol{R}_{ct}^{c}+\boldsymbol{A}_{Io}\boldsymbol{R}_{es}^{o}$$

上式写成分量形式为

$$\begin{pmatrix}X_I\\Y_I\\Z_I\end{pmatrix}=\begin{pmatrix}A_{11}&A_{12}&A_{13}\\A_{21}&A_{22}&A_{23}\\A_{31}&A_{32}&A_{33}\end{pmatrix}\begin{pmatrix}X_{ct}\\Y_{ct}\\Z_{ct}\end{pmatrix}+\begin{pmatrix}B_1\\B_2\\B_3\end{pmatrix} \tag{12-9}$$

根据地球的椭球特性，上式等号左边的分量之间存在关系为

$$\frac{X_I^2}{a_e^2}+\frac{Y_I^2}{a_e^2}+\frac{Z_I^2}{b_e^2}-1=0 \tag{12-10}$$

式中，地球长半轴 $a_e=6\ 378\ 137$ m，地球短半轴 $b_e=6\ 356\ 752$ m。

航天器姿态控制补偿偏流角一般选择像面中心点作为指定像点（p_1，p_2），该点在像平面坐标系中的坐标为（$x^p=p_1=fg\tan\gamma$，$y^p=p_2=0$），其中，γ 为相机离轴角，根据成像原理，该像点坐标与目标位置矢量 $\boldsymbol{R}_{ct}^{c}=(X_{ct}, Y_{ct}, Z_{ct})^T$ 存在关系

$$\begin{cases}X_{ct}=-\dfrac{p_1}{f}Z_{ct}\\Y_{ct}=-\dfrac{p_2}{f}Z_{ct}\end{cases} \tag{12-11}$$

据此，联立解方程式（12－9）、式（12－10）和式（12－11）得到六个方程式、六个未知数 $(X_I, Y_I, Z_I, X_{ct}, Y_{ct}, Z_{ct})^T$，方程可解。

12.3.3　TDI 相机的像移补偿方法

由前面讨论可知，航天器姿轨运动和目标随地球自转是产生像移的因素，其中，航天器轨道运动角速度为常值，而目标自转速度随航天器飞过的地理纬度发生变化，因此像移速度是变化的。图 12－5、图 12－6 给出了某携带 TDI－CCD 相机的航天器以零姿态对地飞行一圈时的偏流角及像移速度大小，由图可知：

1）航天器飞至升交点幅角 $u=0°$ 和 $u=180°$（对应赤道处）时，偏流角绝对值最大，像移速率最大，原因是目标在赤道处的自转速度最大，它与航天器轨道角速度的夹角就越大。

2）航天器飞至升交点幅角 $u=90°$ 和 $u=270°$ 时，偏流角为零，像移速率最小，目标在这两处的自转速度最小。

为保证相机看得清目标，航天器需要对如图 12－5、图 12－6 所示交变形式的偏流角

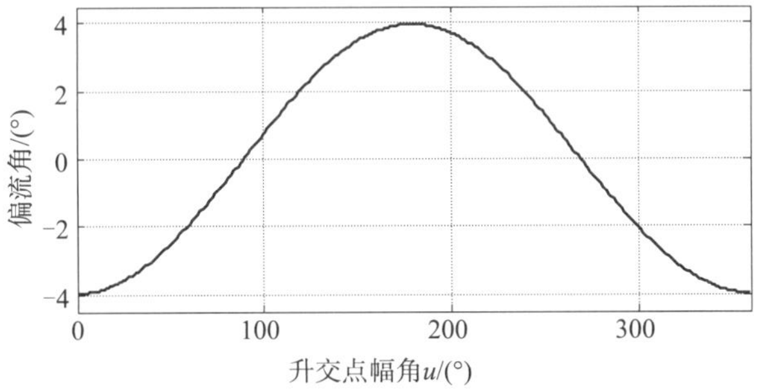

图 12-5　偏流角变化曲线

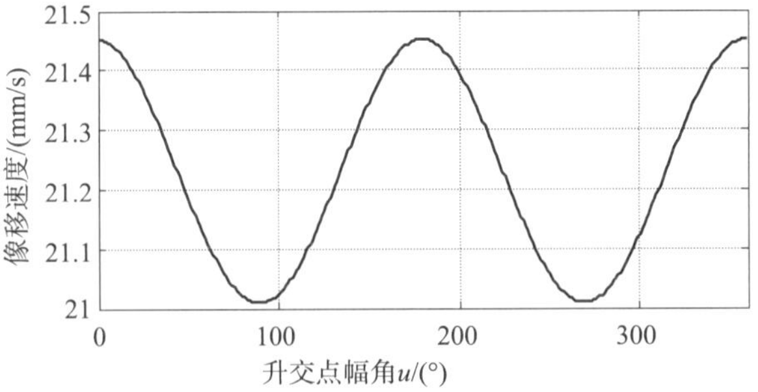

图 12-6　像移变化曲线

及像移速度进行补偿，目前通常由航天器姿轨控分系统和相机载荷分系统联合实施：

1）姿轨控分系统实时控制偏航轴跟踪偏流角，将偏流角作为角度误差，将偏流角速度作为角速度误差，通过 PD 控制律将这两项误差控制在指标范围内，即完成像移速度方向的匹配。像平面上不同像点的偏流角有差异，姿态控制同一时刻只能跟踪一个目标值，通常取像平面的中心计算偏流角。

2）相机分系统实时自主控制转移行频，实现像移速度大小的匹配。对于大幅宽相机，像平面由多片 CCD 拼接而成，各片 CCD 上的像移速度大小差别较大，一般采用异速匹配[3]，每片采用不同的转移行频。

12.3.4　像移补偿对姿态控制的要求

在 TDI-CCD 推扫成像的过程中，航天器姿态变化引起的像移是影响成像质量的重要因素，要求姿态控制精度达到相机高质量成像的需求。相机系统的 MTF（Modulation Transfer Function，调制传递函数）是评价成像质量的一项关键指标，它反映了相机摄影时的空间频率和图像对比度的关系。MTF 表示为以不同频率的正弦信号作为输入，输出信号的调制度与输入信号的调制度之比随频率变化的函数。工程上一般要求由像移不匹配导致的 MTF 下降不低于 0.98。

偏流角导致的目标像在像平面上的运动可分为沿轨方向分量和垂轨方向分量，这两个分量导致的在奈奎斯特频率处的 MTF 为[4]

$$\mathrm{MTF}_{垂}=\frac{\sin\left(\frac{\pi}{2}n\tan\Delta\beta\right)}{\frac{\pi}{2}n\tan\Delta\beta} \tag{12-12}$$

$$\mathrm{MTF}_{沿}=\frac{\sin\left[\frac{\pi}{2}n(1-\cos\Delta\beta)\right]}{\frac{\pi}{2}n(1-\cos\Delta\beta)} \tag{12-13}$$

式中，n 为积分级数；$\Delta\beta$ 为偏流角匹配误差，也叫残余偏流角。根据上式绘制出残余偏流角对 MTF 的影响如图 12-7 所示，由图可知，为保证 MTF>0.98，不同积分级数容许的偏流角误差见表 12-1，可作为偏流角跟踪控制的指标要求，例如当采用 96 级积分时，要求偏流角跟踪误差小于 0.13°。

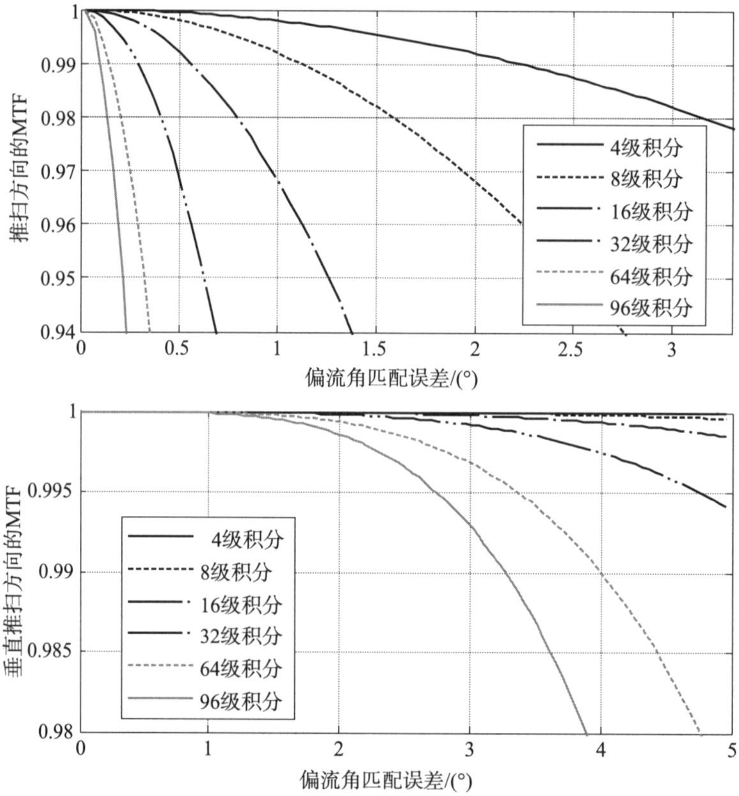

图 12-7　残余偏流角（即匹配误差）对像质的影响（见彩插）

表 12-1　不同积分级数下 MTF 大于 0.98 所允许的残余偏流角

积分级数	4	8	16	32	64	96
允许的残余偏流角	<3.18°	<1.58°	<0.78°	<0.40°	<0.21°	<0.13°

记 CCD 线阵的一个像元的角分辨率为 δ，单级积分时间为 $t_{积分}$［对应的积分行频为 $h_p=1/t_{积分}$（单位：Hz）］，根据多级积分后累积的总像移不超过 1/5 像元的约束，可得到

对姿态稳定度控制要求为

$$\omega \leqslant \frac{\delta}{5 \cdot n \cdot t_{积分}} = \frac{\delta \cdot h_{\mathrm{p}}}{5 \cdot n} \tag{12-14}$$

由式可知，行频 h_{p} 越小（意味曝光时间越短），或积分级数 n 越大，对姿态稳定度的要求就越高（稳定度指标越小）。以 CCD 像元角分辨率 1×10^{-4}°为例，在不同行频与积分级数组合下，对稳定度的要求见表 12－2，可作为航天器姿态稳定度控制的指标要求，例如采用 96 级积分，行频为 3 kHz 时，要求姿态稳定度优于 0.000 6 (°) /s。

表 12－2　积分推扫成像对航天器姿态稳定度的最低要求

[单位：(°) /s]

行频/Hz	积分级数(n)					
	4	8	16	32	64	96
2 k	0.01	0.005	0.002	0.001	0.000 6	0.000 4
3 k	0.015	0.007	0.003	0.002	0.000 9	0.000 6
4 k	0.02	0.01	0.005	0.002 5	0.001 3	0.000 8
5 k	0.025	0.012 5	0.006 3	0.003 1	0.001 6	0.001
6 k	0.03	0.015	0.007 5	0.003 8	0.001 9	0.001 3
7 k	0.035	0.017 5	0.008 8	0.004 4	0.002 2	0.001 5
8 k	0.04	0.02	0.01	0.005	0.002 5	0.001 7
9 k	0.045	0.023	0.011	0.005 6	0.002 8	0.0019
10 k	0.05	0.025	0.012 5	0.006	0.003	0.002

12.4　航天器在轨自主成像姿态路径规划

本节以 TDI 相机“看得到目标”为需求，主要针对被动推扫方式下的多条条带拼接及主动推扫方式下的折线扫描这两种典型成像模式，介绍光学遥感卫星在轨自主姿态路径规划方法，涉及航天器指向目标的导引姿态、条带划分等基础算法。

12.4.1　航天器指向目标的导引姿态计算

默认 TDI 相机视轴与航天器偏航轴平行，偏航轴跟踪偏流角，航天器姿态采用 123 转序描述。要使航天器偏航轴指向目标，只需要控制航天器的两维姿态——滚动和俯仰姿态即可，当航天器指向目标后，再利用前面的偏流角模型计算偏航姿态，最后得到三轴导引姿态。下面给出相机看得到目标的航天器本体系相对轨道系的两维姿态计算方法[5]。

航天器、地球和地面目标三者的空间关系如图 12－8 所示，其中，$\boldsymbol{r}_{\mathrm{s}}$ 为从航天器指向地心的矢量，$\boldsymbol{r}_{\mathrm{t}}$ 为从地心指向目标的矢量，$\boldsymbol{l}$ 为从航天器指向目标的矢量。

矢量 $\boldsymbol{r}_{\mathrm{s}}$ 在航天器轨道系中表示为

$$\boldsymbol{r}_{\mathrm{s}}^{\mathrm{o}} = \boldsymbol{R}_{\mathrm{s}} \begin{pmatrix} 0 & 0 & 1 \end{pmatrix}^{\mathrm{T}} \tag{12-15}$$

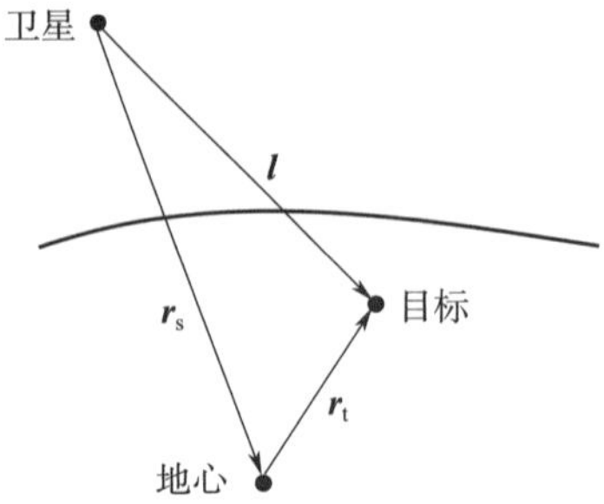

图 12-8　三体空间位置关系

矢量 $\boldsymbol{r}_t$ 在惯性坐标系中表示为 $\boldsymbol{r}_t^I$，将矢量 $\boldsymbol{l}$ 及其一阶导数在轨道系中表示为

$$\boldsymbol{l}^o = \boldsymbol{r}_s^o + \boldsymbol{r}_t^o = R_s\,(0\quad 0\quad 1)^T + \boldsymbol{A}_{oI}\boldsymbol{r}_t^I \tag{12-16}$$

$$\dot{\boldsymbol{l}}^o = \dot{\boldsymbol{A}}_{oI}\boldsymbol{r}_t^I + \boldsymbol{A}_{oI}\dot{\boldsymbol{r}}_t^I = -\tilde{\boldsymbol{\omega}}_0\boldsymbol{A}_{oI}\boldsymbol{r}_t^I + \boldsymbol{A}_{oI}\dot{\boldsymbol{r}}_t^I \tag{12-17}$$

目标的惯性位置 $\boldsymbol{r}_t^I$ 根据其经纬度和格林尼治恒星时角等参数计算。进一步得到在航天器轨道系描述的矢量 $\boldsymbol{l}^o$ 的单位矢量及其一阶导数为

$$\boldsymbol{\rho}^o = \begin{pmatrix}\rho_x^o\\ \rho_y^o\\ \rho_z^o\end{pmatrix} = \frac{\boldsymbol{l}^o}{\|\boldsymbol{l}^o\|} \tag{12-18}$$

$$\dot{\boldsymbol{\rho}}^o = \begin{pmatrix}\dot{\rho}_x^o\\ \dot{\rho}_y^o\\ \dot{\rho}_z^o\end{pmatrix} = (\boldsymbol{I} - \boldsymbol{\rho}^o\boldsymbol{\rho}^{oT})\frac{\dot{\boldsymbol{l}}^o}{\|\boldsymbol{l}^o\|} \tag{12-19}$$

式中，$\boldsymbol{I}$ 为 3×3 的单位矩阵。

相机视轴与航天器的偏航轴平行，它在航天器本体系中描述的单位矢量为 $\rho^b = (0\quad 0\quad 1)^T$，航天器指向目标就是使相机视轴与航天器到目标的矢量 $\boldsymbol{l}$ 平行，于是存在以下关系

$$\boldsymbol{\rho}^o = \boldsymbol{A}_{ob}\boldsymbol{\rho}^b = \begin{pmatrix} c\theta c\psi & -c\theta s\psi & s\theta \\ c\theta s\psi + s\varphi s\theta c\psi & c\varphi c\psi - s\varphi s\theta s\psi & -s\varphi c\theta \\ s\varphi s\psi - c\varphi s\theta c\psi & s\varphi c\psi + c\varphi s\theta s\psi & c\varphi c\theta \end{pmatrix}\begin{pmatrix}0\\0\\1\end{pmatrix} \tag{12-20}$$

式中，s 和 c 代表正余弦函数。由上式可得

$$\begin{pmatrix}\rho_x^o\\ \rho_y^o\\ \rho_z^o\end{pmatrix} = \begin{pmatrix}\sin\theta\\ -\sin\varphi\cos\theta\\ \cos\varphi\cos\theta\end{pmatrix}$$

进而得到航天器指向目标时的指令滚动和俯仰姿态为

$$\begin{cases}\varphi = \arctan(-\rho_y^o/\rho_z^o)\\ \theta = \arcsin(\rho_x^o)\end{cases} \tag{12-21}$$

对上式求导，进一步可得角速度为

$$\begin{cases}\dot{\varphi}=\dfrac{\dot{\rho}^{o}v_{z}\rho_{y}^{o}-\rho_{z}^{o}\dot{\rho}_{y}^{o}}{\rho_{y}^{o\,2}+\rho_{z}^{o\,2}}\\ \dot{\theta}=\dfrac{\dot{\rho}_{x}^{o}}{\sqrt{1-\rho_{x}^{o\,2}}}\end{cases}\tag{12-22}$$

高精度姿态控制律往往带前馈补偿项，因此需要知道角加速度，考虑算法复杂度，角加速度通过对角速度差分后滤波得到。

12.4.2　航天器飞抵目标时的升交点幅角及垂直角距计算

计算如图 12-9 所示的航天器在指定轨飞抵目标上空时的升交点幅角 u ，及航天器指向目标需要滚动的地面弧段角 l（即目标到星下点轨迹的垂直角距），用于后面的区域目标条带划分模块。

图 12-9　航天器飞抵目标时的升交点幅角及垂直角距示意图

根据目标的经纬度计算目标位置在地固系中表示的单位矢量为

$$\boldsymbol{r}=\begin{pmatrix}\cos\gamma\cdot\cos\lambda\\ \cos\gamma\cdot\sin\lambda\\ \sin\gamma\end{pmatrix}\tag{12-23}$$

记航天器在成像轨升轨过赤道时的星下点经度为 $\lambda_{赤道}$ ，循环计算 n 次（通常取 $n=3$ 即可）得到以下公式

$$\lambda_{1}=\lambda_{赤道}-\Delta\lambda\tag{12-24}$$

$$\begin{pmatrix}l_{x}\\ l_{y}\\ l_{z}\end{pmatrix}=\boldsymbol{R}_{x}(i_{0})\cdot\boldsymbol{R}_{z}(\lambda_{1})\cdot\boldsymbol{r}\tag{12-25}$$

$$y=\begin{cases}\mathrm{Mod\_2Pi}(\mathrm{atan2}(l_{y},l_{x}))-2\pi & 1.5\pi\leqslant\mathrm{Mod\_2Pi}(\mathrm{atan2}(l_{y},l_{x}))<2\pi\\ \mathrm{Mod\_2Pi}(\mathrm{atan2}(l_{y},l_{x})) & 其他\end{cases}\tag{12-26}$$

$$\Delta\lambda=(\omega_{e}+\dot{\Omega})\cdot\frac{y}{\omega_{0}}\tag{12-27}$$

式中，$\dot{\Omega}$ 为航天器升交点进动角速度；i_0 为航天器轨道倾角；$\boldsymbol{R}_x(g)$ 和 $\boldsymbol{R}_z(g)$ 分别为绕 x 轴和 z 轴转动的姿态矩阵；Mod _ 2Pi 表示除以 2π 得到的余数。在式（12-24）中，第 1 次计算 λ_1 时，令 $\Delta\lambda=0$，后续迭代时，$\Delta\lambda$ 采用式（12-27）的计算结果。最后一次迭代完成后，航天器飞抵目标上空时的升交点幅角为

$$u=y \tag{12-28}$$

以地心为圆心、地球半径为半径做一个大圆，卫星飞至升交点幅角 u 时的星下点和目标均在该圆上，可计算在该圆上，目标到卫星星下点轨迹的垂直角距 l 为

$$l=|\operatorname{asin} l_z| \tag{12-29}$$

12.4.3 线阵相机侧摆时的地面幅宽角计算

如图 12-10 所示，线阵相机在垂直推扫方向的视场角为 θ_{FOV}，航天器相对轨道系侧摆 ϕ，相机视场覆盖的地面区域为从 A 点到 B 点之间的圆弧，对应的地心角度 ϑ 称为地面幅宽角，它是矢量 $\boldsymbol{r}_{左}$ 和 $\boldsymbol{r}_{右}$ 的夹角，可根据正余弦定理求出。

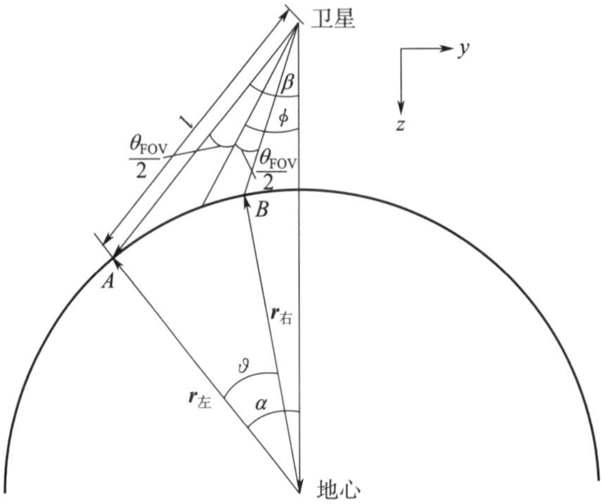

图 12-10 计算地面幅宽角示意图

令 $\beta=\phi+\dfrac{\theta_{\mathrm{FOV}}}{2}$，通过下式计算从地心指向 A 点的矢量 $\boldsymbol{r}_{左}$

$$\alpha=\operatorname{asin}\frac{R_s\cdot\sin\beta}{R_e}-\beta \tag{12-30}$$

$$l=\sqrt{R_e^2+R_s^2-2\cdot R_e\cdot R_s\cdot\cos\alpha} \tag{12-31}$$

$$\boldsymbol{r}_{左}=\begin{pmatrix}\boldsymbol{r}_{左,x}\\ \boldsymbol{r}_{左,y}\\ \boldsymbol{r}_{左,z}\end{pmatrix}=l\cdot\begin{pmatrix}0\\ -\sin\beta\\ \cos\beta\end{pmatrix}-\begin{pmatrix}0\\ 0\\ R_s\end{pmatrix} \tag{12-32}$$

再令 $\beta=\phi-\dfrac{\theta_{\mathrm{FOV}}}{2}$，代入上式可计算出矢量 $\boldsymbol{r}_{右}=(\boldsymbol{r}_{右,x}\quad \boldsymbol{r}_{右,y}\quad \boldsymbol{r}_{右,z})^{\mathrm{T}}$。最后计算相机左右视轴夹角，即得到地面幅宽角为

$$\vartheta = \operatorname{acos} \frac{\boldsymbol{r}_{左,x} \cdot \boldsymbol{r}_{右,x} + \boldsymbol{r}_{左,y} \cdot \boldsymbol{r}_{右,y} + \boldsymbol{r}_{左,z} \cdot \boldsymbol{r}_{右,z}}{\| \boldsymbol{r}_{左} \| \cdot \| \boldsymbol{r}_{右} \|} \tag{12-33}$$

12.4.4 地表区域目标的条带划分算法

对于超出线阵相机视场的大范围区域目标，需要将目标划分为与星下点轨迹平行的多个条带，然后通过多条带拼接扫描来覆盖目标。本节介绍区域目标的条带划分方法，目标是输出各条带扫描线的起点和终点的经纬度。条带划分示意及涉及的名称含义如图 12－11 所示，区域目标为由 n 个节点围成的凸边形，各节点的经纬度为 (λ_1, γ_1) 、(λ_2, γ_2) 、…、(λ_i, γ_i) 、…、(λ_n, γ_n) ，n 一般取 4～6 即可。

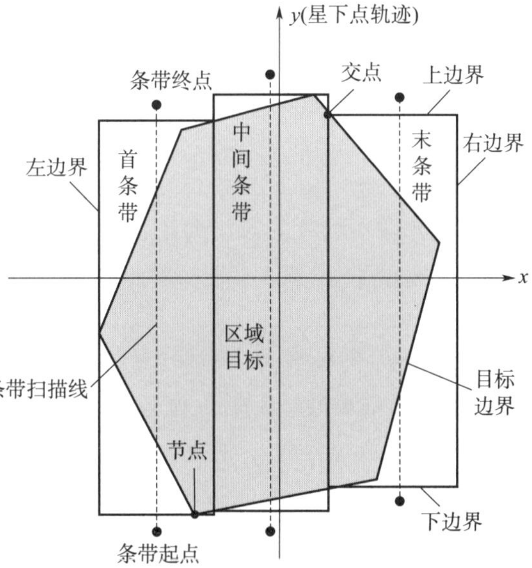

图 12－11　区域目标条带划分示意图

步骤 1：将区域目标的经纬度转换到星下点轨迹坐标系。

用平面近似代替球面，建立一个以弧度为单位的星下点轨迹平面坐标系，其中，y 轴指向航天器飞行方向并与星下点轨迹重合，将区域各节点的经纬度 (λ_i, γ_i) 和航天器成像轨升轨过赤道时的星下点经度 $\lambda_{赤道}$ 代入前面第 12.4.2 小节，得到各节点在星下点轨迹坐标系中表示的新坐标，记为

$$\begin{pmatrix} \boldsymbol{x} \\ \boldsymbol{y} \end{pmatrix} = \begin{pmatrix} x_1 & x_2 \cdots x_i \cdots x_n \\ y_1 & y_2 \cdots y_i \cdots y_n \end{pmatrix} = \begin{pmatrix} l_1 & l_2 \cdots l_i \cdots l_n \\ u_1 & u_2 \cdots u_i \cdots u_n \end{pmatrix}$$

找出最大和最小的 x 坐标，$x_{max} = \max(x)$ ，$x_{min} = \min(x)$ 。为减少图像分辨率损失，须从距星下点最远的节点开始划分条带，因此如果 $|x_{min}| < |x_{max}|$ ，则对所有的 x 坐标取反，即 $x_i = -x_i$ 。

步骤 2：确定条带数量及条带的左右边界的 x 坐标。

根据扣除条带间重叠后的相机可用视场角 θ_{FOV} ，考虑航天器滚动侧摆，从左边（星

下点轨迹坐标系 $-x$ 侧）开始划分条带，计算条带数量 m 、侧摆角 ϕ_i 和条带地面幅宽角集合 $\vartheta=(\vartheta_1 \quad \vartheta_2 \cdots \vartheta_i \cdots \vartheta_m)$ 。伪程序为：

for $i=1$ ：Mmax（Mmax 为最大允许条带数量）

$m=i$（条带数量）

if　$i=1$（计算首条带的侧摆角）

$$L=\sqrt{R_e^2+R_s^2-2\cdot R_e\cdot R_s\cdot\cos(|x_{\min}|)}$$

$$\varphi_1=-\operatorname{sign}(x_{\min})\cdot\left|\operatorname{asin}\left(\frac{R_e\cdot\sin(|x_{\min}|)}{L}\right)\right|-\frac{\theta_{\mathrm{FOV}}}{2}$$

else（计算后续条带的侧摆角）

$$\phi_i=\phi_{i-1}-\theta_{\mathrm{FOV}}$$

end

将 ϕ_i 代入第 12.4.3 小节计算出地面幅宽角 ϑ_i

$$\text{if}\ \sum_{k=1}^{i}\vartheta_k>(x_{\max}-x_{\min})$$

break　（条带数量确定完毕，跳出循环）

end

end

其中，$\operatorname{sign}(x_{\min})$ 为±符号函数；ϕ_1 的极性为 $-\operatorname{sign}(x_{\min})$ ，原因是首条带在星下点轨迹左侧时，航天器滚动角为正值，首条带在右侧时，航天器滚动角为负值。

条带数量确定后，各条带的左右边界的 x 轴坐标也就确定：1）首条带的左边界的 x 坐标为 $x_{\min}$ ，后续第 i 条带的左边界的 x 坐标为 $x_{\min}+\sum_{k=1}^{i-1}\vartheta_k$ ；2）第 i 条带的右边界 x 坐标等于第 $i+1$ 条带的左边界的 x 坐标。

步骤 3：确定各个条带的上下边界的 y 坐标。

首先将目标边界方程化。以第 i 条边界为例，根据它在星下点轨迹平面坐标系表示的端点坐标（x_i ，y_i）和（x_{i-1} ，y_{i-1}），计算斜率和截距为

$$k_i=\frac{y_{i-1}-y_i}{x_{i-1}-x_i} \tag{12-34}$$

$$b_i=y_i-k_i\cdot x_i \tag{12-35}$$

则该边界方程为

$$y=b_i+k_i\cdot x$$

然后计算各个条带的左右边界与目标边界的交点。以第 i 条带为例，将其左右边界的 x 轴坐标分别代入上式的各条目标边界方程，得到 y 坐标值，判断 y 值是否在目标边界线上，若在，则记录下 y 值。得到第 i 条带的左右边界与目标边界的所有交点的 y 值集合后，取集合中最小的 y 坐标值作为该条带起点的 y 坐标，取集合中最大的 y 坐标作为该条带的终点的 y 坐标。

其次，条带还应覆盖目标的最高和最低节点，因此还需要找出这两点分别在的条带，

再将最高节点的 y 坐标作为所在条带的终点的 y 坐标，将最低节点的 y 坐标作为所在条带的起点的 y 坐标。

最后考虑姿态控制误差及线阵相机实际扫描出的条带为菱形，为避免漏扫头尾，对上面得到的条带头尾进行恰当延长。

步骤 4：确定各个条带的扫描线坐标。

相机视轴沿着扫描线运动以覆盖条带，扫描线的起点和终点的 y 坐标已经在上面步骤 3 中确定，各条带的起点和终点的 x 坐标相同，以第 i 条带为例，起点和终点的 x 坐标为

$$x_i = -\operatorname{sign}(\phi_i)\cdot\left(\operatorname{asin}\left(\frac{R_s}{R_e}\cdot\sin(|\phi_i|)\right)-|\phi_i|\right) \tag{12-36}$$

步骤 5：将各个条带的起点和终点表示回地固坐标系。

由步骤 3 和 4 得到的各扫描线的端点的坐标是在星下点轨迹坐标系中描述，需要转回地固系。以第 i 条带的扫描线的端点（x_i，y_i）为例，将该点转换回地固系中的经纬度（λ，γ），计算方法为

$$\Delta\lambda = \begin{cases} (\dot{\Omega}+\omega_e)\cdot\dfrac{2\pi - y_i}{\omega_0} & (1.5\pi \leqslant y_i < 2\pi) \\ (\dot{\Omega}+\omega_e)\cdot\dfrac{y_i}{\omega_0} & (\text{其他}) \end{cases} \tag{12-37}$$

$$\begin{pmatrix} p_x \\ p_y \\ p_z \end{pmatrix} = (\boldsymbol{R}_x(i)\cdot\boldsymbol{R}_z(\lambda_{\text{赤道}}-\Delta\lambda))^{\mathrm{T}}\cdot\begin{pmatrix} \cos x_i\cdot\cos y_i \\ \cos x_i\cdot\sin y_i \\ \sin x_i \end{pmatrix} \tag{12-38}$$

$$\lambda = \operatorname{atan2}(p_y, p_x) \tag{12-39}$$

$$\gamma = \operatorname{asin}P_z \tag{12-40}$$

如果前面步骤 1 中对所有的 x 坐标取反了，则需要将 x 坐标再次取反后才能代入上式。将各条带的终点和起点的 y 坐标相减取绝对值，可得到各条带的角弧长（$l_1 \quad l_2 \quad \cdots \quad l_i \quad \cdots \quad l_m$），用来计算成像时长。

12.4.5　确定 TDI 相机在哪轨对目标成像

航天器接收到地面上注的目标经纬度（λ，γ）时，它在惯性系下的升交点幅角为 u_0（值域：0～2π），半长轴为 a_0，升交点赤经为 Ω_0，倾角为 i_0，格林尼治恒星时角为 sg_0。定义轨道起点为升交点幅角 $u=0$，基于目标位置和航天器轨道信息，由以下三个步骤确定相机在哪一轨成像。

步骤 1：根据当前航天器轨道参数递推后续半天时段内，航天器每轨（含当前轨）升轨过赤道时的星下点经度。航天器第一轨过赤道时的星下点经度 $\lambda_{\text{赤道},1}$ 为

$$\lambda_{\text{赤道},1} = (\Omega_0 - sg_0) - \dot{\Omega}\cdot\frac{u_0}{\omega_0} + \omega_e\cdot\frac{u_0}{\omega_0}$$

后续航天器第 i 轨升轨过赤道时的星下点经度 $\lambda_{\text{赤道},i}$ 为

$$\lambda_{\text{赤道},i} = \lambda_{\text{赤道},1} - (\dot{\Omega}+\omega_e)\cdot\frac{2\pi(i-1)}{\omega_0}$$

步骤 2：对于半天内的所有轨，将升轨飞过赤道时的星下点经度 $\lambda_{赤道,i}$ 及目标经纬度（λ，γ）代入前面的第 12.4.2 小节，计算出航天器飞抵目标时的升交点幅角 u_i 和垂直角距 l_i。

步骤 3：根据“滚动侧摆角度最小”和“太阳高度角”共同确定 TDI 相机的成像轨。首先找出垂直角距最小（意味着成像时需要侧摆角最小，图像分辨率损失最小）的那一轨，然后根据该轨飞抵目标时的升交点幅角 u_i 预测成像时刻 t_{img}，若 t_{img} 大于当前时刻，进一步计算该时刻的太阳高度角为

$$\varepsilon = \text{asin}(\sin(\gamma) \cdot \sin(\delta_{阳}) + \cos(\gamma) \cdot \cos(\delta_{阳}) \cdot \cos(\alpha_{阳} - sg - \lambda))$$

式中，$\alpha_{阳}$ 和 $\delta_{阳}$ 为太阳在 t_{img} 时刻的赤经和赤纬。如果 $\varepsilon < 10°$，代表光照不足，输出不可成像标志；如果 $\varepsilon > 10°$，认为目标具备可成像的光照条件，输出可成像标志。如果输出不可成像标志，则继续对次小角距重复上述计算本步骤，直到找到满足 $\varepsilon > 10°$ 的那一轨作为成像轨。

12.4.6 多条带拼接的姿态路径规划方法

针对 TDI－CCD 相机被动推扫大范围的区域目标，首先将区域分割为与航天器星下点轨迹平行的多个条带，然后根据条带长度等信息计算成像时段，最后结合轨道预报信息计算导引姿态，得到完整的包含时间和姿态的导引路径。区域目标以 n 个依次相连的节点描述，星上接收地面上注的各节点的经纬度，确认数据有效后启动规划，规划包含以下几个步骤。

步骤 1：确定在哪一轨成像。

计算区域各节点的经度均值和纬度均值，将平均值近似看作目标中心，并代入前面第 12.4.5 小节，确定出航天器成像轨，得到该轨升轨过赤道时的星下点经度为 $\lambda_{赤道}$。

步骤 2：将区域划分为多个条带。

将各节点的经纬度和 $\lambda_{赤道}$ 代入前面第 12.4.4 小节的条带划分算法，得到条带数量、各条带扫描线的起点和终点的经纬度、各条带的角度弧长。

步骤 3：确定各条带成像时段。

依据航天器飞到目标中心时扫描完一半区域的原则，确定航天器在成像轨内开始扫描第一条带的时刻，记为 t_1。计算各个条带的成像时长，以角度弧长为 l_i 的第 i 条带为例，成像时长为

$$T_i = \frac{l_i}{\omega_0 - \omega_e \cdot \cos(i_0)}$$

得到成像结束时刻为 $t_1 + T_1$；根据姿态机动能力和条带长度预设切换条带姿态机动用时为 T_{slew}，得到第二条带开始成像时刻为 $t_1 + T_1 + T_{slew}$，结束成像时刻为 $t_1 + T_1 + T_{slew} + T_2$；其他条带成像时段可以类推。

步骤 4：计算成像时的三轴导引姿态。

三轴导引姿态中的滚动和俯仰轴姿态解决看得到目标的问题，偏航轴姿态解决看得清目标的问题。在 TDI 相机被动推扫同一条带的过程中，偏航轴跟踪时变的偏流角以匹配

像移方向，因此须在推扫期间，利用第 12.3.2 小节的偏流角模型实时计算偏流角。航天器的滚动角和俯仰角为恒值，在完成上面三个步骤之后预先计算出来。以第一条带为例，开始成像时刻为 t_1，首先利用轨道递推模块计算 t_1 时刻的航天器轨道参数（升交点幅角、轨道倾角和升交点赤经）和格林尼治恒星时角，然后利用航天器轨道参数计算 t_1 时刻从惯性系到航天器轨道系的姿态矩阵 $\boldsymbol{A}_{oI}$，利用格林尼治恒星时角计算从地固坐标系到惯性系的姿态矩阵 $\boldsymbol{A}_{IG}$，将条带扫描线的起点经纬度转换为笛卡儿坐标后，左乘 $\boldsymbol{A}_{IG}$ 得到起点在 t_1 时刻的惯性位置 $\boldsymbol{r}_t^I$；最后将 $\boldsymbol{r}_t^I$ 和 $\boldsymbol{A}_{oI}$ 代入前面第 12.4.1 小节，得到航天器指向条带扫描线的导引滚动角和俯仰角。由于是被动推扫成像，因此置导引角速度为零。

12.4.7　折线扫描的姿态路径规划方法

针对 TDI 相机扫描海岸线、河流、铁路等地面曲线目标，通过将曲线化为折线（如图 12－12 所示），采用航天器姿态机动扫描折线来覆盖这类曲线目标。因为组成折线的直线段与星下点轨迹不平行，航天器以非零角速度扫描这些直线段，因此属于主动推扫方式。折线扫描的姿态路径规划与上一节的多条带拼接在确定在哪一轨成像和确定各条带成像时段方面类似，不再赘述，差别为计算航天器的导引姿态，下面具体介绍。

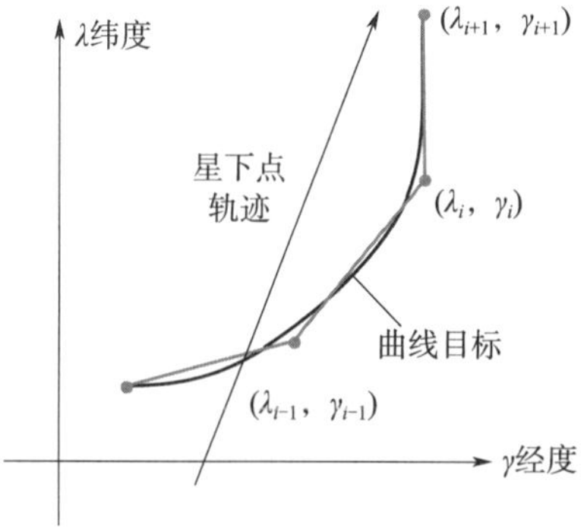

图 12－12　化曲为折示意图

以扫描折线上的第 i 条斜轨线段为例，其起点经纬度为（$\lambda_{i,起}$，$\gamma_{i,起}$），终点经纬度为（$\lambda_{i,终}$，$\gamma_{i,终}$），以角度表示的线段长度 l_i 由下式计算

$$\boldsymbol{p}_1=\begin{pmatrix}p_{1,x}\\p_{1,y}\\p_{1,z}\end{pmatrix}=\begin{pmatrix}\cos(\gamma_{i,起})\cdot\cos(\lambda_{i,起})\\\cos(\gamma_{i,起})\cdot\sin(\lambda_{i,起})\\\sin(\gamma_{i,起})\end{pmatrix}\tag{12-41}$$

$$\boldsymbol{p}_2=\begin{pmatrix}p_{2,x}\\p_{2,y}\\p_{2,z}\end{pmatrix}=\begin{pmatrix}\cos(\gamma_{i,终})\cdot\cos(\lambda_{i,终})\\\cos(\gamma_{i,终})\cdot\sin(\lambda_{i,终})\\\sin(\gamma_{i,终})\end{pmatrix}\tag{12-42}$$

$$l_i=\left|\operatorname{acos}(p_{1,x}\cdot p_{2,x}+p_{1,y}\cdot p_{2,y}+p_{1,z}\cdot p_{2,z})\right|\tag{12-43}$$

采用匀速扫描，记扫描角速度为 v，可计算出扫描该线段用时为

$$T_i = \frac{l_i}{v} \tag{12-44}$$

进一步可计算出该条线段在经纬度方向的移动速度为

$$\begin{cases} \dot{\lambda}_i = \dfrac{\lambda_{i,端2} - \lambda_{i,端1}}{T_i} \\ \dot{\gamma}_i = \dfrac{\gamma_{i,端2} - \gamma_{i,端1}}{T_i} \end{cases} \tag{12-45}$$

记开始扫描该条带的时刻为 t_0，随后的 t（$t \leqslant t_0 + T_i$）时刻需要扫描的目标点为

$$\begin{cases} \lambda_i(t) = \lambda_{i,起} + \dot{\lambda}_i \cdot (t - t_0) \\ \gamma_i(t) = \gamma_{i,起} + \dot{\gamma}_t \cdot (t - t_0) \end{cases} \tag{12-46}$$

主动推扫成像时，航天器三轴姿态是时变的，因此需要在成像过程中实时计算导引姿态，即将上两式给出的目标经纬度（$\lambda_i(t)$，$\gamma_i(t)$）及其移动速度（$\dot{\lambda}_i$，$\dot{\gamma}_i$）代入前面第 12.4.1 小节，得到滚动和俯仰导引角及其角速度。航天器偏航轴导引姿态由第 12.3.2 小节的偏流角模型计算。

12.5　路径规划与控制仿真验证

以配置 TDI－CCD 载荷的遥感卫星执行轨内完成半岛海岸线扫描任务为例，基于前面第 12.4.7 小节介绍的折线扫描路径规划方法，首先星上自主将海岸线划分为三条斜条带，并规划出每个条带的开始机动时刻、扫描成像时段和扫描速度，然后在到达规划的开始机动时刻，经 3 次指向调整（设置每次机动时间为 30 s）后，分别在第 30～60 s、90～120 s、150～190 s 对这 3 条斜轨直条带进行主动推扫成像。

航天器控制采用递阶饱和 PD 控制律，以五棱锥构型控制力矩陀螺群作为执行机构，采用星敏感器和陀螺联合定姿，对规划出的姿态路径进行跟踪控制仿真，姿态控制仿真结果如图 12－13～图 12－18 所示，由图可知：1）航天器姿态控制能够保证相机视轴指向目标，扫描出的条带能够覆盖被成像的海岸线目标。2）成像过程中的三轴姿态角控制误差优于 0.1°，三轴角速度控制误差优于 0.001（°）/s。

图 12－19 和图 12－20 给出了线阵 CCD 上不同位置的行频及残余偏流角，从图中可知，行频最大为 7.6 kHz，残余偏流角在像面中心最小，在像面两端最大（约为 1.5°），结合姿态控制优于 0.001（°）/s 的相对稳定度，根据像移补偿对姿态控制精度的要求，相机全程可以采用最大 8 级积分。

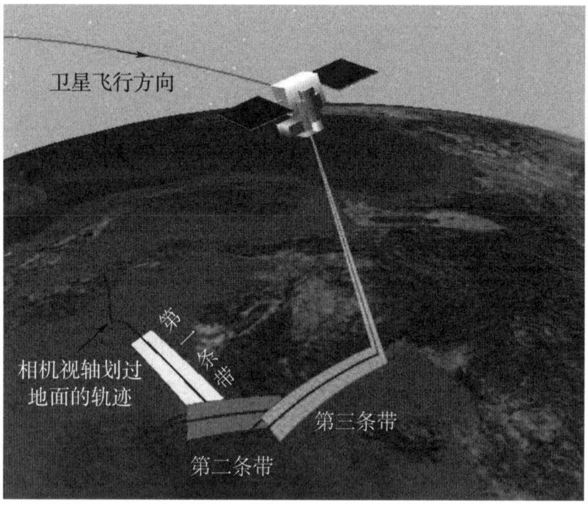

图 12 - 13　根据航天器姿轨数据绘制目标覆盖情况

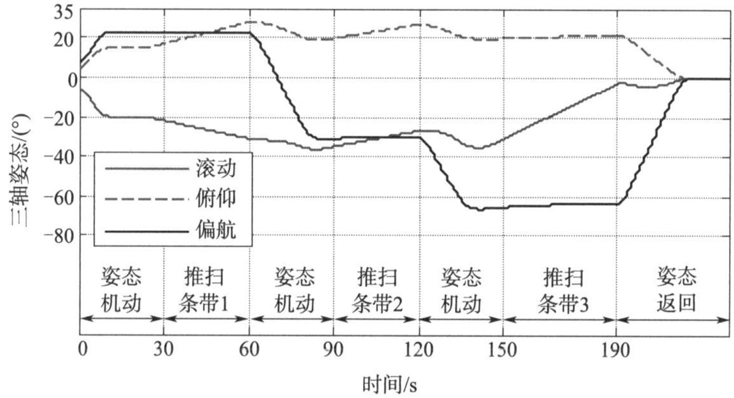

图 12 - 14　姿态控制全过程中的三轴姿态角（见彩插）

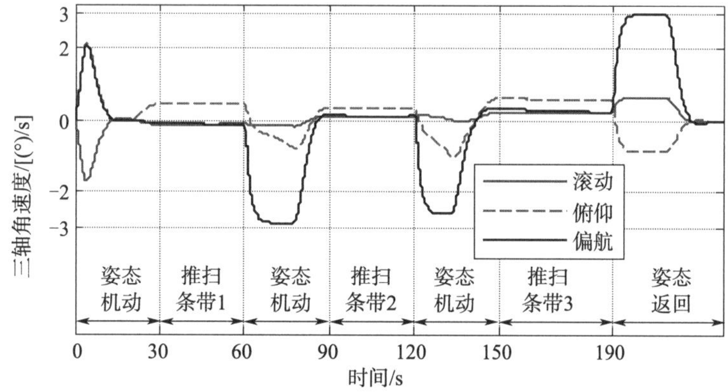

图 12 - 15　姿态控制全过程中的三轴角速度（见彩插）

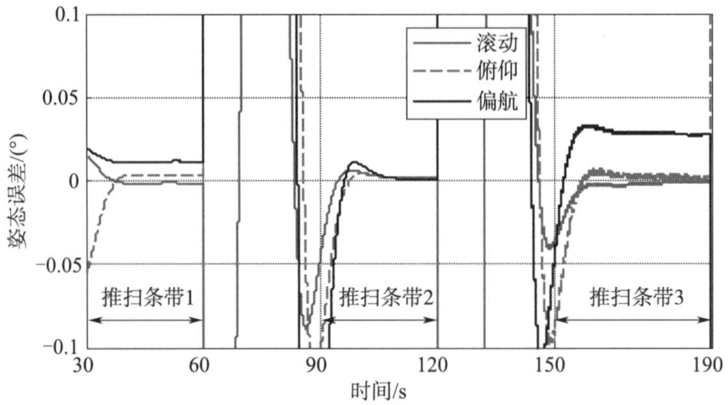

图 12-16　成像过程中的姿态角误差（见彩插）

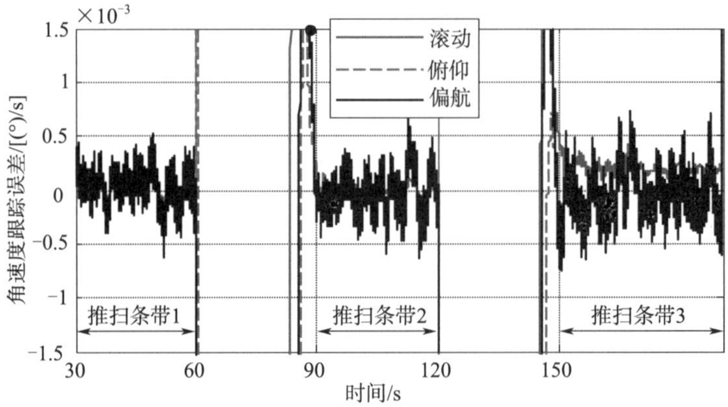

图 12-17　成像过程中的相对稳定度（见彩插）

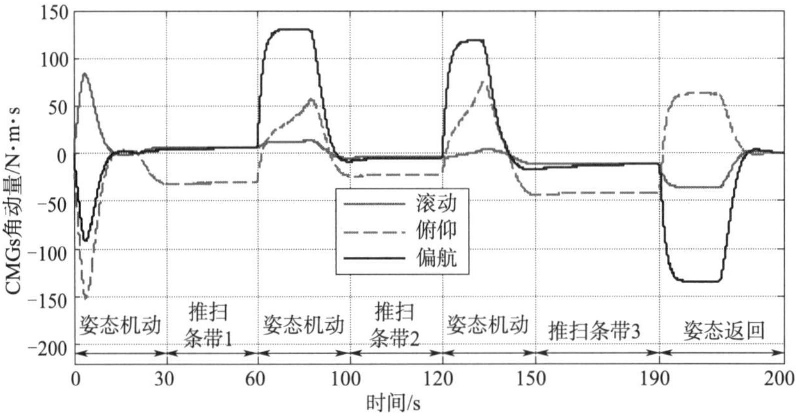

图 12-18　控制力矩陀螺群角动量输出（见彩插）

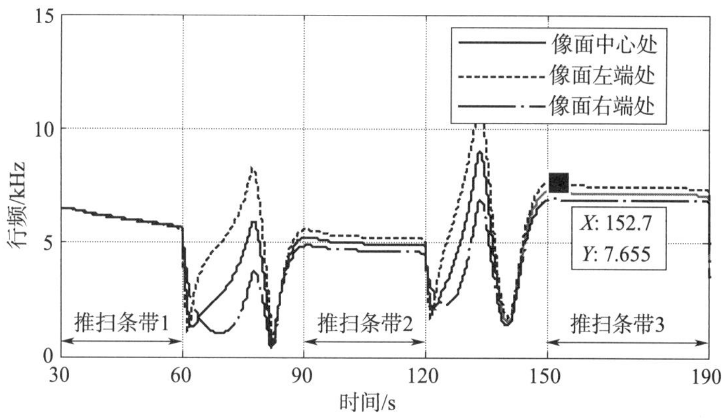

图 12－19　成像过程中的相机推扫行频（见彩插）

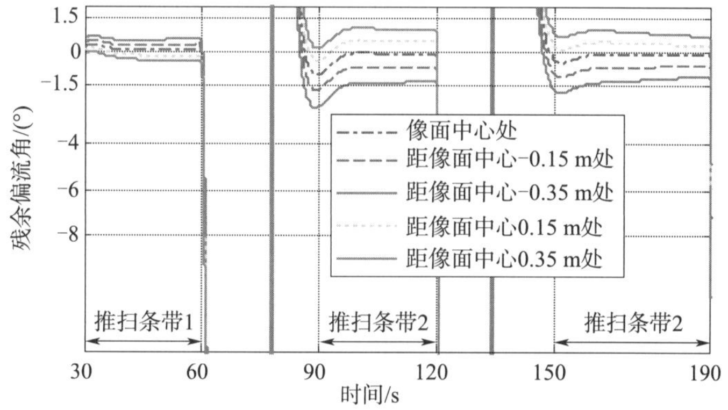

图 12－20　成像过程中的像面残余偏流角（见彩插）

12.6　本章小结

本章针对航天高分辨率 TDI－CCD 成像“看得见目标”并“看得清目标”的需求，从航天器姿态控制的角度梳理了像移补偿与在轨自主路径规划技术。首先针对典型的光学遥感成像模式，将推扫方式归纳为被动推扫与主动推扫两种；其次对 TDI－CCD 的成像原理及像移补偿原理进行了介绍，建立了像移速度矢量模型，分析了像移补偿对航天器姿态控制的精度要求；再次重点提出了被动推扫方式下的多条条带拼接和主动推扫方式下的折线扫描这两种成像模式的自主姿态路径规划方法；最后给出了像移补偿与在轨自主路径规划的相关数学仿真验证。

参 考 文 献

［1］ 闫得杰，徐抒岩，韩诚山，等．飞行器姿态对空间相机像移补偿的影响［J］．光学精密工程 2008，16（11）：2199－2203．

［2］ 仲惟超．卫星轨道和姿态参数对光学成像的影响分析［D］．哈尔滨：哈尔滨工业大学，2009．

［3］ 刘妍妍．大视场长焦平面 TDI CCD 拼接相机最优成像技术研究［D］．长春：吉林大学，2016．

［4］ 武星星，刘金国，孔德柱，等．基于地球椭球的离轴式双线阵相机像移补偿［J］．红外与激光工程，2014，43（3）：838—844．

［5］ 陈雪芹，耿云海，王峰．敏捷小卫星对地凝视姿态跟踪控制［J］．光学精密工程，2015，20（5）：1031－1040．

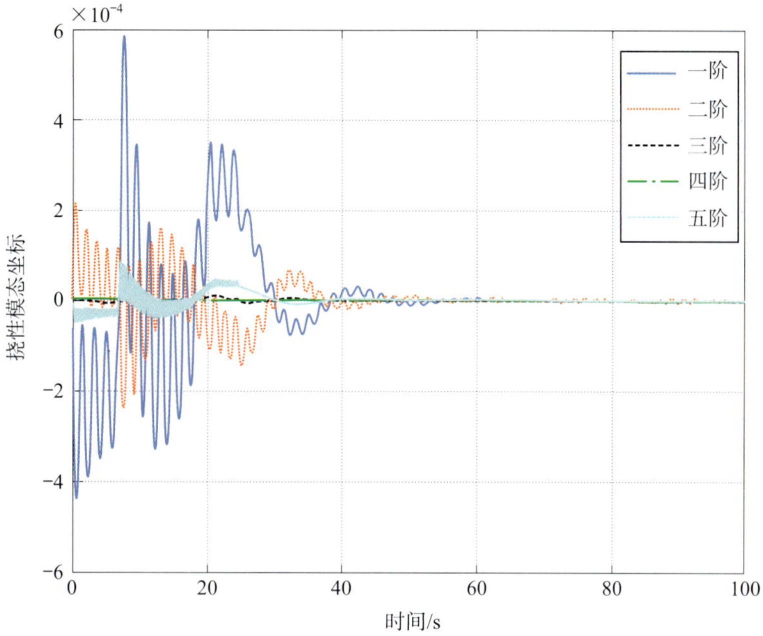

图 4－11　时间最优策略前五阶柔性模态坐标曲线（P129）

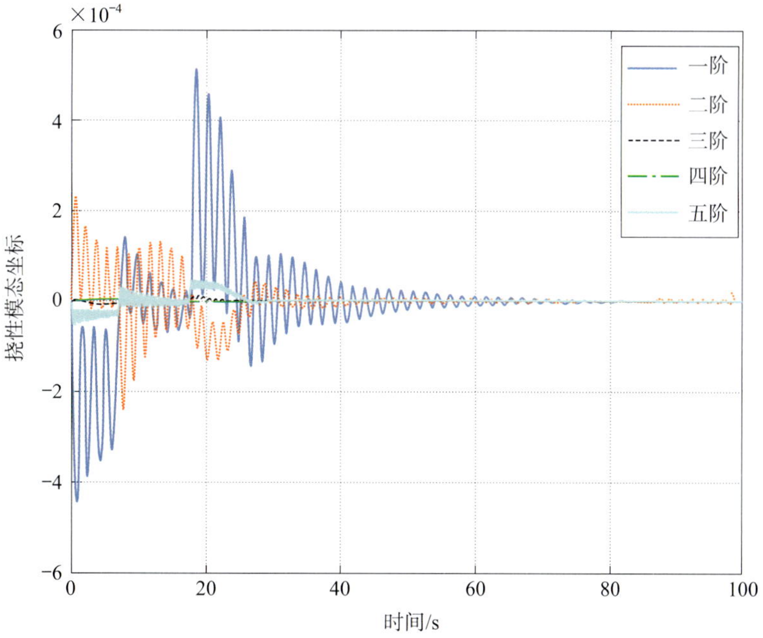

图 4－15　准时间最优策略前五阶柔性模态坐标曲线（P131）

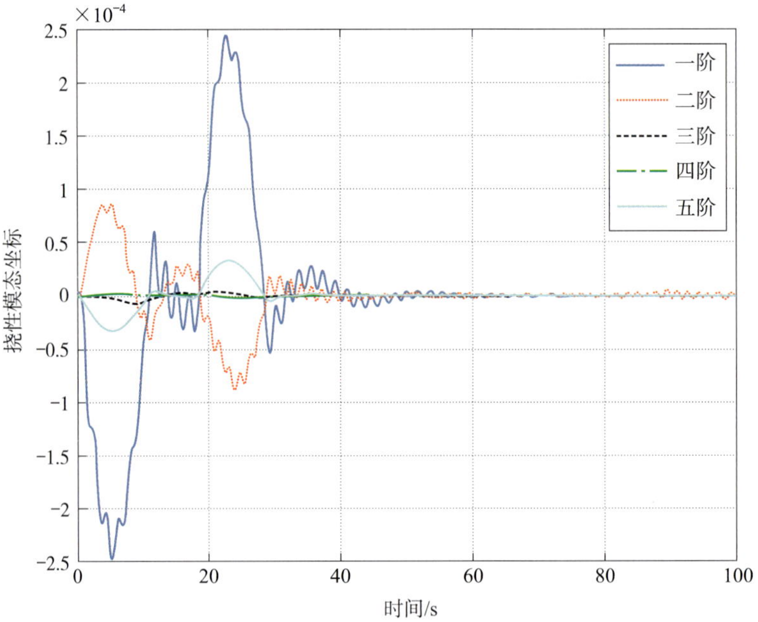

图 4-19 平缓加减速策略前五阶柔性模态坐标曲线（P133）

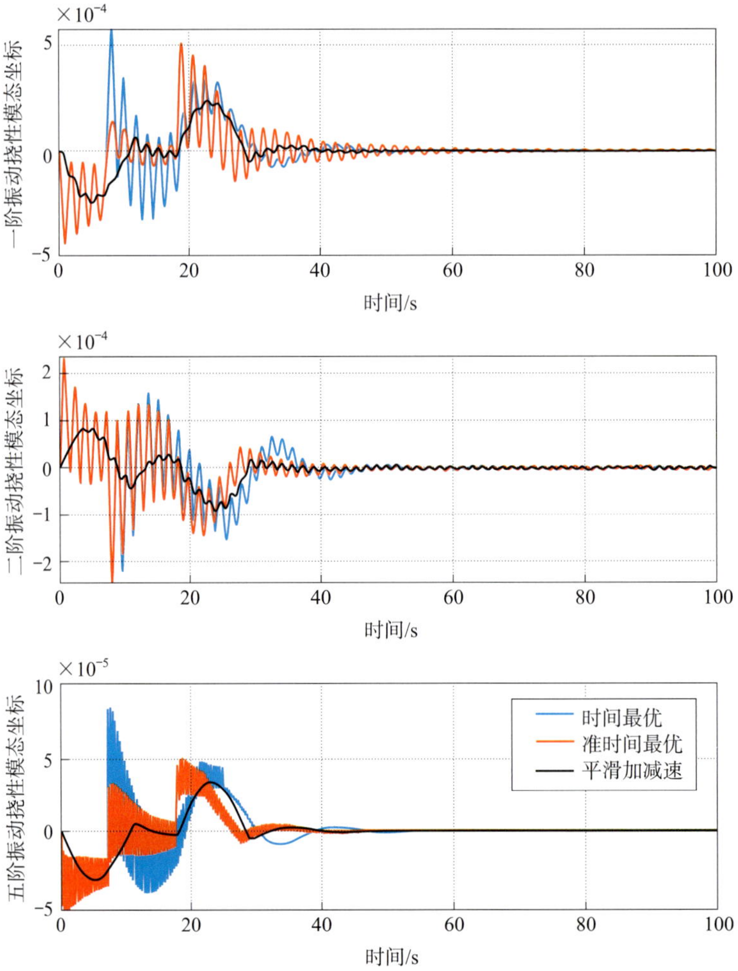

图 4-20 平缓加减速策略前五阶柔性模态坐标曲线（P134）

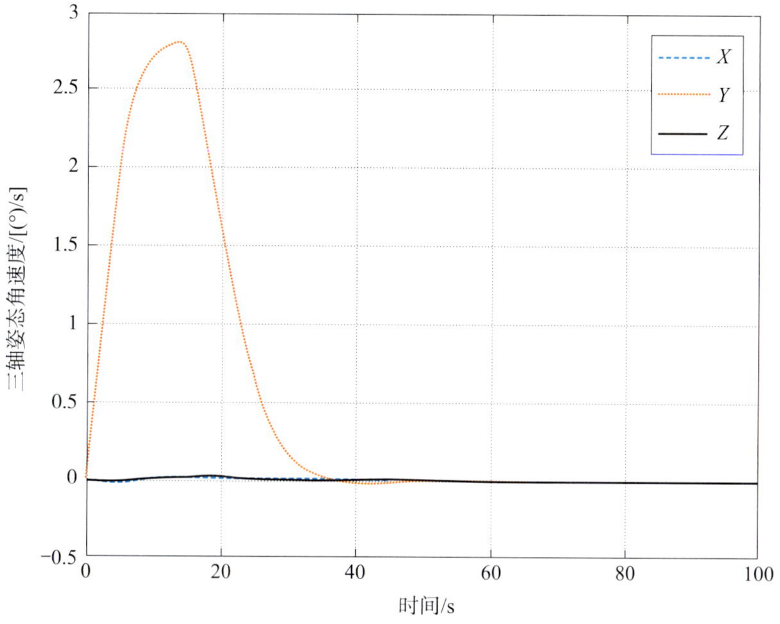

图 4-22　递阶饱和算法三轴角速度控制曲线（P139）

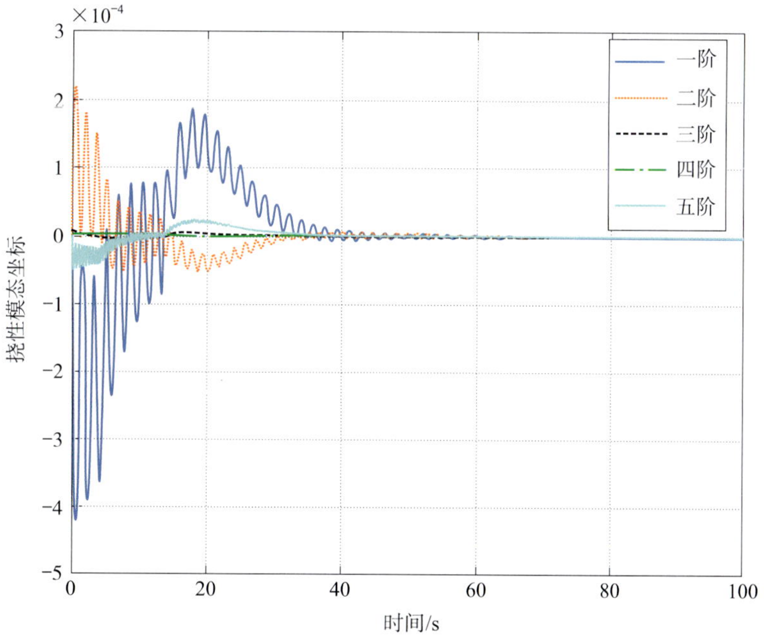

图 4-23　递阶饱和算法前五阶柔性模态坐标曲线（P140）

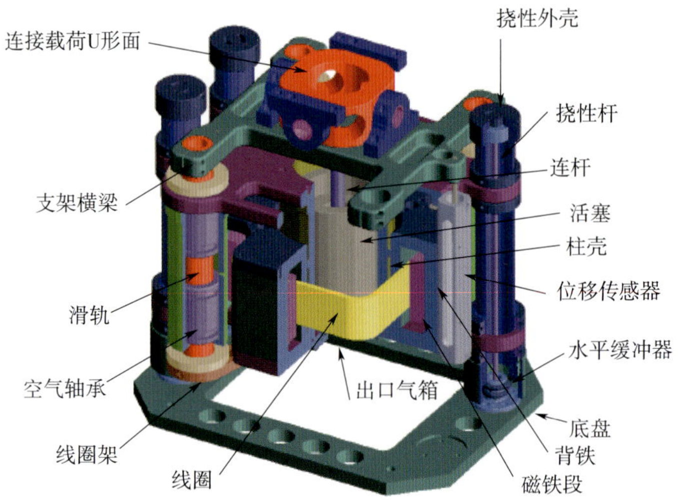

图 5-4　CSA Engineering 生产的气动纵向隔振器（P160）

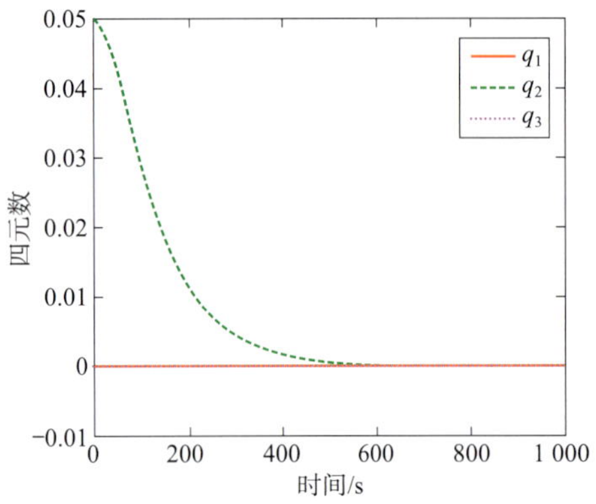

图 5-25　动态滑模控制姿态四元数曲线（P189）

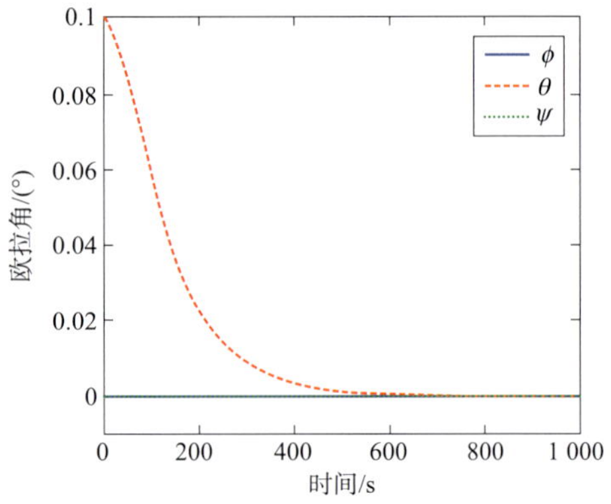

图 5-27　动态滑模控制欧拉角（P190）

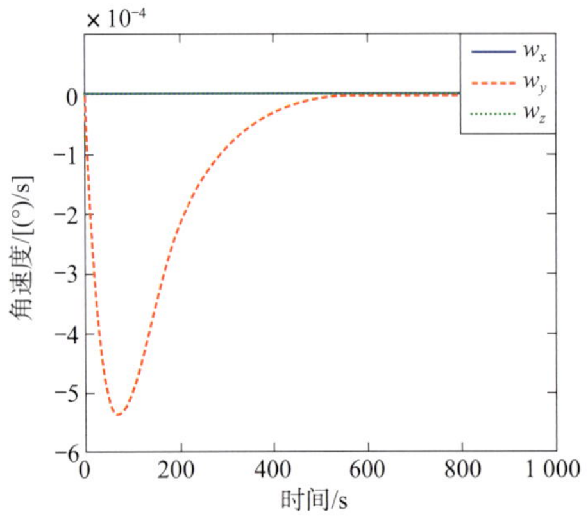

图 5-29　动态滑模控制姿态角速度曲线（P190）

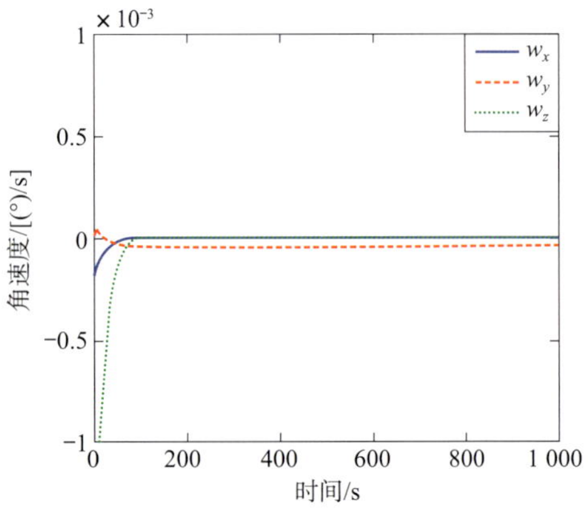

图 5-30　高阶滑模控制姿态角速度曲线（P190）

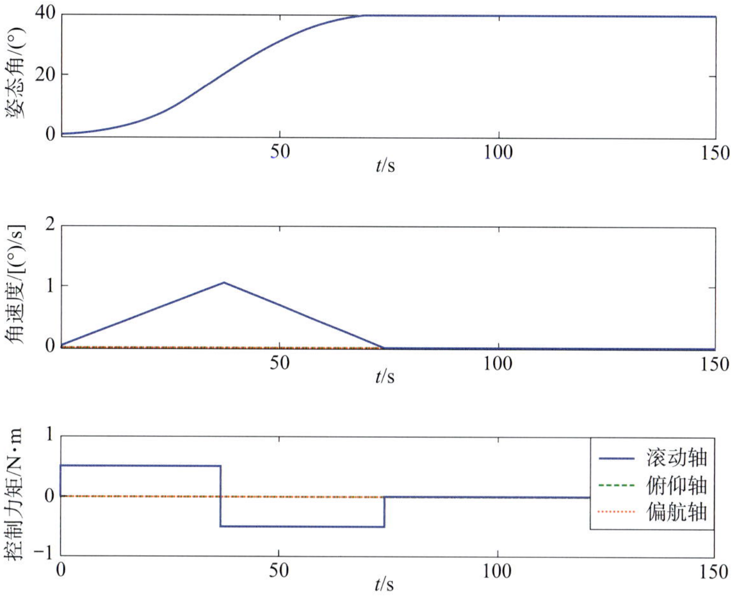

图 6－5　三角形角速度姿态机动路径（P202）

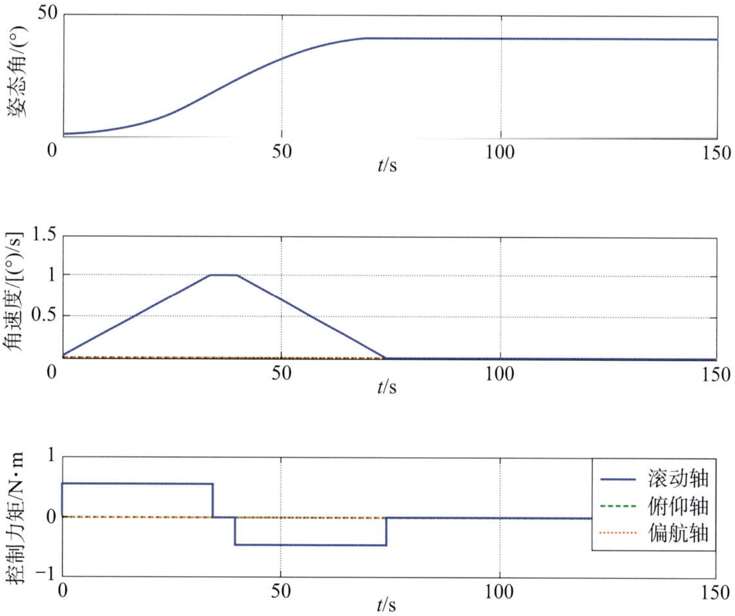

图 6－6　梯形角速度姿态机动路径（P202）

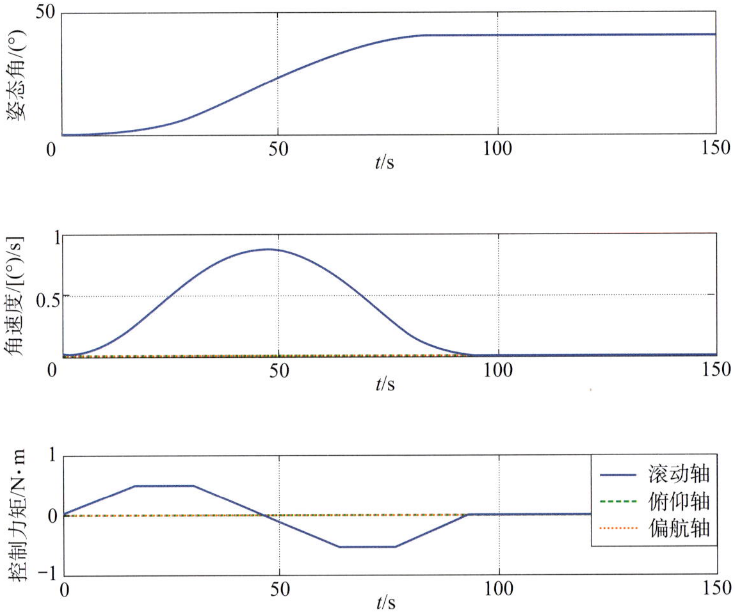

图 6－7　二次多项式角速度姿态机动路径（P203）

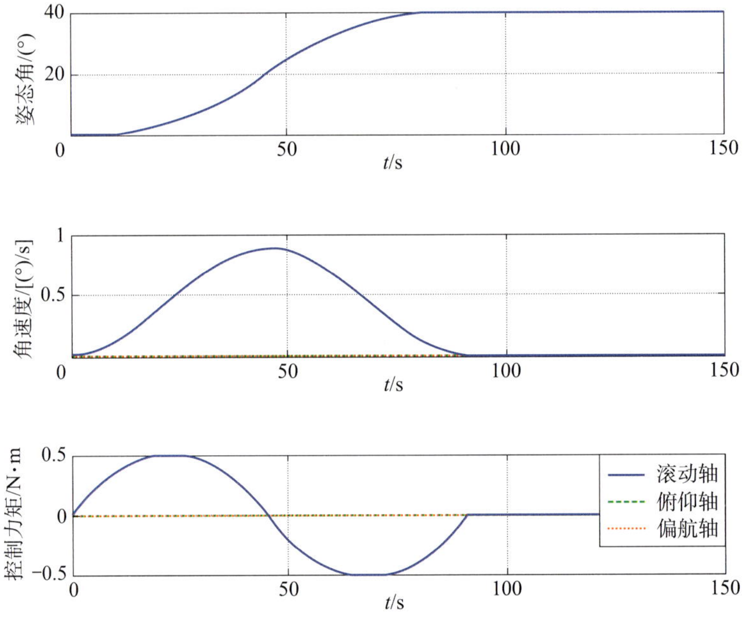

图 6－8　三次多项式角速度姿态机动路径（P203）

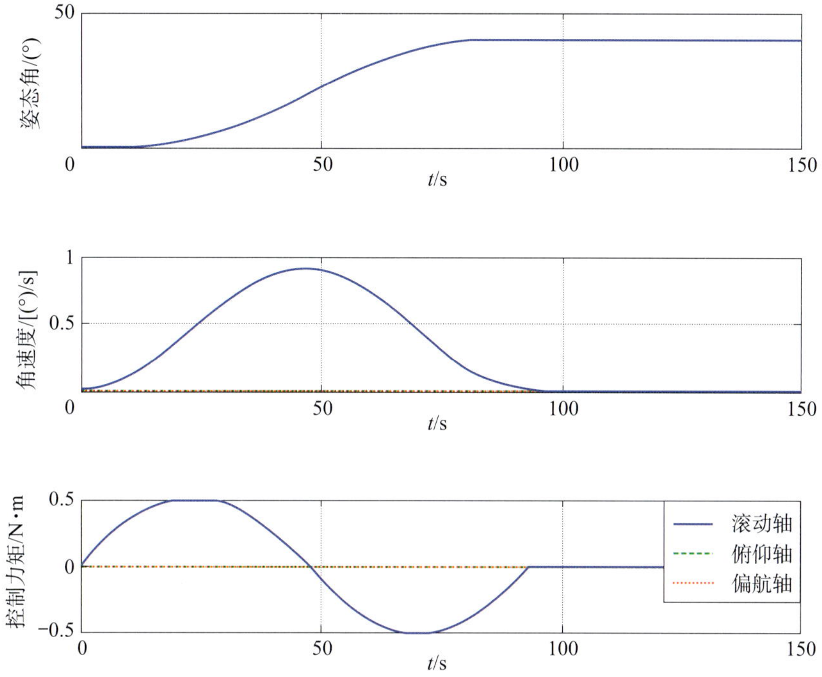

图 6-9　正弦角加速度姿态机动路径（P204）

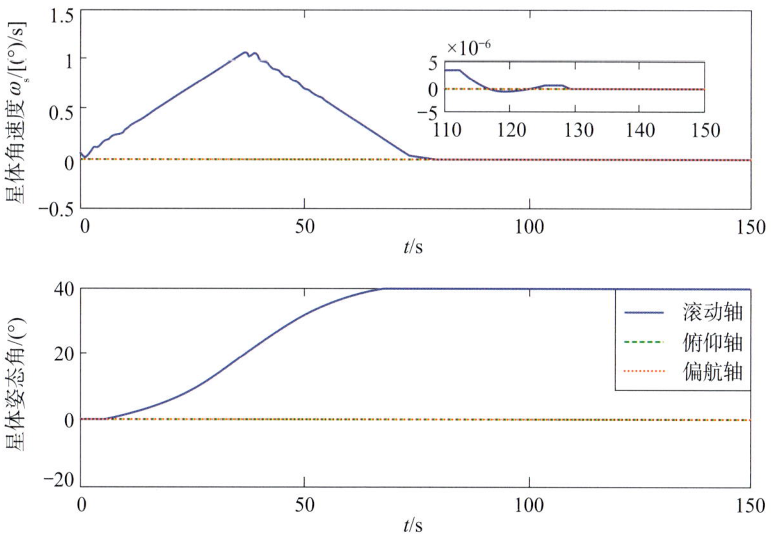

图 6-12　航天器姿态机动曲线（P209）

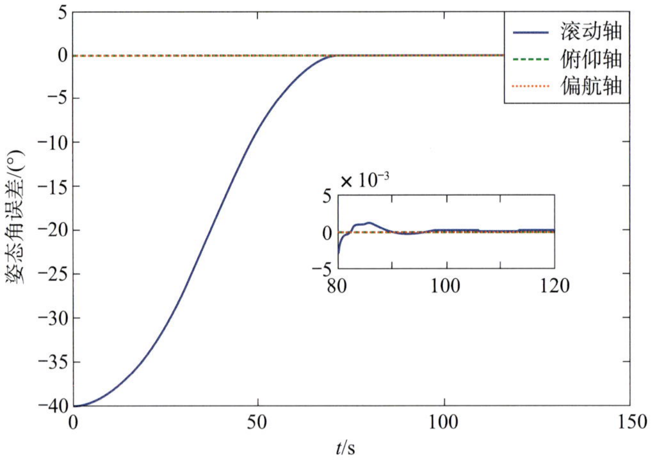

图 6-13　姿态角误差曲线（P209）

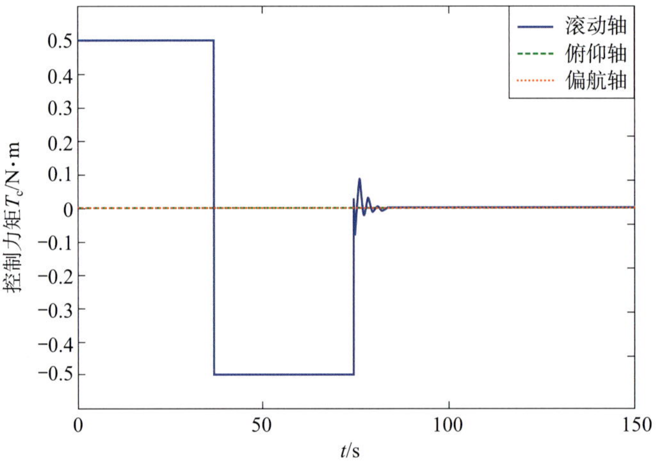

图 6-14　控制力矩曲线（P210）

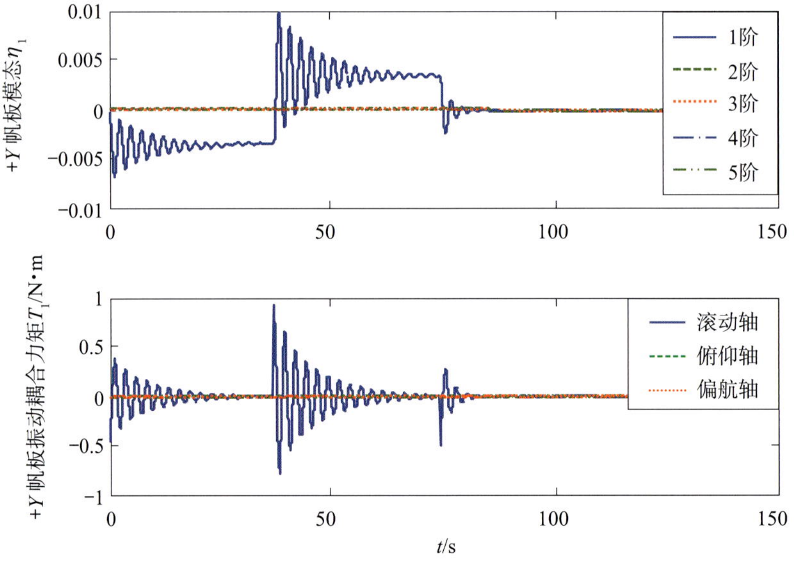

图 6-15　帆板 1 振动模态及耦合力矩（P210）

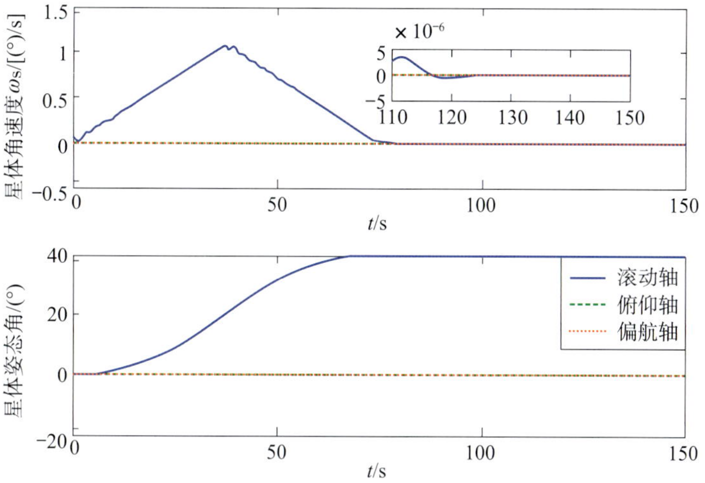

图 6－16　航天器姿态机动曲线（P211）

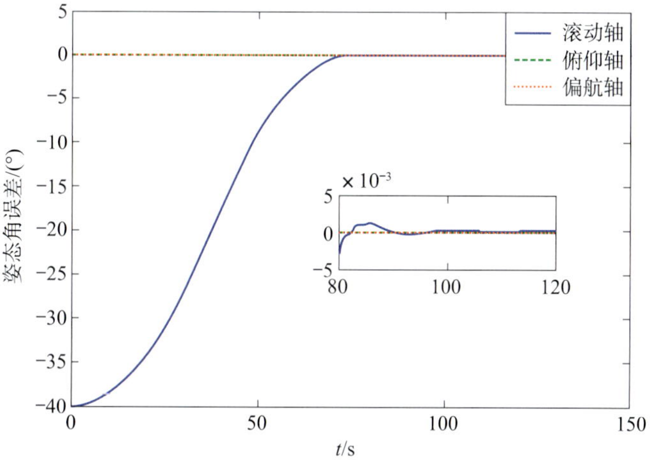

图 6－17　姿态角误差曲线（P211）

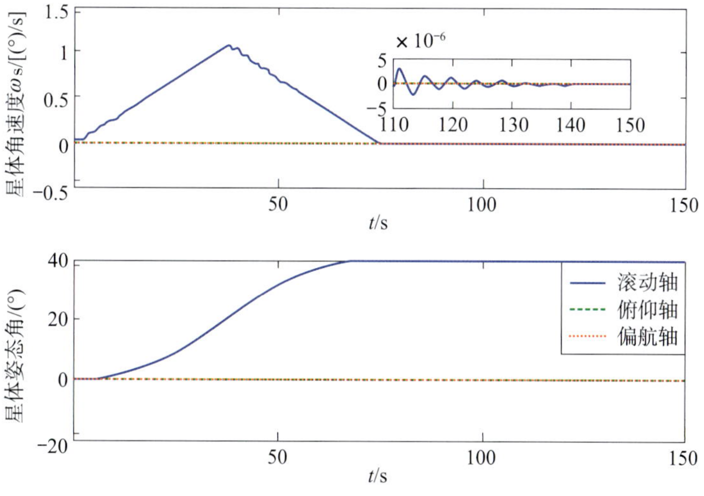

图 6－18　航天器姿态机动曲线（P211）

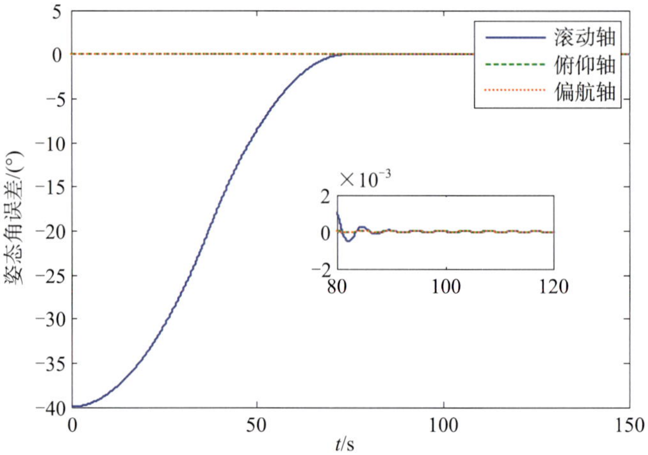

图 6－19　姿态角误差曲线（P212）

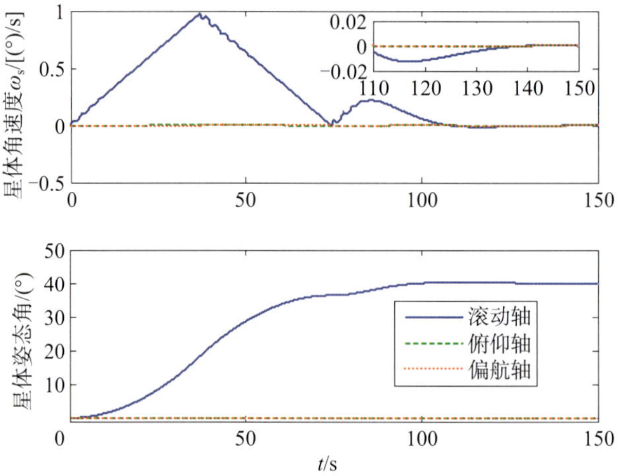

图 6－20　航天器姿态机动曲线（P213）

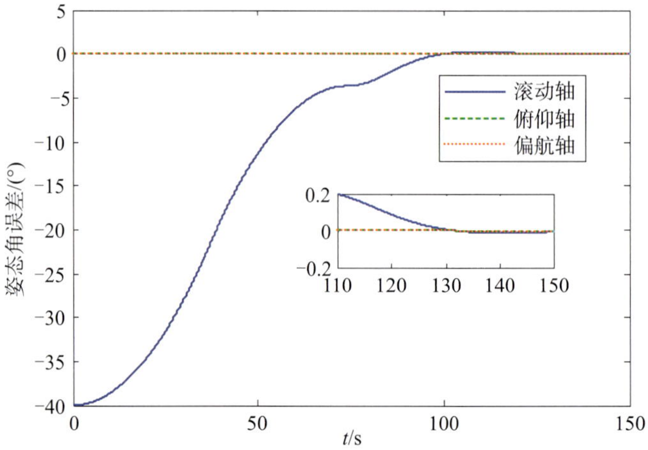

图 6－21　姿态角误差曲线（P213）

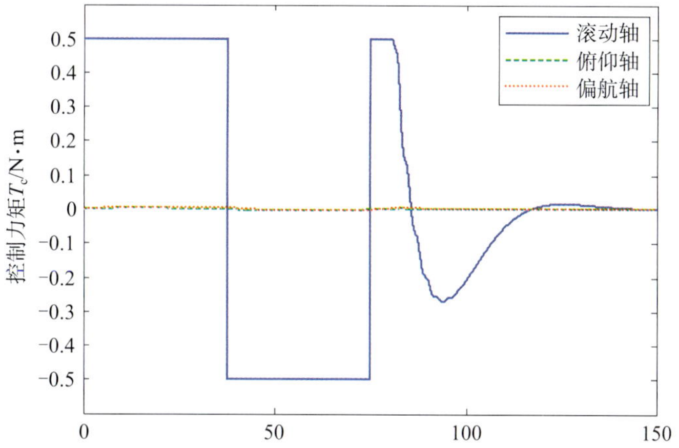

图 6－22　控制力矩曲线（P213）

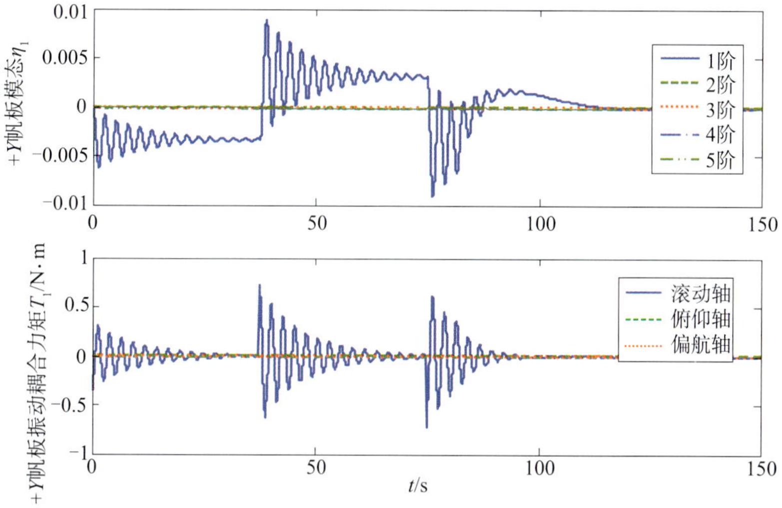

图 6－23　帆板 1 振动模态及耦合力矩（P214）

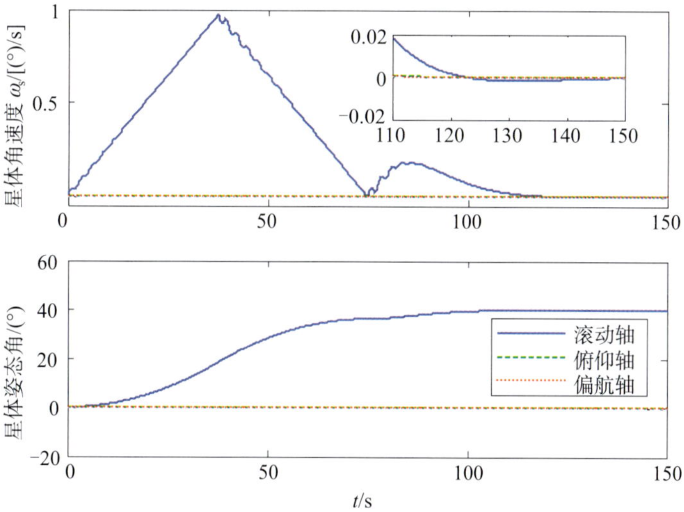

图 6－24　航天器姿态机动曲线（P214）

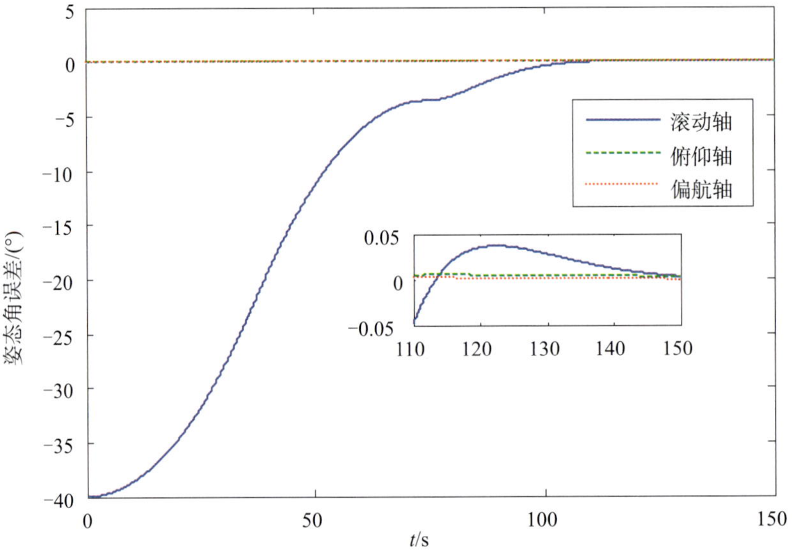

图 6-25 姿态角误差曲线（P214）

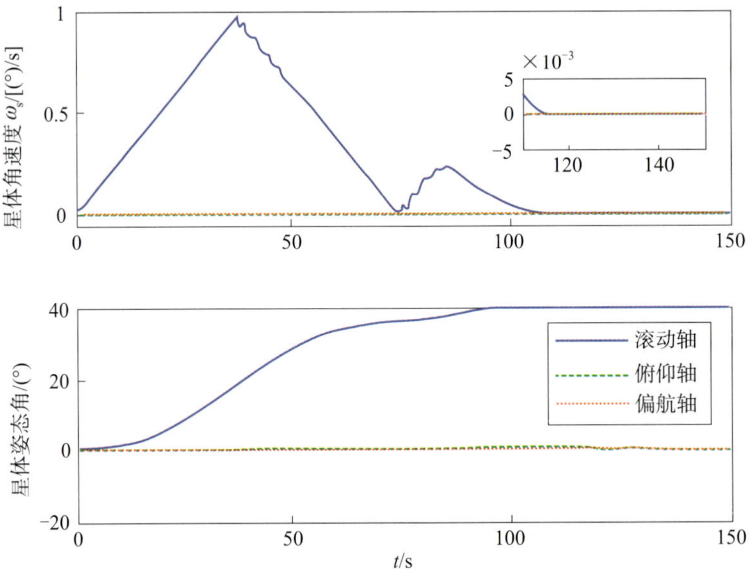

图 6-26 航天器姿态机动曲线（P215）

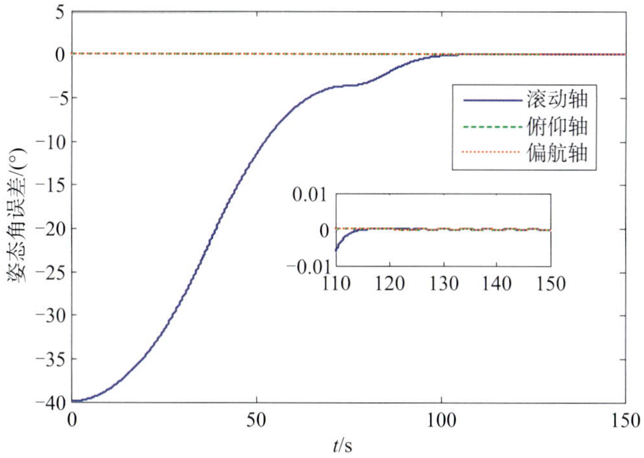

图 6－27　姿态角误差曲线（P215）

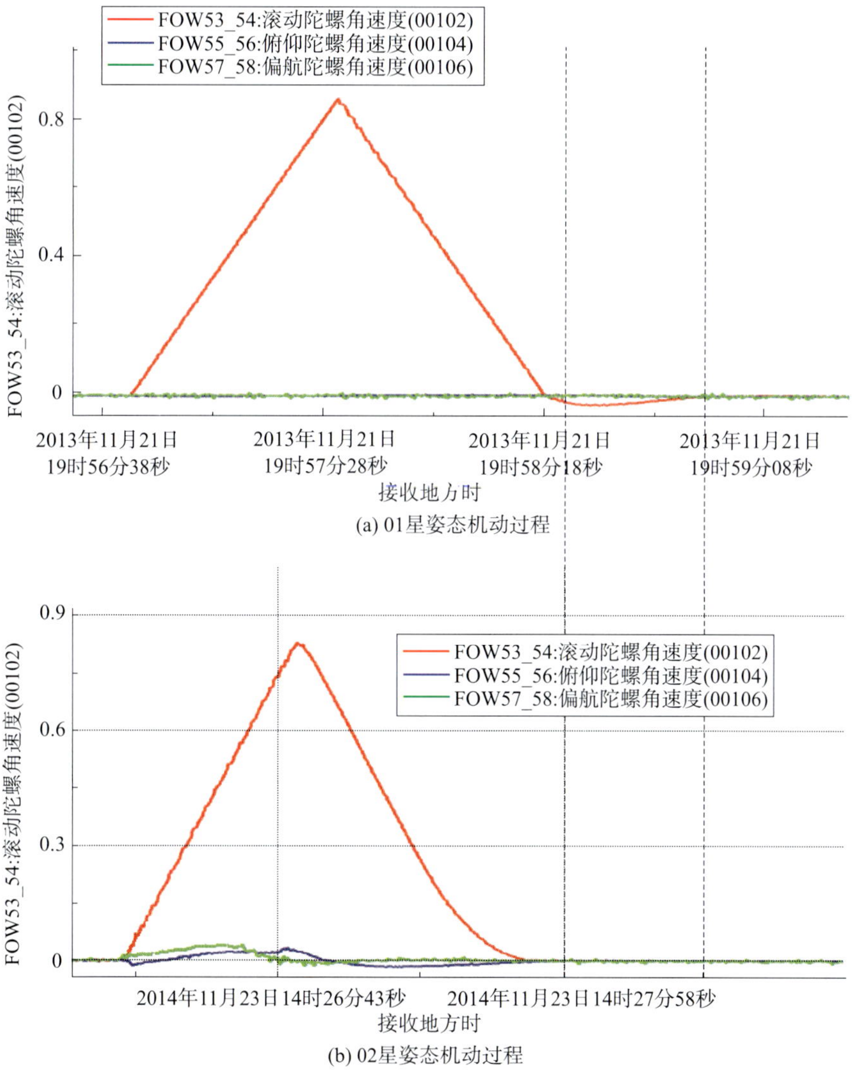

图 6－28　01 星与 02 星在轨滚动机动 40°实测曲线对比（P217）

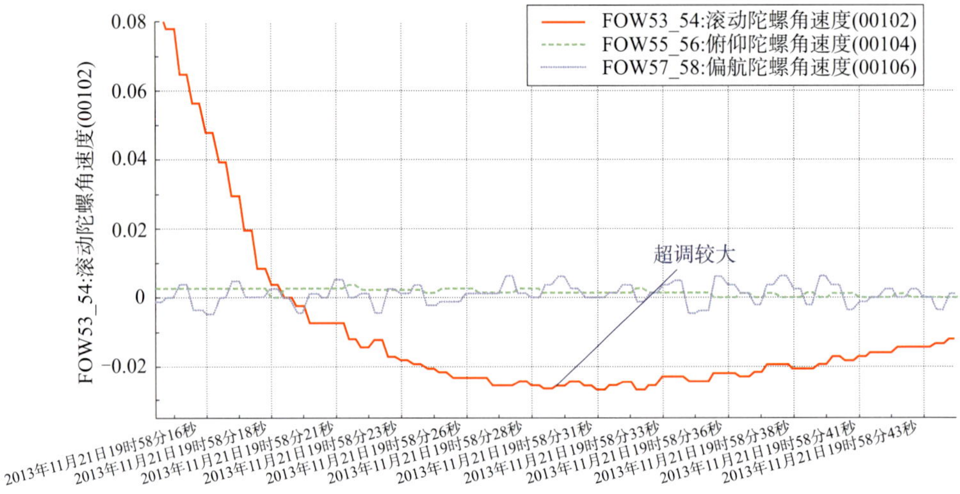

(a) 01星姿态稳定过程

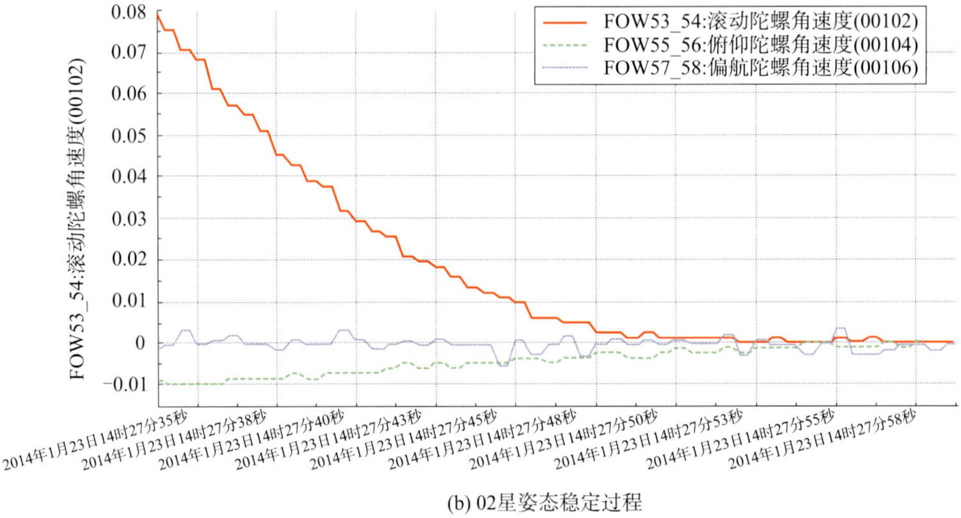

(b) 02星姿态稳定过程

图 6-29　01 星与 02 星在轨姿态机动 40°实测稳定度曲线对比（P218）

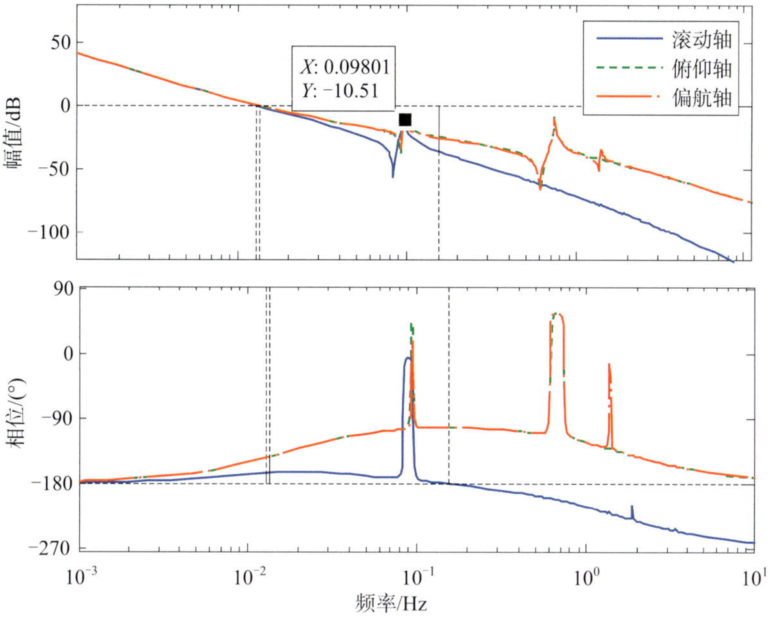

图 7-9　控制系统开环伯德图（P226）

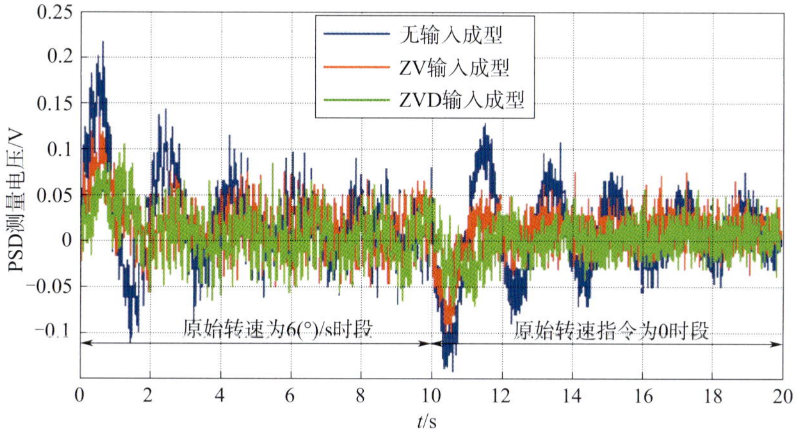

图 7-19　角速度 6（°）/s 时的帆板振动原始测量数据（P233）

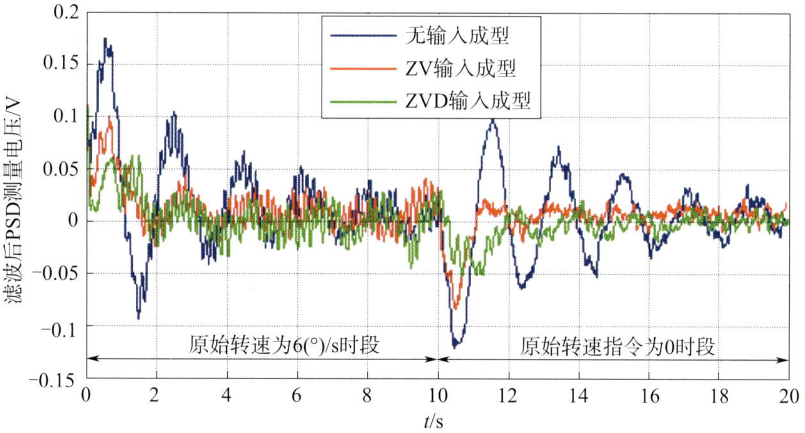

图 7-20　角速度 6（°）/s 时的帆板振动滤波后数据（P233）

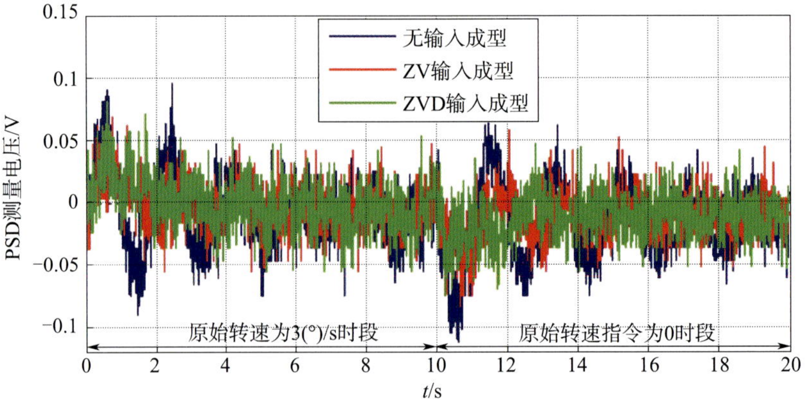

图 7-21 角速度 3（°）/s 时的帆板振动原始测量数据（P234）

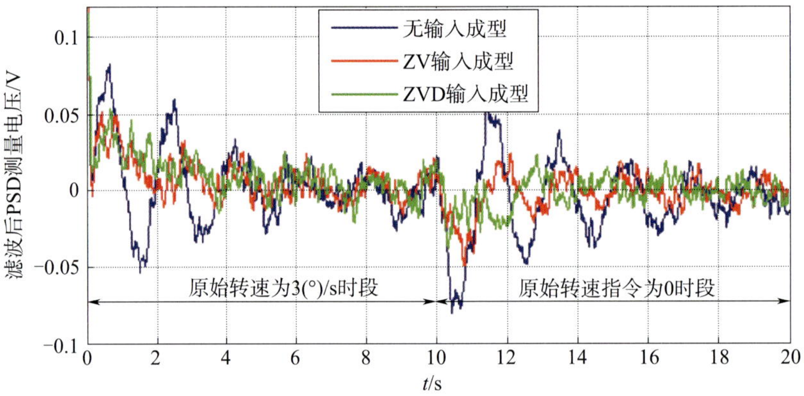

图 7-22 角速度 3（°）/s 时的帆板振动滤波后数据（P234）

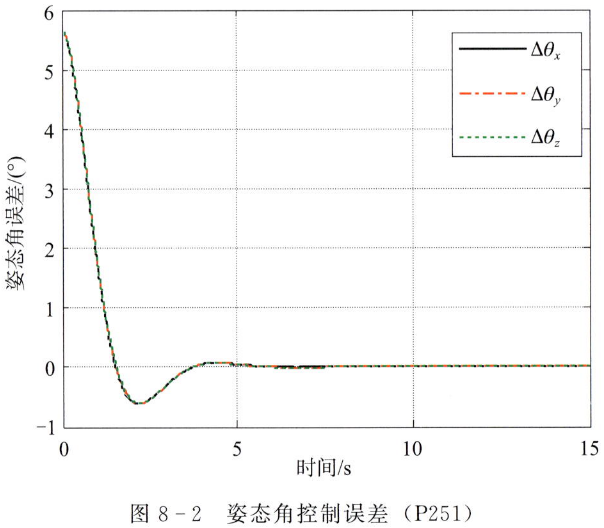

图 8-2 姿态角控制误差（P251）

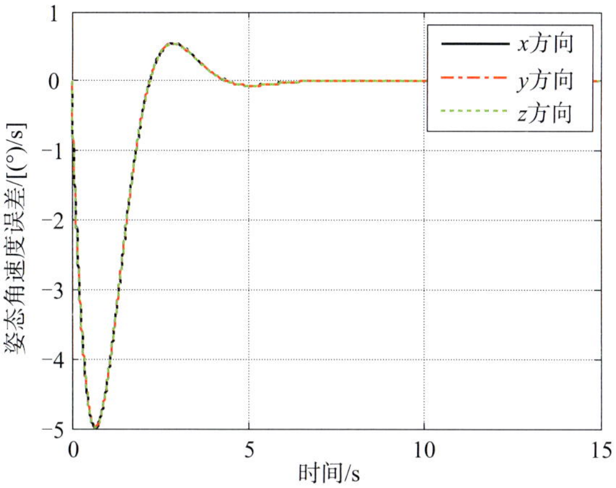

图 8－4　姿态角速度跟踪误差（P252）

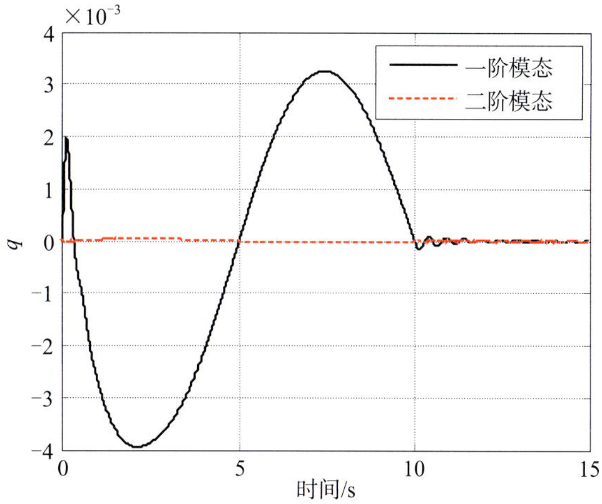

图 8－6　臂 1 模态坐标（P252）

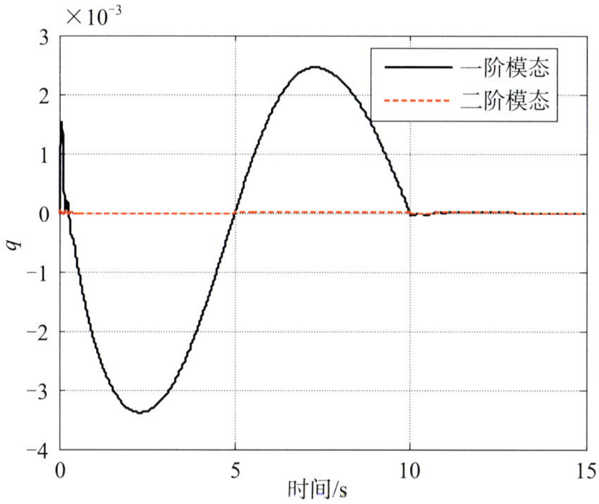

图 8－7　臂 2 模态坐标（P253）

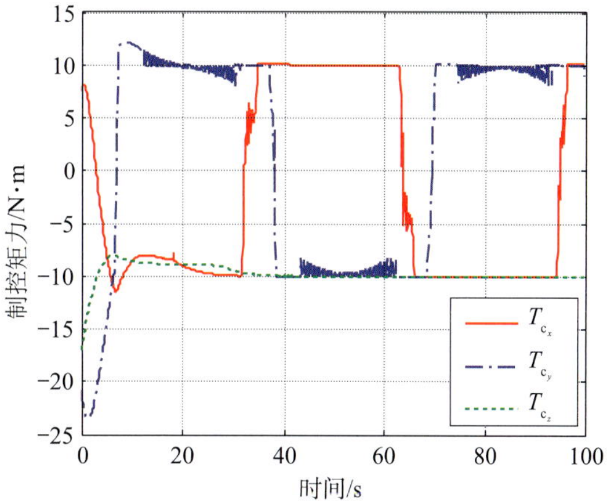

图 9－10　控制力矩变化曲线（P265）

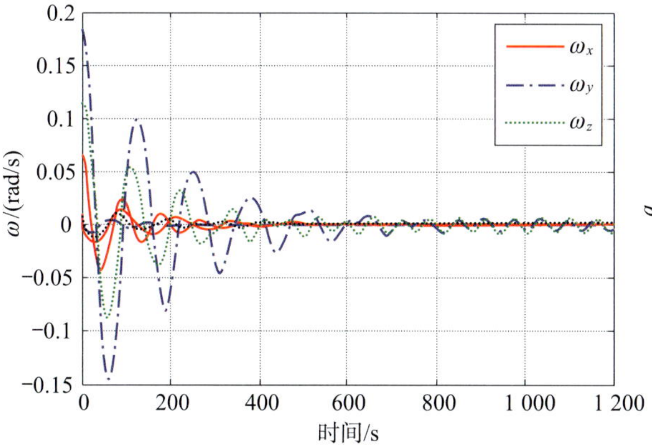

图 9－11　角速度变化曲线（P266）

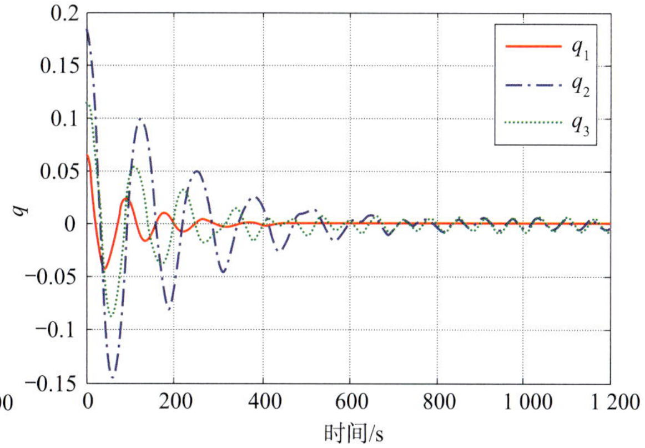

图 9－12　姿态四元数变化曲线（P266）

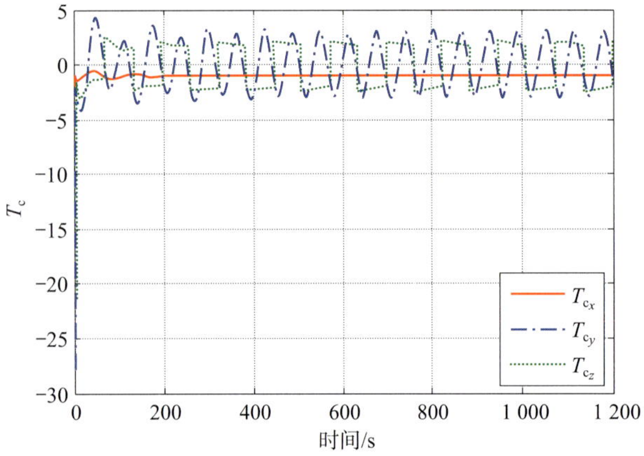

图 9－13 控制律变化曲线（P267）

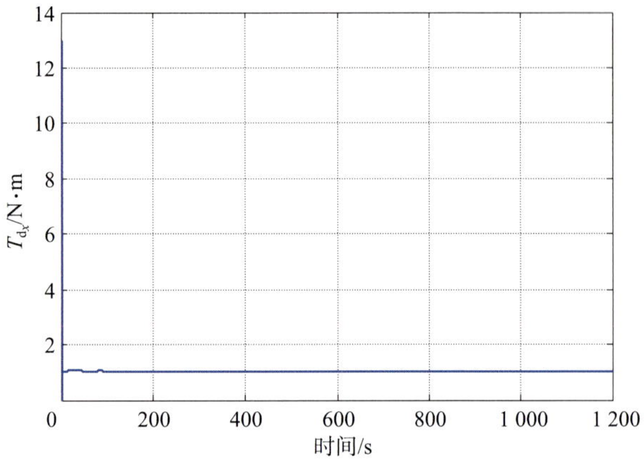

图 9－14 x 轴方向干扰力矩估计（P267）

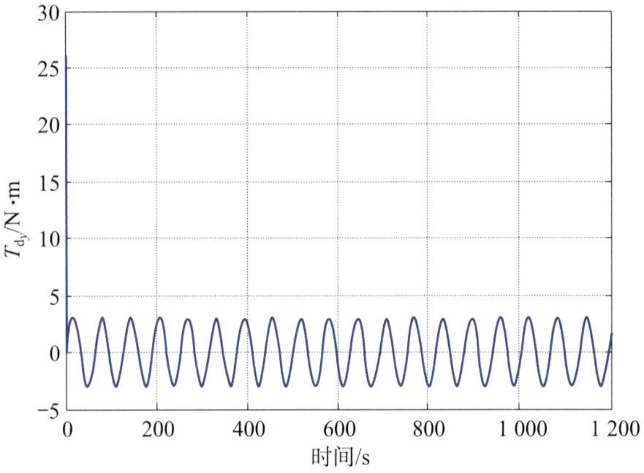

图 9－15 y 轴方向干扰力矩估计（P267）

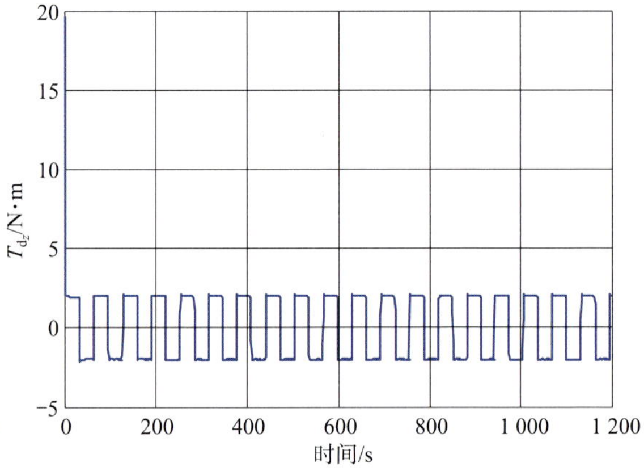

图 9－16 z 轴方向干扰力矩估计（P268）

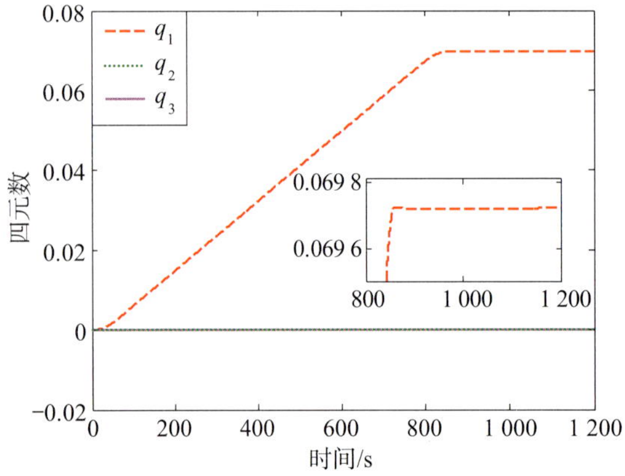

图 10－3 FTSMC 控制姿态四元数曲线（P294）

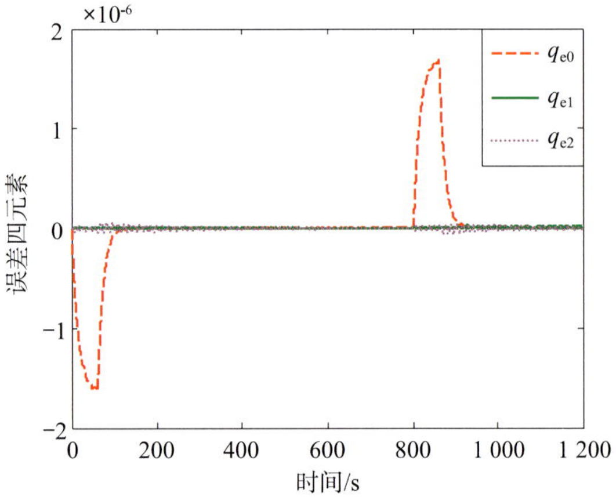

图 10－4 FTSMC 控制姿态误差四元数曲线（P294）

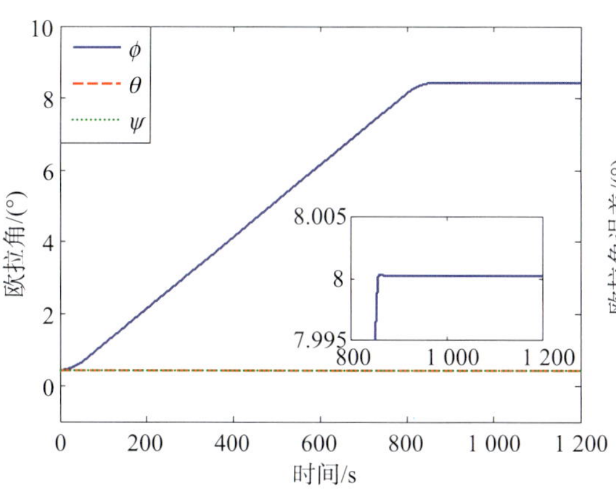

图 10-5　FTSMC 控制姿态欧拉角曲线（P294）

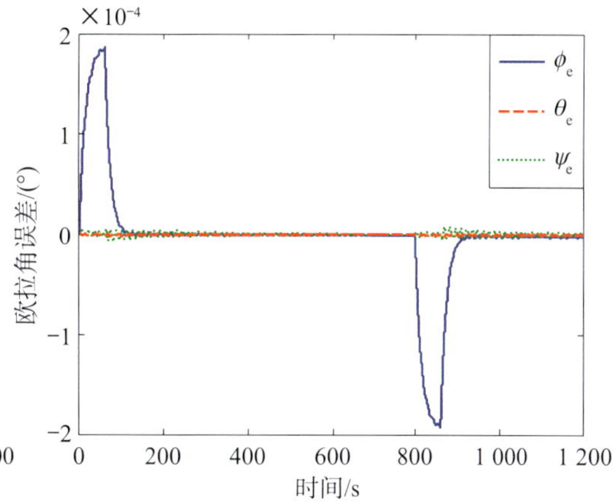

图 10-6　FTSMC 控制欧拉角误差（P294）

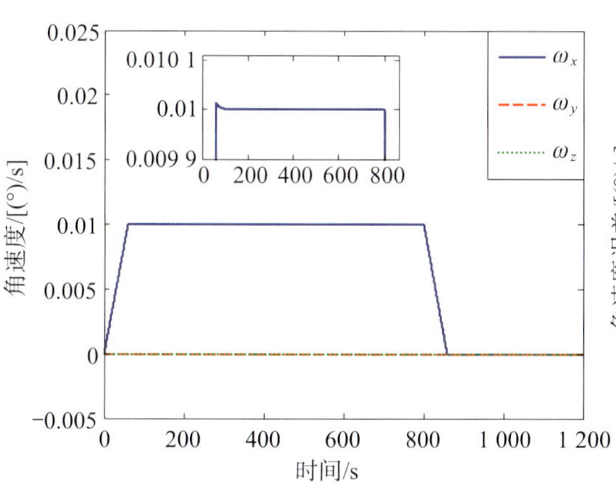

图 10-7　FTSMC 控制姿态角速度曲线（P295）

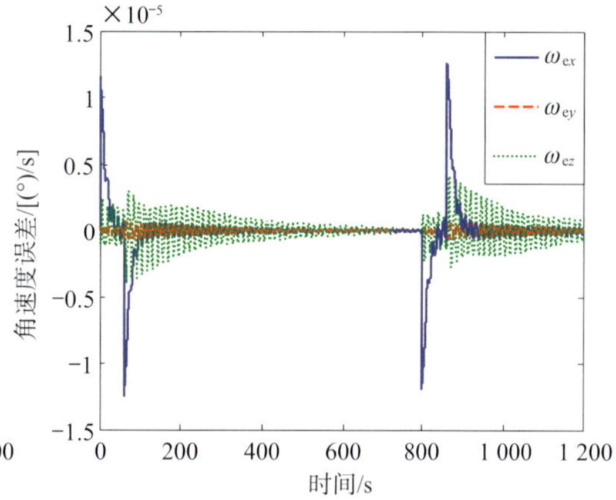

图 10-8　FTSMC 控制姿态角速度误差（P295）

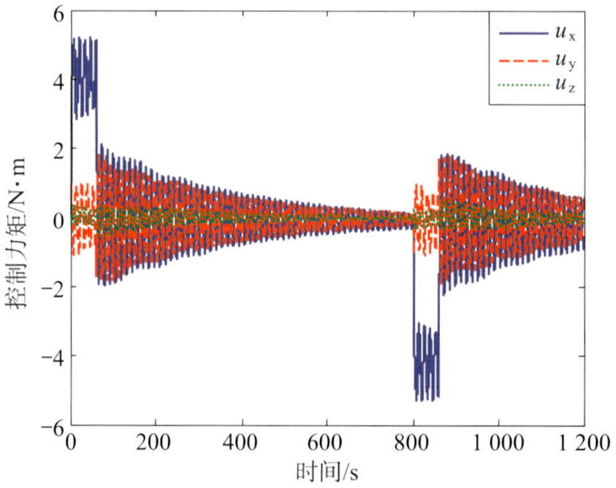

图 10-9　FTSMC 姿态控制力矩（P295）

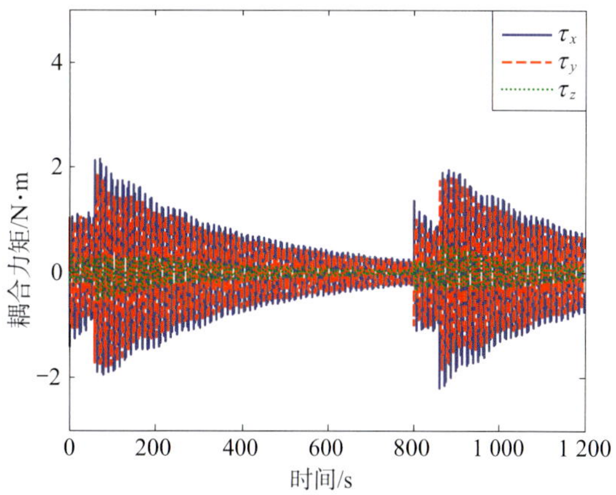

图 10-10　FTSMC 柔性耦合力矩（P295）

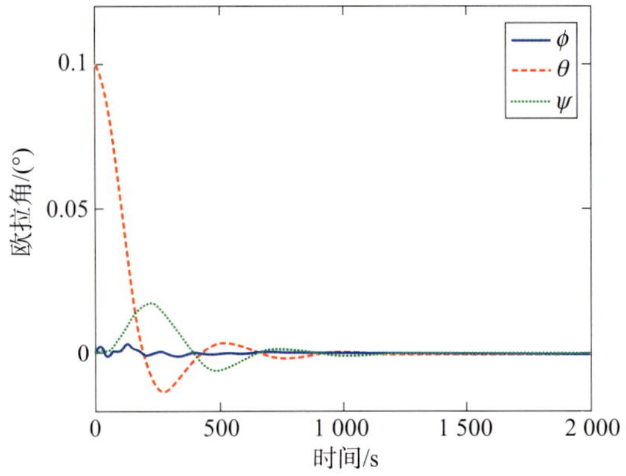

图 10－12　姿态四元数响应曲线（P300）

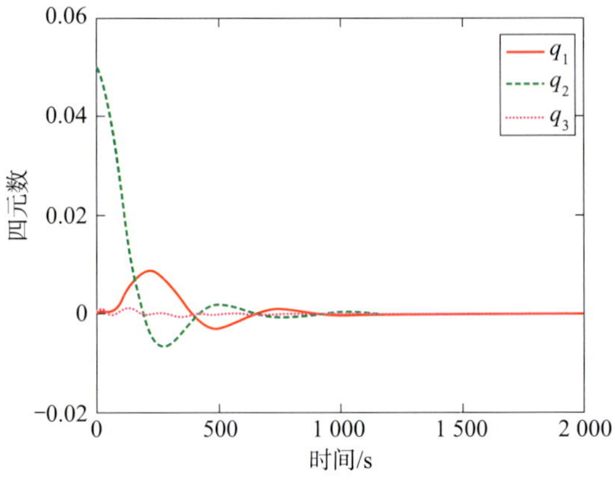

图 10－13　欧拉角响应曲线（P300）

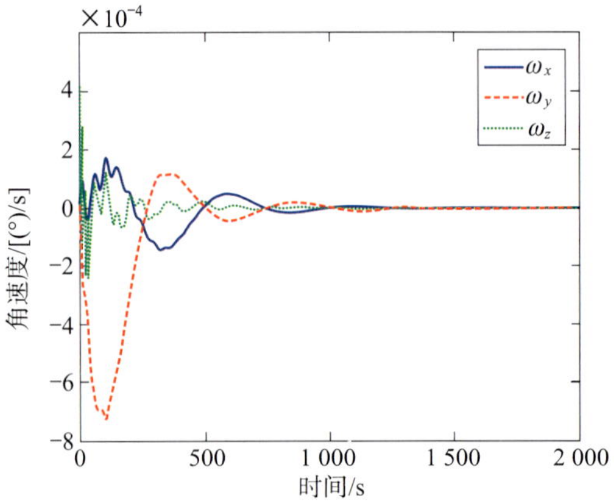

图 10－14　姿态角速度曲线（P300）

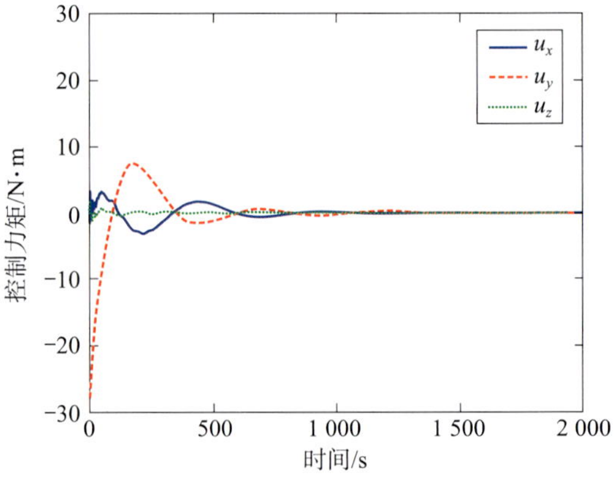

图 10－15　姿态控制力矩曲线（P300）

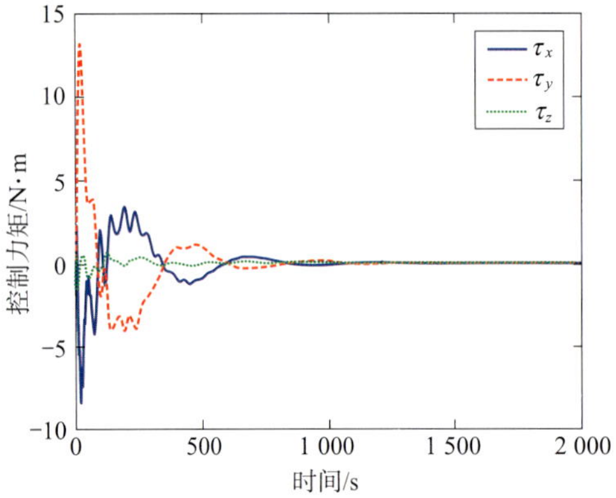

图 10－16　柔性耦合力矩曲线（P300）

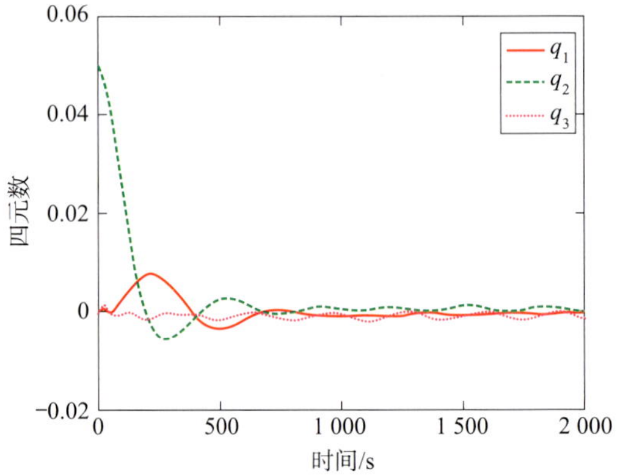

图 10－19　姿态四元数响应曲线（P302）

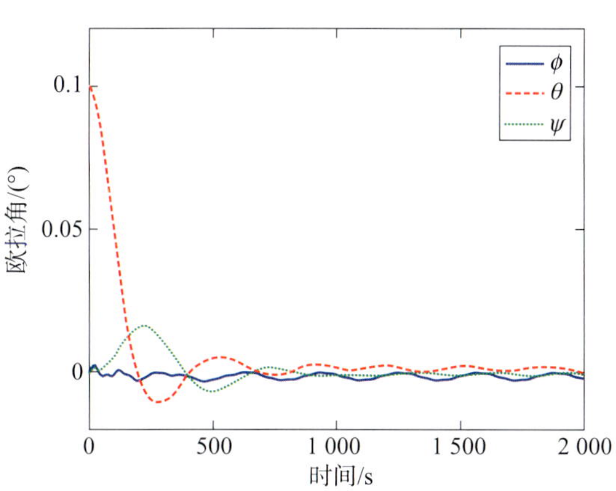

图 10－20　欧拉角响应曲线（P302）

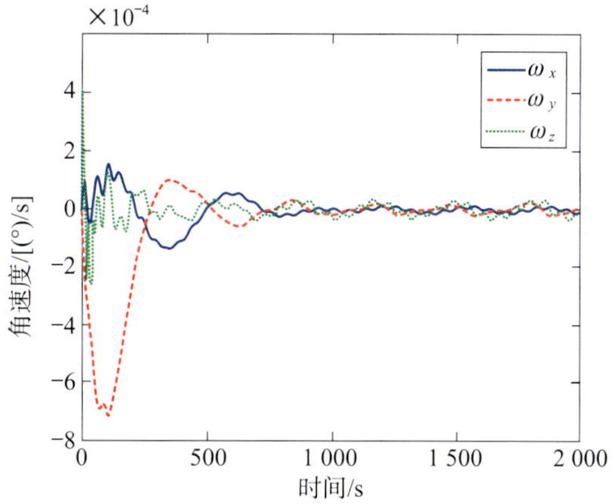

图 10－21　姿态角速度曲线（P302）

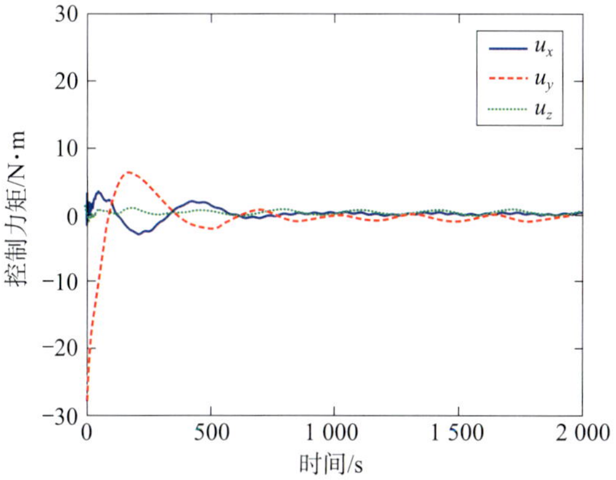

图 10－22　姿态控制力矩曲线（P302）

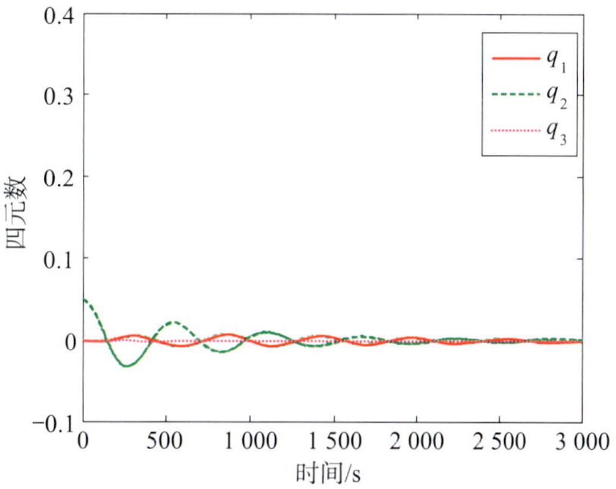

图 10－26　全状态反馈姿态四元数响应曲线（P311）

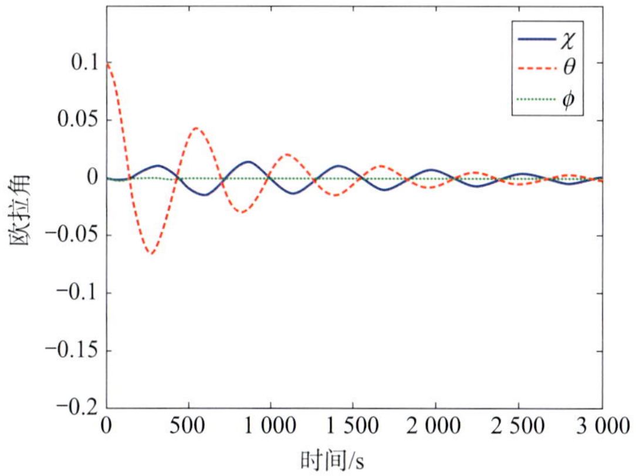

图 10－27　全状态反馈欧拉角（P311）

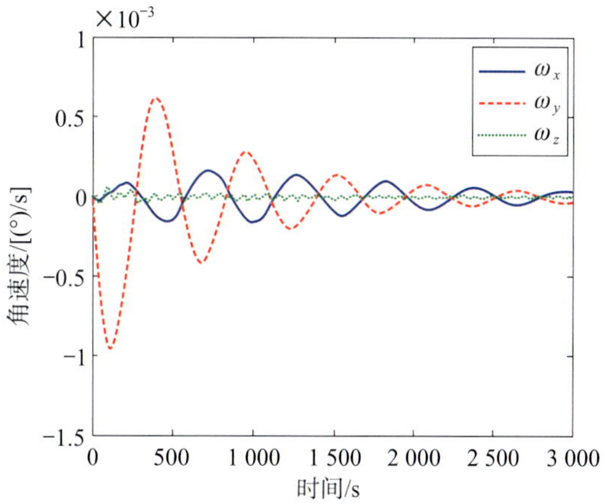

图 10－28　全状态反馈角速度（P311）

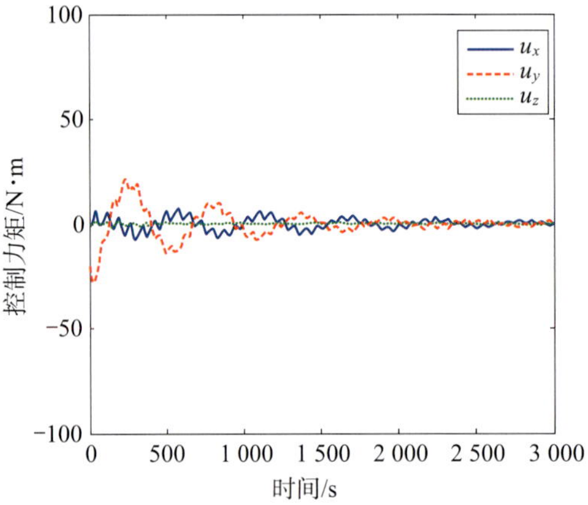

图 10－29　全状态反馈控制力矩（P311）

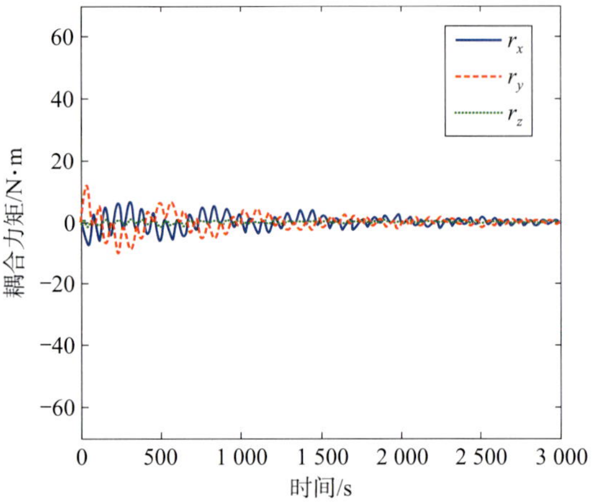

图 10－30　全状态反馈耦合力矩（P311）

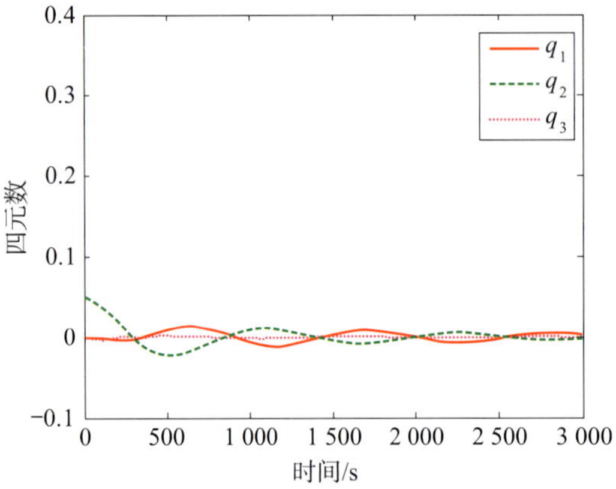

图 10－32　无角速度测量姿态四元数响应曲线（P312）

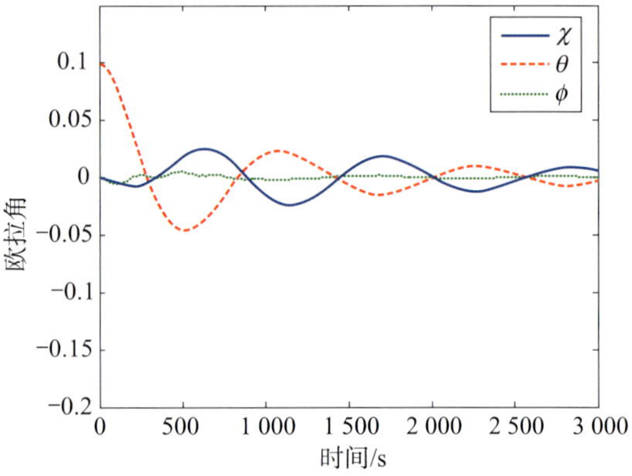

图 10－33　无角速度测量欧拉角响应曲线（P313）

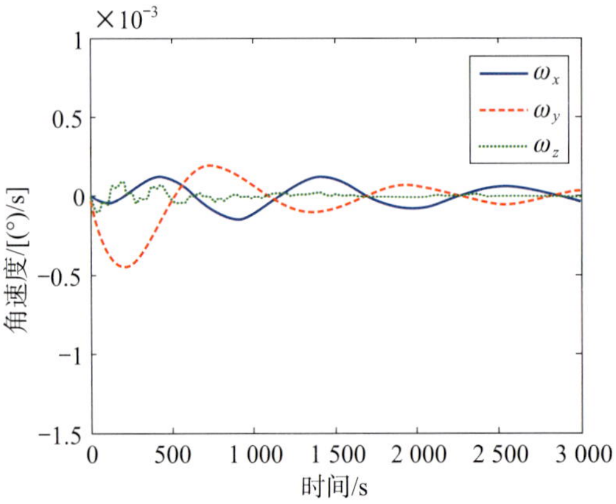

图 10－34　无角速度测量角速度响应曲线（P313）

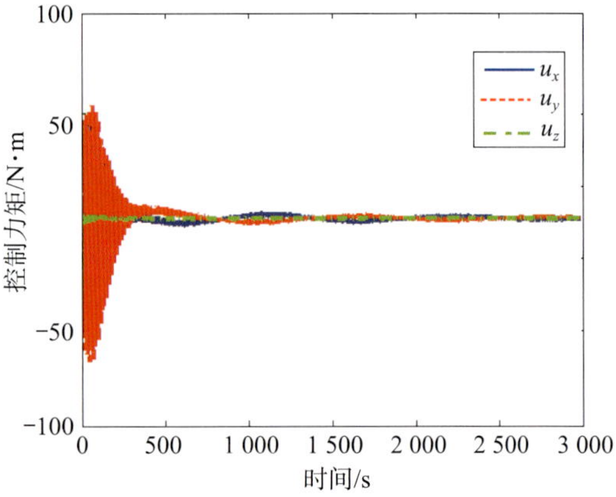

图 10－35　无角速度测量控制力矩（P313）

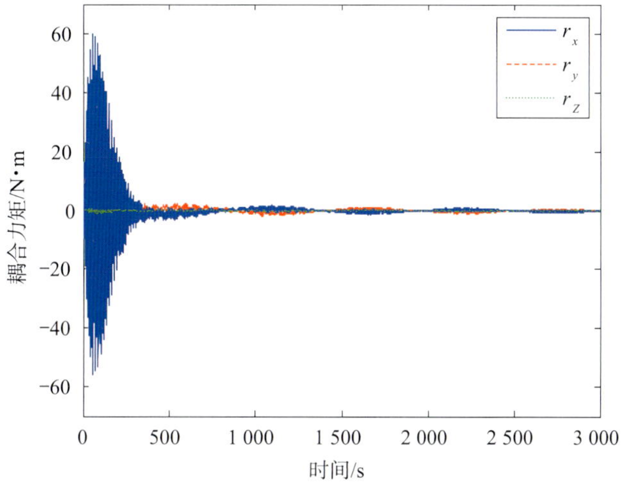

图 10 - 36 无角速度测量耦合力矩（P314）

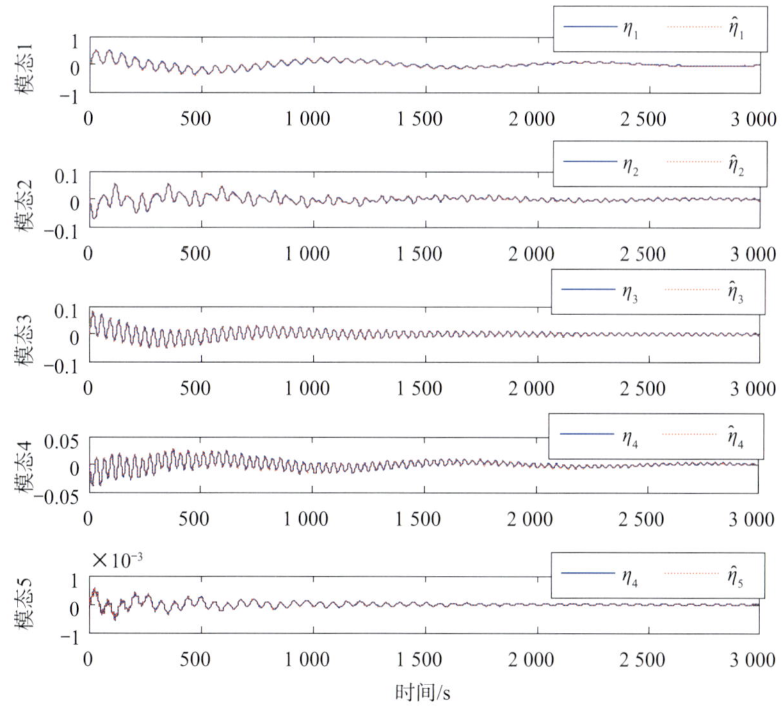

图 10 - 37 无角速度测量柔性模态跟踪曲线（P314）

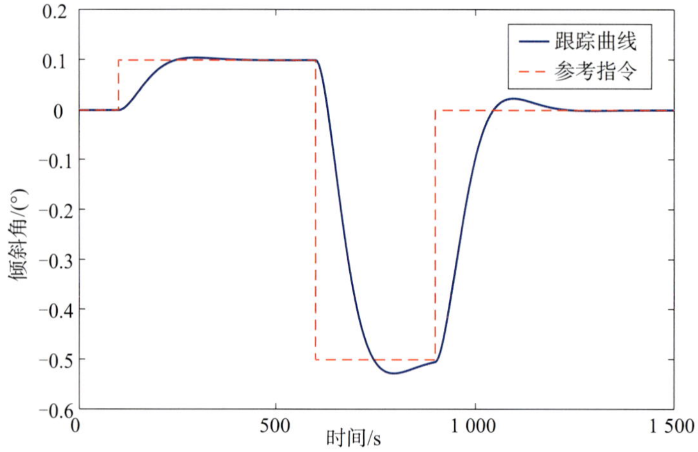

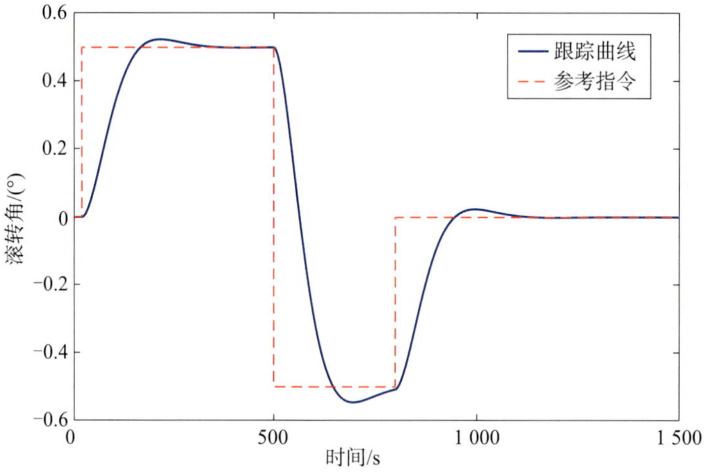

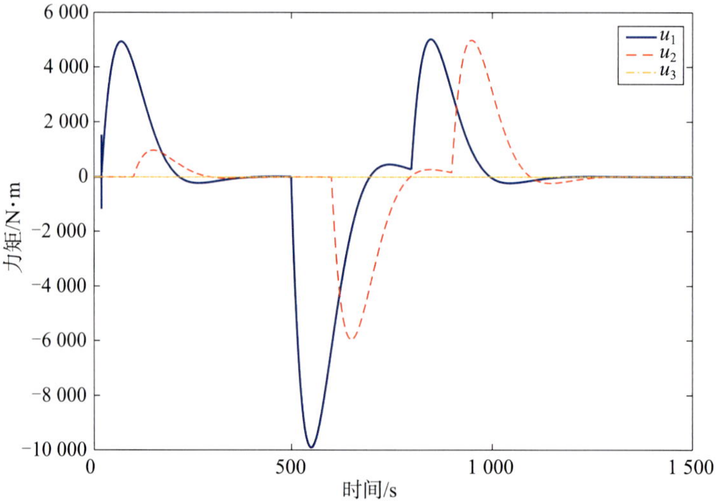

图 11 - 11　考虑帆板转动的姿态跟踪控制仿真（P352）

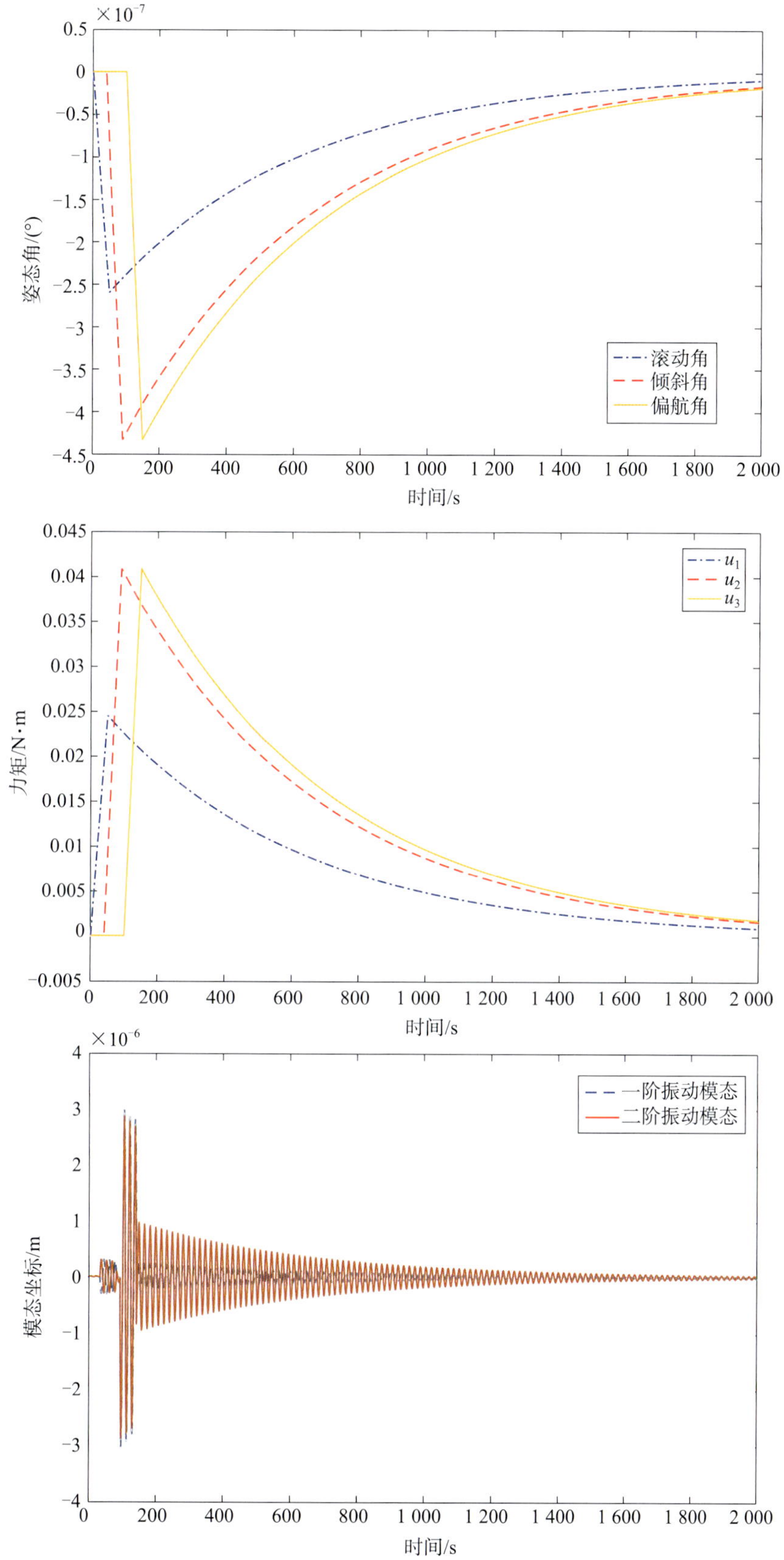

图 11-12　考虑方波扰动时姿态控制仿真（P353）

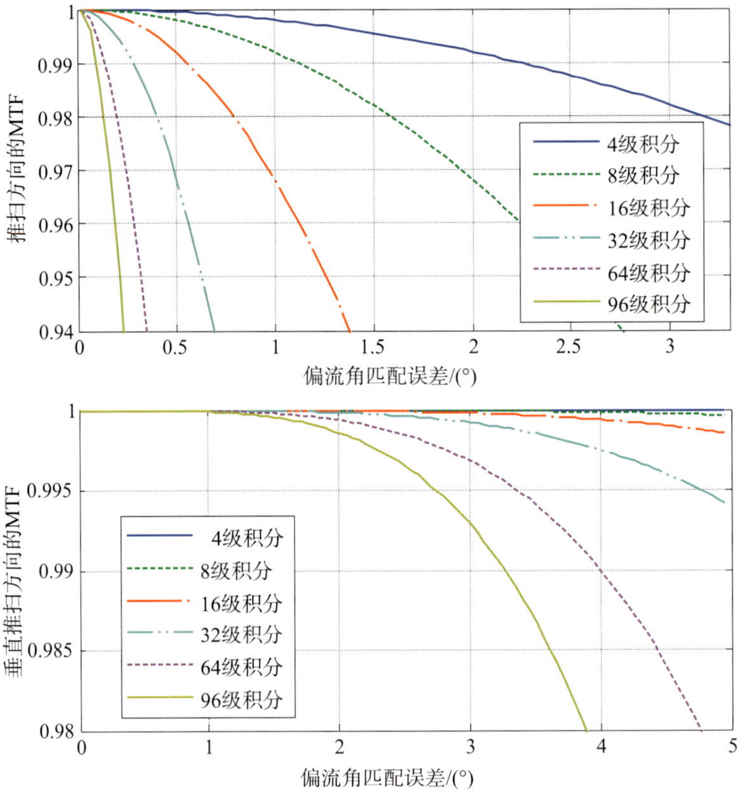

图 12－7　残余偏流角（即匹配误差）对像质的影响（P364）

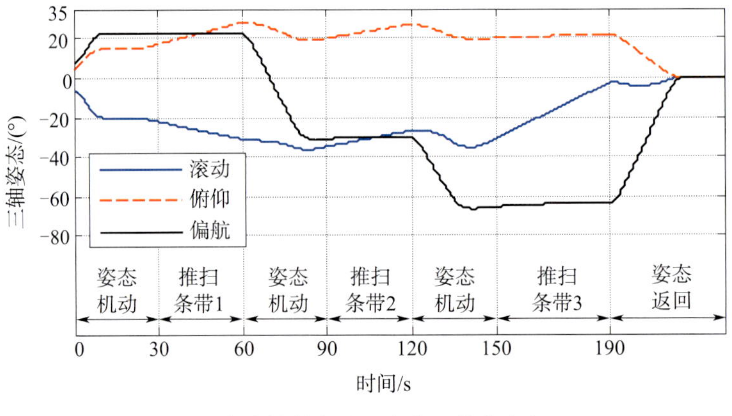

图 12－14　姿态控制全过程中的三轴姿态角（P375）

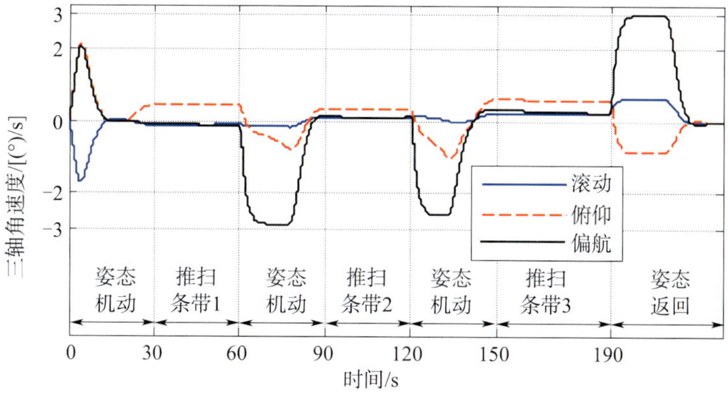

图 12-15　姿态控制全过程中的三轴角速度（P375）

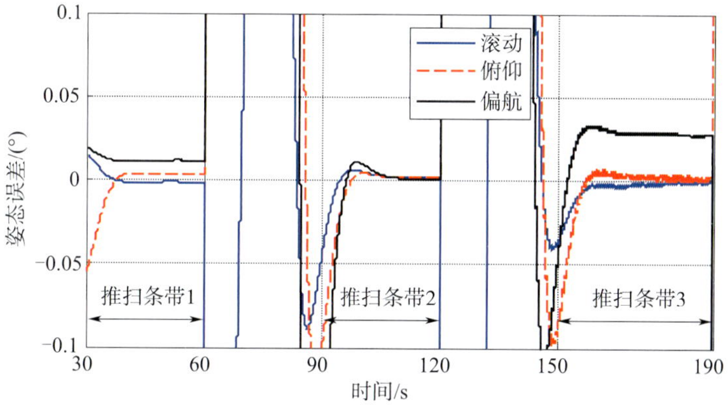

图 12-16　成像过程中的姿态角误差（P376）

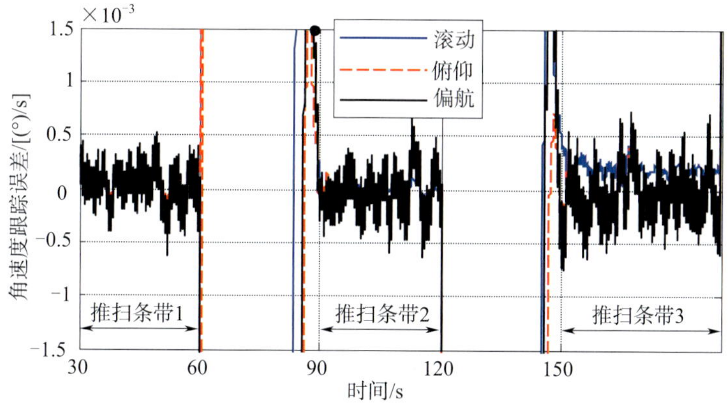

图 12-17　成像过程中的相对稳定度（P376）

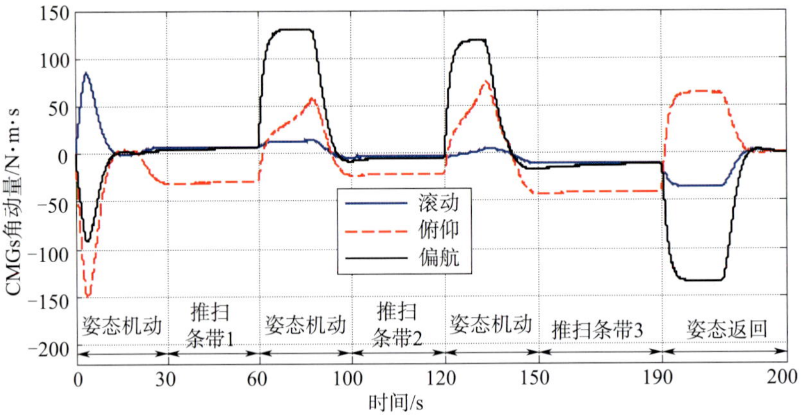

图 12－18　控制力矩陀螺群角动量输出（P376）

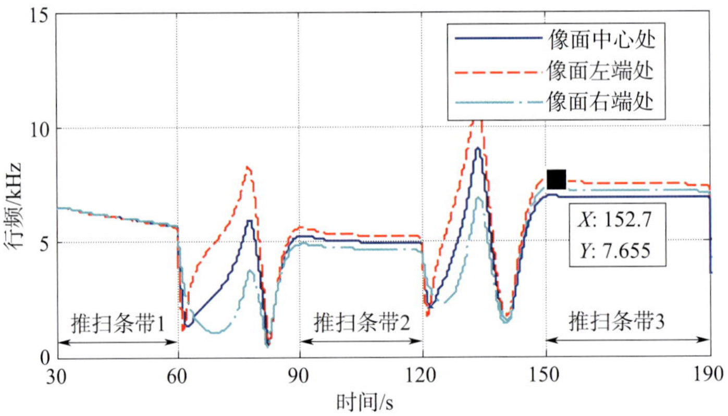

图 12－19　成像过程中的相机推扫行频（P377）

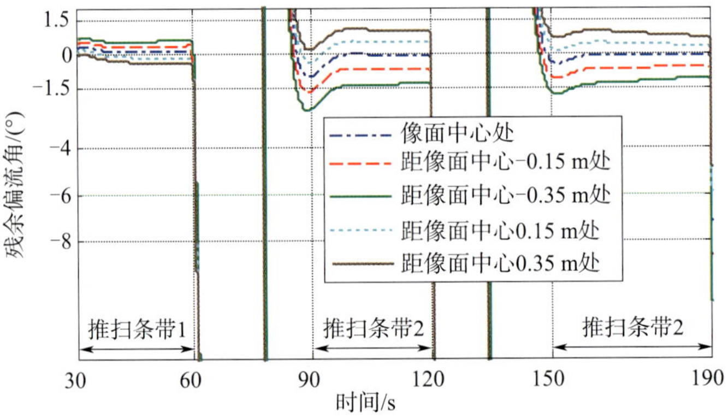

图 12－20　成像过程中的像面残余偏流角（P377）